国家科学技术学术著作出版基金资助出版

奶牛营养学

李胜利　主编

科学出版社

北　京

内 容 简 介

本书是奶牛营养和饲料科学领域的学术专著,全书共分为十一章,内容主要包括奶牛饲料的消化与吸收、能量与营养、蛋白质营养、碳水化合物营养、脂类营养、维生素与矿物质营养、奶牛营养需要与基因调控及奶牛各生理阶段的饲养管理。

本书适用于从事奶牛营养与饲料科学领域的科研工作者、高等院校相关专业的教师和学生,以及基层奶牛养殖技术人员在科研、教学和生产中参考应用。

图书在版编目(CIP)数据

奶牛营养学/李胜利主编. —北京:科学出版社,2020.9
ISBN 978-7-03-066094-7

Ⅰ. ①奶⋯ Ⅱ.①李⋯ Ⅲ. ①乳牛–家畜营养学 Ⅳ.①S823.9

中国版本图书馆 CIP 数据核字(2020)第 174118 号

责任编辑:李 迪 / 责任校对:严 娜
责任印制:赵 博 / 封面设计:刘新新

科学出版社 出版
北京东黄城根北街 16 号
邮政编码:100717
http://www.sciencep.com
固安县铭成印刷有限公司印刷
科学出版社发行 各地新华书店经销
*
2020 年 9 月第 一 版 开本:787×1092 1/16
2024 年 11 月第四次印刷 印张:27 1/2
字数:652 000
定价:228.00 元
(如有印装质量问题,我社负责调换)

《奶牛营养学》编写委员会

主　编　李胜利　　中国农业大学

副主编　王雅晶　　中国农业大学

编写者（按汉语拼音排序）

毛　江　　新希望乳业股份有限公司

阮明峰　　内蒙古伊利实业集团股份有限公司

史海涛　　西南民族大学

史仁煌　　君乐宝旗帜婴幼儿乳品股份有限公司

苏华维　　中国农业大学

田雨佳　　天津农学院

王　铂　　天津嘉立荷牧业集团有限公司

王　芬　　北京英惠尔生物技术有限公司

王　玲　　宁夏大学

王　蔚　　中国农业大学

王富伟　　北京首农畜牧发展有限公司

王书祥　　青海省畜牧兽医科学院

王雅晶　　中国农业大学

徐晓锋　　宁夏大学

严　慧　　河北农业大学

杨红建　　中国农业大学

杨占山　　深圳市富瑞祥生物科技有限公司

张　俊　　西北农林科技大学

张　倩　　安迪苏生命科学制品（上海）有限公司

张子霄　　内蒙古蒙牛乳业（集团）股份有限公司

周春元　　天津嘉立荷牧业集团有限公司

邹　杨　　北京奶牛中心

前　言

　　奶业是现代农业的重要组成部分，其持续健康发展对于改善我国居民膳食结构、增强国民体质、优化农业结构、增加农牧民收入具有重要意义。虽然近年来奶业的发展速度很快，规模化和集约化水平不断提高，但是与奶业发达国家相比，我国奶牛生产成本高、资源约束趋紧、优质牧草不足、饲料转化效率低及营养代谢病发病率高等关键产业瓶颈问题依然制约着整个行业的竞争力，也是中国奶业振兴路上需要跨域的难题。产业问题的突破最终都离不开科学技术的进步，科技始终是产业发展的推动力量。

　　奶牛营养学是动物营养科学的重要组成部分，是指导我国奶牛科学饲养的理论和实践依据。本书得到国家科学技术学术著作出版基金的资助，笔者组织国内奶牛营养学领域的中青年学术骨干，系统总结国内外在奶牛营养研究领域的先进性和规律性成果，编著了本书。本书共十一章，突出反映了现代奶牛养殖过程中的营养需要、营养与代谢、营养与环境及先进的饲养工艺和饲料配制技术，并在犊牛营养、围产期能量需要、营养与基因调控、矿物质营养需要等方面都有新理论、新知识和新技术。

　　本书在两年的编写过程中，编委会多次组织研讨会，力求做到深入浅出，文字通俗易懂，理论联系实际。本书图文并茂，既有理论知识又有实践指导价值。不但适合于广大的科研工作者，而且也可以作为规模化奶牛场技术和管理人员的生产操作指南。

　　本书在编写过程中，虽经过多次修改和校对，但难免有疏漏和不当之处，恳请广大读者提出意见，使再版时得以修正完善。

李胜利

2020 年 5 月

目　录

第一章 奶牛营养代谢与需要概述

奶牛需要从外界摄取营养物质，用于身体组织的生长发育、机体的活动及发挥生产性能。奶牛所需要的营养物质包括蛋白质、糖类、脂肪、水、维生素和无机盐等。这些物质存在于奶牛所采食的饲料中，结构复杂的饲料被奶牛采食进入消化道后，必须经过物理、化学和微生物消化，转变为结构简单的可溶性小分子物质，经过消化道吸收后满足奶牛生长发育、产奶等的需要。因此，掌握奶牛的消化生理特点和营养物质的消化、吸收和代谢对提高其生产性能至关重要。奶牛在不同的生长发育阶段和泌乳周期中机体的生理特点有所不同，因此对营养物质的需要也有所不同，所以在生产过程中应尽量按照奶牛在不同阶段的特点和对营养的需要来制定合理的营养标准，避免机体营养不足或者过剩，达到良好的生产目标。

第一节 奶牛消化系统的特点

一、奶牛消化生理特点

奶牛是草食性动物，具有特殊的消化道结构，最显著的特点是具有瘤胃、网胃、瓣胃、皱胃4个胃。奶牛采食的饲料未经仔细咀嚼就被吞咽进入瘤胃。在休息的时候，通过瘤网胃室有节律的收缩，将未完全消化的食糜返回至口腔进行咀嚼后再次回到瘤胃，这种现象被称为反刍。反刍和咀嚼使食糜颗粒尺寸缩小，增大了表面积，提高了营养物质的消化率；同时也促进了唾液的分泌，唾液中的碱性物质（碳酸盐和磷酸盐等）可以中和饲料在瘤胃中发酵产生的酸，使瘤胃保持中性偏酸的环境，为微生物的生长和繁殖创造有利条件。

瘤胃是一个微生物密度高、调控严密的"生物发酵罐"，饲料中75%以上的营养物质在瘤胃中被消化。奶牛通过瘤胃微生物的发酵作用，能够将单胃动物不能直接利用的粗纤维和非蛋白氮化合物转变成能够被机体利用的营养素。瘤胃没有分泌消化液的功能，但胃壁强大的纵形肌肉环能有力地收缩和松弛，进行节律性的蠕动，对胃中的饲料进行搅拌和揉磨。瘤胃黏膜的乳头状突起，对食物的搅拌和揉磨具有帮助作用。

二、奶牛的消化系统

奶牛的消化系统主要由口腔、食道、胃（瘤胃、网胃、瓣胃和皱胃）、小肠（十二指肠、空肠和回肠）、大肠（盲肠、结肠和直肠）等组成（图1-1）。

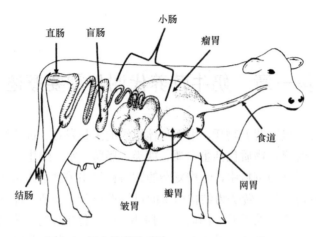

图 1-1　奶牛的消化系统（Magdalen，2016）

（一）口腔

奶牛的口腔主要由唇、齿、舌和唾液腺组成。奶牛的口腔是吞咽、咀嚼，将饲料与唾液混合进行反刍的器官；唇、齿、舌是主要的摄食器官；唾液腺可产生唾液，帮助消化食物。

1. 唇

奶牛的唇分为上唇和下唇。其游离缘共同围成口裂，在两侧汇合成口角。奶牛唇较短厚，坚实而不灵活，上唇中部与两鼻孔间平滑湿润的无毛区称为鼻唇镜。鼻唇镜的皮肤内有鼻唇腺，鼻唇腺的分泌物使鼻唇镜保持湿润。

2. 齿

奶牛牙齿的功能主要是咀嚼和磨碎饲料。在咀嚼动作完成的过程中，奶牛是通过下颌骨的横向运动，将植物纤维磨碎并形成食团后进行吞咽来完成咀嚼过程。齿按形态、位置和机能分为切齿、犬齿和臼齿三种。牛无上切齿和犬齿，下切齿每侧 4 个，由内向外分为门齿、内中间齿、外中间齿和隅齿。臼齿分为前臼齿和后臼齿，上下颌各有前臼齿 3 对和后臼齿 3 对。根据上齿弓和下齿弓每半侧各种齿的数目，可写出奶牛的齿式：

$$2\left(\frac{切齿\ 犬齿\ 前臼齿\ 后臼齿}{切齿\ 犬齿\ 前臼齿\ 后臼齿}\right)$$

奶牛的乳齿式为 $2\left(\dfrac{0\ 0\ 3\ 0}{4\ 0\ 3\ 0}\right)=20$，恒齿式为 $2\left(\dfrac{0\ 0\ 3\ 3}{4\ 0\ 3\ 3}\right)=32$。

齿在出生前和出生后逐个长出，除后臼齿外，其余齿到一定年龄时按一定顺序更换一次。更换前的齿为乳齿，更换后的齿为永久齿或恒齿。可以根据齿长出和更换的时间次序来估测奶牛的年龄（表 1-1）。

3. 舌

奶牛的舌头是采食时把食物卷入嘴中的主要器官。舌的运动十分灵活，参与采食、

表 1-1　奶牛乳齿和恒齿的出齿时间

名称	乳齿	恒齿
门齿	出生前	1.5~2 岁
内中间齿	出生前	2~2.5 岁
外中间齿	出生前至出生后 1 周	3 岁左右
隅齿	出生前至出生后 1 周	3.5~4 岁
第一前白齿	出生后数日	2~2.5 岁
第二前白齿	出生后数日	2~2.5 岁
第三前白齿	出生后数日	2.5~3 岁
第一后白齿		5~6 个月
第二后白齿		1~1.5 岁
第三后白齿		2~2.5 岁

资料来源：董常生，2001

吸吮、咀嚼和舌咽等活动，并有触觉和味觉等功能。舌头上表面长有角质化尖端朝里的小刺，上颚有横向角质化硬皮突起，游离端朝里，舌头与上颚的结构相辅相成，使进口的食物难以吐出口外。草料进入口腔后，与口腔分泌的唾液混合，将食物软化，然后经咽部送入食道。奶牛可以从饲料中挑出大于自己的舌头宽度（6~7cm）的饲料。因此充分混合日粮，并将粗饲料长度控制在 7cm 以下，可以有效避免奶牛挑食。

4. 唾液腺

奶牛的唾液腺主要由腮腺、颌下腺、颊腺（上颊腺、中下颊腺）和舌下腺（单口舌下腺、多口舌下腺）组成（图 1-2）。唾液腺分泌唾液，具有润湿分解饲料、杀菌和保护口腔的功能。高产奶牛分泌唾液可达 250L，所含碳酸氢盐较多。大量的缓冲物质可以中和瘤胃发酵产生的有机酸，能使瘤胃维持酸碱平衡。

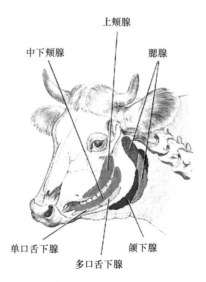

图 1-2　奶牛唾液腺（University College Dublin，2001）

（二）食管

食管是食物通过的管道，连接于咽和胃之间，可分为颈、胸、腹三部分。食管由黏膜、黏膜下层、肌膜和外膜4层构成，黏膜下组织含丰富的食管腺，能分泌黏液，润滑食管，利于食团通过。肌膜均由横纹肌构成，分为内环肌和外纵肌两层。唾液和草料在口腔内混合后经过食管由贲门进入瘤胃，瘤胃内容物在真胃排空、瘤胃前庭受到粗饲料强烈刺激时经由食管被逆蠕动回到口腔，再经过咀嚼后咽下。

（三）胃

奶牛的胃是多室胃，又称为反刍胃，由瘤胃、网胃、瓣胃、皱胃4个胃室组成（图1-3）。前3个胃黏膜内无腺体，不能分泌胃液，主要起贮存饲料和水，以及发酵、分解碳水化合物和蛋白质等营养物质的作用，合称为前胃。皱胃黏膜内有腺体分布，能分泌胃液，又称为真胃。

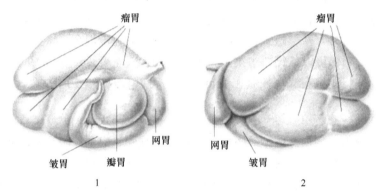

图1-3　奶牛胃左侧和胃右侧形态图（Kranky Kids，2015）

1. 胃左侧；2. 胃右侧

1. 瘤胃

（1）瘤胃的形态和位置。瘤胃是成年奶牛最大的一个胃，约占4个胃总容积的80%，瘤胃类似于椭圆形，几乎占据整个腹腔左侧。瘤胃前后稍长，左右稍扁，前端与后端有较深的前沟和后沟，左侧面和右侧面有较浅的左纵沟和右纵沟，在瘤胃壁内面，有与上述沟对应的肉柱，沟和肉柱共同围成环状，把瘤胃分成背囊和腹囊两大部分。在背囊和腹囊前后两端，由于前沟和后沟很深，将瘤胃分成4个囊区，分别是前背盲囊、前腹盲囊、后背盲囊、后腹盲囊。瘤胃的前端以瘤网口通网胃。背侧形成一个穹隆，称为瘤胃前庭，该处与食管相接的孔为贲门口。

（2）瘤胃壁的结构。瘤胃壁由下至上分为浆膜、肌层、黏膜下层和黏膜。黏膜表面有许多密集的类似手指状的突起，称为瘤胃乳头（图1-4和图1-5）。肉柱和瘤胃前庭的黏膜没有乳头。瘤胃黏膜上皮细胞中由下至上可以观察到4个细胞层（图1-6），分别为基底层、棘突层、颗粒层和角质层。这些细胞层没有明确的界限。在超微结构水平下可以观察到基底层和角质层界限比较明显。基底层的细胞有大量的核糖体、线粒体和高尔基体囊泡，以及卵圆形细胞核。细胞中可见明显的游离核糖体和粗面内质网，与线粒体和其他细胞器一起参与瘤胃发酵产物的吸收和代谢。瘤胃角化将导致营养物质吸收的表面积减少。这与基底层细胞的增殖、向外迁移，以及上皮细胞的结块有关。瘤胃角化是由于挥发性脂肪酸（volatile fatty acid，VFA）浓度的增加或瘤胃 pH 降低导致的瘤胃酸中毒引起的。

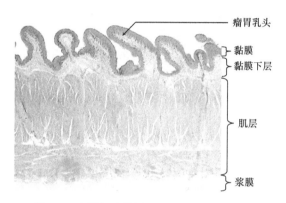

图 1-4　瘤胃细胞分层（Fitzgerald，2018）

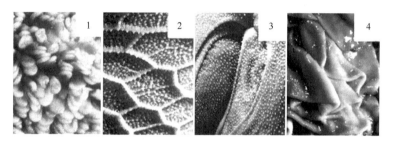

图 1-5　奶牛各个胃室解剖结构图（Russell，2002）

1. 瘤胃；2. 网胃；3. 瓣胃；4. 皱胃

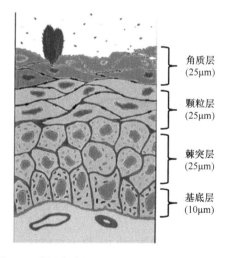

图 1-6　瘤胃上皮细胞层（Steele et al.，2016）

（3）瘤胃的血液供给。因为有大量的营养物质在瘤胃消化吸收，所以瘤胃的血液供应在生理学上是非常重要的。瘤胃的血流量和面积决定了它对营养物质的吸收率。血液营养物质的吸收并不是单向的。例如，当瘤胃内氨的浓度降低时，尿素会从血液中扩散到瘤胃。奶牛胃的血液供应来自于腹腔肠系膜主干动脉血管，它是牛体主动脉的分支血管。4 个主要的腹腔动脉血管分支是：①肝总动脉，供应胰腺、肝和胆囊，有部分支脉进入胃十二指肠动脉；②瘤胃右动脉，其分支进入胰腺和网膜；③瘤胃左动脉，其分支进入网胃和食道；④胃左动脉，其分支进入瓣胃和皱胃（图 1-7）。流经瘤胃的血液从瘤胃的左静脉和右静脉流入胃脾和胃十二指肠静脉。胃脾和胃十二指肠静脉也接收流经网胃、瓣胃和皱胃的血液。从瘤胃吸收的 VFA 和其他水溶性营养物质（如氨态氮）被直接运输到肝。肝门静脉中有 80% 的血液流向肝。

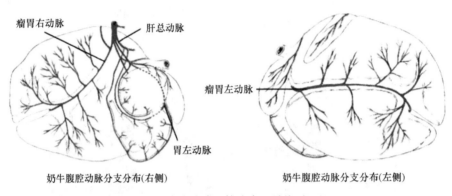

图 1-7　奶牛腹腔动脉血管分支（吴礼平，2017）

（4）瘤胃内环境。

1）饲料分布。由于粗饲料和谷物饲料的颗粒长度和密度有所差异，因此饲料在奶牛瘤胃内的分布有所不同。瘤胃的顶部是发酵产生的气体。典型的气体和占比为：氢气（H_2），0.2%；氧气（O_2），0.5%；氮气（N_2），7%；甲烷（CH_4），26.8%；二氧化碳（CO_2），65.5%（Sniffen and Herdt，1991）。长干草的颗粒通常比水的密度低，在液体和气体的分界面形成一个漂浮层。较小的颗粒会悬浮在液体层中。较重的颗粒，如谷物则会下沉到腹侧瘤胃（图 1-8）。

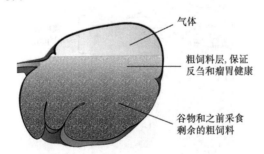

图 1-8　奶牛瘤胃内饲料分布示意图（Gookin et al.，2011）

2）瘤胃温度。瘤胃的温度为 39～40℃，比牛的体温 38.5～39.5℃稍高，瘤胃微生物在这样恒定的温度下才能有最好的生长和繁殖。奶牛采食饲料后，饲料的发酵产热会导致瘤胃内温度的升高。尤其是粗饲料较多时，会显著提高瘤胃内产热量，降低瘤胃微生物的数目和活性。所以在夏季，饲料中应适当增加精饲料的比例，避免因粗饲料发酵产热导致瘤胃微生物的数量和活性降低。冬季应增加发酵产热量大的饲料比例，饮温水不饮冰水，保持瘤胃温度不低于 39℃。

3）渗透压。一般情况下瘤胃内渗透压比较稳定，接近血浆水平。瘤胃内渗透压主要受饲喂的影响而变动，饲喂前一般比血浆低，而饲喂后高于血浆，历时数小时之久。奶牛饲喂后 0.5～2h 内，瘤胃内渗透压达 350～400mOsm/L（血浆为 300mOsm/L），体液从血液转运至瘤胃内。饮水使渗透压下降，随后的数小时逐步上升。渗透压变化还受到饲料性质的影响。饲料在瘤胃内释放电解质，以及发酵产生的 VFA 和氨等是瘤胃液渗透压升高的主要原因。

4）瘤胃 pH。瘤胃 pH 是反映瘤胃综合发酵水平的重要指标，直接受饲粮性质和摄食时间、唾液分泌量等因素影响。瘤胃 1 天内 pH 受饲喂影响而呈周期性变动，变动范围为 5.0～7.5。pH 的波动曲线反映积聚的有机酸和产生唾液的变化，一般于饲喂后 2～6h 达最低值。pH 波动的根本原因取决于饲粮结构与营养水平。此外，还有其他一些因素影响瘤胃的 pH。①增加采食量或饲喂次数均使 pH 下降；②环境温度，高温抑制采食和瘤胃内发酵过程，导致 pH 升高；③瘤胃部位，背囊和网胃内的 pH 较瘤胃其他部位略高；④瘤胃液损失 CO_2，使 pH 增高。

5）缓冲能力。瘤胃有比较稳定的缓冲系统，与饲料、唾液和瘤胃壁的分泌有密切关系，并受 pH、CO_2 分压和 VFA 浓度的控制。当瘤胃 pH 为 6.8～7.8 时，缓冲能力良好；超出这一范围，则显著降低。缓冲能力的变化与瘤胃液内碳酸氢盐、磷酸盐和 VFA 的总浓度及相对浓度有关。在通常的 pH 条件下，碳酸氢盐（pH 为 5.0～7.0）和磷酸盐（pH 为 6.0～8.0）起重要作用；但在低 pH 条件下（pH 为 4.0～6.0），VFA 的作用较大。饲喂前缓冲能力较低，饲喂后 1h 达最大值，然后逐渐下降到原先水平。

（5）瘤胃微生物。

1）瘤胃微生物的分布。瘤胃是一个巨大的发酵罐，内环境非常适合微生物的生长和繁殖。瘤胃中有 4 个相互作用的微生物分区（Cheng and McAllister，1997）。第一个是附着区，在这里微生物附着到饲料上分解不溶性多糖及溶解性较差的蛋白质。第二个分区由主要饲料颗粒及相关的微生物构成。这些微生物降解碳水化合物和蛋白质的寡聚体。这两个分区里的微生物量占微生物总量的 75%。第三个分区主要是流体，在瘤胃中自由漂浮的微生物群主要分解和利用可溶性碳水化合物（如葡萄糖）和蛋白质单体（如氨基酸）。这个分区内的微生物占微生物总量的 25%。第四个分区主要由附着在瘤胃上皮细胞或原生动物上面的微生物组成，占微生物总量<1%，包括分解尿素和脱落上皮细胞蛋白质的兼氧微生物。

2）瘤胃微生物的组成。瘤胃中的微生物群由原虫、细菌、真菌及噬菌体构成。1mL 瘤胃液中含有 10^4～10^7 个原虫、10^9～10^{11} 个细菌及 10^3～10^5 个真菌（Qi et al.，2011；Krause et al.，2013）。

瘤胃中的原虫分为纤毛虫和鞭毛虫（图 1-9 和图 1-10）这两种形态（Bohatier，1991），但大多数为纤毛虫（10^4～10^6 个/mL），有 25 个属超过 100 种。原虫有消化纤维的功能。

原虫吞噬细菌作为氮源，从而形成瘤胃内氮循环（Firkins et al.，1998）。

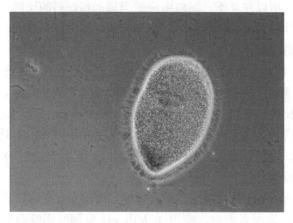

图 1-9　纤毛虫（Ștefănuṭ et al.，2015）

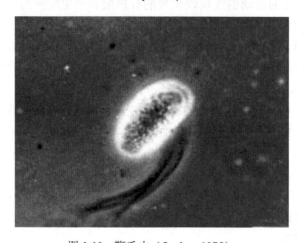

图 1-10　鞭毛虫（Orpin，1975）

瘤胃中细菌可以根据细胞壁超微结构（革兰氏阴性和革兰氏阳性）、形状（球形、杆形和螺旋形）及大小（一般为 0.3~50μm）进行分类。同时，也可以根据其发酵底物的类型进行分类，包括植物纤维分解菌（纤维素、木聚糖、果胶）、淀粉分解菌、蛋白质分解菌、脂质分解菌，以及乳酸利用菌、产甲烷菌和毒素分解菌。大多数种类的细菌都能发酵分解多个底物（Castillo-González，2014）。产甲烷菌（古菌）负责调节瘤胃总体的发酵。它们利用 CO_2 生成 CH_4 来去除氢气。产生甲烷使瘤胃中的氢分压保持在较低水平，这使得产甲烷菌促进其他细菌物种的生长并且提供一个更有效的发酵环境（Janssen and Kirs，2008）。

瘤胃真菌是较晚被人们所认知的瘤胃微生物（图 1-11）。有 6 个属已经被确定，占瘤胃总微生物量的 8%~20%（10^3~10^5 个/mL）。奶牛大量采食粗饲料时，真菌具有降解纤维素和木聚糖的功能，对纤维素在瘤胃内的降解发挥了重要的作用。它们将菌丝深入穿透植物细胞从而定植在植物纤维上，然后分泌一系列的水解酶来分解纤维素。

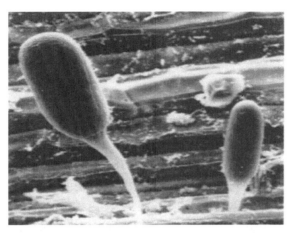

图 1-11 瘤胃真菌（Bauchop，1979）

噬菌体被称为微生物的病毒，广泛分布在瘤胃微生态系统中，瘤胃内噬菌体数量变化较大，1g 瘤胃内容物约含噬菌体 5×10^7 个。在一个细菌内往往有 2～10 个噬菌体。早在 20 世纪 60 年代，从牛瘤胃中分离出 6 种噬菌体，它们具有抗御链球菌和锯杆菌的能力。多数大型的有长突起的噬菌体呈游离状态存在，而少数吸附于小球菌上。瘤胃内细菌都吸附有噬菌体，吸附的噬菌体通过注射核酸进入细菌内，最终使细菌解体，并释放出噬菌体的后代。噬菌体通过溶解宿主菌影响瘤胃微生物组成，并成为瘤胃内蛋白质循环的一部分，因此被认为能降低饲料的利用率和维持瘤胃微生态的平衡。瘤胃噬菌体数量与日粮组成、取样时间和动物饲养地区无关。

（6）瘤胃的功能。瘤胃具有贮存、加工食物，参与反刍和进行微生物消化等功能。最主要的功能是进行内容物的混合循环和微生物的发酵。

1）瘤胃内容物混合循环。奶牛通过几个混合循环来维持正常的瘤胃机能，这些循环对于奶牛瘤胃内容物混合、嗳气、反刍，以及内容物通过网瓣口都是非常重要的。原发性收缩表现为瘤网胃折叠收缩两次。不同的环境和生理状态会影响瘤胃的蠕动。采食会导致瘤胃收缩频率的增加。奶牛采食后，瘤胃的收缩频率由每小时 60 次循环增加到105 次循环。次级收缩通常伴随着嗳气，有的时候发生在原发性收缩之后，有的时候没有（Maulfair and Heinrichs，2010）。次级收缩包括瘤胃背侧冠状肌柱、末端背盲囊和背囊的收缩及末端腹囊的松弛。收缩通常持续 30s。原发性收缩和次级收缩比例一般为 1:1。收缩感受受体分布在瘤网胃中，其中张力感受器主要分布在网胃和瘤胃的前囊的肌肉层中，密集分布在网状凹槽区域，张力感受器对速度、幅度刺激产生兴奋性，从而产生原发性收缩。在神经纤维中的传导速度平均为 12.5m/s。这些受体也与神经反射引发的流涎及调控瘤胃充盈度有关。其他的感受体分布在网胃、瘤胃前囊、瘤胃前柱和纵向肉柱及其他部位。这些感受体位于瘤胃上皮细胞的基底膜附近，会被酸、碱、低渗和高渗溶液及膨胀等因素激发。

2）微生物的发酵。奶牛和瘤胃微生物种群之间存在着互利互惠的关系，瘤胃微生物通过分泌特定的酶分解纤维素、半纤维素、淀粉、蛋白质等营养物质，产生大量的单糖、双糖、低级脂肪酸，合成维生素 B 和维生素 K 等。这些营养物质有的被瘤胃壁吸收，有的随食团进入皱胃和肠道被消化吸收。微生物不仅为宿主提供能量来源，还可以利用饲料中的蛋白质和非蛋白氮合成自身的蛋白质，随食团进入小肠被消化利用，成为奶牛机体的蛋白质供应源。

2. 网胃

（1）网胃的形态和位置。网胃最小，成年奶牛的网胃约占 4 个胃总容积的 5%。网胃略呈梨形，前后稍扁，位于膈顶后方与瘤胃的前下方。网胃的上端有瘤网口与瘤胃相通，瘤网口的右下方有网瓣口与瓣胃相通。网胃的位置较低，且前面紧贴膈，牛吞入尖锐金属等异物后容易留在网胃，因胃壁肌肉收缩，常刺穿胃壁引起创伤性网胃炎，严重时还穿过膈刺入心包，继发创伤性心包炎。

（2）网胃壁的结构和功能。网胃壁黏膜形成许多网格状皱褶，与蜂房相似，房底还有许多较低的次级皱褶形成更小的网格。在皱褶和房底部密布细小的角质乳头。

网胃对饲料有二级磨碎功能，并继续进行微生物消化，也参与反刍活动。随着网胃的强烈收缩，瘤–网皱褶移位，将食糜从网胃推到瘤胃中，并随着瘤胃肌肉的收缩反复进行。同时，在这一过程中网–瓣口打开，细小浓稠的食糜流入瓣胃，其余的则回到瘤胃腹囊。食糜流出瘤网胃之前，网胃的收缩主要起分类与过筛的作用。网胃也是吸入水分的贮存库，同时能帮助排出胃内的发酵气体。

3. 瓣胃

（1）瓣胃的形态和位置。瓣胃占奶牛 4 个胃总容积的 7%～8%，外形呈两侧稍扁的球形，很坚实，位于右季肋区，在网胃和瘤胃交界处的右侧，与第 7～11（12）肋骨下半部相对。壁面隔着小网膜与膈、肝等接触，脏面与瘤胃、网胃及皱胃等贴连。瓣胃底壁有一瓣胃沟与瓣胃叶的游离缘之间形成瓣胃管，瓣胃管经网瓣口上接网胃沟、下经瓣皱口通皱胃。瓣胃沟沟底无瓣叶。液体和细粒饲料可由网胃经瓣胃管进入皱胃。

（2）瓣胃壁的结构和功能。瓣胃壁的结构基本与瘤胃、网胃相似，其黏膜由许多叶片状结构组成，叶片状结构（星月状瓣叶）大小不一，长短也不同，总计有 80～100 片，从横切面看，很像一叠"百叶"，因此，通常把瓣胃称为"百叶胃"。瓣胃对饲料的研磨能力很强，有"三级加工"的作用，使食糜变得更加细碎。食糜因含有大量的微生物，在瓣胃内可继续进行微生物消化。同时，瓣胃可以吸收从瘤胃进来的食糜中的水、Na^+、K^+和 VFA，避免稀释皱胃（真胃）所分泌的酸（Holtenius and Björnhag，1989）。

4. 皱胃

（1）皱胃的形态和位置。皱胃是奶牛的第四个胃，占胃总容积的 7%～8%，呈前端粗、后端细的弯曲长囊形，在网胃和瘤胃腹囊的右侧，瓣胃的腹侧和后方，大部分与腹腔底壁紧贴。皱胃的前端粗大，称为皱胃底，与瓣胃相连；后端狭窄，为幽门部，与十二指肠相通。

（2）皱胃壁的结构和功能。皱胃壁由黏膜、黏膜下层、肌膜和浆膜构成。黏膜上皮为单层柱状上皮，黏膜内含有腺体，皱胃主要通过胃腺分泌大量的胃液对食糜进行化学消化作用。胃液中的主要成分有盐酸、胃蛋白酶和凝乳酶及少量胃脂肪酶。盐酸可不断地破坏来自瘤胃的微生物；胃蛋白酶分解微生物蛋白质产生氨基酸；凝乳酶能使乳汁凝固。犊牛凝乳酶含量较多，胃脂肪酶具有分解脂类物质的作用，食糜在进入十二指肠之前在幽门区被聚集成小簇。

5. 犊牛胃的特点

初生犊牛各个胃的大小与成年奶牛不同，皱胃特别发达，相当于瘤胃和网胃容积总和的 2 倍。10～12 周后，瘤胃逐渐发育增大，相当于皱胃容积的 2 倍，但此时瓣胃仍很小。4 个月后，随着消化植物饲料的能力不断增强，前胃迅速增大，瘤胃和网胃的总容积约达皱胃的 4 倍。到 1.5 岁，瓣胃与皱胃的容积几乎相等，4 个胃的容积比例与成年奶牛接近。在网胃壁的内面有一条网胃沟，又称为食管沟（图 1-12）。网胃沟起自贲门，沿瘤胃前庭和网胃右侧壁向下延伸到网瓣口。沟两侧隆起的黏膜褶称为网胃沟唇。网胃沟呈螺旋状扭转。未断奶犊牛的网胃沟唇发达，机能完善，吮乳时可闭合成管，乳汁直接从贲门经网胃沟和瓣胃沟到达皱胃；成年牛的网胃沟则封闭不全。

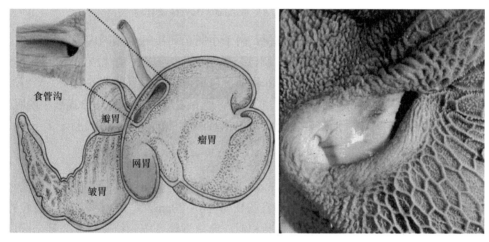

图 1-12　食管沟（Millen et al.，2016；Russell，2002）

（四）小肠

（1）小肠的形态和位置。小肠为细长的管道，前端起于皱胃幽门，后端止于盲肠，可分为十二指肠、空肠和回肠三部分。成年奶牛的小肠盘绕在腹腔内长达 46m，直径 1～4.5cm。均位于腹腔的右侧，通过总肠系膜附着于腹腔的背侧壁。

（2）小肠的结构和功能。小肠壁的结构可分为 4 层，自内向外依次为黏膜层、黏膜下层、肌层和外膜（图 1-13）。小肠黏膜层由上皮、固有膜和黏膜肌层组成，黏膜层表面形成指状突起——小肠绒毛，在绒毛底部有呈单管状的隐窝，两者的上皮互相连接，这样的结构增大了小肠与食糜接触的面积。奶牛小肠黏膜上皮细胞包括营养物质摄取细胞、黏液分泌细胞（杯状细胞）、免疫细胞（派尔集合淋巴结、树状细胞和淋巴细胞）和肠内分泌细胞。这些细胞分泌如黏液、抗菌肽等物质保护肠道，也分泌消化液、消化酶和一些激素如多肽 YY、胰高血糖素样肽-1 和胰高血糖素样肽-2 用于消化及降解蛋白质、碳水化合物和脂肪。

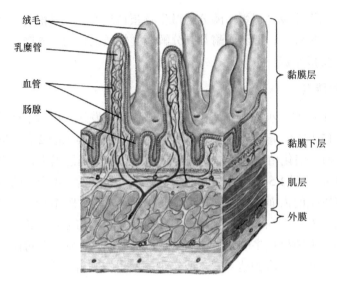

图 1-13　小肠壁的结构示意图（Boyer，2013）

小肠是营养物质消化吸收的主要部位。由于小肠长而接触食糜的内表面积大，消化腺丰富，可分泌多种消化液（如肠液、胆汁、胰液），含有多种消化酶，加上随食糜带进的许多消化酶，把食糜中大分子的营养物质（包括微生物本身的营养物质）分解成可吸收的小分子物质。这些物质通过滤过、扩散、渗透和主动转运等不同形式被小肠吸收，进入血液或淋巴。同时小肠通过运动把食糜中未被吸收的部分输送到大肠。

（五）大肠

（1）大肠的形态和位置。大肠长为 6.4～10m，位于腹腔右侧和骨盆腔，管径比小肠略粗，大肠可分为盲肠、结肠和直肠。盲肠长为 50～70cm，呈圆筒状，位于右腹外侧区。结肠长 6～9m，起始部的口径与盲肠相似，向后逐渐变细。结肠可分为升结肠、横结肠和降结肠。直肠短而直，长约 40cm，粗细较均匀，位于骨盆腔内。

（2）大肠的结构和功能。大肠壁的结构与小肠壁相似，也由黏膜层、黏膜下层、肌层和外膜构成，但黏膜表面平滑，不形成皱褶，无肠绒毛，上皮细胞呈高柱状，含排列整齐的大肠腺、较多的淋巴孤结和较少的淋巴集结。

奶牛大肠可消化和吸收食糜中未被小肠消化和吸收的一些营养物质，但其主要功能是吸收盐类和水分，形成粪便。盲肠与瘤胃一样，是微生物消化的另外一个部位。有些动物，如马、兔子的盲肠微生物发酵过程对其营养物质消化吸收很重要。对于成年奶牛来说，盲肠的微生物发酵没有瘤网胃重要。结肠是粪便形成的场所，结肠壁缺乏吸收水和矿物质的乳头状突起。直肠是大肠的最后一段，粪便排出之前在直肠存储。

（六）肛门

肛门是肛管的后口。肛管为直肠壶腹后端变细所形成的管。肛门为消化管末端，开口于尾根下方。奶牛采食的饲料由口腔进入，经胃肠道消化吸收，其代谢产物由肛门排出体外。

第二节 奶牛对营养物质的消化、吸收和代谢

奶牛消化主要是将饲料中结构复杂的营养成分通过瘤胃中的微生物，以及消化腺分泌的消化酶转化成结构简单的小分子化合物，通过瘤胃壁、小肠壁以门静脉回流组织进行营养物质的吸收，最后主要由肝对营养物质进行分解合成代谢，合成奶牛机体和泌乳所需的营养物质。

一、采食

（一）采食特点

理想状态下，一头奶牛每天平均应采食 12 次，在最佳的舍饲条件下，奶牛每天能采食 10～14 次。产奶量最高的奶牛每天采食 14 次。奶牛每天一般有 3～4 个采食高峰，总采食时间约 6h，每次采食的日粮都要完全一样，而且采食间隔也要尽量相同。奶牛的饲养管理过程中最好采用散栏饲养方式，保证奶牛 24h 都能接触到新鲜的日粮，保证奶牛每天不少于 6h 的采食时间。奶牛日常活动时间分配见表 1-2。

表 1-2　奶牛日常活动时间分配

行为	时间（h）
采食	4～6
躺卧	12～14
社交	2～3
反刍	7～10
饮水	0.5
其他（挤奶，人为干预等）	2.5～3.5

资料来源：Hulsen 和 Aerden 著，李胜利译，2017

奶牛采食饲料时不经充分咀嚼被吞咽，饲料中的金属丝、钉子、碎玻璃等被吞下后会导致胃炎和创伤性心包炎；塑料薄膜、食品袋则会造成瘤胃和网瓣口堵塞，严重时造成奶牛死亡；当饲料中块茎和果实未充分切碎时，则容易造成奶牛食道梗阻。因此，根据这些采食特点，必须将奶牛饲料中的异物去除。同时将饲料中的块根、块茎、小果实等切碎。

（二）影响奶牛采食量的因素

奶牛需要从采食的饲料中摄入足够的营养素，干物质采食量（dry matter intake，DMI）表示的是奶牛采食饲料中完全不含水分的部分。DMI 的准确预测在饲料配方设计中具有十分重要的意义，可避免奶牛的采食不足及过量，提高营养物质的利用率。如果奶牛营养素摄入量不足，对奶牛的生产水平及身体健康都会产生负面影响；另外，如果营养素摄入量过多会造成饲料的浪费，增加奶牛代谢疾病发生率，过多的营养素如氮和磷等排放到环境中会造成环境的污染。

奶牛 DMI 一般受到体重、生理阶段、饲料成分、环境，以及饲喂模式等因素的影响。

（1）体重。

奶牛的采食量一般按照占体重百分比来计算，犊牛采食量占自身体重的 2.5%~3%，育成奶牛的采食量为其体重的 2.2%~2.5%，成年奶牛采食量达到体重的 2%~3.5%，老龄奶牛低于 2.5%。

（2）生理阶段。

泌乳期奶牛营养需要量增加，DMI 也随之提高。有些时候，妊娠末期奶牛因胎儿发育挤占消化道体积从而导致 DMI 降低。围产期奶牛的采食量普遍降低，尤其是在产后 3 周内，奶牛 DMI 降低了 18%。

（3）饲料成分。

1）水分。在奶牛生产实际饲喂过程中，饲料的水分含量变化很大，所以干物质含量也会有显著的变动。日粮中饲料的水分超过 50% 时，对奶牛干物质摄入量有抑制作用。一般情况下，日粮水分超过 50% 后每提高 1%，DMI 就会下降体重的 0.02%。因此在确定饲料的饲喂量时，需要用水分含量进行校正。

2）中性洗涤纤维。奶牛日粮中的中性洗涤纤维（neutral detergent fiber，NDF）含量过高时，将影响饲料的消化率和在消化道中的流通速度，影响采食量。而饲料中 NDF 含量过低会影响瘤胃正常的生理功能。奶牛日粮中 NDF 含量应高于 25%，并且至少有 19% 来自于粗饲料，当饲料 NDF 含量超过 25% 时，随着 NDF 的提高，DMI 趋于下降。当 NDF 超过日粮干物质的 35% 时，将会限制干物质的采食量。

3）脂肪。当日粮中粗脂肪的含量为 5%~6% 时，对奶牛 DMI 没有明显的影响。但过多添加脂肪尤其是不饱和脂肪酸含量过高时，超过瘤胃微生物氢化能力的不饱和脂肪酸会在瘤胃中以游离不饱和脂肪酸的形式存在。瘤胃中游离的不饱和脂肪酸对瘤胃微生物具有毒性，其通过与瘤胃微生物细胞的结合、包裹饲料纤维从而阻止瘤胃微生物与饲料纤维相接触等作用，抑制瘤胃微生物对饲料纤维的消化活动，抑制奶牛 DMI。

4）精粗比。饲料中精饲料比例的增加会促进 DMI。日粮精饲料比例也明显地影响奶牛的采食量。但随着日粮中精饲料比例的增加，奶牛的 DMI 会增加，当精饲料达一定比例时（约 60%），就会达到 DMI 的峰值，若再继续增加精饲料比例，则奶牛的 DMI 会随精饲料比例的增加而下降。

（4）环境。

环境因子包括温度、湿度、风速和日照等都影响 DMI。等热区的定义为畜体用于调节体温消耗能量最少的温度带，而环境影响最小的温度区被称为舒适区。对于荷斯坦牛来说，其等热区是 4~26℃，舒适区是 15~25℃。当奶牛处于等热区上限之外的热环境时，奶牛会出现热应激现象，奶牛对热应激的反应首先表现为食欲下降，DMI 降低，一般奶牛在环境温度为 22~25℃ 时采食量开始下降，30℃ 时急剧下降，40℃ 时 DMI 不会超过 18~20℃ 时的 60%，40℃ 以上时将停止采食。热应激使得奶牛 DMI 减少，造成机体营养摄入不足。这主要是因为热应激奶牛体温升高，瘤胃环境改变，抑制了瘤胃微生物的活性，造成消化障碍。当奶牛处于下限临界温度之外的寒冷环境时，DMI 通常很高，采食产热增加。

（5）饲喂模式。

日喂次数增加能使奶牛 DMI 增加。日喂 2 次较日喂 3 次，可减少近 18%的采食量，奶牛以全天自由采食的采食量最大。由于奶牛的竞食性，小围栏和统槽饲喂比单槽饲喂采食量提高 15%～18%。频繁更换饲料将对采食量产生不利影响。

二、咀嚼

奶牛一天内进行 4 万多次的咀嚼（包括反刍时咀嚼次数），健康奶牛每次反刍，每个食团的咀嚼次数不低于 55 次。奶牛咀嚼时间长，说明奶牛很健康。饲料经过咀嚼后，与唾液相混合，粉碎饲料颗粒可以提高饲料中营养物质的溶解度，使瘤胃微生物充分利用饲料中的营养成分。奶牛在咀嚼时要消耗大量的能量，因此，对饲料进行适当加工（切短、揉碎、磨碎等），可以减少奶牛的能量消耗。

三、唾液分泌

奶牛的唾液中含有大量的钠离子和其他无机元素，还含有高浓度的碳酸氢根和磷酸二氢根。唾液可以增加瘤胃内容物的水分以稀释瘤胃内的酸性，并协助饲料颗粒进出瘤网胃；增加瘤胃缓冲液保持瘤胃的健康环境，如果唾液不足，瘤胃酸度增加，微生物活性降低（酸中毒）；为瘤胃微生物提供一些营养物质如尿素氮和矿物质（如钠、氮、磷、镁）；唾液含有黏液素可抑制泡沫形成从而抑制胀气。

奶牛的唾液分泌量大。据统计，每头奶牛每日的唾液分泌量为 300～500L，相当于体重的 60%～80%。奶牛有多个唾液腺。采食时，每分钟可分泌 120mL 唾液，反刍时每分钟能分泌 150mL 唾液。即使奶牛在不咀嚼时仍可以每分钟分泌大约 60mL 的唾液。饲喂高纤维饲料，奶牛每天可以咀嚼 10h，最多能分泌 180L 唾液。唾液的分泌量和唾液中各种成分的含量受饲料的物理性状、水分含量、日粮适口性和奶牛采食行为等因素的影响。若饲喂由粉碎的饲料或高比例的精饲料组成的日粮，则唾液分泌量会显著降低。

四、反刍

奶牛采食饲料往往不经充分咀嚼就吞咽至瘤胃中，在休息时又被逆呕回口腔进行仔细咀嚼，并混入唾液再吞咽回瘤胃，这一过程被称为反刍。反刍包括了液体回流和再吞咽；食团的再次咀嚼，与唾液混合和再吞咽。这是奶牛正常的消化活动之一，也是奶牛是否健康的标志之一。奶牛每天反刍 6～10 次。每次 30～50min，总耗时 7～8h，奶牛患病会导致反刍次数减少甚至停止。

（一）反刍的开始与结束

奶牛反刍的过程见图 1-14。首先，当第四胃（皱胃）排空，瘤胃壁受漂浮在瘤胃内容物上层、体积较大的饲料的机械刺激时，瘤胃前部与网胃共同强烈收缩（图 1-14-1）；

其次，网胃的收缩引起瘤胃贲门区域流体压力明显增加，横膈膜肌肉的收缩会形成一个负压将网胃内容物吸走（图 1-14-2）；然后，通过食道肌肉的逆蠕动（100cm/s）移送到口腔中进行再咀嚼（图 1-14-3）；最后，经过再次咀嚼后的食团与唾液混合后被吞咽回到瘤胃（图 1-14-4）。与其他哺乳动物不同，这种快速的收缩能发生是因为奶牛的食道具有横纹肌。反刍不是由 VFA、尿素，以及瘤胃 pH 变化引起的，而更多的是与饲料的长度与体积有关。

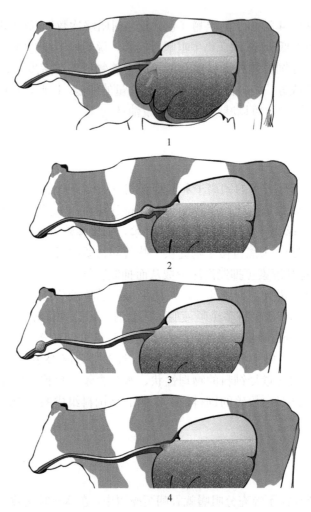

图 1-14　奶牛反刍过程示意图（Gookin et al.，2011）

1. 网胃收缩；2. 食团经由贲门被吸入食道；3. 食团经食管的逆蠕动进入口腔进行再咀嚼；4. 食团被吞咽回到瘤胃

（二）反刍的作用

反刍是减小饲料颗粒长度的唯一方法，咀嚼和反刍有所不同，咀嚼主要是进行饲料的吞咽，释放可溶性成分，破坏植物组织，以便于微生物进行消化。而反刍是减小饲料颗粒的长度，从而使食糜通过瘤网胃（Ulyatt et al.，1984）。虽然瘤胃微生物的分解有助于降低饲料颗粒的重量，但其对减小饲料颗粒长度的作用较小（<20%），微生物主要是

分解饲料细胞壁的结构，从而有利于饲料颗粒的降解。因此，纤维的消化并不会减小饲料颗粒的长度，而是使饲料细胞壁变得更脆弱，咀嚼时更容易破碎。反刍还可以为瘤胃微生物提供更均匀的饲料底物供应，因此，有助于瘤胃保持稳定的微生物种群。

奶牛的反刍活动受饲料、环境和健康等因素的影响。奶牛瘤胃发育越好，反刍能力越强。初生犊牛是没有反刍能力的，随着开始饲喂食料和牧草，瘤胃内微生物不断形成区系，犊牛在出生后的 14～21 天开始出现短时间的反刍行为，随着瘤胃的充分发育，出现正常的反刍周期。

Mertens（1997）提出的物理有效纤维（physically effective neutral detergent fiber，peNDF）是评定饲料纤维营养价值的重要指标，对反刍活动具有重要作用。它是指纤维的物理性质（主要是片段大小）、刺激动物咀嚼和建立瘤胃内容物两相分层的能力。适当地调整粗饲料物理性质（长度）可以有效刺激奶牛反刍，对奶牛保持健康的生理状态起到积极作用。最常见的物理有效纤维的评价方法有两种：第一种是以宾州粗饲料颗粒分级筛为工具，测定物理有效因子（physical effectiveness factor，pef）即测定宾州筛的4.0mm 筛以上的饲料颗粒占整个日粮干物质的比重，用该比重乘以其 NDF 含量即为peNDF 含量。第二种是用纤维的含量、长度，以及韧性来确定的咀嚼指数体系（或 Danish体系）。青粗饲料长度超过 3cm 和坚硬的颗粒饲料才能起到有效刺激反刍的作用。如果把粗饲料磨碎，会无法满足反刍条件，大幅度减少反刍的次数，草粉饲喂奶牛可使反刍时间缩短到 1h 多，并出现假反刍；从瘤胃向后消化道转移的食糜显著放缓，唾液分泌减少，引起严重的酸中毒，降低采食量和养分吸收量，影响奶牛的生产性能。

此外，安静和熟悉的环境有利于反刍的正常开始和进行。噪声和嘈杂的环境或是频繁地更换饲料等都会使奶牛受到惊吓，奶牛受惊将抑制反刍行为；饮用水缺乏，会使瘤胃中正常的分层状态难以保持，妨碍反刍过程。

反刍是判断奶牛健康与否的依据之一，如前胃迟缓、膨胀、食滞、创伤性网胃炎，以及其他严重的疾病均影响奶牛的正常反刍，甚至使反刍停止。

五、奶牛对营养物质的消化

（一）碳水化合物的消化

奶牛以植物的茎叶和籽实为主要饲料，它们都含有丰富的碳水化合物，植物中的碳水化合物可以粗略地分为非结构性碳水化合物（non-structural carbohydrate，NSC）和结构性碳水化合物（structural carbohydrate，SC），它们构成植物的细胞内容物和细胞壁。结构性碳水化合物的主要组成部分为纤维素、半纤维素和果胶，非结构性碳水化合物主要是糖、淀粉。由于瘤胃微生物的发酵作用，大部分的碳水化合物在瘤胃中被消化，形成 VFA、CO_2 和 CH_4 等。VFA 不但作为奶牛最主要的能量来源，而且参与各种代谢。因此，与单胃动物不同，VFA 是奶牛糖代谢的关键物质。

1. 结构性碳水化合物

瘤胃是消化结构性碳水化合物的主要场所，其实质是微生物消耗非结构性碳水化合物，不断产生纤维分解酶分解粗纤维的一个连续循环过程。瘤胃微生物在植物细胞壁上附着，利用非结构性碳水化合物和其他物质作为营养物质，使其自身生长繁殖，不断产生纤维素分解酶，水解植物多糖的 β1-4 糖苷键释放出二糖和葡萄糖，并进一步发酵转化为 VFA、CH_4、H_2 和 CO_2 等代谢产物。

2. 非结构性碳水化合物

口腔内的唾液淀粉酶可使少量淀粉水解为麦芽糖。但在奶牛口腔中，唾液多而淀粉酶很少，所以饲料淀粉在口腔中的变化很小。进入瘤胃后，饲料中可溶性糖和大部分淀粉在瘤胃微生物的作用下发酵降解为 VFA 和 CO_2，其余大部分则在小肠内消化。VFA 被前胃壁吸收后进入肝参加体内代谢，CO_2 和 H_2 合成 CH_4 并被排出体外，淀粉在奶牛瘤胃内的消化，随日粮因素如谷物类型、加工方法、精粗饲料比例等不同而变化。

瘤胃中没有被降解的淀粉和可溶性糖进入小肠，受肠淀粉酶和胰淀粉酶的作用，淀粉分解为麦芽糖，继而在麦芽糖酶、蔗糖酶的作用下，最终分解为葡萄糖等单糖。在小肠中未被消化利用的淀粉和糖进入盲肠和结肠，一部分被肠道细菌第二次发酵，降解为VFA 被吸收利用，所产生的气体及未降解部分排出体外。

（二）含氮物质的消化

奶牛唾液中没有蛋白质分解酶，饲料中含氮物质，包括蛋白质和非蛋白氮（non-protein nitrogen，NPN）被食入体内后，主要在瘤胃、皱胃（真胃）和小肠中被消化。蛋白质在奶牛真胃和小肠中的消化与单胃动物基本相同。但由于瘤胃微生物的作用，奶牛对蛋白质和其他含氮化合物的消化与单胃动物又有较大差异。

（1）蛋白质。饲料进入瘤胃后，在瘤胃微生物作用下，将蛋白质分解为肽、氨基酸和氨。在有碳源和能量的条件下，合成微生物蛋白。瘤胃内被微生物降解的蛋白质称为瘤胃降解蛋白质（rumen degradable protein，RDP）。还有一部分饲料蛋白质未被降解而进入消化道后段。这些未被微生物降解的饲料蛋白质通常被称为瘤胃非降解蛋白质（rumen ungardable protein，RUP）。过瘤胃蛋白质与瘤胃微生物蛋白质一起在真胃和小肠内消化腺分泌的蛋白酶和肽酶的作用下，降解为小肽和游离氨基酸，然后被肠壁吸收进入血液循环供机体利用。

（2）非蛋白氮。进入奶牛瘤胃的含氮物质除蛋白质外，还有 NPN。NPN 的来源有两方面：一是饲料中原有的氨化物，在牧草和青贮料等中含有较高的含量；二是人工合成的非蛋白氮化合物，如尿素、双缩脲等。瘤胃微生物将 NPN 降解后生成氨，然后利用氨合成自身的菌体蛋白。因此，在日粮中添加 NPN 以取代一部分蛋白质可大大降低饲料成本，节约蛋白质饲料。

（三）脂肪的消化吸收

犊牛对乳脂肪的同化作用基本与单胃动物相同，胃前脂肪酶（舌根分泌）是犊牛消化脂类的开始，成年奶牛对饲料脂类的消化开始于瘤胃，在小肠内继续进行和基本完成。

（1）脂肪在瘤胃的消化。饲料脂类进入瘤胃后，瘤胃微生物对饲料中的脂类进行分解代谢和重新改造，与此同时又重新合成自身的脂类。瘤胃细菌产生脂肪酶把甘油三酯（triglyceride，TG）分解成为脂肪酸和甘油。甘油被转化成 VFA。降解生成的长链脂肪酸（long chain fatty acid，LCFA），其中大部分是不饱和长链脂肪酸。LCFA 在瘤胃微生物作用下经过生物氢化作用，产生一系列顺式和反式十八碳烯酸的异构体。

瘤胃微生物可以通过水解脂质来合成自身脂肪，瘤胃微生物脂肪的生物合成包括奇数和支链脂肪酸的形成。在微生物脂质中发现具有 15 个碳原子和支链的脂肪酸。此外，瘤胃微生物可利用丙酸、戊酸合成奇数碳原子长链脂肪酸，也可以利用异丁酸、异戊酸和支链氨基酸等碳骨架合成支链脂肪酸。

（2）脂肪在小肠的消化。瘤胃微生物对饲料中的脂肪进行了氢化作用，所以进入小肠的脂质中大部分是吸附在饲料颗粒上的饱和脂肪酸。其余的脂质主要来自微生物细胞膜的磷脂。这些磷脂含有一系列奇数碳链的脂肪酸，主要是 C15 和 C17 及支链脂肪酸。脂肪的消化开始于乳化脂肪，因为它们与胆汁酸/盐结合并形成乳糜微粒（外侧为亲水极）。胰脂肪酶水解乳化甘油三酯，形成 β-单甘油酯和游离脂肪酸。在肠上皮细胞中，脂肪酸和甘油单酯被重新酯化形成甘油三酯。并且与胆固醇、胆固醇酯、磷脂和少量蛋白质（脂蛋白）结合形成低密度脂蛋白被吸收入门静脉血被转运。胆盐则重新回到小肠中形成乳糜微粒。

六、奶牛对营养物质的吸收

门静脉回流组织（portal drained vescera，PDV）是大部分消化道、脾、胰、肠系膜和大网膜脂肪实体组织集合的总称，这些组织的毛细血管，经逐级汇集最后形成门静脉，是肝血液的主要来源（约占 70%），这样就使内脏器官被联结在一起，将营养物质吸收入肝，并经过肝的代谢输送到身体的其他组织中。

1. 挥发性脂肪酸

碳水化合物发酵产生的 VFA，绝大部分被前胃壁吸收，其余部分在小肠内被吸收，VFA 可以以未解离和解离的形式被瘤胃上皮吸收。未解离的 VFA 是瘤胃上皮细胞吸收的主要形式，吸收速度受碳原子的数量和瘤胃液 pH 的影响。碳原子越多，吸收就越快。因此，丁酸吸收最快，丙酸次之，乙酸最慢。pH 降低会使 VFA 吸收效率小幅增加（Dijkstra et al.，1993；Aschenbach et al.，2011）。与非反刍动物结肠和盲肠组织相比，它的吸收不依赖 Na^+/H^+ 交换（López et al.，1994）。解离的 VFA 通过与碳酸氢根阴离子交换被吸收。

VFA 占 PDV 吸收净能量的 69%，其中乙酸和丙酸含量最多（Baird et al.，1975）；每种 VFA 占泌乳奶牛 PDV 吸收净能量的 30%（Reynolds and Huntington，1988）。PDV 吸收的 VFA 进入肝中进行代谢。泌乳奶牛约 93%的 PDV 吸收的丙酸被肝组织代谢利用（Lomax and Baird，1983）。VFA 进入 PDV 的量与饲料的组分和采食量高度相关（Huntington and Prior，1983）。通过改变日粮的精粗比例可以改变瘤胃发酵模式，瘤胃液和门静脉血液中挥发性脂肪的比例也会随之变化，但单种酸的代谢程度没有变化（Seal and Reynolds，1993；Bannink et al.，2008）。饲料中的碳水化合物可以在后肠道被发酵，生成的 VFA 也会进入门静脉血，所以无法区分 VFA 是否都来自瘤胃的吸收。

2. 葡萄糖

奶牛即使饲喂高淀粉日粮，门静脉净吸收葡萄糖的量也很低。当用淀粉或葡萄糖灌注皱胃时，葡萄糖也不能完全被 PDV 吸收。当给皱胃灌注葡萄糖、玉米淀粉及淀粉糊精时，PDV 对葡萄糖的净回收率分别为 73%、57% 及 60%（Kreikemeier and Harmon，1995）。其他研究也发现当给皱胃灌注淀粉的时候，PDV 对葡萄糖的净回收率为 25%～51%（Reynolds，2002）。净回收率偏低的原因部分是门静脉回流内脏组织内动脉葡萄糖代谢增加。当饲喂粗饲料为主的日粮时，肠系膜静脉对葡萄糖的净吸收量高于门静脉的吸收量。当饲喂以玉米为主的谷物饲料时，门静脉吸收的葡萄糖的量会增加。即使考虑PDV 动脉对葡萄糖的利用，饲喂过瘤胃淀粉后，葡萄糖仍不能完全被门静脉吸收。这可能是消化或者发酵不完全导致的，也有可能是小肠内葡萄糖代谢造成的。

3. 氨基酸

奶牛有 61% 的必需氨基酸和 38% 的非必需氨基酸被门静脉吸收（Berthiaume et al.，2001）。PDV 将氨基酸从动脉血中吸收，并释放到静脉血中。肠道中没有被门静脉吸收的氨基酸进入除小肠上皮细胞外的组织的动脉血中。

影响奶牛 PDV 对氨基酸吸收的因素包括氨基酸的类型、吸收的部位、动脉血浆中的浓度及血流量等。对奶牛而言，PDV 对苏氨酸、苯丙氨酸、亮氨酸和组氨酸的吸收速率最快。外周组织吸收的必需氨基酸是 PDV 吸收的主要来源（Hanigan et al.，2004）。必需氨基酸的净吸收量与动脉血中的浓度呈线性关系（Raggio et al.，2004；El-Kadi et al.，2006）。可代谢蛋白质的增加能促进门静脉对必需氨基酸的吸收。未被肝和外周组织吸收的必需氨基酸再次回到体循环，其中大部分被吸收到 PDV 的动脉血中，每次通过的时候吸收的比例为 5%～20%。因为动脉血中的必需氨基酸是 PDV 的主要来源，所以血流量的增加会提高必需氨基酸的总供给量。然而，PDV 也是氨基酸的输出组织，增加血流量也会增加门静脉中氨基酸的流失率，从而降低了组织与门静脉中必需氨基酸的浓度。

4. 氨

瘤胃微生物在有足够的能量和碳源的条件下，能利用氨合成氨基酸，并进一步合成微生物蛋白质。当瘤胃微生物分解蛋白质产生氨的速度超过瘤胃微生物利用的速度时，多余的氨则被瘤胃壁吸收进入 PDV，在肝中合成尿素，合成的尿素一部分经唾液或直接通过瘤胃壁返回瘤胃而被微生物再利用，另一部分经肾排出。这种氨和尿素的合成和不断循环被称为瘤胃氮素循环。

5. 脂肪酸

大部分游离（非酯化）的 LCFA（约 85%）吸附到饲料颗粒上从瘤胃进入肠道，其余部分的 LCFA 主要以微生物磷脂形式被酯化。瘤胃中饱和的 LCFA 在肠道的吸收效率很高，C16 和 C18 脂肪酸的吸收率分别为 79% 和 77%（Doreau and Chilliard，1997）。酸性环境的空肠前段主要吸收混合微粒中的长链脂肪酸，中、后段空肠主要吸收混合微粒中的其他脂肪酸，溶血磷脂酰胆碱也在中、后段空肠吸收，LCFA 的大部分是在空肠的后 3/4 部位被吸收的。

PDV 负责吸收和同化来自饲料和瘤胃微生物的 LCFA，并且将这些 LCFA 以脂蛋白形式的 TG 输送到身体的其他部分（Bauchart，1993）。PDV 还参与 TG 在 PDV 相关脂肪组织中的沉积，以及释放非酯化脂肪酸（nonesterified fatty acid，NEFA）在血液中与白蛋白结合循环至身体的其他组织。PDV 的一些组织，特别是与肠道壁相关的肌肉组织，可以氧化 NEFA 以获得部分 ATP 需求。

七、奶牛对营养物质的代谢

被吸收到门静脉中的营养物质首先要经过肝的代谢，然后通过腔静脉输送到身体各个部位。肝具有极强的代谢活性，其重量占体重的 2%～3%，但占体内的耗氧量却高达 25%（Reynolds et al.，1995）。除了由门静脉提供的血液外，肝还接收来自肝动脉的氧气和营养物质，肝动脉贡献了 10%～20% 的肝血流量。肝一些重要的代谢功能使其产生了很高的代谢速率。

1. 氨基酸代谢

肝涉及的氨基酸代谢除了合成并转运蛋白质外，主要包括合成尿素及葡萄糖。当氨基酸的分解超过机体需要时，氨基酸通过转氨基作用合成其他的氨基酸或进入糖代谢途径。肝是氨基酸代谢的重要部位，由于肝对氨基酸广泛的分解代谢作用，所以肝决定了周围组织的氨基酸供应，但肝也受到动脉氨基酸浓度变化的影响，这是其吸收速率和身体组织的利用程度决定的。

奶牛最显著的特征之一是瘤胃中含氮化合物的大量降解。大部分氮被降解生成氨，如果不被瘤胃微生物利用，则氨被吸收到门静脉中，随血液进入肝合成尿素，其吸收量在一定程度上取决于氮的摄入量。总体而言，对于奶牛来说门静脉氨含量的平均值为氮的摄入量的 48%。外周血中高浓度的氨是有毒的，会对中枢神经系统产生影响。肝将氨转化为尿素或以胺化反应（如从谷氨酸合成谷氨酰胺）的方式有效地去除，在肝中产生的内源尿素高达 91% 可通过再循环重新进入消化道。

氨基酸可以为肝葡萄糖合成提供碳链。对于泌乳奶牛来说，氨基酸可以提供 15%～30% 的生糖前体用于生成葡萄糖。但不是所有的生糖前体都用于合成葡萄糖。氨基酸也可以以小肽的方式被转运到肝，为葡萄糖生成提供碳源，并为尿素的生成提供氮源（Webb，1986；Danilson et al.，1987）。

2. 糖代谢

瘤胃发酵产生的乙酸、丙酸和丁酸被瘤胃壁吸收进入门静脉，乙酸在肝中一是经过三羧酸循环，进行氧化代谢作用；二是在肝中合成脂肪酸；三是合成部分酮体。丙酸主要在肝经过糖异生作用合成葡萄糖。乳酸、CO_2 和丁酸被代谢产生能量、CH_4 和 β-羟基丁酸（Bergman，1990；Britton and Krehbiel，1993）。

VFA 对牛奶的产量、蛋白质和脂肪含量都有重要影响，乙酸和丁酸主要用于合成乳脂肪，丙酸被转化成葡萄糖，被乳腺细胞利用合成乳糖。葡萄糖的供给是影响产奶量的最大因素。与单胃动物不同，奶牛体内的葡萄糖不是从瘤胃或小肠所吸收的，主要是依赖肝中的糖异生作用，主要前体物是丙酸，即使是充分进食后的奶牛，这三种 VFA 在血液及瘤胃里的相对浓度也不是很高，这说明奶牛能够很快地将 VFA 利用（Van Houtert，1993）。肝和瘤胃上皮细胞对不同的 VFA 亲和程度不同，瘤胃上皮细胞对丙酸的亲和程度较肝低，因此确保大量的丙酸在肝中被代谢，而与之相反，大部分的丁酸在到达肝之前基本被瘤胃上皮细胞吸收利用。

乙酸被瘤胃壁所吸收，然后通过门静脉进入肝，乙酸是唯一一个在肝没有被大量代谢的 VFA。60%的乙酸在外周组织（肌肉和脂肪组织）代谢，只有 20%在肝中代谢，还有少量在乳房中参与乳脂肪合成。

用于合成葡萄糖的主要是丙酸、异丁酸和戊酸（Bergman，1990）。其中 90%～95%的葡萄糖前体是由丙酸生成的。因此，瘤胃中生成的丙酸是用于合成葡萄糖最重要的底物。这些 VFA 合成葡萄糖的量占肝合成葡萄糖总量的 44%～78%。肝可以从血液中有效地吸收丙酸，丙酸除了小部分会在瘤胃上皮细胞被转化成乳酸外，几乎全部被瘤胃细胞吸收，门静脉中 90%的丙酸都进入了肝，在肝细胞的线粒体和细胞质内进行糖异生被转化为葡萄糖。增加瘤胃中丁酸盐的吸收会引起内脏丙酸盐释放量的增加（Kristensen and Harmon，2004）。肝中葡萄糖排出量通常与饲料采食量和泌乳量相关（Danfær，1994）。当门静脉血中丙酸被肝吸收的速度低于肝内丙酸转化为葡萄糖的速度时，会刺激胰岛素的分泌，使丙酸在三羧酸循环中代谢，或者合成脂肪酸。

门静脉血中丁酸浓度很低，其在瘤胃上皮被直接转化成酮体，如 β-羟丁酸和乙酰乙酸，这些酮体可以被转运出肝到肌肉及心组织，被转换成乙酰 CoA，进入三羧酸循环被分解代谢，并生成 ATP，但是奶牛在产后干物质采食量低，脂肪大量动员，而缺乏葡萄糖时，肝中产生的酮体超过肝外组织的利用限度，造成酮体在体内聚集，从而产生酮病。

3. 脂肪代谢

肝是机体能量代谢的主要器官，长链脂肪酸是主要的能量来源。LCFA 可以在肝中被完全氧化生成 CO_2 和水，或者部分氧化生成乙酸或酮体。此外，脂肪酸可以合成 TG 沉积在肝中并且以脂蛋白的形式从肝分泌出去（图 1-15）。

肝中 LCFA 的来源主要是血浆中的 NEFA。肝吸收 NEFA 取决于它们在血液中的浓度和血流量。NEFA 的浓度随着脂肪组织中脂肪的动员而增加（Hocquette and Bauchart，1999）。肝中 LCFA 的第二个来源是 TG 的水解。肝线粒体内含有各种合成酮体的酶类，尤其是羟甲基戊二酸单酰辅酶 A（CoA）合成酶，因此生成酮体是肝特有的功能。但是肝缺乏琥珀酰 CoA 转硫酶和乙酰乙酰 CoA 裂解酶等酶类，因此肝不能利用酮体，当葡萄糖供应不足时，脂肪组织被动员，释放的脂肪酸进入肝内进行代谢。此时，肝内脂肪

酸 β 氧化能力增强，产生酮体供脑组织等应用。肝氧化脂肪酸的能力有限，但酯化脂肪酸的能力很强。TG 的合成主要在内质网中进行，肝细胞和脂肪细胞主要按甘油二酯途径合成 TG。TG 在肝内质网合成后与载脂蛋白，以及磷脂、胆固醇结合生成极低密度脂蛋白（very low density lipoprotein，VLDL），由肝细胞分泌入血而运输至肝外组织。如果因营养不良、中毒、必需脂肪酸缺乏或蛋白质缺乏等原因使肝细胞合成的 TG 不能形成 VLDL 分泌入血，或者 TG 的量超过其合成与分泌 VLDL 的能力时，TG 便积存于肝内，形成脂肪肝。

肝中不同代谢途径的进行受其日粮（脂肪与碳水化合物的比例、脂肪含量、日粮中脂肪酸的组分）和激素的调节。例如，胰岛素可以刺激脂肪酸的从头合成和酯化，但抑制它们的氧化。当采食过后，日粮中有 76%的棕榈酸被酯化，24%在肝中被氧化。但是，当禁食的时候，分别为 33%和 66%。奶牛肝中这些脂肪酸代谢之间的分配失调可导致 TG 在肝中的积聚（导致其脂肪变性）或者产生酮病。

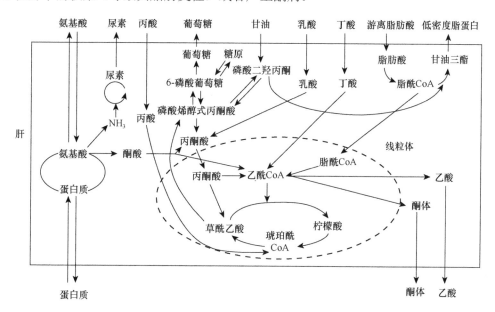

图 1-15　营养物质在肝中的代谢（Riis，1983）

八、奶牛乳腺对营养物质的合成

奶牛乳房由 4 个独立的乳腺组成，每个乳房有一个乳头和一个开口。牛奶是由乳腺腺泡产生的。每个腺泡含有 0.01mL 的乳汁，这些乳汁是从上皮细胞分泌出来的。一旦腺泡充满，腺泡外的肌上皮细胞就会收缩，将牛奶推入乳管和乳房。成年母牛的乳房重量为 10～30kg，有 5～20 个较大的输乳管并分支形成较小的乳管与腺泡相连。乳房需要 400～500L 血液来提供 1kg 牛奶所需的营养物质。

乳腺是牛奶中各种营养成分的合成与分泌的场所，饲料中的营养物质经过消化道降解吸收后成为乳成分前体物进入血液，循环进入乳腺的毛细血管和上皮细胞之间的细胞外液中。乳腺细胞从血液中选择性摄取乳成分前体物，并在乳腺腺泡的分泌细胞中合成乳脂、乳糖和乳蛋白（图 1-16 和图 1-17）。免疫球蛋白可以完整地通过细胞。进入乳腺的乳蛋白前体物主要包括游离氨基酸及小肽；乳脂前体物主要包括乙酸、β-羟丁酸和

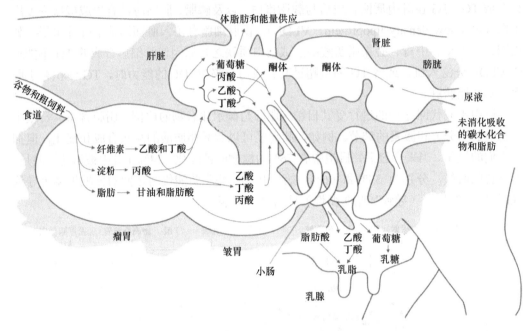

图 1-16　饲料中碳水化合物和脂肪合成乳脂和乳糖示意图

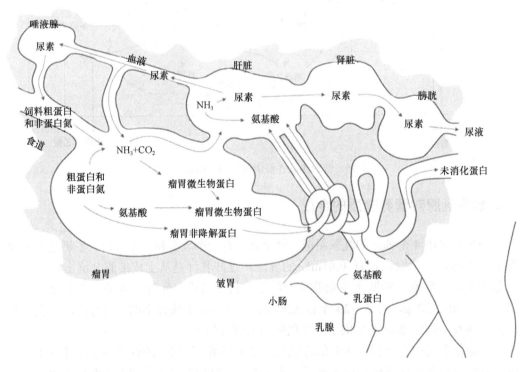

图 1-17　饲料中蛋白质合成乳蛋白示意图（Bryant and Moss，Montana State University）

长链脂肪酸；乳糖前体物主要为葡萄糖。乳成分前体物的含量和组成直接影响乳腺内乳蛋白质和乳脂等乳成分的合成，进而影响乳品质。

（一）乳糖的合成

进入奶牛乳腺的葡萄糖来源包括两部分：一部分来自饲料中的淀粉，淀粉在瘤胃中被降解后生成丙酸，丙酸吸收进入肝后通过糖异生作用合成葡萄糖；另一部分由非糖物质转化合成的葡萄糖。提高产奶量的关键就是给乳腺细胞提供充足的葡萄糖。葡萄糖中的一部分在乳腺细胞中经氧化代谢途径产生三磷酸腺苷（adenosine triphosphate，ATP），一部分用于合成甘油（用于合成牛奶中的 TG），20%～30%通过戊糖磷酸途径产生还原型辅酶Ⅱ（NADPH）（用于合成脂肪酸）及核糖（用于 DNA 和 RNA 合成），60%～70%进入乳腺细胞中转化为半乳糖后再通过高尔基体的加工生成乳糖。当血糖水平为 20～80mg/100mL 时，乳糖的合成是稳定的。乳腺细胞内葡萄糖浓度是乳糖合成速率的限制因素。乳糖合成形成的渗透压会导致水进入乳腺细胞，最终成为牛奶的一部分。高尔基体对乳糖的合成和水进入乳腺细胞发挥了重要作用。

（二）乳蛋白的合成

牛乳总固形物中乳蛋白含量约占到 25%。乳蛋白由 78%～85%的酪蛋白、18%～20%的乳清蛋白和 5%的 NPN 组成。酪蛋白由 α、β、κ 和 γ-酪蛋白组成，乳清蛋白由 β-乳球蛋白、α-乳白蛋白、清蛋白、免疫球蛋白和乳铁蛋白组成。乳腺中 90%以上的乳蛋白质由氨基酸从头合成。乳腺组织对氨基酸的利用受氨基酸的血液浓度、氨基酸摄取进入乳腺细胞的机制及氨基酸的细胞内代谢的影响。这其中的每一个都受到一系列因素的影响。血中氨基酸浓度受营养的影响，也受动物的生理状态等因素的影响。每种氨基酸在组织中可能存在多种摄取机制。氨基酸的细胞内代谢涉及多种竞争的生化途径。氨基酸进入乳腺细胞后，以共价结合连接在一起，在粗面内质网的多核糖体上形成蛋白质。在粗面内质网处合成的蛋白质包括要分泌的蛋白质（酪蛋白、β-乳球蛋白、α-乳清蛋白）和膜结合蛋白。新合成的蛋白质从粗面内质网转移到高尔基上经后续的翻译加工后分泌到乳腺细胞外。酪蛋白以胶束的方式分泌，胶束是酪蛋白分子、钙和磷在高尔基体中形成的。留在细胞中的蛋白质是由细胞质中的核糖体合成的。这些蛋白质包括所有细胞酶、细胞中的结构蛋白及所有其他细胞蛋白。乳蛋白和乳糖通过从高尔基体形成的分泌囊泡被运输到细胞的顶膜，这些分泌囊泡由脂质双层膜结合。在顶膜，分泌囊泡的膜与顶膜的内表面融合，形成开口，囊泡内容物通过该开口被排出到乳腺泡腔中。

（三）乳脂肪的合成

乳中脂肪酸的来源有两个途径：一个是乳腺组织从血液中摄取的脂肪酸，乳腺外源转化脂肪酸包括全部的长链脂肪酸和约 50%的 C16：0；另一个是中短链脂肪酸的乳腺内从头合成，即乳腺内脂肪酸的合成，这一途径以瘤胃内日粮来源的碳水化合物经由微生物发酵后产生的乙酸和 β-羟丁酸为前体物合成短链（C4～C8）和中链（C10～C14，

50%的 C16：0）脂肪酸（Bernard et al.，2008）。脂肪酸从头合成的场所是乳腺上皮细胞，合成的中短链脂肪酸为乳中脂肪酸的 40%～50%。

乳脂合成的前体物由乳腺细胞基底外侧膜吸收。在奶牛的乳腺细胞中，乙酸和β-羟基丁酸是脂肪酸合成的重要前体。此外，还有一些脂肪酸、甘油和单酰甘油酯也被乳腺细胞吸收。所有这些成分都用于合成牛奶中的 TG 及脂肪酸。脂肪酸前体主要来源于肝和肠道生成的 VLDL 及乳糜微粒，它们在乳腺毛细血管中经过脂蛋白脂酶降解后释放出游离脂肪酸、二酰甘油酯、单酰甘油酯或甘油。奶牛饲料中的脂肪通常含量较低并且经过瘤胃微生物的加工。牛奶脂肪酸的组成通常不会受到饲料的影响。然而，一些过瘤胃脂肪可以直接到达后肠道，并成为 VLDL 和乳糜微粒的一部分，从而改变牛奶中脂肪酸的组成。TG 在乳腺细胞光面内质网上合成并形成小脂滴。大量小的脂滴会融合在一起逐渐变大向细胞顶膜移动。随后顶膜包围脂滴进入乳腺泡腔。在细胞内，脂类不是与膜结合的，被称为脂滴，而在分泌入腔后，乳脂球被膜所包围。

（四）其他物质

有一些牛奶中的成分没有经过乳腺上皮细胞的合成作用，它们通过上皮细胞屏障，与血液中的形式基本一致。其中包括结合细胞基底外侧表面的特定受体的免疫球蛋白，它们通过细胞囊泡进入细胞，并通过内囊泡被细胞释放到泡腔中。当运输囊泡穿过细胞时，它们不与高尔基体、内质网及脂滴相互作用。通过这种机制，一些血清白蛋白可以在没有血清白蛋白受体的情况下通过上皮细胞。血清白蛋白分子与免疫球蛋白被吸收进入囊泡从而进入细胞内。

（五）细胞旁通路

除了水和一些离子物质外，上皮细胞之间的紧密连接可以防止其他物质在细胞间流动。而当有其他物质通过紧密连接的细胞时，这一途径被称为旁细胞途径。奶牛乳房发炎时，或者当催产素引起泌乳时，紧密的连接部分被打开允许乳糖和钾从腔内移动到细胞外间隙，钠和氯从细胞外间隙移动到腔内。这会使牛奶的导电率发生变化（可用于检测乳腺炎），使血液中乳糖和其他牛奶中特有成分的浓度增加。此外，其他直接进入腔内的成分是白细胞，它是牛奶中体细胞的主要成分。

第三节　奶牛不同阶段的生理特点和营养需要

奶牛的营养需要是指每头奶牛每天对营养素包括碳水化合物、脂肪、水、蛋白质、矿物质和维生素等的需要量。饲料被奶牛采食消化后，其中的营养素被释放出来，通过生化代谢途径转化成为奶牛机体细胞、组织和器官所能利用的适当形式被利用。奶牛利用其所吸收的营养素实现自身生命活动的一些基本功能，营养素在体内进行生化代谢时通常伴随着能量的产生。

奶牛的营养需要一般通过析因法进行测定，根据"维持需要和生产需要"分开的基本原理，分别测定奶牛的维持需要和生产需要。当奶牛仅仅是进行机体最基本正常的生命活动，如维持体温、更替和修复受损凋亡细胞和组织、保持健康等，这些营养素的利用方式被称为维持需要。通过消化饲料将营养素用于生长、泌乳和繁殖，则被称为生产需要。维持需要和生产需要两者合起来构成了奶牛的营养需要。

一、后备奶牛不同阶段的生理特点和营养需要

根据后备奶牛在各阶段的生理特点，一般可划分为犊牛期（初生至断奶）、育成期（断奶至初次配种）和青年期（初配种至第一胎分娩）。由于后备奶牛不同生长阶段的组织器官发育有所差异，因此各生长阶段的营养需要量也不同。

（一）犊牛

1. 犊牛生长发育特点

新出生犊牛的消化道结构与成年牛有明显的不同，瘤胃、网胃和瓣胃的容积很小，约占 4 个胃总容积的 30%。在 1～2 周龄时几乎不进行反刍，因此不摄取固体饲料，真胃（皱胃）相对容积较大，占 70%。奶牛的瘤胃、网胃和瓣胃都没有分泌消化液的腺体，只有真胃能分泌消化液，所以在前三个胃功能没有建立以前，主要依靠真胃进行消化。3～4 周龄时犊牛开始出现反刍活动，摄取少量的精饲料和干草，消化这些固体饲料则以真胃及肠道为主。骨骼的发育在犊牛出生前即已开始。犊牛初生重仅为成年（5 岁）时体重的 6.5%，骨骼占体重的 30%。腿长为成年牛的 63%，尻高为 57%，鬐甲高为 56%，胸宽为 37%，坐骨宽为 31%。

2. 犊牛生长发育的营养需要

犊牛早期的营养和生长速度影响将来的生产水平，因此该阶段犊牛的营养需要的目标是保证其健康成长，哺乳期日增重达到 0.8kg 以上，促进瘤胃的快速发育，实现从采食牛奶（代乳）平稳过渡到采食固体的精饲料和粗饲料。

（二）育成奶牛

1. 育成奶牛生长发育特点

育成奶牛是指从断奶至初次配种阶段的奶牛。该阶段奶牛机体生理代谢最旺盛，是骨骼和肌肉发育最快的时期。体重的增加呈线性上升。与此同时，胃肠道尤其是瘤胃发育较为完善，容积扩大，瘤胃微生物增加，对粗饲料的利用率提高。3～9 月龄是育成牛乳腺组织发育的重要阶段，乳腺发育是影响成年奶牛产奶量最重要的因素。

2. 育成奶牛生长发育的营养需要

奶牛育成阶段的营养需要目标是促进机体获得适宜的肌肉及骨骼生长率，注重体尺、体重和体型的塑造，避免过瘦或过肥；使消化道和各个器官的生长发育充分；促进生殖机能的发育，适时配种，尽早投入生产；促进乳腺的发育，为培育成高产奶牛奠定基础。为了保证青年奶牛能在 24 月龄产第一胎，育成奶牛初配年龄应在 13～15 月龄。

14 月龄体重达到 375kg、体高达到 127cm。

（三）青年奶牛

1. 青年奶牛生长发育特点

青年奶牛是指从配种至产犊阶段（一般为 13~24 月龄）的奶牛，青年奶牛处于生长发育时期，未达到体成熟。此时期正是奶牛的配种阶段，生长发育逐渐减慢，体躯向宽、深发展。在良好的饲养条件下，体内容易蓄积大量脂肪。如营养不良，会影响奶牛躯体发育，成为躯体窄浅、四肢细高、产奶量低的奶牛。

2. 青年奶牛生长发育的营养需要

生长发育理想的青年奶牛产犊时体高 136~140cm，体况评分 3.5 分，体重 570~620kg。青年奶牛一般情况下依旧按照育成奶牛营养需要标准进行饲养，在分娩前 2~3 个月才需要加强营养以促进胎儿的生长发育。这时青年奶牛的体况评分应为 3.5~4.0。这一阶段要灵活应用根据体脂肪沉积程度以及体况评分来判断个体的营养状态和健康状态，防止过肥、过瘦或营养状态的急速变化。该阶段如果日增重过低，会影响以后的产奶量而且容易造成难产，无法与牛群中年龄较大的奶牛竞争。当日增重过快则会造成过于肥胖，易造成难产及代谢紊乱。分娩前 2~3 周降低钙的含量，同时保证日粮中磷的含量低于钙含量，有利于防止母牛发生产后瘫痪（图 1-18）。

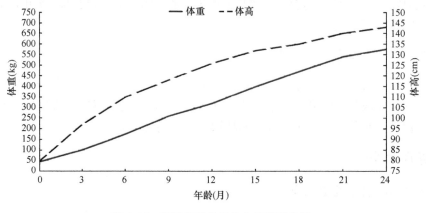

图 1-18　荷斯坦后备奶牛生长发育曲线

二、奶牛在泌乳阶段的生理特点和营养需要

成年奶牛初产以后，奶牛开始泌乳，进入生产周期，按泌乳阶段分期，一般可分为 4 期。即泌乳初期、泌乳高峰期、泌乳中后期和干奶期。

（一）泌乳初期

1. 泌乳初期奶牛生理特点

奶牛在产犊后 40~60 天出现最高日产奶量，而干物质采食量相对滞后，最大干物质采食量通常出现在产后 90～105 天，日粮提供的营养物质不能满足泌乳的营养需要，因此产后 60～70 天时奶牛处于营养负平衡时期。高产奶牛还可能延长到 140 天或者更长，此时靠奶牛机体储备的营养物质来支持高产奶量。泌乳高峰导致奶牛体重减少可达 90kg，高产奶牛则会失重更多。如果日粮中的营养物质不能满足泌乳需要，泌乳的高峰将会降低，泌乳量会下降。

2. 泌乳初期奶牛的营养需要

泌乳初期奶牛营养需要的目标是：增加奶牛干物质采食量，提高产奶量；维持和增强瘤胃正常的消化功能；减少产后代谢疾病发病率；减少能量负平衡。泌乳初期奶牛日粮需要充分满足奶牛对营养物质的需求，提高能量水平来缓解因采食量较低导致的能量负平衡。考虑日粮的精粗比例及能氮平衡日粮等因素，使日粮达到营养平衡、适口性好、能量利用率高。日粮中要含有丰富的可消化的纤维，以及非纤维性碳水化合物（NFC），保证乳脂率。同时，利用优质的长纤维维持瘤胃的正常功能。

（二）泌乳高峰期

1. 泌乳高峰期奶牛生理特点

奶牛泌乳高峰期在产后 4～6 周即开始出现，维持一段时间后产奶量下降。此期产奶量约占全期总奶量的 50%。泌乳高峰期奶牛的生理特点是：乳房水肿消失，乳腺和循环系统机能正常，奶牛体质恢复，代谢强度逐渐增强，乳腺组织机能逐渐加强，是创造高产奶量的关键时期。

2. 泌乳高峰期奶牛的营养需要

奶牛泌乳高峰期营养需要的目标是使奶牛泌乳量快速地升高进入泌乳高峰期，使泌乳峰值更高、持续时间更长并且稳定，让奶牛泌乳性能最大潜力得到发挥，提升泌乳期的产奶量，同时维持良好的体况，避免体重下降严重。因此，泌乳高峰期奶牛的饲喂要满足各种营养物质的需要，首先适当增加日粮中的能量水平，将体脂的动员降到最低。其次保证奶牛对能量和蛋白质的需求，使其产奶量维持在一个较高的水平而不至于快速下降。最后，让奶牛恢复之前损失的体重，但既不能过胖又不能过瘦。因此在泌乳高峰期要整体考虑奶牛产奶和采食量之间的动态平衡来满足其营养需要。

（三）泌乳中后期

1. 泌乳中后期奶牛生理特点

奶牛产后 100～200 天为泌乳中期，200 天至干奶前为泌乳后期。这个阶段奶牛产奶量从产奶高峰期后逐渐下降，进入妊娠后期，摄取的营养物质除用于泌乳外，还用于身体的合成代谢，使奶牛恢复泌乳初期减轻的体重（图 1-19）。

2. 泌乳中后期奶牛的营养需要

奶牛泌乳中后期的目标是延缓泌乳量下降的速度。同时，使奶牛在泌乳期结束时

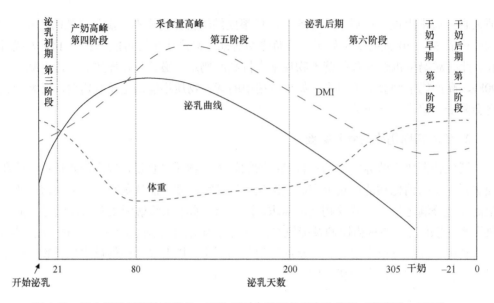

图 1-19　奶牛泌乳周期的产奶量、干物质采食量和体重变化情况（苏华维，2011）

恢复到良好的膘情，保证胎儿的健康发育。此阶段饲养应根据奶牛体重和泌乳量按饲养标准饲喂，确保奶牛获得合理的营养以满足其营养需要。早期失重过多或者瘦弱者，日粮营养浓度应略高于维持和产奶需要，促使奶牛体况得到较早恢复，同时为防止采食量过多而导致肥胖影响奶牛生产力，应按饲养标准增加粗饲料的比例，降低精饲料营养浓度和供给量。

（四）干奶期

1. 干奶期奶牛生理特点

干奶期是指奶牛泌乳结束到下一次产犊之间的阶段，为产犊前的 60 天，此阶段，奶牛停止泌乳，提高营养物质利用率，积蓄营养物质促进胎儿生长发育，同时为下一次泌乳期的到来，恢复乳房、乳腺组织的活力和促进泌乳腺泡的再生。

2. 干奶期奶牛的营养需要

奶牛干奶期的目标一是积蓄营养，促进胎儿生长发育，修补泌乳中后期未完全补偿的体组织。二是使乳腺组织得到更新，在经历一个漫长的泌乳期后，奶牛乳腺上皮细胞数减少。干奶期时可以使旧的乳腺细胞萎缩，临近产犊时新乳腺细胞重新形成，且数量增加，这将为下一个泌乳周期的泌乳活动奠定良好的基础。

乳期奶牛只要求有 350～500g 的日增重，临产犊时体况评分为 3.5～4.0 分。

（编写者：李凌岩　李胜利　王雅晶　王　玲　徐晓锋）

参 考 文 献

董常生. 2001. 家畜解剖学[M]. 第三版. 北京: 中国农业出版社.

曲永利, 陈勇. 2014. 养牛学[M]. 北京: 化学工业出版社.

苏华维. 2011. 中国荷斯坦奶牛围产期能量平衡及其调控研究[D]. 北京: 中国农业大学博士学位论文.

吴礼平. 2017. 体循环的动脉[DB/OL]. https://www.cloudvet.org/Mapi/article/415?id=415. [2018-12-31].

杨凤. 2014. 动物营养学[M]. 第二版. 北京: 中国农业出版社.

中华人民共和国农业部. 2004. NYT 34—2004 奶牛饲养标准[S]. 北京: 中国农业出版社.

Aschenbach J, Penner G, Stumpff F, et al. 2011. Ruminant nutrition symposium: Role of fermentation acid absorption in the regulation of ruminal pH[J]. Journal of Animal Science, 89(4): 1092-1107.

Baird G, Symonds H, Ash R. 1975. Some observations on metabolite production and utilization *in vivo* by the gut and liver of adult dairy cows[J]. The Journal of Agricultural Science, 85(2): 281-296.

Bannink A, France J, Lopez S, et al. 2008. Modelling the implications of feeding strategy on rumen fermentation and functioning of the rumen wall[J]. Animal Feed Science and Technology, 143(1-4): 3-26.

Bauchart D. 1993. Lipid absorption and transport in ruminants[J]. Journal of Dairy Science, 76(12): 3864-3881.

Bauchop T. 1979. Rumen anaerobic fungi of cattle and sheep[J]. Applied and Environmental Microbiology, 38(1): 148-158.

Bergman E. 1990. Energy contributions of volatile fatty acids from the gastrointestinal tract in various species[J]. Physiological Reviews, 70(2): 567-590.

Bernard L, Leroux C, Chilliard Y. 2008. Expression and Nutritional Regulation of Lipogenic Genes in the Ruminant Lactating Mammary Gland. Bioactive Components of Milk[M]. New York: Springer: 67-108.

Berthiaume R, Dubreuil P, Stevenson M, et al. 2001. Intestinal disappearance and mesenteric and portal appearance of amino acids in dairy cows fed ruminally Protected Methionine[J]. Journal of Dairy Science, 84(1): 194-203.

Bohatier J. 1991. The Rumen Protozoa: Taxonomy, Cytology and Feeding Behaviour. Rumen Microbial Metabolism and Ruminant Digestion[M]. Paris: INRA.

Boyer L. 2013. 消化道[DB/OL]. https://www.slideserve.com/luke-boyer/digestive-tract. [2018-12-31].

Britton R, Krehbiel C. 1993. Nutrient metabolism by gut tissues[J]. Journal of Dairy Science, 76(7): 2125-2131.

Bryant J, Moss B R. Unit 7: Animal Nutrition[DB/OL]. Montana State University. https://slideplayer.com/slide/6006461. [2018-12-31].

Castillo-González A R, Burrola-Barraza M E, Domínguez-Viveros J, et al. 2014. Rumen microorganisms and fermentation[J]. Archivos de Medicina Veterinaria, 46(3): 349-361.

Cheng K J, McAllister T A. 1997. Compartmentation in the Rumen. The rumen microbial ecosystem[M]. Dordrecht: Springer.

Danfær A. 1994. Nutrient metabolism and utilization in the liver[J]. Livestock Production Science, 39(1): 115-127.

Danilson D, Webb K, Herbein J. 1987. Transport and hindlimb exchange of peptide and serum protein amino acids in calves fed soy-or urea-based purified diets 1, 2[J]. Journal of Animal Science, 64(6): 1852-1857.

Dijkstra J, Boer H, Van Bruchem J, et al. 1993. Absorption of volatile fatty acids from the rumen of lactating dairy cows as influenced by volatile fatty acid concentration, pH and rumen liquid volume[J]. British Journal of Nutrition, 69(2): 385-396.

Doreau M, Chilliard Y. 1997. Digestion and metabolism of dietary fat in farm animals[J]. British Journal of Nutrition, 78(1): S15-S35.

El-Kadi S W, Baldwin R L, Sunny N E, et al. 2006. Intestinal protein supply alters amino acid, but not glucose, metabolism by the sheep gastrointestinal tract[J]. The Journal of Nutrition, 136(5): 1261-1269.

Firkins J, Allen M, Oldick B, et al. 1998. Modeling ruminal digestibility of carbohydrates and microbial protein flow to the duodenum[J]. Journal of Dairy Science, 81(12): 3350-3369.

Fitzgerald S. 2018. GIT-3 Ruminant[DB/OL]. https://slideplayer.com/slide/12428660/. [2018-12-31].

Gookin J L, Foster D M, Harvey A M. 2011. College of Veterinary Medicine, NC State University[DB/OL]. https://www.ncsu.edu/project/cvm_gookin/rumen_motility.swf[2018-12-31].

Hanigan M, Reynolds C, Humphries D, et al. 2004. A model of net amino acid absorption and utilization by the portal-drained viscera of the lactating dairy cow[J]. Journal of Dairy Science, 87(12): 4247-4268.

Herdt S. 1991. Dairy nutrition management[J]. Veterinary Clinics of North America Food Animal Practice, 7(2): 311.

Hocquette J F, Bauchart D. 1999. Intestinal absorption, blood transport and hepatic and muscle metabolism of fatty acids in preruminant and ruminant animals[J]. Reproduction Nutrition Development, 39(1): 27-48.

Holtenius K, Björnhag G. 1989. The significance of water absorption and fibre digestion in the omasum of sheep, goats and cattle[J]. Comparative Biochemistry and Physiology Part A: Physiology, 94(1): 105-109.

Hulsen J, Aerden D. 2017. 饲喂信号[M]. 李胜利译. 武汉: 湖北科学技术出版社.

Huntington G B, Prior R L. 1983. Digestion and absorption of nutrients by beef heifers fed a high concentrate diet[J]. The Journal of nutrition, 113(11): 2280-2288.

Janssen P H, Kirs M. 2008. Structure of the archaeal community of the rumen[J]. Applied and Environmental Microbiology, 74(12): 3619-3625.

Kranky Kids. 2015. Cow anatomy. https://www.krankykids.com/cows/cow_anatomy/?DD. [2018-6-23].

Krause D O, Nagaraja T G, Wright A D, et al. 2013. Board-invited review: Rumen microbiology: leading the way in microbial ecology[J]. Journal of Animal Science, 91(1): 331-341.

Kreikemeier K, Harmon D. 1995. Abomasal glucose, maize starch and maize dextrin infusions in cattle: Small-intestinal disappearance, net portal glucose flux and ileal oligosaccharide flow[J]. British Journal of Nutrition, 73(5): 763-772.

Kristensen N B, Harmon D. 2004. Effect of increasing ruminal butyrate absorption on splanchnic metabolism of volatile fatty acids absorbed from the washed reticulorumen of steers1[J]. Journal of Animal Science, 82(12): 3549-3559.

Lomax M, Baird G. 1983. Blood flow and nutrient exchange across the liver and gut of the dairy cow: Effects of lactation and fasting[J]. British Journal of Nutrition, 49(3): 481-496.

López S, Hovell F D, MacLeod N. 1994. Osmotic pressure, water kinetics and volatile fatty acid absorption in the rumen of sheep sustained by intragastric infusions[J]. British Journal of Nutrition, 71(2): 153-168.

Magdalen J. 2016. The Ruminant Digestive System[DB/OL]. https://slideplayer.com/slide/8731104/. [2018-12-31].

Maulfair D, Heinrichs A. 2010. Evaluation of procedures for analyzing ration sorting and rumen digesta particle size in dairy cows1[J]. Journal of Dairy Science, 93(8): 3784-3788.

Mertens D. 1997. Creating a system for meeting the fiber requirements of dairy cows[J]. Journal of Dairy Science, 80(7): 1463-1481.

Millen D D, Arrigoni M D B, Pacheco R D L. 2016. Rumenology[M]. Botucatu: Springer.

NRC. 2001. 奶牛营养需要[M]. 北京: 中国农业大学出版社.

Orpin C. 1975. Studies on the rumen flagellate Neocallimastix frontalis[J]. Microbiology, 91(2): 249-262.

Qi M, Wang P, O'Toole N, et al. 2011. Snapshot of the eukaryotic gene expression in muskoxen rumen—a metatranscriptomic approach[J]. PLoS One, 6(5): e20521.

Raggio G, Pacheco D, Berthiaume R, et al. 2004. Effect of level of metabolizable protein on splanchnic flux of amino acids in lactating dairy cows[J]. Journal of Dairy Science, 87(10): 3461-3472.

Reynolds C. 2002. Economics of visceral energy metabolism in ruminants: Toll keeping or internal revenue service?[J]. Journal of Animal Science, 80(E-Suppl 2): E74-E84.

Reynolds C, Harmon D, Prior R, et al. 1995. Splanchnic metabolism of amino acids in beef steers fed diets differing in CP content at two ME intakes[J]. Journal of Animal Science, 73(Suppl 1): 270.

Reynolds P J, Huntington G B. 1988. Net portal absorption of volatile fatty acids and L (+)-lactate by lactating Holstein cows[J]. Journal of Dairy Science, 71(1): 124-133.

Riis P M. 1983. Dynamic Biochemistry of Animal Production[M]. Amsterdam: Elsevier.

Russell J B. 2002. Rumen Microbiology and its Role in Ruminant Nutrition[M]. New York: Cornell University.

Seal C, Reynolds C. 1993. Nutritional implications of gastrointestinal and liver metabolism in ruminants[J].

Nutrition Research Reviews, 6(1): 185-208.

Steele M A, Penner G B, Chaucheyras-Durand F. 2016. Development and physiology of the rumen and the lower gut: Targets for improving gut health[J]. Journal of Dairy Science, 99(6): 4955-4966.

Ştefănuţ L C, Ognean L, Şerban N, et al. 2015. Morphological particularities of population of rumen protozoa in domestic ruminants[J]. Bulletin UASVM Veterinary Medicine, 72(1): 67-74.

Ulyatt M, Dellow D W, Iohn A, et al. 1984. Contribution of chewing during eating and rumination to the clearance of digesta from the ruminoreticulum[M]. *In*: Milligan L P, Grovurn W L, Dobson A. Control of Digestion and Metabolism in Ruminants. Reston: Englewood Cliffs. NI: 498-515.

University College Dublin. 2001. Department of Veterinary Anatomy. http://www.ucd.ie/vetanat/images/ 46.gif. [2018-6-23].

Van Houtert M. 1993. The production and metabolism of volatile fatty acids by ruminants fed roughages: A review[J]. Animal Feed Science and Technology, 43(3-4): 189-225.

Webb J K E. 1986. Amino acid and peptide absorption from the gastrointestinal tract[J]. Federation Proceedings, 45(8): 2268-2271.

第二章 奶牛的能量代谢与营养需要

奶牛机体通过氧化碳水化合物、脂肪和蛋白质等获得化学能，并用以维持其生命活动，以及生长、泌乳和繁殖等生产活动。日粮对奶牛的有效能与饲料原料的营养成分含量、日粮组成、加工方式、奶牛的健康状况等密切相关。奶牛的能量需要量取决于其体重、生长速度、泌乳性能、妊娠阶段、活动量、环境温湿度等因素。探明奶牛的能量供给特点、满足不同阶段奶牛的能量需要是实现奶牛高效、健康养殖的关键。本章重点阐述能量的有关概念与能量的来源、饲料的有效能、奶牛能量需要评定体系和奶牛产热量的测定方法等。

第一节 能量的定义及奶牛的能量供给

一、能量的基本概念

能量是一个抽象的概念，附着于碳水化合物、蛋白质和脂肪等营养物质而存在。奶牛的所有生命活动和各种新陈代谢过程都需要能量。在奶牛体内，能量有热能、机械能和化学能三种表现形式，这些能量主要来源于采食的饲料。在营养学上，饲料能量是基于养分在氧化过程释放的热量来测定。

20 世纪 80 年代以前，能量以热量单位卡（cal）来表示。1cal 是指在标准大气压下，1g 水由 14.5℃ 上升到 15.5℃ 所需的热量。为使用方便，实践中常常使用千卡（kcal）或兆卡（Mcal）。$1 \text{ Mcal}=10^3 \text{ kcal}=10^6 \text{ cal}$。

20 世纪 70 年代初期，国际营养科学联合会及国际生理科学联合会建议使用做功的单位焦耳（Joule, J）作为营养和生理学研究中的能量单位。1J 为 1N（牛顿）的力使物体沿力的方向移动 1m 所做的功。目前，在动物营养学研究和生产实践中大多以焦耳（J）、千焦耳（kJ, 10^3J）或兆焦耳（MJ, 10^6J）作为能量衡量单位，为便于使用，有的资料中也同时列出焦耳和卡两个单位。卡与焦耳之间的换算关系为 1cal=4.184J。

二、奶牛的能量供给

碳水化合物、脂肪和蛋白质是动物的主要营养物质，也是最主要的能量来源。营养物质在体内氧化成 CO_2 和 H_2O 并释放能量的过程被称为生物氧化。1mol 物质完全氧化时的热效应称为该物质的燃烧热，对于有机化合物，完全燃烧是指碳变为 CO_2，氢变为 H_2O，硫变为 SO_2 等。营养物质燃烧产生的热量是根据其分子组成而定的。例如，每克碳氧化产生 CO_2 时，产生 33.6kJ 热量；每克氢氧化成 H_2O 时，产生 114.3kJ 热量。由于碳水化合物、脂肪和蛋白质分子中的碳和氢元素的比例不同，导致相同质量的这些营养物质氧化释放的能量也不同（表 2-1）。脂肪的有效能值约为碳水化合物的 2.25 倍。

表 2-1 碳水化合物、蛋白质和脂肪的平均元素组成及能量含量

元素	碳水化合物	蛋白质	脂肪
碳（%）	44	52	77
氢（%）	6	7	12
氧（%）	50	22	11
氮（%）	0	16	0
平均能值（kJ/g）	17.5	23.64	39.54

奶牛采食饲料后，三大营养物质在瘤胃微生物和胃肠道消化液的作用下降解为可吸收的物质，如挥发性脂肪酸（volatile fatty acid，VFA）、葡萄糖、氨基酸、脂肪酸和甘油等。这些物质在奶牛体内既可被合成大分子有机化合物，并以化学能的形式贮存能量；又可在机体的糖酵解、三羧酸循环或氧化磷酸化过程中释放出能量，并且最终以 ATP 的形式满足机体的能量需要。机体获得的能量在供应机体正常活动和满足生产需要之外，可将剩余的部分能量转变成肝糖原和肌糖原，以备不时之需；另外一部分能量可转化成脂肪并在体内储备或合成乳脂。

（一）葡萄糖氧化供能

1. 葡萄糖氧化供能的效率

葡萄糖是一种重要的营养性单糖，是动物代谢活动快速反应供能的最有效营养素，也是大脑神经系统、肌肉、胎儿生长发育、脂肪组织及乳腺等代谢的主要能源。奶牛获得葡萄糖的途径有两个，一是过瘤胃的淀粉在小肠降解成葡萄糖后被吸收；二是肝和肾的糖异生途径。在大量进食粗饲料或处于绝食状态下，反刍动物通过肝糖异生合成的葡萄糖占体内葡萄糖周转量的比例高达 85%～90%。

葡萄糖通过在无氧条件下的酵解作用和在有氧条件下的有氧分解供能。这两个途径的生理意义不同，产生能量的效率也不相同。葡萄糖酵解是在无氧条件下，通过一系列的酶促反应把葡萄糖分解成乳酸并释放能量的过程。在此过程中，1 分子葡萄糖可净生产 2 分子 ATP。糖酵解产生的能量较少，但在特殊生理阶段却有重要意义，如休克、剧烈运动等导致机体氧气供应不足时给机体供应一部分能量。

在正常情况下，奶牛体内氧气供应充足，葡萄糖主要通过有氧氧化分解供能，葡萄糖被彻底氧化成 CO_2 和 H_2O。葡萄糖首先转变成丙酮酸，丙酮酸再氧化脱羧生成乙酰 CoA，乙酰 CoA 再进入三羧酸循环并氧化成 CO_2 和 H_2O。1 分子葡萄糖经过有氧氧化共释放能量 2.87MJ，可产生 36 分子 ATP，为机体提供做功能量约 1.21MJ，可利用能量约占总能量释放量的 43%，能量利用效率较高。

2. 葡萄糖供需平衡

奶牛机体内葡萄糖的合成和利用途径见图 2-1，并处于动态平衡状态。从干奶期到泌乳初期，由于泌乳量的快速增加和干物质采食量（dry matter intake，DMI）提升速度

不足，产后高产奶牛对葡萄糖的需要量急剧增加，呈现出葡萄糖供不应求的状态。围产前期奶牛的葡萄糖需要量为1000~1100g/d；围产后期奶牛每天缺少250~500g葡萄糖，只能满足其葡萄糖需要量的70%~85%；奶牛分娩后第4天，乳腺对糖类的需要量是妊娠第250天的3倍；分娩后21天的葡萄糖需要量约为围产前期的2.5倍（Bell，1995）。其他也有研究表明，产后第1周的奶牛每天缺少500g葡萄糖。这意味着奶牛将在相当长的一段时间内处于能量供需负平衡状态。

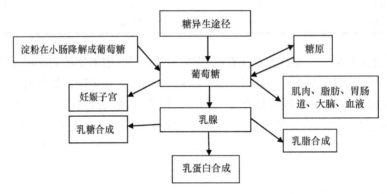

图2-1　奶牛机体内葡萄糖的合成和利用途径

3. 葡萄糖异生

日粮中的大部分碳水化合物都在瘤胃中被降解为VFA，只有少部分葡萄糖通过肠道直接吸收。饲料中的淀粉含量越低，在小肠中能被直接吸收的葡萄糖的量就越少。奶牛对葡萄糖需要量的60%以上依赖于肝的糖异生途径，在围产期表现得尤为明显。奶牛对葡萄糖需求量的迅速增加给肝和其他组织提出了极大的挑战，因为泌乳初期奶牛的葡萄糖代谢主要是通过肝糖异生的增加、体脂动员和外周组织对胰岛素依赖性葡萄糖利用降低来完成，以保证葡萄糖能够直接进入乳腺组织合成乳糖。从预产期前9天到产后21天，奶牛内脏器官葡萄糖的总输出量升高了267%，增加的葡萄糖主要来源于肝的糖异生途径（Reynolds et al.，2003）。

反刍动物肝糖异生的主要底物为瘤胃发酵产生的丙酸、三羧酸循环产生的乳酸、蛋白质代谢产生的或内脏门脉系统吸收的氨基酸，以及脂肪组织脂解所释放的甘油（Seal and Reynolds，1993）。围产期奶牛从丙酸、乳酸和甘油异生的葡萄糖占肝葡萄糖净释放量的50%~60%、15%~20%和2%~4%（Reynolds et al.，2003），由氨基酸异生的葡萄糖占20%~30%，其中由丙氨酸异生的葡萄糖在产前9天为2.3%，到产后11天上升到5.5%。正常情况下，丙酸为糖异生的主要原料，肝利用丙酸生成的葡萄糖大多被用于合成乳糖。提高葡萄糖异生前体物的供给量是满足奶牛糖异生的基础。因此，对于易出现能量供需负平衡的围产后期奶牛而言，饲养管理的关键是让奶牛的DMI最大化，满足奶牛的营养和肝糖异生的需求，缓解能量负平衡。Huang等（2014）的研究表明，相对于干奶后期饲喂泌乳净能（NE_L）为6.8 MJ/kg DM的日粮，饲喂NE_L为5.4 MJ/kg DM的日粮的奶牛在围产后期的DMI和产奶量都更高，体重损失也更少。但从分娩前的高粗饲料日粮转到分娩后的高精饲料日粮后，产后奶牛患亚急性瘤胃酸中毒的风险更高。

丙酸先经过 CoA、ATP、生物素、维生素 B_{12} 的作用变成活性脂肪酸（甲基丙二酰 CoA），然后进入三羧酸循环代谢，最后转出线粒体，在细胞液中变成草酰乙酸再通过磷酸烯醇式丙酮酸逆糖酵解合成葡萄糖。糖异生关键酶丙酮酸羧化酶（PC）和磷酸烯醇式丙酮酸羧激酶（PEPCK）活性及丙酸浓度控制糖异生的速率。PEPCK 有两种同工酶，PEPCK-M 位于线粒体内，PEPCK-C 位于细胞质内。PC 在线粒体内催化丙酮酸生成草酰乙酸，草酰乙酸在线粒体内有两条去路，当机体 ATP 有富余时，草酰乙酸可被 PEPCK-M 催化生成磷酸烯醇式丙酮酸，并被运出线粒体进入糖异生途径；但当机体 ATP 不足时，草酰乙酸将进入三羧酸循环，为机体提供能量，但同样可以以苹果酸的形式运出线粒体，并被 PEPCK-C 催化生成磷酸烯醇式丙酮酸进入糖异生途径。因此，PEPCK 对糖异生途径的调控作用的重要性强于 PC。Huang 等（2019）的研究表明，相对于干奶后期饲喂 NE_L 为 6.8 MJ/kg DM 的日粮，饲喂 NE_L 为 5.4 MJ/kg DM 的日粮有利于提高奶牛在分娩后第 3 天肝 PEPCK 和 PC 的 mRNA 表达量。

（二）挥发性脂肪酸氧化供能

饲料中的碳水化合物进入奶牛胃肠道后主要降解为 VFA 和葡萄糖为奶牛提供能量。饲料中的碳水化合物在瘤胃中首先被降解为丙酮酸，丙酮酸再被降解为乙酸、丙酸和丁酸等 VFA。VFA 的组成受日粮组成（精粗比）、采食量和饲喂次数等因素的影响。日粮中粗纤维含量越高，越趋于乙酸型发酵；淀粉含量越高，越趋于丙酸型发酵。乙酸型发酵的乙酸、丙酸和丁酸的比例约为 7∶2∶1；丙酸型发酵的乙酸、丙酸和丁酸的比例约为 6∶3∶1。

VFA 是奶牛的重要能量来源，约 1/2 的乙酸、2/3 的丁酸、1/4 的丙酸都用于氧化供能。VFA 提供的能量占反刍动物总能量需要的 70%~80%，其中，乙酸由于产量高供给的能量也最多。乙酸在酶的作用下合成乙酰 CoA 后进入三羧酸循环提供能量。1 分子乙酸通过三羧酸循环可净生成 10 分子 ATP。奶牛体内的葡萄糖约有 50% 来源于丙酸。丙酸在酶的作用下合成琥珀酰 CoA 后进入三羧酸循环，再经过肝和肾的糖异生途径合成葡萄糖。通过葡萄糖氧化，1 分子丙酸可净生成 18 分子 ATP。1 分子丁酸生成 2 分子乙酰 CoA 后进入三羧酸循环，并可净生成 27 分子 ATP。乙酸、丙酸、丁酸在反刍动物体内氧化的能量利用率分别为 38%、39%、41%。

（三）脂肪酸和甘油氧化供能

1. 脂肪酸和甘油的氧化供能效率

脂肪组织是奶牛体内的重要储能物质。奶牛动员体脂提供能量时，甘油三酯在脂肪细胞内经甘油三酯脂肪酶（ATGL）、激素敏感性脂肪酶（HSL）和单酰基甘油脂肪酶（MGL）等的催化作用分解成甘油和脂肪酸。甘油和脂肪酸都可氧化供能，只是脂肪酸提供的能量要多于甘油。

甘油在酶的催化下生成的磷酸二羟丙酮可沿糖异生途径合成葡萄糖和糖原，也可沿糖酵解途径生成丙酮酸并进入三羧酸循环后生成 CO_2 和 H_2O 并释放能量。1 分子甘油彻

底氧化成 CO_2 和 H_2O 可净生成 21 分子 ATP。脂肪酸通过 β 氧化供能过程中，长链脂肪酸氧化每断掉一个二碳化合物，即生成 1 分子乙酰 CoA，可通过三羧酸循环彻底氧化成 CO_2 和 H_2O 并释放 12 分子的 ATP。偶数碳原子的脂肪酸可全部生成乙酰 CoA，奇数碳原子的脂肪酸断裂到最后剩下的丙酸通过琥珀酰 CoA 进入三羧酸循环供能。1 分子含 16 个碳原子的棕榈酸通过 β 氧化可净生成 129 分子的 ATP。

2. 体脂动员

动用体脂储备是奶牛在葡萄糖缺乏的情况下获得能量的重要补充形式。由于奶产量的快速提高和干物质采食量不足，新产牛脂肪组织中 30%~50% 的甘油三酯将被分解供能（Mcnamara，1991；Von Soosten et al.，2011）。Huang 等（2014）的研究表明，荷斯坦奶牛产后 5 周的体重降低了 47.4~57.8kg。Tamminga 等（1997）的研究也表明，奶牛产后 8 周内的空腹体重损失达到了 41.6kg，其中包括 30.9kg 的脂肪和 4.6kg 的蛋白质。荷斯坦奶牛腹部脂肪组织（包括腹膜后、网膜和肠系膜脂肪组织）的脂肪贮存量是皮下脂肪组织的约 3 倍，腹部脂肪组织在能量缺乏的情况下不仅比皮下脂肪组织更易分解供能，也有更多的脂肪可供分解（Raschka et al.，2016；Ruda et al.，2019）。体脂被动员后，以非酯化脂肪酸（non-esterified fatty acid，NEFA）的形式进入血液。能量负平衡越严重，动员的脂肪组织就越多，血液中 NEFA 的浓度也就越高。血液中 NEFA 的浓度反映了机体脂肪组织的动员程度。奶牛分娩的 DMI 越低，血液中的 NEFA 浓度越高。奶牛脂肪组织、肝和乳腺中的脂质代谢的相互关系见图 2-2。在泌乳早期，血液中 40% 以上的 NEFA 被用于合成乳脂，进入肝的 NEFA 也明显增加（Bell，1995）。骨骼肌也能利用部分 NEFA 作为能量，尤其是在泌乳早期当骨骼肌对以葡萄糖为能量来源的依赖性下降的时候。NEFA 进入肝后，首先在脂酰 CoA 合成酶作用下活化为脂酰 CoA，并进一步

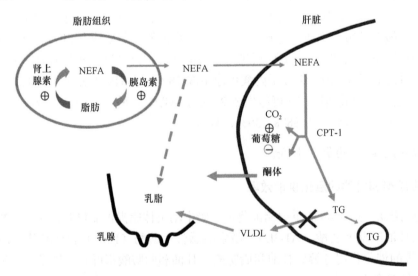

图 2-2　奶牛脂肪组织、肝和乳腺中的脂质代谢的相互关系（Drackley，1999）

⊕表示刺激作用，⊖表示抑制作用；虚线代表发生率较低或只在特定生理状态下才会发生；
NEFA. 非酯化脂肪酸，TG. 甘油三酯，VLDL. 极低密度脂蛋白，CPT-1. 肉毒碱脂酰转移酶

进入 3 条代谢途径。一是彻底氧化成 CO_2 和 H_2O，所产生的能量被肝利用；二是部分氧化生成酮体，并被释放到肝外组织利用；三是再酯化形成甘油三酯、磷脂或胆固醇酯，用于合成脂蛋白，转移到肝外组织利用。

在体脂动员中，激素敏感酯酶（HSL）起着决定性的作用，是脂肪分解的限速酶。HSL 的活性受复杂的级联反应机制调控，在不同的生理状态下，机体会产生不同的激素平衡状态，使得 HSL 的活性及其作用机制都会有所改变。胰高血糖素有促进脂肪动员的作用，胰岛素有抑制脂肪动员的作用，胰岛素与胰高血糖素浓度的比值对脂肪代谢的影响更大。瘦素是由脂肪组织分泌的具有激素作用的蛋白质，它作为脂肪细胞传递大脑有关脂肪组织贮存能量状态的信号，在能量供需平衡与体脂稳定等方面起重要作用。Huang 等（2019）的研究表明，相对于干奶后期饲喂 NE_L 为 6.8 MJ/kg DM 的日粮，饲喂 NE_L 为 5.4 MJ/kg DM 的日粮降低了奶牛在分娩后第 3 天皮下脂肪 HSL 的 mRNA 表达量。

线粒体内的脂肪酸氧化包括 4 个主要步骤：①细胞摄取脂肪酸并将其活化为脂酰 CoA；②将脂酰 CoA 转移到线粒体内；③β 氧化脂酰 CoA；④生成酮体。肉毒碱脂酰转移酶（CPT）控制着脂酰 CoA 转移到线粒体内的过程。线粒体内膜的内外两侧均有 CPT 酶，系同工酶，分别称为肉毒碱脂酰转移酶 I（CPT-1）和肉毒碱脂酰转移酶 II（CPT-2）。CPT-1 使细胞质的脂酰 CoA 转化为 CoA 和脂肪酰肉毒碱，后者进入线粒体内膜。位于线粒体内膜内侧的 CPT-2 又使脂肪酰肉毒碱转化成肉毒碱和脂酰 CoA，肉毒碱重新发挥其载体功能，脂酰 CoA 则进入线粒体基质，成为脂肪酸 β 氧化酶系的底物。

奶牛泌乳高峰期一般始于产后 4～6 周，但是奶牛的 DMI 直到产后 8～10 周才能达到最大值，这一时期内奶牛的能量摄入量不能满足泌乳的能量需求，因此高产奶牛在泌乳前几周都存在不同程度的能量供需负平衡，并主要通过动员体脂满足能量需要。当大量的 NEFA 从脂肪组织进入循环血液中时，极易使 NEFA 在肝重新合成甘油三酯，并以脂肪微粒的形式贮存在肝的细胞质中（Emery et al.，1992）。反刍动物主要依靠极低密度脂蛋白将肝内的甘油三酯运到肝外组织，但其合成和分泌极低密度脂蛋白的能力比较低。另外，肝组织将 NEFA 合成甘油三酯的能力不受肝中甘油三酯含量的影响（Kleppe et al.，1988；Graulet et al.，1998），而且围产期奶牛肝的这种合成能力更高（Grum et al.，1996）。这两方面的共同作用导致甘油三酯在肝中积累，并最终形成脂肪肝。

体脂动员产生的 NEFA 进入肝后不能彻底降解为 CO_2 和 H_2O，而是生产乙酰 CoA。大量的乙酰 CoA 将转化成酮体（乙酰乙酸、BHBA 和丙酮）。血液酮体水平是肝产生和外周组织对其利用的平衡结果，正常情况下酮体生成量很少，可作为能量来源利用。少量的丙酮生成后即可被除肝外的组织利用，但如果酮体的产生量超过利用量，就会出现积聚而引起酮病。酮病是奶牛常见的群发性多发病，且多发生于日产奶量 30kg 以上的高产奶牛。

（四）氨基酸氧化供能

在体内能量不足或氨基酸不平衡的情况下，蛋白质降解产生的氨基酸可作为机体的能量来源。在维持营养水平下，反刍动物体内至少有 15% 的内源性葡萄糖是由氨基酸转化而来的。氨基酸最多可合成总葡萄糖需要量的 36%，其中，约 32% 来自肝摄取的氨基酸，其余 4% 来自肾摄取的氨基酸。奶牛动员机体蛋白质常见于分娩后能量供给不足和泌乳对氨基酸需要量的增加，但奶牛分娩后动员机体蛋白质提供能量的量和持续时间都是有限的。研究表明，奶牛分娩后的蛋白质动员量为 14~24kg（Komaragiri et al.，1998；Chibisa et al.，2008）。分娩 5 周后，奶牛几乎不再动用机体蛋白质提供能量，而动用体脂供能至少持续到产后 12 周。Pires 等（2013）的研究表明，与高体况评分（body condition score，BCS）奶牛分娩后动员较多脂肪供能相比，低 BCS 奶牛的肌肉组织虽然比较少，但分娩后由于能量供给不足导致的肌肉蛋白质动员更强烈，乳蛋白分泌量也更低。

氨基酸用于生糖的比例受到动物对氨基酸和能量需求的制约。除赖氨酸、亮氨酸以外，大部分氨基酸都可转化为糖，其中主要以丙氨酸、谷氨酰胺、甘氨酸和丝氨酸为主。氨基酸在大多数情况下都是先脱去氨基生成氨和 α-酮酸，后两者再进入不同的代谢途径。α-酮酸是氨基酸分解供能的主要部分，有的直接生成乙酰 CoA，有的通过丙酮酸生成乙酰 CoA 后进入三羧酸循环进行氧化供能。在出现能量供需负平衡的情况下，氨基酸用于供能的比例也提高。

第二节　饲料的有效能

奶牛体内所发生的所有生化过程都需要来自饲料中的能量来支撑。能量在体内的转化完全遵循热力学第一定律，即能量从一种形式转变到其他形式时，其总量不变，换言之，在一个变化过程中，如果某个环节少了一定量的能量，必然会在其他地方多出同样数量的能量。在奶牛科学研究和生产实践中，一般从总能、消化能、代谢能和净能 4 个层级来分析探讨饲料的能量含量及奶牛的能量需要（图 2-3）。

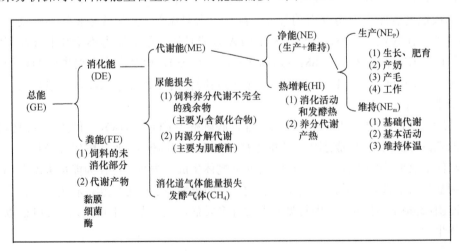

图 2-3　能量在奶牛体内的转化

一、总能

总能（gross energy，GE）又称为燃烧热，是饲料有机物质在氧弹测热计内完全氧化生成 CO_2、H_2O 和其他氧化物时所释放出的能量。不同饲料原料的总能值因碳水化合物、脂肪和蛋白质含量的差异有较大差异（表 2-2）。一般来说，粗脂肪含量越高的饲料其能值也越高。总能值是饲料能量含量的客观存在，与奶牛的消化代谢没有任何联系，也不能被奶牛机体完全利用。总能值相等的不同饲料，可为反刍动物提供的有效能也可能差别很大，如易在反刍动物胃肠道降解利用的淀粉和不易降解利用的纤维的总能都是 17.49 kJ/g，但纤维能提供的有效能明显更低。因此，总能值不能准确反映饲料能被奶牛利用的程度和能量价值的大小，只能作为消化能、代谢能和净能评定的基础。

表 2-2　各营养物质和饲料的总能值　　　　　（单位：kJ/g DM）

营养物质和饲料	总能值	营养物质和饲料	总能值
葡萄糖	15.65	甘氨酸	13.01
蔗糖	16.48	丙氨酸	18.26
糖原	17.22	酪氨酸	24.73
淀粉	17.49	大豆	23.00
甘油	17.99	豆粕	20.68
油酸	39.75	玉米	18.50
硬脂肪	39.87	小麦	17.99
棕榈酸	39.12	燕麦	19.60
乳脂	38.07	米糠	22.10
乙酸	14.60	麦麸	18.99
丙酸	20.75	纤维	17.49
丁酸	22.38	全株玉米青贮	17.68
甲烷	55.44	苜蓿干草	18.28
尿素	10.54	玉米秸	18.12
尿酸	11.46	燕麦秸	18.50

资料来源：韩友文，1997；Blaxter，1962

一般用氧弹测热计测定饲料的燃烧热来测定饲料的总能，也可根据燃烧时产生 CO_2 和耗氧计算燃烧热，两者的相关性很高，除此之外，还可通过饲料中三大营养成分的含量计算总能值。计算公式如下：

$$总能(GE，kJ/100g)=23.93×粗蛋白(\%)+39.75×粗脂肪(\%)$$
$$+20.04×粗纤维(\%)+17.44×无氮浸出物(\%)$$

二、消化能

消化能（digestible energy，DE）是指饲料中可消化养分所含的能量，即奶牛采食饲料的总能扣除粪中排出物含有的能量。消化能（DE）=总能（GE）–粪能（FE）。粪能来源于两部分，一部分是粪中未被消化的饲料含有的能量，这部分所占的比例较大，具体损失量取决于饲料的消化率。另一部分为代谢粪能（fecal energy from metabolic origin products，FmE），即粪代谢物（包括来源于消化道微生物及其产物、消化道分泌物和脱落的消化道上皮细胞等）所含的能量。把粪代谢物归到未被消化的饲料中测定的消化能称为表观消化能（apparent digestible energy，ADE）；如果从 FE 中扣除内源粪代谢物所含的能量，则称为真消化能（true digestible energy，TDE），即 TDE= GE–（FE–FmE）。与单胃动物不同，奶牛瘤胃内有数量庞大的微生物，而且消化道分泌物和脱落的消化道上皮细胞测定困难，因此都是以 ADE 来衡量奶牛对饲料的消化能值。

（一）饲料组成对消化率的影响

饲料的营养成分组成是影响奶牛对饲料消化率的主要因素。对同一种饲料而言，消化率越低，可消化物质提供的能量就越少，DE 也就越低。一般而言，饲料中的中性洗涤纤维（neutral detergent fiber，NDF）和酸性洗涤纤维（acid detergent fiber，ADF）含量越高，消化率越低；食糜在胃肠道中的流通速度越快，消化率也越低。刘艳芳等（2018）研究表明，低质粗饲料的 NDF 和 ADF 含量不仅高，而且瘤胃降解率还很低（表 2-3）。

表 2-3　粗饲料的营养成分及消化率　　　　　　（%，干物质基础）

项目	营养成分				30h 瘤胃降解率			
	DM	CP	NDF	ADF	DM	CP	NDF	ADF
苜蓿青贮	43.3	20.4	42.3	30.5	63.9	66.5	37.3	37.5
全株小麦青贮	31.6	12.9	53.0	31.6	60.5	69.5	41.1	40.0
全株玉米青贮	27.4	9.5	48.1	28.9	55.3	63.6	40.0	33.1
苜蓿干草	91.5	20.2	41.9	31.1	66.7	79.2	40.5	38.5
燕麦草	91.6	8.5	57.2	33.8	51.4	57.8	38.6	39.1
稻草	93.0	5.4	71.5	45.7	42.2	50.5	35.6	27.8
花生秧	89.3	9.3	50.0	37.5	49.9	54.9	29.9	29.6
谷子秸秆	90.6	6.9	61.2	35.9	39.4	49.7	31.3	34.3
小麦秸秆	92.0	3.1	83.6	54.0	41.2	48.9	26.8	25.6

DM. 干物质；CP. 粗蛋白；NDF. 中性洗涤纤维；ADF. 酸性洗涤蛋白；

资料来源：刘艳芳等，2018

依据表 2-3 的测定结果，分析饲料干物质瘤胃降解率与 ADF 和 NDF 之间的相关性（图 2-4），表明粗饲料的干物质降解率与 ADF 和 NDF 的含量（%）都呈负相关。

英国洛维特（Rowett）营养研究所饲料营养价值评定研究室对饲料能量消化率的研究结果也表明，虽然不同种类饲料的总能含量差异不大，但由于其营养物质含量和品质差异较大，能量消化率有明显的差异（Rowett Research Institute，1984）（表 2-4）。

（二）饲料消化能的估测

由于饲料的种类较多，用体内法实测表观消化率的工作量较大，所以很难对所有饲料都进行实测。国内外对饲料的消化率多采用体外法或回归公式估测。

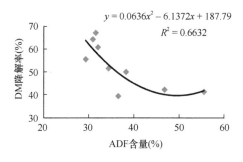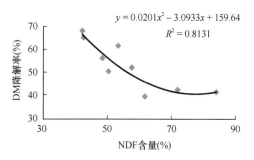

$$y = 0.0636x^2 - 6.1372x + 187.79$$
$$R^2 = 0.6632$$

$$y = 0.0201x^2 - 3.0933x + 159.64$$
$$R^2 = 0.8131$$

图 2-4　粗饲料 ADF 和 NDF 含量（%）与干物质（DM）30h 瘤胃降解率的关系

表 2-4　饲料的能量消化率

饲料原料	总能含量（MJ/kg DM）	能量消化率（%）
禾本科青草	18.7～19.1	71～75
禾本科草青贮	18.4～19.4	68～79
苜蓿青贮	18.1～18.4	59～62
玉米青贮	18.3～18.8	67～76
人工干草	18.3～19.5	61～74
普通干草	18.4～19.0	56～66
秸秆	17.9～18.9	37～47
小麦	18.1～18.5	80～94
小麦麸	18.7～19.3	68～85
玉米	18.7～19.1	81～95
木薯	16.7～17.1	84～93
高粱	18.6～18.9	77～90
豆粕	19.4～19.9	89～94
花生粕	20.2～20.8	86～88

资料来源：Rowett Research Institute，1984

1. 中国农业大学估测公式

中国农业大学冯仰廉等（2000）对精饲料与羊草的比例从 0∶100 至 75∶25 的 8 种日粮，以及以淀粉代表无 NDF 饲料、稻草代表高 NDF 饲料共 10 种日粮的牛体内法测量全消化道表观消化率的研究表明，在 NDF/OM（organic matter，有机物）范围为 0.00～0.76、实测消化率范围为 43%～95% 的宽覆盖面的情况下，ADF/OM 或 NDF/OM 与饲料能量消化率呈显著线性负相关，并建立了依据饲料 ADF/OM 或 NDF/OM 的 GE 消化率估测公式。

总能(GE)消化率(%)=91.6694−91.3359(ADF/OM)(r=−0.9901，n=10，P<0.01)

总能(GE)消化率(%)=94.2808−61.5370(NDF/OM)(r=−0.9909，n=10，P<0.01)

2. 美国 NRC 估测公式

美国 NRC（美国国家研究委员会，National Research Council）（2001）奶牛营养需要采用分别计算单项养分在维持饲养水平时的真消化率的方式估测饲料的 DE。大多数饲料的 DE 可用以下公式估测。

DE(Mcal/kg)=(真可消化非纤维碳水化合物/100)×4.2+(真可消化 NDF/100)×4.2

+[真可消化 CP(crude protein，粗蛋白)/100]×5.6+(真可消化脂肪酸/100)×9.4–0.3

真可消化非纤维碳水化合物=0.98×{100–[(NDF–中性洗涤不溶性 CP)+CP

+乙醚浸出物+灰分]}×加工校正因子（表 2-5）

粗饲料真可消化 CP=CP×exp[–1.2×(酸性洗涤不溶性 CP/CP)]

精饲料真可消化 CP=[1–0.4×(酸性洗涤不溶性 CP/CP)]×CP

真可消化脂肪酸=脂肪酸

真可消化 $NDF=0.75×(NDF_n–L)×[1–(L/NDF_n)^{0.667}]$

$NDF_n=NDF–$中性洗涤不溶性 CP，$L=$酸性洗涤木质素

表 2-5 评定真可消化非纤维碳水化合物的加工校正因子

饲料原料	校正因子	饲料原料	校正因子
面包加工下脚料	1.04	玉米粒蒸气压片	1.04
碾碎大麦粒	1.04	普通玉米青贮	0.94
面包	1.04	成熟期玉米青贮	0.87
谷物粉	1.04	甜菜和甘蔗糖蜜	1.04
巧克力粉	1.04	燕麦粒	1.04
饼干粉	1.04	高粱粒干燥碾碎	0.92
粉碎干燥玉米粒	0.95	高粱粒蒸气压片	1.04
粉碎玉米粒	1.00	小麦粒碾碎	1.04
高水分粉碎玉米粒	1.04	其他饲料	1.00
高水分带芯玉米粉	1.04		

资料来源：NRC，2001

3. 法国 INRA 估测公式

法国国家农业研究院（Institut National de la Recherche Agronomigue，INRA）（1989）对饲料有机物质消化率（OMD，%）采用的计算公式如下：

OMD(%)=91.9–0.355NDF+0.387ADF–0.392EE(r=0.87)

式中，NDF 为中性洗涤纤维；ADF 为酸性洗涤纤维；EE 为乙醚浸出物在有机物质中的含量。

或 OMD(%)=87.9–2.58ADL(r=0.81)

式中，ADL 为酸性洗涤木质素在有机物质中的含量。

法国 INRA（1998）提出的不同种类饲料的有机物消化率和能量消化率见表 2-6。

三、代谢能

代谢能（metabolizable energy，ME）是指饲料的总能减去粪能、尿能（energy in urine，UE）和消化道可燃性气体能（energy in gaseous products of digestion，Eg）后剩余的能量，即饲料中能被奶牛机体利用的能量。

表2-6 不同种类饲料的有机物质消化率和能量消化率 （%）

谷物			皮壳		
饲料原料	有机物质消化率	能量消化率	饲料原料	有机物质消化率	能量消化率
小麦	90.2	87.4	菜籽	56.3	57.5
大麦	84.6	82.3	蚕豆	60.7	57.0
裸大麦	85.8	83.2	豌豆	84.7	82.3
裸燕麦	85.4	84.6	大豆	82.6	79.5
玉米	89.1	86.9	饼粕		
高粱	86.4	83.3	花生粕	83.1	86.9
谷物副产品			菜籽粕	82.3	82.1
小麦麸	76.5	73.7	大豆粕	90.8	90.4
啤酒糟	60.2	62.4	向日葵籽粕	64.3	63.6
玉米淀粉渣	84.8	84.1	其他饲料		
豆类			木薯	90.5	87.4
蚕豆	91.9	90.3	甜菜糖蜜	88.7	87.2
豌豆	93.9	91.5	甘蔗糖蜜	82.5	78.5
羽扁豆	89.8	88.0	甜菜渣	87.7	84.3
大豆	81.2	82.2	番茄渣	56.7	45.9

资料来源：INRA，1989

$$ME=GE-(FE+UE+Eg)=DE-(UE+Eg)$$

UE 是指尿中总有机物质所含有的能量，损失量相对较小，主要来源于蛋白质代谢产生的尿素。每克尿素的能量含量为 31kJ。国内用体内法实测的 19 种日粮下牛的 UE/DE（%）平均值为 4.27%（±0.94%），其中，全混合日粮的 UE 损失平均为 3.67%，稻草的尿能损失为 5.75%。UE 除来自饲料养分吸收后在体内代谢分解的产物外，还有一部分来自机体内蛋白质分解的产物，后者称为内源氮，所含能量称为内源尿能（urinary energy from endogenous origin products，UeE）。因此，饲料的 ME 也分为表观代谢能（apparent metabolizable energy，AME）和真代谢能（true metabolizable energy，TME）。TME 反映饲料的营养价值比 AME 准确，但不易测定，生产实践中还是应用 AME。

Eg 是来自奶牛消化道微生物发酵产生的气体，主要是甲烷（CH_4）所含有的能量。饲料中纤维含量越高，产生的 CH_4 越多，Eg 值也就越高。消化道微生物发酵产气的同时，也产生部分热能，在冷环境条件下具有维持体温的作用，也是奶牛在热环境条件下比猪禽更容易产生热应激的主要原因。

（一）甲烷能

碳水化合物在瘤胃中发酵产生丙酮酸，丙酮酸再被降解产生 VFA、H_2 和 CO_2。瘤胃内产生的 CO_2 和 H_2 在产甲烷菌的作用下可合成 CH_4。CH_4 的热量为 890.3kJ/mol 或 39.75kJ/L。奶牛消化道，主要是瘤胃内的微生物发酵产生的气体量比较大，能量含量可达摄入饲料 GE 的 5%～10%。对 CH_4 产生量的估测除对 ME 的评定外，还能估测出奶牛排出的 CH_4 进入大气中的量，为环保提供参数。估计全世界家畜年排放 CH_4 量约

8000 万 t, 其中牛的 CH_4 排放量约占 73%。冯仰廉等（2012）估测我国奶牛的 CH_4 排放量约为 93.33 万 t/a, 日产奶量为 20kg 的奶牛的 CH_4 排放量约为 114.6kg/a。

瘤胃内碳水化合物降解为 VFA 和生成 CH_4 的代谢途径如下：

$$2\ 丙酮酸+2H_2O \rightarrow 乙酸+2CO_2+2H_2+2ATP$$

$$2\ 丙酮酸+8〔H〕\rightarrow 2\ 丙酸+2H_2O+2ATP$$

$$2\ 丙酮酸+4（H）\rightarrow 丁酸+2H_2+2CO_2+ATP$$

$$CO_2+4H_2 \rightarrow CH_4+2H_2O+ATP$$

按理可根据以上代谢途径估测的各种 VFA 的产生量计算出 CH_4 的产生量，但这种计算方法只根据己糖的发酵而未对戊糖的发酵进行计算，此外假定发酵产生的氢全部被转化为 CH_4, 而忽略了瘤胃中氢化不饱和脂肪酸所消耗的氢和其他途径消耗的氢，因此高估了 CH_4 的产生量，故需根据试验结果进行估测。

据中国农业大学用大型自控呼吸测热室对消化道瘘管牛饲喂不同日粮的研究结果（冯仰廉等，2012），8 种实测日粮的 FNDF/FOM 宽覆盖面范围为 21.54%~91.06%, CH_4 平均产生量为（81.13±8.96）L/kg FOM, 而且 CH_4 的产生量与 FNDF/FOM 或 NDF/OM 呈显著线性相关：

$$CH_4(L/kg\ FOM)=60.4562+0.2967\times(FNDF/FOM, \%)(r=0.9842, P<0.01)$$

$$CH_4(L/kg\ FOM)=48.1290+0.5352\times(NDF/OM, \%)(r=0.9675, P<0.01)$$

式中，L 为单位"升"；FOM（fermentable OM）为可发酵有机物质；NDF 为中性洗涤纤维；FNDF（fermentable NDF）为可发酵中性洗涤纤维。

消化能（DE）的 CH_4 损失（CH_4 能/DE）亦与 FNDF/FOM 或 NDF/OM 呈显著线性相关：

$$CH_4\ 能(DE, \%)=8.6804+0.0373\times(FNDF/FOM, \%)(r=0.9845, P<0.01)$$

$$CH_4\ 能(DE, \%)=7.1823+0.0666\times(NDF/OM, \%)(r=0.9478, P<0.01)$$

韩继福等（1998）用呼吸测热室，在维持饲养水平条件下的研究结果表明，日粮精粗比对甲烷能产生量有明显的影响，粗饲料比例越高，甲烷能产生量越大（表 2-7）。由于不可能对各种饲料都进行 CH_4 损失的测定，可按以上回归公式，或用平均值估测，即精饲料用 DE×0.092, 一般粗饲料用 DE×0.128, 秸秆用 DE×0.139。

表 2-7 不同精粗比日粮 CH_4 损失的比较　　　　　　　（甲烷能/DE, %）

单一饲料		精饲料：羊草		
羊草平均	稻草	25：75	50：50	75：25
12.07±0.407	13.9	10.16	10.24	9.41

资料来源：韩继福等，1998

（二）代谢能的估测

由于奶牛消化道气体能难测定，生产中很难测定饲料的 ME, 一般采用公式估测。国际上惯用的估测 ME 的简便方法是根据 DE 转化为 ME 的效率常数，即 $ME=DE\times\dfrac{ME}{DE}$。

根据上述对 CH_4 和尿能损失的研究结果，对不同类型饲料的 ME 估测公式如下：

典型日粮：ME=DE×0.83

混合精饲料：ME=DE×0.84

一般青粗饲料：ME=DE×0.82

秸秆：ME=DE×0.80

Blaxter（1962）通过对牛和羊的研究，建立了 DE 与 ME 的关系：

青粗饲料：ME=DE×0.82

谷物：ME=DE×0.85

油饼：ME=DE×0.79

德国 Oskar Kellner 研究所 Hoffmann 等（1972）根据可消化营养物质计算代谢能值的公式为

$$ME(MJ/kg)=0.152DCP+0.0342DEE+0.0128DCF+0.0159DNFE$$

式中，DCP 为可消化粗蛋白；DEE 为可消化乙醚浸出物；DCF 为可消化粗纤维；DNFE 为可消化无氮浸出物（单位均为 g/kg DM）。

美国国家研究理事会（National Research Council，NRC）（2001）对奶牛营养需要认为，脂肪的 DE 转化为 ME 的效率接近 100%，因此对乙醚浸出物（EE）含量高于 3% 的日粮，EE 含量每提高 1 个百分点则 ME 提高 0.0046：

$$ME(Mcal/kg)=(1.01×DE–0.45)+0.0046×(EE–3)$$

式中，DE 单位为 Mcal/kg；EE 为乙醚浸出物占干物质的百分比。

英国农业与食品研究理事会（Agricultural and Food Research Council，AFRC）（1993）认为干物质中的可消化有机物质含量（DOMD）与尿能和 CH_4 能损失比较稳定且相关性很高，故采用简单的估测式：

$$ME(MJ/kg\ DM)=0.0157×(DOMD)(r=0.911，DOMD=DOM\ g/DM\ kg)$$

（三）代谢能转化为净能的效率

饲料或日粮的代谢能（ME）或消化能（DE）转化为净能（net energy，NE）的效率（NE/ME 或 NE/DE）对奶牛的维持、产奶和增重的效率存在一定的差异，其中增重的效率较低。ME 转化效率存在差异的原因是 ME 在代谢过程中产生的热增耗（heat increment，HI）不一样（NE=ME–HI）。

饲料 ME 的 HI 越低，ME 转化为 NE 的效率就越高。因此，提高饲料 ME 转化效率的关键是采取措施降低 HI。

1. 代谢能用于维持的效率

维持净能（net energy for maintenance，NE_m）是用于维持奶牛生命活动的能量，并不生产产品。ME 用于维持的效率（K_m）很高，即使消化率较差的低质饲料（如 ME/GE=0.35），其 K_m 仍能超过 0.6。

日粮在瘤胃中发酵产生的乙酸、丙酸、丁酸的比例对增重的效率影响很大。奶牛的增重效率随乙酸比例的升高而下降，但乙酸作为维持的供能效率则较高。

英国 AFRC（1993）仍运用 ARC（1980）根据颗粒料、牧草、混合日粮的测定结果（表 2-8）得出回归式，即维持的利用效率（K_m）与 ME 占 GE 的比例（ME/GE）呈线性相关：

$$K_m = 0.35(\text{ME/GE}) + 0.503$$

表 2-8　代谢能用于维持的效率

项目	n	ME/GE			
		0.40	0.50	0.60	0.70
颗粒饲料	12	0.653	0.673	0.695	0.715
牧草	36	0.642	0.663	0.683	0.704
混合日粮	30	—	0.728	0.749	0.769
所有日粮	78	0.643	0.678	0.714	0.750

资料来源：ARC，1980

INRA（1989）采用的计算式为 $K_m = 0.287\left(\dfrac{\text{ME}}{\text{GE}}\right) + 0.554$。

NRC（1996，2001）采用的计算公式为 $\text{NE}_m = 1.37\text{ME} - 0.138\text{ME}^2 + 0.0105\text{ME}^3 - 1.12$。

2. 代谢能用于体增重的效率

代谢能用于体增重的利用效率（K_f）也常用能量浓度（ME/GE）的线性回归式计算，如：

AFRC（1993）与 INRA（1989）采用相同的计算公式：$K_f = 0.78\left(\dfrac{\text{ME}}{\text{GE}}\right) + 0.006$。

NRC（1996，2001）增重净能（NE_G）$= 1.42\text{ME} - 0.174\text{ME}^2 + 0.0122\text{ME}^3 - 1.65$，但该式不适用于脂肪添加物。

研究表明，不同类型的日粮，按 ME/GE 回归公式计算的 K_f 之间存在较大差异（表 2-9；ARC，1980）。表中不同 ME/GE 颗粒料的 K_f 差异较小，而相同 ME/GE、不同茬次牧草的 K_f 有较大的差异。不同饲料间存在较大差异的重要原因，是 ME/GE 未能充分反映影响代谢能对增重净能利用效率的实质因素。

表 2-9　不同类型日粮的 K_f

饲料	n	ME/GE			
		0.40	0.50	0.60	0.70
颗粒料	12	0.475	0.477	0.477	—
牧草（第一茬）	25	0.211	0.342	0.474	0.606
牧草（第二茬）	11	0.157	0.273	0.388	—
混合日粮	30	—	0.427	0.510	0.548
所有日粮	78	0.318	0.369	0.474	0.552

资料来源：ARC，1980

瘤胃 VFA 的产生量和比例与小肠可利用有机物质对 K_f 具有显著的影响。由于瘤胃 VFA 的产生量和比例及小肠各种可利用养分的测定工作量较大，目前不可能对各种饲料都进行实测，但乙酸量与可发酵 NDF（FNDF）量呈显著性相关，乙酸比例又与 K_f 呈显著负相关，而小肠可利用养分可用小肠可消化有机物质（IDOM）表达。所以可建立饲料瘤胃 VFA 和小肠可利用养分对 K_f 的估测公式。

由于奶的消化率很高，且瘤胃尚未发育完全，所以哺乳期犊牛的代谢能用于增重的效率很高。犊牛饲用奶的能量浓度及养分含量见表 2-10，各种饲用奶的 ME 转化为生长净能的效率都约为 0.69。这也表明，饲用乳的 GE、DE 或 ME 越高，用于犊牛增重的能量就越多。NRC（2001）对哺乳犊牛的增重净能（NE_G）的计算式为 $NE_G=[0.38 \times \left(\dfrac{ME}{GE}\right)+0.337] \times ME$，奶的 ME/GE 采用 0.93，所以 $NE_G=0.69 \times ME$。

表 2-10　犊牛饲用奶的能量浓度及养分含量

饲用奶	DM（%）	能量浓度（Mcal/kg DM）					ME GE	养分含量（%，DM）				
		GE	DE	ME	NE_m	NE_G		CP	EE	Ca	p	灰分
全脂奶	12.5	5.76	5.59	5.37	4.62	3.70	0.93	25.4	30.8	1.00	0.75	6.3
脱脂奶	10.0	4.31	4.19	4.02	3.46	2.77	0.93	35.5	0.3	1.35	1.02	6.9
脱脂奶粉	94.0	4.38	4.25	4.08	3.51	2.82	0.93	37.4	1.0	1.29	1.08	6.9
乳清粉	93.0	3.92	3.80	3.65	3.14	2.52	0.93	13.5	1.0	0.76	0.68	8.1
鲜乳清	7.0	3.89	3.78	3.62	3.12	2.50	0.93	14.2	0.7	0.73	0.65	8.7
酪蛋白	91.0	5.45	5.29	5.08	4.37	3.50	0.93	92.7	0.7	0.40	0.35	0.40

资料来源：NRC，2001

ARC（1980）根据对哺乳反刍动物代谢能用于生长效率的多数研究结果，采用的平均效率为 0.7（0.67～0.72）。法国 INRA（1989）对哺乳犊牛的代谢能利用效率亦采用 0.69。

3. 代谢能用于产奶的效率

代谢能用于产奶的效率（K_1）很高，略低于 K_m，一般为 0.60～0.65。

AFRC（1993）采用的计算式：$K_1=0.35\left(\dfrac{ME}{GE}\right)+0.420$

INRA（1989）采用的计算式：$K_1=0.24\left(\dfrac{ME}{GE}\right)+0.463$

NRC（2001）采用的计算式如下所示。

对 EE 含量低于 3% 的饲料：
$$NE_L(Mcal/kg)=0.703 \times ME(Mcal/kg)-0.19$$
对 EE 含量高于 3% 的饲料：
$$NE_L(Mcal/kg)=0.703 \times ME-0.19+\{[(0.097 \times ME+0.19)/97] \times (EE-3)\}$$
式中，EE 为乙醚浸出物占干物质的百分比。

对脂肪添加物：
$$NE_L(Mcal/kg)=0.8 \times ME(Mcal/kg)$$
由于 DE 转化为 ME 比较稳定，且不同饲料间的差异较小（3% 左右），可在全混合日粮中相互抵消一部分，而且我国是用饲养试验和消化试验得出的回归式，所以我国奶牛饲养标准（2004）用消化能（DE）作为计算基础。

$$NE_L(MJ/kg\ DM)=0.5501×DE(MJ/kg\ DM)-0.3958$$

奶牛在泌乳初期动用体组织产奶的能量利用效率很高，英国 AFRC（1993）和法国 INRA（1989）用的系数为 0.80，美国 NRC（2001）用的系数为 0.82。

我国奶牛饲养标准（2004）根据成年母牛每千克增重或减重平均为 25.1MJ，约相当 8kg 标准乳的能量（25.1/3.138=8.00），减重的产奶能量利用效率用 0.82，则每减重 1kg 能产生 20.58MJ 产奶净能（25.1×0.82=20.58），即相当 6.56kg 标准乳（20.58/3.138=6.56 或 8×0.82=6.56）。

奶牛在泌乳期间体增重的能量利用效率亦较高。英国 AFRC（1993）按 K_1 的 95% 计算，即 $0.95K_1$。美国 NRC（2001）认为泌乳母牛代谢能用于机体能量沉积的效率为 0.75，该参数显然过高。

4. 代谢能用于妊娠的效率

代谢能用于妊娠的效率很低，英国 AFRC（1993）采用 0.133、美国 NRC（2001）采用 0.14 来计算。

四、净能

NE 是指饲料中用于维持奶牛生命和生产产品的能量，即饲料的 ME 扣除饲料在体内的热增耗 HI 后剩余的能量。NE 分为维持净能（net energy for maintenance，NE_m）和生产净能（net energy for production，NE_p）。NE_m 是指饲料能量用于维持奶牛生命活动、适度随意运动和维持体温恒定部分。这部分能量最终以热的形式散失掉。美国 NRC（2001）奶牛营养需要规定奶牛用于维持、产奶和妊娠的能量需要都以产奶净能（net energy for lactation，NE_L）表示，原因在于代谢能用于奶牛维持和产奶的效率很接近，分别为 0.62 和 0.64。

HI 又称为体增热、特殊动力作用或食后增热，是指动物在采食饲料后的短时间内，体内产热高于绝食代谢产热的那部分热能。在低温条件下，HI 可作为维持体温的热源；但在热应激条件下，HI 又会成为机体负担，并以热能形式散失。HI 产生的原因主要包括 5 个方面：①消化过程产热，如咀嚼饲料、营养物质的主动吸收产热等。②胃肠道内微生物发酵产热，奶牛瘤胃微生物发酵会产生大量的热量，这部分热量占总 HI 的比率较大。奶牛瘤胃的温度在 39～41℃，高于直肠温度。③营养物质在生物氧化过程中所产生的能量不能全部转移到 ATP 上供生命活动利用，一部分以热能形式散失。例如，葡萄糖通过有氧氧化提供能量时可利用能只占总释放能量的 38%，有 31%以热能的形式散失。④营养物质进入消化道后，引起胃肠道等器官的活动增加所产生的热量。⑤肾排泄做功产生的热量。

第三节　奶牛的能量需要

由于反刍动物瘤胃消化功能的独特性，反刍动物饲料能量价值的评定和能量需要量的确定更加复杂。目前，奶牛能量需要的研究和应用已从总能和消化能评定体系转到更加精确的代谢能评定体系和净能评定体系。

一、奶牛的代谢能需要

目前，只有英国等少数国家采用代谢能评定体系来研究奶牛的能量需要。代谢能评定体系的特点是将饲料能量价值评定到代谢能为止。Blaxter（1962）阐述了该体系的主要内容：饲料的能值应是在维持水平时测定的代谢能，并假设饲料的代谢能具有可加性，动物维持需要的代谢能是动物绝食产热量的 1.35 倍；假定代谢能用于泌乳的效率为 65%～70%；代谢能用于维持和增重的效率可以分别表示为代谢能含量的函数（$K_m=54.6+0.30q_m$，$K_f=61.81q_m+3.0$），式中，q_m 是维持状态时饲料能量的代谢率（ME/GE）。

考虑到牛的饲养水平提高会降低消化率，并导致饲料的代谢能含量降低，代谢能体系（ARC，1980）采用如下公式来校正饲料能量的代谢率（ME/GE）。

$$q_L=q_m+(L-1)\times0.2(q_m-0.623)$$

式中，q_L 为在 L 的饲养水平下饲料能量的代谢率（ME/GE）；q_m 为维持状态时饲料能量的代谢率（ME/GE）；L 为饲养水平。

饲料的代谢能值评定相对比较简单，可操作性也比较强，但对确定奶牛的代谢能需要量则较烦琐。用代谢能作为奶牛能量需要的指标，实际上是将奶牛的维持净能和泌乳净能等有效能值倒推算成代谢能，因为不能直接测出产奶、妊娠等的代谢能需要，而且代谢能转化为净能的效率也不相同。代谢能转化为净能的效率主要取决于饲料的能量浓度（ME/GE）或其他因素，所以在奶牛代谢能需要量表格中须列出这些饲料的能量浓度。但日粮由不同饲料组成，而各种饲料的 ME/GE 差异较大，故须计算出所用日粮的 ME/GE。例如，300kg 体重的生长母牛在不同的日增重条件下的代谢能需要量差异较大，同一日增重对不同能量浓度饲料的代谢能需要量也不相同（表 2-11；AFRC，1993）。

表 2-11　300kg 体重生长母牛的代谢能需要量　　　　（单位：MJ/d）

日增重（kg）	ME/GE（或 MJ/kg DM）		
	0.53（10）	0.59（11）	0.64（12）
0.50	56	53	51
0.75	67	64	60
1.00	—	76	72

资料来源：AFRC，1993

二、奶牛的净能需要

由于代谢能用于奶牛维持的效率与产奶的效率近似，因此，可依据奶牛所产牛奶的能量需要量（产奶净能）来确定其总净能的需要量，包括维持的净能需要和生产产品（泌乳、增重、妊娠）的净能需要。奶牛的维持净能需要量依据体重和所处生理阶段不同而有差异。泌乳的净能需要量受奶产量的影响很大，奶牛分娩后 2 天的产奶净能需要量约为分娩前 2 天的产奶净能需要量的 2 倍（表 2-12），增加的部分主要来自于泌乳的需要。

表 2-12　经产母牛和头胎母牛在产前 2 天和产后 2 天的产奶净能（NE$_L$）需要（单位：Mcal/d）

用途	725 kg 经产母牛		570 kg 头胎母牛	
	产前 2 天	产后 2 天	产前 2 天	产后 2 天
维持	11.2	10.1	9.3	8.5
妊娠	3.3	—	2.8	—
生长	—	—	1.9	1.7
泌乳	—	18.7	—	14.9
总计	14.5	28.8	14.0	25.1

注：产奶净能（NE$_L$）根据美国 NRC（2001）计算。假设：经产母牛产奶量为 25kg/d，头胎母牛产奶量为 20kg/d，乳脂率均为 4%

（一）净能需要评定体系

净能评定体系已成为动物营养学界对饲料能值评定和动物能量需要量评定的趋势。目前，主要有美国、欧洲和中国的净能需要评定体系。

1. 美国的产奶净能体系

美国的 Flatt 在 1969 年提出了产奶净能体系。该体系认为代谢能用于奶牛维持和产奶的效率基本相同。用于生长的能量需要量通过调整也可以用产奶净能来表示。因此，将维持、产奶和生长的能量需要都转换成产奶净能计算更加方便。美国 NRC（2001）奶牛营养需要对奶牛产奶和维持的能量需要已从传统的总可消化养分（TDN）改为产奶净能，但仍保留了 TDN 指标。在考虑饲料组成和采食量对奶牛产奶净能需要产生影响的基础上，美国 NRC（2001）奶牛营养需要基于饲料的消化能或代谢能提出了两个推荐公式：NE$_L$=0.84DE−0.77 和 NE$_L$=0.84ME−0.44。

2. 欧洲的产奶净能体系

产奶净能体系被欧洲众多国家所采用，且法国、荷兰和瑞士三国的营养学家提出了基本类似的净能体系。为了应用方便，法国 INRA（1989）将 1kg 标准大麦含 1.73Mcal 产奶净能作为 1 个产奶饲料单位（UFL）；荷兰产奶净能体系指定一个饲料单位中产奶净能为 1.65kcal；瑞士体系能量单位以 J 表示，其余与法国和荷兰相同。

3. 中国的产奶净能体系

由于处于生长阶段的奶牛的增重速度低于肉牛，而且日粮组成较稳定，代谢能用于奶牛维持的效率与产奶的效率近似，因此，我国奶牛饲养标准（2004）也采用产奶净能体系确定奶牛的能量需要量。在确定增重的产奶净能需要量时，应用增重净能换算成产奶净能的系数加以调整。

$$增重净能换算成产奶净能的系数=−0.5322+0.3254\ln(体重，kg)$$
$$产奶净重=增重净能×系数$$

在我国奶牛生产实践中，为求简便易行，避免烦琐的能量数值，采用相当于 1kg 含乳脂 4%的标准乳能量，即 3138kJ（750kcal）产奶净能作为一个奶牛能量单位，缩写成

NND（汉语拼音字首）。

$$NND = \frac{产奶净能(kJ)}{3138kJ}$$

（二）维持的净能需要

基础代谢产热是确定奶牛维持净能需要的根据，但很难保持奶牛基础代谢的试验条件，因此，一般将绝食代谢和自由活动的产热量之和作为维持净能的需要。

1. 成年牛

NRC（2001）奶牛营养需要对固定在代谢室中的非妊娠干奶牛的绝食代谢产热试验测定的平均 NE_m 为 0.305MJ/kg $W^{0.75}$，考虑到正常饲养的奶牛每天有随意活动量，因此，在此计算值的基础上再增加 10% 的自由活动能量损失，为 0.335MJ/kg $W^{0.75}$。

法国 INRA（1989）对奶牛的维持需要均采用 0.294MJ/kg $W^{0.75}$。在此基础上，舍饲自由活动奶牛增加 10% 的维持需要量，放牧饲养奶牛增加 20% 的维持需要量，分别为 0.323MJ/kg $W^{0.75}$ 和 0.353MJ/kg $W^{0.75}$。

我国奶牛饲养标准（2004）根据奶牛绝食呼吸测热试验结果（冯仰廉等，1985；张晓明等，1987；蒋永清等，1987）的平均 NE_m 为 0.293MJ/kg $W^{0.75}$，在此基础上，舍饲自由活动增加 20% 的维持需要量，即 0.352MJ/kg $W^{0.75}$。处于第一和第二个泌乳期的奶牛的生长发育还未停止，为了计算方便，其维持净能需要量在 0.293MJ/kg $W^{0.75}$ 的基础上再分别增加 20% 和 10%。考虑到奶牛放牧行走的距离和行走的速度等因素，我国奶牛饲养标准（2004）建议采用根据放牧牛的行走距离和行走速度来计算放牧行走运动的维持净能需要量（表 2-13）。

表 2-13　牛水平行走的维持净能需要　　　　　　（单位：kJ/d）

行走距离（km）	行走速度	
	1m/s	1.5m/s
1	364 $W^{0.75}$	368 $W^{0.75}$
2	372 $W^{0.75}$	377 $W^{0.75}$
3	381 $W^{0.75}$	385 $W^{0.75}$
4	393 $W^{0.75}$	397 $W^{0.75}$
5	406 $W^{0.75}$	418 $W^{0.75}$

资料来源：蒋永清等，1987

2. 后备牛

后备奶牛的能量营养目标是给予合适的能量水平的日粮，使其能在 13～15 月龄达到配种体重，又不至于导致乳腺部位沉积过多脂肪影响后期的泌乳能力，以及保持良好的健康状况。

犊牛和青年牛的绝食代谢产热明显高于成年牛。英国 ARC（1980）根据对青年牛的绝食代谢产热的试验结果总结为 F（MJ/d）= $0.53 W^{0.67}$。蒋永清等（1987）对 12～18 月龄青年牛绝食代谢试验的结果为 F（MJ/d）=1.16 $W^{0.53}$。根据以上两个公式计算的不同体重后备牛的绝食代谢产热量比较接近（表 2-14）。

表 2-14 青年牛的绝食代谢产热

体重（kg）	绝食代谢产热（MJ/d）	
	1.16 $W^{0.53}$	0.53 $W^{0.67}$
100	13.32	11.60
150	16.51	15.21
250	21.65	21.42
300	23.84	24.21

美国 NRC（2001）规定哺乳犊牛的 NE_m 为 0.36MJ/kg $W^{0.75}$。英国 ARC（1980）总结了哺乳犊牛的维持代谢能需要量的 7 个研究结果，平均为 0.428MJ/$W^{0.75}$（0.393～0.469），由于奶的代谢能用于维持的效率较高，按 0.9 计算，则绝食代谢产热（MJ/d）为 0.385$W^{0.75}$，据此计算，100kg 体重犊牛的绝食代谢产热为 12.17MJ/d，表明蒋永清等（1987）对 12～18 月龄青年牛绝食代谢产热的估测公式 F（MJ/d）=1.16 $W^{0.53}$ 也可用于估测哺乳犊牛的绝食代谢产热。

3. 环境温度对产热的影响

动物的热损失途径包括传感损失和蒸发损失两个方面。辐射、对流和传导等传感损失受空气温度、辐射、空气运动等环境因素影响。奶牛控制其传感损失的能力有限，主要由改变体热产生和身体对环境的绝缘程度进行控制，如控制对皮肤和末端的血液供应、调控皮毛的生长、调节体表面，热时舒张肢体、冷时收缩皮肤等。蒸发损失是指通过皮肤和呼吸道的水分蒸发而散失的热量。

（1）冷应激的影响。一般认为，在中立温度或舒适温度条件下，动物的产热不受温度的影响，而主要受饲料类型、饲养水平及动物运动的影响。当环境温度低时，动物为了阻止体温下降而提高其产热，产热提高时的环境温度称为临界温度。成年牛的临界温度比较稳定，而犊牛对温度变化的应变能力较低，产后第 3 天的犊牛临界温度为 13℃，20 日龄降低到 8℃。泌乳奶牛的 NE_m 受相对较低的冷环境的影响较小，这主要是由于其采食量大，瘤胃发酵产热也多，HI 值较高。在低温条件下产热明显增加，用犊牛和母牛的试验表明，环境温度平均下降 1℃则产热提高（2.51±0.84）kJ/kg $W^{0.75}$。

在低温条件下，反刍动物的干物质消化率有下降的趋势，在 20℃ 以下，环境温度每下降 10℃，饲料干物质的平均消化率下降 1.8 个百分点。低温条件下饲料消化率的降低，可能是饲料通过消化道的速度加快所致。饲料在消化道的流通速度加快也就意味着有效能值和 HI 可能会更低，但也意味着奶牛采食量的增加，奶牛所获得的总有效能值应该会更高。

我国奶牛饲养标准（2004）推荐在环境温度为 18℃ 的基础上，温度每下降 1℃ 须提高维持能量需要 2.5 kJ/（kg $W^{0.75}$·d）。

（2）热应激的影响。高温条件下，动物通过水分蒸发降温，但奶牛的这种能力是很有限的。奶牛在低湿度、非严重热应激的条件下能通过水分蒸发降温，但在高湿度条件下则很困难，从而导致代谢产热积累并且体温升高。导致奶牛热应激的原因除了温度高以外，高湿度阻碍了水分蒸发降温是另外一个主要因素。我国南方湿热地区奶牛的热应激期可能从 5 月一直持续到 10 月。体重 400kg 的娟姗牛在环境温度为 15℃时由蒸发损失的热占总热损失的 18%，而当环境温度达到 35℃时会升高到 84%。呼吸速度是评价奶牛是否出现热应激的一个重要指标。母牛的呼吸速度每分钟 20 次则表明接近或低于临界温度，当每分钟超过 80 次则表明气温很高。在气温为 35℃、相对湿度为 35%的条件下，牛的呼吸速度一般为 100 次/min。

高温环境会提高奶牛维持需要量，中等热应激提高 NE_m 的 7%，严重热应激可提高 NE_m 多达 25%。热应激会引起奶牛代谢活动和行为发生变化，如热应激条件下的高频率喘息等散热活动会增加能量消耗量，而热应激导致的采食量降低、采食活动减少和代谢速度变慢等又会减少热量的产生。用间接测热法的研究表明，与 18～21℃的环境温度相比，泌乳母牛在 31～32℃的温度条件下，每产能量含量为 4.18MJ 的奶要多消耗 27%的消化能，即环境温度平均每升高 1℃要多消耗 3%的维持能量，在 32℃时为 $110W^{0.75}$。

（三）泌乳的净能需要

牛奶的能量含量等于其中乳脂、乳蛋白和乳糖等营养成分的燃烧热值的总和。NE_L 取决于奶牛的产奶量和单位重量牛奶的能量含量，比较容易测定或计算。乳脂、乳蛋白和乳糖的燃烧热分别为 9.29Mcal/kg、5.71Mcal/kg 和 3.95Mcal/kg。由于乳糖含量比较稳定，乳脂和乳蛋白含量的差异较大（表 2-15），因此，通过测定乳脂和乳蛋白含量，或只测定乳脂含量就能预测 NE_L。

表 2-15 不同品种奶牛的乳脂和乳蛋白平均含量

奶牛品种	乳脂（%）	乳蛋白（%）	乳糖（%）
中国荷斯坦牛	3.61	3.14	4.88
娟姗牛	4.14	3.60	4.83
水牛	7.59	5.23	4.80

我国奶牛饲养标准（2004）对我国不同地区的 475 个奶样的成分分析和测热，得出以下回归式：

NE_L(kJ/kg)=750.00+387.98×乳脂(%)+163.97×乳蛋白(%)+55.02×乳糖(%)

NE_L(kJ/kg)=1433.65+415.30×乳脂(%)

NE_L(kJ/kg)=−166.19+249.16×乳总干物质(%)

NRC（2001）推荐的计算式：

NE_L(MJ/kg)=0.3887×乳脂(%)+0.2289×乳蛋白(%)+0.1653×乳糖(%)

NE_L(MJ/kg)=0.3887×乳脂(%)+0.2289×乳蛋白(%)+0.8033

NE_L(MJ/kg)=1.506+0.4054×乳脂(%)

由于奶中的乳脂率变化较大，至今国际上仍采用将乳脂率校正到 4%的标准乳或校正乳（fat corrected milk，FCM）来计算。4%标准乳计算公式为 FCM（kg）=0.4×奶量+15×

乳脂（kg）。含 4%乳脂率的牛奶的实际燃烧热为 3.133 82MJ/kg 奶。我国奶牛饲养标准（2004）也一直采用 1kg FCM 的燃烧热为 3.133 82MJ（0.75Mcal）。

（四）增重的净能需要

1. 后备牛

牛奶的成分含量和能量测定比较容易，但牛体重增加的沉积能和成分不能直接测定，只有根据碳氮平衡试验或对比屠宰试验获得参数来计算。后备牛是指从出生到第一次产犊前这一段时期内的牛。后备牛的能量摄入量对其生长性能、乳腺发育、瘤胃发育、瘤胃微生物区系组成都有明显的影响。后备牛的营养目标是使其表现出理想的生产性能（22~24 月龄产犊）和良好的健康状况。

中国奶牛饲养标准（2004）提出后备牛的能量需要主要包括两个部分，后备牛的维持能量需要和增重能量需要。后备牛的绝食代谢（kJ）= $531 \times W^{0.67}$，在此基础上加上 10% 的自由运动量，即为维持的能量需要量。

$$增重的能量沉积(MJ) = \frac{增重(kg) \times [1.5 + 0.0045 \times 体重(kg)]}{1 - 0.30 \times 增重(kg)} \times 4.184$$

增重的能量沉积换算成泌乳净能的系数 = $-0.5322 + 0.3254 \ln$（体重，kg）

增重所需泌乳净能 = 增重的能量沉积 × 系数

式中，体重为 150kg、200kg、250kg、300kg、350kg、400kg、450kg、500kg、550kg 的后备牛的系数分别为 1.10、1.20、1.26、1.32、1.37、1.42、1.46、1.49、1.52。

以荷斯坦牛作为中熟品种，用该式的计算结果与 AFRC（1993）的计算结果相似。

2. 成年母牛

奶牛在泌乳期和干奶期存在周期性的体组织动用和恢复，主要是内脏和皮下脂肪组织及少量的肌肉组织的沉积和降解。在泌乳初期，奶牛会动用体组织（主要是体脂）来弥补能量快速增加的不足，在泌乳中后期又会逐渐沉积体脂为下一泌乳期储备能量来源。奶牛体重的变化并不能准确反映体组织能量沉积的真实变化。每单位重量的体组织增加或减少所含能值取决于组织中脂肪和蛋白质的相对比例，但准确计算其能值比较困难，只有根据碳氮平衡试验或对比屠宰试验获得参数来计算。

中国奶牛饲养标准（2004）提出，成年母牛每千克增重或减重的净能平均为 6Mcal。泌乳期间增重的能量利用率与产奶相似，因此每增重 1kg 约相当于 8kg 标准奶（6/0.75=8）。减重的产奶利用率为 0.82，因此每减重 1kg 能产生 4.92Mcal 产奶净能（6×0.82=4.92），即 6.56kg 标准奶。

（五）妊娠的净能需要

奶牛妊娠期胎儿和子宫的养分和能量沉积量很难测定，主要根据屠宰试验结果进行统计分析得出预测模型。奶牛妊娠期平均为 282 天，在妊娠前期，奶牛胎儿的平均日增重较低，仅几十克，一般假定妊娠前 6 个月的能量需要量为 0，即不考虑胎儿的能量需要；而妊娠后 3 个月胎儿的平均日增重在 200g（表 2-16）以上，对能量的需求较大。

表 2-16　奶牛不同妊娠阶段的胎儿和妊娠子宫各种成分的重量和能量含量

项目	妊娠天数					
	141 天	169 天	197 天	225 天	253 天	281 天
胎儿（不包括子宫）						
总重（kg）	1.76	4.16	8.56	15.64	26.06	40.00
蛋白质（kg）	0.17	0.46	1.09	2.27	4.28	7.40
脂肪（kg）	0.011	0.051	0.150	0.390	0.846	1.600
灰分（kg）	0.040	0.180	0.255	0.533	1.001	1.720
能量（MJ）	4.9	12.2	28.5	61.7	124.1	233.8
妊娠子宫						
总重（kg）	11.0	17.7	26.7	38.7	53.9	72.8
蛋白质（kg）	0.59	1.10	2.01	3.53	5.94	9.47
脂肪（kg）	0.086	0.14	0.26	0.51	0.98	1.79
灰分（kg）	0.10	0.21	0.39	0.71	1.23	2.01
能量（MJ）	18	31	54	95	167	288

资料来源：ARC，1980

我国奶牛饲养标准（2004）针对妊娠的能量利用效率很低的特点，按照每 4.184MJ 的妊娠沉积能量约需 20.376MJ 的产奶净能计算，妊娠第 6、第 7、第 8 和第 9 个月，每天须在维持基础上分别增加 4.184MJ、7.112MJ、12.552MJ 和 20.920 MJ 产奶净能。

美国 NRC（2001）对妊娠牛能量需要是根据用荷斯坦妊娠母牛开展的屠宰试验获得的参数，假定犊牛平均初生重为 45kg，孕体对代谢能的利用效率为 0.14，则妊娠的代谢能需要的计算式为

$$ME(Mcal/d)=[(0.003\ 18×D–0.035\ 2)×(CBW/45)]/0.14$$

式中，D 为妊娠天数（190～279 天）；CBW 为犊牛初生重（kg）。

由于妊娠的能量需要用 NE_L 表示，代谢能转化为 NE_L 的效率采用 0.64，则将上式转换为妊娠的泌乳净能需要量为

$$NE_L(Mcal/d)=[(0.003\ 18×D–0.035\ 2)×(CBW/45)]/0.218$$

第四节　奶牛产热量的测定

一、直接测热法

机体的能量代谢遵循能量守恒定律，即在整个能量转化过程中，机体摄入的蕴藏于食物中的化学能与最终转化的热能和所做的外功，按能量来折算是完全相等的。早在 1780 年，Lavoisier 和 Laplace 把豚鼠关在小室中，小室中放有冰，测定冰的融化量和 CO_2 的呼出量。发现冰的融化量与 CO_2 的呼出量相关，从而设计出用动物使水温升高的方法来测定动物的产热量，即依据能量守恒定律。之后，用同样原理设计了精密度较高的测热室，测定进入与流出的水的温差和每单位时间的水流量，同时测定随气流带走的热量和排出水汽中的凝集热来计算产生的热量。随着物理学研究的进展，直接测热法又

有很大改进，精准度在不断提高。

直接测热法设备较复杂、成本较高，而且奶牛的活动受到限制。因此，直接测热法逐渐被简单、实用的间接测热法取代。间接测热法虽不如直接测热法精确，但误差较小，而且两者之间的一致性很高（表 2-17）。

表 2-17 直接测热法和间接测热法测定的阉牛的产热量 （单位：kJ）

试验牛	日粮	直接法	间接法	相差（%）
	绝食	30 769	30 552	−0.7
阉牛 1	采食 1.9kg 饲料	32 442	33 033	+1.8
	采食 5.6kg 饲料	48 919	50 405	+3.0
	绝食	32 041	32 397	+1.1
阉牛 2	采食 1.9kg 饲料	34 125	34 928	+2.4
	采食 5.6kg 饲料	49 597	50 672	+2.2

资料来源：Blaxter，1962

二、间接测热法

间接测热法的方法和设备比较简便易行，常用的有呼吸室、呼吸面罩、呼吸头套、气管手术等方法。间接测热法有开路和闭路两种形式。

（一）间接测热法的理论依据

利用测定单位时间内机体的产热量来测定能量代谢率，需了解与能量代谢测定有关的几个基本概念，主要包括饲料的热价、氧热价和呼吸商。

1. 饲料的热价

1g 饲料氧化时所释放的能量，称为这种饲料的热价（thermal equivalent of food），用焦耳（J）作为计量单位。饲料的热价分为生物热价和物理热价，分别是指饲料在动物体内氧化和体外燃烧时释放的能量。葡萄糖和脂肪的生物热价和物理热价相同；但蛋白质不同，这是由于蛋白质在体内不能完全被氧化，其代谢产物尿素、尿酸和肌酐等也含有能量。因此，蛋白质的生物热价小于物理热价。

2. 饲料的氧热价

饲料氧化时消耗 1L O_2 所产生的热量，称为这种饲料的氧热价（thermal equivalent of oxygen）。氧热价表示某种物质氧化时的耗 O_2 量和产热量之间的关系。由于不同饲料中所含的碳、氢和氧等元素的比例不同，因此，同样消耗 1L O_2，饲料氧化时所释放的热量也不相同。

3. 呼吸商

葡萄糖、脂肪、蛋白质氧化时，都要消耗一定量的氧和产生 CO_2。动物机体在一定时间内呼出的 CO_2 和吸入的 O_2 的容积之比称为呼吸商（respiratory quotient，RQ）。测算 RQ 时，应以 CO_2 和 O_2 的物质的量来计算，但由于在一定的温度和气压条件下，物质的量相同的不同气体，其容积也相同，所以常用呼出 CO_2 与吸入的 O_2 的容积来计算 RQ。葡萄糖氧化时，动物机体产生的 CO_2 与消耗的 O_2 量是相等的，所以碳水化合物氧化时的 RQ 等于 1.00。蛋白质和脂肪氧化时的 RQ 分别为 0.80 和 0.71。如果 RQ 接近 1.00，说明奶牛利用的能量主要来自葡萄糖的氧化。在奶牛 DMI 较低、发生脂肪肝或酮病时，因存在葡萄糖的合成和利用障碍，机体主要通过体脂动员供能，此时的 RQ 偏低，约为 0.71；在长期能量摄入量不能满足需要量的情况下，奶牛会大量动员机体蛋白质功能，此时的 RQ 约为 0.80。正常动物进食混合食物时，RQ 一般在 0.85 左右（杨嘉实和冯仰廉，2004）。

（二）呼吸测热室法

此方法为测定反刍动物产热量的传统方法，基本原理是将牛放于呼吸代谢箱中，通过测定一定时间内牛呼出 CO_2 与消耗的 O_2 的量来计算产热量。呼吸测热室的类型有闭路式、开闭式和开路循环式三种。

1. 闭路式呼吸测热法

呼吸室内的气体与外界空气呈完全隔绝状态，形成闭路回流循环，并通过吸收系统吸收奶牛产生的 CO_2 和水蒸气，吸收后的气体再回到呼吸室。呼吸室中的压力由于奶牛吸收 O_2 而下降，氧进入呼吸室的量应与压力下降成比例。CO_2 呼出量由测定吸收剂测定。

闭路式呼吸测热法的困难是对大家畜要用大量的吸收剂，如阉牛在 20℃ 环境条件下每 24h 可产生 7kg CO_2 和 15kg 的蒸发水汽。此外，氧的吸入量与设备内外空气压力之差有关，对压力和温度的变化也很敏感，当气压升高或设备内温度下降时则导致氧的吸收量升高；CH_4 的积累会降低 O_2 的吸入量。因此，目前闭路式呼吸测热法用的很少。

2. 开闭式呼吸测热法

开闭式呼吸测热室是 20 世纪 70 年代才发展起来的新型呼吸测热器。英国洛维特（Rowett）营养研究所、美国军事医学研究院、中国农业大学动物科技学院等都采用了这种测热室。其优点是性能稳定、调试较简单、准确性高且容易控制。

外界新鲜空气按一定的数量和速度被持续注入呼吸测热室中，与呼吸测热室内气体相混匀后供奶牛利用。同时，呼吸测热室内的气体又不断被排出室外，经过采气系统定量收集气体样品，并测出 O_2、CO_2、CH_4 等的浓度。按吸入与排出的气体成分之间的比例和气体的浓度等数据，可计算出奶牛 O_2 消耗量与 CO_2 和 CH_4 的排出量。

3. 开路循环式呼吸热法

开路循环式呼吸热法是目前国际上应用最普遍的一种呼吸测热法。该呼吸测热室与开闭式呼吸室的主要区别是无须定时开闭换气。其主要特点是：①呼吸室有排气管道，管道中安装有抽气透平机，并装有高精度的电子流量计；②每 3min 记录一次从呼吸室抽出气体的流量并采气体气样进行 O_2、CO_2、CH_4 气体分析；③从呼吸室抽出气体的流量与自行进入呼吸室的大气为等量；④进入呼吸室大气的 O_2、CO_2 量与从呼吸室抽出气体的相差值，可得出每个时间段或 24h 的 O_2、CO_2 和 CH_4 产生量（L）。全过程及数据处理均由计算机完成。

$$动物\ O_2\ 消耗量=[大气\ O_2(\%)–呼吸室\ O_2(\%)]×气体流量(标准容积，L)$$
$$动物\ CO_2\ 产生量=[呼吸室\ CO_2(\%)–大气\ CO_2(\%)]×气体流量(标准容积，L)$$
$$动物\ CH_4\ 产生量=[呼吸室\ CH_4(\%)–大气\ CH_4(\%)]×气体流量(标准容积，L)$$

开路循环式呼吸室对密闭性的要求不严格，但对气体分析仪和气体流量计的精度要求很高。

三、比较屠宰法

比较屠宰方法是通过对实验动物分期屠宰来达到测定能量沉积的方法。试验时，选择均匀一致的奶牛，用同样日粮预试至少 10 天，随机分成两组，一组于试验开始时屠宰，另一组于试验结束时屠宰。也可多设置几个处理组，在试验过程中屠宰。屠宰时应去掉消化道内容物，然后测定牛体的总能量，以确定能量沉积。通常也采用比较屠宰试验来验证呼吸测热装置测定结果的准确性。该方法需专门的屠宰室进行屠宰和取样，最后做样品分析。此法比较烦琐，而且成本比较高。

四、甲烷排放量的测定

反刍动物采食的饲料在瘤胃微生物发酵作用下会产生 CO_2、CH_4 等气体。动物在排出这些气体时也伴随着大量的能量损失。牛的甲烷能损失量相当于 6%的饲料总能或 12%的消化能（冯仰廉，2004）。除此之外，甲烷还是温室气体的一种主要来源，对全球温室效应的贡献率达到 15%～20%。据估计，全世界动物甲烷的排放量每年约 $8.0×10^7$t，其中牛的 CH_4 排放量约占 73%（Kebreab et al.，2008）。因此，准确测定甲烷对优化反刍动物净能评价体系、降低瘤胃能量损失和温室气体减排都具有重要作用。目前，甲烷排放量的测定方法主要有：呼吸测热室法、呼吸头箱法、呼吸面罩法、六氟化硫（SF_6）示踪法和估测模型法。

（一）呼吸测热室法

呼吸测热室是用于测定动物能量代谢的设备，主要有闭路循环式呼吸室、开闭式和开路循环式呼吸测热室三种，目前普遍采用的是开路循环式呼吸测热室。开路循环式呼吸测热室的基本原理是把待测动物放置于特制的密闭呼吸箱里，通过测定一段时间内呼吸箱内 CH_4 浓度变化来计算 CH_4 排放量。该方法能准确测定出全呼吸道内的 CH_4 排放量，目前技术较成熟，也是测定结果最为精确的方法。但是，该方法不能测定自然生产条件下动物的 CH_4 排放量，且单次测定动物的数量较少，动物也要经过一定时间的训练，测定成本也较高。

（二）呼吸头箱法和面罩法

呼吸头箱是将动物的整个头部封在一个箱体里，头箱里面放置有料槽和水槽，以维持在采样过程中正常的采食和饮水，呼吸面罩则相对轻便，只将动物口鼻部分罩住，采食和饮水固定时间打开。其基本原理与呼吸测热室法相似，是将动物的整个头部或口鼻部分罩住，通过泵的抽吸采集动物口鼻周围的气体（包括吸气和呼气）浓度，然后根据 CH_4 浓度和空气流量计算 CH_4 排放浓度。该方法操作简单，测试方便，能够适用于不同环境条件，但限制了动物自由采食和饮水，且忽略了后肠道的 CH_4 排放量（约 2% 从直肠排放），降低了测量结果的精确度，也不适合群体和放牧条件下 CH_4 排放量的测定。

（三）六氟化硫示踪法

高纯六氟化硫（SF_6）气体在常温常压下是一种无色、无毒、不易燃烧、无腐蚀性的惰性气体，极难溶于水，具有良好的稳定性，其分子量较大（146g/mol），在标准条件下密度约为 $6.08kg/m^3$，相当于空气的 5.1 倍，是一种重气体，其化学惰性可与氮气等惰性气体相比拟。Johnson 等（1994）通过试验证明 SF_6 对反刍动物和瘤胃微生物没有毒害作用，不会产生不良影响，而 SF_6 的化学性质稳定，在瘤胃内不与其他物质发生化学反应，也不参与瘤胃微生物和反刍动物的代谢。

向瘤胃（环境）投入均匀释放 SF_6 气体的铜质渗透管，通过负压装置采集动物的呼吸气体样品。由于 SF_6 和 CH_4 同时被排出，且在同一点用同一个采样器采样，所以 SF_6 和 CH_4 被空气稀释的程度相同。由于 SF_6 的排放速度已知，当测得 SF_6 和 CH_4 的浓度后，就可计算出甲烷的排放率。

动物的 CH_4 排放量可按下列推导公式计算：

$$R_{CH_4} = (R_{SF_6}/6.518) \times ([CH_4]y - [CH_4]b)/([SF_6]y - [SF_6]b) \times 1000$$

式中，R_{CH_4} 为反刍动物甲烷排放速率（L/d）；$[CH_4]y$ 为采样气体 CH_4 的浓度（$10^{-6}V/V$）；$[CH_4]b$ 为大气中 CH_4 的浓度（$10^{-6}V/V$）；R_{SF_6} 为 SF_6 的释放速率（mg/d）；$[SF_6]y$ 为采样气体中 SF_6 的浓度（$10^{-12}V/V$）；$[SF_6]b$ 为大气中 SF_6 的浓度（$10^{-12}V/V$）；6.518 为 SF_6 的密度（kg/m^3）。

注：若需将甲烷产量换算为 g/d，计算公式为 $0.715 \times R_{CH_4}$，其中 0.715 是常温常压下甲烷的密度（g/L）。

SF_6 示踪法可在动物自然生活状态下直接测定其 CH_4 排放量，而且可一次性测定一群动物的 CH_4 排放量；试验方法简单，操作方便；对动物刺激小，动物的适应期短；试验投资和运行费用低；可同时测定大批动物的 CH_4 排放量，如将 SF_6 作为示踪物在进气口或上风向释放，然后在舍内或下风向进行气体采集。

SF_6 示踪法需要在有稳定较小的风速或无风环境中进行，同时 SF_6 是一种温室气体，其增温潜势约是 CO_2 的 10 000 倍，尽管当前因科学研究释放的 SF_6 远低于其他排放源，但在使用过程中还是应当合理控制 SF_6 排放量。美国由于担心 SF_6 在肉和奶中的残留问题，已经禁止使用该方法测定 CH_4 排放量。

（四）估测模型法

国内外学者围绕反刍动物 CH_4 排放量进行了大量研究，并利用统计方法确定了甲烷排放量的估测模型。

1. 美国 Moe 和 Tyrrell 模型

Moe 和 Tyrrell（1979）依据饲料中碳水化合物的含量建立了估测 CH_4 排放量的模型：

$$甲烷能(MJ/d)=3.41+0.51NFC+1.74HC+2.65C$$

式中，NFC 为非纤维性碳水化合物（kg/d）；HC 为半纤维素（kg/d）；C 为纤维素（kg/d）。

$$NFC(\%)=100-(粗蛋白质+粗脂肪+灰分+中性洗涤纤维)$$

2. 英国 Blaxter 模型

英国 Hannah 研究所的 Blaxter（1962）采用呼吸测热室的方法得到牛和绵羊的甲烷排放量模型为

$$粗饲料日粮的甲烷能(kcal/100kcal 日粮)=4.28+0.059D$$
$$颗粒料日粮的甲烷能(kcal/100kcal 日粮)=6.05+0.020D$$

式中，D 为维持能量水平下的反刍动物日粮干物质消化率。

3. 法国 INRA 模型

法国农业科学研究院（INRA）的 Vermorel 等（2008）根据法国《反刍动物营养推荐量和饲料表》中提出的净能体系中的净能需要量，建立了依据代谢能摄入量的 CH_4 排放量模型：

$$奶牛的甲烷能(MJ/d)=8.25+0.07ME(MJ)，R^2=0.55，n=20$$

4. 中国农业大学估测模型

中国农业大学采用拉丁方设计，以大型自控呼吸测热测定阉牛的 CH_4 排放量，发现瘤胃可发酵有机物质（fermentable organic matter，FOM）和可发酵中性洗涤纤维（FNDF）与甲烷排放量相关性显著，故得出以下模型：

$$甲烷排放量(L/kg FOM)=60.4562+0.2967×FNDF/FOM(\%)，R=0.9842，n=8$$

式中，日粮的 FNDF/FOM 覆盖范围为 21.54%～91.06%，包括日粮的精饲料和粗饲料的比值范围（0∶100）～（75∶25）及粗饲料的不同加工细度；n 为 8 种日粮，CH_4 平均排放量为（81.13±8.96）（L/kg FOM）。

FNDF/FOM 参数缺失时，估测模型如下：

$$甲烷排放量(L/kg FOM)=48.1290+0.5352×NDF/OM(\%)，R=0.9675，n=8$$

由于甲烷能/DE 与 FNDF/FOM 或 DE/GE 呈线性相关，而 CH_4 是饲料在全消化道内消化产生的，呼吸测热室测定的不同饲料的甲烷能/DE 的均值为 11.71%，所以甲烷能还可以根据以下模型计算：

$$甲烷能/DE(\%)=8.6804+0.0373×FNDF/FOM(\%)，R=0.9845，n=8$$
$$甲烷能/DE(\%)=17.3437-0.1086×DE/GE(\%)，R=-0.9363，n=8$$

式中，当 DE/GE 为 49.03%～74.3%时此公式才适用。

五、甲烷减排措施

反刍动物的瘤胃微生物发酵纤维素和半纤维素等结构性碳水化合物产生 VFA 的过程中会产生大量的 H_2 和 CO_2。产甲烷菌可以利用这些气体合成 CH_4，达到降低瘤胃内的氢分压、提高纤维分解菌和原虫活性的目的。产甲烷菌是目前已知的唯一一类将 CH_4 作为代谢终产物的微生物，也是产甲烷菌获得能量的唯一途径。CH_4 的产生途径主要有三种：CO_2-H_2 还原途径；以甲酸、乙酸和丁酸等 VFA 为底物的合成途径；以甲醇、乙醇等甲基化合物为底物的合成途径。反刍动物瘤胃中以 CO_2-H_2 还原途径合成的 CH_4 约占 82%，以甲酸、乙酸和丁酸等 VFA 为底物合成的 CH_4 占 3%～5%，其他途径合成的 CH_4 很少。

反刍动物每消化 100g 碳水化合物产生 4～5g CH_4，这意味着能量的极大损失。为提高反刍动物对饲料的能量利用效率和减少反刍动物养殖的温室气体排放量，降低 CH_4 排放量一直是反刍动物养殖关注的重点。减少奶牛养殖的 CH_4 排放量的措施主要包括以下几个方面：调控日粮组成、减少瘤胃内产甲烷菌的数量和抑制其活性、降低 CH_4 合成底物的生成量、提高奶牛的生产性能并降低奶牛存栏量。

（一）调控日粮组成

反刍动物瘤胃中乙酸与丙酸的相对产量是调节 CH_4 生产量的主要因素。瘤胃中乙酸的比例越高，CH_4 的产量也越高；丙酸比例越高，CH_4 的产量越低。以乙酸为底物合成的 CH_4 约占瘤胃 CH_4 的 60% 以上，以氢和 CO_2 为底物的 CH_4 合成量约占 30%。氢是限制甲烷产生的第一要素，生成乙酸的过程产生大量的氢；而丙酸是氢的受体，形成丙酸的过程不仅不产生氢，而且还需要吸收氢。在瘤胃发酵过程中产生的氢和甲烷是不可利用的，因而生成乙酸的过程伴随着较多的能量损失，而生成丙酸的过程则意味着甲烷生成量的减少。日粮精粗比又是影响反刍动物瘤胃中乙酸和丙酸比例的主要因素。粗饲料型日粮提高瘤胃中乙酸的比例，精饲料型日粮提高瘤胃中丙酸的比例。因此，可通过调节日粮精粗比来降低 CO_2 和 CH_4 的产量。

饲料 NDF 在瘤胃中的消化率对 CH_4 产量影响较大。半纤维素和纤维素产生的 CH_4 是非纤维碳水化合物（nonfiber carbohydrate，NFC）产生 CH_4 的 2～5 倍，而单位纤维素 CH_4 排放量等同于 3 倍半纤维素或 5 倍可溶性剩余物的 CH_4 排放量。日粮 NFC 每增加 1%，CH_4 产生量可减少 2%～15%。有研究表明，日粮精饲料浓度和 CH_4 产量呈曲线关系，日粮精饲料水平为 30%～40% 时，CH_4 能量损失占总能摄入量的 6%～7%；当日粮精饲料水平升至 80%～90% 时，CH_4 能量损失降低至总能摄入量的 2%～3%。

高精饲料日粮不仅有利于丙酸的产生，还可以适度降低瘤胃 pH，达到除去一些原虫的目的，从而降低 CH_4 的产量。但是，高精饲料不利于奶牛的健康，易诱发酸中毒、蹄叶炎和体脂过度沉积等问题。研究发现，日粮中的非结构性碳水化合物水平增加 25% 可以降低 CH_4 产量约 20%。精饲料种类不同，CH_4 排放量差异也很大，以大麦为基础日粮时，甲烷能占总能量的 6.5%～12.0%；以玉米为基础饲料时，甲烷能低于 5%。

除了日粮组成以外，饲喂方式也影响反刍动物 CH_4 的排放量。Murray 等（1999，2001）研究表明，CH_4 和 CO_2 的排放量与反刍动物的饲喂方式密切相关。在一定范围内少量多次饲喂有利于提高饲料利用率和吸收率，从而减小瘤胃内 pH 的波动幅度，较好地维持平衡状态，有利于瘤胃内纤维物质的降解和瘤胃发酵。

（二）减少瘤胃中原虫数量

有 20% 的产甲烷菌寄生在原虫表面，并且带纤毛的原虫能与产甲烷菌形成内源共生系统。寄生在原虫表面的产甲烷菌的 CH_4 产量可占反刍动物 CH_4 总排放量的 37%。研究表明，降低瘤胃原虫数量可使 CH_4 的产量降低 20%～50%，并且有提高饲料利用率的作用。去除瘤胃中原虫的方法主要有：①增加日粮脂肪含量可以减少瘤胃原虫数量；②通过调控日粮非结构性碳水化合物含量来降低瘤胃 pH，这是简单可行的办法，但瘤胃 pH 不能低于 5.8，否则会造成亚临床性酸中毒；③增加日粮中皂角苷含量也能降低原虫数量，但这种方法有引起瘤胃胀气的危险；④添加一些植物和植物提取物，包括从热水中提取皂苷、丝兰提取物、无患子果实和毛瓣无患子果实的甲醇提取物；⑤灌注硫酸铜、十二烷基硫代硫酸钠或者十二烷基硫酸钠，但这几种化学物质没有一种被证明是完全有效的。

（三）抑制产甲烷菌的生长

正常生理状态下产甲烷菌通过氢转移不仅能保持瘤胃内低水平的 H_2 分压，同时使单位底物发酵生成的 ATP 数量增加，进而提高其他微生物特别是分解纤维素微生物的发酵能力。选择既可降低瘤胃 CH_4 的生成量又不影响奶牛健康和生产性能的物质是一个重要研究方向。

脂类具有直接抑制产甲烷菌生长的作用。在反刍动物饲粮中每添加 1% 的油脂或脂肪酸可使单位干物质采食量的 CH_4 产生量降低 4%～5%。Machmüller 等（1998）及 Machmüller 和 Kreuzer（1999）的体外试验表明，椰子油、葵花籽、亚麻籽均可显著降低 CH_4 的产量和原虫的数量，并证明添加 3.5% 和 7% 的椰子油可使 CH_4 分别降低 28% 和 73%。脂类物质对 CH_4 产量影响的研究大多应用体外人工发酵法，但体外人工发酵法不能完全模拟动物瘤胃内环境，易得出降低程度过高的结论，可作为估测实际生产中 CH_4 减排的参考支撑。

直接抑制 CH_4 生成的方法被广泛报道，可以使用卤化甲烷类似物、氯仿、水合氯醛、氨基三氯乙醛、溴氯甲烷、2-溴乙基磺酸、三氯乙基三甲基乙酸盐（TCE-P）和三氯乙基己二酸（TCE-A），但是由于条件限制，没有一种方法表现出良好的效果。

（四）添加离子载体

离子载体是由放线菌产生的一种抗生素，它具有改变通过微生物生物膜离子流量的作用。革兰氏阴性菌外膜结构复杂，通常不受离子载体的影响；但革兰氏阳性菌缺乏典型的外膜，因而对离子载体极为敏感。莫能菌素、盐霉素和拉沙里菌素等离子载体可以改变瘤胃发酵方式，增加丙酸产量，减少 CH_4 生成量。据报道，离子载体能减少 25% 的 CH_4 生成量，同时提高饲料转化效率。然而，长期使用离子载体可出现细菌耐药性而导致效果不理想，并且畜产品中残留的抗生素将对人体健康造成威胁。有研究比较莫能霉素、盐霉素和拉沙里菌素 3 种离子载体对肉牛能量代谢的不同影响，以 4 头西门塔尔×中国黄牛杂交一代公牛为实验动物，结果表明：莫能霉素、盐霉素和拉沙里菌素对总能消化率没有显著影响；分别使消化能转化为代谢能的效率提高 2.07%、1.85% 和 2.07%；使甲烷能/进食总能值减小 15.1%、17.6% 和 19.3%；使代谢能产热率降低 1.76%、2.92% 和 3.87%，使日粮总能沉积率提高 3.30%、5.62% 和 8.07%。

（五）提高奶牛的生产水平

提高奶牛的单产水平、降低奶牛存栏量是降低奶牛养殖的 CH_4 排放量最直接的方式。研究表明奶牛生产效率越高，每千克牛奶单产品产生的 CH_4 就越少。Capper 等（2009）对比分析了美国 1944 年和 2007 年的奶牛养殖情况及温室气体排放量，2007 年的奶牛头数、饲料饲喂量和土地使用量分别只有 1944 年的 21%、23% 和 10%；粪便排放和碳足迹分别只有 1944 年的 24% 和 37%；而奶牛单产是 1944 年的 443%。2007 年，美国奶牛的平均 CO_2 排放当量为 26.2 kg/（头·d），相对于 1944 年的 13.5kg/（头·d）增加了 1 倍，但由于奶牛头数的大幅减少、奶牛单产的提高，以及相应地饲料、水、土地等资源的使用量和粪便产生的温室气体量也有减少，每千克牛奶的温室气体排放量为 1.31kg，只有 1944 年的 36%。因此，提高奶牛的泌乳性能和饲料转化效率，降低奶牛单位奶产量的维持需要量是降低 CH_4 排放量的有效方式。Capper 等（2009）的研究也表明，在 1944 年、1975 年和 2007 年，美国奶牛的平均维持需要分别占总摄入量的 69%、49% 和 33%。这表明通过提高奶牛的泌乳性能，能显著降低奶牛的维持需要占总需要的比例。

（编写者：黄文明 李胜利 曹志军 王书祥 蒋 涛）

参 考 文 献

冯仰廉. 2004. 反刍动物营养学[M]. 北京: 科学出版社.

冯仰廉. 2011. 反刍动物能量转化规律及营养调控总结报告[M]//莫放. 反刍动物营养需要及饲料营养价值评定与应用. 北京: 中国农业大学出版社: 144-168.

冯仰廉, 李胜利, 赵广永, 等. 2012. 牛甲烷排放量的估测[J]. 动物营养学报, 24(1): 1-7.

冯仰廉, 陆治年. 2004. 奶牛营养需要和饲料成分[M]. 第三版. 北京: 中国农业大学出版社.

冯仰廉, 莫放, 陆治年, 等. 2000. 奶牛营养需要和饲养标准[M]. 第二版. 北京: 中国农业大学出版社.

冯仰廉, Mollison G S, Smith J S, 等. 1985. 新闭路循环式面具呼吸测热法的研究[J]. 北京农业大学学报, 11(1): 71-78.

韩继福, 冯仰廉, 莫放, 等. 1998. 日粮类型和羊草细度对肉牛瘤胃挥发性脂肪酸比例及能量转化效率的影响[J]. 畜牧兽医学报, 29(2): 97-104.

韩友文. 1997. 饲料与饲养学[M]. 北京: 中国农业出版社.

蒋永清, 张晓明, 周建民, 等. 1987. 黑白花生长母牛绝食代谢和不同运动的能量代谢研究[J]. 中国畜牧杂志, 4: 11-13.

刘艳芳, 马健, 都文, 等. 2018. 常规与非常规粗饲料在奶牛瘤胃中的降解特性[J]. 动物营养学报, 30(4): 1592-1602.

杨嘉实, 冯仰廉. 2004. 畜禽能量代谢[M]. 北京: 中国农业出版社.

张晓明, 周建民, 冯仰廉. 1987. 黑白花成年母牛绝食代谢的研究[J]. 中国畜牧杂志, 5: 3-5.

AFRC. 1993. Energy and Protein Requirements of Ruminants[M]. U K: CAB International.

ARC. 1980. The Nutrient Requirement of Ruminant Livestock, CAB, U.K.

Bell A W. 1995. Regulation of organic nutrient metabolism during transition from late pregnancy to early lactation[J]. Journal of Animal Science, 73(9): 2804-2819.

Blaxter K L. 1962. The Energy Metabolism of Ruminants[M]. London: Hutchinson Scientific and Technical.

Capper J L, Cady R A, Bauman D E. 2009. The environmental impact of dairy production: 1944 compared with 2007[J]. Journal of Animal Science, 87(6): 2160-2167.

Chibisa G E, Gozho G N, Kessel A G V, et al. 2008. Effects of peripartum propylene glycol supplementation on nitrogen metabolism, body composition, and gene expression for the major protein degradation pathways in skeletal muscle in dairy cows[J]. Journal of Dairy Science, 91(9): 3512-3527.

Drackley J K. 1999. Biology of dairy cows during the transition period: the final frontier?[J]. Journal of Dairy Science, 82(11): 2259-2273.

Emery R S, Liesman J S, Herdt T H. 1992. Metabolism of long chain fatty acids by ruminant liver[J]. Journal of Nutrition, 122(3 Suppl): 832.

Graulet B, Gruffat D, Durand D, et al. 1998. Fatty acid metabolism and very low density lipoprotein secretion in liver slices from rats and preruminant calves[J]. Journal of Biochemistry, 124(6): 1212-1219.

Grum D E, Drackley J K, Younker R S, et al. 1996. Nutrition during the dry period and hepatic lipid metabolism of periparturient dairy cows[J]. Journal of Dairy Science, 79(10): 1850-1864.

Hoffmann L, Schiemann R, Jentsch W. 1972. Energetische verwertung der nahrstoffe in futterrationen. *In*: Schiemann R. Energetische Futterbewertung und Energienormen. Berlin: VEB, Deutscher Landwritschatfs verlag: 118-167.

Huang W M, Tian Y J, Wang Y J, et al. 2014. Effect of reduced energy density of close-up diets on dry matter intake, lactation performance and energy balance in multiparous holstein cows[J]. Journal of Animal Science and Biotechnology, 5(1): 47-54.

Huang W, Tian Y, Li S, et al. 2017. Reduced energy density of close-up diets decrease ruminal pH and increase concentration of volatile fatty acids postpartum in Holstein cows[J]. Animal Science Journal, 88(11): 1700-1708.

Huang W, Wang L, Li S, et al. 2019. Effect of reduced energy density of close-up diets on metabolites, lipolysis and gluconeogenesis in Holstein cows[J]. Asian-Australasian Journal of Animal Sciences, 32(5): 648-656.

INRA. 1989. Ruminant Nutrition: Recommended Allowance and Feed Tables[M]. Paris: John Libbey Euortext.

Johnson K, Huyler M, Westberg H, et al. 1994. Measurement of methane emissions from ruminant livestock using a sulfur hexafluoride tracer technique[J]. Environmental Science and Technology, 28(2): 359-362.

Johnson K A, Johnson D E. 1995. Methane emissions from cattle[J]. Journal of Animal Science, 73(8): 2483-2492.

Kebreab E, Johnson K A, Archibeque S L, et al. 2008. Model for estimating enteric methane emissions from United States dairy and feedlot cattle[J]. Journal of Animal Science, 86(10): 2738-2748.

Kleppe B B, Aiello R J, Grummer R R, et al. 1988. Triglyceride accumulation and very low density lipoprotein secretion by rat and goat hepatocytes *in vitro*[J]. Journal of Dairy Science, 71(7): 1813-1822.

Knapp J R, Laur G L, Vadas P A, et al. 2014. Invited review: Enteric methane in dairy cattle production: Quantifying the opportunities and impact of reducing emissions[J]. Journal of Dairy Science, 97(6): 3231-3261.

Komaragiri M V, Erdman R A. 1997. Factors affecting body tissue mobilization in early lactation dairy cows. 1. Effect of dietary protein on mobilization of body fat and protein[J]. Journal of Dairy Science, 80(5): 929.

Komaragiri M V S, Casper D P, Erdman R A. 1998. Factors affecting body tissue mobilization in early lactation dairy cows. 2. Effect of dietary fat on mobilization of body fat and protein. Journal of Dairy

Science, 81: 169-175.

Machmüller A, Kreuzer M. 1999. Methane suppression by coconut oil and associated effects on nutrient and energy balance in sheep[J]. Canadian Journal of Animal Science, 79: 65-72.

Machmüller A, Ossowski D A, Wanner M, et al. 1998. Potential of various fatty feeds to reduce methane release from rumen fermentation *in vitro* (Rusitec)[J]. Animal Feed Science and Technology, 71: 117-130.

Mcnamara J P. 1991. Regulation of adipose tissue metabolism in support of lactation[J]. Journal of Dairy Science, 74(2): 706-719.

Moe P W, Tyrrell H F. 1979. Methane production in dairy cows[J]. Journal of Dairy Science, 62(6): 1583-1586.

Moss A, Lockyer D R, Jarvis S C. 1999. A comparison of systems for measuring methane emissions from sheep[J]. Journal of Agricultural Science, 133(4): 439-444.

Murray P J, Gill E, Balsdon S L, et al. 2001. A comparison of methane emissions from sheep grazing pastures with differing management intensities[J]. Nutrient Cycling in Agroecosystems, 60: 93-97.

Murray P J, Moss A, Lockyer D R, et al. 1999. A comparison of systems for measuring methane emissions from sheep[J]. Journal of Agricultural Science, 133(4): 439-444.

NRC. 1996. Nutrent Requirements of Beef Cattle[M]. Seventh Revised Edition. Washington D C: National Academy Press.

NRC. 2001. Nutrient Requirements of Dairy Cattle[M]. Seventh Revised Edition. Washington D C: National Academy Press.

Pires J A A, Delavaud C, Faulconnier Y, et al. 2013. Effects of body condition score at calving on indicators of fat and protein mobilization of periparturient Holstein-Friesian cows[J]. Journal of Dairy Science, 96(10): 6423-6439.

Raschka C, Ruda L, Wenning P, et al. 2016. *In vivo* determination of subcutaneous and abdominal adipose tissue depots in german holstein dairy cattle[J]. Journal of Animal Science, 94(7): 2821-2834.

Reynolds C K, Aikman P C, Lupoli B, et al. 2003. Splanchnic metabolism of dairy cows during the transition from late gestation through early lactation[J]. Journal of Dairy Science, 86(4): 1201-1217.

Rowett Research Institute. 1984. Feedingstuffs Evaluation Unit Fouth Reoprt, Depatment of Agriculture and Fisheries for Scotland.

Ruda L, Raschka C, Huber K, et al. 2019. Gain and loss of subcutaneous and abdominal fat depot mass from late pregnancy to 100 days in milk in german holsteins[J]. Journal of Dairy Research, 86(3): 296-302.

Seal C J, Reynolds C K. 1993. Nutritional implications of gastrointestinal and liver metabolism in ruminants[J]. Nutrition Research Reviews, 6(1): 185-208.

Tamminga S, Luteijn P A, Meijer R G M. 1997. Changes in composition and energy content of liveweight loss in dairy cows with time after parturition[J]. Livestock Production Science, 52(1): 31-38.

Vermorel M, Jouany J P, Eugne M, et al. 2008. Evaluation quantitative émissions de methane entérique par les animaux d'élevage en 2007 en France[J]. INRA Production Animals, 21(5): 403-418.

Von Soosten D, Meyer U, Weber E M, et al. 2011. Effect of trans-10, cis-12 conjugated linoleic acid on performance, adipose depot weights, and liver weight in early-lactation dairy cows[J]. Journal of Dairy Science, 94(6): 2859-2870.

Young B A. 1976. Effect of cold environment on nutrient requirements of ruminants[J]. Feedstuffs, 48(33): 24.

第三章　奶牛的蛋白质代谢与营养需要

奶牛的诸多生理活动,如维持、生长、泌乳等都需要蛋白质的参与,如何精准地确定奶牛对蛋白质和氨基酸的需要量,提高奶牛对蛋白质的利用效率,一直是奶牛营养领域研究的热点话题。饲料中的蛋白质可以被瘤胃微生物降解成小肽、氨基酸和氨,从而被瘤胃微生物用来合成微生物蛋白质,微生物蛋白质和未被降解的饲料蛋白质一起进入肠道,在肠道中被消化成氨基酸和小肽(图 3-1),被肠道上皮细胞吸收的氨基酸则进入奶牛体内,参与肝、乳腺等器官的代谢。小肠可消化蛋白质的氨基酸组成对奶牛机体的代谢和生产性能至关重要,理想氨基酸模式不仅可以促进奶牛及胎儿的健康,还能增加奶牛的产奶量、乳蛋白率和乳蛋白产量,提高蛋白质利用效率。本章内容主要为蛋白质和氨基酸在奶牛瘤胃中的降解、瘤胃微生物蛋白质的合成及其氨基酸组成、蛋白质在小肠中的消化吸收及氨基酸在各器官和组织中的代谢,阐述氨基酸平衡对奶牛蛋白质利用效率的影响。此外,对美国、荷兰和中国的蛋白质和氨基酸的评价体系进行比较,并对奶牛不同生理阶段的蛋白质需要量进行阐述。

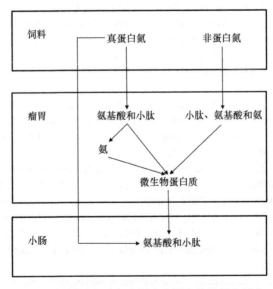

图 3-1　饲料蛋白质在瘤胃和小肠中的降解和消化

第一节　饲料蛋白质在瘤胃中的降解

饲料中的蛋白质可以分为瘤胃可降解蛋白质和瘤胃未降解蛋白质,瘤胃可降解蛋白质分为非蛋白氮和真蛋白氮。真蛋白氮可以被瘤胃微生物降解为小肽和氨基酸,最终通过脱氨基作用转化成氨,或者合成瘤胃微生物蛋白质。非蛋白氮包括核糖核酸、脱氧核糖核酸、氨、氨基酸和小肽等，其中氨、氨基酸和小肽等能被瘤胃微生物利用。本节将介绍蛋白质在瘤胃中的降解、影响蛋白质降解的因素、蛋白质和氨基酸降解率的测定方法及不同蛋白质评价体系对蛋白质和氨基酸降解率的预测。

一、瘤胃微生物对饲料蛋白质的降解

总体而言，饲料到达瘤胃后，大量的微生物会逐渐附着在饲料颗粒上并分泌蛋白分解酶来降解蛋白质，Prins 等（1983）研究认为有 30%～50% 的瘤胃微生物可以分泌蛋白分解酶。饲料蛋白质首先在这些蛋白分解酶作用下水解成多肽，多肽在肽酶的作用下进一步分解为小肽和游离氨基酸，小肽在微生物细胞内由蛋白分解酶进一步水解成游离氨基酸。游离氨基酸在碳水化合物供应充足时，可以直接用来合成瘤胃微生物蛋白质，当碳水化合物缺乏时，氨基酸被降解，产生氨、二氧化碳和挥发性脂肪酸。瘤胃微生物包括细菌、原虫和真菌，三者在降解蛋白质及对氮的利用等方面均存在差异。瘤胃细菌的浓度可以达到 10^{10}～10^{11} 个/mL，且超过半数的细菌都可以分泌蛋白酶或肽酶，从而参与蛋白质在瘤胃中的降解。细菌在降解蛋白质之前，通常会附着在饲料颗粒上，把蛋白质降解成多肽，多肽被进一步降解为小肽和氨基酸。细菌在摄入小肽和氨基酸之后，小肽会被降解成氨基酸，从而合成微生物菌体蛋白，或是在脱氨基的作用下产生氨。目前的研究结果表明，很多种细菌可以使氨基酸脱氨基从而产生氨，但是只有少数细菌有很强的脱氨基功能（Wallace，1996）。在细菌内产生的氨可以扩散到细菌外，在被微生物摄取后重新用于合成氨基酸。虽然原虫在瘤胃中的浓度比细菌小很多（10^5～10^6 个/mL），但是由于原虫在体积上比细菌大，因此，原虫占瘤胃微生物总重量的 10%～50%。与细菌不同的是，原虫可以直接摄取固体颗粒，包括细菌、真菌和小的饲料颗粒，被摄取的蛋白质可以在原虫胞内直接降解成小肽和氨基酸，从而合成原虫蛋白。由于原虫对细菌的摄取，部分细菌蛋白无法到达小肠被消化吸收，因此瘤胃微生物蛋白质的合成效率降低。虽然原虫也具有脱氨基功能，且其脱氨基活性大约是瘤胃细菌的 3 倍，但是与瘤胃细菌不同的是，原虫并不能利用氨，其产生的氨会被释放到瘤胃中，被其他微生物利用或被瘤胃壁吸收。此外，原虫在裂解或者死亡时，释放的氨基酸和小肽的数量可以占其所摄取的蛋白质总量的50%甚至更多。真菌在瘤胃中的浓度是 10^3～10^4 个/mL，目前关于真菌在瘤胃对蛋白质降解的研究较少。由于真菌在瘤胃中浓度较低，美国 NRC（2001）直接忽略真菌在蛋白质降解中所起的作用。目前的研究表明，虽然真菌分泌的蛋白分解酶可以降解蛋白质，但其活性变异较大，而且其蛋白分解酶可以被自身利用（Gruninger et al.，2014）。

二、影响饲料蛋白质瘤胃降解率的因素

除了不同瘤胃微生物对饲料蛋白质瘤胃降解率有影响外，饲料蛋白质的类型、瘤胃食糜外流速率、日粮碳水化合物的组成等因素亦可影响蛋白质在瘤胃中的降解。

（一）饲料蛋白质的类型

饲料中蛋白质的组成有很大差异，豆科作物中的蛋白质主要以球蛋白为主，其中，

菜籽粕中以两种贮存蛋白（cruciferin 和 napin）为主，占蛋白质总量的 75%～100%，大豆中大豆球蛋白和 β-伴大豆球蛋白的含量则分别占总蛋白质含量的 31% 和 40% 左右，豌豆中豆球蛋白的含量可以达到总蛋白质含量的 65%～80%，葵花粕中球蛋白含量占总蛋白质含量的 55%～60%。相比于豆科作物，谷物中的蛋白质则以谷蛋白和醇溶蛋白为主，小麦、大麦、玉米和高粱中醇溶蛋白的含量分别可以占总蛋白质含量的 34%、80%、50% 和 70%，小麦中谷蛋白的含量约占总蛋白质含量的 47%（Salazar-Villanea et al.，2016）。

蛋白质的可溶性对其瘤胃降解率有重要影响。水溶性球蛋白的降解速率较快，醇溶蛋白和谷蛋白可溶性较差，在瘤胃中的降解速率较慢。但是，蛋白质的可溶性及其瘤胃降解率并没有密切的相关性。比如，大麦中可溶性蛋白质含量较低，但蛋白质的瘤胃降解率却较快，因此，不能用蛋白质的溶解性来预测其瘤胃降解率。

蛋白质的结构也会影响蛋白质的瘤胃降解，如连接氨基酸的肽键和蛋白质内部的连接等。Yang 和 Russell（1992）发现，赖氨酸–脯氨酸组成的二肽的降解率高于赖氨酸–丙氨酸组成的二肽，而蛋氨酸（甲硫氨酸）–丙氨酸组成的二肽的降解率高于蛋氨酸–脯氨酸组成的二肽。此外，Schwingel 和 Bates（1996）研究发现，豆粕中的大豆球蛋白和部分含有亮氨酸的多肽在瘤胃中的降解率较低。

除了蛋白质的可溶性及其自身结构外，蛋白质和其他营养成分相结合也能影响其瘤胃降解率。饲料在经过热处理加工时，饲料中的氨基酸可以与碳水化合物中的羰基形成缩合物，即美拉德反应，从而影响饲料蛋白质的瘤胃降解率。

（二）瘤胃食糜外流速率

蛋白质的瘤胃降解速率与其在瘤胃的外流速率成反比（Ørskov and McDonald，1979），当蛋白质的外流速率较快时，其在瘤胃中的时间，即接触瘤胃微生物的时间就会减少，因此降解率会下降。根据美国 NRC 体系的预测模型，当苜蓿干草和豆粕的外流速率分别增加 1 个百分点时，其蛋白质瘤胃降解率分别降低 2 个和 3 个百分点（NRC，2001）。

（三）日粮碳水化合物的组成

增加奶牛日粮中精饲料的比例或精饲料的降解速率可以降低瘤胃 pH，而 pH 会影响酶活性。Cardozo 等（2000，2002）报道，当瘤胃 pH 下降时，饲料中的蛋白质瘤胃降解率会下降。Kopecny 和 Wallace（1982）研究发现瘤胃微生物分泌的蛋白酶最适 pH 在 5.5～7.0。此外，纤维分解菌的蛋白质降解能力大于淀粉分解菌，增加日粮中粗饲料的比例可以增加纤维分解菌的数量，从而增加日粮蛋白质降解率。研究表明，粗饲料中蛋白质被纤维包裹在中间，增加纤维分解菌的数量和活性可以增加纤维的降解率，从而释放出蛋白质，有利于蛋白质的进一步降解（Abdelgadir et al.，1996）。Endres 和 Stern（1993）发现当瘤胃 pH 从 6.3 下降到 5.9 时，蛋白分解酶的活性不受影响，而纤维分解酶的活性下降，但是蛋白质和中性洗涤纤维的降解率同时下降，这进一步证实了上述原因。

三、饲料蛋白质组分分析——CNCPS 体系

根据蛋白质是否在瘤胃中降解，可以把饲料蛋白质分成瘤胃降解蛋白质和瘤胃未降解蛋白质，可降解的蛋白质可以进一步分为非蛋白氮和真蛋白氮，由于真蛋白氮中蛋白质组成的差异，其降解速率在不同饲料中会有所差异。美国康奈尔大学的研究人员基于饲料中蛋白质的瘤胃降解特性，通过准确的化学分析方法对饲料中的蛋白质组分做出分类，从而更加精确地预测瘤胃微生物的合成量及到达小肠的未降解蛋白质总量，该体系被称为康奈尔净碳水化合物-蛋白质体系（Cornell net carbohydrate and protein system，CNCPS 体系）。表 3-1 列举出部分奶牛饲料中蛋白质组分的含量。

表 3-1　饲料中 CNCPS 蛋白质组分的含量（占总蛋白质含量的百分比，%）

饲料	A	B1	B2	B3	C
豆粕 [1]	11.96	14.14	72.53	0.42	0.92
棉籽粕 [1]	10.97	5.18	75.96	1.87	6.05
菜籽粕 [1]	16.88	9.05	57.97	9.59	6.51
葵花籽粕 [1]	30.64	3.98	58.76	3.05	3.56
芝麻粕 [1]	19.01	3.89	72.01	2.90	2.19
玉米胚芽粕 [1]	38.47	13.82	35.78	2.96	8.93
米糠 [1]	25.40	2.75	43.17	23.26	5.42
米糠饼 [1]	19.77	3.99	52.96	16.72	6.57
米糠粕 [1]	12.89	0.94	65.51	14.66	6.01
大麦 [1]	17.02	9.01	57.96	5.00	10.92
麦麸 [1]	11.08	3.64	71.07	10.09	4.16
玉米 [1]	12.15	4.99	69.58	3.18	10.10
小麦秸 [2]	35.75	12.87	23.79	13.63	13.95
玉米秸 [2]	36.11	12.13	25.34	14.01	12.42
全株玉米青贮 [2]	52.55	5.62	27.31	7.82	6.70
玉米秸黄贮 [2]	49.38	4.75	30.27	7.24	8.37
羊草 [2]	23.25	11.06	35.60	17.4	12.69
苜蓿 [2]	34.19	9.93	27.93	22.22	5.72

资料来源：1. 王燕等，2012；2. 靳玲品等，2013

（一）蛋白质组分 A

蛋白质组分 A 是指能溶解于硼酸-磷酸盐缓冲液中，同时在三氯乙酸溶液中未沉淀的部分，由非蛋白氮组成，包括氨、氨基酸和小肽，可以在瘤胃中被快速降解成氨。蛋白质组分 A 在精饲料中的含量可以占总蛋白质含量的 10%~40%，粗饲料中可以达到20%~55%。粗饲料蛋白质中之所以含有较高的蛋白质组分 A，主要原因是饲料在萎蔫或发酵过程中，蛋白质在植物蛋白酶和肽酶的作用下，被降解成小肽、氨基酸、氨和胺等含氮化合物，青贮饲料中蛋白质组分 A 的含量明显高于干草类饲料，主要是青贮过程中，微生物产生的蛋白酶和肽酶对蛋白质的持续降解所导致。

（二）蛋白质组分 B

蛋白质组分 B 代表可被降解的真蛋白质，根据其降解速率可以被进一步分为快速降解真蛋白质（B1）、中速降解真蛋白质（B2）和慢速降解真蛋白质（B3）。B1 是指溶解于硼酸–磷酸盐缓冲液中，但是在三氯乙酸溶液中沉淀的部分，在瘤胃中降解速率是120%/h～400%/h。B2 是指硼酸–磷酸盐缓冲液中不能溶解的蛋白质和中性洗涤不溶蛋白质的差值，在瘤胃中降解速率是 3%/h～16%/h。B3 则是中性洗涤不溶蛋白质含量减去酸性洗涤不溶蛋白质含量，由于这部分蛋白质和细胞壁相连，降解率只有 0.06%/h～0.55%/h（NRC，2001），粗饲料和农作物副产品比蛋白质饲料和谷物含有更多的 B3 组分。

（三）蛋白质组分 C

蛋白质组分 C 表示酸性洗涤不溶蛋白质，包括与木质素或单宁相结合的蛋白质及发生美拉德反应的蛋白质。该蛋白质组分被认为是无法被瘤胃微生物降解，也不能被肠道蛋白酶水解，在品质较差的粗饲料或被加热处理的饲料中含量较高。

四、饲料氨基酸的降解率

饲料中的蛋白质在经过瘤胃降解之后，未被降解的蛋白质则进入小肠，在小肠分泌的消化酶的作用下，进一步消化成小肽和氨基酸，从而被肠道上皮细胞所吸收，进入奶牛体内参与相关代谢。因此，只研究饲料的蛋白质瘤胃降解率并不能有效预测到达小肠的饲料未降解蛋白质中氨基酸的组成。表 3-2 列举出部分饲料的氨基酸瘤胃降解率，从表中可以看出，不同饲料的氨基酸瘤胃降解率差异显著，同一种饲料的不同氨基酸瘤胃降解率也有所不同，这可能与饲料中蛋白质的类型、结构和氨基酸的组成有关系。蒋琪等（1998）研究发现饲料蛋白质降解率与总氨基酸降解率存在极显著的线性相关，相关系数（r）可以达到 0.996。但是，需要注意的是，单个氨基酸的瘤胃降解率和蛋白质降解率或者总氨基酸降解率并没有很高的相关性。

表 3-2　饲料单个必需氨基酸、总必需氨基酸、总氨基酸的瘤胃降解率　　　　　（%）

氨基酸	豆粕饼[1]	膨化大豆[1]	豆粕[1]	DDGS[1]	低脂DDGS[1]	高蛋白DDGS[1]	双低菜籽粕[2]	向日葵粕[3]	麸皮[3]	花生粕[3]	棉籽粕[3]
精氨酸	59.4	56.0	85.1	65.6	58.5	56.9	—	75.5	73.7	51.2	44.7
组氨酸	66.0	65.7	87.1	70.5	64.9	68.1	62.6	77.0	73.5	50.7	41.8
异亮氨酸	62.0	52.3	84.1	64.8	59.4	56.1	56.8	81.6	70.0	41.1	32.7
亮氨酸	57.2	49.6	83.9	58.5	50.1	50.5	57.8	80.4	72.6	42.3	36.8
赖氨酸	62.9	61.3	85.8	76.8	68.7	69.7	62.6	75.1	78.4	51.4	45.1
蛋氨酸	48.2	50.0	81.9	55.4	37.2	48.1	58.4	76.7	75.9	53.9	36.9
苯丙氨酸	56.9	51.5	84.2	53.3	44.6	49.2	56.3	80.2	77.8	43.8	44.1
苏氨酸	52.8	50.0	82.7	62.6	50.7	56.1	55.4	83.9	72.1	40.4	46.4
缬氨酸	63.7	53.9	83.4	67.3	60.2	59.4	56.9	83.5	80.6	34.9	52.3
必需氨基酸	59.5	54.5	84.4	62.9	54.4	55.3	58.2	—	—	—	—
总氨基酸	56.9	53.7	84.4	61.1	48.6	53.4	58.1	82.0	72.4	40.7	41.1

"—"表示未测定

资料来源：1. Mjoun et al.，2010；2. Maxin et al.，2013；3. 蒋琪等，1998

五、饲料蛋白质和氨基酸的瘤胃降解率测定

奶牛蛋白质的需要量通常用可代谢蛋白质来表示，可代谢蛋白质主要由饲料中的瘤胃未降解蛋白质和瘤胃微生物蛋白质组成，根据饲料蛋白质的瘤胃降解率可以计算得出饲料中的瘤胃未降解蛋白质含量，而降解的蛋白质则为微生物提供氮源，确保微生物的合成。因此，准确测定饲料中的蛋白质瘤胃降解率是众多奶牛蛋白质营养体系的基础。

（一）饲料蛋白质瘤胃降解率的测定

测定饲料蛋白质瘤胃降解率的方法有体内法、半体内法、体外产气法、酶解法、光谱法等，中间三种是较为常用的方法。

1. 体内法

体内法测定饲料蛋白质瘤胃降解率时，通常需要使用嘌呤、DNA 或二氨基庚二酸（DAPA）作为瘤胃微生物标记物，从而估测出瘤胃微生物的产量，然后再通过十二指肠瘘管收取样品，计算出其中饲料瘤胃未降解蛋白质含量，即可得出饲料蛋白质瘤胃降解率（Castillo-Lopez et al.，2013）。相比于其他测定方法，体内法更能反映奶牛体内的真实情况，测定得出的数值更加准确，但是考虑到体内法测定的复杂性及成本问题，目前使用体内法测定蛋白质瘤胃降解率的试验较少。

2. 半体内法

半体内法又称为瘤胃尼龙袋法，是目前国内外测定蛋白质瘤胃降解率最常用的方法。该方法既能反映瘤胃实际环境条件，又简单易行。简单来讲，把饲料样本自然风干，通过 2.5mm 筛孔粉碎，准确称取精料 4g 或粗料 2g 置于网孔为 50μm、长 12cm、宽 8cm 的尼龙袋中，在奶牛晨饲后 2h，将尼龙袋送入瘤胃腹囊处，分别在 6 个时间点取出，其中精料在瘤胃中停留时间是 2h、6h、12h、24h、36h 和 48h，粗料是 6h、12h、24h、36h、48h 和 72h，取出后用清水冲洗，冲洗时可用手轻轻抚动袋子，直至水清为止，之后将尼龙袋从管上取下，放入 70℃烘箱中烘至恒重，并测定饲料残渣中的蛋白质含量，最后根据最小二乘法原理得出降解速率，由降解速率和奶牛瘤胃内饲料的外流速率计算出饲料的有效降解，即为瘤胃尼龙袋法测定的饲料瘤胃可降解蛋白质含量。

3. 体外产气法

体外产气法最早是用来评价饲料中有机物的降解率，由于碳水化合物被瘤胃微生物降解产生挥发性脂肪酸，在这个过程中会产生 CO_2 和 CH_4 等气体，根据产气量即可评估饲料中有机物的降解率，该方法通常用来比较不同谷物的淀粉降解特性或粗饲料的中性洗涤纤维的降解特性。虽然蛋白质被瘤胃微生物降解可以产生 NH_3，但是由于测定产气量的培养瓶中含有缓冲液，绝大部分的 NH_3 被缓冲液所中和，无法计入产气量。Cone 等（2009）对体外产气法进行改进，首先在培养瓶中加入比例为 1∶19 的瘤胃液和缓冲液，再加入快速降解碳水化合物，使培养液中的氮消耗殆尽，氮源成为瘤胃微生物发酵

的限制性条件，随后再加入适量的饲料（饲料中含有的氮为 15mg），此时，饲料中可降解的蛋白质可以为瘤胃微生物提供氮源。由于培养瓶中已含有过量的碳水化合物，可降解的蛋白质将决定培养瓶中的产气量。结果表明，该方法测得的饲料瘤胃降解率与使用瘤胃尼龙袋法测得的蛋白质瘤胃降解率有较高的相关性（$R^2=0.85$）。

4. 酶解法

考虑到饲料中的蛋白质是被瘤胃微生物分泌的蛋白酶所水解，因此，直接在含有蛋白酶的溶液中添加适量的饲料，培养一定时间后测定饲料中蛋白质的消失率，也可以得出饲料的蛋白质瘤胃降解率。该方法操作简单，通常是把含有 15mg 氮的饲料放入装有 40mL 硼酸–磷酸盐缓冲液（pH 7.8~8）的培养瓶中，再加入 10mL 蛋白酶（*Streptomyces griseus* 所分泌的）溶液，将培养瓶放入 39℃的水浴锅中恒温培养一定时间取出，即可测定计算出饲料中蛋白质的消失率（Coblentz et al.，1999）。Mathis 等（2001）对培养液中蛋白酶的浓度和培养时间进行研究，发现每毫升含有 0.066 个活性单位的蛋白酶时，培养 48h 得出的饲料蛋白质降解率与通过瘤胃尼龙袋法得出的降解率数值的相关性（R^2）为 0.87，当每毫升含有的蛋白酶浓度达到 6.6 个活性单位时，培养 4h 得出的饲料蛋白质降解率与通过瘤胃尼龙袋法得出的降解率数值的相关性（R^2）为 0.99。采用酶解法可以更节省时间和样品数量，同时，还可以避免奶牛之间的个体差异，在饲料样品较多时更加适用。

5. 近红外光谱（NIRS）和傅里叶变换红外光谱（FTIR）技术

以上所述 4 种方法均需要在实验室中进行，无法快速帮助牧场测得饲料中蛋白质瘤胃降解率。Ohlsson 等（2007）采用 NIRS 对粗饲料中蛋白质含量及其降解特性进行研究，结果表明 NIRS 预测的粗饲料中蛋白质的含量与实验室方法测得的蛋白质含量相关性（R^2）可以达到 0.98，通过与瘤胃尼龙袋法测得有效降解率（ED）对比，发现相关性（R^2）可以达到 0.78。Belanche 等（2013）采用 FTIR 来预测饲料中蛋白质含量及降解参数，与 NIRS 类似，FTIR 可以成功预测饲料（精饲料和粗饲料）中蛋白质含量（相关性 $R^2=0.94$），在把饲料分成粗饲料、能量饲料和蛋白质饲料后，FTIR 对这三类饲料蛋白质 ED 的预测准确度（R^2）分别可以达到 0.76、0.77 和 0.73。虽然该方法简单方便，但是在预测有效降解率及相关降解参数上缺乏一定的准确度，详见表 3-3。

表 3-3　NIRS 和 FTIR 预测的饲料中蛋白质含量及降解参数与瘤胃尼龙袋法测得数值的相关性（R^2）

方法	饲料种类	CP	ED	a	b	c
NIRS[1]	粗饲料	0.98	0.78	0.78	0.70	0.45
FTIR[2]	粗饲料	0.82	0.76	0.87	0.85	0.65
	能量饲料	0.88	0.77	0.54	0.53	0.48
	蛋白饲料	0.82	0.73	0.74	0.74	0.64
	所有饲料	0.94	0.60	0.69	0.67	0.27

a. 可溶解蛋白质；b. 可降解蛋白质；c. 可降解蛋白质降解速率（%/h）；CP. 粗蛋白；ED. 蛋白质有效降解率；FTIR. 傅里叶变换红外光谱；NIRS. 近红外光谱

资料来源：1. Ohlsson et al.，2007；2. Belanche et al.，2013

（二）饲料氨基酸瘤胃降解率的测定

测定饲料氨基酸瘤胃降解率最常用的方法是瘤胃尼龙袋法，但是考虑到氨基酸测定的成本及饲料在瘤胃中的存留时间，通常用一个时间点（16h）代表氨基酸在瘤胃中的降解率。采用单个时间点测定氨基酸瘤胃降解率的缺点在于无法获得氨基酸降解的动态参数，且饲料在瘤胃中存留的时间受到多种因素（饲料种类、干物质采食量等）的影响，因此，该方法只能提供氨基酸瘤胃降解率的参考数值。

六、不同蛋白质评价体系对瘤胃可降解蛋白质和氨基酸的评估

目前，测定饲料瘤胃可降解蛋白质最常用的方法是瘤胃尼龙袋法。由于饲料在瘤胃的有效降解率是降解速率和外流速率共同作用的结果，因此，各种蛋白质评价体系在评估瘤胃可降解蛋白质含量时，主要差异体现在对饲料外流速率的计算方法上。表 3-4 列举出美国 NRC 体系、荷兰 DVE/OEB 体系和中国小肠可吸收蛋白质体系中对外流速率的估测公式。在美国 NRC 蛋白质体系中，饲料的外流速率是根据干物质采食量和日粮成分共同决定的，而荷兰和中国所采用的饲料外流速率为定值，不受干物质采食量等日粮因素影响。

表 3-4　饲料的瘤胃外流速率计算公式

蛋白质体系	外流速率（h）
美国 [1]	k_{wf}=0.030 54+0.006 14DMI/W k_{df}=0.033 62+0.004 79DMI/W–0.000 07Con–0.000 17NDF k_c=0.029 04+1.375DMI/W–0.0002Con k_{wf}、k_{df} 和 k_c 分别表示湿粗饲料、干粗饲料和精饲料外流速率，DMI 表示干物质采食量，W 表示体重，Con 和 NDF 分别表示日粮中精饲料和 NDF 所占比例
荷兰 [2]	k_{liq}=0.11 k_f=0.045 k_c=0.045 k_{liq}、k_f 和 k_c 分别表示液体、粗饲料和精饲料的外流速率
中国 [3]	k_f=0.025 k_c=0.08 k_f 和 k_c 分别表示粗饲料和精饲料的外流速率

资料来源：1. NRC，2001；2. Tamminga et al.，1994；3. 冯仰廉等，2000

对于饲料氨基酸瘤胃降解率的预测，荷兰 DVE/OEB 体系认为饲料中总氨基酸降解率、赖氨酸和蛋氨酸的降解率及蛋白质的降解率一致，并未对赖氨酸和蛋氨酸以外的其他氨基酸的降解率进行说明。中国小肠可吸收蛋白质体系则采用瘤胃尼龙袋法对麸皮、豆粕、羊草等 9 种饲料的氨基酸降解率进行测定，并得出每种氨基酸的降解率和蛋白质降解率的回归方程。但是 Erasmus 等（1994）的研究结果表明，饲料中每种氨基酸在瘤胃中的降解率及在小肠中的消化率因饲料不同而有所差异，甚至在同一类饲料的不同品种间也不尽相同，因此，需要更多的数据来构建饲料氨基酸的瘤胃降解率的预测方程。

第二节　瘤胃微生物蛋白质的合成及其氨基酸组成

瘤胃微生物的生长需要能量和蛋白质。目前世界各国使用的奶牛蛋白质体系，都强调了日粮中蛋白质和能量平衡对瘤胃微生物蛋白质合成的重要性，认为蛋白质和能量应该同时供应，而且在瘤胃中蛋白质的降解速率应保持一致，既能使微生物的生长达到最大化，也能减少粪尿中的氮含量，从而减少养殖过程带来的环境污染问题。因此，研究影响瘤胃微生物蛋白质合成的因素及日粮中能量和氮平衡对微生物蛋白质合成的影响，可以更好地预测瘤胃微生物蛋白质的合成量。本节主要阐述日粮因素对瘤胃微生物蛋白质合成的影响和不同蛋白质评价体系对瘤胃微生物蛋白质合成量及其氨基酸组成的预测。

一、不同种类碳水化合物对瘤胃微生物蛋白质合成的影响

不同种类的碳水化合物（如淀粉和纤维）对瘤胃微生物蛋白质合成的影响，通常被认为是由于其在瘤胃中的有效降解率和降解速率不同导致瘤胃 pH 的变化，从而影响微生物蛋白质的合成。此外，不同种类的瘤胃微生物（如淀粉分解菌和纤维分解菌）对底物的利用效率可能也有所不同（Chamberlain and Choung，1995），导致微生物蛋白质的合成有所差异。

目前研究比较广泛的是不同淀粉降解对微生物蛋白质合成的影响。不同来源的淀粉在瘤胃中的降解速率不同，如大麦和小麦的淀粉降解速率要显著大于粉碎玉米的淀粉降解速率（Nocek and Tamminga，1991），不同的加工方式对谷物中的淀粉降解速率也有显著影响。通常情况下，饲料中的淀粉在瘤胃中降解得越快、越多，瘤胃中 VFA 的产量越高，氨态氮的浓度和 pH 越低。但是，淀粉的降解对瘤胃微生物的影响在不同研究中结果各不相同，有的试验结果表明增加淀粉的降解可以促进微生物蛋白质的合成（Yang et al.，1997），有的试验结果表明并无影响（Beauchemin et al.，1999；Overton et al.，1995）。当过多的淀粉在瘤胃中降解时，瘤胃 pH 可能会下降，从而影响纤维分解菌的活性，导致纤维降解率下降，瘤胃中有机物的降解率可能并无差异，瘤胃微生物蛋白质的合成量不受淀粉降解的影响。此外，不同淀粉来源的日粮可能引起奶牛干物质采食量及瘤胃液和瘤胃食糜外流速率的变化，而且不同试验中所采用的氮源也有所不同，进而导致试验结果的差异（Clark et al.，1987；Oba and Allen，2003；Robinson，1989）。

二、不同氮源对瘤胃微生物蛋白质合成的影响

（一）饲料中氮源的影响

奶牛日粮中常用的蛋白质原料可以分为两类：一是真蛋白氮，二是非蛋白氮。改变日粮中蛋白质的种类同样可以改变瘤胃中能量和蛋白质的平衡。尽管部分瘤胃微生物可以利用氨作为氮源生长，但是氨基酸或小肽可以促进瘤胃微生物的生长，提高其生长效率（Argyle and Baldwin，1989；Van Kessel and Russell，1996），同时多种氨基酸的混合

物比某单一氨基酸对微生物的生长有更好的促进作用（Jaquette et al.，1987）。但是，体内试验的结果并不一致，可能是由于碳水化合物降解速率的不同。

非蛋白氮在瘤胃中的降解速率比真蛋白氮要低，因此，当使用非蛋白氮作为氮源时，为了提高瘤胃微生物的生长效率，应该考虑使用降解速率较快的碳水化合物，保证瘤胃微生物有充足的能量捕获氨。相比于淀粉，纤维素的降解速率更慢，当日粮中同时使用纤维素和尿素时，由于能量的供应较慢，微生物的生长效率更低（Russell et al.，1990）。但是，碳水化合物降解过快时，pH 也会下降，此时微生物用于维持的能量和氮都会增加，从而影响微生物蛋白质的合成效率（Tamminga et al.，1994）。

（二）尿素氮循环

瘤胃中的氨可以被瘤胃壁吸收，随血液进入肝，在肝里转化为尿素。部分尿素随尿液排出体外，其他的尿素则通过消化道上皮细胞再次进入瘤胃或者肠道，或者随着唾液进入瘤胃。Lapierre 和 Lobley（2001）研究发现，肝产生的尿素有 40%～80%再次循环进入消化道，其中进入瘤胃的占 27%～60%。进入瘤胃中的尿素在尿素分解酶的作用下变成氨，氨被微生物利用合成微生物蛋白质。以上生理现象被称为尿素氮循环。尿素氮循环对反刍动物蛋白质代谢具有重要意义，尤其当日粮中提供的瘤胃可降解蛋白质较少时，循环到瘤胃中的尿素可以作为氮源被瘤胃微生物利用。研究表明，利用循环到瘤胃中的尿素合成的微生物蛋白质占瘤胃微生物蛋白质总量的 10%～30%（Yang and Russell，1992）。

三、影响能量与蛋白质平衡的因素

理论上讲，能量和蛋白质的平衡供应可以使营养物质在瘤胃中的降解利用达到最大化，从而使微生物蛋白质的产量最大化。在世界各国奶牛蛋白质体系中，微生物蛋白质的产量通常有两种预测方式，一是根据瘤胃可降解蛋白质的含量预测，二是根据总可消化养分或可发酵有机物含量预测。当根据瘤胃可降解蛋白质含量预测的微生物蛋白质大于根据总可消化养分或可发酵有机物含量预测的微生物蛋白质时，说明瘤胃微生物可利用的氮源充足，而能量不足，此时，部分蛋白质可能被瘤胃微生物利用作为能量物质，从而造成蛋白质的损失；反之，说明瘤胃可降解蛋白质含量不足，从而导致微生物蛋白质产量下降。虽然各国蛋白质体系都强调能量和蛋白质含量对瘤胃微生物生长的重要性，但是目前还没有营养模型或者饲喂体系能够考虑能量和蛋白质降解速率对瘤胃微生物蛋白质合成的影响。即使很多科研工作者一直在探究能量和蛋白质平衡的方法和优点，但是试验结果并不一致，可能的原因有如下几点。

1. 未能准确测定饲料的营养物质含量

不同试验人员在测定饲料营养成分时可能出现误差，而且饲料的采样也会导致偏差。

2. 未能准确预测饲料在瘤胃中的有效降解率

饲料在瘤胃中的有效降解率由降解速率和外流速率共同决定，任一数值测定结果不准确均会导致饲料有效降解率的数值出现偏差。

3. 未能准确测定营养物质的采食量

即使能够准确测定饲料在瘤胃中的降解率，但是，当测量营养物质采食量出现偏差时，依然不能准确评估日粮是否处于能量和蛋白质平衡的状态。

4. 未能准确测定饲料中各组分的含量及其降解率

在康奈尔净碳水化合物体系和荷兰 DVE/OEB 体系中（Tamminga et al.，1994；Huntington，1987），根据不同碳水化合物和蛋白质的降解速率，可以将其分成不同组分，但是如何合理地区分各组分及测定各组分的含量及其降解率依然是未知的，而这些都会影响饲料中能量和蛋白质平衡的测定和判断。

5. 测定的饲料在瘤胃中的降解速率出现偏差

在测定瘤胃降解速率时，使用的奶牛处于健康状态，因此，在测定能量和蛋白质平衡时，如果碳水化合物为快速降解的淀粉，瘤胃 pH 可能会下降，饲料中其他碳水化合物的降解率也许会下降，导致预测的微生物蛋白质合成量和实际情况略有不同。

6. 尿素氮循环对瘤胃微生物蛋白质合成的影响

尿素氮循环是反刍动物所特有的生理现象，蛋白质在瘤胃中被微生物降解产生氨，一部分氨在被瘤胃壁吸收后进入肝，在肝中合成尿素，除了经过肾被排出体外，其余的尿素则通过尿素氮循环进入瘤胃或肠道，研究表明，经尿素氮循环途径进入瘤胃中的尿素氮占日粮中氮含量的 12%～41%（Huntington and Archibeque，2000；Bach et al.，2000；Berthiaume et al.，2006）。Gressley 和 Armentano（2005）在真胃灌注果胶，增加后肠道可发酵碳水化合物含量的同时，瘤胃中氨态氮的浓度降低，因此后肠道发酵很可能改变尿素氮循环在不同位点的分配，改变进入瘤胃的尿素氮总量。目前关于尿素氮循环的机理尚未研究透彻，但可以肯定的是，当日粮提供的瘤胃可降解蛋白质含量较少时，通过尿素氮循环进入瘤胃的尿素氮增加，可以缓解可降解蛋白质不足所造成的短暂性影响，因此，即使当预测的日粮能量和蛋白质处于不平衡状态时，奶牛瘤胃微生物蛋白质合成量在短期内不会受到显著影响，从而干扰试验结果的准确性。

7. 自身组织动员对瘤胃微生物蛋白质合成的影响

在奶牛处于泌乳初期时，由于能量摄入不足，无法满足产奶量的需求，发生自身的体组织动员，蛋白质在代谢时产生的氨进入肝合成尿素，经上述尿素氮循环途径进入瘤胃。因此，准确地预测动员的体组织的氮含量及经过尿素氮循环途径进入瘤胃的总量，能更好地解决日粮能量与蛋白质平衡的问题。

四、利用牛奶尿素氮评估日粮能量与蛋白质平衡

牛奶尿素氮可以用来评估日粮中能量与蛋白质是否平衡。日粮蛋白质在进入瘤胃

后，由于瘤胃微生物的作用分解产生氨。产生的氨除了被瘤胃微生物利用外，还能通过瘤胃壁进入血液，达到肝后被转化成尿素，再随着血液进入乳腺，进而以尿素氮的形式出现在牛奶里。因此，饲料中含有的瘤胃可降解蛋白质含量过多，或是可降解蛋白质的降解速率过快时，牛奶中尿素氮的浓度很有可能高于 12mg/100mL 牛奶（表3-5）。此时，如果乳蛋白率高于 3.4%，说明日粮蛋白质含量充足，但是瘤胃可降解蛋白质过量，这不仅会造成饲料成本的增加，多余的尿素在被排出体外后也会对环境造成污染；如果乳蛋白率低于 3.4%，说明日粮蛋白质含量适中，但是瘤胃可降解蛋白质的降解速率过快，可发酵有机物的含量不足或降解速率过慢，可以考虑增加快速降解的碳水化合物含量。

表 3-5 判断日粮蛋白质是否充足的方法

乳蛋白含量（%）	牛奶尿素氮（mg/100mL 牛奶）		
	<7	7～12	>12
>3.4	瘤胃可降解蛋白质不足	理想状况	瘤胃可降解蛋白质过量
<3.4	日粮蛋白质不足	日粮蛋白质和可发酵有机物不足	可发酵有机物不足

当牛奶尿素氮含量低于 7mg/100mL 牛奶时，说明日粮中含有的瘤胃可降解蛋白质不足或日粮总蛋白质不足，应该结合乳蛋白率进行判断，若乳蛋白率高于 3.4%，说明日粮蛋白质充足，但是瘤胃可降解蛋白质含量不足；反之，当乳蛋白率低于 3.4%，说明日粮蛋白质不足。

牛奶尿素氮适宜的浓度是在 7～12mg/100mL 牛奶，此时，若乳蛋白率高于 3.4%，表明日粮中蛋白质含量和瘤胃可降解蛋白质含量均在合适的水平；若乳蛋白率低于 3.4%，说明日粮中蛋白质含量不足，可以适当增加日粮蛋白质的含量，但是需要注意日粮中可发酵有机物的含量及其降解速率。表 3-5 给出了不同乳蛋白率和牛奶尿素氮浓度情况下日粮中蛋白质含量及瘤胃可降解蛋白质含量是否充足的情况。此表仅提供参考数值，具体情况还需要进一步分析后再做出决定。

五、瘤胃微生物蛋白质合成量及其氨基酸组成

（一）预测瘤胃微生物蛋白质合成量

瘤胃微生物蛋白质是奶牛小肠可消化蛋白质或可代谢蛋白质的重要来源之一，其合成受到能量和氮源的影响，各种蛋白质评价体系均根据能量和氮源分别估算出瘤胃微生物合成量，并取相对较小的数值作为瘤胃微生物蛋白质合成量。

在美国 NRC 体系中，瘤胃微生物蛋白质的合成量根据总可消化营养物质（total digestible nutrients，TDN）和饲料瘤胃可降解蛋白质分别计算得出，二者合成瘤胃微生物蛋白质的效率分别是 0.13 和 0.85，即 1kg 的总可消化营养物质和瘤胃可降解蛋白质分别可以合成 130g 和 850g 瘤胃微生物蛋白质。饲料中总可消化营养物质可以由饲料中的灰分、粗蛋白、脂肪酸（乙醚提取物）、中性洗涤纤维、酸性洗涤木质素、中性洗涤不溶氮和酸性洗涤不溶氮等营养物质预测得出（预测公式可参考美国 NRC，2001），饲料

的瘤胃可降解蛋白质由瘤胃尼龙袋法得出。瘤胃微生物蛋白质中有 80%的真蛋白质，其消化率被设定为 80%，因此，美国 NRC 体系认为，瘤胃微生物蛋白质总量的 64%（=80%×80%）可以被小肠吸收，参与体内代谢。

荷兰 DVE/OEB 体系最早在 1991 年发布，在 2011 年更新。在 DVE/OEB 体系中，瘤胃微生物蛋白质的合成量可以由可发酵有机物和饲料瘤胃可降解蛋白质预测。在较早的版本中，一方面，饲料的可发酵有机物根据饲料中的有机物全肠道表观消化率及饲料中粗脂肪、瘤胃未降解蛋白质和瘤胃未降解淀粉等计算得出，每千克的可发酵有机物可以得到 150g 瘤胃微生物蛋白质；另一方面，瘤胃微生物蛋白质合成量可以由饲料中的粗蛋白及其瘤胃可降解量估算。荷兰 DVE/OEB 体系认为蛋白质缺乏对瘤胃微生物的生长有更大的危害，因而在微生物蛋白质合成上，可发酵有机物的量是微生物蛋白质合成的主要限制因素。与美国 NRC 体系略有不同的是，荷兰 DVE/OEB 体系认为瘤胃微生物中有 75%的真蛋白质，其小肠消化率是 85%，瘤胃微生物蛋白质总量的 63.8%（=75%×85%）可以被小肠吸收。由于瘤胃微生物蛋白质的合成量在不同种类间存在差异，在不同的瘤胃环境下也会发生改变，且不同的饲料在瘤胃中发酵产生的 ATP 根据饲料中含有的营养物质有所不同，因此，新版的 DVE/OEB 体系根据不同种类微生物（为方便起见，把微生物分为固体结合微生物和液体结合微生物）维持和生长所需的能量及饲料中不同营养物质发酵时所产生的能量，分别计算出不同营养物质发酵时产生的能量可以产生的微生物数量，再根据奶牛日粮中精饲料和粗饲料的总量及其所含有的营养成分预测微生物蛋白质总产量（Van Duinkerken et al., 2011）。

在中国小肠可消化蛋白质体系中，瘤胃微生物蛋白质的合成量也可以根据饲料的瘤胃可降解蛋白质和瘤胃可发酵有机物质的含量来进行计算。在该体系中，每千克的瘤胃可发酵有机物质可以合成 136g 的瘤胃微生物蛋白质，其中饲料的瘤胃可发酵有机物质含量可以根据饲料中的 NDF 或者 ADF 进行预测。在根据饲料瘤胃可降解蛋白质计算瘤胃微生物蛋白质合成量时，首先需要使用瘤胃尼龙袋法测定饲料中可降解蛋白质的含量，然后再乘以瘤胃微生物蛋白质转化效率，该效率可以根据饲料中可降解蛋白质与可发酵有机物质的含量进行预测。中国小肠可消化蛋白质体系认为，瘤胃微生物蛋白质的70%可以被小肠消化并参与体内代谢。

（二）瘤胃微生物蛋白质的氨基酸组成

在奶牛小肠可代谢蛋白质中，瘤胃微生物蛋白质占 50%以上（Clark et al., 1992）。鉴于氨基酸平衡对奶牛机体代谢的重要影响，如何准确预测瘤胃微生物蛋白质中氨基酸组成对评估奶牛日粮中的氨基酸平衡至关重要。美国 NRC 体系在对小肠可代谢蛋白质的氨基酸组成进行预测时，没有分别对瘤胃微生物蛋白质和内源性蛋白质的氨基酸组成进行分析，而是直接对瘤胃未降解蛋白质在可代谢蛋白质中的比例及瘤胃未降解蛋白质的氨基酸组成进行预测，从而影响了其预测的准确性。在荷兰 DVE/OEB 体系和英国 FiM 体系中，每千克的瘤胃微生物蛋白质中分别含有 77g 赖氨酸和 25g 蛋氨酸，这两种体系并没有对赖氨酸和蛋氨酸以外的其他氨基酸含量进行预测。中国小肠可消化蛋白质体系则给出了 16 种氨基酸在小肠可消化蛋白质中所占的比例（表 3-6）。

表 3-6　瘤胃微生物蛋白质的氨基酸组成

氨基酸组成（g/100g 总氨基酸）	中国小肠可消化蛋白质体系[1]	Sok et al., 2017	Clark et al., 1992	Le Hénaff, 1991
丙氨酸	6.45	6.24	7.27	7.59
精氨酸	4.92	4.72	4.95	4.77
天冬氨酸	11.61	11.99	11.84	11.78
半胱氨酸	0.66	1.67	1.38	1.37
谷氨酸	—	13.02	12.71	12.94
甘氨酸	5.16	5.22	5.63	5.55
组氨酸	2.18	1.88	1.94	1.75
异亮氨酸	5.74	5.71	5.53	5.74
亮氨酸	8.65	7.93	7.85	7.49
赖氨酸	9.13	8.10	7.67	7.79
蛋氨酸	2.64	2.29	2.52	2.43
苯丙氨酸	5.85	5.43	4.95	5.16
脯氨酸	3.55	3.74	3.59	3.60
丝氨酸	4.43	4.43	4.47	4.48
苏氨酸	5.67	5.34	5.63	5.64
色氨酸	—	1.18	1.27	1.27
酪氨酸	5.21	5.18	4.75	4.57
缬氨酸	5.55	5.71	6.02	6.03

"—"表示无数据

资料来源：1. 冯仰廉等，2000

考虑到瘤胃微生物蛋白质是小肠可消化蛋白质的重要组成部分，其氨基酸组成也会对小肠可消化蛋白质中氨基酸的组成产生影响。在最新的一项研究中（Sok et al.，2017），瘤胃微生物被分成原虫、液相结合细菌和固相结合细菌三类，综合这三类微生物所占的比例及每类微生物中氨基酸的组成，最后确定每种氨基酸在瘤胃微生物中所占比例，见表 3-6，表中含有 4 组关于瘤胃微生物蛋白质中氨基酸组成的数据。

第三节　蛋白质在小肠的消化

离开瘤胃的蛋白质由瘤胃微生物蛋白质、瘤胃未降解蛋白质和内源性蛋白质组成，进入皱胃后在胃酸和胃蛋白酶的作用下，部分蛋白质水解成多肽，从而有利于在小肠中进一步水解成游离氨基酸。只有少量的蛋白质会在皱胃中被水解成氨基酸。总体而言，蛋白质在小肠的消化率接近 80%（Lapierre et al.，2006），但是不同来源的蛋白质其消化率不同，而蛋白质水解产生的氨基酸也有差异（Pacheco et al.，2012；Edmunds et al.，2013）。进入小肠的蛋白质在奶牛小肠中的消化与单胃动物类似，在胰蛋白酶、糜蛋白酶等蛋白酶的作用下水解成小肽和氨基酸，并在十二指肠中通过转运系统被十二指肠上皮细胞吸收。

一、瘤胃微生物蛋白质的小肠消化率

瘤胃微生物蛋白质占小肠可代谢蛋白质的 50%～80%，主要由细菌蛋白质和原虫蛋白质组成，细菌蛋白质占 80%～95%（Firkins et al.，2007）。瘤胃微生物的真蛋白氮含量大约是 80%（核酸占 20%），其消化率大约是 80%，因此在美国 NRC 体系中，微生物蛋白质提供的小肠可代谢蛋白质含量是微生物蛋白质总量的 64%（=80%×80%）。

二、瘤胃未降解饲料蛋白质的小肠消化率

中国小肠可消化蛋白质体系对瘤胃未降解蛋白质的小肠消化率采用 0.80，美国 NRC 体系提供的粗饲料瘤胃未降解蛋白质的小肠消化率在 60%～75%，但是最新的研究结果表明，粗饲料的瘤胃未降解蛋白质的小肠消化率在 10%～60%，平均值只有 39%（Buckner et al.，2013），要远低于美国 NRC 体系推荐的数值。可能的原因是，美国 NRC 体系过高地估计了粗饲料中瘤胃未降解蛋白质的含量，从而导致该部分蛋白质的小肠消化率被高估。玉米、豆粕等精饲料的瘤胃未降解蛋白质在小肠中的消化率可以达到 70% 以上（Kononoff et al.，2007），这些数值和美国 NRC 体系提供的数值基本一致。

瘤胃未降解蛋白质中氨基酸在肠道中的消化率在不同的研究中结果差异较大。O'Mara 等（1997）研究发现不同饲料的总氨基酸消化率有较大差异（76%～96%），而不同氨基酸的消化率也有所不同，豆粕和棉籽粕中赖氨酸、蛋氨酸和组氨酸的消化率均在 90% 以上，菜籽粕和玉米酒糟中赖氨酸的降解率（分别是 71% 和 76%）则低于蛋氨酸和组氨酸的降解率（85%），而玉米黄浆饲料中赖氨酸、蛋氨酸和组氨酸的消化率分别是 50%、87% 和 73%。Mjoun 等（2010）报道豆粕、豆粕饼和膨化大豆中必需氨基酸的消化率均在 95% 以上，而玉米酒糟产品中赖氨酸的消化率较低（82%～87%），其他必需氨基酸的消化率均在 90% 以上。Paz 等（2014）研究表明低脂 DDGS（distiller's dried grains with solubles，干玉米酒精槽）中必需氨基酸的消化率均在 96% 以上，而菜籽粕的必需氨基酸消化率则在 88%～92%。

三、内源性蛋白质的小肠消化率

随食糜流入小肠中的内源性蛋白质存在于口腔、胃、肠道、胰腺等的分泌物、黏液和脱落的细胞等中。内源性蛋白质的分泌被证实与奶牛干物质采食量相关，当奶牛采食较多的干物质时，内源性蛋白质的损失也会增加。据估测，流入小肠中的内源性蛋白质占可代谢蛋白质的 1%～15%。虽然美国 NRC 体系考虑内源性蛋白质对小肠可代谢蛋白质的贡献，但是内源性蛋白质的合成需要消耗氨基酸，而内源性蛋白质在小肠中不能完全被消化吸收，因此内源性蛋白质还是会引起氨基酸的损失。荷兰、法国等国家的奶牛蛋白质模型则直接考虑内源性蛋白质所造成的净损失。在美国 NRC 体系中，内源性蛋白质的合成量受到奶牛干物质采食量（DMI）的影响（DMI×0.0019），其在小肠中的消化率设定为 40%。

虽然上述三部分蛋白质的量受到多种因素的影响，而且不同的试验其结果也有所差

异，但是流入小肠中的微生物蛋白质和瘤胃未降解饲料蛋白质的量及各种氨基酸的含量均能被奶牛营养模型准确地估算出来。各部分蛋白质小肠消化率的数据依然需要进一步完善。

第四节　氨基酸在奶牛体内的代谢及理想氨基酸模型

本章前三节阐述了饲料蛋白质在瘤胃中的降解、瘤胃微生物的蛋白质合成及蛋白质在肠道中的消化，消化产生的氨基酸则被小肠上皮细胞吸收，进入奶牛体内参与相关代谢，本节将阐述氨基酸在奶牛体内的代谢、理想氨基酸模型及氨基酸平衡对奶牛生产性能和代谢的影响等内容。

一、氨基酸在奶牛机体各器官间的存留和分配

氨基酸在被小肠上皮细胞吸收后，进入内脏组织，包括消化道、胰腺、脾、肝和门静脉经过的脂肪组织，其中消化道、胰腺、脾和门静脉经过的脂肪组织被称为门静脉回流内脏组织（portal-drained viscera，PDV）。门静脉回流内脏不仅可以吸收营养物质，还能通过氧化过量的氨基酸提供能量，并且把氨转化成尿素。正是由于门静脉回流内脏的重要性，其代谢率要显著高于身体其他部位，有更多血液流过门静脉回流内脏，同时耗氧量占机体总耗氧量的50%以上，蛋白质的合成和分解速率更快，更多的营养物质如乙酸、β-羟丁酸、葡萄糖和氨基酸参与供能，因此，门静脉回流内脏需要相当数量的氨基酸来合成蛋白质，或者提供能量。

（一）氨基酸在门静脉回流内脏的代谢

门静脉回流内脏可以利用天冬氨酸、谷氨酸和谷氨酰胺等非必需氨基酸供能（Reynolds，2002），因此小肠吸收的氨基酸的数量和比例会在门静脉回流内脏中发生改变，而且门静脉回流内脏对不同的氨基酸的利用率随着泌乳阶段及采食量的变化而发生改变。此外，门静脉回流内脏中的氨基酸不仅是小肠上皮细胞吸收的氨基酸，也可以是来自动脉血液的氨基酸，这意味着没有被乳腺上皮细胞摄取的氨基酸会经过血液循环再次进入门静脉回流内脏，因此不能简单地根据小肠吸收的氨基酸和门静脉回流内脏流出的氨基酸浓度的差值来确定门静脉回流内脏的氨基酸需要量。

对于泌乳奶牛而言，门静脉回流内脏利用氨基酸主要有以下两种途径：

1）合成自身维持所需要的蛋白质（包括内源性蛋白质），用于此途径的氨基酸主要是必需氨基酸；

2）氧化供能，用于此途径的氨基酸主要是非必需氨基酸及部分支链氨基酸，这些氨基酸在脱氨基的作用下产生碳架，提供能量（Reynolds，2002）。

（二）氨基酸在肝的代谢

小肠吸收的氨基酸必须经过肝后才能随血液到达身体其他部位再被利用。肝涉及的

氨基酸代谢主要有转氨基作用、脱氨基作用、利用脱氨基的产物合成尿素、糖异生作用产生葡萄糖。肝不仅从肝门静脉吸收氨基酸，也能利用肝动脉中的氨基酸，而氨基酸在肝动脉中的含量由其他器官或组织对氨基酸的利用率决定，因此，肝对氨基酸的利用由肝门静脉吸收的氨基酸和其他组织器官对氨基酸的利用共同决定。Reynolds（2002）研究发现，当乳腺对氨基酸的需求量增加时，肝可以减少自身对氨基酸的使用，从而向乳腺提供更多的氨基酸。

氨基酸在进入肝后会被肝所利用，但并不是所有的必需氨基酸都会被利用。根据必需氨基酸是否在肝中被氧化的性质，可以把氨基酸分成两类，第一类是几乎不会在肝中被氧化的氨基酸，分别是支链氨基酸和赖氨酸；第二类是可以在肝中被氧化的氨基酸，分别是组氨酸、蛋氨酸和苯丙氨酸，它们在经过肝后被氧化的比例大约是被吸收时的0.36、0.38 和 0.49。因此，在高产奶牛中，支链氨基酸和赖氨酸的浓度在经过肝后并无明显变化，而组氨酸、蛋氨酸和苯丙氨酸的浓度会显著下降（Hanigan et al.，2006）。由于内脏组织对某些氨基酸具有较高的使用率，导致被小肠吸收的氨基酸在到达乳腺之前，已经发生量的改变，而现有的奶牛营养蛋白质模型（美国 NRC 体系、荷兰 DVE/OEB体系和中国小肠可消化蛋白质体系）均不能准确地预测到达乳腺中的氨基酸的数量。

目前关于氨基酸如何在奶牛内脏组织进行代谢的研究并不多，主要原因是测定方法比较复杂，需要在肠系膜下的静脉及门静脉等处插导管来测定内脏组织对氨基酸的使用，现有的计算内脏组织氨基酸利用率的数学模型也存在一定的缺陷，因此，需要更多的试验来研究氨基酸在奶牛（和其他类型的反刍动物）内脏组织的代谢。

（三）氨基酸在乳腺的代谢

氨基酸随着血液进入乳腺，被乳腺上皮细胞吸收，其转运受上皮细胞的数量及其转运能力的影响。目前已经被证实的氨基酸转运系统有 10 种（Baumrucker，1985），氨基酸在乳腺的代谢受到血液中氨基酸的浓度（Bequette et al.，2000）、奶牛的生理状态（Schwab et al.，1992）和激素水平（Mackle et al.，2000）等的影响。不同氨基酸在乳腺中的利用率有所不同，天冬氨酸的利用率最低，只有 5%，利用率最高的是苯丙氨酸，可以达到 69%。总体来讲，必需氨基酸的利用率是 43%，而非必需氨基酸则是 30%（Hanigan et al.，1992），但是都低于美国 NRC 体系设定的氨基酸在乳腺的利用率（67%），同时美国 NRC 体系中设定的氨基酸在乳腺中的利用率为定值，与相关试验结果并不相符。Doepel 等（2004）证明虽然增加小肠可吸收的氨基酸的含量可以增加乳蛋白率，但是氨基酸在乳腺的利用率下降。Bequette 等（2000）发现当血液中组氨酸的浓度较低时，乳腺通过增加血流量来增加组氨酸在乳腺的供应量，此时组氨酸的利用率显著提升，这说明当某种氨基酸在血液中的浓度较低时，乳腺可以通过调节血流量和对氨基酸的转运能力来提高该氨基酸的利用率。

通过上述分析可以看出奶牛体内蛋白质代谢的复杂性，瘤胃中蛋白质和碳水化合物的代谢决定了瘤胃微生物蛋白质和瘤胃未降解蛋白质的产量，而内脏组织和乳腺对氨基酸的利用又受到营养物质的供应、激素水平、相关基因的表达等多种因素的影响。虽然目前已有的奶牛营养模型可以充分考虑影响营养物质在瘤胃中代谢的因素，但是依然无法精确地预测出到达小肠的氨基酸种类和数量，也不能模拟内脏组织和乳腺是如何利用氨基酸的。尽管如此，奶牛蛋白质代谢的研究在过去若干年取得了很大进步，这也为提高奶牛蛋白质利用率、降低饲料成本和减少氮排放造成的环境污染提供了理论基础。

二、理想氨基酸模型

在过去 50 年间，对奶牛维持、生长、妊娠和泌乳等生理活动的蛋白质需求量的预测，已经从简单地使用日粮中蛋白质的含量，逐步发展到使用小肠可代谢蛋白质和可代谢氨基酸体系来预测奶牛对蛋白质的需要量。随着对瘤胃微生物蛋白质合成和奶牛对氨基酸需要的不断深入研究，对奶牛各种生理活动所需氨基酸的量也会给出更加具体的数据。奶牛瘤胃微生物蛋白质和牛奶中氨基酸组成类似，因此瘤胃微生物蛋白质中氨基酸的含量更加符合奶牛理想氨基酸模型，瘤胃微生物蛋白质的合成对小肠可代谢蛋白质的供应有重要意义，提高奶牛瘤胃微生物蛋白质的合成量十分重要。此外，饲料中所含的瘤胃未降解蛋白质是小肠可消化蛋白质的另外一个重要来源，其中的氨基酸含量和组成也十分重要。

虽然现阶段各国奶牛饲养标准里都推荐了可代谢蛋白质或可消化蛋白质的摄入量，但是对奶牛而言，需要的是氨基酸，而不是蛋白质。Schwab 等（1976）通过真胃灌注试验证实，在众多必需氨基酸中，赖氨酸和蛋氨酸被认为是奶牛日粮中的第一和第二限制性氨基酸，当这两种氨基酸缺乏时，奶牛的生长、妊娠和产奶等生理活动会受到影响。玉米或玉米来源的饲料通常缺乏赖氨酸，因此，当日粮中含有较多的玉米或玉米来源的饲料时，赖氨酸很可能成为第一限制性氨基酸，而在大豆来源的饲料比如豆粕中，蛋氨酸的含量相对较少，当饲喂较多的豆粕时，蛋氨酸很可能成为第一限制性氨基酸。除赖氨酸和蛋氨酸之外，其他必需氨基酸是否对奶牛的生产性能和机体代谢产生影响也值得探究。

三、氨基酸平衡对乳腺信号通路的影响

被小肠吸收的氨基酸随着血液流经乳腺，被乳腺摄取后在乳腺细胞中合成乳蛋白。乳蛋白的合成受到与乳蛋白合成相关的基因转录表达的调控。通常情况下，氨基酸平衡通过影响翻译因子的磷酸化改变 mRNA 的翻译效率，进而影响与乳蛋白合成相关基因的 mRNA 的翻译。mRNA 翻译的过程分为起始、延长和终止三部分，翻译效率的高低主要受到起始的影响，包含 mTORC1 通路和 ISR 通路。mTORC1 通路可以由细胞间的氨基酸激活，从而使核糖体蛋白 S6 激酶（S6K）和真核翻译起始因子 4E 结合蛋白磷酸化，该过程可以加快 mRNA 翻译的启动，促进乳蛋白的合成（Wullschleger et al., 2006）。ISR 通路是通过使真核起始因子 2（eIF2）的 α 基团磷酸化而抑制 eIF2B 的活性，最终使得 eIF2 的激活受到影响，因此，在某种必需氨基酸缺乏时，eIF2α 的两种激酶 GCN2 和 PERK 会被激活（Proud，2005），最终导致蛋白质合成的速度减慢。

在体外培养的奶牛乳腺细胞或组织中，向培养液中添加必需氨基酸可以激活 mTORC1 通路（Appuhamy et al., 2012; Arriola Apelo et al., 2014），下调 ISR 通路（Appuhamy et al., 2011, 2012),因此,氨基酸平衡对乳蛋白合成调节的机理很可能是通过影响这两条通路而引起。研究证实,当赖氨酸和蛋氨酸在乳腺上皮细胞培养液中的比例从 2.9∶1 降至 2.5∶1 和 2.0∶1 时,mTOR 磷酸化程度逐渐下降,表明赖氨酸和蛋氨酸的最佳比例是 2.9∶1(Dong et al.,2018b)。虽然灌注精氨酸对奶牛的产奶量和乳成分没有显著影响,但是 Wang 等(2014)改变乳腺上皮细胞培养液中的精氨酸浓度,发现不同的精氨酸添加量对乳蛋白合成及 mTOR 和 S6K 基因的表达产生显著影响。Li 等(2017)在体外培养的乳腺上皮细胞中验证当赖氨酸与蛋氨酸、苏氨酸、脯氨酸、组氨酸和缬氨酸的比例分别是 2.9∶1、1.8∶1、1.89∶1、2.38∶1 和 1.23∶1 时可以通过 mTOR 信号通路刺激 β-酪蛋白的合成。Dong 等(2018a)在乳腺上皮细胞培养液中赖氨酸与蛋氨酸、苏氨酸、组氨酸、缬氨酸、异亮氨酸、亮氨酸、精氨酸的比例分别为 2.9∶1、1.8∶1、2.38∶1、1.23∶1、1.45∶1、0.85∶1、2.08∶1 时,分别额外添加苏氨酸、亮氨酸、异亮氨酸和缬氨酸,当赖氨酸和缬氨酸的比例达到 1.12∶1 时,mTORC1 和 S6K1 的磷酸化程度最高,eIF2α 的磷酸化程度最低,相关乳蛋白合成基因的表达也加强,而添加其他氨基酸并不能增加乳蛋白基因的表达。

四、氨基酸平衡对奶牛生产性能的影响

(一)赖氨酸和蛋氨酸

在美国 NRC 蛋白质体系中,赖氨酸和蛋氨酸被认为是最重要的两种限制性氨基酸,当赖氨酸和蛋氨酸在可代谢蛋白质中的比例分别达到 7.2% 和 2.4% 时,产奶量达到最大,此时可代谢蛋白质中赖氨酸和蛋氨酸的比例是 3∶1。Wang 等(2010)研究表明,相比对照组日粮(赖氨酸和蛋氨酸含量分别占可代谢蛋白质的 6.02% 和 1.87%),在试验组日粮中分别添加过瘤胃赖氨酸和过瘤胃蛋氨酸使其含量达到可代谢蛋白质的 7.06% 和 2.35%,虽然牛奶中乳蛋白含量保持不变,但是产奶量和乳蛋白产量均显著增加。改变日粮中赖氨酸和蛋氨酸的比例使其达到或者接近 3∶1,可以提高产奶量、乳蛋白浓度和产量。考虑到日粮中未被利用的氮会被排放到环境中,从而造成污染,如何在低蛋白日粮中添加过瘤胃氨基酸使奶牛保持较高的产奶量也是奶牛营养研究的热点话题。Lee 等(2012)报道,低蛋白日粮使得奶牛产奶量、乳蛋白含量及乳蛋白产量均显著下降,但是在低蛋白日粮中添加过瘤胃赖氨酸和蛋氨酸使其含量分别占可代谢蛋白质的 7.5% 和 2.7% 时,可以显著提高产奶量和乳蛋白产量,提高氮的利用效率,减少氮排放。Haque 等(2012)发现在两种可代谢蛋白质含量不同的日粮中分别添加赖氨酸和蛋氨酸从而使氨基酸的供应达到理想模式,奶牛对氮的利用率提高 6.6%。

蛋氨酸不仅可以作为乳蛋白合成的原料,还能直接参与极低密度脂蛋白的合成(Martinov et al.,2010),或者在小肠吸收后部分转化成胆碱(Emmanuel and Kennelly,1984),从而影响肝中的脂肪代谢,因此,对围产期奶牛应该适当提高蛋氨酸在可代谢蛋白质中的比例。有研究表明,在围产期奶牛日粮中添加过瘤胃蛋氨酸,使奶牛产奶量显著增加(Overton et al.,1996;Piepenbrink and Overton,2003)。Osorio 等(2013)和 Zhou 等(2016b)在奶牛日粮中添加过瘤胃蛋氨酸,使产前 21 天的日粮中蛋氨酸含量

占可代谢蛋白质的 2.35%，泌乳日粮中蛋氨酸含量占可代谢蛋白质的 2.15%，赖氨酸和蛋氨酸的比例始终保持 2.82∶1，奶牛的产奶量和乳蛋白产量均显著提高，乳蛋白含量有增加的趋势。但是，Ordway 等（2009）在日粮中添加过瘤胃蛋氨酸使赖氨酸和蛋氨酸的比例达到 3∶1 时，奶牛生产性能未受到显著影响。

（二）组氨酸

除赖氨酸和蛋氨酸外，组氨酸被认为是第三限制性氨基酸，尤其是在以牧草青贮为主或瘤胃未降解蛋白质含量较少（Huhtanen et al.，2002；Vanhatalo et al.，1999）的日粮中。在以全株玉米青贮为主要粗饲料的日粮中，蛋白质含量充足时，蛋氨酸不会限制奶牛的生产性能（Doelman et al.，2008；Alines et al.，2010），通过真胃灌注组氨酸能提高奶牛的采食量（Vanhatalo et al.，1999；Ouellet et al.，2014）。研究表明，在日粮中赖氨酸和蛋氨酸平衡（3∶1）的前提下，在低蛋白日粮中添加过瘤胃组氨酸可以提高干物质采食量、产奶量和乳蛋白含量（Giallongo et al.，2015；Lee et al.，2012）。结合以上众多试验结果，可代谢蛋白质中的组氨酸含量应该和蛋氨酸含量类似，占可代谢蛋白质的 2.2%～2.4%。

（三）精氨酸

在 10 种必需氨基酸中，精氨酸在乳腺中的代谢比较特殊，因为乳腺从血液中摄取的精氨酸的量是牛奶中精氨酸含量的 2～3 倍，而其他 9 种氨基酸在牛奶中的含量是乳腺从血液中摄取量的 1～1.4 倍（Bickerstaffe et al.，1974；Clark，1975；Mepham，1982）。被乳腺摄取后的精氨酸可以用于合成鸟氨酸和脯氨酸，为其他非必需氨基酸提供氨基，参与一氧化氮的合成从而影响乳腺的血流量（Bequette et al.，1998）。虽然精氨酸有其重要生理意义，但是 Vicini 等（1988）通过真胃灌注精氨酸时，发现产奶量和乳成分等未受到影响，Doepel 和 Lapierre（2011）为奶牛提供可代谢蛋白质不足的日粮，通过真胃灌注分别提供所有必需氨基酸和除精氨酸以外的必需氨基酸，虽然灌注必需氨基酸增加了产奶量和乳蛋白含量，但是不灌注精氨酸对生产性能没有显著影响。Haque 等（2013）采用同样的试验设计，也证实日粮能提供满足奶牛所需要的精氨酸，无须额外添加。

（四）支链氨基酸

支链氨基酸（亮氨酸、异亮氨酸和缬氨酸）占牛奶蛋白质中必需氨基酸的 50% 左右，被乳腺摄取的支链氨基酸不仅用于牛奶中蛋白质的合成，还可以提供能量和代谢中间产物（Mackle et al.，1999；Li et al.，2012），防止肌肉组织分解（Bolster et al.，2004；Shimomura et al.，2006）。虽然关于支链氨基酸的研究较多，但是试验结果各有不同。Robinson 等（1999）发现给奶牛额外提供异亮氨酸可以增加产奶量，Schwab 等（1976）发现为奶牛提供异亮氨酸和缬氨酸均可以使乳蛋白含量增加，但是 Korhonen 等（2002）没有发现类似结果，额外添加的亮氨酸和缬氨酸对生产性能和乳成分没有影响。Haque 等（2013）在灌注的必需氨基酸中除去亮氨酸和缬氨酸，其研究结果表明异亮氨酸和缬氨酸在可代谢蛋白质中含量较少时会限制乳蛋白的合成。Rulquin 和 Pisulewski（2006）通过真胃灌注亮氨酸提高乳蛋白含量和产量时，基础日粮中缬氨酸、异亮氨酸和亮氨酸分别占可代谢蛋白质的 4.5%、4.1%和 6.5%，含量较低。Appuhamy 等（2011）在缬氨酸、异亮氨酸和亮氨酸含量较高（分别占可代谢蛋白质的 5.3%、4.7%和 8.9%）的基础日粮中额外添加支链氨基酸，产奶量和乳成分没有受到显著影响。根据以上研究结果，无法确定最优的支链氨基酸提供量，但是当缬氨酸、异亮氨酸和亮氨酸分别占可代谢蛋白质的 5.3%、4.7%和 8.9%时，其含量可以满足奶牛生产需求。

对于产后 30 天的泌乳奶牛，建议在日粮的可代谢蛋白质中，赖氨酸与蛋氨酸、苏氨酸、组氨酸、缬氨酸、异亮氨酸、亮氨酸、脯氨酸、精氨酸的比例分别为 3.0：1、1.8：1、2.38：1、1.23：1、1.45：1、0.85：1、1.89：1、2.08：1。

五、蛋氨酸对机体发育和代谢的影响

作为最重要的两种限制性氨基酸之一的蛋氨酸，不仅对合成乳蛋白至关重要，同时还作为功能性氨基酸参与奶牛机体的代谢。蛋氨酸可以被转化成 S-腺苷甲硫氨酸（SAM），SAM 是甲基供体，可以为诸如 DNA 甲基化（影响染色质的结构和基因表达）、多胺类物质的合成、脱硫醚和半胱氨酸的合成等生理过程提供甲基。此外，蛋氨酸还是牛磺酸和谷胱甘肽的合成前体物，而谷胱甘肽则是细胞内最有效的抗氧化剂（Brosnan and Brosnan，2006）。

（一）对奶牛免疫的影响

在日粮中添加蛋氨酸可以提高奶牛的免疫力（Soder and Holden，1999）。Osorio 等（2013）在奶牛产前 21 天至产后 30 天的日粮中添加过瘤胃蛋氨酸使得赖氨酸和蛋氨酸的比例达到2.82：1，奶牛体内的嗜中性粒细胞和单核细胞的吞噬能力加强（Vailati-Riboni et al.，2017），可以帮助奶牛更好地抵抗病原菌，从而降低牛奶体细胞数量（Paape et al.，2003），同时，奶牛体内的氧化爆发能力也能增强（Zhou et al.，2016a）。之所以蛋氨酸能影响奶牛机体的免疫功能，可能的原因是蛋氨酸可以作为谷胱甘肽和牛磺酸的合成前体物（Atmaca，2004），而牛磺酸可以调节机体免疫（Schullerlevis and Park，2004）。蛋氨酸在奶牛体内的代谢详见图 3-2。

（二）对肝代谢的影响

相关研究表明，在围产期奶牛日粮中添加过瘤胃蛋氨酸使得赖氨酸和蛋氨酸在小肠可代谢蛋白质中的比例达到 2.82：1 时，奶牛体内的炎症反应有所下降（Osorio et al.，2014b），表现在血液中的血浆铜蓝蛋白和血清淀粉样蛋白 A 的浓度降低。此外，奶牛血液中的谷胱甘肽和超氧化物歧化酶也有所降低，说明奶牛体内的氧化应激也有所减弱（Osorio et al.，2013）。因此，日粮中添加过瘤胃蛋氨酸很可能是通过改变肝中某些基因的表达从而实现对奶牛健康状况的调节。Osorio 等（2014a）报道，饲喂过瘤胃蛋氨酸可以加强肝中 S-腺苷同型半胱氨酸水解酶、蛋氨酸腺苷三磷酸钴胺素腺苷转移酶 1A 和5-甲基四氢叶酸同型半胱氨酸甲基转移酶的基因表达，这些基因的表达可以改变

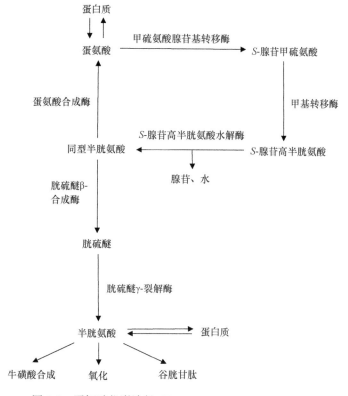

图 3-2 蛋氨酸代谢途径（Brosnan and Brosnan，2006）

蛋氨酸在肝中的代谢，与此同时，肝中谷胱甘肽合成酶、谷胱甘肽连接酶和超氧化物歧化酶的基因表达减弱，这表明饲喂围产期奶牛过瘤胃蛋氨酸可以促进奶牛肝合成更多的谷胱甘肽，氧化应激反应下降，此外，蛋氨酸可以被转化成甲基供应体 SAM，SAM 可以在 DNA 转甲基酶的作用下使 DNA 甲基化（Martinov et al.，2010；Kass et al.，1997），从而使与 DNA 甲基化直接相关联的胞嘧啶-5-甲基转移酶基因的表达发生改变，但是尚不清楚 DNA 甲基化对肝代谢的影响有多大。

（三）对胎儿发育的影响

考虑到蛋氨酸在营养物质代谢中所起到的作用，目前只有赖氨酸和蛋氨酸平衡对胚胎早期发育、奶牛胎盘营养物质运输及胎儿生长发育影响的研究。目前的研究结果表明，在奶牛日粮中额外添加蛋氨酸对早期胚胎形态和质量没有显著影响（Bonilla et al.，2010；Souza et al.，2012），但是可以提高胚胎中脂肪的含量，这有可能为胚胎提供更多的能量，从而促进胚胎的发育（Acosta et al.，2016），Penagaricano 等（2013）研究发现，在日粮中添加蛋氨酸可以促进与胚胎生长和免疫系统相关基因的表达。Batistel 等（2017）在围产期奶牛日粮中添加过瘤胃蛋氨酸使得赖氨酸和蛋氨酸在小肠可代谢蛋白质中的比例达到 2.8：1，通过增强 mTOR 信号通路，增加胎盘中部分氨基酸运载体和葡萄糖运载体相关基因的表达，显著提高犊牛初生重。Jacometo 等（2016，2017）则检测给围产期奶牛饲喂过瘤胃蛋氨酸是否影响犊牛的氧化应激、炎症反应及肝的营养物质代谢，结果显示犊牛血液中的胰岛素含量、葡萄糖与胰岛素浓度比值及脂肪酸与胰岛素浓度比值发生改变，表明给围产期奶牛饲喂过瘤胃蛋氨酸，可以使犊牛有更高的胰岛素敏感性。对犊牛肝中基因表达的研究证实，给围产期奶牛饲喂过瘤胃蛋氨酸，可以促进犊牛肝中部分生糖基因、脂肪酸氧化基因、胰岛素信号通路和炎症反应基因的表达，此外，还能加强与蛋氨酸代谢相关基因的表达，促进 DNA 甲基化，增加谷胱甘肽的形成。该研究结果表明给围产期奶牛饲喂过瘤胃蛋氨酸从而使赖氨酸和蛋氨酸在小肠可代谢蛋白质中比例达到 2.8：1，可以提高犊牛出生重，减弱其氧化应激及炎症反应，让犊牛更好地生长。

通过对众多试验结果的分析，可以总结出，对于产前 21 天至产后 30 天的奶牛而言，保证赖氨酸和蛋氨酸在小肠可代谢蛋白质中的比例为 2.8：1，既可以提高奶牛的健康状况、减弱其应激反应、增强肝中营养物质的代谢，还能使犊牛更加健康。关于此期间奶牛对其他氨基酸的需要量仍然需要更多的研究。

第五节　奶牛不同生理阶段的蛋白质需要

一、哺乳犊牛的蛋白质需要量

哺乳犊牛摄入的蛋白质主要用于满足自身维持和生长发育所需。用于维持所需的蛋白质占总蛋白质需求的比例很小，据美国 NRC 体系估算，一头 45kg 的犊牛每天 30g 蛋白质用于维持，而且受环境影响较小，可以认为哺乳犊牛对蛋白质的需要主要受生长速度的影响。据估计犊牛体重每增加 1kg，平均需要沉积 188g 蛋白质，需要从牛奶或代乳粉中摄入 250～280g 粗蛋白（NRC，2001）。根据中国奶牛饲养标准，虽然用于维持即日增重为 0 时的蛋白质需要略高于美国 NRC 体系数值，但可以看出日增重对哺乳犊牛蛋白质的需要起决定作用。表 3-7 列举出不同体重的犊牛在不同日增重模式下的蛋白质需要量。

表 3-7　哺乳犊牛可消化蛋白质需要量

日增重（g）	体重（kg）						
	40	50	60	70	80	90	100
0	41	49	56	63	70	76	82
300	117	124	131	142	149	154	173
400	141	148	154	168	174	179	202
500	164	172	178	193	198	203	231
600	188	194	199	215	222	226	258
700	210	216	221	239	245	249	285
800	231	238	243	262	268	272	311

资料来源：冯仰廉等，2000

虽然美国 NRC 体系和中国奶牛饲养标准对哺乳犊牛可消化蛋白质的需求量给出了参考数值，但是并未给出犊牛对氨基酸的需要量。Williams（1994）比较犊牛对氨基酸的需要量及牛奶中氨基酸的含量，发现牛奶中的氨基酸比例非常接近犊牛生长所需的氨基酸比例。因此，在不影响犊牛颗粒料采食、瘤胃发育和健康的前提下，饲喂更多的牛奶可以使犊牛生长更加迅速。

通常情况下，犊牛在出生后的第一个月每天可以采食 6～10L 牛奶。饮奶量影响颗粒料的采食量，随着断奶日期的临近，每天饲喂的牛奶量逐渐下降，此时颗粒料的采食量有所提升。颗粒料在进入犊牛瘤胃后，在瘤胃微生物的作用下降解，此时犊牛肠道中的可消化蛋白质由牛奶中的蛋白质、饲料中的瘤胃未降解蛋白质及瘤胃微生物蛋白质提供。犊牛瘤胃微生物的总量和活性与泌乳奶牛存在差异，并不能根据饲料在泌乳奶牛瘤胃的降解数据进行估计，也无法准确估算出到达小肠的瘤胃微生物蛋白质含量。已有的研究结果表明，颗粒料中的蛋白质含量为 18% 时，犊牛的生长速度达到最大，超过 18% 时并不能进一步加快生长速度（Akayezu et al., 1994；Hill et al., 2007），可能由颗粒料中可发酵碳水化合物与可降解蛋白质的不平衡或氨基酸组成不平衡等原因造成（Hill et al., 2005）。

二、断奶犊牛至配种前的蛋白质需要量

在现代化牧场中，后备牛的配种月龄通常在 12～15 月，此时的体重应该在 380kg 左右（荷斯坦奶牛）。要想达到此生长目标，从犊牛断奶至配种前所需的生长速度每天在 700～1000g。表 3-8 列举出荷兰奶牛饲养标准所推荐的后备牛不同月龄日增重及所需的小肠可消化蛋白质量，该推荐标准已经把后备牛在妊娠期间胎儿所需要的蛋白质计算在内，从表 3-8 中可以看出，虽然后备牛在 22～24 个月的日增重（该日增重指的是后备牛本身日增重，不包含胎儿的增重）在 150～350g，但是所需的小肠可消化蛋白质保持不变。中国奶牛饲养标准则根据后备牛维持（$2.5 \times W^{0.75}$，W 表示体重）和增重 [$\Delta W(170.22-0.1731W+0.000\ 178W^2) \times (1.12-0.1258\Delta W)$，$\Delta W$ 表示日增重] 需要，给出了后备牛在不同日增重时所需要的小肠可消化蛋白质量，但是并未考虑妊娠期间胎儿所需要的蛋白质，因此在牧场使用时，需要根据胎儿对蛋白质的需要量及小肠

表 3-8　荷兰奶牛饲养标准推荐后备牛日增重及小肠可消化蛋白质需要量

年龄（月）	体重（kg）	日增重（g）	小肠可消化蛋白质（g）
2	75		225
4	130		255
6	185	850	285
8	235		305
10	280		290
12	320	700	310
14	360		330
16	400		335
18	440	625	355
20	480		415
22	510	500	460
23	—	350	—
24	—	150	—

"—"表示无数据

资料来源：CVB，2012

可消化蛋白质的妊娠转化效率重新计算。表 3-9 列举出中国奶牛饲养标准中不同体重的后备牛在可能的日增重下所需的小肠可消化蛋白质总量。美国 NRC 饲养标准根据后备牛体重、日增重和能量沉积给出生长所需的蛋白质需要量，虽然列举出后备牛在不同日增重下干物质采食量、净能、日粮中瘤胃可降解蛋白质和未降解蛋白质等需要量，但是并未给出具体的小肠可代谢蛋白质需要量。

表 3-9　中国奶牛饲养标准中后备牛不同日增重时小肠可消化蛋白质需要量

日增重（g）	体重（kg）						
	125	150	175	200	250	300	350
700	264	272	281	305	323	342	360
800	288	296	304	327	345	362	381
900	311	319	326	349	365	383	401
1000	332	339	346	368	385	402	419

资料来源：冯仰廉等，2000

三、成年母牛的蛋白质需要

奶牛对蛋白质的需要量按不同生理活动可以分为维持、生长、妊娠和泌乳等方面。

（一）维持的蛋白质需要量

美国 NRC 体系预测的奶牛维持所需要的可代谢蛋白质用于 4 个方面，分别是内源尿氮、皮屑氮（皮肤、皮肤分泌物和被毛）、代谢粪氮和内源粗蛋白，由体重、干物质采食量和瘤胃微生物蛋白质合成量决定，而中国和荷兰蛋白质体系都通过代谢体重来计算维持所需的小肠可消化蛋白质量。在对维持所需的小肠可代谢蛋白质需要量的描述中，美国 NRC 体系对维持需要组成考虑更全面，描述更合理。奶牛处于泌乳期时的采食量显著大于非泌乳期时的采食量，而在不同采食量下奶牛用于维持的蛋白质需要量亦不相同，因此在计算维持所需要的蛋白质时，把干物质采食量考虑在内显得更加合理（表 3-10）。Fox 等（1992）在阐述 CNCPS 体系下小肠代谢蛋白质用于维持的蛋白质需要量时，也考虑了 DMI 对蛋白质需要量的影响，计算公式为维持代谢蛋白质的需要量= $4.1 \times W^{0.5} + 0.3 \times W^{0.6} + 90 \times DMI$。

表 3-10　不同国家蛋白质体系中用于维持的小肠可消化或可代谢蛋白质需要量

蛋白质体系	用于维持的小肠可消化或可代谢蛋白质需要量（g）
美国	$4.1 \times W^{0.5} + 0.3 \times W^{0.6} + DMI \times 30 - 0.5（MCP/0.80 - MCP）+ 1.9 \times DMI/0.67$
荷兰	$4.1 \times W^{0.5} + 0.3 \times W^{0.6}$
中国	$2.5 \times W^{0.75}$

资料来源：1. NRC，2001；2. Tamminga et al.，1994；3. 冯仰廉等，2000

（二）生长的蛋白质需要量

在中国小肠可消化蛋白质体系中，奶牛用于生长的蛋白质需要量的预测由体重和日增重决定，而美国 NRC 体系则把体重、日增重和能量沉积均考虑在内。在转化效率上，中国小肠可消化蛋白质体系采用 0.60 作为转化系数，而美国 NRC 体系所采用的转化系数由体重决定，体重越大，增重效率越低，转化系数最大是 0.289 08。

（三）妊娠的蛋白质需要量

在计算妊娠所需要的小肠可消化蛋白质时，各蛋白质体系均只考虑妊娠最后 4 个月时胎儿所需要的可代谢蛋白质。美国 NRC 体系结合妊娠天数和犊牛出生重计算妊娠所需蛋白质量，公式是（0.69×妊娠天数−69.2）×犊牛出生重/45，再除以妊娠时蛋白质利用效率 0.33，而荷兰 DVE/OEB 体系推荐在妊娠的第 6、第 7、第 8、第 9 个月时用于妊娠的小肠可消化蛋白质量分别是 60g、105g、180g、280g，中国小肠可消化蛋白质体系的推荐量分别是 43g、73g、115g、169g。假设犊牛体重是 40kg，根据美国 NRC 体系的计算公式，妊娠第 6、第 7、第 8、第 9 个月时所需的可代谢蛋白质分别是 92g、148g、204g、260g。可以看出，中国小肠可消化蛋白质体系所给出的妊娠可代谢蛋白质需要量显著低于其他两个体系，这可能与较轻的犊牛出生重有关系。

（四）泌乳的蛋白质需要量

不同蛋白质体系中小肠可消化或可代谢蛋白质用于泌乳的效率和需要量见表 3-11。在所有体系中，小肠可消化或可代谢蛋白质用于泌乳的效率均为定值，而实际上随着奶牛乳蛋白产量的不断提高，小肠可消化蛋白质用于泌乳的效率必然降低，只是为了计算方便而采用了一个定值（Arriola Apelo et al.，2014）。综合其他体系的效率值和考虑到我国奶牛生产性能不断增加的现状，用于泌乳的效率应适当降低。

表 3-11　不同国家蛋白质体系中用于泌乳的小肠可消化或可代谢蛋白质需要量

蛋白质体系	用于泌乳的小肠可消化或可代谢蛋白质需要量（g）
美国	$Y_{protein}/0.67$
荷兰	$1.396 \times Y_{protein} + 0.000195 \times Y_{protein}^2$
中国	$Y_{protein}/0.70$

资料来源：1. NRC，2001；2. Tamminga et al.，1994；3. 冯仰廉等，2000

目前国内外的奶牛蛋白质体系均采用小肠可消化或可代谢蛋白质体系，虽然比之前使用的粗蛋白体系更加科学、合理，但是并未考虑小肠可吸收氨基酸的平衡问题。虽然瘤胃微生物蛋白质的氨基酸组成比较稳定，但是进入小肠中的饲料非降解蛋白质的氨基酸组成差异较大，从而影响小肠可消化或可代谢蛋白质的氨基酸组成。在我国的蛋白质体系中，用于泌乳和妊娠的蛋白质效率相对较高，需要在相关参数上进一步优化，使我国计算奶牛蛋白质需要量的参数和模型更准确和更精确，更容易应用到生产实践中去，促进我国奶牛业的进一步发展。

（编写者：何　源　王　蔚　严　慧）

参 考 文 献

冯仰廉, 莫放, 陆治年, 等. 2000. 奶牛营养需要和饲养标准[M]. 第二版. 北京: 中国农业大学出版社.

蒋琪, 莫放, 杨雅芳, 等. 1998. 饼粕饲料总氨基酸的瘤胃降解率[C]. 第三届全国饲料营养学术研讨会论文集.

靳玲品, 李艳玲, 屠焰, 等. 2013. 应用康奈尔净碳水化合物–蛋白质体系评定我国北方奶牛常用粗饲料的营养价值. 动物营养学报, 25(3): 512-526.

王燕, 杨方, 陈常栋, 等. 2012. 康奈尔净碳水化合物–蛋白质体系预测小肠可消化粗蛋白质含量[J]. 动物营养学报, 24(7): 1274-1282.

Abdelgadir I E O, Morril J L, Higgins J J. 1996. Ruminal availabilities of protein and starch: Effects on growth and ruminal and plasma metabolites of dairy calves[J]. Journal of Dairy Science, 79(2): 283-290.

Acosta D A V, Denicol A C, Tribulo P, et al. 2016. Effects of rumen-protected methionine and choline supplementation on the preimplantation embryo in Holstein cows[J]. Theriogenology, 85(9): 1669-1679.

Akayezu J M, Linn J G, Otterby D E, et al. 1994. Evaluation of calf starters containing different amounts of protein for growth of Holstein calves[J]. Journal of Dairy Science, 77(7): 1882-1889.

Alines G E, Schroeder G F, Messman M, et al. 2010. Effect of replacing blood meal with rumen-protected amino acids on milk production and composition in lactating dairy cows[J]. Journal of Dairy Science, 93(E-Suppl.1): 441(Abstr.).

Appuhamy J A, Bell A L, Nayananjalie W A, et al. 2011. Essential amino acids regulate both initiation and elongation of mRNA translation independent of insulin in MAC-T cells and bovine mammary tissue slices[J]. Journal of Nutrition, 141(6): 1209-1215.

Appuhamy J A, Knoebel N A, Nayananjalie W A, et al. 2012. Isoleucine and leucine independently regulate mTOR signaling and protein synthesis in MAC-T cells and bovine mammary tissue slices[J]. Journal of Nutrition, 142(3): 484.

Argyle J L, Baldwin R L. 1989. Effects of amino acids and peptides on rumen microbial growth yields[J]. Journal of Dairy Science, 72(8): 2017-2027.

Arriola Apelo S I, Singer L M, Lin X Y, et al. 2014. Isoleucine, leucine, methionine, and threonine effects on mammalian target of rapamycin signaling in mammary tissue[J]. Journal of Dairy Science, 97(2): 1047-1056.

Atmaca G. 2004. Antioxidant effects of sulfur-containing amino acids[J]. Yonsei Medical Journal, 45(5): 776-788.

Bach A, Huntington G H, Calsamiglia S, et al. 2000. Nitrogen metabolism of early lactation cows fed diets with two different levels of protein and different amino acid profiles[J]. Journal of Dairy Science, 83(11): 2585-2595.

Batistel F, Alharthi A S, Wang L, et al. 2017. Placentome nutrient transporters and mammalian target of rapamycin signaling proteins are altered by the methionine supply during late gestation in dairy cows and are associated with newborn birth weight[J]. Journal of Nutrition, 147(9): 1640-1647.

Baumrucker C R. 1985. Amino acid transport systems in bovine mammary tissue[J]. Journal of Dairy Science, 68(9): 2436-2451.

Beauchemin K A, Yang W Z, Rode L M. 1999. Effects of grain source and enzyme additive on site and extent of nutrient digestion in dairy cows[J]. Journal of Dairy Science, 82(2): 378-390.

Belanche A, Weisbjerg M R, Allison G G, et al. 2013. Estimation of feed crude protein concentration and rumen degradability by Fourier-transform infrared spectroscopy[J]. Journal of Dairy Science, 96(12): 7867-7880.

Bequette B J, Backwell F R C, Crompton L A. 1998. Current concepts of amino acid and protein metabolism in the mammary gland of the lactating ruminant[J]. Journal of Dairy Science, 81(9): 2540-2559.

Bequette B J, Hanigan M D, Calder A G, et al. 2000. Amino acid exchange by the mammary gland of lactating goats when histidine limits milk production[J]. Journal of Dairy Science, 83(4): 765-775.

Berthiaume R M, Thivierge C, Patton R A. 2006. Effect of ruminally protected methionine on splanchnic metabolism of amino acids in lactating dairy cows[J]. Journal of Dairy Science, 89(5): 1621-1634.

Bickerstaffe R, Annison E F, Linzell J L. 1974. The metabolism of glucose, acetate, lipids and amino acids in lactating dairy cows[J]. Journal of Agricultural Science, 82(1): 71-85.

Bolster B R, Jefferson L S, Kimball S R. 2004. Regulation of protein synthesis associated with skeletal muscle hypertrophy by insulin-, amino acid- and exercise-induced signalling[J]. Proceedings of the Nutrition Society, 63(2): 351-356.

Bonilla L, Luchini D, Devillard E, et al. 2010. Methionine requirements for the preimplantation bovine embryo[J]. Journal of Reproduction and Development, 56(5): 527-532.

Brosnan J T, Brosnan M E. 2006. The sulfur-containing amino acids: an overview[J]. The Journal of Nutrition, 136(6): 1636S-1640S.

Buckner C D, Klopfenstein T J, Rolfe K M. 2013. Ruminally undegradable protein content and digestibility for forages using the nylon bag *in situ* technique[J]. Journal of Animal Science, 91(6): 2812-2822.

Cardozo P, Calsamiglia S, Ferret A. 2000. Effect of pH on microbial fermentation and nutrient flow in a dual flow continuous culture system[J]. Journal of Dairy Science, 83(Suppl.1): 265.

Cardozo P, Calsamiglia S, Ferret A. 2002. Effects of pH on nutrient digestion and microbial fermentation in a dual flow continuous culture system fed a high concentrate diet[J]. Journal of Dairy Science, 85(Suppl. 1): 182.

Castillo-Lopez E, Klopfenstein T J, Fernando S C, et al. 2013. *In vivo* determination of rumen undegradable protein of dried distillers grains with solubles and evaluation of duodenal microbial crude protein flow[J]. Journal of Animal Science, 91(2): 924-934.

Chamberlain D G, Choung J J. 1995. The importance of rate of ruminal fermentation of energy sources in diets for dairy cows[M]. *In*: Garnsworthy P C, Cole D J A. Recent Advances in Animal Nutrition. Nottingham: University Press.

Clark J H, Klusmeyer T H, Cameron M R. 1992. Microbial protein synthesis and flows of nitrogen fractions to the duodenum of dairy cows[J]. Journal of Dairy Science, 75(8): 2304-2323.

Clark J H, Murphy M R, Crooker B A, et al. 1987. Supplying the protein needs of dairy cattle from by-product feeds[J]. Journal of Dairy Science, 70(5): 1092-1099.

Clark J H. 1975. Lactational responses to postruminal administration of proteins and amino acids[J]. Journal of Dairy Science, 58(8): 1178-1197.

Coblentz W K, Abdelgadir I E O, Cochran R C, et al. 1999. Degradability of forage proteins by *in situ* and *in vitro* enzymatic methods[J]. Journal of Dairy Science, 82(2): 343-354.

Cone J W, Rodrigues M A M, Guedes C M, et al. 2009. Comparison of protein fermentation characteristics in rumen fluid determined with the gas production technique and the nylon bag technique[J]. Journal of Dairy Science, 153(1-2): 28-38.

CVB. 2012. CVB Feed Table 2011[M]. the Netherlands: Product Board Animal Feed.

Doelman J, Purdie N G, Osborne V R, et al. 2008. Short communication: the effects of histidine-supplemented drinking water on the performance of lactating dairy cows[J]. Journal of Dairy Science, 91(10): 3998-4001.

Doepel L, Lapierre H. 2011. Deletion of arginine from an abomasal infusion of amino acids does not decrease milk protein yield in Holstein cows[J]. Journal of Dairy Science, 94(2): 864-873.

Doepel L, Pacheco D, Kennelly J J. 2004. Milk protein synthesis as a function of amino acid supply[J]. Journal of Dairy Science, 87(5): 1279-1297.

Dong X, Zhou Z, Saremi B, et al. 2018. Varying the ratio of Lys: Met while maintaining the ratios of Thr: Phe, Lys: Thr, Lys: His, and Lys: Val alters mammary cellular metabolites, mammalian target of rapamycin signaling, and gene transcription[J]. Journal of Dairy Science, 101(2): 1708-1718.

Dong X, Zhou Z, Wang L, et al. 2018. Increasing the availability of threonine, isoleucine, valine, and leucine relative to lysine while maintaining an ideal ratio of lysine: methionine alters mammary cellular metabolites, mammalian target of rapamycin signaling, and gene transcription[J]. Journal of Dairy

Science, 101(6): 5502-5514.

Edmunds B, Südekum K H, Bennett R. 2013. The amino acid composition of rumen-undegradable protein: a comparison between forages[J]. Journal of Dairy Science, 96: 4568-4577.

Emmanuel B, Kennelly J J. 1984. Kinetics of methionine and choline and their incorporation into plasma lipids and milk components in lactating goats[J]. Journal of Dairy Science, 67: 1912-1918.

Endres M I, Stern M D. 1993. Effects of pH and diets containing various levels of lignosulfonate-treated soybean meal on microbial fermentation in continuous culture[J]. Journal of Dairy Science, 76: 177.

Erasmus L J, Botha P M, Cruywagen C W, et al. 1994. Amino acid profile and intestinal digestibility in dairy cows of rumen-undegradable protein from various feedstuffs[J]. Journal of Dairy Science, 77(2): 541-551.

Firkins J L, Yu Z, Morrison M. 2007. Ruminal nitrogen metabolism perspectives for integration of microbiology and nutrition for dairy[J]. Journal of Dairy Science, 90: 1-16.

Fox D G, Sniffen C J, O'Connor J D, et al. 1992. A net carbohydrate and protein system for evaluating cattle diets: III. Cattle requirements and diet adequacy[J]. Journal of Animal Science, 70(11): 3578-3596.

Giallongo F, Hristov A N, Oh J, et al. 2015. Effects of slow-release urea and rumen-protected methionine and histidine on performance of dairy cows[J]. Journal of Dairy Science, 98(5): 3292-3308.

Gressley T F, Armentano L E. 2005. Effect of abomasal pectin infusion on digestion and nitrogen balance in lactating dairy cows[J]. Journal of Dairy Science, 88: 4028-4044.

Gruninger R J, Puniya A K, Callaghan T M, et al. 2014. Anaerobia fungi (phylum *Neocallimastigomycota*): advances in understanding their taxonomy, life cycle, ecology, role and biotechnological potential[J]. FEMS Microbiology Ecology, 90: 1-17.

Hanigan M D, Bateman H G, Fadel J G. 2006. Quantitative aspects of ruminant splanchnic metabolism as related to predicting animal performance[J]. Journal of Dairy Science, 89: 52-64.

Hanigan M D, Calvert C C, DePeters E J. 1992. Kinetics of amino acid extraction by lactating mammary glands in control and sometribove-treated Holstein cows[J]. Journal of Dairy Science, 75: 161-173.

Haque M N, Rulquin H, Andrade A, et al. 2012. Milk protein synthesis in response to the provision of an "ideal" amino acid profile at 2 levels of metabolizable protein supply in dairy cows[J]. Journal of Dairy Science, 95: 5876-5887.

Haque M N, Rulquin H, Lemosquet S. 2013. Milk protein responses in dairy cows to changes in postruminal supplies of arginine, isoleucine, and valine[J]. Journal of Dairy Science, 96(1): 420-430.

Hill T M, Aldrich J M, Schlotterbeck R L, et al. 2005. Nutrient sources for solid feeds and factors affecting their intake by calves[M]. *In*: Garnsworthy P C. Calf and Heifer Rearing. Nottingham (UK): Nottingham University Press: 113-133.

Hill T M, Aldrich J M, Schlotterbeck R L, et al. 2007. Protein concentrations for starters fed to transported neonatal calves[J]. The Professional Animal Scientist, 23: 123-134.

Huhtanen P, Vanhatalo A, Varvikko T. 2002. Effects of abomasal infusions of histidine, glucose, and leucine on milk production and plasma metabolites of dairy cows fed grass silage diets[J]. Journal of Dairy Science, 85(1): 204-216.

Huntington G B. 1987. Net absorption from portal-drained viscera of nitrogenous compounds by beef heifers fed diets differing in protein solubility or degradability in the rumen[J]. British Journal of Nutrition, 57: 109-114.

Huntington G B, Archibeque S L. 2000. Practical aspects of urea and ammonia metabolism in ruminants. Journal of Animal Science, 77: 1-11.

Jacometo C B, Zhou Z, Luchini D, et al. 2016. Maternal rumen-protected methionine supplementation and its effect on blood and liver biomarkers of energy metabolism, inflammation, and oxidative stress in neonatal Holstein calves[J]. Journal of Dairy Science, 99(8): 6753-6763.

Jacometo C B, Zhou Z, Luchini D, et al. 2017. Maternal supplementation with rumen-protected methionine increases prepartal plasma methionine concentration and alters hepatic mRNA abundance of 1-carbon, methionine, and transsulfuration pathways in neonatal Holstein calves[J]. Journal of Dairy Science, 100(4): 3209.

Jaquette R D, Rakes A H, Croom Kr. W J, et al. 1987. Effect of amount and source of dietary nitrogen on milk fat depression in early lactation dairy cows[J]. Journal of Dairy Science, 70: 1202-1210.

Kass S U, Pruss D, Wolffe A P. 1997. How does DNA methylation repress transcription?[J]. Trends in Genetics, 13(11): 444-449.

Kononoff P J, Ivan S K, Klopfenstein T J. 2007. Estimation of the proportion of feed protein digested in the small intestine of cattle consuming wet corn gluten feed[J]. Journal of Dairy Science, 90: 2377-2385.

Kopecny J, Wallace R J. 1982. Cellular location and some properties of proteolytic enzymes of rumen bacteria[J]. Applied and Environmental Microbiology, 43: 1026-1033.

Korhonen M, Vanhatalo A, Huhtanen P. 2002. Evaluation of isoleucine, leucine, and valine as a second-limiting amino acid for milk production in dairy cows fed grass silage diet[J]. Journal of Dairy Science, 85(6): 1533-1545.

Lapierre H, Lobley G E. 2001. Nitrogen recycling to in the ruminant: A review[J]. Journal of Dairy Science, 84: 223-236.

Lapierre H, Pacheco D, Berthiaume R, et al. 2006. What is true supply of amino acids for dairy cow[J]. Journal of Dairy Science, 89: 1-14.

Le Hénaff L. 1991. Importance des acides aminés dans la nutrition des vaches laitières. Département des Sciences de la vie et de l'Environment, Université de Rennes, Rennes, France; PhD thesis.

Lee C, Hristov A N, Cassidy T W, et al. 2012. Rumen-protected lysine, methionine, and histidine increase milk protein yield in dairy cows fed a metabolizable protein-deficient diet[J]. Journal of Dairy Science, 95: 6042-6056.

Li P, Knabe D A, Kim S W, et al. 2012. Lactating porcine mammary tissue catabolizes branched-chain amino acids for glutamine and aspartate synthesis[J]. Journal of Nutrition, 139(8): 1502.

Li S S, Loor J J, Liu H Y, et al. 2017. Optimal ratios of essential amino acids stimulate β-casein synthesis via activation of the mammalian target of rapamycin signaling pathway in MAC-T cells and bovine mammary tissue explants[J]. Journal of Dairy Science, 100(8): 6676.

Mackle T R, Dwyer D A, Bauman D E. 1999. Effects of branched-chain amino acids and sodium caseinate on milk protein concentration and yield from dairy cows[J]. Journal of Dairy Science, 82(1): 161.

Mackle T R, Dwyer D A, Ingvartsen K L. 2000. Effects of insulin and postruminal supply of protein on use of amino acids by the mammary gland for milk protein synthesis[J]. Journal of Dairy Science, 83: 93-105.

Martinov M V, Vitvitsky V M, Banerjee R, et al. 2010. The logic of the hepatic methionine metabolic cycle. Biochimica et Biophysica Acta, 18049(1): 89-96.

Mathis C P, Cochran R C, Vanzant E S, et al. 2001. A collaborative study comparing an in situ protocol with single time-point enzyme assays for estimating ruminal protein degradability of different forages[J]. Animal Feed Science and Technology, 93(1-2): 31-42.

Maxin G, Ouellet D R, Lapierre H. 2013. Ruminal degradability of dry matter, crude protein, and amino acids in soybean meal, canola meal, corn, and wheat dried distillers grains[J]. Journal of Dairy Science, 96: 5151-5160.

Mepham T B. 1982. Amino acid utilization by lactating mammary gland[J]. Journal of Dairy Science, 65: 287-298.

Mjoun K, Kalscheur K F, Hippen A R, et al. 2010. Ruminal degradability and intestinal digestibility of protein and amino acids in soybean and corn distillers grains products[J]. Journal of Dairy Science, 93(9): 4144-4154.

Nocek J E, Tamminga S. 1991. Site of digestion of starch in the gastrointestinal tract of dairy cows and its effect on milk yield and composition[J]. Journal of Dairy Science, 74(10): 3598-3629.

NRC. 2001. Nutrient Requirements of Dairy Cattle[M]. 7th edition. Washington DC: Academic Press.

O'Mara F P, Murphy J J, Rath M. 1997. The amino acid composition of protein feedstuffs before and after ruminal incubation and after subsequent passage through the intestines of dairy cows[J]. Journal of Animal Science, 75(7): 1941-1949.

Oba M, Allen M S. 2003. Effects of diet fermentability on efficiency of microbial nitrogen production in lactating dairy cows[J]. Journal of Dairy Science, 86: 195-207.

Ohlsson C, Houmoller L P, Weisbjerg M R, et al. 2007. Effective rumen degradation of dry matter, crude protein and neutral detergent fibre in forage determined by near infrared reflectance spectroscopy[J]. Journal of Animal Physiology and Animal Nutrition, 91(11-12): 498-507.

Ordway R S, Boucher S E, Whitehouse N L, et al. 2009. Effects of providing two forms of supplemental methionine to periparturient Holstein dairy cows on feed intake and lactational performance[J]. Journal of Dairy Science, 92(10): 5154-5166.

Ørskov E R, McDonald L. 1979. The estimation of protein degradability in the rumen from incubation measurements weighted according to rate of passage[J]. Journal of Agriculture Science, 92: 499-503.

Osorio J S, Ji P, Drackley J K, et al. 2013. Supplemental Smartamine M or MetaSmart during the transition period benefits postpartal cow performance and blood neutrophil function[J]. Journal of Dairy Science, 96(10): 6248-6263.

Osorio J S, Ji P, Drackley J K, et al. 2014a. Smartamine M and MetaSmart supplementation during the peripartal period alter hepatic expression of gene networks in 1-carbon metabolism, inflammation, oxidative stress, and the growth hormone–insulin-like growth factor 1 axis pathways[J]. Journal of Dairy Science, 97(12): 7451-7464.

Osorio J S, Trevisi E, Ji P, et al. 2014b. Biomarkers of inflammation, metabolism, and oxidative stress in blood, liver, and milk reveal a better immunometabolic status in peripartal cows supplemented with Smartamine M or MetaSmart[J]. Journal of Dairy Science, 97(12): 7437-7450.

Ouellet D R, Lobley G E, Lapierre H, et al. 2014. Histidine requirement of dairy cows determined by the indicator amino acid oxidation (AAO) technique[J]. Journal of Dairy Science, 97(E-Suppl.1): 757(Abstr).

Overton T R, Cameron M R, Elliott J P, et al. 1995. Ruminal fermentation and passage of nutrients to the duodenum of lactating cows fed mixtures of corn and barley[J]. Journal of Dairy Science, 78: 1981-1998.

Overton T R, LaCount D W, Cicela T M, et al. 1996. Evaluation of a ruminally protected methionine product for lactating dairy cows[J]. Journal of Dairy Science, 79(4): 631.

Paape M J, Bannerman D D, Zhao X, et al. 2003. The bovine neutrophil: structure and function in blood and milk[J]. Veterinary Research, 34(5): 597-627.

Pacheco D, Patton R A, Parys C. 2012. Ability of commercially available dairy ration programs to predict duodenal flows of protein and essential amino acids in dairy cows[J]. Journal of Dairy Science, 95: 937-963.

Paz H A, Klopfenstein T J, Hostetler D, et al. 2014. Ruminal degradation and intestinal digestibility of protein and amino acids in high-protein feedstuffs commonly used in dairy diets[J]. Journal of Dairy Science, 97(10): 6485-6498.

Penagaricano F, Souza A H, Carvalho P D, et al. 2013. Effect of maternal methionine supplementation on the transcriptome of bovine preimplantation embryos[J]. PLoS One, 8: e72302.

Piepenbrink M S, Overton T R. 2003. Liver metabolism and production of cows fed increasing amounts of rumen-protected choline during the periparturient period[J]. Journal of Dairy Science, 86(5): 1722-1733.

Prins R A, van Rheenen D L, van Klooster A T. 1983. Characterization of microbial proteolytic enzymes in the rumen[J]. Antonie van Leeuwenhock, 49: 585-595.

Proud C G. 2005. eIF2 and the control of cell physiology[J]. Seminars in Cell & Developmental Biology, 16(1): 3-12.

Reid J T. 1953. Urea as a protein replacement for ruminants: A review[J]. Journal of Dairy Science, 36: 955-993.

Reynolds C K. 2002. Economics of visceral tissue metabolism in ruminants: Toll keeping or internal revenue service[J]. Journal of Animal Science, 80: 74-84.

Robinson P H. 1989. Dynamic aspects of feeding management for dairy cows[J]. Journal of Dairy Science, 72: 1197-1209.

Robinson P H, Chalupa W, Sniffen C J, et al. 1999. Influence of postruminal supplementation of methionine and lysine, isoleucine, or all three amino acids on intake and chewing behavior, ruminal fermentation, and milk and milk component production[J]. Journal of Animal Science, 77: 2781-2792.

Rulquin H, Pisulewski P M. 2006. Effects of graded levels of duodenal infusions of leucine on mammary uptake and output in lactating dairy cows[J]. Journal of Dairy Research, 73(3): 328.

Russell J B, Strobel H J, Martin S A, et al. 1990. Strategies of nutrient transport by ruminal bacteria[J]. Journal of Dairy Science, 73: 2996-3012.

Salazar-Villanea S, Hendriks W H, Bruininx E M A M, et al. 2016. Protein structural changes during processing of vegetable feed ingredients used in swine diets: implications for nutritional value[J]. Nutrition Research Reviews, 29(1): 126-141.

Schullerlevis G B, Park E. 2004. Taurine and its chloramine: Modulators of immunity[J]. Neurochemical Research, 29(1): 117-126.

Schwab C G, Bozak C K, Whitehouse N L. 1992. Amino acid limitation and flow to duodenum at four stages of lactation. 1. Sequence of lysine and methionine limitation[J]. Journal of Dairy Science, 75: 3486-3502.

Schwab C G, Satter L D, Clay A B. 1976. Response to lactating dairy cows to abomasal infusion of amino acids[J]. Journal of Dairy Science, 59(7): 1254-1270.

Schwingel W R, Bates D B. 1996. Use of sodium dodecyl sulfate polycramide gel electrophoresis to measure degradation of soluble soybean proteins by *Prevotella rumininocola* GA33 or mixed ruminal microbes *in vitro*[J]. Journal of Animal Science, 74: 475-482.

Shimomura Y, Yamamoto Y, Bajotto G. 2006. Nutraceutical effects of branched-chain amino acids on skeletal muscle[J]. Journal of Nutrition, 136(2): 529S.

Soder K J, Holden L A. 1999. Lymphocyte proliferation response of lactating dairy cows fed varying concentrations of rumen-protected methionine[J]. Journal of Dairy Science, 82(9): 1935.

Sok M, Ouellet D R, Firkins J L, et al. 2017. Amino acid composition of rumen bacteria and protozoa in cattle[J]. Journal of Dairy Science, 100: 5241.

Souza A H, Carvalho P D, Dresch A R, et al. 2012. Effect of methionine supplementation during postpartum period in dairy cows. II. Embryo quality[J]. Journal of Dairy Science, 95 (E-supply 1): T181.

Tamminga S, Van Straalen W M, Subnel A P J, et al. 1994. The Dutch protein evaluation system: the DVE/OEB system[J]. Livestock Production Science, 40: 139-155.

Vailati-Riboni M, Zhou Z, Jacometo C B, et al. 2017. Supplementation with rumen-protected methionine or choline during the transition period influences whole-blood immune response in periparturient dairy cows[J]. Journal of Dairy Science, 100: 3958-3968.

Van Duinkerken G, Blok M C, Bannink A, et al. 2011. Update of the Dutch protein evaluation system for ruminants: the DVE/OEB2010 system[J]. Journal of Agricultural Science, 149: 351-367.

Van Kessel J S, Russell J B. 1996. The effect of amino nitrogen on the energetics of ruminal bacteria and its impact on energy spilling[J]. Journal of Dairy Science, 79: 1237-2448.

Vanhatalo A, Huhtanen P, Toivonen V, et al. 1999. Response of dairy cows fed grass silage diets to abomasal infusions of histidine alone or in combinations with methionine and lysine[J]. Journal of Dairy Science, 82(12): 2674-2685.

Vicini J L, Clark J H, Hurley W L, et al. 1988. Effects of abomasal or intravenous administration of arginine on milk production, milk composition, and concentrations of somatotropin and insulin in plasma of dairy cows[J]. Journal of Dairy Science, 71(3): 658-665.

Wallace R J. 1996. Ruminal microbial metabolism of peptides and amino acids[J]. Journal of Nutrition, 126: 1326S-1334S.

Wang C, Liu H Y, Wang Y M, et al. 2010. Effects of dietary supplementation of methionine and lysine on milk production and nitrogen utilization in dairy cows[J]. Journal of Dairy Science, 93: 3661-3670.

Wang M, Xu B, Wang H, et al. 2014. Effects of arginine concentration on the *in vitro* expression of casein and mTOR pathway related genes in mammary epithelial cells from dairy cattle[J]. PLoS One, 2014(9): e95985.

Williams A P. 1994. Amino acid requirements of the veal calf and beef steer[M]. *In*: D'Mello JPF. Amino Acids in Farm Animal Nutrition. Wallingford, Oxon (UK): CAB International: 329-349.

Wullschleger S, Loewith R, Hall M N. 2006. TOR signaling in growth and metabolism[J]. Cell, 124(3):

471-484.

Yang C M, Russell J B. 1992. Resistance of proline-containing peptides to ruminal degradation *in vitro*[J]. Applied and Environmental Microbiology, 58: 3954-3958.

Yang W Z, Beauchemin K A, Koenig K M, et al. 1997. Comparison of hull-less barley, or corn for lactating cows: effects on extent of digestion and milk production[J]. Journal of Dairy Science, 80: 2475-2486.

Zhou Z, Bulgari O, Vailati-Riboni M, et al. 2016a. Rumen-protected methionine compared with rumen-protected choline improves immunometabolic status in dairy cows during the peripartal period[J]. Journal of Dairy Science, 99(11): 8956-8969.

Zhou Z, Vailati-Riboni M, Trevisi E, et al. 2016b. Better postpartal performance in dairy cows supplemented with rumen-protected methionine compared with choline during the peripartal period[J]. Journal Dairy Science, 99: 8716-8732.

第四章　奶牛的碳水化合物代谢与营养需要

淀粉、纤维等碳水化合物在瘤胃微生物的作用下生成乙酸、丙酸、丁酸等短链挥发性脂肪酸（VFA），这些 VFA 是奶牛主要的能量来源，可以满足能量总需要的 70%～80%，因此日粮中碳水化合物在奶牛营养中起着非常重要的作用。但是，由于瘤胃微生物对碳水化合物的降解，一方面，产生的 VFA 能够给奶牛提供能量，同时可降低瘤胃 pH，过量时引起瘤胃代谢紊乱；另一方面，瘤胃中未降解的过瘤胃淀粉到达小肠可分解为葡萄糖，但所产生的葡萄糖通常不能满足奶牛生产的需要。因此，必须控制日粮中结构性和非结构性碳水化合物的比例和含量。对于奶牛来说，糖异生作用极其重要，葡萄糖前体物的供应量和乳腺合成葡萄糖的效率是影响奶牛产奶量的限制性因素。生产中，奶牛泌乳量和乳脂率的提高，泌乳初期酮病和脂肪肝的预防等都取决于饲喂日粮中碳水化合物的含量和类型。

本章首先探讨了饲料碳水化合物的定义、组成和评价方法，然后讨论了奶牛瘤胃微生物对碳水化合物的消化和利用、影响碳水化合物消化的因素，进一步分析了小肠和大肠对碳水化合物的消化作用、葡萄糖代谢利用，以及碳水化合物的需要量等方面，为奶牛日粮管理提供理论支撑。

第一节　奶牛饲料碳水化合物营养与评价

一、碳水化合物营养概述

（一）碳水化合物的定义与分类

碳水化合物是多羟基的醛、酮及其多聚物和某些衍生物的总称，主要由碳、氢和氧三种元素组成。由于所含的氢氧比例通常为 2∶1，与水分子中的比例一样，故称为碳水化合物。长期以来，人们将碳水化合物用通式 $C_m(H_2O)_n$ 来表示。但后来发现有些化合物（如甲酸、乙酸、乳酸等）虽然其组成符合该通式，但结构及特性与碳水化合物完全不同；而另一些化合物，如鼠李糖、脱氧核糖等，虽然其组成不符合 $C_m(H_2O)_n$ 通式，然而其化学构造和性质却属于碳水化合物。因此很多学者认为碳水化合物这个名词并不确切，建议称为糖类化合物，但因碳水化合物名称使用已久，迄今仍在沿用。

饲料中的碳水化合物可以通过不同的方法进行划分。从化学组成的角度，通常将碳水化合物分为单糖、寡糖和多糖（表 4-1）。

1. 单糖

单糖是碳水化合物的基本单位，依据其所含的化学功能基团，可分为醛糖和酮糖两类，以含 4～6 个碳原子的单糖最为普遍。常见的醛糖有阿拉伯糖、木糖、葡萄糖、甘露糖、半乳糖。葡萄糖可以游离的形式存在，也是蔗糖和乳糖的组成成分和多糖的糖苷。半乳糖是乳糖等寡糖的组成成分。果糖是一种常见的酮糖，是葡萄糖的同分异构体，也是蔗糖和果聚糖的组分。

表 4-1 碳水化合物的组成及分类

1. 单糖
    丙糖：甘油醛、二羟丙酮
    丁糖：赤鲜糖、苏阿糖等
    戊糖：核糖、核酮糖、木糖、木酮糖、阿拉伯糖等
    己糖：葡萄糖、果糖、半乳糖、甘露糖等
    庚糖：景天庚酮糖、葡萄庚酮糖、半乳庚酮糖等
    衍生糖：脱氧（脱氧核糖、岩藻糖、鼠李糖），氨基（葡萄糖胺、半乳糖胺），糖醇（甘露糖醇、木糖醇、肌糖醇等），糖醛酸（葡萄糖醛酸、半乳糖醛酸），糖苷（葡糖苷、果糖苷）
2. 寡糖（2～10 个糖单位）
    二糖：蔗糖（葡萄糖+果糖）
        乳糖（半乳糖+葡萄糖）
        麦芽糖（葡萄糖+葡萄糖）
        纤维二糖（葡萄糖+葡萄糖）
        龙胆二糖（葡萄糖+葡萄糖）
        蜜二糖（半乳糖+葡萄糖）
    三糖：棉籽糖（半乳糖+葡萄糖+果糖）
        松三糖（2 葡萄糖+果糖）
        龙胆三糖（2 葡萄糖+果糖）
        洋槐三糖（2 鼠李糖+半乳糖）
    四糖：水苏糖（2 半乳糖+葡萄糖+果糖）
    五糖：毛蕊草糖（3 半乳糖+葡萄糖+果糖）
    六糖：乳六糖
3. 多糖（10 个糖单位以上）
    同质多糖（由同一糖单位组成）
    糖原（葡萄糖聚合物）
    淀粉（葡萄糖聚合物）
    纤维素（葡萄糖聚合物）
    木聚糖（木糖聚合物）
    半乳聚糖（半乳糖聚合物）
    甘露聚糖（甘露糖聚合物）
    杂多糖（由不同单位组成）
    半纤维素（葡萄糖、果糖、甘露糖、半乳糖、阿拉伯糖、木糖、鼠李糖、糖醛酸）
    阿拉伯树胶（半乳糖、葡萄糖、鼠李糖、阿拉伯糖）
    菊糖（葡萄糖、果糖）
    果胶（半乳糖醛酸的聚合物）
    黏多糖（N-乙酰氨基糖、糖醛酸为单位的聚合物）
    透明质酸（葡萄糖醛酸、N-乙酰氨基糖为单位的聚合物）
4. 其他化合物
    几丁质（N-乙酰氨基糖、$CaCO_3$ 的聚合物）
    硫酸软骨素（葡糖醛酸、N-乙酰氨基半乳糖硫酸脂的聚合物）
    糖蛋白质
    糖脂
    木质素（苯丙烷衍生物的聚合物）

资料来源：王之盛和李胜利，2016

2. 寡糖

寡糖又称为低聚糖，是通过糖苷键将 2～10 个分子的单糖连接起来而形成的，如二糖、三糖、六糖等。常见的二糖有蔗糖、乳糖和麦芽糖等。蔗糖由 1 分子葡萄糖和 1 分子果糖脱水形成，是存在于糖蜜、甜菜渣和柑橘渣等副产品中的主要糖类。

3. 多糖

多糖是由 10 个以上单糖分子或单糖衍生物通过糖苷键连接而成的大分子聚合物，是一类分子结构复杂、庞大的糖类物质。营养实践中，多糖又可分为非结构性多糖（non-structural polysaccharide）和结构性多糖（structural polysaccharide），是植物组织的主要成分，占植物体干物质的 50%~75%。

（1）非结构性多糖。非结构性多糖主要包括淀粉和糖原。淀粉是由葡萄糖分子聚合而成，是植物细胞中碳水化合物最普遍的储藏形式，广泛存在于各类植物的种子和块茎等部位。在玉米、小麦等谷物中的含量高达 70%，在块根类饲料干物质中的含量约为30%。淀粉又可以分为直链淀粉和支链淀粉两类。直链淀粉没有支链，由 250~300 个葡萄糖单元通过 α-1,4-糖苷键连接而成。支链淀粉中的葡萄糖分子以 α-1,4-糖苷键相连形成一直链，此直链上又通过 α-1,6-糖苷键形成侧链，侧链上还可形成其他的分支侧链，最终形成高支化聚合物。

糖原的结构与支链淀粉类似，是动物和细菌细胞内储存的多糖，在动物体内主要存储在肝和肌肉中。糖原在体内酶促作用下的合成和分解可维持血糖平衡，对动物健康至关重要。

（2）结构性多糖。结构性多糖主要包括纤维素、半纤维素、木质素和果胶，是构成植物细胞壁的主要成分。

1）纤维素（cellulose）。纤维素是植物细胞壁的主要成分，是由 β-1,4-糖苷键连接的葡萄糖单位组成的直链分子。纤维素虽同淀粉和糖原一样由葡萄糖构成，但其葡萄糖分子间的连接方式有所不同，在植物中，纤维素分子呈平行紧密排列，其间存在很多羟基，分子之间和分子内部存在大量结合力很强的氢键，纤维素链有序结合成致密的聚合物，纤维素分子依靠这些氢链相互连接形成牢固的纤维素胶束，胶束再定向排列成网状结构，像一条长的扁丝带使纤维素分子变得硬而直。这种结构使纤维素保持比较稳定的理化性质。

2）半纤维素（hemicellulose）。半纤维素对细胞壁的弹性和可塑性起主要作用，是植物细胞壁的主要构成成分之一，半纤维素大量地存在于植物的木质化部分，是高等植物细胞壁中非纤维素也非果胶类物质的多糖。它较集中于植物的初级和次级细胞壁中，与木质素、纤维素镶嵌在一起。其化学组成很复杂，既不是纤维素，也不是纤维素衍生物，而是与纤维素类似而较易溶解及分解的高分子糖的统称。它的化学性质不如纤维素稳定，耐受酸碱的能力较纤维素差，可溶于稀碱。

3）果胶（pectin）。果胶主要存在于植物的中间层，含量从植物初级细胞壁到次级细胞壁逐渐减少，作为细胞间和细胞壁其他成分间的黏合剂，在细胞壁组成中也含有一些。

4）木质素（lignin）。严格来讲，木质素并非碳水化合物，但常与半纤维素或纤维素伴随存在，共同作为植物细胞壁的结构物质。天然存在的木质素大多与碳水化合物紧密结合在一起，很难将之分离开来，通常与碳水化合物一起进行讨论。

（二）碳水化合物的营养生理功能

在过去的 100 年里，对碳水化合物的定性、消化和吸收等研究在学术界发生了重大的变化（Hall and Mertens，2017）。1956 年以前，奶牛营养领域关于各种养分的研究还集中在各类养分的化学性质上，而关于它们对奶牛的生化特性、生理学及病理学效应的研究还非常少（Reid et al.，1956）。而在 NRC（2001）中用整个章节来专门描述，碳水化合物在反刍动物日粮干物质中的比例通常达到 60%～70%，主要来源于粗饲料和能量类精饲料，在粗饲料中主要以半纤维素和纤维素的形式存在，淀粉含量通常比较低，如各种干草和农作物秸秆等；在精饲料中通常以淀粉的形式存在，纤维含量往往比较低，如玉米、小麦等谷物饲料。碳水化合物在机体内的生理功能与其种类和在机体内的存在形式有关。

1. 供能储能作用

碳水化合物与蛋白质和脂肪同为生物界三大基础物质，是细胞结构的主要成分和供能物质。淀粉和中性洗涤纤维（NDF）是瘤胃 VFA 的主要底物。而 VFA 可提供反刍动物所需的 70%～80% 的能量。由日粮中碳水化合物转化成的葡萄糖不仅可用于直接氧化供能，还可在机体能量供应充足时转化为糖原和体脂存储起来。典型的泌乳牛日粮通常含 22%～30% 的淀粉（Linn，2016）。泌乳早期应供应高淀粉日粮，随泌乳日龄增加可逐步降低日粮淀粉含量，泌乳中后期可饲喂低淀粉（17.5%～21.0%）日粮（Janovick and Drackley，2010）。

2. 维持动物健康日粮中适宜的纤维水平

淀粉在瘤胃内的降解速度远高于 NDF，当其比例过高时会导致瘤胃内积累大量的 VFA 和乳酸，打破有机酸产生和吸收的动态平衡，使瘤胃 pH 降低。当瘤胃 pH 持续 3h 以上低于 5.8 时，出现亚临床或亚急性瘤胃酸中毒（subacute rumen acidosis，SARA）；低于 5.5 时，出现临床瘤胃酸中毒。瘤胃酸中毒会使纤维消化率降低、采食量下降，引发蹄病和乳房炎，严重时还可导致动物死亡。充足的结构性碳水化合物可有效防止瘤胃酸中毒，因为日粮本身就是一种缓冲剂，粗饲料的酸碱缓冲能力比籽实类饲料高 2～4 倍。此外，日粮纤维可通过刺激咀嚼和反刍来促进牛的唾液分泌量的增加，可间接提高瘤胃的缓冲能力。

3. 间接供应蛋白质

瘤胃微生物是宿主蛋白质的主要来源（约 80%），而瘤胃微生物蛋白质的合成需要在氮源和可发酵碳水化合物比例适当、数量充足的情况下才能顺利进行。瘤胃微生物通常被划分为发酵非结构性碳水化合物和发酵结构性碳水化合物的微生物，在有合适氮源时，两类微生物的生长速度和分解产物直接受碳水化合物的组成和含量制约。调控日粮纤维的类型及含量，会影响微生物蛋白质的合成和奶牛的生产性能。

4. 参与机体的构成和调控

机体代谢的很多糖类物质还具有特殊的生理功能，如肝素具有抗凝血作用，核糖和脱氧核糖是核酸的重要组分。糖蛋白是指由碳链比较短，一般是分支的寡糖链与多肽共价相连所构成的复合糖。动物体内种类繁多的糖蛋白在机体物质运输、生物催化、血液凝固、激素发挥活性、润滑保护、结构支持和卵子受精等方面发挥着不可替代的作用。糖脂是神经细胞的组成成分，对传导突轴刺激冲动起着重要作用。糖苷是指具有环状结构的醛糖或酮糖的半缩醛羟基上的氢被烷基或芳香基团所取代的缩醛衍生物。研究表明动物体内代谢产生的许多糖苷具有解毒作用。哺乳动物、鱼类及一些两栖类动物的许多毒素、药物或废物包括固醇类激素的降解产物可能是通过与 D-葡糖醛酸形成葡糖苷酸而排出体外的。

二、碳水化合物营养价值的评定方法

从历史的角度来看，动物营养学研究的快速进步和新饲养标准的建立往往得益于新分析技术的发明和应用。随着分析方法的不断进步，关于养分生物学功能的研究也快速涌现。

（一）化学成分分析

1. 概略养分分析法

长期以来，德国 Weende 试验站的 Hunneberg 和 Stohman 两位科学家在 1860 年所创立的概率养分分析法（Weende 饲料分析体系）一直被全世界的科研人员作为饲料营养价值评定的基础技术（Van Soest，1964）。在该体系中，饲料中的碳水化合物被划分为粗纤维和无氮浸出物两大类。粗纤维由纤维素、部分半纤维素和大量木质素组成，由于部分半纤维素和少量纤维素、木质素溶于分析粗纤维的酸、碱溶液中，通常被计算到无氮浸出物中。因此，以粗纤维和无氮浸出物的含量为依据无法反映出饲料碳水化合物能被动物利用的真实情况，尤其是粗饲料。

2. Van Soest 洗涤纤维测定方法

Van Soest（1964）提出了"洗涤纤维分析体系"，在 Weende 饲料分析体系的基础上对粗纤维和无氮浸出物指标进行修正。该体系可以获得植物性饲料中所含的半纤维素、纤维素、木质素及酸不溶灰分的含量，弥补了传统的概略养分分析法的不足，这在纤维的分析测定中是一项非常重要的突破，且该体系是 CNCPS 体系细化和测定碳水化合物各组分的基础。目前，中性洗涤纤维和酸性洗涤纤维这两个指标已广泛应用于反刍动物营养研究和生产。

（1）中性洗涤纤维。Van Soest（1964）建议将饲料中干物质分为两部分，一部分是能用"中性洗涤剂"溶解的物质（NDS），其中包括脂肪、蛋白质和可溶性糖类中的单糖、寡糖、淀粉及水溶性矿物质和维生素等；另一部分是不溶于中性洗涤剂的纤维性的植物细胞壁成分，称为中性洗涤纤维（NDF），包括半纤维素、纤维素、木质素、硅酸盐及其含有的微量含氮化合物等（图 4-1）。

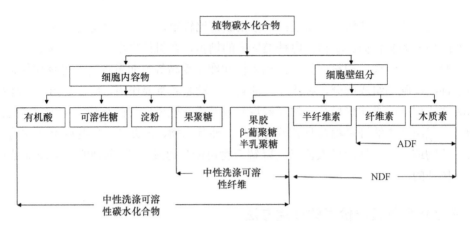

图 4-1 Van Soest 洗涤纤维体系对碳水化合物组分的划分

（2）酸性洗涤纤维与酸性洗涤木质素。饲料经酸性洗涤剂处理后，其可溶部分称为酸性洗涤可溶物（ADS），其中包括中性洗涤溶解物和半纤维素；不溶解部分称为酸性洗涤纤维（ADF），包括纤维素、木质素（ADL）及残余的矿物质（主要为二氧化硅）。饲料中半纤维素含量为中性洗涤纤维和酸性洗涤纤维的差值。用 72%的硫酸对 ADF 进行消化，纤维素被分解，不溶解的残渣为木质素及矿物质，将残渣灼烧灰化后即得到木质素含量，称为酸性洗涤木质素（ADL）。

3. 康奈尔净碳水化合物-净蛋白质体系

康奈尔净碳水化合物-净蛋白质体系（Cornell net carbohydrate and protein system，CNCPS）由美国康奈尔大学于 1992～1993 年提出。该体系将碳水化合物分为非结构性碳水化合物（NSC）和结构性碳水化合物（SC）两大部分，在此基础上依据饲料中碳水化合物在瘤胃内的降解率等因素将它们分为 4 个部分（CA 主要是糖类，在瘤胃中快速降解的部分；CB1 是淀粉和果胶，在瘤胃中中速降解的部分；CB2 为可利用的细胞壁成分，在瘤胃中缓慢降解的部分；CC 是不可利用的细胞壁）。该体系是对 Weende 饲料分析体系和 Van Soest 洗涤纤维体系的继承和发展，但因该体系对饲料组分划分的精细化程度很高，测定及计算过程烦琐，且需要瘤胃降解速率（K_d）和食糜流通速度（K_p）等参数，限制了其在实际生产中的应用和推广。

4. NRC 体系

NRC（2001）采用粗蛋白、ADIP、NDIP、粗脂肪、NDF、ADF、木质素和粗灰分来评定饲料的营养成分。该体系将碳水化合物分为非纤维性碳水化合物（NFC）和纤维性碳水化合物（FC）。NFC 和 CNCPS 体系中的 NSC 并不相等，其差别主要是由饲料中的果胶和有机酸引起的，因而两种术语不能混用。通过该体系还可估测出真可消化 NFC（truly digestible non-fiber carbohydrate，tdNFC）、真可消化粗蛋白（truly digestible crude protein，tdCP）、真可消化中性洗涤纤维（truly digestible neutral detergent fiber，tdNDF）和真可消化脂肪酸（truly digestible fatty acids，tdFA），进而估测出各饲料的维持水平总可消化养分（TDNm）、生产水平消化能（digestible energy at production level，DEP）、生产水平代谢能（metabolizable energy at production level，MEP）及生产水平泌乳净能（net energy for lactation at production level，NELP）。

5. 红外光谱

作为一种快速无损的检测方法，红外光谱技术在饲料营养价值评定中的应用越来越普遍。饲料养分含量及营养价值评定中常用的红外波段为近红外（NIR；波长为 750～2500nm）和中红外（MIR；波长为 2500～25 000nm）。MIR 检测的是分子的基频振动特征，而 NIR 主要记录分子的倍频和合频振动信息。在常规养分检测上，NIR 光谱应用得更为普遍，而在饲料分子结构及生物利用性的研究上，MIR 光谱更具有优势。

（1）NIR 技术。兴起于 20 世纪 70 年代，饲料中的粗蛋白、纤维、脂肪等成分中的含氢基团（如 OH、CH、NH、SH 等）在近红外区具有特定的合频和倍频吸收峰，采集建模样本的光谱及化学成分信息后，可通过多元线性回归（MLR）、逐步回归（SMR）、主成分回归（PCR）等化学计量学算法建立饲料中待测成分含量与光谱信息之间的线性或非线性模型，这为通过 NIR 技术对饲料原料进行定性、定量分析提供了依据（Shi and Yu，2018）。近红外技术在饲料分析领域的应用越来越广泛，不仅可用于分析饲料中的常规养分含量，还可以用于预测饲料中的氨基酸、维生素和药物残留等微量组分，一些学者还探索了利用近红外技术估测饲料有效能。国内外学者针对 NIR 技术在粗饲料营养价值评定中的应用已开展了一些工作。我国一些学者研究了 NIR 技术预测牧草中 CNCPS 组分的可行性，发现利用 NIR 技术可以较为准确地预测牧草中一部分蛋白质（粗蛋白和结合粗蛋白）与碳水化合物（NDF、ADF、总碳水化合物、非结构性碳水化合物和可溶性糖）组分的含量（杜雪燕等，2015）。

（2）MIR 技术。在饲料蛋白质及碳水化合物内在结构解析方面已经得到了较为广泛的应用。例如，通过采集饲料原料的 MIR 光谱，结合化学计量学技术，可以深入揭示饲料种类或加工处理对饲料蛋白质二级结构（α螺旋和β折叠等）及其瘤胃降解特性、小肠消化特性的影响，为客观分析饲料蛋白质的品质提供重要依据（Shi and Yu，2018）。

然而，红外技术在我国粗饲料营养价值评定上的应用依然十分有限，至今还没有建立能反映中国粗饲料实际情况的、较为全面的定标模型数据库。作为一种间接测定技术，红外光谱技术的应用必须以回归模型的建立为前提。我国粗饲料资源种类繁多，影响粗饲料营养价值的因素也非常多（如水肥条件、气候条件、品种、种植管理、加工方式等），这些因素给建立有效的化学计量学模型带来很大的挑战。

（二）有效性及利用率评价

化学分析法仅得到饲料的营养物质含量，并不能反映出营养物质的可利用性。日粮 NDF 消化率变异范围比较大，且日粮粗饲料 NDF 消化率与整个日粮的消化率间的相关性并不强。

1. 纤维有效性评价

NDF 含量反映的仅是纤维的化学组成，无法用来评估饲料纤维的有效性。饲料种类和粉碎粒度会影响 NDF 对反刍动物的作用。不同来源、不同颗粒度的 NDF 对刺激动物反刍和咀嚼的效果也不同。使用有效中性洗涤纤维（eNDF）和物理有效中性洗涤纤维（physically effective fiber，peNDF）的概念能够更科学地评价日粮纤维的有效性。eNDF 定义为能有效保持乳脂率稳定和动物健康的那部分纤维，有效纤维的含量是根据乳脂率的变化而调整的。peNDF 与饲料物理特性（主要是指粒度）有关，主要影响咀嚼行为和瘤胃内容物两相分层的性质。

（1）eNDF 日粮。eNDF 的含量是根据乳脂率的变化来调整的。eNDF 用于维持乳脂产生的有效性可从小于 0（当饲料对乳脂合成的不利作用大于其 NDF 刺激咀嚼活动的正效应时，如糖蜜、纯化淀粉）到大于 1（当饲料对乳脂合成的促进作用比刺激咀嚼活动作用更明显时，如秸秆类饲料）。尽管测定纤维有效性的基础是 NDF 含量，但是 NDF 有效值小于 0 或大于 1 表明，饲料中其他影响乳脂产量的因素都可能会影响 eNDF 值。因此，饲料 eNDF 含量可能会高于或低于其 NDF 含量。

（2）peNDF。peNDF 含量与动物咀嚼活动密切相关。饲料刺激动物咀嚼活动的能力可用物理有效因子（physical effectiveness factor，pef）表示，pef 的范围从 0（NDF 不能刺激动物的咀嚼活动）到 1（NDF 能刺激动物的最大咀嚼活动）。peNDF=pef×NDF。因此，饲料 peNDF 含量总是小于其 NDF 含量。当日粮纤维主要来源于粒度较大的粗饲料时，日粮中 NDF 的总含量可以适当降低，当以轧切过短的粗饲料或非粗饲料（如麦麸、米糠）为主要纤维来源时，应提高日粮中 NDF 的比例。

饲料的 pef 值可通过回归分析法和宾州筛法（Penn State particle separator，PSPS）获得。目前，宾州筛法被推荐为评价全混合日粮（total mixed rations，TMR）有效纤维含量的最佳方法。此类方法可以理解为，某种饲料的 pef 值等于经水平振动后保留在 4.4mm 筛孔上的干物质占总干物质的比例。宾州筛（PSPS）共分为 4 层，其中 3 层筛网的孔径分别是 19mm、8mm 和 4.4mm，最下面是一个底盘。测定饲料或全混合日粮的 pef 值时，取约 1.6L 样品置于最上层筛（孔径 19mm），筛子在每个方向水平振动 5 次，然后每个方向依次重复振动 1 次，共 40 次，推荐的振动频率为 1Hz、水平振动距离约 17cm，且振动过程中不能垂直振动。振动结束后，称量每层筛上物，求出筛上干物质占总干物质的比例，该饲料或 TMR 的 pef 值就等于每层筛上物干物质含量之和。

一般情况下，玉米青贮为单一粗饲料时，保留在 19mm 筛上物比例至少为 8%，保留在 8mm 筛上物比例为 45%～60%，4.4mm 筛上物为 30%～40%，托盘上的则不超过 5%。高产奶牛 TMR 保留在 19mm 筛上物比例至少为 2%～8%，8mm 和 4.4mm 筛上物比例分别为 30%～50%，掉落至托盘上的则为 30%～40%。采用此种计算方法，通过模拟奶牛对日粮物理和化学特性的多种生理反应，发现日粮中 peNDF 含量是刺激咀嚼活动、维持最佳瘤胃液 pH 和促进纤维消化的关键因素。就 peNDF 需要量的最优化而言，在高产奶牛保持相对高的干物质进食量（22.3～22.7kg/d）的情况下，模拟数据表明，饲喂 17%～18.5% peNDF 可有利于维持瘤胃液 pH。

增加日粮 peNDF 的含量可有效增加动物的咀嚼活动，降低瘤胃酸度，维持瘤胃的正常功能，促进反刍动物生产性能的正常发挥和改善机体的健康状况。研究表明，粗饲料粒度至少要达到 6.5mm 方可维持反刍行为的正常进行并使瘤胃的 pH 处于正常范围内（Allen，1997）。对大部分奶牛日粮而言，有效纤维（长度>6.5mm）占整个日粮干物质的比例至少要达到 20%。

2. 瘤胃降解率

饲料的瘤胃降解率可通过体内法（*in vivo*）、半体内法（*in situ*）和体外法（*in vitro*）进行测定。

（1）体内法。体内法又称为活体法，是指通过动物饲养试验，计算动物摄入的饲料养分与真胃或十二指肠流出的食糜中未降解饲料养分之间的差值确定饲料养分瘤胃降解率的方法。该法需要在动物消化道的不同部位安装瘘管，结合营养物质的天然标记物或放射性同位素标记物，从皱胃或十二指肠收集食糜样品进行分析。体内法最接近动物的生理条件，所取得的瘤胃降解率结果比较真实可靠，通常作为验证半体内法和体外法测定结果的参考标准。但该法技术复杂，试验周期长，成本高，不适于大批量样品的测定。

（2）半体内法。半体内法又称为尼龙袋法，是反刍动物营养研究中最常用的技术之一。将待测饲料粉碎为特定的粒度，装入特制的尼龙袋中，密封后通过瘤胃瘘管置入反刍动物瘤胃中进行培养。培养方法可采用"集体投入，分时间点取出"或者"分时间点投入，集体取出"两种方法。与精饲料相比，粗饲料需要设定更长的培养时间。培养后，通过测定降解残渣中营养物质的含量，即可算出待测养分在不同时间点的降解率及瘤胃有效降解率。与体内法相比，该法操作相对简单，能够较为真实地模拟饲料在瘤胃内的降解过程，但该法依然受多种因素的制约，如需要购买并饲养特定的瘘管动物（至少 3 头），且测定结果会受到动物个体、操作人员技术水平、样品粉碎粒度等因素的影响。

（3）体外法。体外法是指将饲料置于特定培养液中，通过控制培养条件，模拟饲料在瘤胃中降解过程的测定方法。根据所使用的培养液，还可分为瘤胃液法和酶解法。其中瘤胃液法是目前应用比较广泛的方法。体外法比体内法和半体内法操作更便捷，试验过程易于标准化，重复性好且适于大批量饲料样本的测定。但体外法的试验环境与动物消化道内实际生理状况依然有较大的区别，其测定结果的准确性和可靠性会受到很多因素的制约。通过试验对比半体内法和体外法在评定反刍动物饲料营养价值上的差异，结果显示半体内法能较为直观地说明各种饲料的营养价值，但在评定那些含有大量可溶部分的饲料时，会高估其瘤胃有效降解率。体外产气法虽能较为全面地反映出饲料各组分的降解情况，但不能直观地比较不同类型饲料的营养价值（谢春元等，2007）。

3. 综合评价指数法

为了更科学地评定粗饲料的品质，国内外研究人员提出了粗饲料综合评价指数的概念，其中应用比较广泛的有饲料相对价值（relative feed value，RFV）和粗饲料分级指数（grading index，GI）等。

RFV 是由美国干草市场特别工作组提出的，目前在美国粗饲料评价领域广泛使用，它根据 NDF 和 ADF 体系制定干草等级的划分标准，其定义为，相对于特定标准的粗饲料（将盛花期苜蓿 RFV 值定为 100），某种粗饲料可消化干物质的采食量，其计算方法为

$$RFV=DMI×DDM/1.29$$

式中，DMI 为粗饲料干物质随意采食量（% BW），DMI(% BW)=120/NDF(% DM)；DDM 为可消化干物质（% DM），DDM(% DM)=88.9–0.779ADF(% DM)；1.29 为基于大量动物试验数据所预测的盛花期苜蓿 DDM 采食量（% BW）。

RFV 值越大，表明粗饲料的营养价值越高。RFV 法的优点是其简单实用，只需根据待测粗饲料的 NDF、ADF 的含量即可算出其 RFV 值，其缺点是仅对粗饲料进行了简单分级，未考虑到粗饲料中 CP 含量的影响。

根据我国粗饲料利用现状，在吸收 RFV 等粗饲料综合评定指数优点的基础上提出的全新的饲料综合评价指数（红敏等，2011），后改进为 GI_{2008}，其计算公式为

$$GI_{2008}(MJ/d)=NE_L×DMI×DCP/[(1–pef)×NDF]$$

式中，NE_L 为产奶净能（MJ/kg）；DMI 为干物质随意采食量（kg/d）；DCP 为可消化粗蛋白含量（% DM）；pef 为物理有效因子；NDF 为中性洗涤纤维含量（% DM）。

与 RFV 相比，GI_{2008} 可将能量与蛋白质指标统一考虑进来，而且以可消化粗蛋白（DCP）作为蛋白质指标，还将粗饲料中物理有效中性洗涤纤维（peNDF）和难以消化利用的酸性洗涤木质素考虑进来，是较为符合反刍动物营养利用规律的综合评价指数，表 4-2 中列出了 4 种粗饲料 RFV、GI_{2001} 和 GI_{2008} 的相对值（将苜蓿干草定为 100），可以看出，3 个评价指数对 4 种粗饲料品质的划分次序虽然一致，但是 RFV 没有将豆科牧草、禾本科牧草及秸秆类牧草的品质明显地划分开来。

表 4-2　几种常用粗饲料的 RFV、GI_{2001}、GI_{2008} 相对值比较

项目	苜蓿干草	玉米青贮	羊草	玉米秸秆
饲料相对价值 RFV	109.20	100.12	91.55	69.93
粗饲料分级指数 2001 GI_{2001}	32.11	19.70	9.39	3.98
粗饲料分级指数 2008 GI_{2008}	145.50	108.44	20.10	12.09

资料来源：红敏等，2011

此外，国内外一些研究人员已经将综合评价指数和 NIR 技术结合起来，促进了综合评价指数在生产中的应用。通过比较青贮玉米的 RFV 和 GI 的 NIR 定标模型和真实结果发现，模型的校正结果准确率为 94.22%，交叉验证准确率为 92.14%，外部验证准确率为 92.35%；用该模型获得的 GI 分级与青贮玉米真实分级结果相比，校正结果准确率为 97.31%，交叉验证准确率为 95.19%，外部验证准确率为 93.62%，该研究结果显示 NIR 技术对青贮玉米的 RFV 和 GI 的定量与定性分析具有较高的准确率（穆怀彬，2008）。

三、影响奶牛碳水化合物利用的因素

在各种营养素中，碳水化合物的消化率变动范围是最大的，其中可溶性糖类几乎可

以完全消化，而不可消化纤维的消化率则接近零。

（一）饲料来源

1. 饲料种类和品种

饲料种类、品种不同，所含的碳水化合物种类和含量也不同。以非纤维性碳水化合物（non-fiber carbohydrate，NFC）为例，豆科作物和牧草所含的 NFC 主要是果胶、可溶性纤维和有机酸，而玉米中的 NFC 绝大部分是淀粉。生产中通常以总可发酵碳水化合物含量来衡量日粮中瘤胃可消化 NDF 和 NFC 含量，因而 NFC 的组成非常重要。除果胶以外，其他的 NFC 成分主要在瘤胃中发酵产生丙酸和乳酸，对瘤胃的 pH 影响比乙酸更大。试验表明，谷物来源会直接影响奶牛日粮的表观消化率（Nasrollahi et al.，2012）和瘤胃发酵参数（Guo et al.，2013a）。表 4-3 研究表明，适当比例的粉碎小麦可用于奶牛日粮，粗粉小麦替代玉米的比例以不超过日粮 DM 的 19.2% 为宜；高比例的小麦应用于奶牛日粮时能造成瘤胃 pH 降低而增加患亚急性瘤胃酸中毒（SARA）的风险，进一步引起瘤胃发酵产物、乳脂率、乳脂组成、营养消化和血液代谢等发生改变（Guo et al.，2013a，2013b，2013c）。因此，配制奶牛日粮时应考虑淀粉类饲料原料的种类和来源。

表 4-3　谷物来源对淀粉消化特性的影响

种类	淀粉进食量（kg/d）	消化率（%）		
		瘤胃	肠道	全消化道
玉米	2.06±1.08	76.2±7.9	16.2±6.7	92.2±3.0
高粱	4.81±1.49	59.8±12.0	26.1±11.4	87.2±5.4
大麦	4.09±1.74	80.7±3.9	13.7±3.8	94.3±2.9
小麦	2.94	88.3	9.9	98.2
燕麦	1.53	92.7	5.6	98.3

资料来源：Huntington，1997

2. 自然条件与田间管理

气候、土壤、播种时间、种植密度和水肥供应对植物的化学成分和可消化性也有很大的影响。在温度较高的环境中生长的玉米秸秆消化率会降低，在水肥供应充足的情况下热带地区玉米秸秆的消化率通常低于温带地区玉米秸秆的消化率（Singh and Schiere，1995）。寒冷气候下生长的植物粗纤维含量多而 CP 含量少，干旱地生产的玉米秸秆 CP 含量高而粗纤维含量低，秸秆 CP 含量比灌溉地生长的玉米秸秆高 2.8%。

3. 不同形态部位的影响

植物不同形态部位的化学成分及消化率也不同。玉米秸秆不同部位的碳水化合物含量及瘤胃降解特性不同。苞叶的 NDF 含量和半纤维素含量最高，而茎皮的 ADF 和纤维素含量最高。苞叶的 NDF 瘤胃有效降解率显著高于茎皮（丁雪，2016）。结合 CNCPS 体系和瘤胃降解参数来看，苞叶、叶片和茎髓的营养价值较高，而茎皮的营养价值最低（表 4-4）。

表 4-4　玉米秸秆不同形态部位的碳水化合物含量及瘤胃降解特性

项目	苞叶	叶片	叶鞘	茎皮	茎髓	全株	SEM	P
NDF（% DM）	89.9[a]	71.4[bc]	82.1[ab]	79.5[ab]	59.7[c]	75.0[b]	3.03	<0.05
ADF（% DM）	45.2[bc]	39.0[bc]	46.9[b]	56.9[a]	35.5	45.8	2.08	<0.05
ADL（% DM）	3.5[c]	4.8[bc]	6.3[b]	11.7[a]	3.1[c]	6.7[b]	0.45	<0.05
淀粉（% DM）	1.5[b]	1.7[ab]	1.4[b]	1.9[ab]	3.4[a]	2.2[ab]	0.39	<0.05
NFC（% DM）	4.5[b]	10.9[b]	7.0[b]	14.2[ab]	28.9[a]	14.3[ab]	3.31	<0.05
NDFD（%）	46.6[a]	40.5[b]	35.9[c]	23.3[d]	42.8[ab]	33.6[c]	0.86	<0.05

注：NDFD. NDF 瘤胃有效降解率。肩标不同字母表示差异显著（$P<0.05$）

资料来源：丁雪，2016

4. 不同收获期的影响

生育期会影响营养物质在植物不同形态部位的含量及分布。收获期会影响饲料原料中碳水化合物的组成及含量。有研究通过 CNCPS 体系分别对乳熟末期、蜡熟初期、蜡熟中期、蜡熟末期及完熟期小麦秸秆营养价值进行评定，发现蜡熟末期小麦碳水化合物含量极显著高于其他各期，乳熟末期样品中非结构性碳水化合物含量极显著高于其他各期，可利用纤维含量极显著低于其他各期（穆会杰等，2014）。收获期和茬次对苜蓿 NDF、ADF 和饲料相对价值（RFV）均有显著影响（表 4-5）（田雨佳，2011）。盛花期苜蓿 NDF 和 ADF 含量最高，RFV 最低。

表 4-5　玉门地区不同收获期对苜蓿常规成分及 RFV 的影响

茬次	物候期	灰分（%）	CP（%）	NDF（%）	ADF（%）	RFV	GE（MJ/kg）
1	现蕾期	13.1	23.3	45.2	32.1	166.6	19.6
	初花期	11.2	22.5	46.1	32.8	162.0	20.4
	开花期	10.8	21.2	47.4	35.4	135.9	18.5
	盛花期	9.1	18.8	49.2	36.5	131.1	18.8
2	现蕾期	12.2	20.4	45.6	31.8	151.3	18.8
	初花期	10.8	19.2	44.9	36.8	144.0	19.5
	开花期	11.1	18.0	45.9	37.1	139.8	18.2
	盛花期	10.4	15.4	53.8	39.2	113.8	17.9

资料来源：田雨佳，2011

5. 贮存方式及时间的影响

不同贮存方式和存贮时间对碳水化合物的利用也有影响。采取合理的存贮方式，并缩短存贮时间可以最大限度地保留干草中非结构性碳水化合物的含量。

露天保存、棚舍保存、青贮和氨化等保存方法会影响玉米秸秆的营养价值，不同保存方式的玉米秸秆 CP、NDF、ADF、水溶性碳水化合物含量差异显著，DM 和 OM 瘤胃降解率差异很大，露天长期保存会显著降低玉米秸秆的营养价值（范华等，2002）。

不同贮存时间对玉米秸秆营养物质损失的影响也较大，将'农大 108'玉米秸秆在棚内保存 1～125 天，结果表明不同时间点 DM、CP 的量差异不显著（$P>0.05$），NDF和 ADF 量随贮存时间延长显著增加（$P<0.05$），玉米秸秆可消化碳水化合物数量下降，可消化有机物量减少，贮存时间改变了秸秆的营养物质含量，主要是秸秆水分损失造成的（赵丽华等，2008）。

（二）加工处理

通过合理的加工和处理可提高饲料碳水化合物的利用率。实践中应用比较广的处理方式主要分为物理方法、化学方法、生物方法和复合处理方法。物理方法主要包括切短、粉碎、浸泡、压块和蒸汽爆破等；化学方法主要包括碱化和氨化等；生物方法主要包括微贮、酶解等；复合处理方法主要包括物理化学联合处理及生物化学联合处理等。

1. 物理方法

（1）粉碎。粉碎通常是饲料原料在饲喂或进行其他加工处理前的预处理，尤其是粗饲料。粉碎便于牛的采食和咀嚼，减少饲料浪费，同时增加瘤胃微生物与饲料的接触面积，有利于微生物对饲料的降解。但是饲料粉碎过细时淀粉等营养物质在瘤胃中降解过快，容易造成瘤胃 pH 下降和波动增加，诱发急性或亚急性瘤胃酸中毒及乳脂率下降（郭勇庆等，2014a）。

（2）蒸汽压片。蒸汽压片的过程主要包括蒸汽调质、辊式压轧和干燥冷却等步骤，主要是针对谷物类饲料的加工。在加工过程中，淀粉在高温作用下溶胀、崩裂形成黏稠均匀的糊状。其本质是淀粉分子间的缔合状态被拆散，从原有的取向排列（晶态）变为混乱状态（非晶态），分子间氢键断裂，呈黏稠糊状，即非结晶性的淀粉。该法可有效提高谷物淀粉糊化度，改变淀粉瘤胃降解特性，提高过瘤胃淀粉小肠消化率，以及淀粉在消化道内的总消化率。半体内试验结果表明，蒸汽压片高粱中淀粉的瘤胃降解率、后段肠道消化率和总消化率分别比干碾压高粱高 14%、25%和 8.9%（Zinn et al.，2008）。蒸汽压片玉米比干粉碎玉米或高粱的泌乳净能通常高 20%左右（Theurer et al.，1999）。蒸汽压片的处理效果受加工时的温度、湿度、压力、时间等因素的影响，评价压片谷物的常用指标主要有压片厚度、淀粉糊化度和容重。研究发现，蒸汽压片处理显著提高了玉米、小麦和稻谷淀粉的糊化度，增加玉米和小麦淀粉瘤胃慢速降解部分的比例，具体的处理效果会受谷物类型的影响（表 4-6）（乔富强，2014）。

表 4-6　蒸汽压片处理对谷物淀粉糊化度及瘤胃降解特性的影响

项目	处理前			处理后			P 值		
	玉米	小麦	稻谷	玉米	小麦	稻谷	谷物种类	处理	互作
淀粉含量	72.5[a]	65.9[b]	63.7[b]	71.9[a]	62.7[b]	65.5[b]	<0.01	0.633	0.355
淀粉糊化度	23.0[e]	35.2[d]	50.9[c]	78.3[b]	90.4[a]	93.1[a]	<0.01	<0.01	<0.01
快速降解部分（%）	36.5[d]	62.6[a]	13.4[f]	26.2[e]	38.1[c]	46.7[b]	<0.01	0.238	<0.01
慢速降解部分（%）	60.0[c]	33.3[f]	80.6[a]	72.8[b]	58.2[d]	51.6[e]	<0.01	<0.01	<0.01
有效降解率（%）	74.6[e]	87.7[b]	84.8[d]	73.7[f]	86.9[c]	89.0[a]	<0.01	<0.01	<0.01

注：肩标不同字母表示差异显著（$P<0.05$）
资料来源：乔富强，2014

（3）蒸汽爆破。蒸汽爆破简称汽爆技术，是指将饱和水蒸气在高温高压环境下渗透进植物组织内部，保持一段时间后突然减压，使蒸汽分子瞬时从植物组织内释放，将蒸汽内能转化为机械能并作用于生物质组织细胞层内，用较少的能量完成爆破过程。蒸汽爆破预处理对纤维素含量影响不显著，半纤维素含量大幅度下降，木质素含量也有所降低，处理后玉米秸秆纤维表面和细胞壁受到不同程度的破坏，表面积增大，空洞增加，有利于纤维酶发挥其水解作用（陈尚钎等，2009）。Chang 等（2012）研究了蒸汽爆破对玉米秸秆纤维养分的影响，结果发现处理后玉米秸秆的纤维素、半纤维素和木质素含量均显著下降。通过研究汽爆处理对 5 种粗饲料微观结构及营养价值的影响发现，汽爆技术打破了纤维致密结构，使玉米芯、稻草、花生壳、谷草和甘蔗梢中的 NDF 分别下降 27.1%、11.5%、19.6%、15.5%和 8.7%，5 种粗饲料的体外干物质降解率（24h 和 48h）显著提高（石磊，2018）。

2. 化学方法

化学处理法是利用酸碱等化学试剂作用于作物秸秆，使秸秆中的木质素、半纤维素和纤维素部分溶解，破坏木质素与半纤维素、纤维素等的紧密联系，以利于瘤胃微生物对纤维素和半纤维素的分解，提高秸秆的营养价值。化学处理法是所有处理方法中研究最多、生产中运用最为广泛的方法（毛华明等，2001），主要有碱化法和氨化法。酸化处理秸秆效果不明显且成本较高，生产中很少应用。

（1）氨化。氨化处理曾经受到了国内外学者的广泛关注。氨化过程可以对秸秆产生碱化、氨化和中和作用，在一定程度上破坏木质素与多糖间的酯键，使秸秆茎秆柔软皱曲，髓腔变形，维管束变形，秸秆茎纵切面和横切面中薄壁组织有较大扭曲、变形和蓬松，便于瘤胃液的渗入及微生物在上面附着和增殖（刘丹等，2004）。但氨化处理对秸秆消化率提高的幅度并不明显，尿素用量达 6%时消化率只能提高 12%，为防止牛的氨中毒，饲喂前必须挥发掉部分氨，加入的氮源约 2/3 都要损失掉（毛华明等，2001）。

（2）碱化。碱化处理可破坏木质素和纤维素之间的酯键，提高低质粗饲料在瘤胃中的降解率。早在 100 多年前，国外已有学者提出 NaOH 湿法处理技术。该技术要求将秸秆在 1.5%NaOH 溶液中加压蒸煮 6~8h，处理后干物质消化率可高达 88%，但耗水量大，干物质损失严重，对环境易造成污染，能耗高，而且需要复杂的设备。后来 Wilson 等（1964）提出 NaOH 干法处理技术。干法处理虽然节省了能耗和水，但 NaOH 价格较高，动物采食处理秸秆后粪便中超量钠离子仍然给环保带来较大压力，动物长期采食后是否会造成体内离子失衡依旧不清楚，因此该法并未在生产中得到广泛应用。

中国农业大学联合国内外科研团队，提出了秸秆厌氧碱贮技术方案。试验结果表明，厌氧存贮可有效防止碱化秸秆发霉变质，并显著提高（$P<0.05$）玉米秸秆 DM、NDF 和 OM 的瘤胃有效降解率及体外产气量（Shi et al.，2016）。动物饲养试验结果显示，用碱贮玉米秸秆搭配干酒糟及其可溶物（DDGS）分别替代泌乳中后期奶牛饲粮中 12.5%的玉米青贮、15%的羊草和 7%的精饲料，可在不影响 4%乳脂校正乳、乳脂、乳蛋白和乳糖产量的前提下显著降低日粮成本（Shi et al.，2015）。

3. 生物方法

近年来，生物技术在饲料加工领域的应用越来越普遍，其在提高饲料碳水化合物营养价值方面也具有较大的应用潜力。

（1）青贮和高水分玉米。青贮饲料是将青绿植物、农副产品、食品残渣及其他植物性原料压实密封，在厌氧条件下经乳酸菌发酵而制得的饲料。青贮饲料适口性好、制作工艺简单、耐贮藏。适当延长青贮的贮存时间可以提高淀粉的消化率。与制作干草相比，苜蓿青贮后 NDF 和 ADF 含量较低，粗蛋白含量较高（表 4-7）。通过使用青贮添加剂，可以进一步提高青贮品质。例如，添加乳酸菌制剂可在一定程度上提高快速发酵碳水化合物组分及非结构性碳水化合物含量，降低 NPN 含量，并提高真蛋白含量，提高苜蓿青贮的营养价值（赖玉娇等，2014）。

表 4-7　苜蓿干草与青贮的常规营养成分比较（DM 基础）

项目	灰分（%）	NDF（%）	ADF（%）	粗蛋白（%）	粗脂肪（%）	钙 Ca(%)	磷 P（%）	产奶净能（MJ/kg）
苜蓿干草	14.77	51.91	38.99	13.72	1.21	1.53	0.16	4.32
苜蓿青贮	15.60	37.16	28.42	16.69	2.52	2.81	0.16	5.60
SEM	0.02	0.04	0.02	0.07	0.05	0.03	0.00	0.06
P	NS	<0.05	<0.05	NS	NS	NS	NS	<0.05

注：产奶净能基于 ADF 值估测；NS 表示差异不显著

资料来源：赖玉娇等，2014

高水分玉米（high-moisture corn）湿贮技术是国外奶牛场贮存玉米籽实的常见方式，我国黑龙江、河北部分地区也进行了尝试，效果较好。把水分含量在 24% 以上（最高不超过 40%）的玉米经过粉碎或压扁后在厌氧条件下通过乳酸菌发酵保存，可以节约玉米晾晒和烘干成本，并提高玉米淀粉的消化率。表 4-8 列出了不同加工处理对玉米淀粉消化率的影响。

表 4-8　不同加工方法对玉米淀粉消化率的影响

加工方法	淀粉进食量（kg/d）	消化率（%）		
		瘤胃	肠道	全消化道
干碾压玉米	2.06±1.08	76.2±7.9	16.2±6.7	92.2±3.0
蒸汽压片玉米	2.20±0.52	84.8±4.1	14.1±3.7	98.9±0.8
高水分玉米	3.89	89.9	6.3	95.3
干粉碎玉米	10.65	49.5	44	93.5

资料来源：Huntington，1997

（2）微贮。微贮是指在秸秆等各类农副产品和饲料原料中添加一定比例的微生物菌剂，经密封后在适宜条件下发酵后制成的饲料。酵母菌、芽孢杆菌、木霉菌等微生物可以分解纤维性饲料中的木质素和纤维素，提高纤维性饲料的消化率。

李婷等（2010）分别采用侧耳菌（属白腐真菌）和尿素处理玉米秸秆，发现饲喂侧耳菌处理玉米秸秆日粮的处理组的绵羊比对照组和尿素氨化组的绵羊采食速度更快，采食量更高。侧耳菌处理组的 NDF 和 ADF 的消化率极显著高于对照组，但与尿素处理组差异不显著。需注意的是，微贮的效果受菌种及其生长条件的影响较大，其效果目前仍存在一定的争议。

（三）日粮配合

日粮原料种类、精粗比、营养素的平衡状况及饲料添加剂的使用（如能氮平衡、NDF 和 NFC 平衡等）也会影响瘤胃微生物的生长和繁殖，进而影响碳水化合物的消化利用。合理的日粮配合和科学的饲喂方式可以提高碳水化合物的利用率。例如，瘤胃中产生的不同 VFA 组成和比例受日粮中粗饲料与精饲料的比例影响，即饲料中 NDF 和 NFC 或 SC 和 NSC 比例。高精饲料日粮常导致瘤胃 pH 降低，VFA 中丙酸比例升高，乙酸比例降低（表 4-9）。当日粮粗饲料比例上升时，反刍时间增加，瘤胃 pH 上升，会促进纤维性碳水化合物在瘤胃内的降解。当以秸秆等农副产品为主要粗饲料来源时，瘤胃中会缺乏快速发酵碳水化合物，VFA 中乙酸比例会增加，此时日粮应该适当增加富含 NFC 的精饲料所占的比例，以提高日粮在瘤胃内的发酵效率。日粮营养素不均衡不仅导致营养物质浪费，还可能因氮磷超量排放带来较大的环保压力。

表 4-9   日粮青贮水平对荷斯坦后备牛瘤胃 pH 和发酵参数的影响

pH 和发酵参数	日粮青贮水平（% DM）			
	20	40	60	80
pH	6.59^b	6.81^{ab}	6.87^a	7.00^a
氨态氮（mg/dL）	8.29^a	3.91^b	2.21^b	2.40^b
TVFA（mm）	95.38	92.40	89.38	85.59
VFA（% TVFA）				
乙酸	53.90^c	58.02^{bc}	62.43^{ab}	66.00^a
丙酸	25.45^a	23.29^{ab}	22.08^{ab}	21.02^b
丁酸	16.69^a	12.64^b	11.10^b	9.65^b
戊酸	0.56	1.06	0.59	0.53
异丁酸	0.93	2.18	2.29	1.23
异戊酸	2.30	3.03	1.57	1.43
乙酸：丙酸	2.18^b	2.51^{ab}	2.86^{ab}	3.21^a

注：肩标不同字母表示差异显著（$P<0.05$）

资料来源：史海涛，2016

（四）动物因素

奶牛的品种、生理阶段和健康状况都会影响碳水化合物的消化利用。在泌乳早期，娟姗牛和荷斯坦牛对淀粉的消化率均高于干奶期，而对 NDF 和 ADF 的消化率则低于干奶期（Aikman et al.，2008）。饲喂相同日粮时，娟姗牛和荷斯坦牛对日粮干物质、有机物、淀粉的消化率没有显著差异，但娟姗牛对日粮 NDF 的消化率高于荷斯坦牛（表 4-10），这可能与娟姗牛更高效的咀嚼能力有关。

表4-10　不同品种奶牛不同生理阶段营养物质消化率对比　　　　（%）

	荷斯坦牛			娟姗牛			P	
	-5	6	14	-5	6	14	品种	生理阶段
DM	69.5	71.0	71.6	70.7	72.5	72.0	0.266	0.224
OM	71.6	73.0	73.7	72.6	74.7	74.3	0.192	0.128
淀粉	89.7	96.3	96.4	89.0	97.1	96.2	0.956	0.001
NDF	69.3	54.7	56.5	70.9	58.4	59.5	0.008	0.001
ADF	62.6	47.6	49.6	62.5	50.4	50.1	0.416	0.001

注: -5、6、14分别代表产前第5周和产后第6、第14周
资料来源: Aikman et al., 2008

即使饲喂相同日粮，同一品种不同动物个体间对养分的利用也存在一定的差异。犊牛瘤胃尚未发育完全，未建立正常的微生物区系，因此无法有效消化结构性碳水化合物。在生病或应激状态下，动物对日粮养分的消化吸收会显著下降。

第二节　碳水化合物的消化和利用

一、碳水化合物在瘤胃内的发酵

奶牛日粮中含有大量的纤维素、半纤维素、淀粉和水溶性碳水化合物（大多数以果聚糖形式存在）。瘤胃是奶牛消化粗饲料的主要场所，在瘤网胃内饲料的消化降解主要是通过栖息其中的微生物参与完成，除木质素外，所有的碳水化合物都受到瘤胃微生物的作用。

反刍动物有大部分的碳水化合物在瘤胃内被微生物发酵，瘤胃微生物每天消化的碳水化合物量占总采食量的50%～55%，最终的发酵产物主要是各种VFA、甲烷与二氧化碳气体。VFA（主要是乙酸、丙酸、丁酸）进一步被瘤胃壁吸收进入肝门静脉后，入肝参与糖异生及糖代谢。所产生的气体经嗳气（打嗝）散失，而VFA主要通过瘤胃壁吸收为机体供能，微生物细胞和未降解的饲料（包括5%～20%的结构性碳水化合物和部分非结构性碳水化合物）一起经过皱胃再进入小肠，在奶牛小肠内消化酶的作用下被消化，消化产物则被进一步吸收，未被消化的部分随内源代谢废物一起排出体外（图4-2）。

（一）瘤胃中碳水化合物的发酵

1. 瘤胃中碳水化合物的发酵过程

瘤胃中碳水化合物的降解主要分为两个阶段，第一阶段是将复杂的碳水化合物消化生成各种单糖；第二阶段则是糖的无氧酵解，瘤胃微生物以二糖和单糖为发酵底物，在细胞内酶的作用下迅速将其降解为VFA，以及二氧化碳和甲烷等气体。其中，乙酸、丙酸、丁酸的总合成量占VFA含量的95%，同时氨基酸代谢过程会产生一部分酸，即游离酸，游离酸和碳水化合物释放的部分能量被微生物利用。

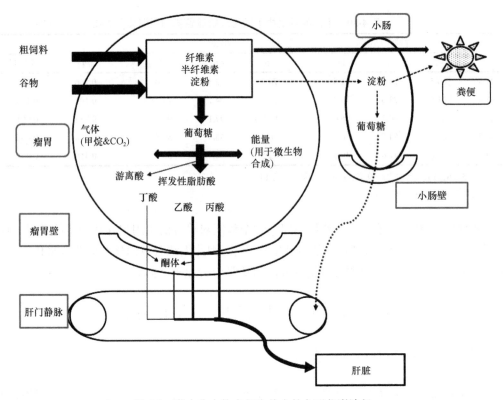

图 4-2 碳水化合物在奶牛体内的主要代谢途径

2. 挥发性脂肪酸的生成

（1）碳水化合物在瘤胃内第一阶段的消化是由细胞外微生物酶引起的，类似于单胃动物。纤维素被一种或几种 β-1,4-葡萄糖苷酶降解成纤维二糖，进一步转变成葡萄糖或者通过磷酸化酶的作用转变成 1-磷酸葡萄糖。淀粉和糊精经淀粉酶作用先转变成麦芽糖和异麦芽糖，再经麦芽糖酶、麦芽糖磷酸化酶或 1,6-葡萄糖苷酶催化生成葡萄糖或葡萄糖-1-磷酸。果聚糖被作用于 2,1-和 2,6-键的酶水解，生成果糖，果糖也可与葡萄糖一起由蔗糖的消化来生成（图 4-3）。半纤维素被作用于 β-1,4-键的酶水解生成木糖和糖醛酸，糖醛酸随后转变成木糖。果胶在果胶酯酶作用下水解生成果胶酸和甲醇，然后果胶酸受到多聚半乳糖醛酸酶作用生成半乳糖醛酸，再生成木糖；木糖也可由木聚糖水解生成，木聚糖可能是牧草干物质的主要组成部分。瘤胃中碳水化合物消化的第一阶段所生成的各种单糖立即被微生物吸收并进行细胞内代谢，所以在瘤胃液中很难被检测出来。

（2）碳水化合物在瘤胃内第二阶段的消化中琥珀酸及乳酸也是重要的中间代谢产物，但是主要的中间代谢产物仍为丙酮酸。在单糖转化为丙酮酸的过程中释放出的质子（H^+）和电子被 NAD 捕获，生成 NADH。NADH 携带质子和电子参与细菌内的还原反应，如不饱和脂肪酸的氢化、硫酸盐还原为亚硫酸盐、硝酸盐还原为亚硝酸盐、甲烷的生成等。瘤胃中丙酮酸转化为各种 VFA 的代谢过程见图 4-4。

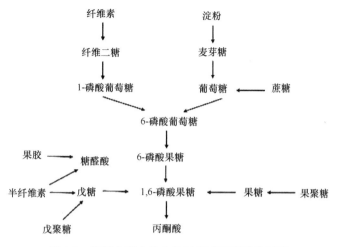

图 4-3　瘤胃中碳水化合物转变成丙酮酸的过程

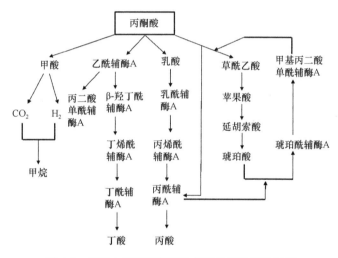

图 4-4　瘤胃中丙酮酸代谢为挥发性脂肪酸的过程

1）乙酸的生成。丙酮酸氧化为乙酸的中间步骤，是通过乙酰辅酶 A 或乙酰磷酸盐。反应式如下：

$$丙酮酸盐+辅酶 A+H^+ \rightarrow 乙酰辅酶 A+CO_2+H_2$$

$$丙酮酸盐+无机磷酸盐 \rightarrow 乙酰磷酸盐+CO_2+H_2$$

2）丙酸的生成。丙酸的生成有两个途径。第一个途径是 CO_2 固定到磷酸烯醇丙酮酸中，形成了草酰乙酸，并使 ADP 成为 ATP；再通过苹果酸和富马酸产生琥珀酸，琥珀酸由微生物酶转化为丙酸。反应式如下：

$$磷酸烯醇式丙酮酸+CO_2+ADP \rightarrow 草酰乙酸+ATP$$

$$草酰乙酸 +NADPH_2 \rightarrow 苹果酸-H_2O \rightarrow 富马酸+H_2 \rightarrow 琥珀酸-CO_2 \rightarrow 丙酸$$

第二个途径为丙烯酸途径，即丙酮酸通过乳酸和丙烯酸辅酶 A 还原为丙酸，这种途径对高谷物日粮很重要。反应式如下：

$$丙酮酸+H_2 \rightarrow 乳酸 \rightarrow 乳酰辅酶 A-H_2O \rightarrow 丙烯 COA+H_2 \rightarrow 丙酰辅酶 A \rightarrow 丙酸$$

3）丁酸的形成。丁酸生成有两个途径。第一个途径是乙酸在瘤胃微生物作用下，由脂肪酸 β-氧化的逆反应合成丁酸。反应式如下：

$$2 乙酸+2ATP+2NADPH_2→丁酸+2ADP+2Pi+2NAD，Pi 为无机磷酸盐$$

第二个途径是丙二酰辅酶 A 途径。由乙酸活化而成的乙酰辅酶 A 与 CO_2 结合而成丙二酰辅酶 A，再与乙酰辅酶结合成乙酰乙酸辅酶 A，进而形成丁酸。

$$乙酰辅酶 A+CO_2+ATP→丙二酰辅酶 A+ADP+Pi$$

$$丙二酰辅酶 A+乙酰辅酶 A→乙酰乙酸辅酶 A+辅酶 A→丁酸$$

4）ATP 生成碳水化合物。在瘤胃厌氧条件下微生物发酵形成 VFA 时，产生的 ATP 较少。但在有氧条件下的微生物发酵，形成 CO_2 和水时，产生的 ATP 为厌氧条件下的 9 倍。ATP 提供瘤胃微生物维持和生长所需的能量。瘤胃葡萄糖酵解产生 ATP 如下式所示：

$$己糖→2 丙酮酸盐+4（H）+2ATP$$

$$戊糖→1.67 丙酮酸盐+1.67（H）+1.67ATP$$

$$2 丙酮酸盐+2H_2O→2 乙酸+2CO_2+2H_2+2ATP$$

$$2 丙酮酸盐+8（H）→2 丙酸+2H_2O+2ATP$$

$$2 丙酮酸盐+4（H）→丁酸+2H_2+2CO_2+2ATP$$

（二）挥发性脂肪酸的吸收和代谢

瘤胃内的 VFA 有 50%～85%会被瘤胃上皮吸收，通过肝门静脉入肝参与糖异生及糖代谢，其余的 VFA 则在瓣胃及真胃内被吸收。VFA 种类及组成不同，在瘤胃内的吸收速度也有所差异，当瘤胃内 pH≥7 时，吸收速度为乙酸>丙酸>丁酸；当瘤胃内 pH<7 时，吸收速度为丁酸>丙酸>乙酸。乙酸一方面可以被氧化为奶牛提供能量，另一方面是合成脂肪长链的前体物；丙酸则是一小部分被瘤胃壁吸收，大部分被肝利用合成葡萄糖；丁酸主要通过瘤胃上皮细胞吸收后用于代谢生成 β-羟丁酸，一般 β-羟丁酸可以作为几种体组织尤其是肌肉组织的能量来源。

1. 瘤胃黏膜上皮细胞形态与功能

在瘤胃黏膜中由下至上可以观察到 4 个细胞层：角质层、颗粒层、棘突层和基底层。角质层位于最外面，细胞层数会受到 VFA 浓度及含量（比例）的调控，丙酸/乙酸增大时，瘤胃液中 pH 下降，角质层细胞层数可增加至 15 层。反之，角质层细胞层数可下降到 4 层。颗粒层和棘突层细胞位于中间，二者之间界限不明显，其中棘突层细胞也含有少量线粒体，棘突层和基底层是瘤胃上皮 VFA 代谢的主要场所。瘤胃内环境会影响到 VFA 的产量及比例，因此瘤胃上皮细胞形态结构与 VFA 的吸收处在动态平衡的调节之中，两者相互协调，维持瘤胃内环境的稳态。

2. 瘤胃上皮对 VFA 的吸收机制

许多学者试图解释瘤胃上皮对 VFA 的具体吸收机制，但迄今仍未能够进行明确描述。目前有 5 种可能的吸收机制假说被行业内学者普遍认可：被动扩散、挥发性脂肪酸根离子（$SCFA^-$）与碳酸氢根（HCO_3^-）离子交换、硝酸盐敏感性 VFA 吸收、质子耦合

SCFA⁻运输和电介导途径转运。

（1）被动扩散。VFA 在瘤胃内腔和胞内之间存在浓度差，但并不是简单的顺浓度梯度的扩散，脂溶性 VFA 可通过瘤胃壁之间的空隙直接扩散进入血液，VFA 浓度及渗透压是影响其吸收程度的主要因素，即 VFA 吸收程度直接依赖于瘤胃液与血液中的浓度差值，差值越大，扩散进入血液的速度就越快。但只有少量 VFA 能够以非解离状态在瘤胃上皮内通过被动扩散的形式被吸收（Schwaiger et al.，2013）。

（2）SCFA⁻与 HCO_3^- 离子交换。VFA 是瘤胃内碳水化合物代谢的主要终产物，在瘤胃内一般以电离状态存在，即 SCFA⁻形式。SCFA⁻吸收发生在由多个潜在的阴离子交换剂介导的电中性过程中，同时瘤胃内环境中由于碳酸酐酶的作用产生 HCO_3^-，可形成 SCFA⁻/HCO_3^- 通过瘤胃上皮顶端膜进行交互的机制。因此，HCO_3^- 的浓度主要根据 VFA 的吸收情况，与 VFA 的含量呈正相关；也会随着瘤胃液内 pH 的增加而降低（Aschenbach et al.，2011）。

（3）硝酸盐敏感性 VFA 吸收。硝酸根离子（NO_3^-）与瘤胃上皮中阴离子的交换机制介导 VFA 的吸收。硝酸根是 Cl⁻/HCO_3^- 交换的抑制剂，会显著降低黏膜到浆膜的 Cl⁻通量，而浆膜到浆膜的 Cl⁻通量在硝酸盐存在下不受影响。因此，硝酸盐也可能被这一机制吸收，但硝酸盐对单向 Na^+ 通量无影响。Cl⁻/HCO_3^- 交换机制是 Cl⁻通过瘤胃上皮吸收的主要途径，但目前尚不明确其中涉及的转运蛋白类型（Würmli et al.，1987）。

（4）质子耦合 SCFA⁻运输。VFA 以被动扩散形式运输时，瘤胃内容物中会损失 1 个 H^+，为保证细胞内 pH 稳定及组织的完整性，释放出来的 H^+ 需要从细胞内驱逐出去。参与此过程代谢的主要物质是单羧酸转运蛋白（monocarboxylate transporter，MCT）和钠/氢交换剂（Na^+/H^+ exchanger，NHE），它们会将 H^+ 输送进入瘤胃或进入细胞外空间，同时可转出 VFA 代谢中间产物如酮体或乳酸等（Doaa et al.，2010）。

（5）电介导途径转运。这种运输过程被认为是由巨阴离子通道介导完成的，但是目前其对 VFA 的具体转运贡献尚不明确。

3. 瘤胃上皮对 VFA 的吸收

参与瘤胃上皮吸收 VFA 的主要载体分为单羧酸转运蛋白（MCT）、Na^+/H^+ 交换剂（NHE）、阴离子交换剂（AE）、腺瘤下调因子（DRA）、假定阴离子（PAT）、空泡型氢离子 ATP 酶（v H^+-ATPase）和钠钾泵（Na^+/K^+-ATPase）。

（1）MCT。MCT 家族中 MCT1～MCT4 具有催化一元羧酸盐的质子耦合输运作用。瘤胃内，只有 MCT1 及 MCT4 在辅助蛋白 CD147 的协同下才能发挥作用（Graham et al.，2007）。MCT1 对瘤胃上皮吸收 VFA 具有直接的催化作用（Muller et al.，2002），主要位于瘤胃上皮细胞的棘突层及基底层，可转运出细胞内 SCFA⁻和细胞内代谢产物。

（2）NHE。NHE 家族中 NHE1、NHE2 和 NHE3 均在瘤胃上皮表达，主要调节 Na^+ 的转运和调节细胞质 pH 水平，其中，NHE1 和 NHE3 主要负责将 Na^+ 导入细胞并将 H^+ 输送到瘤胃，而 NHE2 的功能是调节 pH 的关键驱动力。NHE 的活性可影响瘤胃上皮对 VFA 的吸收，同时 NHE1、NHE2 和 NHE3 基因表达水平与日粮中精饲料比例呈正相关（Lei et al.，2014）。

（3）AE。AE 在瘤胃上皮存在 4 种亚型（AE1~AE4），其中 AE2 位于瘤胃上皮细胞基顶膜，起到交换 $SCFA^-/HCO_3^-$ 的作用，同时在调节内环境稳定方面也发挥重要作用（Bilk et al.，2005）。瘤胃内 pH 会影响瘤胃上皮细胞 AE2 的基因表达量，但瘤胃内 VFA 浓度对 AE2 基因表达量无影响。

（4）DRA 和 PAT。DRA 位于上皮细胞基顶膜，主要功能是 Cl^-/HCO_3^- 交换器。PAT 主要位于基顶膜，DRA、PAT1 及 AE2 是主要的 $SCFA^-/HCO_3^-$ 交换载体，其中 DRA 对上皮细胞膜 VFA 的吸收起到关键作用。同时，DRA 与 MCT1 二者之间有一定的协同作用（Connor et al.，2010）。

（5）vH^+-ATPase 和 Na^+/K^+-ATPase。瘤胃上皮细胞内有两种主动转运机制，即 vH^+-ATPase 和 Na^+/K^+-ATPase，奶牛瘤胃上皮细胞中的棘突层与颗粒层均有 vH^+-ATPase 的存在。Na^+/K^+-ATPase 则主要分布于基底层，其浓度由基底层向腔面内递减。二者均对维持奶牛瘤胃上皮细胞 pH 稳定性有重要作用（Albrecht et al.，2008）。

（三）影响瘤胃发酵、挥发性脂肪酸产量及比例的因素

1. 瘤胃内环境

（1）pH。当瘤胃液 pH 升高时，非解离态 VFA 比例降低，不利于 VFA 的吸收（Zaher et al.，2004）。主要原因在于 pH>7 时，会影响基因转录进而造成瘤胃上皮细胞对 VFA 的吸收能力下降，4.9<pH<7 时，有利于瘤胃上皮对 VFA 的吸收（Melo et al.，2013）。

（2）渗透压。瘤胃液渗透压的正常范围在 260~340 渗透摩尔（Osm）/L，一个渗透摩尔（1000 个毫渗透摩尔，mOsm）每升溶液含有 $6×10^{23}$ 个溶解离子。渗透压受采食时间、饮水、精粗比和添加剂的影响，对 VFA 的吸收、瘤胃微生物、饲料消化率、水分吸收外流速度和唾液分泌有影响。若挥发酸渗透压大于正常值会导致瘤胃微生物脱水，进而抑制微生物的生长，降低饲料消化率，使得 VFA 的产量下降。主要原因在于：首先，瘤胃液渗透压低于上皮毛细血管渗透压时，瘤胃内水分会被吸收，VFA 浓度升高，吸收速度加快，因此低渗透压有利于 VFA 的吸收；其次，瘤胃渗透压与外流速度呈正相关，高渗透压导致瘤胃外流速度增加，同时水分会从瘤胃上皮血管流向瘤胃内，最终造成 VFA 总量减少，影响吸收；最后，也有研究者提出高渗透压会导致瘤胃乳头水肿，造成瘤胃上皮结构变化，进而抑制 VFA 吸收。

2. 日粮组成

瘤胃中产生的不同 VFA 组成和比例受日粮中粗饲料与精饲料的比例影响，即饲料中 NDF 和 NFC 或 SC 和 NSC 比例。乙酸/丙酸值被用于日粮的碳水化合物组成比较和相对营养价值的估测，通常情况下，当日粮中的纤维素和半纤维素等慢速降解碳水化合物含量相对于可溶性碳水化合物和淀粉快速降解碳水化合物含量上升时，乙酸/丙酸比值也上升（表 4-11）。

表 4-11　粗饲料与精饲料比对泌乳牛 VFA 比例的影响

粗饲料与精饲料比	VFA（mol/mL）			乙酸／丙酸
	乙酸	丙酸	丁酸	
100：0	71.4	16.0	7.9	4.46
75：25	68.2	18.1	8.0	3.77
50：50	65.3	18.4	10.4	3.55
40：60	59.8	25.9	10.2	2.31
20：80	53.6	30.6	10.7	1.75

资料来源：Murphy，1982

　　奶牛日粮精粗比影响瘤胃内乙酸、丙酸、丁酸的含量及奶产量，研究显示，高精饲料日粮常导致 VFA 含量增加，丙酸比例升高，乙酸比例降低。丙酸作为葡萄糖合成前体物，含量增加可能会引起牛奶产量增加，但是乳脂合成会由于乙酸含量不足而降低（图4-5）。此外，过高的丙酸/乙酸值会使奶牛可利用的能量过多，造成脂肪组织沉积（体重增加），而不是牛奶产量的提高。

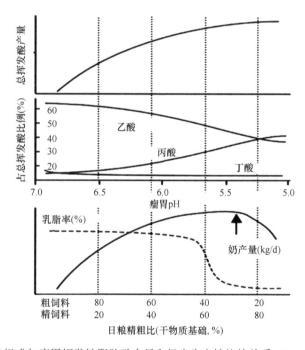

图 4-5　日粮组成与瘤胃挥发性脂肪酸含量和奶牛生产性能的关系（Wattiaux，2006）

3. 饲喂方式

　　近来关于纤维需要的所有试验都是以饲喂 TMR 为基础的。当奶牛饲喂 TMR 时，由于同时采食了纤维，采食 NSC 的速度减弱。由于粗饲料和精饲料同时采食，咀嚼活动和唾液的分泌也是同时增加的，NSC 发酵时瘤胃的缓冲能力也有提高。

　　粗饲料和精饲料单独饲喂会改变昼夜间瘤胃 pH 和发酵产酸的模式，改变的程度与精饲料的饲喂频率及发酵程度有关。与饲喂 TMR 相比，精饲料中以 NFC 为主且日饲喂 2 次时，瘤胃 pH 和发酵产酸的昼夜变化非常显著。瘤胃 pH 的剧烈变化可能与乳脂率及乳脂产量下降有关。

放牧基础上每日补饲 2 次精饲料时，即使饲粮 NDF 含量看来是足够的，也经常会出现乳脂率下降等问题。乳脂率较低的主要原因可能是奶牛大量采食具有高度降解纤维的优质牧草、精饲料日饲喂 2 次造成短时间内采食大量谷物，以及精饲料与粗饲料分开饲喂时唾液分泌量减少。当用高纤维精饲料（如甜菜渣或玉米蛋白粉）替代放牧奶牛饲粮中的淀粉类（玉米或大麦）饲料时，乳脂率增加。饲喂青贮玉米没有减少玉米籽粒的采食量，但增加了玉米的采食时间。因此，对采食优质牧草和日饲喂 2 次精饲料放牧奶牛饲粮中应添加缓冲剂（与精饲料混合），或精饲料中不能只含有淀粉类原料。

（四）碳水化合物对瘤胃发酵的调控

1. NDF 对瘤胃发酵的调控

饲粮中 NDF 的最大含量与奶牛 NE_L 的需要量、维持瘤胃良好发酵所需要的 NFC 的最低量和 NDF 较高时的采食量存在一定的负相关。在大多数情况下，NDF 在饲粮中的最大含量取决于奶牛 NE_L 的需要量。高 NDF 日粮可增加纤维分解菌、厌氧真菌的数量，但同时促进瘤胃原虫和产甲烷菌的生长，增加甲烷产量（Belanche et al.，2012）。NDF 在瘤胃内的主要发酵产物为乙酸，NDF 高低可直接调控 VFA 浓度。NDF 的含量与瘤胃的 pH 呈负相关，这是由于与 NFC 相比，NDF 消化速度慢而且更难被消化（瘤胃中酸的产生量少）。常规饲粮中的 NDF 大多数来源于粗饲料，其物理结构能够促进咀嚼和唾液分泌。日粮 peNDF 水平对瘤胃养分消化率的影响主要原因可能是瘤胃 pH 和瘤胃微生物接触面积共同作用的结果（张涛等，2010）。另有研究证明，NDF 含量较高的粗饲料可促进犊牛瘤胃乳头的发育，增加瘤胃绒毛密度，从而使瘤胃重量及体积增加（Vázquez-A Ón et al.，2001）。但过高的 NDF 水平会造成日粮流速变慢，从而降低养分的消化利用率，抑制机体的发育和代谢。奶牛日粮中 NDF 含量达到 25% 即可满足奶牛日粮中纤维含量需求。

2. NFC 对瘤胃发酵的调控

常规日粮的 NFC 水平在 36%～42%，其中，淀粉占 20%～27%，可溶糖和 NDF 占 15%～18%（赵向辉等，2012）。NFC 在瘤胃内的主要发酵产物是有机酸，发酵类型属于丙酸发酵型。NFC 来源不同对瘤胃发酵的影响也有所差异，如蔗糖发酵产物较淀粉发酵产物会产生更多丁酸；不同的淀粉来源也会调控瘤胃的发酵类型，如小麦淀粉较玉米淀粉发酵速度更快，丙酸产量更高。

二、碳水化合物在奶牛肠道内的消化和吸收

（一）碳水化合物在瘤胃后段消化道内的消化

碳水化合物降解生成的 VFA 和小肠葡萄糖是反刍动物的主要能量来源。在小肠内淀粉降解生成葡萄糖的供能效率更佳，明确淀粉类饲料在奶牛胃肠道的消化代谢机制是

探索碳水化合物消化的重要途径之一。

1. 淀粉类饲料的种类

奶牛日粮中的淀粉主要来源于玉米、大麦、小麦等谷物饲料和块茎类饲料（土豆、木薯）及其副产品，也少量存在于植物的茎秆中。小麦、玉米和高粱中的淀粉含量大约为70%，大麦和燕麦为57%左右，块茎类（如木薯）淀粉含量在70%左右，而豆科（如大豆和豌豆）淀粉含量在45%左右，其他饲料如禾本科和豆科牧草、蛋白粕等含有2%~20%的淀粉。植物的生长环境、营养状况、收割季节等因素都会对其淀粉含量产生影响。淀粉类饲料因淀粉的支链和直链组成及结构不同消化特性也不同。奶牛的淀粉消化利用率受淀粉来源、加工方式、日粮组成等因素影响，但主要影响因素是淀粉的来源和加工方式，淀粉类饲料经加工可改变其在消化道的消化部位和消化率。

奶牛消化淀粉的部位不同，评估其消化率的指标通常使用瘤胃降解率、肠道消化率及总消化道消化率。淀粉的瘤胃降解率受淀粉可溶性的影响，大麦和小麦的可溶性淀粉含量约为65%，而玉米的可溶性淀粉含量约为30%，故玉米淀粉的瘤胃消化率比大麦和小麦低。但不同淀粉饲料的全消化道消化率比较接近，表明瘤胃中未降解的淀粉在肠道中被消化。小麦、大麦、燕麦、木薯的淀粉在瘤胃中的降解率较高且大致相近。研究表明，真胃灌注不同水平淀粉时没有改善奶牛的泌乳性能，增强了葡萄糖耐受能力，提高了血液中非酯化脂肪酸浓度，表明真胃灌注淀粉的能量发生了重新分配（邹杨等，2015）。

全株青贮饲料是奶牛日粮淀粉的另外一个重要来源。青贮玉米淀粉的瘤胃降解率因品种和干物质含量不同而差异较大。青贮玉米淀粉瘤胃降解率范围为61%~94%，且与青贮的干物质含量呈显著正相关。

2. 淀粉在全消化道的消化

过瘤胃淀粉在胰腺 α-淀粉酶的作用下生成葡萄糖，是反刍动物外源葡萄糖的最主要来源。奶牛日粮中的淀粉进入瘤胃后，即被瘤胃微生物用作碳源，瘤胃微生物分泌的 α-淀粉酶，破坏淀粉的 α-D-1,4 键，使淀粉颗粒的直链和支链分子脱支（糖苷键断裂），释放数量很少的游离葡萄糖、麦芽糖、麦芽三糖及寡聚糖。这些由 α-1,6-糖苷键相连的寡糖，被微生物所分泌的核酸质酶、支链淀粉酶、异淀粉酶等分解成游离葡萄糖，最终被微生物通过糖酵解途径与戊糖磷酸途径循环利用。

淀粉在瘤胃中被微生物降解产生能量、VFA、气体和少量乳酸，并为微生物提供能量，吸收后的 VFA 进入中间代谢。未被瘤胃发酵的淀粉（10%~30%）则进入小肠被消化为葡萄糖吸收，在肠道消化酶的作用下水解为葡萄糖直接被机体吸收利用，胰腺 α-淀粉酶分泌量随过瘤胃水平的增加呈先增加后降低的二次曲线趋势（Xu et al.，2010），其利用率较瘤胃中高出42%，但肠道后部的淀粉会被肠道微生物发酵而产生少量VFA。

（二）碳水化合物在小肠内消化

淀粉在小肠内消化耗能比瘤胃中低，因为在瘤胃发酵过程中会产生发酵热，造成能量的损失。当喂给谷物含量大的精饲料时，有更多的淀粉未被瘤胃消化而进入小肠，可引起胰腺和肠腺加强分泌，糖酶活性增强，保证了淀粉在整个消化道的充分消化和利用。饲料中大部分淀粉是在瘤胃内进行发酵的，如果采食量很大，就会有相当数量的未降解淀粉进入小肠。细菌多糖也是进入小肠的碳水化合物的重要来源。瘤胃细菌所提供的 α-葡聚糖以干物质计算，在饲喂全粗饲料时是 2.5%，饲喂 50% 精饲料时增加到 7%，饲喂 70% 精饲料时增加到 15%。在饲喂高淀粉饲料时，瘤胃原虫糖成分达到 38%，但是由原虫产生的糖到达小肠的数量可能相当低，这是由于其离开瘤胃的速度很慢。

水解 α-葡萄糖多聚物的酶是淀粉酶和麦芽糖酶。它们是由胰腺和小肠黏膜分泌的，小肠黏膜还分泌一种低聚 1,6-葡糖苷酶。胰腺麦芽糖酶和小肠淀粉酶的活性低于胰腺淀粉酶和小肠麦芽糖酶，说明胰腺淀粉酶和小肠麦芽糖酶对淀粉水解更重要。对绵羊胰腺和小肠糖酶的研究表明，麦芽糖酶对瘤胃后淀粉的消化能力具有制约作用，进入小肠的淀粉在到达回肠末端之前，大部分都被分解。例如，用绵羊试验，玉米、大麦、燕麦饲料的葡萄糖多聚物进入小肠后，分别有 85%、77%、95% 在进入盲肠前消失。从小肠直接吸收葡萄糖的有效数量还不清楚。用添加磨碎玉米的饲料饲喂羔羊和奶牛，羔羊门静脉中葡萄糖含量增加，奶牛回肠引流的肠系膜静脉中还原糖浓度增加。上述两个试验证明小肠能直接吸收葡萄糖。如果给泌乳奶牛饲喂大量玉米，在小肠内可利用的玉米淀粉都是以葡萄糖形式被吸收。以这两种方式可提供动物所需葡萄糖的 60%～75%。

（三）淀粉和纤维素在大肠内的消化

正常情况下保留于肠段后部进行发酵的 α-葡萄糖多聚糖数量不多，给绵羊饲喂含有约 70% 精饲料的饲料，其中可消化的 α-葡聚糖在盲肠和结肠中的消化率仅在 2% 以下；如果饲喂含有 80% 磨碎玉米的饲料，在盲肠和结肠中消失的可消化 α-葡聚糖是 11.3%。可见淀粉主要在瘤胃中降解。

饲喂长的或粗切的干草时，约有 85% 的纤维素在瘤胃内被降解，而当饲料被调制成粉状或小颗粒时，由于加速了瘤胃的排送速度，可使盲肠和结肠中被消化的纤维素的比例增大。半纤维素在大肠中的消化率（15%～30%）高于纤维素，其原因可能是半纤维素除了能被大肠中的微生物降解外，还对皱胃和十二指肠中的部分酸水解作用更为敏感。可见，纤维素与半纤维素在不同的消化部位消化率有所不同。

（四）后肠道 VFA 的吸收

纤维素在盲肠和大肠内的降解途径类似于瘤胃，同样产生 VFA、CH_4、CO_2 和微生物物质，VFA 的组成也是以乙酸、丙酸和丁酸为主。盲肠的 VFA 中乙酸比例比瘤胃中高一些，这说明有相当大比例的粗纤维到达这个部位。异构酸的比例也相当大，反映了蛋白质的快速降解。饲喂干草的绵羊，盲肠产生的 VFA 占总 VFA 的 5.3%，饲喂粉状苜蓿的绵羊，盲肠产生的 CH_4 占全部生成 CH_4 的 10%。

大肠内 VFA 的产生和吸收机理与瘤胃内相似，其中盲肠是 VFA 快速吸收的主要部位。在后肠道消化 VFA 过程中，缓冲力主要来自于肠分泌液内丰富的碳酸氢盐，回肠液的 pH 常为 7～8，盲肠的黏膜上皮能迅速吸收 VFA。与瘤胃中合成的微生物蛋白质不同，还没有证据证明在盲肠内有细菌和原虫蛋白质的消化和吸收。碳水化合物在盲肠和大肠中发酵，由于增加了代谢性粪氮，而使氮的消化作用明显降低。奶牛的日粮类型对后肠道 VFA 的组成及比例有一定影响，日粮类型以精饲料为主时，盲肠中乙酸、丙酸、丁酸及总 VFA 浓度增加（Siciliano-Jones and Murphy，1989）。

三、结构性碳水化合物对奶牛生理行为的影响

（一）结构性碳水化合物对奶牛唾液分泌的影响

奶牛全天唾液分泌总量的变化范围为 180～284 L/d，其中采食、反刍和休息过程中的唾液分泌量分别约占 24.6%、41.9% 和 33.4%。牧草中的结构性碳水化合物对反刍动物唾液分泌有一定的刺激作用，主要原因在于结构性碳水化合物的纤维结构会刺激反刍活动的发生，进而调节瘤胃 pH（Krause et al.，2002）。适当提高日粮中的 peNDF 水平，能够起到调控瘤胃 pH，降低发生亚急性瘤胃酸中毒的概率（郭勇庆等，2014a）。日粮的 peNDF 对奶牛咀嚼活动的影响研究结果不尽一致：部分研究表明，日粮 peNDF 改变对唾液分泌量无显著影响（Maulfair and Heinrichs，2013），有些研究表明日粮 peNDF 变化会显著增加奶牛反刍活动频率及唾液分泌量（Yang and Beauchemin，2009）。日粮中实际 peNDF 含量主要受到粗饲料加工和 TMR 混合工艺的影响，因此造成了 peNOF 对唾液分泌影响的研究结果不尽一致。

近年来，关于唾液分泌与咀嚼活动之间关系的研究逐年增多。奶牛的反刍活动主要受日粮的精粗比和粗饲料粒度影响。增加日粮中粗饲料的比例，可以提升奶牛的咀嚼次数及咀嚼时间，但对唾液分泌总量无显著影响（Jiang et al.，2017）。高粗饲料日粮条件下咀嚼次数增加，但奶牛休息时唾液的分泌量会减少，因此不会增加唾液的总分泌量（Yang and Beauchemin，2007）。研究发现，经产牛与初产牛的全天总咀嚼时间无显著差异，但经产牛全天唾液分泌总量显著高于初产牛（Bowman et al.，2003）。此外，奶牛咀嚼活动是否能够真实反映唾液分泌量，目前仍没有明确定论。因此，未来可开展咀嚼活动与唾液分泌量之间关系的研究。

（二）粗饲料对奶牛干物质采食量的影响

1. 粗饲料类型

粗饲料类型对奶牛采食行为和采食量具有重要影响。由于每种粗饲料的纤维物理和化学特性的不同，可引起奶牛采食行为和采食量的差异。随着粗饲料 NDF 含量的增加，奶牛的进食时间、咀嚼时间及反刍时间通常增加，DMI 降低。粗饲料降解速率快，会促进日粮在瘤胃的排空，降低瘤胃充盈度，从而提升 DMI。此外，粗饲料的不同收获期也是影响奶牛 DMI 的重要因素，营养价值较高、适口性较好的粗饲料会提高奶牛的 DMI。饲喂苜蓿型日粮的奶牛 DMI 要比饲喂玉米秸秆型日粮的奶牛 DMI 高，其中主要原因就是苜蓿的适口性、养分及消化率要高于玉米秸秆。

2. 粗饲料颗粒度

日粮粗精比或颗粒大小的改变可显著影响奶牛进食、咀嚼和反刍时间及 DMI，即随着日粮粗精比或颗粒大小的增加奶牛的中性洗涤纤维、酸性洗涤纤维及 peNDF 进食量呈增加趋势，同时，进食时间、咀嚼时间和反刍时间也增加。当处于瘤胃酸中毒时，奶牛会通过挑食长的饲草来抑制酸中毒的发生。在高精饲料日粮中，降低粗饲料粒度不会对采食量产生显著影响（Yang and Beauchemin，2009）；而在低精饲料日粮中降低粗饲料的粒度则会增加 DMI。有研究表明，降低粗饲料的颗粒度会降低 DMI，同时乳成分中的乳脂含量有降低的趋势（Kononoff and Heinrichs，2003）。

第三节　碳水化合物的需要量

日粮中的淀粉在瘤胃内的降解速度高于 NDF，当淀粉含量过高时会导致瘤胃内 VFA 和乳酸大量积累，引起亚急性或急性瘤胃酸中毒、纤维消化率降低、蹄病高发等问题。因此，日粮中适宜的结构性碳水化合物（SC）和非结构性碳水化合物（NSC）含量和比例对于维持瘤胃正常机能和生产水平至关重要。

一、结构性碳水化合物的需要量

结构性碳水化合物或纤维性碳水化合物主要包括 NDF 和 ADF，是植物细胞壁中大部分的结构性成分。NDF 测定的是植物细胞壁中的纤维素、半纤维素和木质素，能够较准确地反映饲料中纤维的实际含量，而 ADF 不包括半纤维素。因此，NDF 的需要量得到了动物营养学家的关注。

（一）NDF 需要量的探讨

1. NDF 最低需要量

目前，高产奶牛配制日粮的核心在于评估饲料的 NDF 含量，以实现摄入更多的高能日粮。同种饲料原料的 NDF 和 ADF 含量越高，饲料营养品质通常越差，然而饲料中的 NDF 含量太低时会造成瘤胃功能障碍，因此需要一个既满足瘤胃健康又满足高产奶牛营养需要的最低 NDF 水平。但是，来源不同的 NDF 对于奶牛的生理营养作用差异很大，使得 NDF 需要量不能像日粮中蛋白质、脂肪和矿物质等指标一样可通过消化代谢或屠宰试验来完成，这给 NDF 需要量相关研究造成了很大障碍。

日粮最低 NDF 需要量取决于奶牛和瘤胃的健康状况。日粮中 NDF 的含量通常与瘤胃 pH 呈负相关，主要是由于 NDF 大多来源于粗饲料，其物理结构能够促进奶牛咀嚼次数和唾液分泌增加。因此，日粮中 NDF 含量越高，瘤胃的缓冲能力越强。瘤胃的发酵状况变化短期内可通过乳脂率、瘤胃 pH、瘤胃 VFA 组成、咀嚼时间等指标反映出来，如果瘤胃健康长期不佳，则蹄叶炎和真胃移位等代谢病发病率相应增加。NRC（2001）推荐奶牛日粮中应包含 30%～35%的 NDF 才能够实现产奶量和 DMI 之间的平衡，但并未考虑乳脂的含量（Arelovich et al.，2008）；当日粮 NDF 为 25% 时，产奶量和乳成分与饲喂更高 NDF 含量日粮的奶牛相近，即 NDF 含量达到 25% 时即可满足奶牛纤维的需求；但是，NDF 是否满足需要也取决于其是否来自粗饲料，当日粮 NDF 总量小于 25% 且粗饲料来源的 NDF 低于 16% 时，奶牛的乳脂率则会下降（Depies and Armentano，1995）。

日粮中的 NDF 比 NSC 更难被消化，因此日粮最高 NDF 含量与奶牛的泌乳净能（NE_L）需要量、维持瘤胃健康的 NSC 需要量及高 NDF 对 DMI 的负面影响等相关。研究表明，当产奶量约为 40kg/d 的奶牛日粮中 NDF 含量 ≥32% 时，可抑制 DMI，而产奶量为 20kg/d 日粮 NDF 含量 ≤44% 时，则不影响 DMI；因此，日粮 NE_L 充足时，NDF 含量通常不影响奶牛的 DMI（Mertens，1997）。此外，NDF 的来源、消化速度和消化程度也会影响奶牛的 DMI，消化速度和程度越高，奶牛的 DMI 受抑制程度越小。

2. NDF 需要量的影响因素

（1）日粮淀粉来源。即使在日粮 NDF 含量不变的情况下，奶牛的乳脂率、瘤胃 pH 和瘤胃 VFA 的组成也会随着瘤胃中淀粉利用率增加而改变。用易消化淀粉饲料（如小麦、大麦、高水分玉米、蒸汽压片玉米等）替代干粉碎玉米时，日粮中 NDF 需要量增加。当含有高水分玉米时，日粮中 NDF 的含量不能低于 27%，否则奶牛瘤胃发酵模式和乳脂率就会发生改变（Knowlton et al.，1998）。泌乳奶牛以大麦为基础日粮时，日粮 NDF 含量应在 34% 左右（Beauchemin，1991）。NRC（2001）指出，奶牛日粮中含有瘤胃降解率较高的淀粉时，NDF 含量应大于 25%，NFC 含量应小于 44%。

（2）粗饲料的粒度。粗饲料的粉碎粒度及 NDF 含量都会影响瘤胃 pH。当用细粉碎代替粗粉碎的粗饲料时，唾液分泌量会下降 5%；但 NDF 含量从 20% 增加到 24% 时，唾液流量的增加却小于 1%（Allen，1997），表明粗饲料的粉碎粒度影响唾液分泌的程度高于日粮 NDF 含量。对于苜蓿干草来说，能维持奶牛瘤胃正常 pH、咀嚼活动和乳脂率的粉碎粒度在 3mm 左右（Beauchemin et al.，1994）。此外，还可以用有效 NDF（eNDF）或物理有效 NDF（peNDF）来估测饲料刺激咀嚼的能力，进一步反映出 NDF 的需要量。对于泌乳早期至中期的荷斯坦奶牛来说，peNDF 占饲粮干物质的 20% 时，乳脂率能够维持在 3.4%（Mertens，1997）。

（3）饲喂方法。关于奶牛 NDF 需要量的试验主要是以饲喂 TMR 为基础。当奶牛饲喂 TMR 时，由于粗饲料和精饲料同时采食，咀嚼活动和唾液的分泌同时增加，NSC 发酵时瘤胃的缓冲能力也有提高。粗饲料和精饲料单独饲喂奶牛时，会使瘤胃 pH 和发酵产酸的模式变动增加，改变的程度与精饲料的饲喂频率及发酵程度有关。与饲喂 TMR 相比，精饲料中以 NFC 为主且日饲喂 2 次时，瘤胃 pH 和发酵产酸的昼夜变化非常显著。NRC（2001）指出，精饲料日饲喂 2 次且与粗饲料分开饲喂时应增加混合精饲料中的 NDF。

（二）日粮中 NDF 的推荐量

研究表明，精饲料来源的 NDF 在维持瘤胃 pH 方面的有效性是粗饲料来源 NDF 的 35%（Mooney and Allen，1997），维持其在胃肠道消化率方面的有效性是粗饲料来源 NDF 的 60%（Firkins，1997）；因此，非粗饲料来源 NDF 的平均有效性只有粗饲料来源 NDF

的50%左右（张立涛等，2013）。较长或粗加工的粗饲料与非粗饲料来源（如大豆皮、小麦麸、甜菜渣和DDGS）的NDF对奶牛的营养生理作用差异很大，其中非粗饲料来源的NDF具有相对较多的潜在可降解NDF、较小的粒度和相对较大的比重（Batajoo and Shaver，1994），通常比粗饲料来源纤维具有较快的外流速度和NDF消化速度；大部分非粗饲料来源纤维的潜在可利用NDF可逃逸瘤胃发酵，导致瘤胃内VFA的生成量较少（Firkins，1997）。大多数非粗饲料来源的NDF维持乳脂率的效果明显不如粗饲料来源的NDF；全棉籽所含NDF在维持乳脂率方面比其他非粗饲料来源的NDF更有效。

NRC（1989）推荐了奶牛NDF最低为25%～28%，但没有给出最佳NDF浓度；日粮中至少需要有75%的NDF来源于粗饲料，以保证瘤胃正常功能和防止乳脂率下降。NRC（2001）调整了NDF的需要量标准，当以玉米作为主要淀粉源时，奶牛日粮中NDF不应低于25%，其中粗饲料来源NDF应不低于19%；当日粮中粗饲料来源NDF含量低于19%时，NDF每降低1%，日粮中总的NDF推荐量就应增加2%，NFC最高含量需相应下降2%，因此评估奶牛日粮最低NDF需要量时须与NFC含量结合起来。当粗饲料的粉碎粒度较小、饲料原料的淀粉在瘤胃中的降解率高于玉米和精粗分离饲喂时，奶牛日粮的NDF最小推荐量也应提高。

二、非结构性碳水化合物的需要量

非结构性碳水化合物（NSC）中的糖、淀粉等在瘤胃中可被快速降解，使瘤胃中微生物保持一定数量并具有较高活性。其中，淀粉是奶牛日粮中占比最大的NSC。淀粉的消化率通常高于NDF两倍，是奶牛日粮的重要能量来源。因此，本节主要讨论淀粉的需要量。

（一）淀粉需要量的探讨

淀粉在瘤胃中发酵为微生物提供能量和碳架，日粮中保持一定比例的淀粉能利用瘤胃中的氮源和提高微生物蛋白质的合成，但当淀粉饲喂过量或饲喂大量高瘤胃降解率淀粉时，会产生大量VFA使瘤胃pH下降，严重时易引起瘤胃酸中毒，进一步影响机体代谢水平、能量分配和去向，降低饲料转化率。

碳水化合物在瘤胃中的降解数量和速度与氮的降解是否同步是影响微生物蛋白质（MCP）合成的主要因素。瘤胃微生物的生长与碳水化合物的发酵速度呈正相关。饲料蛋白质进入瘤胃后，部分在瘤胃中降解，即瘤胃可降解蛋白（RDP），瘤胃微生物利用NFC发酵生成的能量（ATP），以VFA作为碳架，将RDP转化为MCP。MCP是奶牛小肠可吸收氨基酸的重要来源，因此满足瘤胃微生物最大限度地合成MCP的营养需要是饲喂奶牛的重要目标。研究表明，即使每天RDP的总量可满足奶牛需求，但瘤胃内能量载体物质和含氮物质降解速率不匹配，也会导致短期内给瘤胃微生物所提供的氮和能量不平衡或不同步（图4-6），导致瘤胃微生物的生长减慢和进入小肠的蛋白质流量降低，影响生产性能的发挥；同时也会因过量的营养物质从粪、尿中排出而造成环境污染，同时提高了生产成本（卜登攀等，2008）。日粮RDP水平和NFC类型在影响瘤胃发酵、微生物合成和纤维分解菌菌群方面存在交互作用，当日粮中有足够的瘤胃可利用氮时，蔗糖和果胶在瘤胃中发酵较快，更易与 RDP 在速度上保持同步，在微生物合成方面比淀粉更具有优势（赵向辉等，2012）。

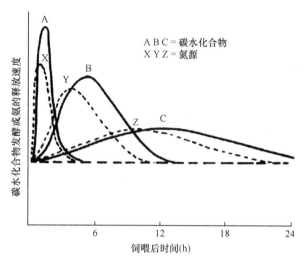

图 4-6　瘤胃动态发酵系统的碳水化合物（A：快速分解；B：中速分解；C：慢速分解）和含氮化合物（X：快速分解；Y：中速分解；Z：慢速分解）同步化概念图（Johnson，1976）

　　根据我国蛋白质新体系，为了更合理地配合日粮，以便同时满足瘤胃微生物对可发酵有机物质（FOM）和 RDP 的需要，冯仰廉（2004）提出了瘤胃能氮平衡（RENB）的原理和计算方法：RENB = 根据 FOM 估测的 MCP−根据 RDP 估测的 MCP。在配合日粮时，应尽量使 RDP 评定的 MCP 与用 FOM 评定的 MCP 结果相似，如果日粮 RENB为 0，则表明平衡良好；如果为正值，说明瘤胃能量有富余，这时应该增加 RDP；如果为负值，则表明 RDP 有富余，应增加 FOM，使 FOM 与 RDP 达到平衡。瘤胃 MCP 的合成与 RDP 和 FOM 的利用率密切相关，当可利用能量与蛋白质在任意时刻的降解数量比例为最佳时，MCP 合成效率最高（冯仰廉，2004）。

　　Hoover 和 Stokes（1991）指出，为了实现 MCP 合成的最大量，奶牛日粮中应有 10%～13%的 RDP，且日粮总碳水化合物中 56%为 NFC。为了保证 MCP 效率最大，高产奶牛日粮中 NFC 与 RDP 的比例应为 2∶1。因此，根据饲料中各营养成分在瘤胃中降解程度和速率的不同优化日粮组合，使瘤胃微生物可利用能量和氮供给数量相匹配，可使微生物蛋白质合成最大化。苏华维等（2011）利用瘤胃能氮平衡原理评价了北京规模化奶牛场 TMR 的能氮平衡情况，结果表明：5 种 TMR 的 RENB 均为负值，而且随着时间的延长，能量负平衡程度增加；MCP/RDP 随着时间变化呈波动式变化，其中在饲喂后 12h 达到峰值。另外，根据降解率参数和饲料原料的 RENB 值计算 TMR 在各时间点的 RENB也均为负值。因此，可以判断这些奶牛场的 TMR 中 RDP 过量或 FOM 不足，可以通过降低日粮中 RDP 比例或增加 FOM 含量改善能氮平衡（苏华维等，2011）。

（二）日粮中淀粉的推荐量

　　通过调研发现，美国典型泌乳牛日粮中含有 70%的碳水化合物，其中，40%～45%

为 NDF，35%～40%为淀粉，15%～20%为其他的可溶性纤维和糖（Weise and Firkins，2007）；美国的另一项调查表明，81%的牧场（共 16 个）日粮淀粉含量在 24%～29%（Broderick et al.，2008）。康奈尔大学推荐新产牛日粮淀粉含量为 27%，高产牛日粮淀粉含量为 30%（刘李萍和张幸开，2013）。

为适应产后的高精饲料日粮，围产期奶牛淀粉类饲料的过渡也尤为重要，围产前期日粮淀粉浓度可以达到 19%。围产期增加精饲料使用量，可增加瘤胃的乳头长度和吸收面积，促进降解淀粉的菌群和利用乳酸的菌群的生长，是预防产后瘤胃酸中毒的重要工作之一。因此，通过了解不同淀粉类饲料的特性，合理控制日粮淀粉浓度，通常情况下泌乳奶牛日粮中应含有 22%～25%的淀粉，同时日粮中应提供足够的 NDF，至少应占日粮的 27%～30%，且 70%～80%由饲草提供。

三、日粮碳水化合物的平衡

（一）日粮 NDF 与 NFC 的平衡

日粮中 NDF 和 NFC 含量具有相关性，因此确定是哪种因素引起的奶牛的乳脂率、瘤胃 pH 或咀嚼活动的变化比较困难。日粮中 NDF 含量和 NFC 的含量存在着高度负相关，如果假设其他营养成分不变，当日粮中 NDF 含量由 33%降低到 28%时，就意味着 NFC 须从 40%增加到 45%。同时，NDF 含量为 25%的日粮其 NFC 含量也可能相差 2%～9%，采食过多的 NFC 可能造成瘤胃发酵障碍和机体健康问题。因此，NDF 的最低需要量必须与日粮 NFC 的含量相联系。

饲料中的 NDF 和 NFC 在奶牛体内的降解特性差异很大，其中 NDF 在瘤胃中的降解量占其总降解量的 90%以上，过瘤胃 NDF 的小肠消化率则很低，而不同饲料种类的 NFC 在瘤胃中的降解量占其总降解量的 60%～80%（徐明，2007）。NDF 在瘤胃中降解速度较慢，可有效刺激反刍和咀嚼，增加唾液分泌；NFC 的瘤胃降解速度较快，产酸力更强。但是，当日粮中的 NDF 含量过高时，奶牛干物质采食量减少，降低了能量的摄入，进而造成奶牛产奶量的降低。因此合理平衡日粮中的 NDF 和 NFC 的水平，对改善奶牛健康和生产性能具有重要意义。澳大利亚昆士兰大学推荐的高产或泌乳高峰期奶牛日粮中 NFC 含量为 35%～40%，低产或泌乳后期奶牛日粮中 NFC 含量为 32%～37%。

（二）日粮 peNDF 与 RDS 的平衡

随着奶牛精准饲养的深入研究，科学家们的研究方向从单一的 NDF 到 peNDF，从精饲料淀粉扩展至瘤胃可降解淀粉（RDS）。饲粮 peNDF 与 RDS 的平衡可改变奶牛瘤胃发酵特性和生产性能。研究表明，高产奶牛饲粮谷物中 RDS 含量为 5.5%～29.0%，RDS 摄入量为 1.2～6.6kg/d（Zebeli et al.，2006）。通过模型法得出评价瘤胃功能正常和消化率最佳的标准是 TMR 中含有约 15%的谷物来源 RDS，但是日粮中 RDS 含量是否需进行校正还取决于饲粮中 peNDF 含量；同时还得出，TMR 中 peNDF>1.18 与 RDS 比值为(1.45±0.22)∶1 时可使瘤胃液 pH 维持在 6.2（Matthé et al.，2001）。因此，TMR

中适宜的 peNDF 与 RDS 比值可作为正确配制奶牛饲粮的参考。

第四节 葡萄糖的代谢和利用

正常的情况下，奶牛所需能量不能完全由脂肪酸提供，某些重要的细胞类型（红细胞、脑细胞和肾细胞）必须依赖葡萄糖作为唯一的能量底物，肌肉、脂肪的合成和转化都需要葡萄糖。因此，维持血糖水平在正常生理范围至关重要。与其他哺乳动物相比，反刍动物的葡萄糖代谢具有低外周葡萄糖浓度和低外周组织胰岛素反应的特点。葡萄糖代谢受血液中葡萄糖和糖原前体的供应和清除的调节，并受不同激素的严格控制。奶牛泌乳期大量的葡萄糖用于泌乳，孕期和哺乳期之间葡萄糖代谢独特的过渡，因此葡萄糖代谢受到泌乳水平、乳成分、生理阶段等诸多因素影响。此外，新产奶牛的酮病和脂肪肝的高发均与机体的葡萄糖代谢失衡有关。因此，葡萄糖代谢受到了奶牛营养学家的密切关注。

一、葡萄糖对于奶牛的营养生理功能

（一）中枢神经系统对葡萄糖的需求

动物的脑细胞等中枢神经系统需要依靠葡萄糖的稳定供应来进行氧化代谢，严重的低血糖只要持续几分钟就会引起动物昏迷，如果不立即给予葡萄糖，就会出现死亡和永久性的脑破坏。反刍动物比单胃动物更能耐受长期低血糖，如绵羊可耐受浓度低至 1mmol/L（18mg/100mL）达 6h 以上。此外，反刍动物神经系统在利用葡萄糖方面与单胃动物有很大差异。例如，绵羊大脑组织中缺乏必需的酶，不能利用酮体，酮体通过血脑屏障的速度也很慢。研究表明，维持绵羊神经系统需要体内葡萄糖总量的 15%~20%，而人脑则需要总量的 70%~80%。

（二）肌肉对葡萄糖的需求

在肌肉中，葡萄糖主要用于合成糖原。奶牛肌肉糖原含量比其他种类动物少，说明肌肉组织利用糖少。贮藏的肌糖原主要是进行糖酵解，供肌肉运动或氧供应不足时身体所需要的能量。研究证明，骨骼肌可耗用全身葡萄糖总量的 10%，运动期间达到 25%，消化道平滑肌耗用 10%。胚胎内大量储备糖原是为了提供从犊牛出生后到维持有效哺乳这段时期对糖的需要。

（三）体脂和乳脂合成对葡萄糖的需求

体脂和乳脂的转化合成中葡萄糖必不可少。经葡萄糖生成的 α-磷酸甘油是甘油与脂肪酸进行酯化合成甘油三酯的前体物，脂肪组织和乳腺缺乏甘油激酶，这些组织所需要的甘油主要通过糖代谢来满足；成年奶牛将机体脂肪转化为葡萄糖的量不超过全身葡萄糖量的 5%，泌乳的乳腺需要更多的葡萄糖用于合成甘油。奶牛主要是利用瘤胃发酵产生的乙酸来合成乳脂和体脂的脂肪，而不是葡萄糖。此外，葡萄糖在脂肪代谢中还可以通过磷酸戊糖途径提供脂肪酸合成所需的 NADPH。

（四）胚胎和乳腺对葡萄糖的需求

奶牛的胚胎生长和乳的合成需要大量葡萄糖供应。胚胎代谢需要的能量主要通过葡萄糖分解获得，胚胎发育过程中需要母体不断地输送葡萄糖。奶牛的胎盘还含有母体葡萄糖转化的果糖和山梨糖。此外，在胚胎生活的后期，大量糖原会贮藏于胚盘和胚胎肝、肺、肌肉中，肝糖原含量可达到 8%～10%，肌糖原为 4%，明显高于成年动物。在绵羊的妊娠后期，胚胎的葡萄糖代谢可占全身代谢总量的 40%～70%。

对于奶牛来说，葡萄糖是乳糖的主要前体物，同时也是乳腺上皮分泌细胞合成乳蛋白及脂肪的底物，因此，对于泌乳至关重要。乳糖由泌乳期的乳腺腺泡上皮分泌细胞的高尔基体和囊泡合成。由于缺乏葡萄糖-6-磷酸酶，乳腺必须依赖于供血以满足其对葡萄糖的需求，而不能由其他前体合成葡萄糖。经计算，每产 1kg 奶需要 72g 葡萄糖，意味着高产奶牛每天需要 2000g 左右的葡萄糖，其中合成乳糖耗用的葡萄糖占全身葡萄糖量的 50%～85%；泌乳期第 3 周的葡萄糖需求量是干奶末期的 2.5 倍。

此外，乳腺细胞还要利用葡萄糖转变为甘油，以用于乳脂的合成；乳脂中全部 C16 脂肪酸均来自血液甘油三酯，其他 50% 左右的脂肪酸在乳腺中合成。提高葡萄糖的吸收，在理论上会使较多的葡萄糖用于乳糖的合成，其理论转化效率可高达 95%，而丙酸转化为乳糖的理论效率为 75%，尚需进一步研究。研究表明，真胃灌注葡萄糖 300g/d 时，奶牛的产奶量从 32.3kg/d 增加至 34.1kg/d。对于小肠吸收的葡萄糖，泌乳早期的奶牛会比高峰期更多地用于体组织的能量沉积。

（五）葡萄糖的需求量

8～10 月龄荷斯坦后备奶牛日增重为 0.8～1.0kg/d 时，需要的代谢葡萄糖水平为 113.59g/kg（付聪等，2014）。奶牛产后每天至少需要 2000g 葡萄糖，是产前的 2.5 倍，产奶量高的奶牛合成乳糖耗用的葡萄糖占全身葡萄糖总量的 60%～85%。研究表明，一头泌乳量为 28.5kg/d，乳糖含量约为 4.6% 的奶牛，每天需要代谢葡萄糖 3.1kg，其中内源代谢产生的葡萄糖是 1.9kg/d，经小肠吸收的葡萄糖是 1.2kg/d。

二、奶牛体内葡萄糖的来源

奶牛体内葡萄糖的来源分为两个途径：一是由非糖物质转化而来（内源途径），二是由消化道吸收而来（外源途径），其中外源葡萄糖主要来自瘤胃中未降解的淀粉和糖类在肠道内的吸收，内源葡萄糖主要来自瘤胃中丙酸、氨基酸、甘油和乳酸等的糖异生。其中，通过糖异生作用生成的内源性葡萄糖是奶牛体内所需葡萄糖的主要来源，这是反刍动物葡萄糖营养和代谢的主要特点。此外，骨骼肌和肝中的糖原也可以分解产生少量葡萄糖。

(一)小肠中淀粉降解生成

饲料中的淀粉进入瘤胃后,部分淀粉被瘤胃微生物分解为 VFA,未被瘤胃降解的淀粉和可溶性多糖直接进入皱胃和小肠,在胰腺 α-淀粉酶等消化酶的作用下分解为葡萄糖后被吸收利用。18 个试验的结果表明,奶牛在玉米日粮淀粉占日粮干物质为 28%～42%时,淀粉的瘤胃消化率平均为(45.7±4.72)%,其余部分进入小肠和大肠内消化。Huntington(1997)在综述中得出,肥育阉牛总葡萄糖供应量的 33%是从小肠中吸收的,而泌乳牛只有 28%的葡萄糖是从小肠中吸收的。小肠中消失的淀粉并不是全部被消化成葡萄糖,小肠食糜中有大量的微生物,这些微生物都能降解淀粉。增加小肠淀粉数量引起了回肠 pH 下降和 VFA 浓度升高,可能是微生物降解淀粉的结果。Harmon(1992)报道,青年母牛或阉牛的小肠中淀粉消化率变异较大,为 17.3%～84.9%。

(二)肝和肾中葡萄糖的异生

当奶牛以粗饲料为主时,体内葡萄糖的来源主要依靠肝和肾利用一些非糖物质通过葡萄糖异生作用来合成(图 4-7)。泌乳牛肝葡萄糖生成的速度约为 60g/h,相当于体内葡萄糖转化率的 80%～90%。肾皮质是合成葡萄糖的主要部位,所生成葡萄糖的数量比肝少。肾和肝生成的葡萄糖之和几乎是全身生成葡萄糖的总量,其中饥饿时和妊娠时生成葡萄糖的量分别高于喂食时和非妊娠时。饥饿时肾生成葡萄糖的百分比增加,因此,在肝不能产生足够量的葡萄糖而造成严重糖短缺时,肾可以作为应急器官防止出现危险。

1. 葡萄糖异生的前体物

葡萄糖异生的前体物主要包括丙酸、氨基酸、甘油和乳酸,以及戊酸、柠檬酸等;但是戊酸、柠檬酸等有机酸在血液中含量很低,因此生糖作用有限。在不同的泌乳阶段,葡萄糖异生前体物的相对贡献随饲料的摄入量、组织动员和能量平衡变化而变化。从数量上讲,丙酸盐(60%～74%)是最重要的糖原前体,其次是乳酸(16%～26%)、丙氨酸(3%～5%)、戊酸盐和异丁酸盐(5%～6%)、甘油(0.5%～3%)及其他氨基酸(8%～11%)(Drackley et al.,2001)。奶牛体内葡萄糖代谢途径见图 4-7。

(1)丙酸。由于瘤胃的发酵作用,饲料中摄取的碳水化合物在细菌、真菌等微生物的作用下分解为单糖,而且很快就降解为 VFA,所以瘤胃中几乎难以测得葡萄糖。但是只有丙酸是葡萄糖的主要来源,90%吸收进入门静脉的丙酸,由肝摄取并转化,只有少量丙酸在肾中转变为葡萄糖。乙酸、丁酸和长链脂肪酸分解产生的乙酰 COA 分子进入三羧酸循环后,两个碳原子都会以 CO_2 形式丢失,不会净生成草酰乙酸,因而不可能生成葡萄糖。丙酸的供应量对糖异生有重要影响,提高丙酸的供给可以增加肝糖异生活动。围产期奶牛从丙酸盐异生的葡萄糖占肝葡萄糖净释放量的 50%～60%。Lemosquet 等(2009)给泌乳奶牛瘤胃灌注丙酸时得出,丙酸可以影响奶牛的机体葡萄糖周转,促进糖异生,维持产奶量、乳糖和乳蛋白的稳定。王炳(2016)研究发现,饲喂稻草日粮奶牛瘤胃丙酸浓度和血液中葡萄糖浓度显著低于饲喂苜蓿日粮奶牛,因此饲喂稻草的奶牛可能由于缺少丙酸的供应，因此降低了葡萄糖的合成。

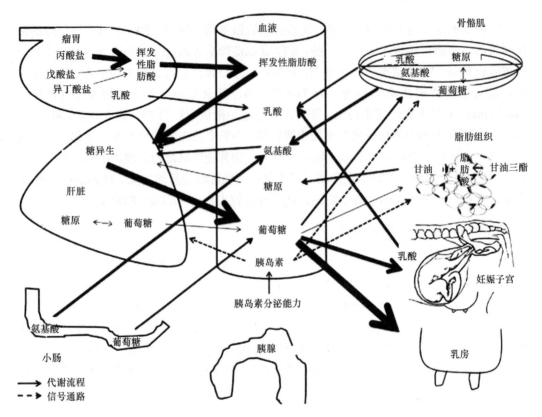

图 4-7　奶牛体内葡萄糖代谢途径（De Koster and Opsomer，2013）

箭头的宽度表示代谢物或组织在生产或使用中的重要性。瘤胃中产生的 VFA 是肝糖原异生最重要的前体。此外，乳酸（来源于瘤胃、骨骼肌和妊娠子宫）、甘油（来源于脂肪组织中甘油三酯的脂解）和氨基酸（来源于肠和骨骼肌）都有助于肝的总糖异生。肠道吸收的葡萄糖和肝释放的葡萄糖（主要是糖异生，部分糖原分解）是血糖水平最重要的贡献者。泌乳奶牛乳腺和妊娠期的子宫是最重要的葡萄糖消耗者。在妊娠晚期和哺乳早期，骨骼肌和脂肪组织所吸收的葡萄糖最少。胰腺将胰岛素释放到血液中，抑制肝糖异生、肝和骨骼肌中的糖原分解和脂肪组织分解，而胰岛素刺激骨骼肌和脂肪组织中的葡萄糖摄取

（2）氨基酸。对于泌乳家畜来说，不仅需要大量的氨基酸用于体内蛋白质的沉积，还需要大量的氨基酸用来合成葡萄糖。因此，氨基酸也是体内重要的葡萄糖来源，已知组成蛋白质的 20 种氨基酸中，除了赖氨酸和亮氨酸外，其他氨基酸均可以通过脱氨基作用直接或再进一步分解，转变成糖异生途径中的某种中间产物，再沿异生途径合成葡萄糖。血浆蛋白和体蛋白的氨基酸经肝的清除可转化为葡萄糖和尿素。肾不仅利用氨基酸进行葡萄糖异生作用，并且用于产生氨以维持酸碱平衡。肝、肌肉和肾之间出现氨基酸的器官之间的转运，这种转运和相关的葡萄糖异生作用又受饲料、饥饿和酸中毒等影响而改变（图 4-8）。

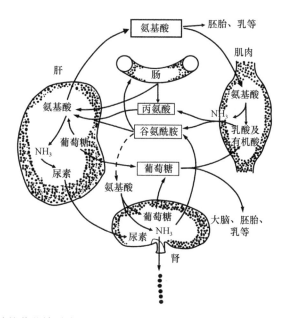

图 4-8　生糖氨基酸的葡萄糖异生和尿素生成中器官间氮转移的路径示意图（冯仰廉，2004）

图中说明了氨基酸在器官之间转运和肝、肾内葡萄糖异生作用的关系。氨基酸和 NH_3 一起被吸收进入门脉，大部分被肝清除，其余转运到外周组织转化为体蛋白或用于其他代谢过程。丙氨酸大量吸收进入血液，谷氨酰胺由肝组织清除。肌肉不断释放丙氨酸和谷氨酰胺，并由肝合成葡萄糖和尿素而被除去。奶牛维持状态下每天都需要氨基酸，大部分氨基酸显然是转变为葡萄糖和尿素

并非所有被肠吸收的氨基酸在肝都具有相同的糖异生能力。丙氨酸、谷氨酰胺、甘氨酸和丝氨酸约占全部被肝清除的氨基酸的 70%，其中丙氨酸和谷氨酰胺生成的葡萄糖占绵羊体内所有氨基酸合成葡萄糖的 40%～60%，谷氨酸和天冬氨酸不能被肝利用，但能被肾吸收用于肾葡萄糖的合成。综合考虑，在维持状态下奶牛体内至少 15% 的葡萄糖来自氨基酸，可合成葡萄糖总需要量的 36%，其中，32%来自肝，另外 4%来自肾。

（3）甘油。脂肪水解过程中甘油和游离脂肪酸同时释放，其中释放的甘油一部分可重新合成甘油三酯，另一部分由肝和肾摄取用于合成葡萄糖、甘油三酯及氧化成 CO_2 和 H_2O。当血中游离脂肪酸升高时，甘油参与甘油三酯合成也会增加。血液中清除的甘油 1/3 转变为葡萄糖。一般情况下血液中游离甘油并不多，因此由甘油转变成的葡萄糖数量有限，正常情况下只有约 5%的甘油碳原子用于合成葡萄糖，但在饥饿或营养不足时，体脂大量分解出较多的甘油进入血液，在肝、肾内转变成葡萄糖。一般饥饿的牛只体内有 20%～30%的葡萄糖来自甘油。围产期奶牛从甘油异生的葡萄糖占肝葡萄糖净释放量的 2%～4%。

（4）乳酸。体内乳酸的来源可分为内源和外源两个途径，其中糖酵解产生的乳酸称为内源性乳酸，由消化道吸收和由瘤胃黏膜中进行丙酸代谢所产生的乳酸称为外源性乳酸。内源性乳酸实际上不会净生成葡萄糖，只有外源性乳酸才能增加机体葡萄糖的供应量。只有转变为丙酮酸，乳酸才能被代谢利用；因为乳酸和丙酮酸都能透过细胞质膜，所以活跃的骨骼肌中产生的乳酸能够迅速扩散进入血液并被带入肝，乳酸在肝被氧化为

丙酮酸并经葡萄糖异生途径转变为葡萄糖。

高精饲料日粮饲喂时可引起瘤胃中纤维素分解菌群到瘤胃淀粉分解菌群的转变，这种淀粉分解菌群负责瘤胃中乳酸的产生，可被肝用于葡萄糖的合成。然而，由于乳酸盐的低 pH 和临床（亚急性）瘤胃酸中毒的高风险，乳酸盐的过量产生可能会损害奶牛的健康。瘤胃乳酸产量与 pH 密切相关，pH 较低时瘤胃乳酸菌大量增殖，瘤胃 pH 由 6.7 降至 6.0 时，乳酸产量上升 155%～431%。乳酸的另外一个来源是骨骼肌和其他外周组织中葡萄糖的厌氧氧化。在泌乳早期，骨骼肌中负责将丙酮酸转化为乳酸的乳酸脱氢酶的表达量上调，负责柠檬酸循环的主要酶表达量下调；后者表明骨骼肌中葡萄糖的分解代谢间接转向乳酸的产生支持糖异生。在妊娠末期，子宫和胎盘是乳酸的重要来源。因此，在妊娠末期和哺乳早期，乳酸在肝糖异生中的相对贡献最大。围产期从乳酸盐异生的葡萄糖占肝葡萄糖净释放量的 15%～20%。

综上，丙酸和氨基酸是奶牛最重要的葡萄糖前体物，占葡萄糖生成量的 45%～75%。泌乳期奶牛丙酸生成糖多于氨基酸，主要是由于泌乳奶牛日粮中淀粉含量高，发酵产生的丙酸比例也高，而大多数氨基酸主要用于合成乳蛋白。饥饿时，大量甘油将替代丙酸作为生糖物质，而少量糖则由氨基酸生成，同时肾也摄取相当数量的乳酸用于合成葡萄糖。

2. 葡萄糖异生作用的调节

外周前体物供应和肝、肾葡萄糖异生作用控制着葡萄糖的异生作用。

（1）外周前体物供应的控制与调节。日粮中的 NSC 含量，以及日粮采食量决定了糖异生前体物丙酸和乳酸的数量，而可利用甘油和氨基酸的量由复杂的激素调控。血糖浓度降低时，糖异生作用启动，肝开始释放葡萄糖；同时，胰腺分泌的胰岛素减少，胰高血糖素增加。对于糖异生速率的调控，胰岛素和胰高血糖素的物质的量比比两种激素各自的具体数量更重要。由于肝对胰高血糖素的敏感性比对胰岛素更强，当胰岛素/胰高血糖素的值约为 6 时，对肝产生影响的是胰高血糖素而不是胰岛素。如果葡萄糖持续缺乏，位于下丘脑的葡萄糖感受器将受到刺激并将冲动传递给肾上腺髓质，从而增加肾上腺素的分泌量。胰岛素减少、胰高血糖素增加，以及肾上腺素的分泌共同作用使糖异生加强并造成脂肪组织的脂解，使得血液中游离的甘油和脂肪酸增加。

随着胰高血糖素/胰岛素值的提高，迅速刺激肌肉释放氨基酸，得到更多的丙氨酸和谷氨酰胺等葡萄糖前体物。胰高血糖素、可的松和生长激素可增加肝吸收氨基酸的量，尤其是胰高血糖素，能迅速增加丙氨酸、谷氨酰胺和其他生糖氨基酸的吸收量。虽然胰高血糖素增加了肝对乳酸的吸收量，但没有证据表明丙酸或甘油的吸收也是在激素的调控下进行的。

（2）肝、肾葡萄糖异生作用的控制。肝、肾中葡萄糖异生作用主要是通过控制从血中摄取葡萄糖异生前体物的速度和前体物通过线粒体膜代谢途径的速度来调节。控制过程包括某些激素和关键酶的作用，其中胰高血糖素、可的松、生长激素都可影响肝摄取氨基酸，特别是胰高血糖素能迅速增加肝对丙氨酸、谷氨酸和其他生糖氨基酸的摄取。胰高血糖素也能促进肝摄取乳酸。代谢物运进和运出的改变可由代谢物在血液中的浓度的改变引起。

葡萄糖异生过程中有 4 步限速反应，分别由 4 种关键酶控制，即葡萄糖-6-磷酸酶、果糖-1,6-二磷酸酶、丙酮酸羧化酶和磷酸烯醇式丙酮酸羧化酶。其中，磷酸烯醇式丙酮酸羧化酶是糖异生过程中催化草酰乙酸生成磷酸烯醇式丙酮酸的一个关键酶，是糖异生的最主要限速酶。凡是影响这些酶的活化和合成的因素，都可影响上述 4 步反应，如饲料、饥饿、泌乳、运动、妊娠、激素等因素都可影响这些酶活。糖皮激素和胰高血糖素能增加所有反应的速度，胰岛素能降低反应速度。

草酰乙酸是葡萄糖合成作用和乙酰 COA 氧化作用的中间产物，它联结肝内葡萄糖异生和脂肪酸代谢。草酰乙酸缺乏，葡萄糖合成减少，脂肪酸氧化成 CO_2 减少，出现低血糖，中脂肪分解产生酮体。低血糖最常见的原因是缺乏葡萄糖异生作用所需的前体物。

（三）糖原分解

糖原贮存在肝和骨骼肌中，在奶牛体内贮存葡萄糖。在葡萄糖利用率低或葡萄糖需求高的时期（怀孕后期和哺乳早期），这些储备可以被调动起来。只有贮存在肝中的糖原才能直接支持血糖水平，因为肝能够将 6-磷酸葡萄糖转化为葡萄糖，而骨骼肌缺乏这种转化所必需的酶，因此骨骼肌中糖原能够贮存起来，所以来自骨骼肌的葡萄糖不能直接影响血糖水平。由于肝中贮存的糖原的大小有限，这种葡萄糖储备被认为是妊娠末期和哺乳期开始时总血糖调节的次要因素。泌乳开始时，骨骼肌中的糖原分解和糖酵解开始启动（Veenhuizen et al., 1991）。在此期间，骨骼肌中葡萄糖的氧化作用向乳酸的方向转移。因为乳酸可以通过肝转化为葡萄糖，骨骼肌内葡萄糖代谢的这种转变意味着肌肉糖原的贮存间接地促进了血糖水平（Kuhla et al., 2011）。

三、葡萄糖的更新与去路

（一）葡萄糖更新速度

反刍动物葡萄糖的平均更新速度比单胃动物稍低。妊娠和非妊娠动物之间存在差异，能量摄取和前体物的利用率也明显影响葡萄糖生成的速率。反刍动物葡萄糖的更新与其生理状态和营养情况有关，生长期间一般比成年时更新速率高，非妊娠绵羊体液中葡萄糖的更新时间为 2h，而妊娠和泌乳时平均分别只有 78min 和 43min；奶牛干奶期为每天更新 600g，泌乳中期为每天更新 1800g。研究表明，高产奶牛 60%～90% 的葡萄糖的更新用于乳糖的合成。

葡萄糖的更新速率还与血浆中葡萄糖的浓度有关，低血糖时更新速率降低，因此葡萄糖的生成或异生速率与奶牛需要的水平相同步。泌乳期间，葡萄糖更新与血浆葡萄糖浓度的关系密切，葡萄糖利用率对产奶量有很大影响，当血浆葡萄糖浓度从 50mg/100mL 增加到 60mg/100mL 时，葡萄糖的更新速率增加 50%，如果血浆葡萄糖浓度明显降低，乳的生成也会降低。

（二）葡萄糖的去路

1. 葡萄糖的氧化

奶牛机体葡萄糖共由三部分组成，其中 2/3 是溶于体液中的葡萄糖，1/3 是葡萄糖的衍生物或前体物。全身葡萄糖池的容量取决于血中葡萄糖浓度和分布容积大小。葡萄糖池空间容积占全身总容积的 20%～30%，这个容积稍大于细胞外液的体积，因为还有少量葡萄糖存在于细胞内。进入细胞的葡萄糖的大部分立即被磷酸化，只有少量再回到循环系统中。注射胰岛素可使葡萄糖池容积扩大 50% 以上。奶牛被氧化的葡萄糖占全身葡萄糖总量的比例（35%）低于猪、鸡等单胃动物（50%～60%）。

2. 葡萄糖的去路

泌乳牛代谢葡萄糖的主要去路有氧化供能、乳糖合成和能量沉积。

（1）葡萄糖的摄取过程。葡萄糖不能通过细胞周围的质膜，主要是通过促进扩散和共转运两个不同的过程清除。其中，共转运途径由钠依赖性葡萄糖转运蛋白（SGLT）介导，并由细胞内和细胞外液中钠浓度的差异来进行驱动。SGLT 位于小肠上皮细胞和肾小管细胞。然而，大多数细胞通过葡萄糖转运蛋白（GLUT）分子的促进扩散吸收葡萄糖，通过这些 GLUT 摄取葡萄糖基本上是由细胞外和细胞内液体之间的葡萄糖浓度差异驱动。GLUT 有 13 种不同的亚型，所有亚型都具有特定的组织分布、表达谱和对激素敏感性的特异性。GLUT1 分子在全身所有组织中表达，并负责基础葡萄糖摄取。在所有 GLUT 分子中，GLUT4 是唯一负责骨骼肌、心脏和脂肪组织中胰岛素刺激葡萄糖摄取的分子（Zhao and Keating，2007）。通过定量发现，最重要的葡萄糖消耗组织是骨骼肌、乳房和妊娠的子宫。

（2）骨骼肌和脂肪组织中葡萄糖的摄取。在骨骼肌和脂肪组织中，葡萄糖通过 GLUT1 和 GLUT4 分子输送到细胞中。GLUT1 占葡萄糖供应的基础地位，而 GLUT4 介导胰岛素刺激的葡萄糖摄取。在胰岛素刺激下，细胞内贮存的 GLUT4 被转移到细胞膜并与细胞膜融合。细胞膜上 GLUT4 的增加是胰岛素诱导的血糖降低的原因。与单胃动物相比，反刍动物骨骼肌和脂肪组织的胰岛素反应较低，部分原因在于反刍动物骨骼肌和脂肪组织中 GLUT4 的数量较少，且胰岛素诱导的 GLUT4 易位较低。反刍动物的另外一个典型特征是脂肪组织更喜欢使用瘤胃发酵产生的乙酸作为脂肪生成的基质，而单胃动物则使用葡萄糖。因此，反刍动物体内的脂肪组织仅占胰岛素诱导的总葡萄糖沉积量的一小部分。

为了保持足够的葡萄糖使胎儿生长发育，在怀孕和哺乳期间，体内的葡萄糖代谢发生了一系列变化。在骨骼肌和脂肪组织的水平上，葡萄糖消耗减少。最近一项使用蛋白质印迹分析骨骼肌的研究表明，与干奶期相比，在哺乳第 4 周 GLUT4 含量减少了 40%，表明在泌乳早期骨骼肌中 GLUT4 mRNA 的转录后调节降低了肌肉葡萄糖的摄取（Kuhla et al.，2011）。在泌乳高峰期，脂肪组织 GLUT1 和 GLUT4 的表达及蛋白质含量最低，在泌乳结束时增加，在干奶期保持升高，这使得泌乳早期脂肪组织基础的和胰岛素刺激的葡萄糖摄取减少，从而为产奶保留葡萄糖。

（3）子宫、胎盘和胎儿葡萄糖的摄取。在绵羊胎盘中负责葡萄糖摄取的 GLUT 分子是 GLUT1 和 GLUT3 亚型。只有在妊娠的最后 3 个月，子宫、胎儿和胎盘才会大幅增加葡萄糖的需求量，这与 GLUT3 的数量增加有关。在牛中，GLUT1、GLUT3、GLUT4 和 GLUT5 的胎盘表达已经被证实，妊娠早期胎盘组织中 GLUT4 的 mRNA 的表达是奶牛中的一个新发现，并且在人类中已经被证实过。

（4）乳腺的葡萄糖摄取。奶牛乳腺的葡萄糖消耗量占全身葡萄糖消耗量的 50%～85%，与干奶期结束时的需求量相比，哺乳第 3 周时的葡萄糖需求量增加了 2.5 倍（Lemosquet et al.，2009）。生产 1kg 牛奶需要 72g 葡萄糖（Kronfeld，1982）。葡萄糖是转运至乳腺上皮细胞中转化成乳糖，产生渗透压，最终决定产奶量。葡萄糖在牛乳腺中的摄取受 GLUT1、GLUT8、GLUT12、SGLT1、SGLT2 等的调节。这些基因的表达和蛋白质含量在干奶期几乎无法检测到，在泌乳开始时增加了几倍（Komatsu et al.，2005）。

（5）肝葡萄糖的生成。单胃动物的肝是一个相当重要的葡萄糖消耗器官。由于复杂的碳水化合物代谢，反刍动物肝的主要功能是产生葡萄糖，在泌乳高峰期间，每天的产量高达 3600g。负责葡萄糖从肝细胞（和进入肝细胞）运输的 GLUT 亚型是 GLUT2 和 GLUT5 型（Hocquette et al.，1996）。

四、犊牛的葡萄糖代谢

（一）血糖浓度的日龄性变化

犊牛血糖水平比成年牛高，出生后 3 个月内降至成年水平。随着年龄增长，血糖水平逐渐降低，与瘤胃发育程度、葡萄糖吸收量和红细胞摄取葡萄糖的量相关。3～8 周龄时，葡萄糖在犊牛代谢中的重要性降低，但这时瘤胃发育不完全，不能提供足够的 VFA 满足能量的需要。中等程度的缺糖将会耗尽肝糖原，并促使脂肪动员，血浆的游离脂肪酸（EFA）升高。

（二）葡萄糖代谢的特点

犊牛葡萄糖代谢随年龄增长的另外一个改变是对注射葡萄糖的耐受性增加，也就是说葡萄糖池随年龄增长而变大，葡萄糖利用速度随着年龄增长而增加。奶牛肝外组织利用葡萄糖的能力低于单胃动物。瘤胃功能的发育还与肝内经糖酵解和己糖磷酸途径氧化葡萄糖的能力有关系，这反映了糖代谢过程中某些关键酶活性的变化。新生反刍动物肝参与己糖磷酸途径的糖酵解的关键酶是 6-磷酸葡萄糖脱氢酶和 6-磷酸葡萄糖酸脱氢酶，以及 1,6-二磷酸果糖醛缩酶和三磷酸甘油醛脱氢酶等，这些重要的糖酵解酶的活性都高于成年反刍动物中。

肝中与糖原异生、葡萄糖释放有关的酶活性也随日龄变化发生改变，胚胎和羔羊体内催化葡萄糖合成糖原的酶活性较高，出生 2～3 个月后降至成年羊的水平，葡萄糖的利用率降低。出生后几周 6-磷酸葡萄糖酶、1,6-二磷酸己糖酶的活性，以及丙酮酸和丙酸合成糖原的速度增加到成年水平。成年牛肝内 6-磷酸葡萄糖酶活性比新生犊牛高，牛出生后 8～12 周增加到成牛水平。

（三）葡萄糖代谢的调控

犊牛的血液葡萄糖代谢主要受激素的调控。胰腺、垂体和肾上腺皮质激素的分泌率在新生幼畜中是很低的，注射胰岛素和摘除垂体或摘除肾上腺可导致低血糖效应而死亡。这种致死性效应并非单纯由低血糖引起，也可能是外周组织对血糖的敏感性提高的结果。因此，犊牛正常血糖浓度的保持依赖于内分泌系统的机能完整性。犊牛初生阶段交感神经系统的活动可以调控血糖浓度。交感神经有动员肝糖原分解的作用，在维持血糖浓度的机制丧失的情况下，中枢神经可以通过肾上腺髓质释放肾上腺素而维持血糖浓度的相对稳定。

五、围产后期奶牛葡萄糖代谢

奶牛围产后期 DMI 下降明显，处于能量负平衡状态，机体通过动员体脂满足胎儿、启动泌乳及维持的能量需要，特别是产奶量的急剧增加，分泌于乳汁中的乳糖很多，消耗了体内大量的葡萄糖，导致奶牛易发低血糖。泌乳早期奶牛肝糖异生作用增加和周围组织糖氧化作用减弱，预产期前 9 天到产后 21 天内脏器官葡萄糖的总输出量升高267%，这几乎全部来源于肝的糖异生。因此，运用营养调控技术促进葡萄糖摄取，提高机体可利用葡萄糖水平，是解决能量负平衡问题和降低氧化应激的有效策略。

（一）奶牛产后葡萄糖的缺乏

奶牛分娩后泌乳早期，需由葡萄糖去满足乳腺合成乳糖的潜力。产奶量越高对葡萄糖的需求量越大，因此产后对葡萄糖的需求量急剧增加。但这时养分处于负平衡，奶牛须动用机体贮存的蛋白质和脂肪去供给产奶的需要。由于机体中贮存的肝糖原和肌糖原很少，而丙酸糖异生生成的葡萄糖也远远满足不了产后奶牛需要。此时，奶牛会大量动用体组织中的蛋白质和氨基酸，用于满足葡萄糖需求。

虽然脂肪组织也同时被脂解，得到甘油和游离脂肪酸，但只有少部分甘油能通过糖异生转变成葡萄糖。但过多地分解体脂肪而葡萄糖不够时，使血糖水平过低，便会产生酮体（丙酮和 β-羟丁酸），如产生的酮体量很少，便用作能量或排出体外，当酮体浓度过高便会引起中毒。此外，脂肪动员还会释放出大量的游离脂肪酸（又名非酯化脂肪酸，NEFA），导致脂肪肝形成；同时，大量 NEFA 由于缺乏丙酸的参与，不能氧化成二氧化碳和水，导致不完全氧化进而引起酮病；机体中蛋白质的动用、脂肪的脂解，导致产后失重。

干奶期能量摄入过多不会影响奶牛的葡萄糖耐受性，但会对围产期奶牛葡萄糖代谢和能量平衡造成负面作用，能量摄入高低与血液中葡萄糖浓度，以及产后血液中胰岛素、胰高血糖素、非酯化脂肪酸和 β-羟丁酸浓度密切相关。此外，干奶期长短也可以影响产犊前后奶牛的能量代谢状况及后续产奶量的高低，奶牛产犊后肝糖原降低及肝脂肪含量升高，干奶 90 天的奶牛肝丙酮酸羧化酶的 mRNA 丰度有上调的趋势。干奶时间缩短可以使奶牛的葡萄糖代谢趋于更加平衡的状态。

（二）奶牛葡萄糖缺乏引起的代谢病

围产期奶牛营养物质摄入不足，能量代谢加快，内分泌激素急剧变化，氧化应激严重，机体免疫和抗炎症能力降低，葡萄糖合成不足，引起体脂和体蛋白动员，通常会产生脂肪肝、酮病、产后失重及繁殖率降低等代谢异常现象。

1. 脂肪肝

由于体蛋白的动用，脂肪被脂解为甘油和游离脂肪酸，其中甘油一部分重新用于脂肪的合成，一少部分通过糖异生合成葡萄糖，还有一部分被氧化成二氧化碳和水。正常条件下只有 5%的甘油用于合成葡萄糖，饥饿的动物则有 20%～30%的甘油合成葡萄糖（Amaral et al.，1990）。而游离脂肪酸大部分以甘油三酯形式重新沉积在肝细胞中。肝中大部分甘油三酯以脂蛋白的形式伴随血液转移出肝，脂蛋白由 60%的甘油三酯、少量胆固醇、25%的磷脂及 6%的蛋白质组成，也称为极低密度脂蛋白。而磷脂由磷脂酸胆碱、肌醇磷脂和脑磷脂等组成，反刍动物的磷脂酸胆碱 70%～80%都是通过胆碱合成，其余部分来自于磷脂酸乙醇胺的甲基化作用，牛体内大约 30%的游离蛋氨酸被用来合成胆碱。而反刍动物来源于日粮中的胆碱在瘤胃中迅速被降解，只能通过蛋氨酸甲基化作用获取，但奶牛产后日粮中的蛋氨酸本来就不足，基本上都用于合成乳蛋白，导致肝中构成极低密度脂蛋白所需胆碱严重不足，致使大量的甘油三酯蓄积在肝中，导致脂肪肝病。

2. 酮病

非酯化脂肪酸运送到肝后被 β-氧化分解为乙酰 CoA，产生的乙酰 CoA 被彻底分解为二氧化碳和水以产生更多的能量。但该过程需要草酰乙酸参与，如果没有足够的草酰乙酸可利用，那么过多的乙酸就会在肝中聚集。此时，乙酸分子在酶的作用下会转化为丙酮、乙酰乙酸和 β-羟丁酸。同时因糖的缺乏不能产生足够的 3-磷酸甘油，使 NEFA 酯化为甘油三酯受阻，进一步促进乙酰 CoA 的生成，加剧了酮体的生成。同时，生糖前体物缺乏使得血糖浓度下降，引起胰高血糖素分泌增多和胰岛素分泌减少，垂体内葡萄糖受体兴奋，促进肾上腺素分泌，肝糖原分解增多，脂肪水解为甘油和游离脂肪酸的速度加快，酮体生成增多。当肝中产生的酮体超过了肝外组织的利用率，酮体大量在奶牛体内沉积，引发酮病。

3. 产后失重和情期受胎率降低

由于体蛋白的动用和体脂肪的脂解作用，产后奶牛体重迅速降低，每天失重 0.9～1.5kg（刘春海等，2017）。体重下降可进一步影响奶牛的产后发情，导致不能按时配种，拉长产犊间隔，总产奶量降低。过多动用体蛋白后，由于氨基酸在糖异生前在转氨酶作用下会释放出大量的氨，因而会导致血氨浓度升高，造成血液中尿素氮水平提高，对卵子和胚胎产生毒害作用，进而影响牛的受精、排卵及胚胎发育，导致奶牛情期受胎率降低。而且也有研究发现，肝脂肪浸润量在1%~5%，就会对奶牛健康和繁殖力产生不利影响。同时，由于葡萄糖的缺乏，限制了乳糖的合成，加上一部分蛋氨酸用于合成胆碱，从而影响了高产奶牛产奶量的发挥。

六、奶牛葡萄糖平衡的调控

作为奶牛的重要能量来源，葡萄糖在维持乳腺发育、泌乳和物质周转过程中发挥着重要作用，因此，充足的葡萄糖供应是保证围产期奶牛能量平衡和减少疾病发生的有效手段。

（一）调控瘤胃发酵类型

瘤胃中非结构性碳水化合物发酵产生的丙酸是奶牛最主要的生糖前体物质，以及生糖氨基酸、乳酸、甘油等也可通过糖异生生成葡萄糖。通过增加日粮中可降解淀粉比例，能够促进丙酸产生，可为糖异生途径提供底物，促进葡萄糖的合成，是保证机体葡萄糖供应的重要途径（徐明和姚军虎，2005）。通过调控瘤胃发酵类型，可以调控葡萄糖的生成。研究发现，纳豆芽孢杆菌发酵物可增加泌乳早期奶牛的瘤胃丙酸物质的量比例，提高奶产量和乳糖含量（Sun et al., 2013）。富马酸、大蒜油和延胡索酸的混合物等也可调控瘤胃发酵类型，使瘤胃维持丙酸型发酵（Mbiriri et al., 2017）。使用莫能菌素等离子载体类抗生素可以提高瘤胃中丙酸产量和血浆葡萄糖浓度，降低血液酮体浓度和血浆游离脂肪酸浓度，起到预防和缓解酮病发生的作用（张晓庆和那日苏，2006）。

丙二醇通常作为瘤胃丙酸盐的前体物质，可以被吸收作为肝糖异生的前体物质。研究表明在围产后期日粮中添加或灌服丙二醇能够减少肝脂肪沉积，促进葡萄糖异生作用，改善奶牛能量平衡，适宜添加量为300mL/d（刘强等，2012）。奶牛生产中常使用丙酸盐化合物（钙、镁等）来补充肝糖异生的底物，补充丙酸盐能提高血液葡萄糖浓度，降低β-羟丁酸浓度，能够有效减少酮病的发生范围（曹娜等，2017），但价格较贵且适口性差，限制了其应用。此外，也有研究人员给围产后期奶牛日粮中直接补饲瘤胃保护性葡萄糖300~400g/（头·d），可有效减缓奶牛产后体重损失，提高了产奶量和血清中葡萄糖浓度，降低了血清中非酯化脂肪酸和β-羟丁酸浓度（薛倩，2015）。

（二）适当增加过瘤胃淀粉供应量

淀粉在瘤胃和小肠中的主要降解产物分别是丙酸和葡萄糖。日粮中适量的过瘤胃淀粉可为奶牛提供大量外源性葡萄糖，降低糖异生途径合成葡萄糖的能量损失，节约生糖氨基酸，提高动物生产性能（Larsen and Kristensen, 2009）。

适当的物理或化学方法处理谷物类饲料，可以提高其淀粉的过瘤胃率及其小肠消化率。过瘤胃淀粉水平影响奶牛机体葡萄糖代谢及相关激素的分泌；过瘤胃淀粉水平越高，血浆胰岛素水平越高，而胰高血糖素水平越低（Garnsworthy et al., 2009），表明适当增加日粮过瘤胃淀粉可促进葡萄糖吸收和利用。在围产期奶牛日粮用玉米替代黑小麦时发现，高过瘤胃淀粉谷物（玉米）更适宜作为围产期奶牛的能量来源和保证能量均衡

（Mikuła et al.，2011）。此外，冯仰廉等（2008）提出了生糖前体（瘤胃丙酸+肠可消化淀粉）能量的概念，指出生糖前体能量能明显提高奶牛的产奶量和乳蛋白率，但导致乳脂率下降。

（三）促进胰腺-淀粉酶分泌

胰腺-淀粉酶分泌不足时会限制过瘤胃淀粉在小肠中的消化，造成能量浪费，严重时引起后肠道酸中毒（Harmon，2009）。因此，通过调控技术促进 α-淀粉酶分泌，理论上可以促进过瘤胃淀粉在小肠中的消化率，增加葡萄糖供应量。胆囊收缩素（CCK）可调控动物胰腺相关酶的分泌表达（Crozier et al.，2008），通过研究十二指肠短期和长期灌注苯丙氨酸对山羊胰腺外分泌功能的影响，结果表明，短期灌注不影响胰液分泌量和淀粉酶、脂肪酶、胰蛋白酶的活性，而长期灌注则会促进 CCK 和 α-淀粉酶分泌，且存在剂量效应，灌注量为 4g/d 时，α-淀粉酶活性达到最大（Yu et al.，2013）。适当提高日粮中过瘤胃淀粉水平也可促进胰腺 α-淀粉酶分泌，但过高时则会降低其分泌量（Xu et al.，2010）。研究发现，当日粮中过瘤胃淀粉供给量超过 1.6kg/d 时，奶牛的淀粉全消化道消化率低于 89%，其原因可能是小肠中的淀粉酶和麦芽糖酶分泌不足。

（四）调控葡萄糖转运载体的表达

葡萄糖跨膜转运是葡萄糖高效利用的限速步骤，而这一过程由葡萄糖转运载体 GLUTs 和 SGLTs 共同完成。因此，调控葡萄糖转运载体的数量和活性来增强葡萄糖的转运能力，也可以保证葡萄糖的充足供应。

胰岛素和胰高血糖素是调控糖类代谢和维持机体血糖平衡的关键激素，其对葡萄糖代谢的调控也会伴随着葡萄糖转运载体的表达变化。GLUT4 是胰岛素依赖型葡萄糖转运载体，胰岛素水平可影响 GLUT4 的表达及其转运能力（Komatsu et al.，2005）。一定范围内，日粮过瘤胃淀粉含量通常与十二指肠可吸收葡萄糖量呈正相关，而小肠可吸收葡萄糖的量可促进 GLUTs 和 SGLTs 的表达，进一步促进肠道葡萄糖的吸收和转运。因此，生产实践中可通过增加日粮过瘤胃淀粉含量来刺激葡萄糖转运载体的表达，以增强肠道中葡萄糖转运和吸收能力。SGLTs 是 Na^+ 依赖型葡萄糖转运载体，其转运过程需要 Na^+ 协同才能完成（周瑞宇等，2010），表明肠道和血液 Na^+ 的浓度可影响机体葡萄糖吸收及乳腺葡萄糖摄取，因此应保证机体的钠平衡。

（五）增强肝糖异生能力

肝糖异生是反刍动物机体葡萄糖的重要来源，也是满足乳腺葡萄糖需求，维持乳糖率相对稳定的调控机制之一。底物、酶类和激素共同调控反刍动物肝糖异生活动，增加底物、提高酶活和注射外源激素均可促进葡萄糖的糖异生合成，增加内源葡萄糖供应量，维持机体葡萄糖的代谢稳衡。例如，高血糖素、生糖底物、产后泌乳等增加奶牛肝磷酸烯醇式丙酮酸羧激酶（PEPCK）的基因表达，增强牛肝糖异生作用，而胰岛素、NEFA、脂肪肝等抑制或减弱奶牛肝 PEPCK 活性，减弱牛肝糖异生作用。糖异生调控必须适度，过强的糖异生能力可造成能量和生糖氨基酸的浪费。

综上，日粮中碳水化合物是奶牛的主要能量来源，在瘤胃和肠道消化后可以为瘤胃微生物和机体代谢提供能量。同时，日粮碳水化合物的来源、结构和平衡会影响饲料的物理特性和营养价值，关乎奶牛的采食、瘤胃发酵与健康、微生物蛋白质合成和泌乳性能等方面。因此，科学、合理搭配奶牛日粮中碳水化合物的组成对提高饲料利用率和生产性能，以及降低营养代谢病发病率具有重要意义。今后，可尝试采用传统营养生理学结合宏基因组、代谢组学、蛋白质组学等技术来开展碳水化合物营养与奶牛生产及健康关系的研究，为奶牛科学养殖提供基础理论和数据支撑。

（编写者：郭勇庆　田雨佳　史海涛　郝科比）

参 考 文 献

卜登攀, 卢德勋, 崔慰贤, 等. 2008. 瘤胃能氮同步释放对瘤胃微生物蛋白质合成的影响[J]. 中国畜牧兽医, 35(12): 5-10.

曹娜, 张亚伟, 吴浩, 等. 2017. 丙酸盐在反刍动物中的应用[J]. 中国畜牧兽医, 44(12): 3519-3524.

陈尚钘, 勇强, 徐勇, 等. 2009. 蒸汽爆破预处理对玉米秸秆化学组成及纤维结构特性的影响[J]. 林产化学与工业, 29(S1): 33-38.

丁雪. 2016. 利用 FTIR 技术评定玉米秸秆营养价值的研究[D]. 哈尔滨: 东北农业大学硕士学位论文.

杜雪燕, 王迅, 柴沙驼, 等. 2015. 基于近红外光谱的天然牧草 CNCPS 组分分析与预测[J]. 江苏农业学报, (05): 1115-1123.

范华, 董宽虎, 裴彩霞. 2002. 保存方法对玉米秸营养价值的影响[J]. 山西农业大学学报(自然科学版), 22(2): 106-108.

冯仰廉, 李胜利, 张晓明. 2008. 奶牛和肉牛日粮淀粉和葡萄糖的营养调控及其评定的建议[J]. 动物营养学报, 20(1): 115-122.

冯仰廉. 2004. 反刍动物营养学[M]. 北京: 科学出版社.

付聪, 王洪荣, 王梦芝, 等. 2014. 不同代谢葡萄糖水平饲粮对 8～10 月龄后备奶牛生长发育、营养物质消化率和血清生化指标的影响[J]. 动物营养学报, 26(9): 2615-2622.

郭勇庆, 刘进军, 刘洁, 等. 2014a. 通过提高日粮 peNDF 含量调控奶牛亚急性瘤胃酸中毒[J]. 中国奶牛, (14): 5-7.

郭勇庆, 邹杨, 徐晓锋, 等. 2014b. 细粉碎小麦诱导亚急性瘤胃酸中毒对奶牛乳脂合成和肝脂肪合成关键酶基因表达量的影响[J]. 畜牧兽医学报, 45(7): 1120-1128.

红敏, 高民, 卢德勋, 等. 2011. 粗饲料品质评定指数新一代分级指数的建立及与分级指数[GI_(2001)]和饲料相对值(RFV)的比较研究[J]. 畜牧与饲料科学, 32(10): 143-146.

赖玉娇, 罗海玲, 王朕朕, 等. 2014. 添加不同乳酸菌剂对苜蓿青贮营养价值的影响[J]. 中国畜牧兽医, 41(8): 111-116.

李婷, 李杰, 侯进, 等. 2010. 绵羊对侧耳菌处理玉米秸秆的采食特性和表观消化率的研究[J]. 饲料博览, (4): 1-3.

刘春海, 韩建林, 陶春卫. 2017. 浅析奶牛产后葡萄糖代谢失衡理论[J]. 中国奶牛, (01): 8-12.

刘丹, 吴跃明, 刘建新. 2004. 氨化处理对秸秆理化特性和组织特性的影响[J]. 中国饲料, (2): 36-38.

刘李萍, 张幸开. 2013. 奶牛日粮中淀粉的营养及应用[J]. 中国奶牛, (13): 10-13.

刘强, 王聪, 张延利, 等. 2012. 丙二醇对围产期奶牛能量平衡及代谢产物的影响[J]. 畜牧兽医学报, 43(03): 388-396.

毛华明, 朱仁俊, 冯仰廉. 2001. 复合化学处理提高作物秸秆营养价值的研究[J]. 中国牛业科学, 27(2):

12-15.

穆怀彬. 2008. 近红外光谱技术在玉米营养品质和青贮玉米品质评定中的研究[D]. 呼和浩特: 内蒙古农业大学博士学位论文.

穆会杰, 刘庆华, 邢其银. 2014. 不同生育期小麦秸营养动态及饲用价值[J]. 动物营养学报, 26(2): 549-556.

乔富强. 2014. 玉米、小麦、稻谷蒸汽压片处理对其化学成分、瘤胃发酵和能量价值的影响[D]. 北京: 中国农业大学博士学位论文.

石磊. 2018. 蒸汽爆破处理对不同粗饲料形态结构、营养成分和体外发酵特性的影响[D]. 北京: 中国农业大学硕士学位论文.

史海涛. 2016. 青贮玉米添加水平对荷斯坦后备母牛养分消化和肝脏转录组的影响[D]. 北京: 中国农业大学博士学位论文.

苏华维, 杨再俊, 曹志军, 等. 2011. 利用瘤胃能氮平衡原理评价奶牛全混合日粮的能氮平衡[J]. 中国畜牧杂志, 47(9): 45-49.

田雨佳. 2011. 不同刈割茬次和物候期的苜蓿对奶牛营养价值的比较研究[D]. 呼和浩特: 内蒙古农业大学硕士学位论文.

王炳. 2016. 饲喂秸秆日粮奶牛泌乳性能低下的消化吸收与代谢机制研究[D]. 杭州: 浙江大学博士学位论文.

王之盛, 李胜利. 2016. 反刍动物营养学[M]. 北京: 中国农业出版社.

谢春元, 杨红建, 么学博, 等. 2007. 瘤胃尼龙袋法和体外产气法评定反刍动物饲料的营养价值的比较[J]. 中国畜牧杂志, 43(17): 39-42.

徐明. 2007. 反刍动物瘤胃健康和碳水化合物能量利用效率的营养调控[D]. 杨凌: 西北农林科技大学博士学位论文.

徐明, 姚军虎. 2005. 泌乳牛葡萄糖营养研究进展[J]. 动物营养学报, 17(3): 1-5.

薛倩. 2015. 瘤胃保护葡萄糖的制备及在奶牛围产后期的应用研究[D]. 保定: 河北农业大学硕士学位论文.

张立涛, 刁其玉, 李艳玲, 等. 2013. 中性洗涤纤维生理营养与需要量的研究进展[J]. 中国草食动物科学, 33(01): 57-61.

张涛, 赵向辉, 徐明, 等. 2010. 粗饲料颗粒长度对山羊咀嚼活动和瘤胃发酵的影响[J]. 饲料工业, 31(9): 30-32.

张晓庆, 那日苏. 2006. 莫能菌素在动物生产中的应用[J]. 饲料工业, (04): 15-17.

赵丽华, 莫放, 余汝华, 等. 2008. 贮存时间对玉米秸秆营养物质损失的影响[J]. 中国农学通报, 24(2): 4-7.

赵向辉, 刘婵娟, 烨刘, 等. 2012. 日粮可降解蛋白与非纤维性碳水化合物对人工瘤胃发酵、微生物合成以及纤维分解菌菌群的影响[J]. 中国农业科学, 45(22): 4668-4677.

周瑞宇, 辛现良, 耿美玉. 2010. 葡萄糖转运载体及其在单糖肠吸收中的作用研究进展[J]. 现代生物医学进展, 10(17): 3335-3339.

邹杨, 郭勇庆, 杨占山, 等. 2015. 真胃灌注不同水平淀粉对泌乳奶牛生产性能和代谢参数的影响[J]. 中国畜牧杂志, (13): 20-24.

Aikman P C, Reynolds C K, Beever D E. 2008. Diet digestibility, rate of passage, and eating and rumination behavior of Jersey and Holstein cows[J]. Journal of Dairy Science, 91(3): 1103-1114.

Albrecht E, Kolisek M, Viergutz T, et al. 2008. Molecular identification, immunolocalization, and functional activity of a vacuolar-type H$^+$-ATPase in bovine rumen epithelium[J]. Journal of Comparative Physiology B, 178(3): 285-295.

Allen M S. 1997. Relationship between fermentation acid production in the rumen and the requirement for physically effective fiber[J]. Journal of Dairy Science, 80(7): 1447-1462.

Amaral D M, Veenhuizen J J, Drackley J K, et al. 1990. Metabolism of propionate, glucose, and carbon dioxide as affected by exogenous glucose in dairy cows at energy equilibrium[J]. Journal of Dairy Science, 73(5): 1244-1254.

Arelovich H M, Abney C S, Vizcarra J A, et al. 2008. Effects of dietary neutral detergent fiber on intakes of dry matter and net energy by dairy and beef cattle: Analysis of published data[J]. Professional Animal Scientist, 24(5): 375-383.

Aschenbach J R, Penner G B, Stumpff F, et al. 2011. Ruminant nutrition symposium: Role of fermentation acid absorption in the regulation of ruminal pH[J]. Journal of Animal Science, 89(4): 1092-1107.

Batajoo K K, Shaver R D. 1994. Impact of nonfiber carbohydrate on intake, digestion, and milk production by dairy cows[J]. Journal of Dairy Science, 77(6): 1580-1588.

Beauchemin K A, Farr B I, Rode L M, et al. 1994. Effects of alfalfa silage chop length and supplementary long hay on chewing and milk production of dairy cows[J]. Journal of Dairy Science, 77(5): 1326-1339.

Beauchemin K A. 1991. Effects of dietary neutral detergent fiber concentration and alfalfa hay quality on chewing, rumen function, and milk production of dairy cows[J]. Journal of Dairy Science, 74(9): 3140-3151.

Belanche A, Doreau M, Edwards J E, et al. 2012. Shifts in the rumen microbiota due to the type of carbohydrate and level of protein ingested by dairy cattle are associated with changes in rumen fermentation[J]. Journal of Nutrition, 142(9): 1684-1692.

Bilk S, Huhn K, Honscha K U, et al. 2005. Bicarbonate exporting transporters in the ovine ruminal epithelium[J]. Journal of Comparative Physiology B, 175(5): 365-374.

Bowman G R, Beauchemin K A, Shelford J A. 2003. Fibrolytic enzymes and parity effects on feeding behavior, salivation, and ruminal pH of lactating dairy cows[J]. Journal of Dairy Science, 86(2): 565-575.

Broderick G A, Luchini N D, Reynal S M, et al. 2008. Effect on production of replacing dietary starch with sucrose in lactating dairy cows[J]. Journal of Dairy Science, 91(12): 4801-4810.

Connor E E, Li R W, Baldwin R L, et al. 2010. Gene expression in the digestive tissues of ruminants and their relationships with feeding and digestive processes[J]. Animal, 4(7): 993-1007.

Crozier S J, Sans M D, Lang C H, et al. 2008. CCK-induced pancreatic growth is not limited by mitogenic capacity in mice[J]. American Journal of Physiology-Gastrointestinal and Liver Physiology, 294(5): 1148-1157.

De Koster J D, Opsomer G. 2013. Insulin resistance in dairy cows[J]. Veterinary Clinics: Food Animal Practice, 29(2): 299-322.

Depies K K, Armentano L E. 1995. Partial replacement of alfalfa fiber with fiber from ground corn cobs or wheat middlings[J]. Journal of Dairy Science, 78(6): 1328-1335.

Doaa K, Junji M, Hideaki H, et al. 2010. Monocarboxylate transporter 1 (MCT1) plays a direct role in short-chain fatty acids absorption in caprine rumen[J]. Journal of Physiology, 576(2): 635-647.

Drackley J K, Overton T R, Douglas G N. 2001. Adaptations of glucose and long-chain fatty acid metabolism in liver of dairy cows during the periparturient period[J]. Journal of Dairy Science, 84(84): 100-112.

Firkins J L. 1997. Effects of feeding nonforage fiber sources on site of fiber digestion[J]. Journal of Dairy Science, 80(7): 1426-1437.

Garnsworthy P C, Gong J G, Armstrong D G, et al. 2009. Effect of site of starch digestion on metabolic hormones and ovarian function in dairy cows[J]. Livestock Science, 125(2): 161-168.

Graham C, Gatherar I, Haslam I, et al. 2007. Expression and localization of monocarboxylate transporters and sodium/proton exchangers in bovine rumen epithelium[J]. Am J Physiol Regul Integr Comp Physiol, 292(2): 997-1007.

Guo Y Q, Zou Y, Cao Z J, et al. 2013a. Evaluation of coarsely ground wheat as a replacement for ground corn in the diets of lactating dairy cows[J]. Asian-Australasian Journal of Animal Sciences, 26(7): 961-970.

Guo Y, Wang L, Zou Y, et al. 2013b. Changes in ruminal fermentation, milk performance and milk fatty acid profile in dairy cows with subacute ruminal acidosis and its regulation with pelleted beet pulp[J].

Archives of Animal Nutrition, 67(6): 433-447.

Guo Y, Xu X, Zou Y, et al. 2013c. Changes in feed intake, nutrient digestion, plasma metabolites, and oxidative stress parameters in dairy cows with subacute ruminal acidosis and its regulation with pelleted beet pulp[J]. Journal of Animal Science and Biotechnology, 4: 31.

Hall M B, Mertens D R. 2017. A 100-year review: Carbohydrates—characterization, digestion, and utilization[J]. Journal of Dairy Science, 100(12): 10078-10093.

Harmon D L. 1992. Dietary influences on carbohydrases and small intestinal starch hydrolysis capacity in ruminants[J]. The Journal of Nutrition, 122(1): 203-210.

Harmon D L. 2009. Understanding starch utilization in the small intestine of cattle[J]. Asian-Australasian Journal of Animal Sciences, 22(7): 915-922.

Hocquette J, Balage M, Ferré P. 1996. Facilitative glucose transporters in ruminants[J]. Proceedings of the Nutrition Society, 55(1B): 221-236.

Hoover W H, Stokes S R. 1991. Balancing carbohydrates and proteins for optimum rumen microbial yield[J]. Journal of Dairy Science, 74(10): 3630-3644.

Huntington G B. 1997. Starch utilization by ruminants: From basics to the bunk[J]. Journal of Animal Science, 75(3): 852-867.

Janovick N A, Drackley J K. 2010. Prepartum dietary management of energy intake affects postpartum intake and lactation performance by primiparous and multiparous Holstein cows[J]. Journal of Dairy Science, 93(7): 3086-3102.

Jiang F G, Lin X Y, Yan Z G, et al. 2017. Effect of dietary roughage level on chewing activity, ruminal pH, and saliva secretion in lactating Holstein cows[J]. Journal of Dairy Science, 100(4): 2660-2671.

Johnson R R. 1976. Influence of carbohydrate solubility on non-protein nitrogen utilization in the ruminant[J]. Journal of Animal Science, 43(1): 184-191.

Knowlton K F, Glenn B P, Erdman R A. 1998. Performance, ruminal fermentation, and site of starch digestion in early lactation cows fed corn grain harvested and processed differently[J]. Journal of Dairy Science, 81(7): 1972-1984.

Komatsu T, Itoh F, Kushibiki S, et al. 2005. Changes in gene expression of glucose transporters in lactating and nonlactating cows[J]. Journal of Animal Science, 83(3): 557-564.

Kononoff P J, Heinrichs A J. 2003. The effect of reducing alfalfa haylage particle size on cows in early lactation[J]. Journal of Dairy Science, 86(4): 1445-1457.

Krause K M, Combs D K, Beauchemin K A. 2002. Effects of forage particle size and grain fermentability in midlactation cows. II. Ruminal pH and chewing activity[J]. Journal of Dairy Science, 85(8): 1947-1957.

Kronfeld D S. 1982. Major metabolic determinants of milk volume, mammary efficiency, and spontaneous ketosis in dairy cows[J]. Journal of Dairy Science, 65(11): 2204-2212.

Kuhla B, Nü rnberg G, Albrecht D, et al. 2011. Involvement of skeletal muscle protein, glycogen, and fat metabolism in the adaptation on early lactation of dairy cows[J]. Journal of Proteome Research, 10(9): 4252-4262.

Larsen M, Kristensen N B. 2009. Effect of abomasal glucose infusion on splanchnic and whole-body glucose metabolism in periparturient dairy cows[J]. Journal of Dairy Science, 92(3): 1071-1083.

Lei Y, Bei Z, Zanming S. 2014. Dietary modulation of the expression of genes involved in short-chain fatty acid absorption in the rumen epithelium is related to short-chain fatty acid concentration and pH in the rumen of goats[J]. Journal of Dairy Science, 97(9): 5668-5675.

Lemosquet S, Raggio G, Lobley G E, et al. 2009. Whole-body glucose metabolism and mammary energetic nutrient metabolism in lactating dairy cows receiving digestive infusions of casein and propionic acid[J]. Journal of Dairy Science, 92(12): 6068-6082.

Linn J. 2016. Dairy cattle nutrition: Feedstuffs[Z]. 88, S14.

Matthé A, Lebzien P, Hric I, et al. 2001. Effect of starch application into the proximal duodenum of ruminants on starch digestibility in the small and total intestine[J]. Archives of Animal Nutrition, 55(4): 351-369.

Maulfair D D, Heinrichs A J. 2013. Effects of varying forage particle size and fermentable carbohydrates on feed sorting, ruminal fermentation, and milk and component yields of dairy cows[J]. Journal of Dairy Science, 96(5): 3085-3097.

Mbiriri D T, Cho S, Mamvura C I, et al. 2017. Effects of a blend of garlic oil, nitrate and fumarate on *in vitro* ruminal fermentation and microbial population[J]. Journal of Animal Physiology and Animal Nutrition, 101(4): 713-722.

Melo L Q, Costa S F, Lopes F, et al. 2013. Rumen morphometrics and the effect of digesta pH and volume on volatile fatty acid absorption[J]. Journal of Animal Science, 91(4): 1775-1783.

Mertens D R. 1997. Creating a system for meeting the fiber requirements of dairy cows[J]. Journal of Dairy Science, 80(7): 1463-1481.

Mikuła R, Nowak W, Jaśkowski J, et al. 2011. Effects of different starch sources on metabolic profile, production and fertility parameters in dairy cows[J]. Polish Journal of Veterinary Sciences, 14(1): 55-64.

Mooney C S, Allen M S. 1997. Physical effectiveness of the neutral detergent fiber of whole linted cottonseed relative to that of alfalfa silage at two lengths of cut[J]. Journal of Dairy Science, 80(9): 2052-2061.

Muller F, Huber K, Pfannkuche H, et al. 2002. Transport of ketone bodies and lactate in the sheep ruminal epithelium by monocarboxylate transporter[J]. American Journal of Physiology-Gastrointestinal and Liver Physiology, 283(5): G1139-G1146.

Murphy M R, Baldwin R L, Koong L J. 1982. Estimation of stoichiometric parameters for rumen fermentation of roughage and concentrate diets[J]. Journal of Animal Science, 55(2): 411-421.

Nasrollahi S M, Khorvash M, Ghorbani G R, et al. 2012. Grain source and marginal changes in forage particle size modulate digestive processes and nutrient intake of dairy cows[J]. Animal, 6(8): 1237-1245.

NRC. 1989. Nutrient requirements of dairy cattle[S]. 6th ed. Washington D.C.: National Academy Press.

NRC. 2001. Nutrient requirements of dairy cattle[S]. 7th ed. Washington D.C.: National Academy Press.

Reid J T. 1956. Nutrition and feeding of dairy cattle[J]. Journal of Dairy Science, 39: 735-763.

Schwaiger T, Beauchemin K A, Penner G B. 2013. The duration of time that beef cattle are fed a high-grain diet affects the recovery from a bout of ruminal acidosis: Dry matter intake and ruminal fermentation[J]. Journal of Animal Science, 91(12): 5729-5742.

Shi H, Cao Z, Wang Y, et al. 2016. Effects of calcium oxide treatment at varying moisture concentrations on the chemical composition, *in situ* degradability, *in vitro* digestibility and gas production kinetics of anaerobically stored corn stover[J]. Journal of Animal Physiology and Animal Nutrition, 100(4): 748-757.

Shi H, Li S, Cao Z, et al. 2015. Effects of replacing wild rye, corn silage, or corn grain with CaO-treated corn stover and dried distillers grains with solubles in lactating cow diets on performance, digestibility, and profitability[J]. Journal of Dairy Science, 98(10): 7183-7193.

Shi H, Yu P. 2018. Advanced synchrotron-based and globar-sourced molecular (micro) spectroscopy contributions to advances in food and feed research on molecular structure, mycotoxin determination and molecular nutrition[J]. Critical Reviews in Food Science and Nutrition, 58: 2164-2175.

Siciliano-Jones J, Murphy M R. 1989. Production of volatile fatty acids in the rumen and cecum-colon of steers as affected by forage: concentrate and forage physical form[J]. Journal of Dairy Science, 72(2): 485-492.

Singh K, Schiere J B. 1995. Handbook for straw feeding systems: principles and applications with emphasis on Indian livestock production[M]. New Delhi: ICAR.

Singh R B, Saha R C. 1995. Jute and its by-product. In Straw Feeding Systems-a Handbook[M]. *In*: Kiran S, Schiere J B. Division of Animal Nutrition and Physiology. New Delhi: ICAR.

Sun P, Wang J Q, Deng L F. 2013. Effects of Bacillus subtilis natto on milk production, rumen fermentation and ruminal microbiome of dairy cows[J]. Animal, 7(2): 216-222.

Theurer C B, Huber J T, Delgado-Elorduy A, et al. 1999. Invited review: Summary of steam-flaking corn or sorghum grain for lactating dairy cows[J]. Journal of Dairy Science, 82(9): 1950-1959.

Van Soest P J. 1964. Symposium on nutrition and forage and pastures: new chemical procedures for evaluating forages[J]. Journal of Animal Science, 23(3): 838-845.

Vázquez-AÓn M, Cassidy T, Mccullough P, et al. 2001. Effects of alimet on nutrient digestibility, bacterial protein synthesis, and ruminal disappearance during continuous culture[J]. Journal of Dairy Science, 84(1): 159-166.

Veenhuizen J J, Drackley J K, Richard M J, et al. 1991. Metabolic changes in blood and liver during development and early treatment of experimental fatty liver and ketosis in cows[J]. Journal of Dairy Science, 74(12): 4238-4253.

Wattiaux M A. 2006. Milk Composition and Nutritional Value. Dairy Essentials-Lactation and Milking[J]. Babcock Institute for International Dairy Research and Development, Babcock Institute USA.

Weise B, Firkins J. 2007. Silages as starch sources for cows[M]. *In*: Proc. Mid-South Ruminant Nutr. Conf. Dallas, TX. Texas Animal Nutrition Council, Grapevine TX: 7-13.

Wilson R, Pigden W. 1964. Effect of a sodium hydroxide treatment on the utilization of wheat straw and poplar wood by rumen microorganisms[J]. Canadian Journal of Animal Science, 44(1): 122-123.

Würmli R, Wolffram S, Scharrer E. 1987. Inhibition of chloride absorption from the sheep rumen by nitrate[J]. Journal of Veterinary Medicine Series A, 34(1-10): 476-479.

Xu M, Du S, Wang J, et al. 2010. Influence of rumen escape starch on pancreatic exocrine secretion of goats[J]. Journal of Animal Physiology & Animal Nutrition, 93(1): 122-129.

Yang W Z, Beauchemin K A. 2007. Altering physically effective fiber intake through forage proportion and particle length: Chewing and ruminal pH[J]. Journal of Dairy Science, 90(6): 2826-2838.

Yang W Z, Beauchemin K A. 2009. Increasing physically effective fiber content of dairy cow diets through forage proportion versus forage chop length: Chewing and ruminal pH[J]. Journal of Dairy Science, 92(4): 1603-1615.

Yu Z P, Xu M, Yao J H, et al. 2013. Regulation of pancreatic exocrine secretion in goats: differential effects of short- and long-term duodenal phenylalanine treatment[J]. Journal of Animal Physiology and Animal Nutrition, 97(3): 431-438.

Zaher U, Bouvier J C, Steyer J P, et al. 2004. Titrimetric monitoring of anaerobic digestion: VFA, alkalinities and more[C]. Proceedings of 10th World Congress on Anaerobic Digestion (AD10).

Zebeli Q, Tafaj M, Steingass H, et al. 2006. Effects of physically effective fiber on digestive processes and milk fat content in early lactating dairy cows fed total mixed rations[J]. Journal of Dairy Science, 89(2): 651-668.

Zhao F, Keating A F. 2007. Expression and regulation of glucose transporters in the bovine mammary gland[J]. Journal of Dairy Science, 90: 76-86.

Zinn R A, Alverez E G, Montano M, et al. 2008. Influence of dry-rolling and tempering agent addition during the steam-flaking of sorghum grain on its feeding value for feedlot cattle[J]. Journal of Animal Science, 86(4): 916-922.

第五章　奶牛的脂类代谢与营养需要

奶牛日粮中几乎所有的饲料原料都含有脂肪，脂肪在奶牛消化道内的消化吸收与代谢过程包括：在瘤胃中被水解为甘油和游离脂肪酸；脂肪酸被瘤胃微生物生物氢化；脂肪酸在小肠被吸收并转运至淋巴系统；脂蛋白回流入血并被输送到其他器官合成甘油三酯或氧化供能。

乳脂的脂肪酸主要有两个来源：在乳腺内从头合成的中短链脂肪酸和从血液中吸收的长链脂肪酸。造成乳脂抑制的日粮因素通常分为两类：日粮中有效纤维不足及日粮中含有大量不饱和油脂成分。康奈尔大学的 Bauman 和 Griinari（2001）提出了著名的生物氢化理论，即在特定的日粮情况下瘤胃正常的生物氢化路径受到改变，进而产生了特定的脂肪酸中间产物抑制乳腺内乳脂的合成。此后的研究发现，亚油酸对乳脂合成抑制的影响相比油酸和亚麻酸更加明显。

过去几十年间很多人研究了添加脂肪对奶牛生产性能和繁殖性能的影响，添加脂肪的优点包括提高日粮能量浓度、提高产奶量和繁殖效率等。目前日粮中脂肪的额外添加量不建议超过干物质的4%。相比游离脂肪酸，饱和的甘油三酯形式的脂肪消化率较低，因此更难被奶牛利用。此外，乳腺对 C16:0 的吸收效率要高于 C18:0，且 C18:1 的添加有助于奶牛恢复体况，因此应针对不同的使用目的有选择性地使用不同脂肪酸组成的脂肪产品。

第一节　奶牛日粮中的脂肪种类和功能

一、脂肪的种类

脂肪通常是指一类有着共同特性，即不溶于水而易溶于乙醚、氯仿等非极性有机溶剂中的物质，因此在实验室的常规养分分析中通常以乙醚浸出物（ether extract，EE）表示粗脂肪。泌乳奶牛日粮中的脂肪通常占到干物质的3%～5%，几乎所有的饲料原料中都含有脂肪。奶牛日粮中的脂肪主要包括：甘油三酯、糖脂、磷脂和游离脂肪酸。甘油三酯的基本结构是1分子的甘油与3分子的脂肪酸酯化结合（图 5-1，R_1、R_2、R_3 分别为碳链长度及饱和度相同或不同的脂肪酸链）。自然界中也存在甘油二酯和甘油一酯，即1分子的甘油与2分子或1分子的脂肪酸结合，不过其数量比甘油三酯少得多。

$$CH_2 - O - CO - R_1$$
$$|$$
$$CH \ - O - CO - R_2$$
$$|$$
$$CH_2 - O - CO - R_3$$

图 5-1　甘油三酯的化学结构式

　　从化学结构上来讲，不饱和脂肪酸在碳链上包含一个或多个不饱和键，这使得原本直链结构的脂肪酸分子出现了一定的扭曲，使得它们互相之间的排列不再紧密，因此在较低的温度下也呈现液态。特定的体组织中饱和和不饱和脂肪酸以一定比例混合使其能够保持一定的物理特性。植物或动物体内甘油三酯的主要作用是贮存能量。植物中所含的脂肪包括两种类型：结构脂肪是细胞膜和保护性表层成分，占干物质的 7%左右；储备脂肪则主要是油类，存在于植物果实和种子中（刘建新和杨红建，2004）。而在动物体内脂肪多以甘油三酯和磷脂的形式存在，主要作用是能量储备。肌肉和脂肪组织中磷脂占 0.5%～1%，但是在肝中磷脂的含量则高达 2%～3%（刘建新和杨红建，2004）。一般来说，大多数谷物籽实如菜籽、玉米和大豆中的脂肪所含的脂肪酸以油酸（C18:1）和亚油酸（C18:2）为主，并以甘油三酯的形式存在，而亚麻籽是个特例，其中富含亚麻酸（C18:3）。粗饲料中则富含糖脂和磷脂，其中最主要的脂肪酸是 C18:2 和 C18:3（Harfoot，1981），青草中糖脂的脂肪酸绝大部分是亚麻酸（占脂肪总量的 95%），以及少量的亚油酸（占 2%～3%）。

　　糖脂的结构与甘油三酯类似，区别在于甘油分子的第三个位点 R_3（图 5-1）连接的是两个或多个糖分子。其中最常见的是半乳糖脂（约占总糖脂的 60%），连接甘油的是半乳糖。大多数粗饲料无论是新鲜、干燥或青贮后，其中的糖脂在奶牛瘤胃中基本都被完全分解，生成半乳糖、脂肪酸和甘油。

　　磷脂是植物细胞膜复合脂蛋白的组成成分，由甘油骨架、两个脂肪酸和一个磷酸基团组成。磷酸基团通常连接着一个有机碱基如胆碱、氨基乙醇、丝氨酸和肌醇等。由于瘤胃中的细菌和原虫会合成自身细胞膜的磷脂，因此有可能离开瘤胃进入十二指肠的脂肪酸要多于奶牛从日粮中摄入的量，这一情形在饲喂高粗饲料日粮脂肪摄入量较低时更为明显。来自 20 个试验的结果显示（Lock et al.，2005），十二指肠中的脂肪酸外流量（Y，g/d）与脂肪酸摄入量（X，g/d）之间的回归关系为

$$Y = 0.93X+60, \quad R^2 = 0.80$$

　　由图 5-1 中甘油三酯的化学结构式可见，所有脂肪中的甘油分子都是相同的，因此不同脂肪间物理或化学特性的区别就在于与甘油相连接的脂肪酸碳链长度和饱和度不同。不同脂肪间的脂肪酸组成的典型值如表 5-1 所示。

表 5-1　常见脂肪中的脂肪酸组成与含量　　　　　　　　　　　　　　（%）

脂肪酸	棕榈油[1]	玉米油[1]	豆油[2]	混合动植物脂[2]	鸡脂[2]	牛羊脂[2]
＜C16	1.1	未检出	0.2	0.2～9.7	0.9	4.6
C16:0	38.8	11.3	10.1	0.7～24.1	23.1	24.7
C16:1	0.5	未检出	未检出	0.2～8.2	8.4	4.1
C18:0	4.2	1.8	4.2	2.9～11.8	5.4	17.7
C18:1	43.6	27.2	26.3	28.3～47.0	41.1	37.3
C18:2	11.0	57.8	51.6	11.5～50.4	18.9	3.0
C18:3	0.6	1.3	6.0	0.8～2.9	0.8	0.5
C20:0	0.2	未检出	0.4	0.0～0.5	未检出	0.3
其他	1.8	0.6	1.3	0.2～1.2	1.3	7.5

资料来源：1. He et al.，2012；2. 刘建新和杨红建，2004

二、脂肪的功能

过去的几十年间有很多人研究了在奶牛日粮中添加脂肪对动物生产性能的影响，目前越来越多的牧场也开始在奶牛日粮中使用脂肪。由于脂肪能值较高，饲喂脂肪可以在维持粗饲料 NDF 水平的前提下提高日粮能量浓度，进而克服给高产奶牛提供能量受限的问题。在不影响干物质采食量的前提下，提高日粮能量浓度可以提高奶牛的能量摄入、改善某些时期的能量负平衡和体况下降、提高产奶量和繁殖效率（He，2010）。饲喂脂肪的益处还包括提高脂溶性维生素的吸收，由于日粮长链脂肪酸（long chain fatty acid，LCFA）不在瘤胃中发酵使得体增热较少、热增耗较少，以及使用液体脂肪时可以减少日粮搅拌过程中造成的细粉碎饲料原料的扬尘和颗粒分离。

第二节　脂肪的消化吸收与代谢

一、脂肪在瘤胃内的水解和生物氢化

（一）脂肪的水解

由于日粮中脂肪成分的不同及瘤胃微生物的作用，成年反刍动物和非反刍动物的脂肪消化吸收过程有很大区别。近些年人们对反刍动物的脂肪合成与代谢及特定的脂肪酸对反刍动物代谢的影响方面的认知有了很大进步。饲料原料和额外添加脂肪中的大部分脂肪酸均为酯化的长链脂肪酸，当它们被奶牛采食进入瘤胃后，脂肪代谢的第一步就是在瘤胃中被脂解细菌迅速水解并释放出甘油和游离脂肪酸（Hawke and Silcock，1970）。以脂解厌氧弧菌（*Anaerovibrio lipolytica*）为例，它可以合成一种与细胞结合的酯酶及一种脂肪酶，这种脂肪酶为细胞外酶，可以将甘油三酯完全水解为甘油和游离脂肪酸，而产物中甘油二酯或甘油一酯很少（Jenkins，1993）。甘油和来自糖脂的糖发酵速度很快，形成丙酸作为终产物供动物利用。脂肪的水解程度很高，且受到日粮脂肪水平、瘤胃 pH 和离子载体的影响，某些离子载体会抑制特定脂解细菌的生长。目前人们已经发现了 7 种严格厌氧脂解细菌：脂解厌氧弧菌、溶纤维丁酸弧菌（*Butyrivibrio fibrisolvens*）LM8/1B 和 S2 菌株、lundense 梭菌、梭菌分离亚种（*Clostridium* sp. isolate）LIP5 和 LIP1，丙酸菌分离亚种（*Propionibacterium* sp. isolate）LIP4 等（Jarvis and Moore，2010）。溶纤维丁酸弧菌可以水解磷脂和半乳糖脂但无法水解甘油三酯，而主要的脂解细菌脂解厌氧弧菌可以水解甘油三酯和一小部分磷脂，但无法水解半乳糖脂（Jarvis and Moore，2010）。Gerson 等（1985）研究指出，脂肪酶在高蛋白日粮、高纤维日粮和高淀粉日粮中的活性依次递减，但在高纤维日粮中适当补充淀粉能提高日粮中脂肪的水解度。除了脂肪酶对甘油三酯的分解作用外，动物也需要瘤胃微生物合成的磷脂酶和半乳糖苷酶来分解粗饲料中的磷脂和半乳糖脂，这其中包括磷脂酶 A、磷脂酶 C、溶血磷脂酶和磷酸二酯酶。瘤胃原虫和真菌（Harfoot and Hazlewood，1997），以及唾液和植物脂肪酶（Lock et al.，2006a）对日粮脂肪水解的作用非常有限。

（二）影响脂肪水解程度的因素

完整的甘油三酯脂解是一个由甘油三酯、甘油二酯、甘油一酯到游离脂肪酸的顺序分解过程。体外培养的试验表明，甘油三酯到甘油二酯的分解是整个过程中的限速步骤，而甘油二酯和甘油一酯的水解非常迅速（Noble et al.，1974）。通常脂肪水解的过程非常完整，很少有甘油一酯或甘油二酯到达后段消化道。除非甘油三酯的饱和度极高（如一些高度氢化的动物油脂或植物油），大多数的甘油三酯都在瘤胃中分解为脂肪酸和甘油。当饲喂高度饱和（或氢化）的甘油三酯时，由于其高熔点和低溶解度，细菌酶无法接触到甘油和脂肪酸的连接键，因此它们会完整地外流到后段消化道。不幸的是，以上的原因同样会造成小肠内消化酶对饱和甘油三酯的消化率降低（Drackley，2004）。在肉牛上进行的研究也证明，十二指肠及全消化道中总脂肪酸的消化率随着饱和度或酯化程度的提高而下降（Elliott et al.，1999）。

（三）脂肪在瘤胃中的生物氢化

1. 生物氢化对脂肪酸饱和程度的影响

脂肪酸在瘤胃中的生物氢化（biohydrogenation）反应的进行需要一个游离的羧基端存在（Hawke and Silcock，1970），因此生物氢化只可能发生在甘油三酯的脂解步骤之后。微生物酶通过加氢作用将脂肪酰链中的双键移除，将其从不饱和变成饱和。因此相比日粮中的脂肪酸，生物氢化作用改变了流出瘤胃的脂肪酸的组成，使得流到小肠的饱和脂肪酸更多。Lock 等（2005）总结了 20 个试验中的脂肪酸摄入量和十二指肠脂肪酸外流量，如表 5-2 所示。

表 5-2　20 个试验中泌乳牛脂肪酸摄入量和十二指肠外流量对比

变量	样本数	平均值
脂肪酸摄入量（g/d）		
全部	80	865
C16:0	76	170
C18:0	80	52
C18:1	80	229
C18:2	80	272
C18:3	75	77
十二指肠脂肪酸外流量（g/d）		
全部	80	858
C16:0	76	161
C18:0	75	397
C18:1	75	162
C18:2	80	56
C18:3	75	9

表 5-2 显示了日粮中的不饱和脂肪酸在瘤胃中的微生物代谢。C18:2 通常是奶牛日

粮中最常见且含量最高的脂肪酸，但其中只有很少一部分（21%，56/272）可供十二指肠吸收。另外，在没有添加动物脂肪的情况下 C18:0 在日粮中含量很低，但由于所有 18 碳不饱和脂肪酸在瘤胃内的生物氢化作用，C18:0 在十二指肠的外流量却是摄入量的 7 倍多（397/52），因此也就成为了进入十二指肠最主要的脂肪酸。

如果饲喂不饱和脂肪降低了瘤胃纤维分解菌的数量或活性，奶牛的采食量、产奶量和乳脂率都会受到影响。相对于不饱和脂肪酸来说，饱和的长链脂肪酸对瘤胃发酵的影响相对较小（Chalupa et al.，1986）。革兰氏阴性菌比革兰氏阳性菌的细胞外膜更加复杂，因此较少受到不饱和脂肪酸的影响（Russell，2002）。此外生物氢化是一种清除还原当量的方法（氢阱理论，hydrogen sink theory），但通常只有 1%～2%的代谢氢用于这一途径（Czerkawski and Clapperton，1984）。

2. 脂肪酸的生物氢化路径和异构化

Bartlett 和 Chapman（1961）报道，多不饱和脂肪酸的生物氢化过程中出现了双键的异构化。亚油酸（顺-9,顺-12 C18:2）和亚麻酸（顺-9,顺-12,顺-15 C18:3）的第一步生物氢化过程是将顺-12 双键异构为反-11 双键，形成中间产物顺-9,反-11 C18:2 和顺-9,反-11,顺-15 C18:3（图 5-2）。一旦反-11 双键形成，微生物还原酶将顺-9 双键氢化，这些共轭中间产物被转化为一系列反式油酸异构体，其中反-11 C18:1 占绝大多数。接下来，反-11 C18:1 被继续还原为硬脂酸（C18:0），这一步骤的速度很慢，在不饱和脂肪酸的生物氢化过程中通常被认为是限速步骤（Harfoot and Hazlewood，1988）。之前的观点认为，油酸（顺-9 C18:1）到硬脂酸的氢化过程并未产生任何反式中间产物（Harfoot and Hazlewood，1988）。但是 Mosley 等（2002）和 AbuGhazaleh 等（2005）发现油酸可被瘤胃微生物转变为一系列反式 C18:1 异构体（双键位置从 C6 到 C16）（图 5-2）。

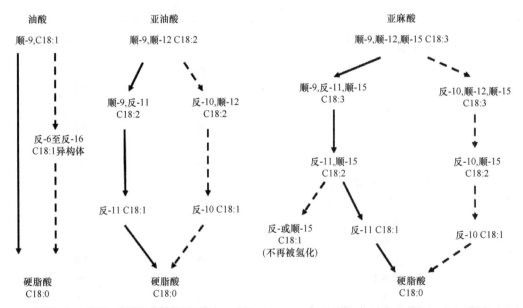

图 5-2 不饱和脂肪酸瘤胃内生物氢化的主要（实线）和次要（虚线）路径（AbuGhazaleh et al.，2005；Bauman and Griinari，2003；Harfoot and Hazlewood，1997；Mosley et al.，2002；Staples，2006）

根据瘤胃细菌在生物氢化过程中的功能不同可将其分为 A 和 B 两类（Kemp et al.，1975；Harfoot and Hazlewood，1988；Russell，2002）。A 类细菌将顺-9,顺-12 C18:2 和顺-9,顺-12,顺-15 C18:3 转化为反-11 C18:1 及相关异构体，但此氢化过程几乎不产生 C18:0。而 B 类细菌可将顺-9 C18:1、顺-9,顺-12 C18:2 和反-11 C18:1 转化为 C18:0。因此不饱和脂肪酸完整的生物氢化过程需要这两类细菌的共同作用，C18:0 和反-11 C18:1 是主要的终产物（Bickerstaffe et al.，1972）。与脂肪在瘤胃内的脂解类似，原虫和真菌也几乎不参与生物氢化过程（Jarvis and Moore，2010）。

3. 影响脂肪酸生物氢化程度的因素

通常不饱和脂肪酸生物氢化为饱和脂肪酸的过程并不完整。具体氢化的程度取决于日粮组成、瘤胃 pH、瘤胃内容物外流速度、脂肪来源、脂肪酸的不饱和程度等因素。之前的研究估测多不饱和脂肪酸的瘤胃氢化程度为 60%～90%（Bickerstaffe et al.，1972；Mattos and Palmquist，1977）。Jenkins 等（2008）估测 C18:2 n-6 和 C18:3 n-3 的生物氢化程度分别为 70%～95%和 85%～100%。饲喂高精饲料低粗饲料日粮会降低瘤胃中多不饱和脂肪酸的生物氢化程度，增加十二指肠中脂肪酸生物氢化中间产物的外流量（Loor et al.，2004）。这一影响可能是饲喂高精饲料日粮带来的瘤胃 pH 降低引起的，因为具有生物氢化功能的细菌多数为纤维分解菌，它们在较高 pH 环境下活性更高（Harfoot and Hazlewood，1988）。此外，当瘤胃中固相的稀释率提高时（外流速度加快），总脂肪酸中反式 C18:1 的比例升高（Martin and Jenkins，2002；AbuGhazaleh and Buckles，2007）。这些结果显示瘤胃外流速度与低瘤胃 pH 和不完全生物氢化之间有着直接联系。日粮中脂肪的添加量及其特性也会影响瘤胃中不饱和脂肪酸的生物氢化和外流速率。来自 Beam 等（2000）的体外试验显示，底物中的 C18:2 添加量每上升 1%，C18:2 从培养液中的消失速率下降 1.2%/h。在另外一项研究中，提高添加脂肪的不饱和程度降低了顺-9 C18:1 和反式 C18:1 的生物氢化速率，导致更多的反式 C18:1 聚集在瘤胃并流到小肠（Harvatine and Allen，2006）。Wu 等（1991b）总结了长链不饱和脂肪酸的生物氢化程度，得到公式：

生物氢化程度 ＝[100 − 100 ×（某不饱和 C18 的十二指肠流量 / 总 C18 的十二指肠流量）/（某不饱和 C18 的摄入量 / 总 C18 的摄入量）]×100%

这个公式反映了不饱和脂肪酸流出瘤胃时的消失率。基于这个算法，当脂肪酸不饱和程度更高时其生物氢化程度更高，即 C18:3、C18:2、C18:1 的氢化程度依次递减。

二、脂肪酸在小肠的消化和吸收

（一）脂肪酸的吸收位点和到达小肠的脂肪酸组成

瘤胃内容物中的脂肪酸损失很少，通常是被瘤胃上皮吸收或者被瘤胃微生物代谢为挥发性脂肪酸（VFA）或二氧化碳（Jenkins，1993）。体外法（Wu and Palmquist，1991）或体内法（Wood et al.，1963）的试验将瘤胃微生物与长链脂肪酸共同培养发现，长链脂肪酸分解为二氧化碳或 VFA 的比例小于 1%，因此并不能在微生物生长过程中作为其能量来源。同样，瘤胃原虫，尤其是全毛虫，直接将长链脂肪酸吸收入细胞脂肪，而用于分解功能的很少（Jenkins，1993）。Wood 等（1963）将放射性 C18:2 注射到绵羊瘤胃并结扎网瓣口，48h 后在瘤胃内容物中将其回收了 86%～97%。Jenkins（1993）发现，外流到十二指肠（总脂肪外流减去估测的微生物脂肪外流）的来自日粮的脂肪与脂肪摄入量之间的回归系数为 0.92，这意味着有 8%的脂肪在瘤胃内损失。

绝大多数脂肪酸会先外流到真胃，再到小肠并主要在小肠被吸收。小肠内脂肪酸吸收主要集中在空肠，前端吸收 15%～25%的脂肪酸，中后段吸收 55%～65%（Bauchart，1993）。肠上皮细胞的甘油三酯合成主要是通过 α-磷酸甘油路径（Moore and Christie，1981），这同样也是乳腺内合成甘油三酯的路径。此外，脂肪占瘤胃细菌干重的 10%～15%，其中固相细菌所含脂肪比例要高于液相细菌。细菌脂肪中来自于外源性（日粮长链脂肪酸的摄入）和内源性（细菌细胞中从头合成）的比例取决于细菌种类和日粮的脂肪含量。提高日粮的脂肪水平会增加某些细菌的外源性摄入并合成细胞质脂滴。由于微生物合成自身脂肪的原因，到达十二指肠的脂肪酸来自于日粮和微生物，且微生物来源有可能超过日粮脂肪酸摄入量（Jenkins，1994b）。瘤胃细菌可以从丙酸合成 15～17 碳的奇数链脂肪酸，还可以利用缬氨酸、亮氨酸和异亮氨酸的碳链合成支链脂肪酸，这与奶牛日粮中占绝大多数的偶数链脂肪酸和直链脂肪酸区别很大（Doreau and Chilliard，1997）。

对进入小肠的脂肪进行分析显示，其脂肪酸组成几乎与离开瘤胃的脂肪一致，因此瓣胃和真胃中并没有对中长链脂肪酸有明显的吸收或分子结构的改变（Noble，1981）。由于瘤胃中大量的脂肪被微生物水解，流出瘤胃的游离脂肪酸含量很高，占总脂肪酸含量的 85%～90%（NRC，2001），此外还有少量的甘油二酯、甘油一酯和来自于微生物细胞膜的磷脂（Eastridge，2002）。小肠食糜中的游离脂肪酸主要是来自于日粮或微生物来源的饱和的 C16:0 和 C18:0。在瘤胃内容物近中性 pH 的环境下，大多数的游离脂肪酸与钾、钠或钙形成脂肪酸盐，随后这些盐在真胃的酸性环境下分解，游离脂肪酸被吸收到饲料颗粒表面，排出到小肠（Palmquist and Jenkins，1980）。

（二）反刍动物对饱和脂肪酸的吸收机制

1. 脂肪酸在小肠中的乳化

外流到小肠的游离脂肪酸中绝大多数（80%～90%）为饱和脂肪酸，其中，约 2/3 是 C18:0，1/3 是 C16:0。非反刍动物无法吸收这些高熔点的脂肪酸，但反刍动物的独特生理机能使其对饱和脂肪酸的吸收效率几乎等同于不饱和脂肪酸的吸收效率，并且比非反刍动物的吸收效率高出很多。小肠中脂肪的吸收需要胰液和胆汁的共同作用。反刍动物分泌的牛磺酸螯合的胆汁盐比甘氨酸螯合的胆汁盐更多，这是因为前者在反刍动物小肠内低 pH 的环境下溶解性更好（Moore and Christie，1984）。

由于脂肪的非极性特性，胆汁酸对脂肪酸的乳化作用对吸收能否进行至关重要。离开瘤胃脂解的酯化脂肪酸被胰脂肪酶和磷脂酶分解，释放的游离脂肪酸被合并进入胶粒进行吸收。胆汁提供胆汁盐和卵磷脂，胰腺液将卵磷脂转化为溶血卵磷脂并用碳酸氢盐将 pH 提高（Lock et al.，2006a）。胆汁盐提供了一个扁平的分子结构，一侧为极性亲水端，另一侧为非极性疏水端。因此胆汁盐可以存在于水-脂分界面而不深入到其中任何一相的表面（Drackley，2000）。胆汁的作用类似于洗涤剂，将日粮中的脂肪脂滴分解为越来越小的微脂滴。胰脂肪酶本身的活性并不依赖于胆汁盐，但是胆汁盐可将脂肪分散，这促进了胰腺多肽共脂肪酶与脂肪的接触，接触面积的增加加速了胰脂肪酶催化的甘油三酯水解（Drackley，2000）。胰脂肪酶特异性地作用于甘油三酯的 sn-1 和 sn-3 位点，产生 2-甘油一酯和游离脂肪酸。胰腺液中也含有磷脂酶，可将磷脂、卵磷脂（磷脂酰胆碱）转化为溶血卵磷脂（溶血磷脂酰胆碱）。

由于到达小肠的甘油一酯很少，反刍动物需要溶血卵磷脂和 C18:1 对脂肪酸进行乳化，其中的 C18:1 主要来自于外流出瘤胃的食糜，因此日粮中部分的 C18:1 避免被瘤胃微生物完全氢化也有助于脂肪酸的吸收（NRC，2001）。溶血卵磷脂在胶粒的形成和稳定方面非常重要。在将高度非极性的脂肪如硬脂酸（C18:0）溶解并合成进入胶粒方面，溶血卵磷脂的作用非常高效。动物需要胶粒将非极性不溶于水的脂肪转运通过肠道微绒毛膜细胞表面完整的水层，在这里脂肪酸和溶血卵磷脂被吸收。这一完整的水层一般被认为是脂肪吸收的主要障碍。

2. 小肠中脂肪酸的吸收方式

脂肪酸和甘油一酯通常是以简单扩散的方式进入细胞膜，但 Glatz 等（1997）提出了以跨越细胞膜载体蛋白方式转运的假设。大多数的胆汁盐在回肠被吸收并重新回到肝进入胆汁。在肠道上皮细胞内，脂肪酸重新与甘油-3-磷酸结合酯化为磷脂和甘油三酯，并与小分子量的结合蛋白结合形成乳糜微粒和极低密度脂蛋白。这些甘油-3-磷酸是由血液中的葡萄糖通过糖酵解合成的。由于这些脂蛋白体积过大无法直接进入流经小肠的静脉血，它们被转运至淋巴系统，在近心脏处回流入血。

短于 14 碳链的脂肪酸可被直接吸收进入门静脉，并以未酯化的形式转运（Drackley，2000）。在血液经肺充氧过后，这些脂蛋白被输送到众多可以利用甘油三酯的器官如乳腺、肌肉和心脏，并在那里被这些组织毛细血管中的脂蛋白脂解酶分解为游离脂肪酸。奶牛怀孕期和泌乳中后期脂肪组织中的 LPL 活性较高以便于贮存能量，乳腺组织中的 LPL 活性在整个泌乳期都很高，而在禁食期 LPL 在脂肪组织中的活性降低，在心脏中的活性提高。这表明根据动物所处的营养和生理状况不同，LPL 可在胰岛素和其他激素的调控下将日粮中的脂肪酸输送到最需要的器官和组织（Drackley，2000）。分解后的游离脂肪酸进入细胞后可被重新合成甘油三酯（如乳腺中的乳脂合成）或氧化供能（如骨骼肌和心肌的收缩）。

这里需要指出的是，与氨基酸或丙酸等其他营养成分的吸收不同，日粮中脂肪的吸收并不直接进入肝。因此在奶牛产犊前后常常出现的肝中脂肪沉积（脂肪肝）问题并不是由日粮中的脂肪造成的（Drackley，2004）。脂肪肝出现的原因是，能量负平衡时期过多的体脂动员使更多的游离脂肪酸被吸收进入肝并合成甘油三酯沉积在肝，而肝以极低密度脂蛋白形式将脂肪酸转移出来的速度要远低于脂肪酸的沉积速度。

三、脂肪酸的氧化供能

脂肪酸在肝和肌肉的氧化供能过程均遵循 β-氧化通路。首先脂肪酸由位于内质网和线粒体外膜的酯酰辅酶 A 合成酶催化为酯酰辅酶 A，接下来被肉碱以酯酰肉碱的形式转运进入线粒体内再转变回酯酰辅酶 A。线粒体内的酯酰辅酶 A 进行 4 步连续反应（脱氢、加水、再脱氢、硫解），最后酰基断裂生成 1 分子乙酰辅酶 A 和 1 分子少了 2 个碳原子的酯酰辅酶 A（Nelson and Cox，2013）。此过程循环往复，将偶数碳脂肪酸完全分解为乙酰辅酶 A 氧化供能。以 16 碳的棕榈酸为例，完全氧化为二氧化碳和水并供能的方程式为

$$棕榈酰辅酶 A + 23O_2 + 108P_i + 108ADP \rightarrow 辅酶 A + 108ATP + 16CO_2 + 23H_2O$$

奇数碳脂肪酸的 β-氧化与偶数碳脂肪酸类似，但最终产物为乙酰辅酶 A 和丙酰辅酶 A。丙酰辅酶 A 首先被羧化为 D-甲基丙二酸单酰辅酶 A，再由异构酶转化为 L-甲基丙二酸单酰辅酶 A，接下来在甲基丙二酸单酰辅酶 A 变位酶的作用下转化为琥珀酰辅酶 A 进入三羧酸循环供能（Nelson and Cox，2013）。

不饱和脂肪酸中的顺式不饱和键不能被 β-氧化过程中烯酰辅酶 A 水合酶催化的加水反应作用，因此其 β-氧化需要另外两种酶：一个异构酶（如 Δ^3,Δ^2-烯酰辅酶 A 异构酶）和一个还原酶（如 2,4-双烯酰辅酶 A 还原酶）。异构酶负责将顺式双键转变为反式双键，还原酶则负责将多不饱和脂肪酸转变为单不饱和脂肪酸，最终产生的反式单烯酰辅酶 A 进入 β-氧化通路进行供能（Nelson and Cox，2013）。

反刍动物利用长链脂肪酸氧化供能的能力比非反刍动物弱得多，这或许是反刍动物瘤胃发酵产生大量的乙酸造成的。相比长链脂肪酸，乙酸是更加充足的供能来源且反刍动物对其吸收更加主动（Drackley，2004）。

四、脂肪的能值和消化率

（一）脂肪的能值

脂肪的总能几乎完全取决于其脂肪酸的种类和数量。大多数的添加脂肪都是由 5～8 种 16～18 碳的常见脂肪酸以不同比例组成，而它们的能值非常类似（约为 37.7kJ/g）。因此在确定脂肪总能值时，脂肪酸的含量（g 脂肪酸/100g 脂肪）比脂肪酸组成（g 脂肪酸/100g 总脂肪酸）更为重要。

脂肪酸的含量可以被脂肪中的非脂肪酸组分稀释，而这些组分比脂肪酸的能值低或者完全不含能量。使用乙醚浸提方法测定饲料中的脂肪含量时，通常测定值变异很大且与真实的脂肪含量有较大差异，因为除脂肪外乙醚还有可能浸提出部分的碳水化合物、维生素和色素，这就造成了饲料的脂肪含量被高估。例如，玉米籽实中的脂肪酸只占乙醚浸出物的 65%，这一比例在苜蓿干草中更是低至 40%（Palmquist and Jenkins，1980）。

绝大多数奶牛日粮中使用的脂肪类原料中脂肪酸含量都很高（通常在 85% 以上）。这些动物或植物来源的原料在进行乙醚浸提时出现的杂质都在植物油或动物油脂的精

炼过程中去掉了，剩余的甘油三酯中脂肪酸含量高达 90%～93%，剩下的 7%～10%主要是甘油。甘油也可以作为能量来源，但是其能值仅与碳水化合物相当。

脂肪在奶牛体内的消化和代谢过程中并不会以甲烷或尿液的形式损失能量，因此通常认为脂肪的代谢能等于消化能。泌乳奶牛可以高效利用来自长链脂肪酸的代谢能。一旦被吸收，脂肪酸的利用效率在不同脂肪酸组分间的差别很小，因此目前脂肪来源都使用同一个代谢效率值（Drackley，1999）。Chilliard（1993）综合一系列研究数据得出的平均值是 81%，1989 年版美国 NRC 中将代谢能的使用效率设定为 80%，这也是以下计算中使用的数值。表 5-3 中给出了来自伊利诺伊大学 Drackley 的实验室研究的几种常见脂肪来源的平均泌乳净能估测值。这些数值比饲料行业中通常使用的数值稍低，但能够更好地反映许多研究中添加脂肪后真实的产奶量。

表 5-3　不同脂肪来源的泌乳净能估测值

脂肪来源	NE_L 平均值（MJ/kg）
大豆	18.45
菜籽	20.13
动物脂肪	19.33
部分氢化脂肪	14.81
氢化脂肪	12.72

资料来源：Drackley，1999

（二）脂肪酸的消化率及影响因素

1. 反刍动物的脂肪酸消化率

脂肪或脂肪酸的消化率影响其可被奶牛利用的程度。Doreau 和 Ferlay（1994）评估了所有的反刍动物类别并使用了十二指肠与回肠或十二指肠与粪便间的脂肪酸消失数据，他们得出脂肪酸的消化率变异很大，范围为 55%～92%，但这一范围与脂肪酸的摄入量无关。同样，Jenkins（1999）总结了 11 个试验的数据后得出，脂肪酸在奶牛肠道的表观消化率范围为 32.1%～91.4%，大多数集中在 70%～79%。

2. 脂肪酸的饱和程度和酯化程度对脂肪酸消化率的影响

许多因素会影响脂肪酸的消化率，如采食量、摄入脂肪总量、基础日粮中的脂肪特性和添加脂肪的特性等，这其中脂肪酸的不饱和度和酯化程度是影响消化的最重要的因素（Grummer，1995；Drackley，1999）。碘价是指在油脂上加成的卤素的质量（以碘计），即每 100g 油脂所能吸收碘的质量（以 g 计）。碘价越高，脂肪中不饱和脂肪酸的含量也越高。脂肪的碘价超过 40 时其消化率最大可达 89%，而当碘价低于 40 时消化率则为 74%（Jenkins，1994a）。Lock 等（2005）报道，C16:0、C18:0、C18:1、C18:2 和 C18:3 的平均消化率分别为 75%、72%、80%、78%和 77%。这与 Doreau 和 Chilliard（1997）得出的结论类似，即 C18:0、C18:1、C18:2 和 C18:3 的消化率分别为 77%、85%、83%和 76%。因此不饱和脂肪酸的消化率略高于饱和脂肪酸。Jenkins（1999）总结的 11 个试验的数据中，部分氢化脂肪的碘价最低为 **17.8**，而它的肠道脂肪酸消化率同样最低，仅为 **32.1%**。此外，与高度氢化动物油脂（甘油三酯形式）的脂肪酸组成类似的高度饱和脂肪酸混合物（游离脂肪酸形式）的消化率为 **63.2%**，这表明在脂肪酸组成类似的情况下，游离脂肪酸的消化吸收远比甘油三酯的消化吸收效率更高。

3. 脂肪酸碳链长度对脂肪酸消化率的影响

脂肪酸碳链长度的变化也有可能影响消化率，但这一影响在单胃动物上更加明显，而在反刍动物上差异较小（Grummer，1995）。Boerman 等（2017）给奶牛饲喂不同水平的高 C18:0 脂肪产品（含 93% C18:0）没有发现对生产性能有任何影响，这可能是由于脂肪酸摄入量的提高降低了总脂肪酸消化率（图 5-3A）。Rico 等（2017）进行了类似的试验，给奶牛饲喂不同水平的高 C16:0 脂肪产品（含 89% C16:0）。他们同样发现随着脂肪酸摄入量提高，总脂肪酸消化率有所下降（图 5-3 B），但产奶量也随着上升直至添加量达到 1.5%。以上两个试验中脂肪添加量接近，因此相对于 C16:0，当 C18:0 的摄入量和瘤胃外流增加时总脂肪酸消化率的降低更为明显（Lock and de Souza，2015）。脂肪酸消化率下降的机制并不清楚，可能的原因包括限制溶血卵磷脂的合成及竞争吸收位点。此外，脂肪酸在肠道内的消化率与其熔点存在负相关，这或许会影响胶粒的形成及将脂肪酸转运通过小肠微绒毛上完整的水层。

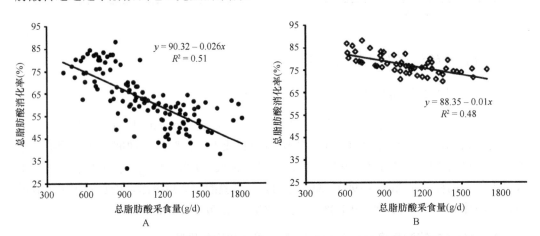

图 5-3　奶牛添加高 C18:0 脂肪（A）或高 C16:0 脂肪（B）后，总脂肪酸采食量和总脂肪酸消化率的关系

图 A 中使用 32 头泌乳中期奶牛，饲喂 0～2.3% 高 C18:0 脂肪产品（93% C18:0）（Boerman et al.，2017）。图 B 中使用 16 头泌乳中期奶牛，饲喂 0～2.25% 高 C16:0 脂肪产品（89% C16:0）（Rico et al.，2017）

另外需要指出的是，绝大多数的研究都把所有的 C18:1 异构体作为一类进行分析。但是日粮中的脂肪酸经过瘤胃代谢后，其中的 C18:1 主要是各种反式 C18:1 异构体及少量的顺式 C18:1 异构体。早期 Enjalbert 等（1997）报道，反式 C18:1 的消化率要略高于顺式 C18:1。但由于数据有限，这两种异构体的消化率是否有所不同目前并无定论。

4. 脂肪原料的物理特性对脂肪酸消化率的影响

脂肪原料的物理特性同样有可能影响脂肪酸的消化率。在使用固体的颗粒状脂肪时，缩小其颗粒大小有可能提高消化率，但是此变化很小，在统计上并不明显（NRC，2001）。Eastridge 和 Firkins（2000）发现缩小甘油三酯产品的颗粒大小（从 1180μm 缩小到 600μm）可以提高脂肪酸消化率并提高乳脂产量和乳脂校正乳产量。但当高 C16:0 脂肪产品的颗粒大小从 600μm 下降到 284μm 时，缩小颗粒大小可能加快了脂肪酸在瘤胃中的外流速度，短期内外流的脂肪酸增多可能超过肠道的吸收能力，反而造成 16 碳脂肪酸和总脂肪酸的消化率下降（de Souza et al.，2017）。

5. 日粮中脂肪含量对脂肪酸消化率的影响

日粮中脂肪的含量，或者更精确地说脂肪的采食量也会影响其在后部消化道的消化率。Drackley（1999）报道，当日粮中的添加脂肪酸量从 2%提高到 7.5%时，每提高 1 个百分点，脂肪酸消化率平均下降 6 个百分点。Wu 等（1991）则发现了日粮脂肪含量和脂肪消化率之间的非线性关系，当日粮中脂肪含量从 0 上升到 3%时，其表观消化率有所提高；而当从 3%上升到 6%时，表明消化率则有所下降。当脂肪采食量较低时其消化率的提高可能是由于添加的脂肪消化率高于基础日粮中的脂肪消化率，或者是内源性的脂肪被稀释了（NRC，2001）。脂肪采食量增加造成的消化率下降的速度在碘价超过 40 的脂肪中更为明显（Jenkins，1994a）。

脂肪摄入量的增加导致其脂肪酸消化率的下降，这会影响到其泌乳净能值。脂肪来源中未被消化的部分则会成为粪便中的能量损失，这部分能量需从脂肪的总能中减去。脂肪的总能通常用氧弹测热计测定，代表其所有潜在可被利用的能量，通常植物或动物油脂中甘油三酯的总能约为 38.51MJ/kg。游离的长链脂肪酸的总能约为 39.31MJ/kg，而长链脂肪酸钙皂的总能约为 33.61MJ/kg（Andrew et al.，1991）。Drackley（1999）总结得出，当脂肪添加量从总日粮干物质的 2.5%上升到 5%时，其泌乳净能值会从 24.28MJ/kg 下降到 19.67MJ/kg。

五、乳腺中乳脂的生物合成

（一）中短链脂肪酸的从头合成

通常奶牛每天从牛奶中产出的脂肪酸总量要超过饲料中的摄入量。大量的短链和中链脂肪酸（几乎所有的 4～14 碳链和大约一半的 16 碳链）是在乳腺内从头合成的。脂肪酸的合成需要两个条件，碳链来源和以 NADPH 形式为主的还原当量。在反刍动物中，合成脂肪酸所需的碳链来源主要是瘤胃发酵产生的乙酸和 β-羟丁酸。此外，肝吸收游离脂肪酸和生酮作用是 β-羟丁酸的另外一个来源。吸收自血液的乙酸被细胞质内的乙酰辅酶 A 合成酶合成乙酰辅酶 A，可直接用于脂肪酸合成。β-羟丁酸可由瘤胃发酵产生的丁酸合成，或由肝吸收游离脂肪酸并通过生酮作用合成（Bell，1981）。全部乳中脂肪酸总碳数的 8%左右由 β-羟丁酸提供，而且从头合成的脂肪酸中，甲基端最初的 4 个碳原子有 50%是由 β-羟丁酸提供，其余 50%来自于乙酸的延长（Palmquist et al.，1969）。此前的研究显示，在乳脂合成的引物方面，泌乳牛的乳腺利用丁酰辅酶 A 比利用乙酰辅酶 A 效率更高（Lin and Kumar，1972；Knudsen and Grunnet，1980）。在乳腺组织的细胞质内，乙酸可被乙酰辅酶 A 合成酶转化为乙酰辅酶 A。而线粒体内 β-羟丁酸也可被 β-羟丁酸脱氢酶氧化为乙酰辅酶 A，但这一路径合成的乙酰辅酶 A 存在于线粒体内，因此无法用于细胞质内的脂肪酸合成（Bauman and Davis，1974）。还原当量的主要来源是葡萄糖和乙酸（Bauman and Davis，1974）。反刍动物所需要的 NADPH 主要来自于通过磷酸戊糖途径的葡萄糖氧化产生，这一过程也在糖酵解途径之外给脂肪酸酯化提供甘油-3-磷酸。反刍动物无法直接利用葡萄糖的碳链合成脂肪酸，这可能是因为由乙酸合成的乙酰辅酶 A 对丙酮酸脱氢酶具有负反馈,在乳腺及其他组织中完全抑制其活性（Palmquist,2006）。

脂肪酸的从头合成路径包括首先将引物（通常为乙酰辅酶 A 或 β-羟丁酸）顺序转移至酰基转移酶的丝氨酸残基及酰基载体蛋白，最终转移至 β-酮酰基-ACP 合成酶。接下来由乙酰辅酶 A 羧化酶（ACC）利用乙酰辅酶 A 和二氧化碳合成丙二酸单酰辅酶 A 作为碳链延长的底物。之后脂肪酸合成酶（FAS）从丙二酸单酰辅酶 A 的羧基端每次延长 2 个碳直至合成 C12～C16 碳链长度的脂肪酸。这一碳链延长的反应最终被硫酯酶 I 终止。由于乙酰辅酶 A 羧化酶的活性要低于其他脂肪酸合成酶的活性，因此丙二酸单酰辅酶 A 的合成步骤通常被认为是脂肪酸合成的限速步骤（Bauman and Davis，1974）。合成路径中的两个还原步骤均需要 NADPH 作为还原剂。乳腺中从头合成棕榈酸的反应方程式如下（Palmquist，2006）：

$$乙酰辅酶 A + 7\ 丙二酸单酰辅酶 A + 14\ NADPH + 14\ H^+ \longrightarrow 棕榈酸 + 7\ CO_2$$
$$+ 8\ 辅酶 A + 14\ NADP^+ + 6H_2O$$

（二）从血液中吸收长链脂肪酸

血液循环中富含甘油三酯的脂蛋白提供了约 50%的 C16 脂肪酸，以及超过 95%的 C18 和更长链脂肪酸供乳脂合成（Bauman and Davis，1974），这些脂肪来自于消化吸收的日粮脂肪或自身脂肪组织动员（Grummer，1991）。乳脂中的 C16:0 既可以在乳腺内从头合成也可以从血液中直接吸收，因此其比例会受到奶牛从日粮中采食的脂肪总量影响。当日粮脂肪含量较低时，几乎所有的 C16:0 都是在乳腺中从头合成，而当日粮中的脂肪酸采食量增加时，这一比例可以下降到 30%以下（Palmquist，2006）。附着在毛细血管内皮表面的脂蛋白分解酶（LPL）的作用是水解血浆中极低密度脂蛋白或乳糜微粒中的甘油三酯，水解后的大多数脂肪酸都被乳腺吸收（Moore and Christie，1981）。乳腺中 LPL 的活性在奶牛产犊前升高并在整个泌乳期维持高水平（Liesman et al.，1988）。血清极低密度脂蛋白甘油三酯或游离脂肪酸中约 90%都是 C16:0、C16:1、C18:0 和 C18:1（Moore and Christie，1981）。甘油三酯的水解过程开始于从其 sn-1 位置切断酰酯键。奶牛对来自体脂动员的脂肪酸的净吸收率通常很低，Palmquist 和 Mattos（1978）估测，血液中的脂肪酸 88%来自于日粮来源，12%来自于内源性产生。当在泌乳早期奶牛处于能量负平衡而造成体脂动员加剧时，这一部分游离脂肪酸对乳脂合成的贡献也会增大。乳腺中的 LPL 也可以水解血浆中的甘油三酯并释放游离脂肪酸进入血浆中（Palmquist，2006）。

此外，由于瘤胃中的生物氢化作用，乳脂中大多数的单不饱和长链脂肪酸是在乳腺中通过硬脂酰辅酶 A 脱氢酶（stearoyl-CoA desaturase，SCD）的作用合成的。这一转化降低了饱和脂肪酸的比例并保证了乳脂的流动性。脂肪组织和泌乳牛乳腺中的硬脂酰辅酶 A 脱氢酶的活性较高，而肠道组织和非泌乳牛的乳腺组织中的活性较低（Palmquist，2006）。硬脂酰辅酶 A 脱氢酶主要作用于 18 碳的硬脂酰辅酶 A 和 16 碳的棕榈酰辅酶 A，此外对于 14 碳的肉豆蔻酰辅酶 A 也有较低的活性（Bickerstaffe and Annison，1970）。瘤胃生物氢化作用产生的反式单烯酸可以被脱氢为一系列含顺-9 双键的 C18:2 异构体，在这其中最主要的是将反-11 C18:1 脱氢为顺-9,反-11 共轭亚油酸（Palmquist，2006）。

（三）乳腺内甘油三酯的合成

甘油三酯在粗面内质网合成，占乳脂总量的 98% 左右（Glass et al.，1967），剩余部分则是乳脂滴膜中少量的磷脂、胆固醇和胆固醇酯。如前所述，用于合成甘油三酯的脂肪酸有两个来源，乳腺内的从头合成或者血液循环中的脂肪酸。甘油三酯中含有超过 400 种脂肪酸，其中绝大多数的含量都非常低。通常认为乳脂中最主要的脂肪酸包括从 C4:0 到 C18:0 的饱和脂肪酸，以及 C16:1、C18:1、C18:2 和反式 C18:1。脂肪酸被依赖 ATP 的酰基辅酶 A 合成酶活化为脂肪酰辅酶 A，甘油-3-磷酸来自于糖酵解产生的磷酸丙糖（约 70%，Luick and Kleiber，1961）或者来自于甘油激酶催化的甘油磷酸化（Bauman and Davis，1974）。奶牛乳腺内甘油-3-磷酸途径是合成甘油三酯最主要的通路。在这一路径中，甘油-3-磷酸相继在 sn-1 和 sn-2 位酰化合成磷脂酸（1,2-甘油二酯-3-磷酸），且酰基辅酶 A-甘油-3-磷酸酰基转移酶的活性最低，表明此步骤在甘油三酯合成中起调节作用（Palmquist，2006）。接下来，1-酰基-溶血磷脂酸盐被酰基辅酶 A-1-酰基甘油-3-磷酸酰基转移酶酰化形成磷脂酸。sn-3 位上的磷酸基团被磷脂酸磷酸酶移去，剩下的甘油二酯被酯化为甘油三酯。甘油三酯开始融合并形成微脂滴。这些脂滴从粗面内质网表面脱离进入细胞质，在那里形成更大的乳脂滴，移动到乳腺上皮细胞的顶面。大颗的脂滴挤向外侧，被顶膜包裹（Moore and Christie，1981）。

第三节　乳脂合成的营养调控

一、营养导致的乳脂抑制

脂肪是乳成分中最容易受到影响的指标，乳脂率和乳脂产量会受到营养的显著影响。Davis 和 Brown（1970）将饲喂特定日粮后乳脂率和乳脂产量下降的现象定义为低乳脂综合征，或称为乳脂抑制（milk fat depression，MFD）。这里需要强调的一点是，乳脂抑制的特征是乳脂产量下降而不是乳脂率下降（Bauman and Griinari，2001），因此乳脂率下降而总乳脂产量不变的情况并不能归类为乳脂抑制，因为这种情况下通常是产奶量提高而带来的乳脂在牛奶中的稀释效应。

造成乳脂抑制的日粮因素通常分为两类。一类包括高精饲料低粗饲料日粮，或者日粮中含有足够量的粗饲料但是加工得过短，以至于削弱了纤维在维持正常瘤胃功能方面的作用；另一类则是日粮中含有大量的不饱和油脂成分。在这样的日粮条件下，奶牛的乳脂产量可能降低超过 50%，而产奶量和其他乳成分没有变化（Bauman and Griinari，2001）。很多情况下，日粮引起的乳脂抑制是由以上描述的两类因素共同影响产生的。在 Loor 等（2005a）的试验中，饲喂高精饲料日粮降低了乳脂产量，而在高精饲料日粮中再添加 3%亚麻籽油时乳脂产量降低得更明显。以上研究表明，添加脂肪和基础日粮组成间存在互作效应。

如上所述，乳脂抑制的发生需要两个条件，瘤胃环境和微生物发酵改变，以及日粮中的不饱和脂肪酸作为不完全生物氢化途径的底物（Bauman and Griinari，2001）。高精饲料低粗饲料日粮或者粗饲料粉碎得过细导致瘤胃微生物发酵的改变，最常见的现象是瘤胃 pH 降低，此外还可见瘤胃内脂解和生物氢化微生物数量下降及乳脂中不饱和脂肪酸比例上升（Latham et al.，1972）。因此，饲喂高精饲料低粗饲料日粮造成的乳脂抑制很有可能是由于瘤胃 pH 的改变带来微生物区系的变化，进而改变了瘤胃多不饱和脂肪酸的生物氢化（Soita et al.，2005）。

而当给奶牛饲喂脂肪时，瘤胃 pH 并不一定会改变（Kalscheur et al.，1997；Ueda et al.，2003）。因此在添加脂肪的情况下，瘤胃微生物氢化底物（日粮不饱和脂肪酸）的增加很有可能是造成乳脂抑制的原因。AlZahal 等（2009）给奶牛饲喂不同精粗比的日粮（74%或 56%的粗饲料），两种日粮的脂肪含量都设计得很低，分别为 2.4%和 2.0%。尽管饲喂低粗饲料日粮造成平均瘤胃 pH 降低，本试验中不同的精粗比并没有影响产奶量、乳脂率和乳脂产量，这表明尽管瘤胃环境受到改变，但当日粮中不饱和脂肪酸水平很低时可能不会出现乳脂抑制现象。

二、生物氢化理论

（一）乳脂抑制理论的发展过程

过去有许多理论来解释日粮引起的乳脂抑制现象，包括乙酸缺乏理论（Tyznik and Allen，1951）、β-羟丁酸缺乏理论（Van Soest and Allen，1959）、生糖-胰岛素理论（McClymont and Vallance，1962）和反式脂肪酸理论（Davis and Brown，1970）。然而针对这些理论，后续的研究或者不支持或者发现这些理论在不同的日粮条件下无法完全解释乳脂抑制现象。

Bauman 和 Griinari（2001）研究发现，相对于总反式脂肪酸，特定的反式脂肪酸异构体对日粮引起的乳脂抑制更加重要。此前的试验证明，真胃灌注顺-9,反-11 CLA（Baumgard et al.，2000）或者反-11 和反-12 C18:1 的混合物（Griinari et al.，2000）并没有影响乳脂产量，因此这些脂肪酸异构体不会降低乳脂。而乳脂抑制通常与乳脂中反-10

C18:1 的比例升高有关，与总反式 C18:1 无关。除此之外，由造成乳脂抑制的日粮带来的瘤胃状况的改变也会增加瘤胃内反-10,顺-12 CLA 合成量的增加及乳脂中该 CLA 含量的增加（Bauman and Griinari，2001）。因此，一部分日粮中的 C18:2 经过一条独特的生物氢化通路合成反-10,顺-12 CLA，然后进一步氢化为反-10 C18:1（图 5-2 中亚油酸氢化路径的虚线）。根据先前的试验结果，Bauman 和 Griinari（2001）提出了生物氢化理论，即在特定的日粮情况下瘤胃正常的生物氢化路径受到改变，进而产生了特定的脂肪酸中间产物抑制乳腺内的乳脂合成。

（二）不同脂肪酸中间产物对乳脂合成的抑制效果

人们已经发现了一些能够抑制乳脂合成的脂肪酸中间产物，它们对乳脂抑制的活性略有不同。在 CLA 方面，Baumgard 等（2002）发现，真胃灌注 13.6g/d 98% 纯度的反-10,顺-12 CLA 使得乳脂产量下降了 48%，其他试验的结果显示，顺-9,反-11 CLA、反-9,反-11 CLA 和反-10,反-12 CLA 不会影响乳脂合成（Baumgard et al.，2000；Sæbø et al.，2005；Perfield et al.，2007）；反-9,顺-11 CLA 的抑制活性要低于反-10,顺 12 CLA（Perfield et al.，2007）；顺-10,反-12 CLA 降低乳脂的能力与反-10,顺-12 CLA 相当（Sæbø et al.，2005）。

反-10 C18:1 同样因为其抑脂活性受到广泛关注。它通常被认为是 C18:2 和 C18:3 的生物氢化途径经过改变后的中间产物（图 5-2），且已证实乳脂产量降低与乳脂中反-10 C18:1 比例的升高有关（Shingfield and Griinari，2007）。但 Shingfield 等（2009）报道，真胃灌注 92g/d 反-10 C18:1 使乳脂下降了 19%。对比以上试验中 CLA 的灌注量和乳脂下降比例可以看出，反-10 C18:1 有可能是引起乳脂抑制的异构体，但其抑脂活性要远低于反-10,顺-12 CLA。目前有关反-10 C18:1 是直接造成乳脂抑制还是仅仅是其他生物活性脂肪酸的标记物尚未有定论。

三、造成乳脂抑制的日粮对乳中脂肪酸产量的影响

（一）日粮精粗比对乳中脂肪酸产量的影响

Bauman 等（2006）发现，日粮造成的乳脂抑制使得大多数脂肪酸的产量都有所下降，而这其中从头合成的短链和中链脂肪酸的下降更为明显。Loor 等（2005a）和 Griinari 等（1998）发现饲喂高精饲料日粮降低了从 C8 到 C18:1 脂肪酸的合成，而精粗比并未影响 C18:2 的合成量。图 5-4 中总结了 9 个试验中的数据（实心菱形）来展示精粗比对乳中脂肪酸产量变化的模式。在这当中，5 个试验（Loor et al.，2005a；Sterk et al.，2011；Gaynor et al.，1995；Griinari et al.，1998；Yang et al.，2018）的结果显示乳脂产量在饲喂低粗饲料日粮时有所下降，且 4 个试验中短链和中链脂肪酸（C≤16）及长链脂肪酸（总 C18）产量都下降，这直接导致了乳脂总产量下降。尽管其他 4 个试验（Whitlock et al.，2003；Soita et al.，2005；Weiss and Pinos-Rodriguez，2009；Lechartier and Peyraud，2010）在饲喂不同精粗比日粮时并未发现乳脂产量明显改变，但其中

Lechartier 和 Peyraud（2010）及 Weiss 和 Pinos-Rodriguez（2009）同样观察到中短链脂肪酸及长链脂肪酸产量下降。因此，饲喂低粗饲料日粮导致的乳脂产量下降来自于两个方面，乳腺内从头合成中短链脂肪酸受到抑制及从血液循环中吸收的长链脂肪酸总量下降。

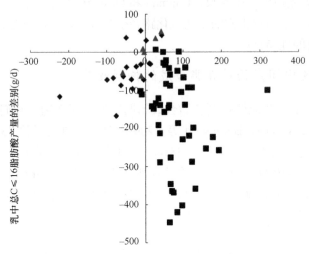

图 5-4　饲喂不同种类的日粮对乳中脂肪酸产量的影响

实心正方形：乳中脂肪酸产量的差别（添加脂肪处理组–无添加对照组）（Kalscheur et al.，1997；Jenkins，1998；DePeters et al.，2001；Onetti et al.，2003；Fearon et al.，2004；Leonardi et al.，2005；Loor et al.，2005a；Bell et al.，2006；Bu et al.，2007；Cruz-Hernandez et al.，2007；AlZahal et al.，2008；Flowers et al.，2008；Huang et al.，2008；Abdelqader et al.，2009；Chilliard et al.，2009；Rego et al.，2009；Ye et al.，2009；He and Armentano，2011；He et al.，2012；Stoffel et al.，2015；Pi et al.，2016）；实心菱形：乳中脂肪酸产量的差别（高精饲料低粗饲料处理组 – 低精饲料高粗饲料处理组）（Gaynor et al.，1995；Griinari et al.，1998；Whitlock et al.，2003；Loor et al.，2005a；Soita et al.，2005；Weiss and Pinos-Rodriguez，2009；Lechartier and Peyraud，2010；Sterk et al.，2011；Yang et al.，2018）；实心三角形：乳中脂肪酸产量的差别（较短处理组–较长处理组）（Onetti et al.，2003，2004；Soita et al.，2005；Kahyani et al.，2013）
乳中脂肪酸产量计算如下：乳中脂肪酸百分比×乳脂产量×93.3%，假定乳中脂肪酸占乳脂总量的 93.3%（Glasser et al.，2007）

　　由 CLA 或日粮引起的乳脂抑制的调控机制包括对许多重要的脂肪合成酶进行编码的基因 mRNA 表达进行负调控，这些酶参与脂肪酸的摄取和转运、短链脂肪酸的从头合成、脂肪酸脱氢及合成甘油三酯等（Baumgard et al.，2002；Bauman et al.，2008）。Piperova 等（2000）发现，相比饲喂 60%粗饲料的对照日粮，饲喂 25%粗饲料和 5%豆油时乳脂产量下降了 43%，乳脂肪酸 C6～C14 产量下降了 60%，乳腺 ACC和 FAS 酶活性分别下降了 61%和 44%。Baumgard 等（2002）过瘤胃灌注 13.6g/d 纯化的反-10,顺-12 CLA，发现乳脂率和乳脂产量分别下降了 42%和 48%，并且减少的 C4～C16 脂肪酸占总乳脂产量下降的 63%（物质的量比）。他们还发现，许多脂肪合成酶的 mRNA 表达受到反-10,顺-12 CLA 灌注的影响而下降了 39%，这其中包括ACC、FAS、SCD、LPL、脂肪酸结合蛋白、甘油磷酸酰基转移酶和酰基甘油酰基转移酶（Baumgard et al.，2002）。以上结果证实了乳脂合成的抑制来自于对脂肪合成酶和脂肪合成蛋白的负调控。

在啮齿动物模型或细胞培养中进行的大量试验显示，这些脂肪合成酶的表达受转录因子的调控，其中包括甾醇调节因子结合蛋白（SREBP）家族（Bauman et al.，2008）。目前已在奶牛乳腺上皮细胞中研究过 SREBP 调控系统。SREBP1 在乳腺中高度表达并与 LPL 和 FAS 的基因表达相关（Harvatine and Bauman，2006）。人们发现当反-10,顺-12 CLA 抑制脂肪酸合成时，乳腺上皮细胞内的细胞核 SREBP1 蛋白数量减少（Peterson et al.，2004）。Harvatine 和 Bauman（2006）也发现此类情况下 SREBP1 和 SREBP 激活蛋白的乳腺表达减弱，响应 SREBP1 的脂肪合成酶活性下降。这些结果给 SREBP 在奶牛乳腺中乳脂合成过程中作为中心调节因子提供了重要依据。

（二）日粮中添加脂肪对乳中脂肪酸产量的影响

相对于饲喂高精饲料低粗饲料的日粮，脂肪添加代表了一种完全不同的乳中脂肪酸变化模式。在 21 项试验中，总共 48 个对比组中有 43 个显示添加脂肪降低了中短链脂肪酸产量但提高了从外周循环系统吸收的总 C18 脂肪酸产量（实心正方形，图 5-4）。即使在一些试验中当饲喂 1.6%菜籽油（DePeters et al.，2001）、1.5%玉米油（Leonardi et al.，2005）或 4%豆油（Bu et al.，2007）时乳脂产量并没有下降反而略有上升，我们同样发现了类似的脂肪酸变化，即中短链脂肪酸合成减少，长链脂肪酸产量增加。因此，添加脂肪对乳脂抑制的影响大小取决于从外周循环系统吸收的长链脂肪酸总量能否弥补乳腺内受到抑制的中短链脂肪酸合成量。LPL 和 FAS 的作用是水解脂蛋白中的甘油三酯及吸收和转运脂肪酸，尽管它们的 mRNA 数量在灌注反-10,顺-12 CLA 时会下降（Baumgard et al.，2002），部分试验中从血液循环吸收的长链脂肪酸数量增加还是表明这两种酶并没有限制乳脂合成，或者在日粮中添加脂肪时有其他的调控系统发挥作用。

乳脂的分泌需要甘油三酯保持一定的流动性，这是通过从头合成短链脂肪酸和Δ^9-脱氢酶的活性实现的。由于从头合成脂肪酸和Δ^9-脱氢酶的活性都受到反-10,顺-12 CLA 的抑制（Chouinard et al.，1999；Baumgard et al.，2002），因此长链脂肪酸尤其是硬脂酸被乳腺吸收合成乳脂受到限制，原因是其熔点太高。这也可以部分解释为什么日粮中添加脂肪时，多数情况下吸收的长链脂肪酸无法完全弥补短链脂肪酸的损失。

（三）日粮颗粒长度对乳中脂肪酸产量的影响

粗饲料颗粒长度对乳中脂肪酸产量变化的影响模式并无定论（图 5-4 中的实心三角形）。尽管粗饲料颗粒长度对奶牛生产性能影响的研究很多，但绝大多数没有报告乳脂肪酸数据。在 Soita 等（2005）的试验中，与正常长度的青贮相比，在精粗比为 45∶55 时饲喂短切玉米青贮日粮造成 C16:0 和顺-9 C18:1 的产量在数值上有所上升，而当精粗比上升到 55∶45 时二者的数值都略有下降。这一粗饲料长度和精粗比的互作效应显著影响了乳脂肪酸中 C16:0 和顺-9 C18:1 的比例，表明粗饲料颗粒长度和其他日粮因素的互作有可能影响乳脂肪酸产量。

四、日粮中常见的不饱和脂肪酸对乳脂合成和脂肪酸产量的影响

（一）日粮中不同的不饱和脂肪酸抑脂效果不同

反刍动物日粮中最常见的不饱和脂肪酸包括 C18:1、C18:2 和 C18:3。根据生物氢化理论（Bauman and Griinari，2001），造成乳脂抑制的脂肪酸中间产物来自于日粮不饱和脂肪酸在瘤胃中的生物氢化。之前的研究着重于 C18:2 生物氢化的特殊脂肪酸中间产物，因为它们在乳脂抑制方面的影响更大，而且 C18:2 通常是日粮中含量最多的不饱和脂肪酸。正如之前介绍过的，顺-10,反-12 CLA 在抑制乳脂合成上的作用可能与反-10,顺-12 CLA 相仿（Sæbø et al.，2005）；反-9,顺-11 CLA 的抑脂活性低于反-10,顺-12 CLA（Perfield et al.，2007）；反-10 C18:1 即使能够直接造成乳脂抑制，其抑脂活性也远远低于同功能的 CLA。由于 C18:1 的生物氢化过程产生反-10 C18:1 但不会产生 CLA，而降低乳脂的反-10,顺-12 CLA 可以从 C18:2 异构化得来（图 5-2），因此反-10 C18:1 和其他抑脂 CLA 异构体在乳脂抑制上的不同作用强度有可能反映了它们的直接前体物的不同抑脂效果。因此有理由相信，不同生物氢化脂肪酸中间产物的数量和降低乳脂的效果应该有所不同，而且与最初日粮中脂肪酸底物的总量及脂肪酸组成都有关系。

Lock 等（2006b）提出在研究日粮引起的乳脂抑制时应关注瘤胃中总的"不饱和脂肪酸负荷"，这也包括日粮中除 C18:2 以外其他不饱和脂肪酸的影响。此外，瘤胃不饱和脂肪酸负荷（rumen unsaturated fatty acid load，RUFAL）的定义应包括来自于日粮中所有不饱和脂肪酸的采食量（主要为 C18:1，C18:2 和 C18:3），而不仅局限于额外添加的脂肪（Jenkins et al.，2009）。然而 RUFAL 的计算公式中并没有区分这 3 种不饱和脂肪酸。根据之前所介绍的不同的不饱和脂肪酸产生不同的生物氢化中间产物并具有不同抑脂效果，RUFAL 在 C18:1/C18:2/C18:3 比例不同的情况下应该会造成不同的乳脂抑制结果。

（二）C18:1、C18:2 和 C18:3 对乳中脂肪酸合成量的影响对比

包括图 5-5 中的 7 个试验在内（实心正方形），很少有试验显示当脂肪添加量相同时，高 C18:1 或高 C18:2 处理组在乳脂产量上有明显区别。但 Casper 等（1988）的结果显示，相比高 C18:2 葵花籽，饲喂等量的 9% 的高 C18:1 葵花籽显著提高了乳脂率和 4% 乳脂校正乳产量。He 和 Armentano（2011）发现，当添加量同为 5% 时，饲喂高亚油酸红花油（含 15.0% C18:1 和 74.7% C18:2）的乳脂产量要显著低于饲喂高油酸红花油（含 79.1% C18:1 和 12.7% C18:2），但与饲喂玉米油（含 27.2% C18:1 和 57.8% C18:2）无显著差别。7 个试验中的 6 个（图 5-5 中的实心正方形）显示，饲喂高 C18:1 的脂肪比饲喂高 C18:2 的脂肪所合成的中短链脂肪酸含量或总 C18 脂肪酸含量更高。具有很高抑脂活性的反-10,顺-12 CLA 不可能由日粮中的 C18:1 合成（Lock et al.，2007），因此当脂肪添加量相同而 C18:1 和 C18:2 含量不同时，二者造成的乳脂抑制的区别很可能是反-10 C18:1 和反-10,顺-12 CLA 抑脂活性的不同造成的。

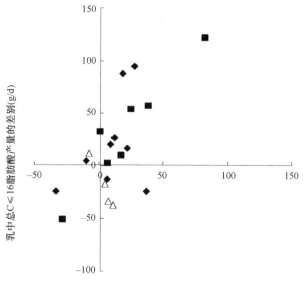

图 5-5　当奶牛采食总脂肪含量相同但脂肪酸水平（C18:1，C18:2，C18:3）不同的日粮时，对乳中脂肪酸产量的影响

实心正方形：高 C18:1 处理组−高 C18:2 处理组（Casper et al., 1988; Kalscheur et al., 1997; Kelly et al., 1998; AbuGhazaleh et al., 2003a, b; Loor and Herbein, 2003; Rego et al., 2009）；实心菱形：高 C18:2 处理组−高 C18:3 处理组（Kelly et al., 1998; Lock and Garnsworthy, 2002; AbuGhazaleh et al., 2003a, b; Loor et al., 2005b; Bell et al., 2006; Bu et al., 2007; Rego et al., 2009; Ye et al., 2009）；空心三角形：高 C18:1 处理组−高 C18:3 处理组（Kelly et al., 1998; AbuGhazaleh et al., 2003a, b; Rego et al., 2009）

　　目前仅有 4 个试验比较了添加脂肪中高 C18:1 和高 C18:3 的区别（图 5-5 中的空心三角形）。4 个试验均显示饲喂高 C18:3 的脂肪（亚麻油或亚麻籽）时，乳脂产量均在数值上超过饲喂高 C18:1 的处理组。在一项针对放牧奶牛的试验中，添加 0.5kg/d 菜籽油或亚麻籽油使得两处理组间的乳脂产量有显著差异（Rego et al., 2009）。这可能是 C18:1 和 C18:3 在瘤胃生物氢化过程中产生的脂肪酸底物不同进而影响乳脂合成所致。然而在上面提到的 4 个试验中，各处理组中日粮的脂肪水平并未平衡，因此乳脂产量的不同也可能是这个因素造成的。

　　图 5-5 中 9 个试验的结果显示（实心菱形），相比于采食高 C18:2 脂肪，采食高 C18:3 脂肪的奶牛乳脂产量并未显著下降。来自 Bell 等（2006）、Bu 等（2007）和 Loor 等（2005b）的研究显示，饲喂高 C18:3 日粮比饲喂高 C18:2 日粮带来更多的乳脂产量下降。然而在另外两个试验中，饲喂 5%亚麻籽比饲喂 4.34%高 C18:2 葵花籽显著提高了乳脂率和乳脂产量（AbuGhazaleh et al., 2003a, 2003b）。He 和 Armentano（2011）也发现，饲喂 5%亚麻籽油比饲喂高亚油酸红花油显著提高了乳脂产量（分别为 1.02kg/d 和 0.86kg/d）。Lock 和 Garnsworthy（2002）使用不同的植物油（橄榄油、亚麻籽油、菜籽油、豆油和葵花籽油）来制成 C18:2 和 C18:3 含量不同而其他脂肪酸含量相同的混合物。排除了 C18:2 和 C18:3 以外的其他脂肪酸的影响后，采食低 C18:2/高 C18:3 日粮的奶牛其乳脂产量、乳脂中中短链脂肪酸和总 C18 脂肪酸产量在数值上更高。这意味着日粮中 C18:2 比 C18:3 对乳脂抑制作用更大。

五、脂肪的最佳添加量

(一)添加脂肪的"收益递减"效应

奶牛日粮中脂肪的最佳添加量取决于很多因素,包括脂肪的种类、基础日粮中的饲料原料、泌乳阶段、环境、产奶量水平和饲喂管理等(NRC,2001)。奶牛对于添加脂肪的反应是多方面的,包括恢复体况、改善繁殖性能及提高产奶量和乳成分。通常添加脂肪后会改善奶牛的能量平衡,这直接影响到体况恢复和改善繁殖性能。而额外添加脂肪对乳蛋白产量和乳蛋白率的影响较小,因此这里我们只需关注对产奶量或者乳脂校正乳产量的影响就可以得出脂肪的最佳添加量。

添加脂肪对产奶量的影响会出现非线性的"收益递减"效应,即随着添加量的增加产奶量会持续提高到某一临界值,但这一高峰产奶量并不会无限增加(Palmquist,1984;Jenkins,1994a)。在这之后继续添加则边际效应开始递减,最终随着添加量过多,由于营养不平衡、采食量下降、瘤胃微生物受到抑制等原因,产奶量很有可能反而下降(Drackley,1999)。尽管有试验表明,添加4%~6%的植物油均未影响奶牛的采食量(Loor et al.,2005b;Bell et al.,2006;Bu et al.,2007;He and Armentano,2011),但Pantoja等(1994)报道,干物质采食量随着添加脂肪不饱和度的升高而呈线性下降。采食量的下降会抵消饲喂脂肪带来的增加能量浓度的影响并有可能限制产奶量。

(二)脂肪添加量的推荐值

Palmquist(1993)早期认为奶牛日粮中的脂肪总量应该等于乳脂的合成量。例如,如果一群奶牛每天产奶40kg、乳脂率为3.7%,则平均每天分泌乳脂1.48kg。无添加脂肪的常规日粮中脂肪水平约为3%,假设奶牛每天干物质采食量23kg,则从日粮中摄入的脂肪为0.69kg。因此需要额外添加的脂肪为0.79kg,约等于采食量的3.4%。类似地,Kronfeld(1976)指出,当脂肪酸占到代谢能的16%时,产奶量的效率达到峰值,这等同于每天添加600~700g脂肪。添加脂肪后乳脂校正乳的变化极少超过3.5kg/d。假设此脂肪消化率为80%,乳腺吸收脂肪酸的效率为75%,大约700g脂肪可以支持3.5kg乳脂校正乳的产量(Jenkins,1997)。假设奶牛的采食量为23kg,则700g脂肪等同于日粮干物质的3%。当然以上的方法只能作为经验法则,因为计算中并没有考虑到采食脂肪的消化率及奶牛乳腺中从头合成的脂肪酸含量。由于脂肪(尤其是脂肪酸)的消化率会远高于50%,而从头合成的脂肪酸含量通常占50%,因此以上方法会高估需额外添加的脂肪量。

奶牛基础日粮中的谷物精饲料和粗饲料含脂肪3%~4%,因此2001年奶牛NRC建议额外添加脂肪不超过日粮干物质的4%,日粮总脂肪含量不超过7%(NRC,2001)。Drackley(1999)总结了10个伊利诺伊大学进行的试验结果也得出类似的结论(图5-6)。尽管图中回归曲线的相关关系并不强($R^2 = 0.48$),但图中产奶量变化的拐点依旧显示是3%~4%的添加量。图中的数据来自于粗饲料来源为玉米青贮和苜蓿青贮的试验,如果玉米青贮的用量超过了粗饲料干物质的 2/3，则建议额外添加的脂肪不超过 2.5%。超过 4%的脂肪添加水平则有可能对动物的生产性能造成不利影响，包括采食量下降、瘤胃纤维消化下降、与钙和镁结合形成不溶的皂盐降低其消化率及降低乳脂等，这些现象在添加脂肪中不饱和脂肪酸含量较高时更为明显。一些试验中饲喂脂肪会降低钙、镁或二者的消化率（Palmquist and Conrad，1978；Zinn and Shen，1996）。脂肪酸可以在瘤胃、小肠末端和大肠与阳离子形成不溶的皂类，降低镁在瘤胃中及钙在肠道中的吸收。因此，当日粮中额外添加脂肪时需适当提高钙和镁的水平。但是有关添加脂肪时日粮和阳离子吸收的交互作用的研究非常少，而且目前并无试验提供当添加脂肪时日粮中钙和镁的最佳含量，而且 NRC 中也没有对基础日粮或脂肪原料中特定的脂肪酸组成给出建议值。

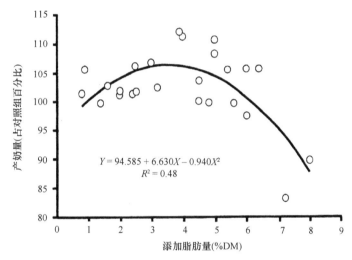

$$Y = 94.585 + 6.630X - 0.940X^2$$
$$R^2 = 0.48$$

图 5-6　10 项伊利诺伊大学研究中产奶量变化（添加脂肪的试验组占对照组产奶量的百分比）与脂肪添加量（总日粮干物质百分比）之间的相关关系

六、脂肪的添加形式和添加不同脂肪酸对奶牛生产性能的影响

（一）脂肪的不同添加形式

常用的添加脂肪来源分为两类。一类是自然来源的脂肪，包括植物油、油籽和动物脂肪；另一类是加工过的瘤胃"惰性脂肪"，包括脂肪酸钙盐、氢化脂肪和分馏饱和脂肪。惰性脂肪指的是那些与天然脂肪相比对瘤胃发酵影响较小的脂肪。虽然被称为惰性，但是其中的甘油三酯还是可以被水解，而不饱和脂肪酸还是可以被生物氢化。"过瘤胃"脂肪的描述并不准确，因为它们或多或少还是会受到瘤胃中微生物的影响，而且绝大多数的脂肪也都必须过瘤胃才能被吸收。不同脂肪类原料之间的区别包括脂肪酸组成、脂肪酸碳链长短、保护方式和不饱和程度等，因此需要指出的一点是，单一脂肪原料的饲喂效果并不能用于所有的脂肪类原料。

（二）惰性脂肪的生产方法

生产惰性脂肪有 4 种主要的方法。第一是增加产品中脂肪酸的饱和度，使其熔点超过室温的范围。这就降低了其溶解性及脂肪对瘤胃微生物的负面影响。常见的饱和脂肪酸颗粒中约含99%的脂肪酸，其中饱和脂肪酸约为90%。这种方法可以生产高消化率的游离脂肪酸产品，但是对于甘油三酯来说并不适用。这是因为其高熔点低溶解度使得不仅微生物无法接触并分解高度饱和的甘油三酯，就连胰腺脂肪酶也很难将脂肪酸从甘油三酯分子上分解下来。第二是使不饱和脂肪酸与钙结合形成钙皂。因为只有游离脂肪酸才会发生生物氢化并影响瘤胃微生物，脂肪酸钙皂保护了脂肪酸游离的羧基端，可以在一定程度上缓解这一负面影响。但需要注意的是，低瘤胃 pH 或脂肪酸不饱和程度增加会使脂肪酸钙皂在瘤胃中分解并造成生物氢化。Van Nevel 和 Demeyer（1996）发现，将来自豆油的游离脂肪酸或其钙皂在不同 pH 环境下培养时，pH 为 6.9 时钙皂所提供的对生物氢化的保护作用（约 30%）在 pH 降到 6.0 以下时就消失了。此外相对于单不饱和脂肪酸，多不饱和脂肪酸更容易从钙皂中分解出来（Sukhija and Palmquist，1990）。脂肪酸钙皂中通常含80%~85%的脂肪酸，其中饱和脂肪酸和不饱和脂肪酸大约各占一半。钙皂的作用仅限于降低游离脂肪酸在瘤胃中的生物氢化而对脂肪酸在小肠的消化率影响有限（Wu et al.，1991a；Enjalbert et al.，1997）。第三是根据不同脂肪酸熔点不同的原理，采用分馏的方法从棕榈油原料（如精炼棕榈油）中分离出高纯度的棕榈脂肪，此外还可通过裂解工艺将甘油和脂肪酸分离制得游离棕榈酸。第四是用不同包被方法将脂肪包被，避免其与瘤胃微生物接触但是可以在小肠内被消化。包被的成分可以是非营养性成分如海藻酸钠或甲醛处理的蛋白质（Drackley，2004）。甲醛处理的产品并未在美国批准使用，但是在澳大利亚和其他一些国家可以使用。

一些常见的脂肪添加来源的脂肪酸组成见表 5-4。

表 5-4　常见脂肪添加来源的脂肪酸组成　　　　（%）

脂肪酸	动物油脂	棕榈油分馏脂肪酸钙皂	饱和游离脂肪酸	高 C16:0 脂肪酸
C14:0	3.0	2.0	2.7	1.6
C16:0	24.4	51.0	36.9	89.7
C18:0	17.9	4.0	45.8	1.0
C18:1	41.6	36.0	4.2	5.9
C18:2	1.1	7.0	0.4	1.3

（三）添加 C16:0、C18:0 和 C18:1 对奶牛体况和生产性能的影响

1. C16:0 和 C18:0 对奶牛体况和生产性能的影响对比

C16:0 是乳脂中含量最多的脂肪酸，日粮中添加 C16:0 通常可以提高乳脂产量，并且在能量负平衡时期可以作为维持产奶量的能量来源。而 C18:0 是奶牛可以利用的最主要的脂肪酸，使用范围比 C16:0 更广泛。要定量地测定这两种脂肪酸从日粮到乳脂的转化效率非常复杂，因为 C16:0 可以在乳腺内从头合成，而 C18:0 则可在乳腺内被脱氢酶

转化为 C18:1（Loften et al., 2014）。

尽管 C16:0 和 C18:0 在化学结构上非常相似，都是饱和脂肪酸而且只相差 2 个碳原子，但是它们在奶牛组织中的代谢有很大不同。Loften 等（2014）指出，在怀孕末期和泌乳早期的能量负平衡时期，C18:0 相比 C16:0 可能是更好的肝氧化功能来源。Karcagi 等（2010）发现，在能量负平衡时期饲喂氢化棕榈油甘油三酯（含 69% C18:0 和 23% C16:0）相比饲喂棕榈油脂肪酸钙皂（含 33% C16:0 和 4% C18:0）给高产奶牛提供了更好的能量补充。de Souza 和 Lock（2019a）也发现在泌乳早期（1~24 天）添加 1.5% 的 C16:0 显著降低了奶牛的体重和体况评分。而在能量正平衡时期，肉牛日粮中添加 3% 的棕榈油没有改变脂肪组织中 C16:0 和 C18:1 的浓度但是提高了 C18:0 的浓度，这表明 C16:0 被脂肪组织吸收并被延长为 C18:0，而且硬脂酰辅酶 A 脱氢酶的活性被 C16:0 抑制（Choi et al., 2013）。因此在能量正平衡时期添加 C16:0 可以改善体组织中的脂肪贮存。

在泌乳和乳成分方面，C16:0 和 C18:0 的作用效果同样有所不同。由于瘤胃中的生物氢化作用，在正常的饲喂情况下 C18:0 是可以被奶牛吸收利用的最主要的脂肪酸。但是随着奶牛采食的 C18:0 的增加（0 提高到 2.3%），奶牛采食量提高但产奶量、乳成分和体重均未受影响，且添加 C18:0 降低了 16 碳、18 碳和总脂肪酸的消化率（Boerman and Lock，2014）。与之对应的是，C16:0 的梯度饲喂试验（0 提高到 2.25%）显示，饲喂高水平 C16:0 提高了乳脂率和 3.5% 乳脂校正乳产量，且最佳添加量为 1.5%（Rico et al., 2013）。因此当 C16:0 和 C18:0 的添加量范围接近时，C18:0 使得总脂肪酸消化率下降得更明显（图 5-3）。日粮中添加 C16:0 可以提高产奶量和乳脂产量并改善饲料利用率，且这些效果不受奶牛产奶量影响（Lock et al., 2013；Piantoni et al., 2013；Rico et al., 2014；Piantoni et al., 2015）。

鉴于 C16:0 和 C18:0 在提供能量、改善体况和提高生产性能上的不同作用并且乳脂中这两种脂肪酸的含量很高，因此在泌乳牛日粮中同时添加这两种脂肪酸或比单独添加效果更好。Loften 等在 2014 年发表的综述中建议 C16:0 和 C18:0 在泌乳牛生产性能上的最佳利用方式是二者同时添加，且 C16:0 与 C18:0 的添加比例为 1∶1~2∶1。但这一建议添加比例与密歇根州立大学 de Souza 等 2018 年的试验结果不一致。de Souza 等（2018）发现，日粮中添加 1.5% 的 C16:0 和 C18:0 的脂肪酸混合物（各占 40%）相比添加 1.5% 的 C16:0 占比 80% 的脂肪酸混合物，NDF 消化率、总脂肪酸消化率、16 碳脂肪酸消化率和 18 碳脂肪酸消化率均显著降低。两处理组采食量和产奶量无明显差异，但 C16:0 和 C18:0 等比混合组的乳脂产量低于 C16:0 高占比组（1.64kg vs. 1.70kg）。因此 C18:0 的适宜添加量及与其他脂肪酸的互作效应，以及 C18:0 摄入量如何影响脂肪酸消化率的作用机理仍需更进一步的研究。

2. 饲喂 C18:1 对日粮能量再分配和奶牛体况的影响

上文中提到，反刍动物需要 C18:1 对脂肪酸进行乳化以协助其在十二指肠的吸收。Freeman（1969）研究了极性脂肪混合物的双亲性特性（同时具有亲水和疏水特性），研究发现顺-9 C18:1 可以提高 C18:0 的胶束溶解性，因此也可以改善其消化率。C18:1 的这一特性也在 C16:0 上有所体现。近期 de Souza 等（2018）的研究结果显示，同时饲喂 C16:0 和 C18:1（饲喂量 1.5%，C16:0 占 45%，C18:1 占 35%）相比饲喂等量的 C16:0 占比 80% 的脂肪酸混合物，奶牛的总脂肪酸消化率和 16 碳脂肪酸消化率都有显著提高。同时饲喂 C16:0 和 C18:1 使采食量下降了 1.1kg 而产奶量无明显区别。一个有意思的现象是，该处理组使奶牛的体重变化比饲喂 C16:0 组有了明显提高（1.05kg/d vs. 0.84kg/d）。这意味着日粮中的 C18:1 似乎影响了日粮中能量的再分配，饲喂 C16:0 增加了牛奶中的能量产出，而饲喂 C18:1 则有助于奶牛改善体况。需要指出的一点是，该试验中 C16:0 和 C18:1 混合组中的 C18:1 来自于脂肪酸钙皂产品，使其不受瘤胃微生物的生物氢化作用。因此日粮中直接添加含 C18:1 的游离脂肪酸或甘油三酯的饲喂效果仍有待验证。

第四节　饲料中的脂肪对奶牛产奶量、乳成分、纤维消化率和繁殖性能的影响

一、饲料中的脂肪对奶牛产奶量和乳成分的影响

添加脂肪后产奶量的变化受到众多因素影响，包括基础日粮、泌乳阶段、能量平衡、脂肪组成及脂肪添加量（NRC，2001）。泌乳早期添加脂肪对产奶量的影响可能小于泌乳中后期，这是因为泌乳早期部分摄入脂肪的能量被用于缓解能量负平衡和恢复体况（Chilliard，1993）。18 个放牧试验的数据也表明添加脂肪后泌乳中期奶牛和饲喂饱和脂肪酸的奶牛产奶量提升幅度更大（Schroeder et al.，2004）。

很多试验中添加脂肪都提高了产奶量，但是结果并不一致而且产奶量的变化差异很大。这些变异很大程度上是添加脂肪后降低了采食量造成的。如果采食量下降较多，则奶牛的总能量摄入并不一定增加。Allen（2000）比较了饲喂油籽、未处理脂肪（牛油等）、氢化脂肪酸和甘油三酯、脂肪酸钙皂对采食量的影响。相比对照组，每多添加 1% 的脂肪酸钙皂，干物质采食量下降 2.5%。未处理脂肪同样会降低采食量，但是其效果只有脂肪酸钙皂的一半。添加氢化脂肪酸或甘油三酯并未影响采食量。以上饲喂不同脂肪来源的区别可能是由于适口性、脂肪酸碳链长度或饱和程度或脂肪形式不同（游离脂肪酸、甘油三酯或盐）（NRC，2001）。

添加脂肪的目的通常是提高乳脂率，或者在维持乳脂率稳定的前提下提高产奶量。但实际生产中添加脂肪后乳脂率的变化差异很大，这主要是受到脂肪添加量和其中的脂肪酸组成的影响，因此不能一概而论。总体而言，包被脂肪、脂肪酸钙皂和饱和脂肪不会降低乳脂率（Sutton，1989；DePeters，1993），但随着来自基础日粮中或添加的游离或酯化的不饱和脂肪酸增加，乳脂率下降的可能性也大大提高。

乳蛋白率通常会随着添加脂肪的增加而降低。Wu 和 Huber（1994）发现了二者的回归关系：$y = 101.1 - 0.6381x + 0.0141x^2$，$y$ 为添加脂肪的试验组乳蛋白率占对照组乳蛋白率的比例（%），x 为日粮脂肪水平（%）。另有研究显示当日粮中脂肪酸含量从 2.1% 提高到 10.7% 时，每增加 100g 脂肪则乳蛋白率下降 0.03 个百分点（Palmquist，1984）。尽管添加脂肪后乳蛋白率通常会下降，但是许多试验中牛奶中总蛋白产量基本保持稳定

或有所提高（Bell et al.，2006；Bu et al.，2007；He and Armentano，2011）。因此乳蛋白率的下降可能只是产奶量提高带来的稀释效应而并不是乳蛋白合成受到了抑制（DePeters and Cant，1992）。

此外，脂肪的添加形式也会影响动物的生产性能。Boerman 和 Lock（2014）比较了添加量低于 3% 时三种类型的脂肪来源（棕榈油分馏脂肪酸钙皂、饱和脂肪酸颗粒和动物油脂）对奶牛生产性能的影响。试验结果详见表 5-5。简而言之，添加三种脂肪来源增加了产奶量和乳成分产量但降低了采食量。然而这些结果受脂肪来源影响：饱和脂肪酸颗粒没有降低采食量，动物油脂没有影响乳脂产量，棕榈油脂肪酸钙皂没有影响乳蛋白产量。需要指出的是，表 5-5 中的数据仅比较的是某一种商业脂肪产品与未添加脂肪对照组的区别，而不是不同产品之间的直接对比。事实上不同脂肪类产品的直接对比试验非常少，因此针对来自奶农和营养师最常见的问题如哪种脂肪产品是最好的无法给出准确的回答。

表 5-5　添加不同来源的脂肪对奶牛生产性能的影响

	干物质采食量（kg/d）	产奶量（kg/d）	乳脂产量（kg/d）	乳脂率（%）	乳蛋白产量（kg/d）	乳蛋白率（%）
棕榈油脂肪酸钙皂	−0.58[*]	1.20[*]	0.05[*]	n.e.[1]	n.e.	n.r.
饱和脂肪酸颗粒	n.e.	1.19[*]	0.06[*]	0.08[*]	0.03[*]	n.r.
动物油脂	−0.44	0.70[*]	n.e.	−0.08[*]	n.e.	n.r.
平均	−0.30[*]	1.05[*]	0.04[*]	n.e.	0.01[*]	−0.05[*]

注：[*]统计差异显著，$P < 0.05$。n.e.：无影响。n.r.：未报告数据，但比对照组显著降低，$P < 0.05$。第一个数字−0.58，表示添加棕榈油脂肪酸钙皂比不添加组降低了 30.58kg 采食量

另外存在的一个问题是，不同的脂肪添加形式是否影响脂肪酸的消化率。目前的数据显示，奶牛对饱和的甘油三酯的消化率有限（Pantoja et al.，1996）。这与饲喂量关系不大，而与产品的物理特性有关。如上文所述，饱和甘油三酯的高熔点阻碍了瘤胃水解，使得更多的甘油三酯外流到十二指肠。近期 de Souza 和 Lock（2019b）给泌乳中期奶牛饲喂 1.5% 富含 C16:0 的游离脂肪酸形式或甘油三酯形式的添加物。结果显示相比甘油三酯形式，游离脂肪酸组显著提高了干物质采食量、总脂肪酸消化率和 16 碳脂肪酸消化率。

二、饲料中的脂肪对纤维消化率的影响

试验表明，日粮中添加 2.4% 的玉米油（Ward et al.，1957）或 5.8% 的亚麻籽油（Martin et al.，2008）均抑制了瘤胃中的纤维消化。然而饲喂动物油脂、氢化动物油脂或棕榈酸钙皂时，NDF 的消化率并未受到影响（Palmquist，1991；Wu et al.，1993）。脂肪尤其是不饱和脂肪酸，影响瘤胃纤维消化的效果可以由包被理论及直接抑菌理论来解释（Jenkins，1993）。瘤胃内纤维的消化需要微生物与饲料颗粒紧密接触，而覆盖饲料颗粒的脂肪层阻断了饲料颗粒与微生物和水解酶的接触。不饱和脂肪酸还可以直接影响瘤胃微生物的正常功能。长链不饱和脂肪酸可以附着在微生物细胞膜的脂质双层上，改变细

胞膜流动性并阻断转运蛋白（Russell，2002）。而一系列近期的体外法研究表明，生物氢化过程使得瘤胃细菌可以避开不饱和脂肪酸的抑菌作用，因此不饱和脂肪酸对瘤胃细菌的毒性是通过代谢过程实现的而不是破坏了细菌细胞膜的完整性（Jenkins et al.，2008）。不同不饱和脂肪酸对不同瘤胃细菌的毒性程度也有所不同，几乎所有主要的纤维分解菌都容易受到不饱和脂肪酸的抑制，其中又以丁酸弧菌属受影响最大（Maia et al.，2010）。此外，中链饱和脂肪酸也可能改变瘤胃微生物区系。Hristov 等（2009）发现，瘤胃中灌注 240g/d 的月桂酸（C12:0）或椰子油使瘤胃原虫数下降超过 80%，但并不影响乳脂产量及干物质、有机物和 NDF 的全消化道表观消化率。Weld 和 Armentano（2017）整理了 38 篇泌乳牛日粮中添加脂肪的文章，他们的荟萃分析结果显示，添加 3% 的中链脂肪酸（12 碳和 14 碳饱和脂肪酸）及不饱和植物油分别使全消化道 NDF 消化率下降了8% 及 1.2%，而添加 3% 的长链脂肪酸钙皂或饱和脂肪分别使全消化道 NDF 消化率提高了 3.2% 和 1.3%，其他脂肪添加形式对全消化道 NDF 消化率没有影响。

三、饲料中的脂肪对奶牛繁殖性能的影响

添加脂肪对奶牛的繁殖性能有着积极作用。妊娠最后一周和产后第一周是奶牛整个泌乳期中患病风险最高的时期。产犊前后发生的代谢问题都会影响到下一个泌乳期的生产性能、健康和繁殖性能。Staples 等（1998）的综述显示，20 个试验中添加脂肪后初配怀孕率或总怀孕率平均提高了 17%。添加脂肪可以增加卵泡的数量和大小，但是目前并无足够数据证实这些变化是否是繁殖性能得到改善的原因及不同的脂肪酸种类间是否存在差别。脂肪影响繁殖性能的原因可能包括缓解能量负平衡、通过调节胰岛素状态改善卵泡发育、刺激孕酮合成、调节前列腺素 $F_{2\alpha}$ 的合成与释放进而影响黄体的发育（Staples et al.，1998）。在一些研究中，多不饱和脂肪酸（poly-unsaturated fatty acid，PUFA）对类固醇合成，尤其是对类固醇急性调节蛋白的调控作用或许可以部分解释对黄体功能的改善（Wathes et al.，2007）。Hawkins 等（1995）给怀孕的肉牛头胎牛饲喂两种能量和蛋白质相同的日粮，处理组日粮中添加了脂肪酸钙皂。结果显示，处理组血清中孕酮、胆固醇、高密度脂蛋白、低密度脂蛋白，以及黄体细胞中的脂质池水平都有所上升。

此外，饲喂脂肪的牛在卵巢切除后其血液循环中的孕酮水平需更长时间清除，因此高水平的脂肪减缓了肝对孕酮的清除过程而不是提高了其合成量。日粮中添加脂肪还可能改善卵母细胞活性。奶牛饲喂棕榈酸钙皂后，其卵母细胞由体外法合成的囊胚所含的滋养层细胞数量增加（Fouladi-Nashta et al.，2007）。事实上，亚油酸有可能调控着成熟分裂前期奶牛卵母细胞的减数分裂阻滞，因为卵泡直径与卵泡液中亚油酸的含量呈负相关（Homa and Brown，1992）。由于饲喂脂肪对繁殖性能的影响可能是由某些特定的脂肪酸造成的，因此近期有不少研究在关注如何调整添加脂肪中的脂肪酸组成来改善繁殖。n-3 族的脂肪酸被认为可以缓解炎症反应，而且这一现象在奶牛上同样适用。佛罗里达大学的一项试验中（Silvestre et al.，2011），产后饲喂 n-3 脂肪酸（鱼油钙皂）的奶牛流产率明显低于饲喂饱和脂肪酸（棕榈油脂肪酸钙皂）的奶牛（图 5-7）。

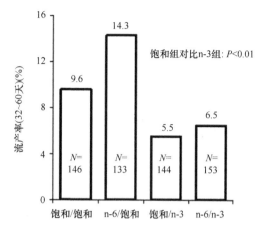

图 5-7　奶牛围产期（产前 30 天到产后 30 天）饲喂棕榈油钙皂（饱和组）或红花油脂肪酸（n-6 组），
配种期饲喂棕榈油钙皂（饱和组）或鱼油脂肪酸（n-3 组），怀孕期 32～60 天的流产率
（Silvestre et al.，2011）

（编写者：贺　鸣　杨红建　邓由飞　毕研亮）

参 考 文 献

刘建新, 杨红建. 2004. 脂肪营养. 见: 冯仰廉. 反刍动物营养学. 北京: 科学出版社: 392-422.

Abdelqader M M, Hippen A R, Kalscheur K F, et al. 2009. Isolipidic additions of fat from corn germ, corn distillers grains, or corn oil in dairy cow diets[J]. Journal of Dairy Science, 92: 5523-5533.

AbuGhazaleh A A, Buckles W R. 2007. The effect of solids dilution rate and oil source on trans C18:1 and conjugated linoleic acid production by ruminal microbes in continuous culture[J]. Journal of Dairy Science, 90(2): 963-969.

AbuGhazaleh A A, Riley M B, Thies E E, et al. 2005. Dilution rate and pH effects on the conversion of oleic acid to *trans* C18:1 positional isomers in continuous culture[J]. Journal of Dairy Science, 88: 4334-4341.

AbuGhazaleh A A, Schingoethe D J, Hippen A R, et al. 2003a. Conjugated linoleic acid and vaccenic acid in rumen, plasma, and milk of cows fed fish oil and fats differing in saturation of 18 carbon fatty acids[J]. Journal of Dairy Science, 86: 3648-3660.

AbuGhazaleh A A, Schingoethe D J, Hippen A R, et al. 2003b. Milk conjugated linoleic acid response to fish oil supplementation of diets differing in fatty acid profiles[J]. Journal of Dairy Science, 86: 944-953.

Allen M S. 2000. Effects of diet on short-term regulation of feed intake by lactating dairy cattle[J]. Journal of Dairy Science, 83(7): 1598-1624.

AlZahal O, Odongo N E, Mutsvangwa T, et al. 2008. Effects of monensin and dietary soybean oil on milk fat percentage and milk fatty acid profile in lactating dairy cows[J]. Journal of Dairy Science, 91: 1166-1174.

AlZahal O, Or-Rashid M M, Greenwood S L, et al. 2009. The effect of dietary fiber level on milk fat concentration and fatty acid profile of cows fed diets containing low levels of polyunsaturated fatty acids[J]. Journal of Dairy Science, 92: 1108-1116.

Andrew S, Tyrrell H, Reynolds C, et al. 1991. Net energy for lactation of calcium salts of long-chain fatty acids for cows fed silage-based diets[J]. Journal of Dairy Science, 74(8): 2588-2600.

Bartlett J C, Chapman D G. 1961. Detection of hydrogenated fats in butter fat by measurement of *cis-trans* conjugated unsaturation[J]. Journal of Agricultural and Food Chemistry, 9: 50-53.

Bauchart D. 1993. Lipid absorption and transport in ruminants[J]. Journal of Dairy Science, 76(12): 3864-3881.

Bauman D E, Davis C L. 1974. Biosynthesis of milk fat. *In*: Larson B L, Smith V R. Lactation. Vol. 2. New York: Academic Press: 31-75.

Bauman D E, Griinari J M. 2003. Nutritional regulation of milk fat synthesis[J]. Annual Review of Nutrition, 23: 203-227.

Bauman D E, Mather I H, Wall R J, et al. 2006. Major advances associated with the biosynthesis of milk[J]. Journal of Dairy Science, 89: 1235-1243.

Bauman D E, Perfield J W, Harvatine K J, et al. 2008. Regulation of fat synthesis by conjugated linoleic acid: Lactation and the ruminant model[J]. The Journal of Nutrition, 138: 403-409.

Bauman D E, Griinari J M. 2001. Regulation and nutritional manipulation of milk fat: low-fat milk syndrome[J]. Livestock Production Science, 70: 15-29.

Baumgard L H, Corl B A, Dwyer D A, et al. 2000. Identification of the conjugated linoleic acid isomer that inhibits milk fat synthesis[J]. American Journal of Physiology-Regulatory Integrative and Comparative Physiology, 278: 179-184.

Baumgard L H, Matitashvili E, Corl B A, et al. 2002. *Trans*-10, *cis*-12 conjugated linoleic acid decreases lipogenic rates and expression of genes involved in milk lipid synthesis in dairy cows[J]. Journal of Dairy Science, 85: 2155-2163.

Beam T M, Jenkins T C, Moate P J, et al. 2000. Effects of amount and source of fat on the rates of lipolysis and biohydrogenation of fatty acids in ruminal contents[J]. Journal of Dairy Science, 83(11): 2564-2573.

Bell A W. 1981. Lipid metabolism in liver and selected tissues and in the whole body of ruminant animals[M]. *In*: Christie W W, et al. Lipid Metabolism in Ruminant Animals. Elmsford: N.Y. Pergamon Press: 363-410.

Bell J A, Griinari J M, Kennelly J J. 2006. Effect of safflower oil, flaxseed oil, monensin, and vitamin E on concentration of conjugated linoleic acid in bovine milk fat[J]. Journal of Dairy Science, 89: 733-748.

Bickerstaffe R, Annison E F. 1970. The desaturase activity of goat and sow mammary tissue[J]. Comparative Biochemistry and Physiology, 35: 653-665.

Bickerstaffe R, Noakes D E, Annison E F. 1972. Quantitative aspects of fatty acid biohydrogenation, absorption and tansfer into milk fat in the lactating goat, with special reference to the cis- and frans-isomers of octadecenoate and liuoleaxe. The Biochemical Journal, 130: 607-617.

Boerman J, de Souza J, Lock A L. 2017. Milk production and nutrient digestibility responses to increasing levels of stearic acid supplementation of dairy cows[J]. Journal of Dairy Science, 100: 2729-2738.

Boerman J P, Lock A L. 2014. Feed intake and production responses of lactating dairy cows when commercially available fat supplements are included in diets: a meta-analysis[C]. Conference: 2014 ADSA-ASAS-CSAS Joint Annual Meeting. Asas.

Bu D P, Wang J Q, Dhiman T R, et al. 2007. Effectiveness of oils rich in linoleic and linolenic acids to enhance conjugated linoleic acid in milk from dairy cows[J]. Journal of Dairy Science, 90: 998-1007.

Casper D P, Schingoethe D J, Middaugh R P, et al. 1988. Lactational responses of dairy cows to diets containing regular and high oleic acid sunflower seeds[J]. Journal of Dairy Science, 71: 1267-1274.

Chalupa W, Vecchiarelli B, Elser A E, et al. 1986. Ruminal fermentation *in vivo* as influenced by long-chain fatty acids[J]. Journal of Dairy Science, 69(5): 1293-1301.

Chilliard Y, Martin C, Rouel J, et al. 2009. Milk fatty acids in dairy cows fed whole crude linseed, extruded linseed, or linseed oil, and their relationship with methane output[J]. Journal of Dairy Science, 92: 5199-5211.

Chilliard, Y. 1993. Dietary fat and adipose tissue metabolism in ruminants, pigs, and rodents: A review. Journal of Dairy Science, 76(12): 3897-3931.

Choi S, Gang G, Sawyer J, et al. 2013. Fatty acid biosynthesis and lipogenic enzyme activities in subcutaneous adipose tissue of feedlot steers fed supplementary palm oil or soybean oil[J]. Journal of Animal Science, 91(5): 2091-2098.

Chouinard P Y, Corneau L, Barbano D M, et al. 1999. Conjugated linoleic acids alter milk fatty acid composition and inhibit milk fat secretion in dairy cows[J]. The Journal of Nutrition, 129: 1579-1584.

Cruz-Hernandez C, Kramer J K G, Kennelly J J, et al. 2007. Evaluating the conjugated linoleic acid and *trans* 18: 1 isomers in milk fat of dairy cows fed increasing amounts of sunflower oil and a constant level of fish oil[J]. Journal of Dairy Science, 90: 3786-3801.

Czerkawski J W, Clapperton J L. 1984. Fats as energy-yielding compounds in the ruminant diet. *In*: Wiseman J. Fats in Animal Nutrition. Butterworths. Boston: Elsevier Ltd: 249-263.

Davis C L, Brown R E. 1970. Low-fat milk symdrome. *In*: Phillipson A T. Physiology of Digestion and Metabolism in the Ruminant. Newcastle upon Tyne, UK: Oriel Press: 545-565.

de Souza J, Garver J, Preseault C, et al. 2017. Effects of prill size of a palmitic acid-enriched fat supplement on the yield of milk and milk components, and nutrient digestibility of dairy cows[J]. Journal of Dairy Science, 100(1): 379-384.

de Souza J, Lock A L. 2019a. Effects of timing of palmitic acid supplementation on production responses of early-lactation dairy cows[J]. Journal of Dairy Science, 102: 260-273.

de Souza J, LockA L. 2019b. Milk production and nutrient digestibility responses to triglyceride or fatty acid supplements enriched in palmitic acid[J]. Journal of Dairy Science, 102: 1-10.

de Souza J, Rico J, Preseault C, et al. 2015. Total-tract fatty acid digestibility responses to increasing levels of palmitic acid supplementation of dairy cows receiving low-and high-fat diets[J]. Journal of Dairy Science, 98: 867.

de Souza J, Preseault C L, Lock A L. 2018. Altering the ratio of dietary palmitic, stearic, and oleic acids in diets with or without whole cottonseed affects nutrient digestibilty, energy partitioning, and production responses of dairy cows[J]. Journal of Dairy Science, 101(1): 172-185.

DePeters E J. 1993. Influence of feeding fat to dairy cows on milk composition[C]. Proceedings of the Cornell Nutrition Conference for Feed Manufacturers: 199-215.

DePeters E J, Cant J P. 1992. Nutritional factors influencing the nitrogen composition of bovine milk: A review[J]. Journal of Dairy Science, 75: 2043-2070.

DePeters E J, German J B, Taylor S J, et al. 2001. Fatty acid and triglyceride composition of milk fat from lactating Holstein cows in response to supplemental canola oil[J]. Journal of Dairy Science, 84: 929-936.

Doreau M, Chilliard Y. 1997. Digestion and metabolism of dietary fat in farm animals[J]. British Journal of Nutrition, 78(1): S15-S35.

Doreau M, Ferlay A. 1994. Digestion and utilisation of fatty acids by ruminants[J]. Animal Feed Science and Technology, 45: 379-396.

Drackley J K. 1999. New perspectives on energy values and supplementation levels of supplemental fats[J]. Advances in Dairy Technology, 11: 171-184.

Drackley J K. 2000. Lipid metabolism. *In*: D'Mello J P F. Farm Animal Metabolism and Nutrition. London, U.K: CABI Publishing: 97-119.

Drackley J K. 2004. Overview of fat digestion and metabolism in dairy cows. http: Livestocktrail.Illinois. edu/uploads/dairynet/papers/overview%20of %20Fats%2004. pdf. [2019-06-30].

Eastridge M, Firkins J. 2000. Feeding tallow triglycerides of different saturation and particle size to lactating dairy cows[J]. Advances in Dairy Technology, 83(3): 249-259.

Eastridge M L. 2002. Effects of feeding fats on rumen fermentation and milk composition[C]. Proceedings 37th Annual Pacific Northwest Animal Nutrition Conference: 47-57.

Elliott J, Drackley J, Beaulieu A, et al. 1999. Effects of saturation and esterification of fat sources on site and extent of digestion in steers: digestion of fatty acids, triglycerides, and energy[J]. Journal of Animal Science, 77(7): 1919-1929.

Enjalbert F, Nicot M C, Bayourthe C, et al. 1997. Effects of dietary calcium soaps of unsaturated fatty acids on digestion, milk composition and physical properties of butter[J]. Journal of Dairy Research, 64(2): 181-195.

Fearon A M, Mayne C S, Beattie J A M, et al. 2004. Effect of level of oil inclusion in the diet of dairy cows at pasture on animal performance and milk composition and properties[J]. Journal of the Science of Food and Agriculture, 84: 497-504.

Flowers G, Ibrahim S A, AbuGhazaleh A A. 2008. Milk fatty acid composition of grazing dairy cows when supplemented with linseed oil[J]. Journal of Dairy Science, 91: 722-730.

Fouladi-Nashta A A, Gutierrez C G, Gong J G, et al. 2007. Impact of dietary fatty acids on oocyte quality and development in lactating dairy cows[J]. Biology of Reproduction, 77(1): 9-17.

Gaynor P J, Waldo D R, Capuco A V, et al. 1995. Milk fat depression, the glucogenic theory, and *trans*-C18: 1 fatty acids[J]. Journal of Dairy Science, 78: 2008-2015.

Gerson T, John A, King A. 1985. The effects of dietary starch and fibre on the *in vitro* rates of lipolysis and hydrogenation by sheep rumen digesta[J]. The Journal of Agricultural Science, 105(1): 27-30.

Glass R L, Troolin H A, Jenness R. 1967. Comparative biochemical studies of milks——IV. Constituent fatty acids of milk fats[J]. Comparative Biochemistry and Physiology, 22(2): 415-425.

Glasser F, Doreau M, Ferlay A, et al. 2007. Technical note: Estimation of milk fatty acid yield from milk fat data[J]. Journal of Dairy Science, 90: 2302-2304.

Glatz J, Van Nieuwenhoven F, Luiken J, et al. 1997. Role of membrane-associated and cytoplasmic fatty acid-binding proteins in cellular fatty acid metabolism[J]. Prostaglandins, Leukotrienes and Essential Fatty Acids, 57(4-5): 373-378.

Griinari J M, Corl B A, Lacy S H, et al. 2000. Conjugated linoleic acid is synthesized endogenously in lactating dairy cows by Δ9-desaturase. The Journal of Nutrition. 130(9): 2285-2291.

Griinari J M, Dwyer D A, McGuire M A, et al. 1998. *Trans*-octadecenoic acids and milk fat depression in lactating dairy cows[J]. Journal of Dairy Science, 81: 1251-1261.

Grummer R R. 1991. Effect of feed on the composition of milk fat[J]. Journal of Dairy Science, 74: 3244-3257.

Grummer R R. 1994. Fat sources and levels for high milk production[C]. Proceedings Southwest Nutrition and Management Conference. University of Arizona, Tucson, AZ: 130-139.

Grummer R R. 1995. Ruminal inertness vs intestinal digestibility of fat supplements: can there be harmony?[C]. Procedings of the Cornell Nutrition Conference for Feed Manufacturers.

Harfoot C G, Hazlewood G P. 1988. *In*: Lipid metabolism in the rumen. The Rumen Microbial Ecosystem. New York, NY: Elsevier Appl. Sci. Publ. Co., Inc: 285.

Harfoot C G, Hazlewood G P. 1997. Lipid metabolism in the rumen. *In*: Hobson P N, Stewart D S. The Rumen Microbial Ecosystem. 2nd ed. London, UK: Chapman and Hall: 382-426.

Harfoot C G. 1981. Lipid metabolism in the rumen. *In*: Chrisfie W W. Lipid Metabolism in Ruminant Animals. Vol.I. Elmsford, NY: Pergamon Press: 21-56.

Harvatine K J, Allen M S. 2006. Fat supplements affect fractional rates of ruminal fatty acid biohydrogenation and passage in dairy cows[J]. The Journal of Nutrition, 136: 677-685.

Harvatine K J, Bauman D E. 2006. SREBP1 and thyroid hormone responsive Spot 14(S14)are involved in the regulation of bovine mammary lipid synthesis during diet-induced milk fat depression and treatment with CLA[J]. The Journal of Nutrition, 136: 2468-2474.

Hawke J C, Silcock W R. 1970. The *in vitro* rates of lipolysis and biohydrogenation in rumen contents[J]. Biochimica et Biophysica Acta (BBA) - Lipids and Lipid Metabolism, 218(2): 201-212.

Hawkins D, Niswender K, Oss G, et al. 1995. An increase in serum lipids increases luteal lipid content and alters the disappearance rate of progesterone in cows[J]. Journal of Animal Science, 73(2): 541-545.

He M. 2010. Effect of dietary fat supplementation with different fatty acid profiles on milk fat depression in dairy cattle[D]. University of Wisconsin-Madison Ph. D dissertation.

He M, Armentano L E. 2011. Effect of fatty acid profile in vegetable oils and antioxidant supplementation on dairy cattle performance and milk fat depression[J]. Journal of Dairy Science, 94: 2481-2491.

He M, Perfield K, Green H, et al. 2012. Effect of dietary fat blend enriched in oleic or linoleic acid and monensin supplementation on dairy cattle performance, milk fatty acid profiles, and milk fat depression[J]. Journal of Dairy Science, 95(3): 1447-1461.

Homa S, Brown C. 1992. Changes in linoleic acid during follicular development and inhibition of spontaneous breakdown of germinal vesicles in cumulus-free bovine oocytes[J]. Journal of Reproduction and Fertility, 94(1): 153-160.

Hristov A N, Pol M V, Agle M, et al. 2009. Effect of lauric acid and coconut oil on ruminal fermentation, digestion, ammonia losses from manure, and milk fatty acid composition in lactating cows[J]. Journal of Dairy Science, 92: 5561-5582.

Huang Y, Schoonmaker J P, Bradford B J, et al. 2008. Response of milk fatty acid composition to dietary supplementation of soy oil, conjugated linoleic acid, or both[J]. Journal of Dairy Science, 91(1): 260-270.

Jarvis G N, Moore E R B. 2010. Lipid metabolism and the rumen microbial ecosystem[C]. *In*: Timmis K N. Handbook of Hydrocarbon and Lipid Microbiology. Berlin Heidelberg: Springer-Verlag: 2246-2257.

Jenkins T C. 1993. Lipid metabolism in the rumen[J]. Journal of Dairy Science, 76(12): 3851-3863.

Jenkins T C. 1994a. Feeding fat to dairy cattle[C]. Proceedings. Dairy Herd Management Conference. University of Georgia, Athens, GA: 100-109.

Jenkins T C. 1994b. Regulation of lipid metabolism in the rumen[J]. The Journal of Nutrition, 124(8_Suppl): 1372-1376.

Jenkins T C. 1997. Success of fat in dairy rations depends on the amount[J]. Feedstuffs, 69(2): 11-12.

Jenkins T C. 1998. Fatty acid composition of milk from Holstein cows fed oleamide or canola oil[J]. Journal of Dairy Science, 81: 794-800.

Jenkins T C. 1999. Digestibility of dietary fat under conditions of today's feeding practices. *In*: Eastridge M L. Proceedings of the Tri-State Dairy Nutrition Confererce. Fort Wayne, Indiana: 244-256.

Jenkins T C, Klein C M, Mechor G D. 2009. Managing milk fat depression: Interactions of ionophore, fat supplements and other risk factors[C]. *In*: Proceedeings of the 20th Annual Florida Ruminant Nutrition Symposium, Gainesville, FL.

Jenkins T C, Wallace R J, Moate P J, et al. 2008. Board-invited review: Recent advances in biohydrogenation of unsaturated fatty acids within the rumen microbial ecosystem[J]. Journal of Animal Science, 86(2): 397-412.

Kahyani A, Ghorbani G R, Khorvash M, et al. 2013. Effects of alfalfa hay particle size in high-concentrate diets supplemented with unsaturated fat: Chewing behavior, total-tract digestibility, and milk production of dairy cows[J]. Journal of Dairy Science, 96: 7110-7119.

Kalscheur K F, Teter B B, Piperova L S, et al. 1997. Effect of fat source on duodenal flow of *trans*-C18: 1 fatty acids and milk fat production in dairy cows[J]. Journal of Dairy Science, 80: 2115-2126.

Karcagi R G, Gaál T, Ribiczey P, et al. 2010. Milk production, peripartal liver triglyceride concentration and plasma metabolites of dairy cows fed diets supplemented with calcium soaps or hydrogenated triglycerides of palm oil[J]. Journal of Dairy Research, 77(2): 151-158.

Kelly M L, Berry J R, Dwyer D A, et al. 1998. Dietary fatty acid sources affect conjugated linoleic acid concentrations in milk from lactating dairy cows[J]. The Journal of Nutrition, 128: 881-885.

Kemp P, White R W, Lander D J. 1975. The hydrogenation of unsaturated fatty acids by five bacterial isolates from the sheep rumen, including a new species[J]. The Journal of Nutrition, 90(1): 100-114.

Knudsen J, Grunnet I. 1980. Primer specificity of mammalian mammary gland fatty acid synthetases[J]. Biochemical and Biophysical Research Communications, 95: 1808-1814.

Kronfeld D S. 1976. The potential importance of the proportions of glucogenic, lipogenic and aminogenic nutrients in regard to the health and productivity of dairy cows[J]. Advances in Animal Physiology and Animal Nutrition, (7): 5-26.

Latham M J, Storry J E, Sharpe M E. 1972. Effect of low-roughage diets on the microflora and lipid metabolism in the rumen[J]. Applied and Environmental Microbiology, 24(6): 871-877.

Lechartier C, Peyraud J L. 2010. The effects of forage proportion and rapidly degradable dry matter from concentrate on ruminal digestion in dairy cows fed corn silage-based diets with fixed neutral detergent fiber and starch contents[J]. Journal of Dairy Science, 93: 666-681.

Leonardi C, Bertics S, Armentano L E. 2005. Effect of increasing oil from distillers grains or corn oil on lactation performance[J]. Journal of Dairy Science, 88(8): 2820-2827.

Liesman J, Emery R, Akers R, et al. 1988. Mammary lipoprotein lipase in plasma of cows after parturition or prolactin infusion[J]. Lipids, 23: 504-507.

Lin C Y, Kumar S. 1972. Pathway for the synthesis of fatty acids in mammalian tissues[J]. Journal of Biological Chemistry, 247: 604-606.

Lock A L, de Souza J. 2015. Role of 16-and 18-carbon fatty acids in dairy rations[C]. *In*: Proceedings of the Cornell Nutrition Conference for Feed Manufacturers. Cornell Uiversity, Ithaca, NY.

Lock A L, Harvatine K J, Drackley J K, et al. 2006a. Concepts in fat and fatty acid digestion in ruminant[C]. Proceedings Intermountain Nutrition Conference: 85-100.

Lock A L, Harvatine K, Ipharraguerre I, et al. 2005. The dynamics of fat digestion in lactating dairy cows: what does the literature tell us[C]. Cornell Nutrition Conference for Feed manufacturers, Cornell University, Ithaca, NY: 83-94.

Lock A L, Overton T R, Harvatine K J, et al. 2006b. Milk fat depression: impact of dietary components and their interaction during rumen fermentation[C]. Proceedings Cornell Nutrition Conference: 75-85.

Lock A L, Preseault C, Rico J, et al. 2013. Feeding a C16: 0-enriched fat supplement increased the yield of milk fat and improved conversion of feed to milk[J]. Journal of Dairy Science, 96(10): 6650-6659.

Lock A L, Tyburczy C, Dwyer D A, et al. 2007. *Trans*-10 octadecenoic acid does not reduce milk fat synthesis in dairy cows[J]. The Journal of Nutrition, 137: 71-76.

Lock A L, Garnsworthy P C. 2002. Independent effects of dietary linoleic and linolenic fatty acids on the conjugated linoleic acid content of cows' milk[J]. Animal Science, 74: 163-176.

Loften J, Linn J, Drackley J, et al. 2014. Invited review: Palmitic and stearic acid metabolism in lactating dairy cows[J]. Journal of Dairy Science, 97(8): 4661-4674.

Loor J J, Ferlay A, Ollier A, et al. 2005a. Relationship among trans and conjugated fatty acids and bovine milk fat yield due to dietary concentrate and linseed oil[J]. Journal of Dairy Science, 88: 726-740.

Loor J J, Ferlay A, Ollier A, et al. 2005b. High-concentrate diets and polyunsaturated oils alter *trans* and conjugated isomers in bovine rumen, blood, and milk[J]. Journal of Dairy Science, 88: 3986-3999.

Loor J J, Herbein J H. 2003. Reduced fatty acid synthesis and desaturation due to exogenous *trans*10, *cis*12-CLA in cows fed oleic or linoleic oil[J]. Journal of Dairy Science, 86: 1354-1369.

Loor J J, Ueda K, Ferlay A, et al. 2004. Biohydrogenation, duodenal flow, and intestinal digestibility of trans fatty acids and conjugated linoleic acids in response to dietary forage: Concentrate ratio and linseed oil in dairy cows[J]. Journal of Dairy Science, 87(8): 2472-2485.

Luick J R, Kleiber M. 1961. Quantitative importance of plasma glucose for synthesis of milk fat glycerol[J]. American Journal of Physiology, 200: 1327-1329.

Maia M R, Chaudhary L C, Bestwick C S, et al. 2010. Toxicity of unsaturated fatty acids to the biohydrogenating ruminal bacterium, *Butyrivibrio fibrisolvens*[J]. BMC Microbiology, 10(1): 52.

Martin C, Rouel J, Jouany J P, et al. 2008. Methane output and diet digestibility in response to feeding dairy cows crude linseed, extruded linseed, or linseed oil[J]. Journal of Animal Science, 86: 2642-2650.

Martin S A, Jenkins T C. 2002. Factors affecting conjugated linoleic acid and *trans*-C18: 1 fatty acid production by mixed ruminal bacteria[J]. Journal of Animal Science, 80: 3347-3352.

Mattos W, Palmquist D L. 1977. Biohydrogenation and availability of linoleic acid in lactating cows[J]. The Journal of Nutrition, 107(9): 1755-1761.

McClymont G L, Vallance S. 1962. Depression of blood glycerides and milk-fat synthesis by glucose infusion[C]. Proceedings of the Nutrition Society, 21: 41-42.

Moore J H, Christie W W. 1981. Lipid metabolism in the mammary gland of ruminant animals. *In*: Christie W W. Lipid Metabolism in Ruminant Animals. Elmsford, N.Y: Pergamon Press Inc.: 227-276.

Moore J, Christie W. 1984. Digestion, absorption and transport of fats in ruminant animals. Proceedings-Easter School in Agricultural Science, University of Nottingham.

Mosley E E, Powell G L, Riley M B, et al. 2002. Microbial biohydrogenation of oleic acid to trans isomers *in vitro*[J]. The Journal of Lipid Research, 43(2): 290-296.

Nelson D L, Cox M M. 2013. Lehninger Principles of Biochemistry[M]. 6th edition. New York, NY: W H Freeman and Company.

Noble R C, Moore J H, Harefoot C G. 1974. Observations on the pattern on biohydrogenation of esterified and unesterified linoleic acid in the rumen[J]. British Journal of Nutrition, 31: 99-108.

Noble, R C. 1981. Digestion, transport and absorption of lipids. In: Christie W W. Lipid Metabolism in Ruminant Animals. Oxford, U K: Pergamon Press Ltd: 57-93.

NRC. 2001. Nutrient Requirements of Dairy Cattle[M]. 7th rev. ed. Washington, D C: Natl. Acad. Sci.

Onetti S G, Reynal S M, Grummer R R. 2004. Effect of alfalfa forage preservation method and particle length on performance of dairy cows fed corn silage-based diets and tallow[J]. Journal of Dairy Science, 87: 652-664.

Onetti S G, Shaver R D, Bertics S J, et al. 2003. Influence of corn silage particle length on the performance of lactating dairy cows fed supplemental tallow[J]. Journal of Dairy Science, 86: 2949-2957.

Palmquist D L, Conrad H R. 1978. High fat rations for dairy cows. Effects on feed intake, milk and fat production, and plasma metabolites[J]. Journal of Dairy Science, 61(7): 890-901.

Palmquist D L, Davis C L, Brown R E, et al. 1969. Availability and metabolism of various substrates in ruminants. V. Entry rate into the body and incorporation into milk fat of D(-)β-hydroxybutyrate[J]. Journal of Dairy Science, 52(5): 633-638.

Palmquist D L, Jenkins T C. 1980. Fat in lactation rations: Review[J]. Journal of Dairy Science, 63: 1-14.

Palmquist D L, Mattos W. 1978. Turnover of lipoproteins and transfer to milk fat of dietary (1-carbon-14) linoleic acid in lactating cows[J]. Journal of Dairy Science, 61: 561-565.

Palmquist D L. 1984. Use of fats in diets for lactating dairy cows[C]. Proceedings-Easter School in Agricultural Science, University of Nottingham.

Palmquist D L. 1991. Influence of source and amount of dietary fat on digestibility in lactating cows[J]. Journal of Dairy Science, 74: 1354-1360.

Palmquist D L. 2006. Milk fat: Origin of fatty acids and influence of nutritional factors thereon. In: Fox P F, McSweeney P L H. Advanced Dairy Chemistry Volume 2 Lipids. Springer US: 43-92.

Palmquist D. 1993. Meeting the energy needs of dairy cows during early lactation[C]. Proceeding of Tri-State Dairy Nutrition Conference. Ft. Wayne, IN: 43-50.

Pantoja J, Firkins J L, Eastridge M L, et al. 1994. Effects of fat saturation and source of fiber on site of nutrient digestion and milk production by lactating dairy cows[J]. Journal of Dairy Science, 77(8): 2341-2356.

Pantoja J, Firkins J L, Eastridge M L, et al. 1996. Fatty acid digestion in lactating dairy cows fed fats varying in degree of saturation and different fiber sources[J]. Journal of Dairy Science, 79(4): 575-584.

Perfield J W, II, Lock A L, Griinari J M, et al. 2007. Trans-9, cis-11 conjugated linoleic acid reduces milk fat synthesis in lactating dairy cows[J]. Journal of Dairy Science, 90(5): 2211-2218.

Peterson D G, Matitashvili E A, Bauman D E. 2004. The inhibitory effect of trans-10, cis-12 CLA on lipid synthesis in bovine mammary epithelial cells involves reduced proteolytic activation of the transcription factor SREBP-1[J]. The Journal of Nutrition, 134: 2523-2527.

Pi Y, Gao S T, Ma L, et al. 2016. Effectiveness of rubber seed oil and flaxseed oil to enhance the α-linolenic acid content in milk from dairy cows[J]. Journal of Dairy Science, 99: 5719-5730.

Piantoni P, Lock A L, Allen M. 2013. Palmitic acid increased yields of milk and milk fat and nutrient digestibility across production level of lactating cows[J]. Journal of Dairy Science, 96(11): 7143-7154.

Piantoni P, Lock A L, Allen M. 2015. Milk production responses to dietary stearic acid vary by production level in dairy cattle[J]. Journal of Dairy Science, 98(3): 1938-1949.

Piperova L S, Teter B B, Bruckental I, et al. 2000. Mammary lipogenic enzyme activity, trans fatty acids and conjugated linoleic acids are altered in lactating dairy cows fed a milk fat-depressing diet[J]. The Journal of Nutrition, 130: 2568-2574.

Rego O A, Alves S P, Antunes L M S, et al. 2009. Rumen biohydrogenation-derived fatty acids in milk fat from grazing dairy cows supplemented with rapeseed, sunflower, or linseed oils[J]. Journal of Dairy Science, 92: 4530-4540.

Rico J E, de Souza J, Allen M S, et al. 2017. Nutrient digestibility and milk Production responses to increasing levels of palmitic acid supplementation vary in cows receiving diets with or without whole cottonseed[J]. Journal of Animal Science. 95: 436-446.

Rico J, Allen M, Lock A L. 2013. Milk yield and milk fat responses to increasing levels of palmitic acid supplementation of dairy cows receiving low and high fat diets[J]. Journal of Dairy Science, 96: 651.

Rico J, Allen M, Lock A L. 2014. Compared with stearic acid, palmitic acid increased the yield of milk fat and improved feed efficiency across production level of cows[J]. Journal of Dairy Science, 97(2): 1057-1066.

Russell J B. 2002. Rumen Microbiology and Its Role in Ruminant Nutrition[M]. Ithaca, NY: Cornell Univ. Press.

Sæbø A, Sæbø P, Griinari J M, et al. 2005. Effect of abomasal infusion of geometric isomers of 10, 12 conjugated linoleic acid on milk fat synthesis in dairy cows[J]. Lipids, 40: 823-832.

Schroeder G, Gagliostro G A, Bargo F, et al. 2004. Effects of fat supplementation on milk production and composition by dairy cows on pasture: a review[J]. Livestock Production Science, 86(1): 1-18.

Shingfield K J, Griinari J M. 2007. Role of biohydrogenation intermediates in milk fat depression[J]. European Journal of Lipid Science and Technology, 109: 799-816.

Shingfield K J, Saebø A, Saebø P-C, et al. 2009. Effect of abomasal infusions of a mixture of octadecenoic acids on milk fat synthesis in lactating cows[J]. Journal of Dairy Science, 92: 4317-4329.

Silvestre F, Carvalho T, Francisco N, et al. 2011. Effects of differential supplementation of fatty acids during the peripartum and breeding periods of Holstein cows: I. Uterine and metabolic responses, reproduction, and lactation[J]. Journal of Dairy Science, 94(1): 189-204.

Soest P J V, Allen N N. 1959. Studies on the relationships between rumen acids and fat metabolism of ruminants fed on restricted roughage diets[J]. Journal of Dairy Science, 42(12): 1977-1985.

Soita H W, Fehr M, Christensen D A, et al. 2005. Effects of corn silage particle length and forage: concentrate ratio on milk fatty acid composition in dairy cows fed supplemental flaxseed[J]. Journal of Dairy Science, 88: 2813-2819.

Staples C R, Burke J M, Thatcher W W. 1998. Influence of supplemental fats on reproductive tissues and performance of lactating cows[J]. Journal of Dairy Science, 81(3): 856-871.

Staples C R. 2006. Milk Fat Depression in Dairy Cows - Influence of Supplemental Fats. Proceedings of the Florida Ruminant Nutrition Symposium, Gainesville, FL.

Sterk A, Johansson B E O, Taweel H Z H, et al. 2011. Effects of forage type, forage to concentrate ratio, and crushed linseed supplementation on milk fatty acid profile in lactating dairy cows[J]. Journal of Dairy Science. 94: 6078-6091.

Stoffel C M, Crump P M, Armentano L E. 2015. Effect of dietary fatty acid supplements, varying in fatty acid composition, on milk fat secretion in dairy cattle fed diets supplemented to less than 3% total fatty acids[J]. Journal of Dairy Science, 98: 431-442.

Sukhija P S, Palmquist D. 1990. Dissociation of calcium soaps of long-chain fatty acids in rumen fluid[J]. Journal of Dairy Science, 73(7): 1784-1787.

Sutton J D. 1989. Altering milk composition by feeding[J]. Journal of Dairy Science, 72(10): 2801-2814.

Tyznik W, Allen N N. 1951. The relation of roughage intake to the fat content of the milk and the level of fatty acids in the rumen[J]. Journal of Dairy Science, 34: 493.

Ueda K, Ferlay A, Chabrot J, et al. 2003. Effect of linseed oil supplementation on ruminal digestion in dairy cows fed diets with different forage: concentrate ratios[J]. Journal of Dairy Science, 86: 3999-4007.

Van Nevel C J, Demeyer D I. 1996. Effect of pH on biohydrogenation of polyunsaturated fatty acids and their Ca-salts by rumen microorganisms in vitro[J]. Archiv Für Tierernährung, 49: 151 - 157.

Van Soest P J, Allen N N. 1959. Studies on the relationships between rumen acids and fat metabolism of ruminants fed on restricted roughage diets[J]. Journal of Dairy Science, 42: 1977-1985.

Ward J K, Tefft C W, Sirny R J, et al. 1957. Further studies concerning the effect of alfalfa ash upon the utilization of low-quality roughages by ruminant animals[J]. Journal of Animal Science, 16: 633-641.

Wathes D C, Abayasekara D R E, Aitken R J. 2007. Polyunsaturated fatty acids in male and female reproduction[J]. Biology of Reproduction, 77(2): 190-201.

Weiss W P, Pinos-Rodriguez J M. 2009. Production responses of dairy cows when fed supplemental fat in low- and high-forage diets[J]. Journal of Dairy Science, 92: 6144-6155.

Weld K A, Armentano L E. 2017. The effect of adding fat to diets of lactating dairy cows on total-tract neutral detergent fiber digestibility: A meta-analysis[J]. Journal of Dairy Science, 100: 1766-1779.

Whitlock L A, Schingoethe D J, Hippen A R, et al. 2003. Milk production and composition from cows fed high oil or conventional corn at two forage concentrations[J]. Journal of Dairy Science, 86: 2428-2437.

Wood R D, Bell M C, Grainger R B, et al. 1963. Metabolism of labeled linoleic-1-C^{14} acid in the sheep rumen[J]. The Journal of Nutrition, 79: 62-68.

Wu Z, Huber J T. 1994. Relationship between dietary fat supplementation and milk protein concentration in lactating cows: A review[J]. Livestock Production Science, 39(2): 141-155.

Wu Z, Huber J T, Sleiman F T, et al. 1993. Effect of three supplemental fat sources on lactation and digestion in dairy cows[J]. Journal of Dairy Science, 76: 3562-3570.

Wu Z, Ohajuruka O A, Palmquist D L. 1991. Ruminal synthesis, biohydrogenation, and digestibility of fatty acids by dairy cows[J]. Journal of Dairy Science, 74: 3025-3034.

Wu Z, Pamlqnist D L. 1991. Synthesis and biohydrogenation of fatty acids by ruminal microorganisms *in vitro*[J]. Jounal of Dairy Science. 74: 3035-3046.

Yang, Y, Ferreira G, Teets C L, et al. 2018. Effects of feeding hulled and hull-less barley with low- and high-forage diets on lactation performance, nutrient digestibility, and milk fatty acid composition of lactating dairy cows[J]. Journal of Dairy Science, 101: 3036-3043.

Ye J A, Wang C, Wang H F, et al. 2009. Milk production and fatty acid profile of dairy cows supplemented with flaxseed oil, soybean oil, or extruded soybeans[J]. Acta Agriculturae Scandinavica, Section A - Animal Science, 59: 121-129.

Zinn R, Shen Y. 1996. Interaction of dietary calcium and supplemental fat on digestive function and growth performance in feedlot steers[J]. Journal of Animal Science, 74(10): 2303-2309.

第六章 奶牛的水代谢与营养需要

水是构成奶牛机体生命活动的基础物质之一。无论对于奶牛的生命活动还是生产性能，水都是最关键的营养素，其重要性仅次于氧气。日粮蛋白质和碳水化合物等营养素与奶牛健康、生长发育和生产性能的关系都已经有了较为深入的研究，而水对奶牛的营养作用却未引起足够的重视。饮水和饲料水是奶牛摄入水的主要来源，泌乳、排尿、排粪和蒸发是奶牛排出水分的主要途径。饮水不足或者水质不合格都会损害奶牛的健康和生产性能。充分认识水对奶牛的营养作用对奶牛养殖业的健康发展具有十分重要的意义。本章主要介绍水的生理作用，奶牛对水的摄入、吸收与排出，水对奶牛的营养作用及奶牛的科学饮水。

第一节 水的生理作用

一、水是奶牛机体和牛奶的主要成分

（一）奶牛机体含水量

动物体液分为细胞外液和细胞内液两部分。细胞外液构成了体内细胞生活的液体环境，主要包括组织液、血浆、淋巴、脑脊液等，约占体液总量的 33%。细胞内液约占体液总量的 67%（王之盛和李胜利，2016）。体况较肥的奶牛体内含水量低于较瘦的奶牛，年幼偏瘦的幼龄动物水分含量高于年龄较大的奶牛（Murphy，1992）。犊牛出生时体内的含水量约为 73.3%，随着日龄的增长，其体内不同组织的含水量也会发生变化（表 6-1）。消化道内的水分占体重的 15%～35%（Woodford et al.，1984；Odwongo et al.，1985）。奶牛在泌乳早期胃肠道内的水分约占体重的 15%，到泌乳后期及妊娠后期下降到 10%～11%（Andrew et al.，1995）。不同生理期的奶牛其体内的总水量不同，但奶牛体内总水分占奶牛无脂体重的比例是比较恒定的（表 6-2）。有研究表明动物失水达到体内总水量的 20% 即可致死（Reece et al.，2015）。

表 6-1 犊牛不同体组织的水分含量

	体重（kg）	含水量（%）			
		整体	胴体	血液和器官	头、皮、脚、尾
初生犊牛	43.9	73.3	73.6	80.4	67.7
42 日龄犊牛	83.1	69.7	69.1	75.3	65.1

注：体重为扣除食糜后的净体重

资料来源：Mills et al.，2010

表 6-2　不同生理阶段奶牛机体水分含量

生理阶段	体重（kg）	无脂空体重（kg）	DMI（kg/d）	产奶量（kg/d）	消化道内容物(kg)	水分重（kg）	水分比例（%）
产前 7 天	584	373	7.62	—	69.1	273	73.2
泌乳早期（DIM=63 天）	555	405	18.2	32.3	98.8	299	73.8
泌乳晚期（DIM=269 天）	556	399	12.3	16.5	68.8	288	72.2

注：数据通过荷斯坦牛屠宰试验获取，水分比例为水分占无脂空体重的比例

资料来源：Andrew et al.，1994

屠宰试验（n=147）的结果显示，平均体重为 574kg 的荷斯坦泌乳牛（产奶量 25kg/d），其空体重（除去胎儿和肠道内容物）为 415.3kg，体内总水分含量为 267.5kg，分别占总体重和空体重的 46.6% 和 64.4%（Yan et al.，2009）。

（二）牛奶的主要成分

牛奶主要由水分、蛋白质、脂肪、乳糖和灰分组成（表 6-3）。牛奶的成分会受奶牛品种、产奶量、日粮配方、环境条件和奶牛健康状况等因素的影响，而水分始终是牛奶中比例最高的成分，通常为 78.5%～87.8%。

表 6-3　不同品种奶牛乳成分的参考值　　　　　　　　　　　　（%）

品种	水分	乳脂	乳蛋白	乳糖	灰分	总固形物含量
荷斯坦牛	87.8	3.5	3.1	4.9	0.7	12.2
娟姗牛	85.0	5.5	3.9	4.9	0.7	15.0
瑞士褐牛	86.7	4.0	3.6	5.0	0.7	13.3
水牛	78.5	10.4	5.9	4.3	0.8	21.5

资料来源：Jensen，1995

二、水是理想的溶剂和化学反应的介质

水具有很强的溶解能力和电离能力，可使水溶性物质以溶解状态和电解质离子状态存在，是动物体内良好的溶剂。水是各种化学反应的介质，且水本身也参与体内氧化、还原、合成、分解等化学反应。奶牛体内各种营养物质的消化、吸收、转运和代谢废物的排出必须溶于水后才能进行。无论是水溶性还是脂溶性的营养物质，其消化、吸收和代谢都离不开水的参与。例如，脂肪的吸收必须要先借助胆汁中的胆盐乳化为微胶粒，形成水溶性复合物后才能被吸收进入小肠上皮细胞内。

三、润滑作用

水是唾液和消化液的主要成分，有助于动物的吞咽和食糜在消化道内的移动。消化液的含水量通常高达 90% 以上。奶牛每天要分泌 40 150L 的唾液，而唾液含水量通常都在 95% 以上。瘤胃的容积可达 150～200L，瘤胃内容物含水量可高达 85%。动物体腔内、组织器官间的组织液和关节囊内滑液（含水量约为 96%）中的水可有效减轻器官之间及

关节腔内的摩擦力。

四、调节体温

水的比热高，散热能力佳。较高的融化热使水在形成晶体前必须释放出多余的热量，从而降低冰冻对动物的危害；较高的热容量使水具有良好的热稳定性，想改变动物的体温需要吸收很多热量。通过体热交换和血液循环，机体代谢过程中产生的多余热量可经排汗、呼吸或粪尿排泄的方式散发掉，达到维持体温恒定的目的。

第二节 奶牛对水的摄入、吸收与排出

正常情况下，奶牛体内的总水量处于动态平衡的状态，即水平衡。奶牛通过饮水和采食行为摄入水分，通过泌乳、粪、尿、呼吸、排汗等途径排出。长期饮水不足会造成奶牛水代谢失调，降低奶牛生产性能，使营养物质在体内的同化和异化过程出现异常，甚至导致严重的疾病或死亡（李军峰，2008）。

一、水的摄入

为满足生存及生产性能的需要，奶牛每日需要摄入大量水分。奶牛摄入水分的途径主要有饮水、饲料水和代谢水。代谢水的总量与饮水和饲料水相比非常低，因此通常用饮水量和饲料水量之和来代表总水分摄入量（NRC，2001）。

（一）饮水

饮水是奶牛摄入水的主要来源，也是调节体内水平衡的主要手段。奶牛的饮水量会受品种、生理状态、生产水平、日粮组成和外界环境的影响。不同生长阶段的奶牛所需的水有70%~97%是通过饮水获得的（Visconi和罗宝京，2006）。

（二）饲料水

饲料水是奶牛摄入水分的另外一个重要途径。日粮干物质含量直接影响饲料水的摄入量。TMR的含水量通常在50%左右，干草的含水量通常低于15%，而鲜草和青贮饲料的含水量可高达70%以上。当奶牛所采食的饲料含水量升高时，来源于饲料水的比例就会增加。日产奶量为30.8kg、DMI为21.3kg的奶牛，每天通过采食饲料摄入33.3L的饮水，约占总摄入水量的29%（Khelil-Arfa et al.，2014）。

（三）代谢水

代谢水也称为内源水，是指糖类、脂肪和蛋白质等有机物在生物体内氧化时产生的水。营养物质氧化时所产生的代谢水量与营养素的含氢量有关。每100g糖氧化时可产生55mL的水，每100g脂肪氧化时可产生107mL的水，而100g蛋白质氧化时可产生41mL的水。代谢水的总量远小于通过自由饮水或饲料摄入的水量。

二、水的吸收

奶牛瓣胃内生有大量的叶瓣，是吸收水分的主要部位。奶牛消化道的其他部位也会吸收一定量的水。与氨基酸、脂肪酸、维生素及矿物质等营养物质一样，水可以通过消化道上皮直接进入血液而被吸收。

三、水的排出

奶牛体内水分的排出途径主要包括泌乳、排粪、排尿、排汗及呼吸。表 6-4 列出了不同环境温度下奶牛水分摄入和排出情况。

表 6-4　产奶牛在适温区和高温区水平衡状况

	适温区（15℃）	高温区（28℃）
干物质摄入量（kg/d）	21.1	18.8
产奶量（kg/d）	30.7	28.7
乳脂（%）	3.96	3.81
乳蛋白（%）	3.00	2.79
体重（kg）	633.1	622.9
自由饮水量（kg/d）	77.1	85.4
饲料水量（kg/d）	30.9	27.4
总摄入水量（kg/d）	108	112.8
尿液排水（kg/d）	17.8	20.4
粪便排水（kg/d）	47.7	39.2
泌乳排水（kg/d）	26.9	25.4
蒸发失水（kg/d）	19.2	34.4
代谢水量（kg/d）	4.5	4.4
沉积水量（kg/d）	0.86	−1.5
自由饮水量（%，总摄入水量）	71.4	75.7
饲料水量（%，总摄入水量）	28.6	24.3
尿液排水（%，总摄入水量）	16.5	18.1
粪便排水（%，总摄入水量）	44.2	34.8
泌乳排水（%，总摄入水量）	24.9	22.5
蒸发失水（%，总摄入水量）	17.8	30.5
代谢水量（%，总摄入水量）	4.2	3.9
沉积水量（%，总摄入水量）	0.8	−1.3

注：代谢水量由奶牛在人工气候室内所测定的产热量换算而来。试验期间适温区的平均温度、相对湿度和温度-湿度指数（temperature-humidity index，THI）分别为 15.5℃、54.3% 和 59.4；高温区的平均温度、相对湿度和 THI 分别为 28.4℃、28.9% 和 73.2

资料来源：Khelil-Arfa et al., 2014

（一）泌乳

泌乳是奶牛水分排出的重要途径之一，通过泌乳排出的水量主要受产奶量和环境等因素的影响。日产奶量为 35kg 的奶牛，每天可通过乳汁排出 30.45kg 的水。如表 6-4 所示，当环境温度从 15℃ 升高到 28℃ 时，中产奶牛通过泌乳排出的水分占总水分摄入量的比例由 24.9%下降到 22.5%。对于高产奶牛,从乳汁中排出的水分可能会高于其他途径所排出的水分。

(二)排尿

泌乳量为 34.6kg/d 的奶牛每天通过尿液排出的水量为 4.5~35.4L,而干奶牛通过尿液排出的水量为 5.6~27.9L/d(Holter and Urban,1992)。泌乳量 30kg/d 的奶牛,通过尿液排出的水占总水分摄入量的 16.5%~18.1%。Paquay 等(1970)发现日均产奶量为 15kg 的奶牛,经尿液排出的水量平均为 16kg/d(最小值为 5kg/d,最大值为 34kg/d)。通过尿液排出的水量与饮水量、消化道吸收水量、尿氮及尿钾的排泄量呈正相关关系,与日粮干物质含量呈现负相关关系(Murphy,1992)。

(三)排粪

除高产奶牛外,通过粪便排出的水分占总水分摄入量的比例通常是最高的。日粮干物质含量、采食量和消化率是影响粪便排水量的重要因素(Murphy,1992)。有研究显示,日粮干物质含量变化不会影响粪便的干物质含量,而提高日粮粗饲料含量会使粪便失水量增加(Dahlborn et al.,1998)。粪便的含水量通常为 70%~85%,产奶量 30kg/d 的奶牛,每天通过粪便排出 39~48kg 水分。通过粪便排泄的水量与日粮干物质含量呈负相关,若除去干物质采食量的影响,通过粪便排出的水量则与产奶量无关(Paquay et al.,1970)。

(四)蒸发

蒸发是动物在高温环境中维持体温恒定的重要途径。蒸发包括可见蒸发和不可见蒸发两类。可见蒸发失水包括唾液、汗液和鼻腔分泌物。呼吸失水量受经过呼吸道的气体量及所吸入空气的温湿度影响。荷斯坦牛和娟姗牛每平方米体表面积的最大表皮扩散失水为每小时 50g,1 头 600kg 体重的荷斯坦牛,体表面积约为 5.5m²,每小时可通过表皮扩散失水 275mL。在出汗量最高时,每平方米表皮每小时失水可达 370g,此时一头体重为 600kg 的荷斯坦牛每小时通过表皮蒸发的失水量多达 2035mL。通过呼吸和表皮扩散失去的水分属于不可见蒸发失水。在相对湿度为 60%、气温–14~10℃的条件下,奶牛通过呼吸和表皮扩散失去的水量分别占不可见蒸发失水总量的 1/3 和 2/3(Murphy,1992)。通过汗液、唾液和蒸发排出的水分占水分总排出量的 18%左右(Holter and Urban,1992)。

当环境温度从 15℃上升到 28℃时,干奶牛和泌乳中期牛(产奶量约 30kg/d)每天通过蒸发失去的水分别增加 14kg 和 15kg(Khelil-Arfa et al.,2014)。

第三节　水对犊牛及青年牛的营养

一、饮水量

(一)影响因素

犊牛和青年牛的饮水量受健康状况、日龄、日粮、环境温度、管理等因素的影响。

犊牛在断奶期及断奶后其自由饮水量快速增加。不同犊牛个体间饮水量差异也比较大，尤其是初生犊牛。为犊牛提供牛奶或代乳料的同时额外提供充足的饮水会使犊牛采食开食料的速度加快，并能提高犊牛日增重（Kertz et al.，1984）。

犊牛腹泻时，需要摄入更多的水来补充失去的水。有研究发现，40 日龄犊牛在不同时间段的饮水量不同（表 6-5），犊牛上午的饮水量高于下午（潘振亮等，2013）。

表 6-5 40 日龄犊牛不同时段的饮水量

	上午	下午	夜间	全天
饮水量（L）	1.44±0.80	0.95±0.63	2.03±1.01	4.41±1.86

资料来源：潘振亮等，2013

饮水温度也会影响犊牛的饮水量（表 6-6）。断奶前，饮用温水（16～18℃）的犊牛其饮水量比饮用冷水组（6～8℃）高 47%（Huuskonen et al.，2011）。断奶后，提供温水组犊牛的饮水量比冷水组高 7%。代乳料的蛋白质含量会影响哺乳犊牛的饮水量和生长速度。饲喂高蛋白代乳料（CP=28%）的犊牛，其饮水量、DMI、日增重、体高均显著高于常规代乳料（CP=20%）组（Guindon et al.，2015）。

表 6-6 饮水温度对犊牛饮水量的影响

	饮水量（L/d）		P 值
	温水组（16～18℃）	冷水组（6～8℃）	
断奶前（20～75 日龄）	2.8	1.9	<0.01
断奶后（75～195 日龄）	16.3	15.3	0.08
全试验期	11.8	10.9	0.02

资料来源：Huuskonen et al.，2011

日粮粗饲料来源也会影响青年牛的饮水量（表 6-7）。当青年牛以黑麦草和白三叶草为粗饲料来源时，来源于粗饲料的水分会减少，其自由饮水量比以车前草为粗饲料来源时更高，但总水分摄入量下降，这可能与车前草组更高的 DMI 有关系（Cheng et al.，2017）。

表 6-7 粗饲料来源对青年牛水分摄入的影响

来源	黑麦草-白三叶草组	车前草组	P 值
自由饮水量（L/d）	7.5	4.7	0.024
粗饲料水分摄入量（L/d）	17.9	29.3	<0.001
总摄入水量（L/d）	25.4	34	0.001

资料来源：Cheng et al.，2017

（二）饮水量

哺乳犊牛主要从牛奶或代乳料中获取其所需的水分，其次是通过饮水获得。NRC（2001）推荐采用自由饮水方式饲养犊牛，以提高其干物质采食量，促进生长发育。提供充足饮水时，犊牛的自由饮水量可从第 1 周的 1kg/d 增加到第 4 周的 2.5kg/d，且第 4 周增加最明显。而加拿大安大略省的研究数据显示，1～4 月龄犊牛每天的饮水量为 4.9～13.2L（表 6-8）。

表 6-8　犊牛及青年牛的典型饮水量

	月龄	饮水量范围/（L/d）	平均值/（L/d）[a]
犊牛	1～4	4.9～13.2	9
青年母牛	5～24	14.4～36.3	25

注：a. 加拿大安大略省奶牛场的估测值
资料来源：Ward and Mckagure，2007

青年牛每 45kg 体重每天需摄入 3.8～5.7L 的饮水，且饮水量受环境温度的影响非常大（表 6-9）。以体重为 272kg 的青年牛为例，当环境温度由 4.4℃升高到 26.7℃时，其饮水量会从 20.4L 增加到 32.9L。

表 6-9　青年牛饮水量　　　　　　　　（单位：L）

体重	环境温度		
	4.4℃	15.6℃	26.7℃
91kg	7.6	9.1	12.5
181kg	14.4	17.4	23.1
272kg	20.4	24.6	32.9
363kg	25.7	31.0	41.6
454kg	30.3	36.3	48.1
544kg	34.1	40.9	54.9

资料来源：Waldner and Looper，2007

二、水对犊牛和青年牛健康和生长发育的影响

犊牛出生后尽早提供自由饮水有助于促进其后期的生长发育，而且对缓解犊牛腹泻和提高开食料的采食量也至关重要。水温对犊牛影响比较大，饮用 7.7℃的饮水会使瘤胃温度从 40℃降低至 29℃，约需 1h 后才能恢复到正常的温度。与出生后 17 天才开始提供饮水的犊牛相比，出生后立即提供饮水的犊牛自由饮奶量更高，断奶前的体重和胸围更高。虽然开食料摄入量无显著差异，但早期提供饮水组的犊牛在断奶后（50～70 日龄）的 NDF 和 ADF 表观消化率更高，饲料效率提高，腰角高和体长也更高（Wickramasinghe et al.，2019）。表 6-10 列出了提供饮水的起始日期对犊牛水分摄入的影响。

饮水中的每一种污染物都以自己特有的途径影响青年牛的生长发育。低质量的饮水可能会影响后备牛的饮水积极性，降低饮水量和采食量，导致生长迟缓（Umar et al.，2014）。有试验表明，饲喂清洁饮水的后备牛比直接饮用池塘水的后备牛日增重高 23%（Willms et al.，2002）。当饮水中的硫酸盐浓度分别为 110mg/kg、1462mg/kg 或 2814mg/kg 时，饮用高浓度硫酸盐的后备牛日增重下降（Beede，2005a）。后备牛不喜欢饮用硫酸

表 6-10　提供饮水的起始时间对犊牛水分摄入等指标的影响

	处理组		P 值
	W0	W17	
自由饮水量/（kg/d）			
0~16 日龄	0.75	0	<0.01
17~42 日龄	0.82	1.30	<0.01
自由饮奶量/（kg/d）			
0~16 日龄	6.25	5.89	0.01
17~42 日龄	8.20	7.96	0.04
总水分摄入量（kg/d）			
0~16 日龄	6.19	5.16	<0.01
17~42 日龄	7.96	8.23	0.01
表观消化率（50~70 日龄）			
DM（%）	74.3	74.2	0.93
NDF（%）	51.2	47.2	0.08
ADF（%）	55.1	50.2	0.047
生长发育指标（50~70 日龄）			
体重（kg）	81.9	80.8	0.43
腰角高（cm）	93.3	92.2	0.01
体长（cm）	86.8	85.3	0.01

注：W0 组从出生当天即提供自由饮水，W17 组从出生后第 17 天开始提供自由饮水
资料来源：Wickramasinghe et al.，2019

盐含量为 1462mg/kg 的饮水，并对硫酸盐含量为 2814mg/kg 的饮水表现出明显的排斥行为。与成年母牛相比，后备牛更容易受到硝酸盐的危害。若饮水中的硝酸盐过高，容易造成慢性中毒甚至死亡。因为亚硝酸盐是硝酸盐和氨在瘤胃内转化的中间产物，硝酸盐含量过高会导致亚硝酸盐在瘤胃内积聚（Dyer，2012）。亚硝酸盐吸收进入血液后会干扰血红蛋白载氧能力，损害呼吸作用甚至导致窒息。

第四节　水对成年母牛的营养

一、饮水量及其影响因素

（一）影响因素

奶牛的自由饮水量受多方面因素的影响（NRC，2001）。以前的研究通常基于干物质采食量、日产奶量、日粮干物质含量、环境温度、钠的摄入量等作为变量来预测自由饮水量。

1. 动物因素

奶牛的品种、生理状态、生产性能、活动量等因素对其饮水量有很大影响。不同品

种的奶牛，其体型大小和生理特性不同，因而对水的需要量会有差异。同一品种的奶牛，因生理状态、生产性能、活动量的不同，个体饮水量也会存在较大的差异。奶牛的饮水量会受体重及泌乳阶段的显著影响，奶牛在发情期饮水量也可能会下降。Meyer 等（2004）研究了 60 头泌乳牛的饮水行为，发现奶牛不同个体间每天的饮水量范围为 14～171kg，平均为 82kg。

饮水量与产奶量之间的关系十分密切（表 6-11）。根据以前的经验法则，奶牛每天至少需要摄入相当于其产奶量 2 倍的饮水（Holter and Urban，1992）。这虽然在一定程度上低估了奶牛的饮水量，但充分说明生产性能在调控奶牛饮水量中的关键作用。根据牛奶的含水量估算，每产 1kg 牛奶大约需要摄入 0.87kg 的水。高产奶牛和快速生长的犊牛往往会摄入更多的水分以满足生存、生长发育及生产的需要。Little 和 Shaw（1978）以产奶量为每天 14～30kg 的奶牛为实验动物，发现饮水量与产奶量之间存在回归关系（回归系数为 0.73kg 水/kg 牛奶）。

表 6-11　饮水量与产奶量之间的密切关系

产奶量（kg/d）	饮水量（kg/d）
14	55～65
23	92～105
36	144～159
45	182～197

注：表中数据为基于研究数据总结的经验值

2. 水质

水源周边的地质学特征、降雨模式、植被类型和地形地势是影响地下水中盐分浓度的重要因素。人类的生存和生产活动也会对水质产生影响。水质会对奶牛的饮水量产生重要影响。通过感观（气味和味道）、理化特性（pH、硬度、总可溶固形物和总溶解氧）、有毒化合物（重金属、有毒矿物质等）、矿物质含量，以及微生物学指标可对水质进行科学评估（NRC，2001）。奶牛对水的气味和味道较为敏感，当水存在异味时，奶牛会减少饮水量甚至拒绝饮水。水的硬度通常通过水中钙、镁离子的含量总和折合成等量的碳酸钙的量来衡量。水中锌、铁、锶、铝、锰等阳离子的含量虽然也会影响水的硬度，但它们的含量较低，因此对硬度的影响相对较小。目前的研究认为水的硬度对动物的生产性能和饮水量通常没有太大影响（NRC，2001）。

盐度和总可溶固形物含量（total dissolved solids，TDS）是衡量饮水中各种可溶性成分的常见指标。TDS 表明 1L 水中溶有多少毫克溶解性固体（mg/L），其值可指示水的盐度。TDS 过高通常表明水质较差，但也应注意 TDS 是多种盐类的浓度总和，仅凭 TDS 无法充分评估水质。例如，钙镁含量过高导致的 TDS 超标可能并不影响奶牛的饮水量和生产性能；当 TDS 较高且钠、氯化物、硫化物、铁、锰的含量也很高时，应对水质做进一步评估（Beede，2005a）。

氯化钠是饮水中最重要的成分，其他主要成分包括碳酸氢盐、硫酸盐、钙、镁和硅。此外，铁、硝酸盐、锶、钾、碳酸盐、磷、硼及氟化物等也是较为重要的参考指标，但其浓度低于氯化钠等主要成分（NRC，2001）。很多研究通过添加氯化钠提高 TDS 来研究 TDS 对牛只的影响，然而氯化钠并不一定是天然水源中影响最大的 TDS 成分。分别给奶牛提供含氯化钠 196mg/L 和 2500mg/L 的饮水时，高盐度组奶牛的饮水量比低盐度组的牛高 7%，干物质采食量和产奶量呈现下降的趋势（Jaster et al.，1978）。

硫在水中的存在形式是决定其毒性的重要因素（NRC，2001）。毒性最大的是硫化氢，浓度达到 0.1mg/L 时饮水量就会出现下降。能引起饮水量减少的硫化氢浓度及气味强度目前尚不清楚。水中高浓度的硫酸盐会降低牛的饮水量，但其最高耐受浓度目前仍存在争议。

Genther 和 Beede（2013）的研究显示，饮水中铁含量为 4.0mg/L 时，饮水量不受影响，但铁含量上升到 8.0mg/L 时饮水量会下降。当饮水中的铁含量从 8.0mg/L 提高到 12.5mg/L 时，奶牛饮水时间和频率均下降。

3. 日粮组成及饲养管理

日粮干物质含量、采食量、精粗比例、粗饲料类型和营养物质含量是影响饮水量的重要因素。

（1）干物质含量。

很多预测饮水量的模型都将日粮干物质含量及采食量作为重要的指标。在一定范围内，提高日粮干物质含量或粗饲料含量均会增加奶牛的饮水量。Appuhamy 等（2016）基于 69 篇关于奶牛自由饮水量（FWI）相关研究进行随机效应荟萃分析时发现，泌乳牛自由饮水量与干物质采食量及日粮 DM、CP、Na、K 含量和环境温度呈正相关关系。Stockdale 和 King（1983）在分析多个研究结果的基础上得到了相同的结论，即总摄水量与干物质采食量、环境温度呈正相关，而总摄水量与日粮干物质含量呈负相关。因此随着日粮 DM 含量上升，饮水量虽然上升，但总摄水量出现下降。例如，采食 37.5kg 干物质含量为 60% 的日粮时，饮水量为 85kg，总摄水量为 100kg；当日粮干物质含量提高到 67% 时（干物质采食量维持恒定），饮水量增加到 87kg，但是总摄水量下降到 98kg。

有研究表明，日粮干物质在 50%～70% 时，奶牛的饮水量通常不会出现明显的变化，但当日粮干物质含量由 50% 下降到 30% 时，奶牛每天的饮水量下降了 33kg（Holter and Urban，1992）。Meyer 等（2004）的研究表明，奶牛饮水量均与日粮干物质含量和干物质采食量呈显著正相关。Cardot 等（2008）在预测奶牛自由饮水量时也将日粮干物质含量和干物质采食量作为重要的参数。

与泌乳牛类似，干奶牛饮水量也会受到干物质采食量、日粮干物质含量百分比和日粮粗蛋白比的影响（NRC，2001）。

（2）日粮组成。

日粮粗饲料含量提高时，通过粪便排出的水分也会增加，饮水量通常也会随之提高（Beede，2005a）。日粮钠、钾和蛋白质等成分的含量也会影响奶牛的饮水量。通过日粮摄入的钠每增加 1g，奶牛每天的饮水量会增加 0.05kg。日粮中添加过量的食盐可能会引起奶牛中毒，而水的摄入量和水质对食盐中毒的程度会产生影响。当水质较好且供应充足时，产奶牛可以耐受含盐量占日粮干物质 4% 的日粮，而处于非泌乳期的牛对氯化钠的耐受量可高达 9%（占日粮干物质的比例）（Murphy et al.，1983）。当在日粮中添加小苏打或者经 NaOH 处理后的秸秆时，饮水量也会上升。有报道称日粮粗蛋白含量上升时，奶牛的饮水量也上升。将日粮粗蛋白含量从 12%提高到 13%时，每头奶牛每天的饮水量会增加 1kg 左右（Holter and Urban，1992）。

此外，供料频率、奶牛分群、供水方式、杂散电压管理等因素也会影响牛的饮水量。对于以采食新鲜牧草为主的放牧奶牛来说，饮水量仅占其总水分摄入量的 38%左右。

4. 外界环境

环境温度、湿度、气流速度对奶牛的饮水量有非常大的影响。水具有优良的导热性和蒸发潜热，在高温环境中，奶牛通过蒸发散热维持健康和生产性能，因而饮水量也会大幅度增加。研究表明，环境温度与奶牛饮水量显著正相关，而环境湿度与奶牛饮水量显著负相关（Meyer et al.，2004）。通常外界环境温度每上升 1℃，奶牛日饮水量约增加 1.52kg。环境温度从 15℃上升到 28℃时，干奶牛每天的自由饮水量增加 14.4kg，而产奶量为 30kg 的泌乳奶牛每天的自由饮水量会增加 8.3kg（Khelil-Arfa et al.，2014）。表 6-12 列出了奶牛在不同气温下的饮水需求。饮水温度也是影响饮水量的重要因素，尤其是处于热、冷应激条件下的奶牛。有研究显示，夏季饮用冷水（15.5℃）的奶牛比饮用凉水（27.2℃）的奶牛饮水量高约 7.7%，干物质采食量约增加 3%，奶产量增加 4.8%。在夏季，提供遮阴凉棚的奶牛比不提供遮阴凉棚的奶牛每天少摄入 18%的水（Muller et al.，1994）。

表 6-12　奶牛在不同气温下的饮水需求

温度（℃）	饮水量（kg/d）
0	64
10	64
20	68
25	74
30	79
35	120
40	106

注：表中为基于生产实践总结的经验值

（二）饮水量

1. 泌乳牛

泌乳牛每单位体重需要的饮水量比其他陆地哺乳动物都要高。产奶量为（33.1±6.5）kg/d 的牛所需摄入的总水量为（77.6±18.5）L；经产牛比头胎牛需要的饮水量更高（分别为 89.5L/d 和 63.2L/d）（Dado and Allen，1994）。Cardot 等（2008）报道称产奶量为（26.5±5.9）kg/d 的奶牛每天的自由饮水量为（83.6±17.1）L。表 6-13 列出了不同产奶量泌乳牛和干奶牛的饮水量范围。

表 6-13　成年母牛的饮水量

	产奶量（kg/d）	饮水量范围（L/d）	平均值（L/d）
泌乳牛	13.6	68～83	115[a]
	22.7	87～102	
	36.3	114～136	
	45.5	132～155	
干奶牛	—	34～49	41

注：a. 以加拿大安大略省日产奶量为 33kg 的奶牛估测

资料来源：Ward and Mckagure，2007

基于试验数据，人们提出了多个饮水量预测公式。这些公式基本上都将产奶量、干物质采食量和日粮干物质含量作为重要的计算依据。NRC（2001）推荐使用 Murphy 等（1983）所提出的方程式来预测泌乳牛的自由饮水量（FWI）：

$$FWI=15.99+1.58×DMI(kg/d)+0.90×MY(kg/d)+0.05×NI(g/d)+1.2×AMT(℃)$$

式中，DMI 为干物质采食量；MY 为日产奶量；NI 为钠摄入量；AMT 为平均最低温度。

Appuhamy 等（2016）提出并验证了有、无干物质摄入量数据预测泌乳牛自由饮水量的方程式。

有日粮干物质摄入量数据：

$$FWI=−68.8+2.89×DMI+0.44×DM(\%)+5.60×灰分(\%)+1.81×粗蛋白(\%)$$

$$FWI=−91.1+2.93×DMI+0.61×DM(\%)+0.062×日粮 Na 和 K 含量(mEq/kg DM)$$
$$+2.49×粗蛋白(\%)+0.76×日平均环境温度$$

无日粮干物质摄入量数据：

$$FWI=−58.2+0.96×DMY+0.45×DM(\%)+6.21×灰分(\%)+0.067×体重$$

$$FWI=−60.2+1.43×DMY+0.064×日粮 Na 和 K 含量(mEq/kg DM)+0.83×$$
$$DM(\%)+0.54×日平均环境温度+0.08×DIM$$

式中，DM 为日粮干物质含量；DMI 为干物质采食量；DMY 为日产奶量；DIM 为泌乳天数。

高产奶牛的水分利用效率高于低产奶牛，日产奶量为 33～35kg 的奶牛每产 1kg 奶需要的自由饮水量为 2.0～2.7kg，而日产奶量低于 26kg 的牛每产 1kg 牛奶所需要的自由饮水量为 2.6～3.0kg（Dado and Allen，1994；Dahlborn et al.，1998）。适当提高日粮中食盐、碳酸氢钠或蛋白质的浓度会提高奶牛的水分摄入量。

2. 干奶牛

干奶牛的饮水量同样也受日粮干物质采食量、日粮干物质、粗蛋白含量的影响。Holter 和 Urban（1992）提出了预测干奶牛自由饮水量的方程式：

$$FWI(kg/d)=−10.34+0.2296×DM(\%)+2.212×DMI(kg/d)+0.03944×CP(\%)$$

式中，DM 为日粮干物质含量；DMI 为干物质摄入量；CP 为日粮粗蛋白含量。

干奶牛的平均饮水量是（36.6±12.4）L/d（Holter and Urban，1992）。当日粮干物质

含量从 30%提高到 60%时，自由饮水量会升高，而当日粮含水量超过 60%时，其对总水分摄入量及自由饮水量的影响较小（NRC，2001）。提高日粮蛋白质含量时，机体可能由于稀释和排泄体内多余氮而增加自由饮水量。

二、饮水速度、频率和时间

（一）饮水速度

奶牛的饮水速度会受饮水器类型、供水速度、水温等因素的影响，通常为每分钟 4～18L（NRC，2001）。使用不同的饮水器，奶牛饮水的速度会有明显的变化，每分钟为 4.5～14.9L（Castle and Thomas，1975）。奶牛在使用饮水槽饮水时每分钟摄入的水量可达 18.1L，而使用饮水碗时饮水速度会下降。

（二）饮水频率

奶牛的饮水频率会受到产奶量、日粮组成、饲喂方法、供水方式等因素的影响。以饮水碗方式供水的奶牛每天饮水频率比使用饮水槽的要高。这可能是由于采用饮水槽供水时奶牛单次摄入的水量高于饮水碗。提高饮水槽的供水速度会使奶牛每天饮水的频率降低 25%（Andersson，1978）。在拴系饲养条件下，奶牛每天的平均饮水次数为（14±5.6）次，经产牛和初产牛在这个数字上类似；奶牛日粮中粗纤维含量较低时每天饮水的次数（平均 12 次）少于粗纤维含量高时的水平（每天 15.4 次）（Dado and Allen，1994）。散栏饲养条件下，奶牛日饮水量与干物质采食量及采食饲料次数呈现正相关关系，日均饮水 6.6 次（Andersson，1985；NRC，2001）。Cardot 等（2008）的研究发现散栏饲养的奶牛日均饮水（7.3±2.8）次，每次饮水（12.9±5.0）L。虽然自由饮水量与饲喂频率之间没有显著的关系，但每日只投料一次的奶牛，其饮水量和干物质采食量都低于每日投料 8 次的奶牛（Nocek and Braund，1985）。

Jago 等（2004）发现舍饲全混合日粮的泌乳后期奶牛每天的饮水频率为 5.2 次，而放牧奶牛每天只有 3.5 次。Huzzey 等（2005）研究发现 6 周内犊牛的饮水频率随日龄增加而逐渐增加（每天 6.6～9.4 次）。吕晓伟（2006）在内蒙古地区研究了季节因素对散栏饲养的奶牛饮水次数的影响，通过人工记录奶牛每天 8:00～20:00 的饮水次数。结果表明在相同的时间段内，夏季［（4.67±0.48）次］奶牛平均饮水次数高于秋季［（1.44±0.48）次］。汪水平（2004）研究了不同精粗比日粮（30∶70、50∶50、65∶35）对奶牛行为学的影响，结果发现各组之间的饮水次数差异不显著，范围为 5.3～6.8 次/d。

（三）饮水时间

奶牛每天饮水时间总计 20～30min，且喜欢在从奶厅出来后饮水，挤奶后 1h 内摄入的水占每天总饮水量的 50%～60%。饮水器的供水效率是影响饮水时间的一个重要因素。奶牛在使用饮水碗饮水时通常要比使用其他饮水器花费更多的时间。将饮水器的供水速率逐步从每分钟 2L 提高到 7L、12L 时，奶牛饮水时间会从每天 37min 下降到 11min、7min（Andersson，1978）。Dado 和 Allen（1994）报道称奶牛每天用于饮水的平均时间为 18.5min。

与奶牛饮水频率的变化类似，奶牛饮水时间也会受到动物的生理习性的影响。另外，奶牛的饮水时间还会受到周围环境的影响，在受到干扰时，饮水时间通常也会缩短。

（四）奶牛的饮水习惯与饲喂和挤奶的关系

研究表明，散栏饲喂的奶牛的大部分饮水时间处于白天（Nocek and Braund，1985）。在 Cardot 等（2008）的研究中，每天挤奶两次的散栏饲养奶牛 3/4 的饮水次数出现在 06:00～19:00，且饮水高峰与挤奶和饲喂时间有关。晚上挤奶后 2h 内有 75% 的奶牛到饮水槽饮水。奶牛在挤完奶后，短时间内急需补充大量的饮水。挤奶后所摄入的总水量可占到奶牛全天总饮水量的 50%～60%。因此大多数牧场都会在挤奶通道设置饮水槽。

Jago（2005）报道称，饲喂方式会影响奶牛的饮水习惯。饲喂 TMR 日粮时有 76.8% 的奶牛会在 20:00 到第二天 7:00 之间出现饮水行为，而放牧时仅有 24.5% 的奶牛会在该时间段饮水。Nocek 和 Braund（1985）研究发现奶牛饮水的高峰受干物质采食高峰的影响，而且奶牛倾向于交替地饮水和采食。Melin 等（2005）报道称，奶牛通常在采食过程中会中断下来去饮水，如果在采食过程当中没有机会饮水，奶牛会在采食结束后的几个小时内补充 60%～80% 的饮水。

三、水对成年母牛健康、生产性能的影响

（一）饮水量

奶牛的饮水量减少会导致干物质采食量快速下降，进而影响奶牛健康和生产性能（Huzzey et al.，2007）。Little 等（1980）研究表明，连续 4 天让奶牛摄入相当于其自由饮水量一半的饮水时，其产奶量会下降 26%，体重下降 14%，血清尿素氮、钠、总蛋白、铜含量及血清渗透压显著增加，血浆肌酸激酶和谷草转氨酶活性、红细胞压积也显著上升，牛只躺卧时间减少，长时间围绕在水槽附近且表现出很强烈的攻击性。Little 等（1984）研究了断水和重新饮水对 8 头泌乳日龄为 20～60 天的荷斯坦牛的影响。在温度为 9～20℃的代谢室内，给牛断水 3 天，监测其体重、干物质采食量，以及通过奶、粪和尿液排出的水量。在 3 天的断水期内，母牛体重平均下降 100kg（21%）；每日干物质采食量从断水前的 13.8kg 分别下降到 11.2kg、2.9kg 和 1.2kg；产奶量从 21.9kg/d 分别下降到 20.3kg/d、11.4kg/d 和 6.1kg/d。断水期结束后，经过 8 天的恢复期，水平衡又快速恢复。

值得注意的是，若饮水量已经处于正常范围内且能够满足动物维持、生长、泌乳和妊娠的需要，进一步增加饮水量并不能提高干物质采食量或者生产性能。

（二）水质

水质通常被当作评估奶牛水营养状况的主要因素，提高饮水品质可以改善牛群的健康状况，提高奶牛的生产性能。摄入质量不合格的饮水通常不会威胁奶牛的生命，但会给奶牛的健康和生产性能带来危害，如引发群体性腹泻、乳房水肿、产奶量下降、繁殖障碍、牛奶亚硝酸盐超标等问题。

来自于饮水的矿物质可占奶牛矿物质摄入总量的 0.3%～20%（平均比例约为 4%），

但矿物质过高又会损害奶牛的生产性能（Castillo et al., 2013）。

在寒冷季节饮用高盐饮水（TDS=4400mg/L）时，奶牛的产奶量没有受到显著影响，但夏季饮用高盐饮水会导致产奶量显著降低（Wegner and Schuh, 1986）。当在热应激期间饲喂低能量浓度日粮时，与饮用正常饮水的对照组相比（TDS=1300mg/L），摄入高盐饮水（TDS=6000mg/L）会降低育肥肉牛的日增重。当高产荷斯坦牛（产奶量>30kg/d）分别饮用高盐水和脱盐水时，脱盐水组奶牛的饮水量比高盐组高 11kg，产奶量高 2kg，且脱盐水处理组奶牛乳蛋白含量（2.89% vs. 2.84%）和乳糖含量（4.5% vs. 4.44%）均优于高盐组（Solomon et al., 1995）。

硝酸盐可以在瘤胃内被微生物用作氮源，也可以被还原为亚硝酸盐。而亚硝酸盐通过胃肠黏膜进入动物体内后，会降低血红蛋白运输氧的能力，严重时会导致窒息。急性硝酸盐和亚硝酸盐中毒可能引起呼吸困难、窒息、脉搏加快、口吐白沫、痉挛、口鼻和眼圈发绀、血液呈棕褐色等症状（NRC, 2001）。中度的硝酸盐中毒可能会引起生长发育迟缓、不孕或受胎率低、流产、维生素 A 缺乏症和其他症状。由于饮水和饲料中的硝酸盐含量具有加性效应，因此评估水中硝酸盐含量时建议同时考虑饲料中的硝酸盐含量。

水中的微生物种类及含量不仅影响奶牛的正常饮水，还可能引起奶牛感染多种疾病。在评定饮用水的质量时，有必要对水中的大肠杆菌及其他病原性微生物含量进行检测。

处于应激状态的奶牛，其生产性能和健康更容易受到水质的影响。Shapasand 等（2010）研究了饮水中 TDS 含量对处于热应激条件下泌乳早期奶牛的影响，发现低 TDS 饮水组（TDS=900ppm[①]）产奶量显著高于高 TDS 组（TDS=3400ppm），两组牛饮水量、乳蛋白和乳糖含量、直肠温度及呼吸频率没有显著差别，但高 TDS 组奶牛心率显著提高。当饮水中氯化物和硫酸盐超标时可能会导致电解质失衡，降低消化能力和产奶量。试验表明高硫酸盐（>1200ppm）饮水会降低新产牛的采食量和产奶量，增加胎衣不下及真胃移位的患病风险。与饲料中不同，饮水中的铁主要以 Fe^{2+} 的形式存在。高含量的铁离子会干扰铜和锌的吸收。饮水中铁离子浓度超过 0.3ppm 时就会对奶牛的健康和生产性能造成威胁，其中新产牛更容易受到影响（Beede, 2005a）。针对美国爱荷华州 128 个奶牛场开展的研究表明，饮水中硝酸盐浓度升高与产犊间隔的延长存在相关性。而水的 pH、钙镁含量（硬度）对牛的生产性能通常不会产生负面影响。瘤胃中的强还原性环境使得牛只可以接受 pH 为 6~9 的饮水。有研究显示硬度高达 290ppm 的饮水并未影响产奶量、体增重和饮水量。长期摄入盐分过高或 TDS 超标的水会导致流涎症、腹泻、呕吐、失明、痉挛、共济失调、定向障碍甚至瘫痪（NRC, 2005）。饮水中的重金属可能会在牛奶中蓄积，进而危害人类的健康。

过量摄入氯化物和硫酸盐会危害奶牛的生产性能。高盐饮用水通常含有较高含量的氯化物和硫酸盐，因此摄入高盐饮用水会增加氯化物和硫酸盐的摄入量。Meyer 等（2004）的研究显示奶牛饮水量与钠和钾的摄入量呈正相关。硫与钙、铁、镁、钠结合成的硫酸盐具有轻泻作用，其中以硫酸钠的作用最强。当牛饮用高硫酸盐含量（2000~2500mg/L）的饮水时，牛会在最初阶段表现出腹泻症状，然后能对此轻泻症状产生抵抗作用。饮用

---

① 1 ppm=10^{-6}

高硫酸盐含量的水对母牛的健康、繁殖性能、体重和犊牛初生重没有显著影响，但是饮用高硫酸盐水的母牛所产的犊牛的断奶重会下降（Smart et al.，1986）。

第五节　奶牛的科学饮水

一、水质

（一）水质达标

奶牛场要有充足、符合卫生标准的水源供应，以满足生产、生活及绿化用水。深井取水是比较好的水源，在规划时，奶牛场的水源应远离农药厂、化工厂、屠宰场等污染源。水源周围 50～100m 不得有其他污染源。选井水时，水井应加盖密封，防止污物、污水进入。在放牧地区，应尽量避免牛只穿越河流，减少粪污对水源的污染。

1. 水质标准

推荐使用居民《生活饮用水卫生标准》作为奶牛饮用水的质量标准。表 6-14 列出了水质常规指标及限值。牧场应定期监测水质，尤其是当泌乳性能不理想或饮水量、采食量出现较大波动时。当怀疑牧场水质存在问题时，一个较为简便的方法是在原有饮水槽附近设置临时水槽，供应来自其他水源（外部机井或市政供水管道）的饮水，测量并对比牛只通过原有水槽和新水槽的摄水量差别。

表 6-14　奶牛场饮用水各项常规指标及限值

指标	限值
1. 微生物指标	
总大肠菌群（MPN/100mL 或 CFU/100mL）	不得检出
耐热大肠菌群（MPN/100mL 或 CFU/100mL）	不得检出
大肠埃希氏菌（MPN/100mL 或 CFU/100mL）	不得检出
菌落总数（CFU/mL）	100
2. 毒理指标	
砷（mg/L）	0.01
镉（mg/L）	0.005
铬（六价，mg/L）	0.05
铅（mg/L）	0.01
汞（mg/L）	0.001
硒（mg/L）	0.01
氰化物（mg/L）	0.05
氟化物（mg/L）	1.0
硝酸盐（以 N 计，mg/L）	10
	地下水源限制时为 20
三氯甲烷（mg/L）	0.06
四氯化碳（mg/L）	0.002

续表

指标	限值
溴酸盐（使用臭氧时，mg/L）	0.01
甲醛（使用臭氧时，mg/L）	0.9
亚氯酸盐（使用二氧化氯消毒时，mg/L）	0.7
氯酸盐（使用复合二氧化氯消毒时，mg/L）	0.7
3. 感官性状和一般化学指标	
色度（铂钴色度单位）	15
浑浊度（NTU-散射浊度单位）	1
	水源与净水技术条件限制时为 3
臭和味	无异臭、异味
肉眼可见物	无
pH	不小于 6.5 且不大于 8.5
铝（mg/L）	0.2
铁（mg/L）	0.3
锰（mg/L）	0.1
铜（mg/L）	1.0
锌（mg/L）	1.0
氯化物（mg/L）	250
硫酸盐（mg/L）	250
溶解性总固体（mg/L）	1000
总硬度（以 $CaCO_3$ 计，mg/L）	450
耗氧量（COD_{Mn} 法，以 O_2 计，mg/L）	3
	水源限制，原水耗氧量>6mg/L 时为 5
挥发酚类（以苯酚计，mg/L）	0.002
阴离子合成洗涤剂（mg/L）	0.3
4. 放射性指标	指导值
总 α 放射性（Bq/L）	0.5
总 β 放射性（Bq/L）	1

注：摘自《生活饮用水卫生标准》（GB5749—2006）。MPN 表示最可能数；CFU 表示菌落形成单位。当水样检出总大肠菌群时，应进一步检验大肠埃希氏菌或耐热大肠菌群；水样未检出总大肠菌群，不必检验大肠埃希氏菌或耐热大肠菌群；放射性指标超过指导值，应进行核素分析和评价，判定能否饮用

为确保水质良好，应定期对水质进行采样检测。硬度过大的水一般可采取饮凉开水的方法降低其硬度。高氟地区可在饮水中加入硫酸铝、氢氧化镁等降低氟含量。根据有限的生产经验，饮水中的硫酸盐和氯化物总浓度高于 500ppm 可能会危害奶牛的生产性能，尤其是新产牛（Beede，2005a）。NRC（2001）建议奶牛饮水中的硝酸盐浓度应低于 44mg/L。对于 TDS 含量高于 500ppm 的饮水，应进一步核查到底是何种成分引起 TDS 过高。通常在检测到超标水样后，应重新取样检测以核实检测结果的准确性。

2. 饮用水的常用处理方法

制订合理的饮水处理方案，可改善水品质。在条件允许的情况下，也可寻找替代水

源，如重新划址打井或接入市政自来水。活性炭过滤、吹脱、氯化、紫外线照射、臭氧处理、氧化过滤、蒸馏、阴阳离子交换、机械过滤、反渗透等技术是国内外较为常用的饮水处理技术。表6-15列出了常用的饮用水处理方法及其主要用途。

表6-15 水中有害物质常用净化方法

成分	处理方法
氯	活性炭过滤
大肠杆菌及其他微生物	氯化、紫外线或臭氧处理
色度	活性炭过滤、氯化、阴阳离子交换、臭氧
硫化氢	吹脱、氯化、臭氧、氧化过滤
无机物（常量元素、重金属等）	活性炭过滤（适用于汞）、蒸馏、阴阳离子交换（适用于钡）、反渗透等
铁和锰（溶解状态）	氯化、阴阳离子交换（适用于低浓度）、臭氧处理（结合活性炭或机械过滤器）、氧化过滤
铁和锰（不溶解状态）	机械或氧化过滤
硝酸盐	蒸馏、阴离子交换、反渗透
异味	活性炭过滤、吹脱、氯化、蒸馏、阴阳离子交换、反渗透、臭氧处理
农药残留	活性炭过滤或反渗透
镭	蒸馏、阴阳离子交换、反渗透
氡气	活性炭过滤、吹脱
盐	蒸馏、反渗透
泥沙	机械过滤
挥发性有机物	活性炭过滤、吹脱、蒸馏（适用于高沸点有机物）、反相渗透
水硬度	阴阳离子交换

资料来源：Beede，2005a

二、合理供水

奶牛失水是连续的，饮水则是间断的。给奶牛提供水质良好、充足的饮水，是保证牛群高产高效和牧场盈利的关键因素之一。

Higham等（2017）在新西兰连续2年以上持续跟踪量化35个放牧为主的牧场各个环节用水量，开发出奶牛的总用水量预测模型：

$$\text{Log}(总用水量)=1.104+0.015×日最高温度(℃)-0.011×潜在蒸腾量(mm)^2+0.016×$$
$$太阳辐射(MJ/m^2)+0.487×乳固体产量(kg)-0.265×乳固体产量(kg)^2+$$
$$0.025×总奶量(L)+0.051×奶厅类型(转盘=1，鱼骨=0)$$

在牧场规划建设之初，应该综合考虑牧场所在地的气候、温度，奶厅类型，以及奶牛总存栏量等耗水因素，保证给奶牛提供水质良好、充足的饮水，是保证牛群高产高效和牧场盈利的关键因素之一。

生产中可以依据饮水量预测公式计算理论饮水量，并与实际监测到的饮水量进行对比，若差值过大，应寻找原因，使奶牛饮水量维持在合理范围内。此外，牛只粪便异常干硬、尿量减少、饮水频率降低、采食量和产奶量下降、脱水、体况消瘦、红细胞压积和渗透压上升等异常现象也是指示牛群出现饮水问题的重要信号（Beede，2005a）。

（一）优化供水方式

优化供水点的布局和供水装置的类型、规格参数有利于促进奶牛饮水。饮水槽和饮水碗是奶牛场常用的供水装置。饮水点应尽量设置在较为开阔的空间（图 6-1），避免设置在狭窄路径或死胡同上，以防牛群中较为强势或具有攻击性的牛占据，影响其他牛只饮水。

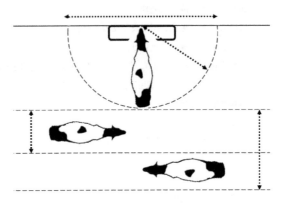

图 6-1 水槽应设置在较为开阔的空间

建议在料槽附近、运动场和挤奶通道分别设置饮水点。在拴系式牛舍，应避免强势奶牛和弱势奶牛相邻"共用"一个饮水槽/碗。研究表明，采用直饮式饮水槽供水比使用饮水碗更好（图 6-2 和图 6-3）。饮水槽的安放位置、尺寸、数量及供水流量应根据牛群大小及生理阶段进行调整，以便牛只有充足的饮水空间，无须过长时间等待，并减少强势奶牛的影响。每 20～25 头奶牛至少提供一个饮水槽，深度至少 10cm，平均每头牛所享有的水槽宽度（边沿厘米）应达到 5～10cm，每个水槽的宽度至少要达到 30cm。在阳光直射强度较大的地区，应在饮水槽上方设置遮阳棚。炎热天气期间，在放牧地内为奶牛就地提供饮水，可显著提高牛奶产量和乳成分（Miglierina et al.，2018）。

图 6-2 碗式饮水器

图 6-3 饮水槽

水槽的最佳高度为 90cm，每 10 头牛共享一个水槽。此外，设计水槽时也应该根据牛群的品种、生理阶段等进行调整。除特殊情况下，建议所有牛只采用自由饮水方式，并采取合理的方法定期监测奶牛的饮水量。无论采用何种供水方式，供水管的流速必须足够高，通常要达到每分钟20L，确保奶牛饮水时无需长时间等待。

（二）合理控制饮水温度

饮水温度会直接影响奶牛的饮水量。奶牛适宜的饮水温度范围通常为15.5~26.5℃。夏季应提供温度较低的饮水，并为水槽设置遮阳棚或采取隔热的饮水装置，以利于奶牛降温并提高其采食量。李军峰（2008）研究了饮水温度（22℃、24℃、26℃）对高温环境下中国荷斯坦奶牛生产性能及血液生化指标的影响，结果表明夏季供给奶牛22℃的饮水可使奶牛干物质采食量提高5.14%，产奶量提高6.38%，且乳成分及血清中常量矿物质元素含量未受影响。在北方高寒地区，冬季水温过低也会对奶牛的生产性能造成不利影响，保持适当的水温对保障高产牛饮水量、维持瘤胃温度和饲料肠道消化率有重要的影响（Beede，2005b）。在北方寒冷地区冬季采用电加热保温饮水槽为牛群提供适宜温度的水源会改善牛群健康状况及生产性能（图6-4）。

图6-4 保温饮水槽

（三）保证饮水槽清洁卫生

饮水槽的卫生状况是影响奶牛饮水量的重要因素，也是牧场管理中容易忽视的一个环节。饮水槽极易被牛只的粪便及饲料残渣等污染。当饮水中粪便浓度超过2.5mg/kg时奶牛饮水量会下降，超过5mg/kg时DMI会下降（Willms et al.，2002）。夏季气温较高时，应做到每天清洁饮水槽，及时清除水槽内的水藻和饲料残渣等污染物，以防止微生物繁殖，水质变坏。在温暖、光照充足的环境中，若水槽内饲料残渣等有机物含量过高，会加速藻类生长繁殖。一些有毒藻类随饮水进入牛消化道后会引起厌食、腹泻、反应迟钝等不良反应，甚至导致肝中毒，引起死亡（Beede，2005a）。

（编写者：史海涛 李胜利 杨占山 毛 江）

参 考 文 献

李军峰. 2008. 饮水温度对奶牛生产性能的影响[D]. 杨凌：西北农林科技大学博士学位论文.

吕晓伟. 2006. 慢性冷热应激对荷斯坦奶牛血清酶活力、内分泌激素水平及维持行为的影响[D]. 呼和浩特: 内蒙古农业大学博士学位论文.

潘振亮, 陈龙宾, 韩静, 等. 2013. 水质改良剂对犊牛饮水量及饮水质量的影响[J]. 家畜生态学报, 34: 47-50.

汪水平. 2004. 不同日粮对奶牛瘤胃发酵、纤维消化、行为学及生产性能的影响[D]. 杨凌: 西北农林科技大学博士学位论文.

王之盛, 李胜利. 2016. 反刍动物营养学[M]. 北京: 中国农业出版社.

Andersson B. 1978. Regulation of water intake[J]. Physiological Reviews, 58: 582.

Andersson M. 1985. Effects of drinking water temperatures on water intake and milk yield of tied-up dairy cows[J]. Livestock Production Science, 12: 329-338.

Andrew S M, Erdman R A, Waldo D R. 1995. Prediction of body composition of dairy cows at three physiological stages from deuterium oxide and urea dilution[J]. Journal of Dairy Science, 78: 1083-1095.

Andrew S M, Waldo D R, Erdman R A. 1994. Direct analysis of body composition of dairy cows at three physiological stages[J]. Journal of Dairy Science, 77(10): 3022-3033.

Appuhamy J A D R N, Judy J V, Kebreab E, et al. 2016. Prediction of drinking water intake by dairy cows[J]. Journal of Dairy Science, 99: 7191-7205.

Beede D K. 2005a. Assessment of water quality and nutrition for dairy cattle[C]. Proceedings of the Mid-south Ruminant Nutrition Conference. Arlington, TX.

Beede D K. 2005b. The most essential nutrient: Water[C]. Proceedings of the 7th Western Dairy Management Conference. Reno, Nevada.

Cardot V, Roux Y L, Jurjanz S. 2008. Drinking behavior of lactating dairy cows and prediction of their water intake [J]. Journal of Dairy Science, 91: 2257-2264.

Castillo A R, St-Pierre N R, Silva d R N, et al. 2013. Mineral concentrations in diets, water, and milk and their value in estimating on-farm excretion of manure minerals in lactating dairy cows [J]. Journal of Dairy Science, 96: 3388-3398.

Castle M E, Thomas T P. 1975. The water intake of British Friesian cows on rations containing various forages [J]. Animal Production, 20(2): 181-189.

Cheng L, Judson H G, Bryant R H, et al. 2017. The effects of feeding cut plantain and perennial ryegrass-white clover pasture on dairy heifer feed and water intake, apparent nutrient digestibility and nitrogen excretion in urine[J]. Animal Feed Science and Technology, 229: 43-46.

Chew R M. 1965. Water metabolism of mammals[M]. *In*: Mayer W W, Van Gelder R G. Physiological Mammalogy. Vol.2. New York: Academic Press: 43.

Dado R G, Allen M S. 1994. Variation in and relationships among feeding, chewing, and drinking variables for lactating dairy cows[J]. Journal of Dairy Science, 77: 132-144.

Dahlborn K, Akerlind M, Gustafson G. 1998. Water intake by dairy cows selected for high or low milk-fat percentage when fed two forage to concentrate ratios with hay or silage[J]. Swedish Journal of Agricultural Research, 28: 167-176.

Dyer T. 2012. Water requirements and quality issues for cattle[Z]. Special Bulletin, 56.

Genther, O N, Beede D K. 2013. Preference and drinking behavior of lactating dairy cows offered water with different concentrations, valences, and sources of iron[J]. Journal of Dairy Science, 96: 1164-1176.

Guindon N E, Antaya N T, Cabral R G, et al. 2015. Effects of human visitation on calf growth and performance of calves fed different milk replacer feeding levels[J]. Journal of Dairy Science, 98: 8952-8961.

Hayes V W, Swenson M J. 2015. Dukes' Physiology of Domestic Animals[M]. New York: John Wiley & Sons.

Higham C D, Horne D, Singh R, et al. 2017. Water use on nonirrigated pasture-based dairy farms: Combining detailed monitoring and modeling to set benchmarks[J]. Journal of Dairy Science, 100: 828-840.

Holter J B, Urban W E. 1992. Water partitioning and intake prediction in dry and lactating Holstein cows[J].

Journal of Dairy Science, 75: 1472-1479.

Huuskonen A, Tuomisto L, Kauppinen R. 2011. Effect of drinking water temperature on water intake and performance of dairy calves[J]. Journal of Dairy Science, 94: 2475-2480.

Huzzey J M, Keyserlingk M A G V, Weary D M. 2005. Changes in feeding, drinking, and standing behavior of dairy cows during the transition period[J]. Journal of Dairy Science, 88: 2454-2461.

Huzzey J M, Veira D M, Weary D M, et al. 2007. Prepartum behavior and dry matter intake identify dairy cows at risk for metritis[J]. Journal of Dairy Science, 90: 3220-3233.

Jago J G, Roche J R, Kolver E S, et al. 2005. The drinking behaviour of dairy cows in late lactation. Proceedings of the New Zealand Society of Animal Production, 65: 209-214.

Jaster E H, Schuh J D, Wegner T N. 1978. Physiological effects of saline drinking water on high producing dairy cows[J]. Journal of Dairy Science, 61: 66-71.

Jensen R. 1995. Handbook of Milk Composition[M]. New York: Academic Press.

Kertz A F, Reutzel L F, Mahoney J H. 1984. Ad libitum water intake by neonatal calves and its relationship to calf starter intake, weight gain, feces score, and season[J]. Journal of Dairy Science, 67: 2964-2969.

Khelil-Arfa H, Faverdin P, Boudon A. 2014. Effect of ambient temperature and sodium bicarbonate supplementation on water and electrolyte balances in dry and lactating Holstein cows[J]. Journal of Dairy Science, 97: 2305-2318.

Little W A, Shaw G L. 1978. Analytic study of the memory storage capacity of a neural network [J]. Mathematical Biosciences, 39: 281-290.

Little W, Collis K A, Gleed P T, et al. 1980. Effect of reduced water intake by lactating dairy cows on behaviour, milk yield and blood composition[J]. The Veterinary Record, 106: 547-551.

Little W, Sansom B F, Manston R, et al. 1984. Importance of water for the health and productivity of the dairy cow [J]. Research in Veterinary Science, 37: 283-289.

McDowell R, Weldy J. 1967. Water exchange of cattle under heat stress[J]. Biometerology, 2: 414-424.

Melin M, Wiktorsson H, Norell L. 2005. Analysis of feeding and drinking patterns of dairy cows in two cow traffic situations in automatic milking systems[J]. Journal of Dairy Science, 88: 71-85.

Meyer U, Everinghoff M, Gädeken D, et al. 2004. Investigations on the water intake of lactating dairy cows [J]. Livestock Production Science, 90: 117-121.

Miglierina M M, Bonadeo N, Ornstein A M, et al. 2018. In situ provision of drinking water to grazing dairy cows improves milk production[J]. New Zealand Veterinary Journal, 66(1): 37-40.

Mills J K, Ross D A, Amburgh M E V. 2010. The effects of feeding medium-chain triglycerides on the growth, insulin responsiveness, and body composition of Holstein calves from birth to 85 kg of body weight [J]. Journal of Dairy Science, 93: 4262-4273.

Mohammed A N. 2016. Field study on evaluation of the efficacy and usability of two disinfectants for drinking water treatment at small cattle breeders and dairy cattle farms [J]. Environmental Monitoring and Assessment, 188: 151-162.

Muller C J C, Botha J A, Coetzer W A. 1994. Effect of shade on various parameters of Friesian cows in a Mediterranean climate in South Africa. 2. Physiological responses[J]. South African Journal of Animal Science, 24: 56-60.

Murphy M R, Davis C L, Mccoy G C. 1983. Factors affecting water consumption by holstein cows in early lactation[J]. Journal of Dairy Science, 66: 35-38.

Murphy M. 1992. Water metabolism of dairy cattle[J]. Journal of Dairy Science, 75: 326-333.

Nocek J E, Braund D G. 1985. Effect of feeding frequency on diurnal dry matter and water consumption, liquid dilution rate, and milk yield in first lactation[J]. Journal of Dairy Science, 68: 2238-2247.

NRC. 2001. Nutrient Requirements of Dairy Cattle[M]. 7th ed. Washington DC: National Academy of Sciences.

NRC. 2005. Mineral Tolerance of Animals[M]. Washington DC, USA: National Academies Press.

Odwongo W O, Conrad H R, Staubus A E, et al. 1985. Measurement of water kinetics with deuterium oxide in lactating dairy cows[J]. Journal of Dairy Science, 68: 1155-1164.

Paquay R, Baere R D, Lousse A. 1970. Statistical research on the fate of water in the adult cow. II. The lactating cow [J]. The Journal of Agricultural Science, 75: 251-255.

Reece W O, Erickson H H, Goff J P, et al. 2015. Dukes' Physiology of Domestic Animals.[M] 13th ed. John Wiley & Sons Inc., Ames Lowa.

Shapasand M, Alizadeh A R, Yousefi M, et al. 2010. Performance and physiological responses of dairy cattle to water total dissolved solids (TDS) under heat stress [J]. Journal of Applied Animal Research, 38: 165-168.

Smart M E, Cohen R, Christensen D A. 1986. The effects of sulphate removal from the drinking water on the plasma and liver copper and zinc concentrations of beef cows and their calves [J]. Canadian Journal of Animal Science, 66: 669-680.

Solomon R, Miron J, Ben-Ghedalia D, et al. 1995. Performance of high producing dairy cows offered drinking water of high and low salinity in the Arava desert [J]. Journal of Dairy Science, 78: 620-624.

Stockdale C R, King K R. 1983. A note on some of the factors that affect the water consumption of lactating dairy cows at pasture[J]. Animal Science, 36: 303-306.

Umar S, Munir M, Azeem T, et al. 2014. Effects of water quality on productivity and performance of livestock: A mini review[J]. Veterinaria, 2: 11-15.

Visconi L, 罗宝京. 2006. 奶牛的饮水行为和饮水需要[J]. 中国乳业, (7): 25-28.

Waldner D N, Looper M L. 2007. Water for Dairy Cattle[Z]. Division of Agricultural Sciences and Natural Resources, Oklahoma State University.

Ward D, Mckagure K. 2007. Water Requirements of Livestock[DB/OL]. Ontario Ministry of Agriculture, Food and Rural Affairs, Canada. http://www.omafra.gov.on.ca/english/engineer/facts/07-023.pdf [2017-9-20].

Wegner T, Schuh J. 1986. Water quality and animal performance-lactating dairy cows[C]. Proceedings of the southwest nutrition conference. Tucson, Arizona.

Wickramasinghe H K J P, Kramer A J, Appuhamy J A D R N. 2019. Drinking water intake of newborn dairy calves and its effects on feed intake, growth performance, health status, and nutrient digestibility[J]. Journal of Dairy Science, 102: 377-387.

Willms W D, Kenzie O R, Mcallister T A, et al. 2002. Effects of water quality on cattle performance[J]. Journal of Range Management, 55: 452-460.

Winchester C F, Morris M J. 1956. Water intake rates of cattle[J]. Journal of Animalence, 15: 722-740.

Woodford S T, Murphy M R, Davis C L. 1984. Water dynamics of dairy cattle as affected by initiation of lactation and feed intake[J]. Journal of Dairy Science, 67: 2336-2343.

Yan T, Mayne C S, Patterson D C, et al. 2009. Prediction of body weight and empty body composition using body size measurements in lactating dairy cows[J]. Livestock Science, 124: 233-241.

第七章 奶牛的维生素代谢与营养需要

维生素具有多种生物学功能，参与机体内的多种代谢过程，是奶牛维持机体正常生理功能必不可少的一大类有机物质。虽然其化学性质和生理功能各不相同，但可根据其溶解特性分为脂溶性维生素和水溶性维生素两大类。任何一种维生素的缺乏均会引起代谢紊乱，并导致某些特定的临床缺乏症状。由于维生素供给不足而发生的亚临床症状，也会影响机体的健康及生产性能。影响维生素需要量的因素众多，加之选择对维生素摄入量变化敏感的反应指标较为困难，且涉及一些脂溶性维生素和水溶性维生素在瘤胃微生物的作用下发生降解，反刍动物纯合日粮配制不易及反刍动物体内维生素耗竭需时较长等因素，目前维生素需要的推荐量大部分是受控研究的结果，并未考虑到集约化饲养体系不断提高造成的代谢性和疾病性应激。本章从各种维生素的来源、吸收与代谢、功能、需要量与缺乏症、毒性及研究进展等角度，对与奶牛营养相关的 13 种主要维生素进行阐述。

第一节 脂溶性维生素

目前已知的脂溶性维生素包括维生素 A（vitamin A，VA）、维生素 D（vitamin D，VD）、维生素 E（vitamin E，VE）和维生素 K（vitamin K，VK）。在奶牛体内，脂溶性维生素与脂肪一起吸收，并可在体内贮存。奶牛除维生素 A 和维生素 E 必须由饲料供给外，部分维生素 D 可在紫外线照射下于皮肤中合成，并由瘤胃和肠道微生物合成维生素 K。许多天然饲料中都含有维生素 A 的前体物质和维生素 E，理想状态下，饲料中不需要添加这些维生素。但是，养殖生产中仅仅依赖饲料中含有的维生素和阳光照射合成的维生素 D 往往是不足的，特别是营养需要量偏高的生理阶段，因为饲料中的维生素含量和阳光照射都有很大的变异性。随着奶牛饲养管理体系逐渐趋于舍饲化，动物接触到阳光和新鲜饲草的机会减少，生产性能越来越高，奶牛对维生素 A、维生素 D、维生素 E 的需要也在提高。

一、维生素 A

维生素 A 1915 年首次被人类发现，McCollum 和 Davis 从动物油及鱼油中分离出一种能维持和促进实验动物生长的活性物质，将其取名为"脂溶性 A"，以后被命名为维生素 A。动物体内天然存在的 VA 主要是视黄醇（retinol），具有视黄醇（$C_{20}H_{29}OH$）生物活性的一类化合物，统称为 VA。1931 年 Karrel 等从比目鱼肝油中分离出具有生物学活性的 VA，并确立了 VA（VA 醇）的化学结构。VA 的化学形式主要包括 VA 醇、VA 醛与 VA 棕榈酸酯和 VA 酸四种形式，且前三种形式可以相互转换，VA 酸则不能转换成其他 VA 形式。1947 年首次人工合成视黄醇（图 7-1）。

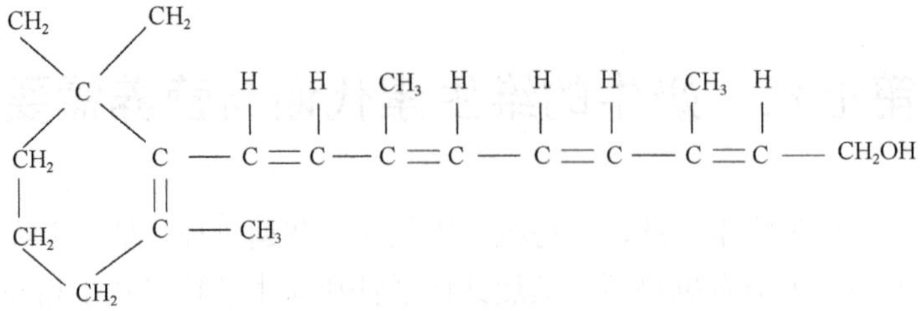

图 7-1　视黄醇化学结构

植物体内尚未被证实含有 VA，但含有可以在动物体内代谢为 VA 的前体物质，这些前体物质分为两类，第一类可在动物体内转化为 VA 醇，主要是类胡萝卜素类物质；第二类在奶牛体内无法转化为 VA 醇，如叶黄素和番茄红素等，因其结构中缺少和 VA 醇相似的 β-芷香酮环，而不能转变为 VA 醇。第一类前体物质在奶牛营养代谢中的功能更强，也更受到营养研究的重视。其中，以 β-胡萝卜素最为突出。1950 年 Karrer 成功合成 β-胡萝卜素（图 7-2）。

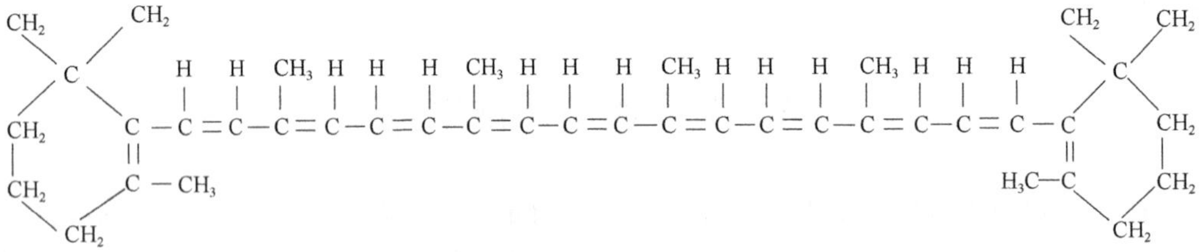

图 7-2　β-胡萝卜素化学结构

为了衡量不同形式的 VA 或前体物的活性，FAO/WHO（1967）提出了视黄醇当量概念，其含义是包括 VA 和 β-胡萝卜素在内的活性物质所相当的视黄醇量，1μg 视黄醇（全反式）相当于 1μg 视黄醇当量。VA 的常用计量单位为国际单位（IU），VA 前体物，主要是 β-胡萝卜素的常用计量单位为 μg（微克）或者 mg（毫克），三者之间的换算关系如下：

$$1μg \text{ 视黄醇当量} = 1μg \text{ 视黄醇（全反式）}$$
$$1IU \text{ 维生素 A} = 0.3μg \text{ 视黄醇当量}$$
$$1μg \text{ β-胡萝卜素} = 0.167μg \text{ 视黄醇当量}$$

（一）来源

奶牛消化系统无法合成 VA，必须由外源供给。为了从根源上切断疯牛病的传播，世界许多国家已制定相关法规，限制或禁止动物性饲料原料在奶牛养殖上使用，反刍动物的 VA 主要来源于植物性饲料，类胡萝卜素等植物性饲料添加剂也可为奶牛提供 VA。β-胡萝卜素等 VA 前体物易被氧化，因此青贮、干草制备及贮存过程中损失大量的 VA，在以青贮为主要粗饲料来源的奶牛养殖模式下，补充 VA 或 β-胡萝卜素显得尤为重要。

在不允许使用动物源性饲料原料的情况下，奶牛 VA 主要有两个来源：一是工业合成 VA 或 β-胡萝卜素；二是饲料原料中含有的 VA，主要为 β-胡萝卜素。奶牛常见饲料原料 VA 前体物含量及折合 VA 含量如表 7-1 所示。

表 7-1　常见奶牛饲料原料维生素 A 及前提物含量

原料	类胡萝卜素及折合维生素 A 含量（IU/kg）				其他营养成分含量（%）		
	β-胡萝卜素	β-隐黄素	α-胡萝卜素	维生素 A	DM	OM	CP
青贮 1	4029.0	未检出	未检出	16116.1	25.5	94.5	9.0
青贮 2	3047.2	未检出	未检出	12188.6	34.5	96.2	7.5
青贮 3	4574	未检出	未检出	1829.4	47.2	96.8	5.8
首蓿 1	445.1	未检出	未检出	1780.5	83.7	90.5	17.8
首蓿 2	1398.3	未检出	未检出	5593.4	84.1	90.7	17.3
整粒烘干玉米	29.5	16.1	9.9	170.0	87.8	98.7	8.1
压片玉米	30.8	1.0	6.1	137.4	78.9	99.1	8.1
高水分玉米	72.9	20.2	13.2	359.1	71.5	98.7	8.3
豆粕 1	13.3	未检出	0.8	54.9	87.8	93	47.7
豆粕 2	9.2	未检出	3.5	43.8	83.2	95.4	67.9
DDGS1	96.1	3.6	45	481.8	89.0	95.3	25.7

资料来源：Pickworth et al.，2012

（二）吸收与代谢

1. VA 在瘤胃吸收代谢情况

VA 及其前体物的瘤胃降解率与奶牛的日粮类型有关。高粗日粮，VA 在奶牛瘤胃的降解率为 20%左右，若日粮中精料比为 50%～70%时，VA 在瘤胃中的降解率可达 70%（Weiss，1995）。过瘤胃保护 VA 可显著降低奶牛瘤胃中 VA 的浓度（乔良，2008）。体外消化试验证明，过瘤胃保护的 VA 体外 24h 瘤胃消失率为 8.1%，小肠的利用率在 90%以上（丁志民，2007）。体外培养试验也证明过瘤胃保护的 VA 降解率仅为 30%左右（张力莉，2004）。

2. VA 在小肠吸收代谢情况

VA 及其前体物进入小肠后被胰脂酶水解成视黄醇，然后与视黄醇结合蛋白结合重新脂化后形成乳糜微粒经淋巴进入肝。β-胡萝卜素在进入小肠黏膜细胞后，被小肠黏膜细胞液中的加氧酶催化分解视黄醛，视黄醛又进一步生成视黄醇。这一催化反应需要氧和 Fe^{2+}，同时也需要维生素 E、胆酸和卵磷脂。维生素 E 能保护 β-胡萝卜素的双键，胆酸则提高 β-胡萝卜素的溶解度，加速其进入小肠细胞，而卵磷脂则能促进肠黏膜对胡萝卜素的吸收。小肠黏膜细胞对 β-胡萝卜素的吸收是一个不受酶或受体调控、不需要能量的被动扩散过程。视黄醛在细胞中重新酯化产生视黄醇酯，视黄醇酯与蛋白质结合形成乳糜微粒，并通过淋巴系统分泌到血液中。

3. VA 在肝的贮存、代谢及影响因素

肝是维生素贮存最重要的器官，其次是肾和视网膜的色素上皮。进入肝的视黄醇酯

以脂蛋白形式贮存在肝的贮脂细胞内,肝内的视黄醇酯可代谢成视黄醇,视黄醇再与视黄醇结合蛋白、运甲状素蛋白结合形成三元配合物,通过血液循环到达靶器官。

影响肝贮存 VA 的因素很多,包括 VA 摄入量、维生素的贮存效率及贮存的维生素的释放效率,同时还受到日粮组成和内分泌的影响。

(三)功能与缺乏症

VA 是奶牛重要的微量营养素之一,其功能常与缺乏症的表现密切相关,VA 在奶牛视觉功能的维持、上皮组织的生长与分化及完整性维持、基因表达、胚胎发育、骨骼发育、免疫和抗氧化方面具有重要作用。

1. 维持正常视觉

动物的感光过程依赖于视网膜中存在的特殊蛋白质——视紫红质,视紫红质由 VA 的乙醛衍生物视黄醛和视蛋白结合生成。当光线刺激视网膜中的视紫红质时,将其分解成视蛋白和全顺式视黄醛,视黄醛又转变为其异构体全反式视黄醛。这种转化将刺激传导至视神经末端而产生视觉。在黑暗中,全反式视黄醛又异构化转变成全顺式视黄醛,并与视蛋白结合成再生视紫红质。

缺乏 VA 时,生成的视紫红质减少,动物在弱光下的视力减弱,产生眼盲症甚至是失明。当 VA 缺乏时,顺式视黄醛生成不足,杆细胞合成视紫红质减少,对弱光的敏感度降低而引起夜盲症。马轶群等(2003)曾报道,缺乏 VA 可导致暗适应能力下降,上皮细胞过度角质化,泪腺、腮腺和颌下腺腺体(包括黏液膜和浆液膜部分)萎缩,角膜上皮及结膜干燥而引起干眼病。VA 可治疗奶牛的角膜炎(Sunandhadevi et al.,2016)。

2. 生殖

VA 缺乏可导致生殖系统上皮细胞的角质化。VA 缺乏可引起雄性动物性器官上皮角质化,精小管变性从而影响精母细胞的形成,导致睾丸变小,精子和精原细胞消失等。雌性动物阴道上皮持续角质化,对胎盘上皮产生影响也影响到胎儿的发育。对于奶牛,VA 缺乏可导致母牛受胎率下降,流产和产后胎衣停滞的发病率较高,所产犊牛畸形或生活力低下等。

VA 及其活性形式可提高奶牛的受胎率、卵母细胞的成熟和妊娠率。VA 配合同期发情技术,奶牛的受胎率高达 70%(Manokaran et al.,2018)。何文娟(2006)在中国荷斯坦奶牛饲粮中添加 β-胡萝卜素,发现产后 3 个月内胎衣不下、子宫炎和乳房炎的发病率下降。血清 β-胡萝卜素浓度与黄体细胞分泌孕激素有关,围产前期添加 β-胡萝卜素(500mg/d 或 2000mg/d),产后首次排卵的奶牛数量显著增加(Kawashim et al.,2010)。产后 120 天,热应激奶牛连续 90 天补充 400mg β-胡萝卜素可有效提高妊娠率(Arechiga et al.,1998)。β-胡萝卜素和维生素的组合提高了放牧肉牛的首次定时人工授精的妊娠率(de Gouvêa et al.,2018)。

3. 骨骼发育

VA 缺乏，能引起动物骨质过度增生，压迫神经而导致行为异常。缺乏 VA 会影响生长期大鼠骨骼的正常生长发育，缺乏越严重，骨骼的生长越缓慢，其机制可能是通过影响轴及甲状腺功能，而导致机体软骨细胞分化和骨代谢异常（王红，2009）。VA 缺乏，成骨细胞溶解旧骨细胞的活性减弱或完全丧失（何生虎等，2005），导致骨膜骨质过度增生，骨腔变小，骨骼失去正常结构，从而导致神经压迫症状，如脊椎骨的增厚使脊椎神经孔变狭从而压迫脊椎神经，导致牛和羊步态蹒跚、运动失调及痉挛等。

4. 影响机体免疫功能

（1）促进淋巴细胞分化。淋巴细胞在胸腺和骨髓中分化成 T 淋巴细胞和 B 淋巴细胞，以维持体内 T 淋巴细胞和 B 淋巴细胞数量的平衡，强化免疫细胞的吞噬作用。VA 缺乏可引起胸腺萎缩，T 淋巴细胞减少，淋巴细胞对有丝分裂的反应减弱，分泌型 IgA 的产生也受影响。同时，VA 对于骨髓中骨髓样和淋巴样细胞的分化起重要作用，从而影响机体免疫水平。VA 能提高动物对疾病的抵抗力，VA 缺乏可导致传染病的增加。它能增强细胞的抗原特异性反应改变细胞膜和免疫细胞菌膜的稳定性，提高免疫能力，具有抗感染作用（李婷欣和李云，2005）。VA 与体内各种抗体（IgA、IgM、IgG、IgE 等）的水平密切相关，VA 缺乏可以改变对 T 细胞依赖的抗原-抗体反应，抑制 IgA、IgG1 和 IgE 的反应，但是可以增强 IgG2 对病毒性感染的反应（马洪，2005）。

（2）提高免疫补体活性。VA 能刺激前列腺素的产生，进而影响环腺苷-磷酸（cyclic adenosine monophosphate，cAMP）的活性，导致免疫反应的提高。cAMP 除对能量反应具有作用外，可促进抗体的形成。血浆 cAMP 的含量随动物日粮中 VA 添加量的增大而显著上升。在探讨 VA 作用机理时指出，VA 可在基因水平上影响基因的表达，VA 缺乏，则 RNA 合成障碍，从而影响补体蛋白质的再生，补充 VA 可提高动物血清的总补体活性，并可促进机体产生特异性的溶血素抗体。

（3）增强白细胞吞噬能力。研究表明，在干奶期或围产期奶牛日粮中添加作为 VA 前体的 β-胡萝卜素，能提高中性白细胞的吞噬能力，降低乳腺炎的发病率（Chew，1993）。在近分娩时 VA 和 β-胡萝卜素的不足会引起奶牛产量低，而且易感染乳房炎（Johnston and Chew，1984）。据报道奶牛中性粒细胞在体外培养添加维生素后其吞噬和杀伤作用都增强，而且添加 β-胡萝卜素或 VA，泌乳早期牛奶中的体细胞数会下降（Chew and Johnston，1985）。

5. 提高机体抗氧化能力

β-胡萝卜素分子结构中复杂的共轭双键，使其具有抗氧化特性，是一种常用的生理性抗氧化剂。在局部、低氧化环境中，β-胡萝卜素具有脂溶性链式阻断性抗氧化剂的作用，能有效猝灭单线态氧等多种活性氧和各种自由基，保护奶牛机体免受过氧化损害。赵国琦等（2008）的研究也表明在奶牛日粮中添加 β-胡萝卜素到 1 250 000IU/d 时，超氧化物歧化酶和谷胱甘肽过氧化物酶活性增加，丙二醛浓度下降。

（四）过量 VA 的危害

由于 VA 在瘤胃中有较高的降解率，与单胃动物相比，成年反刍动物对过量 VA 具有较强的耐受性。生产实践中，VA 中毒不易发生，非泌乳和泌乳牛日粮 VA 的安全上限为 66 000IU/kg BW（NRC，1987）。放牧条件下，由于牧草中含有丰富的 VA 及其前体物，特别是 β-胡萝卜素，有可能造成 VA 中毒。

犊牛摄入过量 VA 可表现为生长缓慢、跛行、行走不稳与瘫痪等症状。长期大量摄入 VA 可造成角生长缓慢，脑脊液压下降。对骨及软骨的影响，主要表现为骨的长度变短，骨层变宽和骨皮质变厚，主要与成骨细胞的活性下降有关。

（五）需要量与建议

NRC（2001）基于对影响需要量因素的研究，建议成年奶牛和干奶牛 VA 的需要量为 110IU/kg BW，生长奶牛的需要量为 80IU/kg BW。我国 2004 年的饲养标准中，VA 的维持需要为 43IU/kg BW；母牛妊娠最后 4 个月提高至 76IU/kg BW。奶牛 VA 的需要量见表 7-2。

表 7-2　奶牛 VA 的需要量

生理阶段	建议量（IU/kg BW）
成年奶牛	110
干奶期奶牛	110
生长奶牛	80

资料来源：NRC，2001

2004 年我国奶牛饲养标准中，建议 VA 的维持需要为 43IU/kg BW；母牛妊娠最后 4 个月提高至 76IU/kg BW；体重 40～60kg 生长母牛根据其日增重的不同，建议 VA 的需要量为 40～49IU/kg BW。但在以下特殊条件下，需要补充 VA：①低粗料日粮（瘤胃破坏程度严重，胡萝卜素摄入量低）；②饲喂大量青贮玉米和少量牧草的日粮（β-胡萝卜素含量较低，生物效价低）；③含低质粗料的日粮（如稻草、秸秆等胡萝卜素含量低的粗料）；④传染性病原体接触较多时（提高免疫力）；⑤免疫力下降的阶段（如围产期）。

2018 年 7 月 1 日起施行的饲料添加剂安全使用规范（中华人民共和国农业部公告第 2625 号）中规定，对于奶牛日粮 β-胡萝卜素和维生素 A 添加剂的建议添加量分别为 5～30mg/kg 和 2000～4000IU/kg。

（六）研究展望

随着奶牛养殖业的快速发展，产奶性能日趋上升，日粮中的非纤维性碳水化合物的比例逐渐增加，可能造成大部分 VA 在瘤胃内被破坏，使小肠吸收的 VA 减少，而且可能引起奶牛 VA 的缺乏。VA 对奶牛繁殖性能影响的研究较多，但其机理尚不完全清楚。此外，对 VA 营养生理功能的研究匮乏，还需进一步研究。

二、维生素 D

自 20 世纪 20 年代许多研究者报道了维生素 D 的化学性质及其生理功能,后续的研究者相继分离出维生素 D_2、D_3 及其同类物和其主要的前体(图 7-3)。1966 年 Lund 等发现维生素 D 需要转变成活性型后才能发挥作用。70 年代以后,对维生素 D 的结构、代谢、作用方式的研究又有新的进展,并发现维生素 D 对调节免疫细胞在内的细胞分化、生长等新的功能,这些发现对维生素 D 的深入了解具有重要意义。

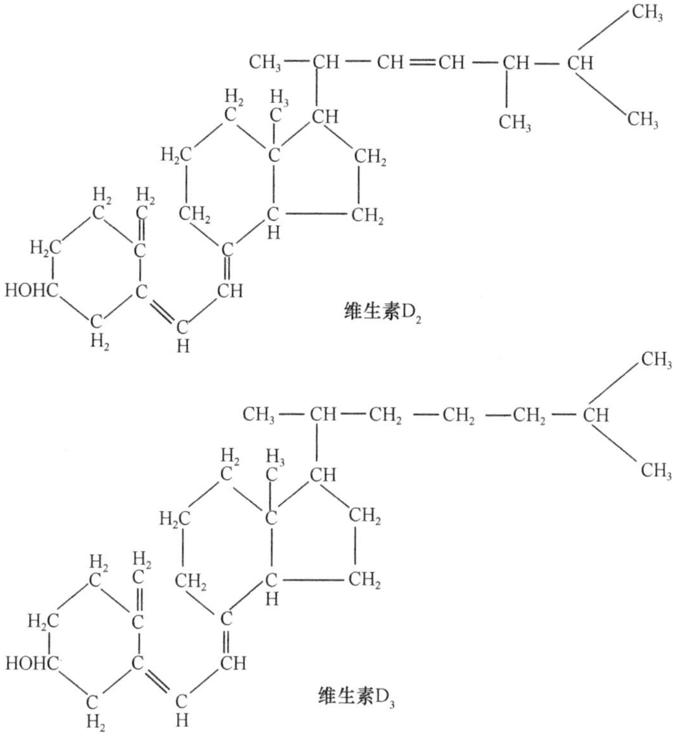

图 7-3 维生素 D_2 和 D_3 化学结构

维生素 D 根据其侧链结构的不同,有 D_2、D_3、D_4、D_5、D_6 及 D_7 等多种形式。但是,在动物营养中具有实际意义的仅有维生素 D_2 和 D_3 两种。

维生素 D 的计量单位以国际单位(IU)表示,以 0.025μg 晶体维生素 D_3 活性为 1IU,1μg 维生素 D 相当于 40IU。

(一)来源

维生素 D 是胆固醇的一种衍生物,天然的维生素 D 主要有维生素 D_2(麦角钙化醇)和维生素 D_3(胆钙化醇)两种形式。维生素 D_2 仅存在于植物组织中,维生素 D_3 存在于动物组织中,鱼肝油中含量极为丰富。大多数青绿植物中的麦角固醇,经紫外线照射后生成维生素 D_2。一般情况下,畜禽可通过饲料获得维生素 D_3,但是紫外线照射是机体合成维生素 D_3 的一个重要途径。哺乳动物皮肤中的维生素 D 前体(7-脱氢胆固醇)经紫外线照射生成前维生素 D_3。前维生素 D_3 经光解作用生成维生素 D_3，此反应不需要酶参加，也没有蛋白质合成，是一种纯光化学反应。维生素 D_3 的生成与紫外线对地球表面的辐射量、地球的纬度和大气状况等有关。因此，低纬度、高海拔、夏季及天气晴朗时皮肤产维生素 D_3 的效率最高。日光照射下，牛每天可合成 3000～10 000IU 维生素 D_3。北半球夏季放牧奶牛每日约可合成 4500IU 的维生素 D_3。

维生素 D 主要贮存于肝、脂肪和肾中，其分布与供给方法和剂量有关，大剂量口服或注射维生素 D_3，则其主要贮存于动物的肝和肾；小剂量给予缺乏维生素 D_3 的动物，则脂肪中含量最高，肾次之。

维生素 D_2 与维生素 D_3 对反刍动物具有相同的生物活性，但维生素 D_2 的代谢效率不如维生素 D_3（Hymøller and Jensen，2011）。维生素 D_3 是夏季奶牛血液中的主要循环形式，所以通常给犊牛补充维生素 D_3。

（二）吸收与代谢

1. 维生素 D 的吸收

无论是通过小肠吸收的维生素 D 还是皮肤经过光化学作用合成的维生素 D_3 被吸收后，首先与血浆维生素 D 结合蛋白（vitamin D binding protein，DBP）结合，运输到肝。在肝细胞微粒体和线粒体中 25-羟化酶的作用下，生成 25-羟基维生素 D[25-(OH)-D_3]。DPB 是一种由肝产生的 α-球蛋白，负责将维生素 D 代谢物运送至靶组织。25-(OH)-D_3 是维生素 D 在体内的主要循环形式，它在肝生成以后，又可与 DBP 结合，被运输到肾。受肾组织线粒体内 1α-羟化酶催化，生成 1,25-二羟维生素 D_3[1,25-(OH)$_2$-D_3]，它是维生素 D 的一种真正活性形式，作用类似于类固醇激素。同时受肾 24-羟化酶的作用 1,25-(OH)-D_3 也可转化生成 24,25-(OH)$_2$-D_3 和 1,24,25-(OH)-D_3。与人类相似，正常牛血液中的 25-(OH)-D 浓度在 20～50ng/mL，低于 10ng/mL 被认为缺乏维生素 D（Horst et al.，1994；Norman，2008）。不补充维生素 D 的情况下，夏季接受充足的日光照射（放牧的牛）的牛，血清 25-(OH)-D 浓度在 40～100ng/mL（Nelson et al.，2016）。

血液中的 25-(OH)-D_3 含量与添加量、奶牛的生理状态有关（如产犊），与胎次、季节无关。日粮添加 25-(OH)-D_3，奶牛血液中的 25-(OH)-D_3 水平显著增加（Guo et al，2018）。围产后期奶牛血浆中的 25-(OH)-D_3 消耗较大，泌乳早期血清 25-(OH)-D 浓度最低（Sorge et al.，2013；Holcombe et al.，2018），这可能与维持免疫系统功能和钙稳态有关（Olsen et al.，2016；Holcombe et al.，2018）。分娩和氧化应激可降低血清 25-(OH)-D 浓度，细胞内 25-(OH)-D 羟化成 1, 25-(OH)$_2$-D_3，促进维生素 D 代谢物的消耗。

2. 维生素 D 的活化

血浆中的 25-(OH)-D_3 被专一性的 α-球蛋白运载到肾，在肾小管线粒体内经混合功能单氧化酶羟化形成 1,25-(OH)$_2$-D_3。此外，在肾的线粒体中 25-(OH)$_2$-D_3 也可被羟化形成 24,25-(OH)$_2$-D_3。最后，这种活性维生素 D 输送到小肠和骨骼等靶细胞。

3. 影响维生素 D 活化的因素

维生素 D 是一种钙调节激素前体物，因此其生物合成及排泄均会受钙的影响。影响体内活性维生素 D_3 合成的因素中，主要与机体内钙磷代谢及影响钙磷代谢的两种肽激素甲状旁腺激素（PTH）和降钙素有关。25-(OH)-D 转化为 1,25-(OH)$_2$-D$_3$ 的转化率受肾过甲状旁腺激素和免疫细胞对免疫信号作出的局部反应调节（Adams and Hewison，2008）。

1,25-(OH)$_2$-D$_3$ 在肾中的生成受血钙水平的制约。血钙含量增加抑制 1,25-(OH)$_2$-D$_3$ 的生成；反之，血钙含量下降，即使是轻度的低血钙，也可刺激 1,25-(OH)$_2$-D$_3$ 的生成。已知甲状旁腺控制着血钙浓度，低钙血时甲状旁腺激素大量释放，激发肾中维生素 D 羟化酶的活性。

1,25-(OH)$_2$-D$_3$ 的合成与分泌，一方面是低血钙水平的刺激，另一方面同样受低血磷的刺激，即使血钙浓度正常或高于正常水平及在没有甲状旁腺分泌的条件下。甲状旁腺激素的存在有可能使骨骼中的钙被 1,25-(OH)$_2$-D$_3$ 动员，并在肾中增加对钙的重吸收，磷的吸收与动员虽然也受 1,25-(OH)$_2$-D$_3$ 的作用而增加，而甲状旁腺激素又能促使大量磷从尿中排出，从而消除了 1,25-(OH)$_2$-D$_3$ 对磷的作用，结果是血浆钙增加而血浆无机磷水平并未改变。若无甲状旁腺激素，所动员的磷并不从尿中排出，使血磷上升而血钙基本稳定。因此，在特定的生理条件下，1,25-(OH)$_2$-D$_3$ 可以作为动员钙的激素，也可以作为动员磷的激素。

反刍动物肠道吸收钙的能力与其需要量有关（McDowell，1989），当钙代谢处于增强期（如妊娠、泌乳等），钙的吸收明显增加。通常在妊娠期胎盘内的 1,25-(OH)$_2$-D$_3$ 的浓度升高，钙结合蛋白（CaBP）合成加强；泌乳期乳腺内 1,25-(OH)$_2$-D$_3$ 和 CaBP 结合蛋白的浓度增高促进了钙向乳腺的转运，以形成含钙量高的酪蛋白。

（三）功能与缺乏症

维生素 D 是奶牛重要的微量营养素之一，在奶牛钙磷代谢的调节、骨骼发育、免疫和抗氧化等方面发挥重要功能。维生素 D 被证明具有多种生理功能，如在控制细胞分化、增殖和激活先天免疫防御中具有重要作用（Adams and Hewison，2010；Nelson et al.，2012）。

1. 维生素 D 对钙磷代谢的调节作用

维生素 D 的重要生理功能是调节钙磷代谢，尤其是促进肠黏膜上皮细胞内钙结合蛋白的形成，促进肠道对钙、磷的吸收和骨骼、牙齿的钙化。肠道中 1,25-(OH)$_2$-D$_3$ 促进肠黏膜上皮细胞 CaBP 的合成，CaBP 是一种载体蛋白，对肠道钙转运有着重要作用，可与 Ca^{2+} 结合，特异性地引起肠细胞膜中磷脂酰胆碱含量和结构的改变，使膜通透性升高，钙转运速度加快，促进肠道对钙、磷的吸收和骨骼、牙齿的钙化。1,25-(OH)$_2$-D$_3$ 促进肾小管对钙磷的重吸收，减少尿磷的排泄。作用于甲状旁腺细胞内的 1,25-(OH)$_2$-D$_3$ 受体增加甲状旁腺细胞外液钙离子浓度的敏感性，减少、抑制甲状旁腺激素的分泌，从而减少甲状旁腺激素对肾小管吸收磷酸盐的抑制作用而保存磷（Milovanova et al.，

2014）。维生素 *DR* 基因表达量是影响 1,25-(OH)$_2$-D$_3$ 能否作用于目标基因的关键，而 1,25-(OH)$_2$-D$_3$ 会与维生素 D 受体及视黄醇类 X 受体结合形成复合物，并与维生素 D 反应元件结合转录骨桥蛋白（OPN）（Rezende et al.，2013），使 OPN 基因表达量增加。

2. 维生素 D 对骨骼的作用

日粮中维生素 D 缺乏时血钙含量降低，骨骼不能正常矿化，甲状旁腺激素释放增多，刺激肾产生 1,25-(OH)$_2$-D$_3$，作用于肠道促进钙的吸收。同时维生素 D 影响骨胶原的合成。维生素 D 还能促进 γ-谷氨酸蛋白的合成，提高柠檬酸浓度和碱性磷酸酶活性，为骨的矿化做准备。因此，维生素 D 缺乏是畜牧业生产中幼畜佝偻病和成年动物骨软症的主要原因。

维生素 D 缺乏的幼畜，病初幼畜发育迟缓，食欲不良及异食，不喜站立或走动。进而管骨和扁平骨逐渐变形，骨端粗厚及关节肿胀，拱背和系部僵直，肋骨念珠状突起和胸廓变形。成年动物发生骨营养不良（骨软症、纤维性骨营养不良），使已经成骨的骨骼被重吸收。佝偻病和骨软症并非是维生素 D 缺乏而引起的特异性疾病，日粮中钙磷不足或比例不平衡亦可使这两种病发生。Casas 等（2015）调查发现，肉牛维生素 D 的缺乏可导致犊牛生长抑制，增加疾病易感性。

3. 对机体免疫功能的影响

维生素 D 对骨骼发育和钙稳态至关重要，维生素 D 在优化免疫细胞功能方面也发挥着重要作用（Adams and Hewison，2008）。细胞内特异的 1,25-(OH)$_2$-D$_3$ 受体可以激活 T 细胞及激活巨噬细胞合成 1,25-(OH)$_2$-D$_3$，1,25-(OH)$_2$-D$_3$ 促使单核细胞向有吞噬作用的巨噬细胞转化，然后通过辅助 T 淋巴细胞增强 IFN-γ 的合成，IFN-γ 又刺激巨噬细胞产生 1,25-(OH)$_2$-D$_3$ 羟化酶，生成 1,25-(OH)$_2$-D$_3$ 的正反馈效应（杨月亮等，2003）。在单核/巨噬细胞系统中 1,25-(OH)$_2$-D$_3$ 还可以加强单核/巨噬细胞的免疫功能，并能促进单核/巨噬细胞或调节被激活的 T 细胞产 IL-1、IL-2、IL-3、IL-6 和肿瘤坏死因子（TNF-α、TNF-γ）。1,25-(OH)$_2$-D$_3$ 可抑制 CD4$^+$细胞（辅助性 T 淋巴细胞）辅助 B 淋巴细胞合成免疫球蛋白，但对 CD8$^+$细胞（抑制性淋巴细胞）却可增加其抑制活性；1,25-(OH)$_2$-D$_3$ 可直接抑制 B 淋巴细胞分泌免疫球蛋白，并通过减少 CD4$^+$细胞而间接抑制其诱导的免疫球蛋白的生成（乔丽津，2004）。

此外，维生素 D 还可提高奶牛免疫力，是奶牛预防健康的重要微量营养素。免疫细胞内的维生素 D 可增强奶牛的先天性免疫，减少适应性免疫导致的炎症反应（Nelson et al.，2012）。维生素 D 可提高奶牛对慢性炎症疾病的抵抗力，降低繁殖障碍疾病的发生率（Téllez-Pérez et al.，2012；Girard et al.，2015）。受感染的乳腺注射维生素 D 可以增强乳腺的免疫功能，减少乳房炎引起的细菌定植，降低体细胞数（Lippolis et al.，2011）。低浓度的 25-(OH)-D 导致 1,25-(OH)$_2$-D 浓度下降，进而影响免疫细胞对病原体的反应（Nelson et al.，2010；Merriman et al.，2015）。

另外，维生素 D 通过刺激免疫应答细胞产生模式识别受体、抗菌肽和细胞因子来增强先天性免疫（Dimitrov and White，2017），并改善围产期奶牛的代谢和繁殖状况（Omur et al.，2016）。围产期后期奶牛血液 25-(OH)-D 下降（与干奶期相比）可能会增加奶牛的氧化应激及疾病发生的风险（Holcombe et al.，2018）。

4. 维生素 D 对氧化应激的影响

氧化应激是一种活性氧代谢物和抗氧化剂产生的不平衡，主要发生在奶牛围产期，抗氧化剂消耗，机体试图平衡奶牛的促氧化状态（Sordillo et al.，2007）。奶牛分娩是一个炎症高发的阶段（Bradford et al.，2015）。维生素 D 还可通过增加亚临床乳房炎水牛的总氧化能力，降低氧化应激（Dimri et al.，2013）。

5. 其他影响

维生素 D 除了免疫和生长方面的作用外，青春期前缺乏维生素 D 会对小鼠繁殖性能产生负面影响（Dicken et al.，2012）。饲粮中添加维生素 D_3 和 25-(OH)-D_3 可显著提高奶牛钙、磷表观消化率和沉积量，显著提高乳蛋白、乳钙和乳锌含量，显著降低乳体细胞数，改善乳品质，从而提高奶牛生产性能（卢娜等，2018）。

（四）过量维生素 D 的危害

饲粮中的部分维生素 D 在瘤胃中可被微生物降解成无活性的代谢物（Gardner et al.，1988）。动物补饲过量维生素 D 可出现中毒症状，临床上表现为厌食、呕吐、神情漠然，先多尿而后无尿及肾衰竭，并伴有心血管系统的异常。

大剂量供给维生素 D 时，维生素 D 代谢产物 25-(OH)$_2$-D_3 增加并在肝中大量合成，大量的 25-(OH)$_2$-D_3 与肠和肾中的 1,25-(OH)$_2$-D_3 受体反应，引起肠道中钙的大量吸收与骨钙的大量动员，血清钙浓度显著升高，高血钙使许多软组织如肾、心脏、关节、肺和大动脉等组织普遍沉着钙盐；成骨细胞萎缩、骨组织受损。当肾小管结石时，可引起继发性水肿，动物常因尿毒症而死亡。日粮中钙磷供给量高时，中毒症状加剧。

（五）需要量与建议

在低纬度地区，处于日照下的动物可能不需要从日粮中补充维生素 D。补充维生素 D_2 是必要的，因为牧草中维生素 D_2 含量不一致，维生素 D_2 在维持血清 25-(OH)方面的效力和有效性低于维生素 D_3（Horst et al.，1994）。紫外线照射产生的维生素 D_2 受季节和饲养模式的影响（Hymøller and Jensen，2012）。现代集约化养殖模式下，奶牛养殖以舍饲为主，限制了内源性维生素 D_3 的产生，奶牛维生素 D 主要来源于日粮。

目前尚无确切的反刍动物维生素 D 建议供给量。但一些学者根据试验结果给出了建议。Lacasse 等（2014）建议采食青贮基础日粮的舍饲干奶牛每日补饲 10 000IU 维生素 D（按体重计算大约为 20IU/kg）即可满足其对维生素 D 的需要量。李新（2002）建议，奶牛泌乳期的维生素 D 饲喂量为 25 000～35 000IU/（头·d）。但大剂量维生素 D 对动物有害，维生素 D 过剩会导致机体新陈代谢下降和维生素 D 转化为活性维生素 D 的能力减弱。添加维生素 D 时需考虑维生素 D 与其他营养物质的协同颉颃。

2018 年 7 月 1 日起施行的饲料添加剂安全使用规范（中华人民共和国农业部公告第

2625 号）中规定，日粮中维生素 D_2 和 D_3 不允许同时添加，在奶牛和肉牛日粮中二者添加量上限规定均为 4000IU/kg，犊牛代乳料中为 10 000IU/kg。

（六）研究展望

现代集约化饲养模式下，奶牛养殖从放牧转为舍饲，日粮是奶牛维生素 D 的主要来源，但目前奶牛日粮中维生素 D 的添加量尚未确定。犊牛日粮维生素 D 的添加量也缺乏统一的标准。另外，血清 25-(OH)-D 与发病率（流行病学）和维生素 D 相关的免疫功能障碍之间的关系值得进一步研究。

三、维生素 E

Evans 等 1920 年在研究营养与生殖过程中发现酸败猪油可引起大鼠的胚胎死亡和吸收，1925 年将这种具有生育能力的因子命名为维生素 E，随后又从小麦胚油中分离出一种醇，因具有酚的性质，将其称为生育酚（tocopherol），1937 年先后从植物中分离出 α、β、γ 三种生育酚。1938 年 Fernholz 确定了维生素 E 的分子结构。同年，这种物质首次被人工合成。20 世纪 60 年代，研究人员又发现了一些类似于生育酚物质的化学结构，被称为生育三烯酚（tocotrienols），不过这些化合物的生物学活性有限。

至今从植物中分离出来 8 种具有维生素 E 活性的化合物，均具有 6-色酮环及一个侧链。在色酮环上的甲基团越多，生物学活性越高。维生素 E 中生物学活性最高的是 α-生育酚，也是饲料中最主要的有效形式。α-生育酚具有 8 种不同形式的立体异构体，其中全消旋 α-生育酚生物学活性最高（图 7-4）。

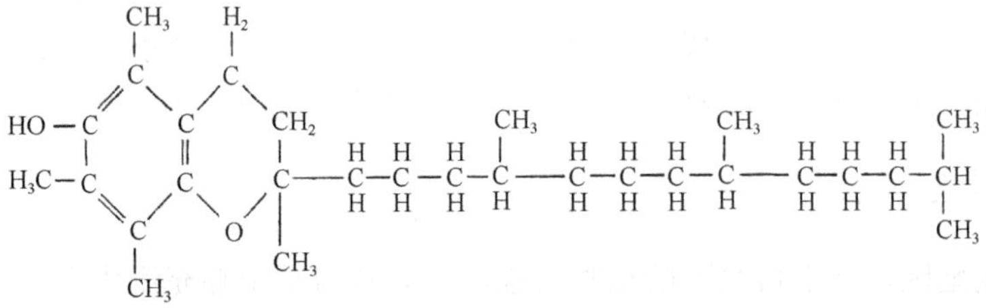

图 7-4　维生素 E（全消旋 α-生育酚）化学结构

维生素 E 的计量单位亦以国际单位（IU）表示，1IU 相当于 1mg 全消旋 α-生育酚乙酸酯，1.49IU 相当于 1mg 全消旋-α-生育酚，即

1mg 全消旋 α-生育酚乙酸酯=1IU 维生素 E

1mg 全消旋-α-生育酚=1.49IU 维生素 E

（一）来源

饲料原料中维生素 E 含量变异较大（变异系数约为 50%）。精料（除全脂大豆和棉籽外）中的维生素 E 含量普遍较低。常见牧草中维生素 E 含量在 80～200IU/kg DM。饲料中的维生素 E 活性会随着贮存时间的延长而降低，晒制和青贮、湿贮等处理方式会导致牧草中的 α-生育酚含量下降 20%～80%。

各种生育酚均可被氧化成为氧化生育酚、生育酚氢醌及生育酚醌。光照、加热、碱性环境及铁、铜等微量元素的存在会加速氧化过程。各种生育酚在酸性环境中较稳定，酯化形式通常比醇化形式更稳定，因此，奶牛日粮中维生素 E 的添加，一般均采用全消旋 α-生育酚乙酸酯。正常情况下，预混料中的全消旋 α-生育酚乙酸酯的生物学活性每月的损失低于 1%（Coelho，1991）。

（二）吸收与代谢

1. 瘤胃及肠道消化吸收

饲料中的维生素 E 进入瘤胃后，很少进行代谢（Weiss，1995）。维生素 E 进入肠管后，形成可弥散的胶粒微团，经过肠黏膜细胞的刷状缘进入黏膜细胞，在被吸收过程中需胆汁与胰液的作用，吸收后经淋巴系统转运。

2. 小肠代谢及影响因素

摄入的维生素 E 若为乙酸酯，则先在小肠内被水解成维生素 E 和有机酸，再按各自的吸收途径吸收。由于维生素 E 与脂类的消化吸收一起进行；因此，甘油三酯，特别是中链的甘油三酯有利于维生素 E 吸收；胆汁不足，日粮内脂肪含量低则不利于吸收；亚油酸对维生素 E 的吸收也有不利影响。

3. 维生素 E 的代谢、贮存与动员

维生素 E 在 β-脂蛋白运载下经淋巴系统转运进入血液。维生素 E 是以非酯化的形式存在于组织内，在动物体内并无明显的贮存库。体脂组织、肝及肌肉为维生素 E 的主要贮存部位。在细胞内，线粒体维生素 E 含量最高。维生素 E 供给不足时，机体首先动用血浆及肝中的维生素 E，其次为心肌和肌肉，最后为脂肪。

（三）功能与缺乏症

1. 清除氧化自由基

维生素 E 定位在细胞内，其色酮环定位在细胞膜的极性表面。含有多不饱和脂肪酸磷脂的细胞膜在氧化反应中释放出氧化自由基。细胞内自由基的产生，可以通过酶和非酶的作用。例如，嗜中性白细胞在吞噬病原体的过程中可以产生自由基；在酶产生前列腺素、前列环素及白三烯等类廿烷时，在细胞内产生自由基；在线粒体内电子转移被用作能量时，亦产生自由基。因此，自由基的产生是生物系统的正常过程。正常条件下，自由基包括羟基（OH⁻）、过氧化氢（H_2O_2）、氮氧自由基（NO⁻）、脂过氧自由基（LOO⁻）、脂氧自由基（LO⁻）和脂肪自由基（L⁻）等是机体内发挥细胞间信号和生长调节或抑制细菌和病毒的游离基团，是细胞实现其机能所必需。然而，一旦机体处于应激状态或发生疾病，过量产生的自由基与生物膜中的不饱和脂类产生反应，诱发脂质的过氧化，从而对生物系统产生严重损害（Padh，1991）。当细胞膜上磷脂中的不饱和脂肪酸与自由

基发生脂过氧化反应时，细胞膜的性质就会发生变化，功能受损，并有可能导致红细胞溶解，线粒体、溶酶体裂解。

2. 缓解脂类过氧化与细胞膜保护

脂类的过氧化反应是一种自由基的连锁反应。过氧化连锁反应的后果是使自由基不断增多，过氧化反应不断加快，最终使脂肪酸链断裂而破坏细胞膜结构。维生素 E 作为抗氧化剂，当膜受到攻击时，能捕捉自由基使其苯并吡喃环上酚基失去一个氢原子而形成生育酚自由基，然后与另一自由基进一步反应形成非自由基产物生育醌，从而防止了脂类链反应的连续进行，保护了细胞膜。

适量添加维生素 E 可以增强奶牛的免疫力和抗氧化能力（汪求真等，2005）。肌肉注射维生素和硒，可显著提高产犊当天奶牛血液中维生素 E 和生育酚的水平，产后 5 天谷胱甘肽过氧化物酶增加（Sobiech et al.，2015）。2mg/mL 硒+100mg/mL 维生素 E 可降低奶牛血清丙二醛水平（Rahayu et al.，2019）。同期发情前注射维生素 E 和硒对红细胞谷胱甘肽过氧化物酶、超氧化物歧化酶的活性及血浆黄体酮的水平有明显的改善作用（Yildiz et al.，2015）。补充维生素 E 和锌可以降低血浆中的碱性磷酸酶、丙氨酸氨基转移酶和天冬氨酸氨基转移酶含量，防止肝氧化损伤，改善肝的健康（Chandra et al.，2014）。

3. 增强机体免疫功能

维生素 E 通过清除免疫细胞代谢产生的过氧化物，保护细胞膜免受氧化损伤，维持细胞与细胞器的完整及正常功能，使其接受免疫后能产生正常免疫应答。肌肉注射和口服维生素 E，奶牛的生长、繁殖性能和免疫功能差异不显著，建议口服代替肌肉注射（Kafilzadeh et al.，2014）。

（1）增强机体免疫细胞功能。早在 20 世纪 70 年代，研究人员已发现维生素 E 与动物免疫之间存在某种联系。在给动物补饲大剂量的维生素 E 后，体内抗体水平提高，吞噬细胞的吞噬作用加强，一些与免疫应答有关的细胞因子水平上升。在奶牛和羔羊的日粮中添加维生素 E 可保护机体免受多种病原体侵袭，提高巨噬细胞对病原体的吞噬作用。维生素 E 参与体液免疫系统的发育，促进巨噬细胞增殖和 T 淋巴细胞增殖，并能促进 T 淋巴细胞和 B 淋巴细胞的协同作用。饲料中提供 1140IU/d 的维生素 E 可以提高机体体液中抗体浓度，表明维生素 E 可以提高体液免疫反应（Rivera et al.，2002）。维生素 E 可提高妊娠期奶牛的免疫力（Chandra et al.，2014）。

（2）降低 PG 的合成水平，降低免疫抑制。广泛存在于哺乳动物各种组织和体液中的前列腺素（PG），根据含氧基团的不同分为 PGA、PGB、PGE 等，以及免疫系统各种细胞代谢产生的 PG 有免疫抑制作用。PG（特别是 PGE_2）能抑制 B 细胞产生抗体而抑制体液免疫；抑制 T 细胞增殖转化和产生多种免疫细胞因子而抑制细胞免疫，并抑制巨噬细胞的吞噬能力。PG 是不饱和脂肪酸花生四烯酸酶解的衍生物。脂肪在磷脂酶 A_2 作用下分解产生花生四烯酸，由于维生素 E 能有效抑制磷脂酶 A_2 的活性，从而降低 PG 的合成水平。花生四烯酸合成 PG 需环化加氧酶（cyclooxygenase）的参与，维生素 E

可能通过与酶、氢过氧化物一起作用于环化加氧酶改变前列腺素 E_2 的合成速度而达到调节免疫水平的作用。

（3）降低肾上腺皮质激素浓度，调节免疫。在动物处于应激状态时，肾上腺皮质激素释放量增加，而肾上腺皮质激素为免疫抑制剂，能使成熟及分化的淋巴器官中环腺苷酸的含量提高，从而降低淋巴细胞的免疫功能。维生素 E 通过降低肾上腺皮质激素浓度，调节免疫。维生素 E 通过减少前列腺素 E_2 和防止花生四烯酸过氧化来保持免疫细胞的完整性，提高免疫反应。犊牛缺乏维生素 E 一般在 4 月龄后才出现症状。通常有两种病型，心型呈急性过程，因心肌变性坏死，犊牛在活动时多突发心力衰竭而死亡；肌型多呈慢性过程，处于亚临床骨骼肌障碍时，血清中谷草转氨酶、谷丙转氨酶和乳酸脱氢酶浓度增高，腿部肌肉衰弱，严重时因骨骼肌变性坏死而致后躯麻痹卧地不起。

4. 其他功能

维生素 E 作为动物维持正常生产所必需的一种营养素，在动物的生长、生产中有很重要的作用。Swecker 等（2008）发现给断奶肉犊牛分别注射维生素 E，可显著改善犊牛的生长性能。因此，成年维生素 E 缺乏主要表现为繁殖障碍，生产性能下降及抗病力差。幼龄反刍动物对维生素 E 缺乏较为敏感，以营养性肌肉变性为其特征，称之为白肌病。

奶牛乳房炎率和胎衣不下发生率与营养状况关系密切，补充维生素 E 可降低奶牛乳房炎的发病率（Kheshtmasjedi and Omaran，2014；Chandra et al.，2015；Hoque et al.，2016）。维生素 E 还可提高奶牛的产奶性能（Chandra et al.，2015），维持牛奶的氧化稳定性和风味（Vagni et al.，2011）。日粮同时添加维生素 E 和油料可有效防止牛奶中乳脂的下降（Bell et al.，2006）。泌乳奶牛日粮中补充维生素 E 可使牛奶风味的稳定性增强并可控制牛奶的氧化气味（Stone，2004）。

（四）过量维生素 E 的危害

过量摄入维生素 E 会引起氧化应激，出现炎症反应（Deoliveira et al.，2012）。绵山羊日粮中添加维生素 E，发现其促进繁殖性能的作用并不随添加水平的增加而提高，高剂量维生素 E 繁殖性能反而下降（Zhu et al.，2009）。Bjelakovic（2007）利用 Meta 分析发现，人每天摄取维生素 E 超过 400IU 会增加死亡风险。

（五）需要量与建议

NRC（2001）基于大量维生素 E 影响乳房炎和繁殖障碍的资料及考虑到奶牛的健康和免疫功能，大幅提高了维生素 E 的建议量，建议采食贮存牧草的泌乳奶牛，日粮中维生素 E 的添加量为 0.8IU/kg BW（约 20IU/kg DMI）；为维持围产期奶牛血浆中 α-生育酚的正常值（约 3μg/mL）及使新生犊牛从初乳中获取维生素 E，在妊娠最后 60 天采食贮存牧草的干奶期奶牛和青年母牛大约需要补充 1.6IU/kg BW（约 80IU/kg DMI）的维生素 E。

犊牛维生素 E 需要量从过去的 40IU/kg DM 增加到 50IU/kg DM（NRC，2001），主要考虑到犊牛处于应激状态。如必需脂肪酸含量与亚油酸之比为 1.5～2.5IU 维生素 E/g 亚油酸，犊牛每日从代用乳中获得 10～15g 亚油酸，即每日必须摄入 15～38IU 维生素 E。据上述标准，为了给每日采食 600g 代用乳干物质的犊牛提供足量的维生素 E，代用乳中维生素 E 的量应为 25～63IU/kg DM。

2018 年 7 月 1 日起施行的饲料添加剂安全使用规范（中华人民共和国农业部公告第 2625 号）中建议奶牛日粮维生素 E 添加量为 15～60IU/kg DM。

（六）研究展望

维生素 E 的免疫功能主要与其抗氧化功能有关，但进入动物体内具有抗氧化性的微量营养素较多，各营养素之间的互作研究会更深入了解维生素 E 在提高机体免疫功能中的作用。

四、维生素 K

维生素 K 是一组具有抗出血作用含有 2-甲基-1,4 萘醌的化合物总称。Dam 发现雏鸡饲粮中缺乏某种抗出血因子，并于 1935 年提出雏鸡饲料的抗出血因子是一种新的维生素，命名为维生素 K（图 7-5）。

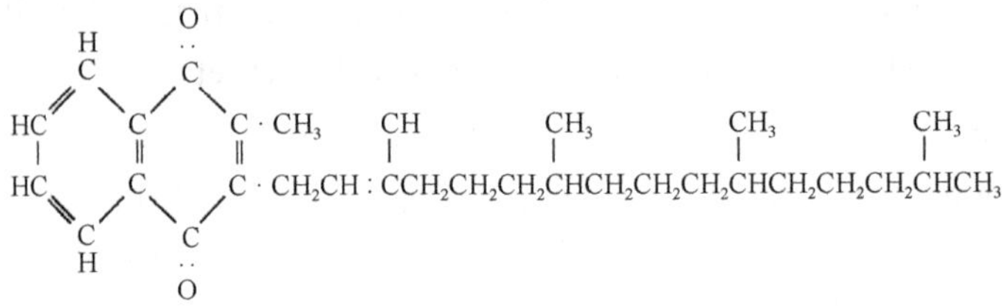

图 7-5　维生素 K 的结构

（一）来源

维生素 K 有 4 种形式，分别是维生素 K_1、维生素 K_2、维生素 K_3 和维生素 K_4。维生素 K_1（叶绿醌）和 K_2（甲基萘醌）在自然界广泛存在，大多数蔬菜中都含有维生素 K_1；维生素 K_2 主要由动物肠道微生物合成。维生素 K_3（甲萘醌）和维生素 K_4 的化学结构在自然界中不存在，主要来自工业合成，其中维生素 K_3 活性最高，其抗出血能力最强，工业生产的维生素 K_3 主要用于生产饲料添加剂。

（二）吸收与代谢

在胆汁和胰液存在的条件下，肠道中形成的乳糜微粒与叶绿醌和甲基萘醌结合后进入淋巴系统，淋巴系统是维生素 K 在肠道中吸收的主要运输系统。影响脂肪吸收障碍的因素均能影响维生素 K 的吸收，不同形式的维生素 K 以不同的方式被吸收，叶绿醌需依靠一个耗能过程在小肠起始部位被主动吸收，而甲基萘醌则是被动吸收。

动物组织中的维生素 K 形式为甲基萘醌，表明在代谢过程中甲基萘醌是维生素 K 的活性形式。

维生素 K 的主要存贮部位是肝、皮肤和肌肉。维生素 K 氧化和缩短碳链后的衍生物可形成 γ-内酯，并以葡萄糖苷酸的形式排出。

（三）功能与缺乏症

1. 凝血作用

维生素 K 是维持动物凝血所必需的，凝血酶原（因子 II）和血浆凝血因子 VII、IX、X 的合成都依赖维生素 K。其他依赖于维生素 K 的凝血因子是蛋白质 C 和蛋白质 S，蛋白质 C 和蛋白质 S 都是抗凝血剂（Divers and Peek，2008）。皮肤和组织损伤时可释放促凝血酶原激酶，在 Ca^{2+} 及各种因子的作用下，血液中的凝血酶原变成凝血酶，凝血酶能促进可溶性纤维蛋白向不溶性纤维蛋白转化，凝固血液。研究维生素 K 的凝血机制时发现，凝血因子中含有 γ-羧基谷氨的残基。非活性的维生素 K 前体蛋白转变成其活性形式，需羧化谷氨酸残基，凝血因子参与特异性蛋白-Ca^{2+}-磷脂的互作反应，凝血因子发挥生物学作用。

2. 参与骨代谢

骨组织中含有 3 种维生素 K 依赖性蛋白，分别为骨钙素、基质 γ-羧基谷氨酸蛋白（matrix Gla protein，MGP）和骨膜蛋白。骨钙素是最典型的维生素 K 依赖性蛋白，由成骨细胞和一些其他细胞合成并分泌于骨基质中，是骨组织中的一种特异性非胶原蛋白。MGP 在翻译后的羧化反应中获得最佳的生物活性（Krueger et al.，2009）。富含 Gla 蛋白和骨膜蛋白是另外两种维生素 K 依赖性蛋白，旨在调节骨细胞外基质矿化（Booth et al.，2013）。

维生素 K 不仅作为辅因子参与骨钙素的羧化，而且影响成骨细胞的增殖和分化。体外研究结果表明，维生素 K（特别是维生素 K_2）通过诱导成骨细胞的增殖、减少成骨细胞凋亡、增加成骨基因的表达来提高成骨细胞的功能，并抑制破骨细胞的形成，增强碱性磷酸酶的活性和骨钙素的水平（Poon et al.，2015）。

3. 维生素 K 的其他作用

维生素 K 不仅促进凝血、参与骨代谢，在调节线粒体功能和提高动物繁殖性能方面也具有重要作用。维生素 K_2 作为电子载体，可恢复线粒体功能（Vos et al.，2012）。维生素 K_2 在线粒体电子传递链中担任电子载体，增加利用氧和产生 ATP 的效率（Baldoceda- Baldeon et al.，2014）。维生素 K_2 可以修复线粒体的功能障碍，提高胚胎存活率（Plourde et al.，2012）。受精后 72h 向培养基中添加维生素 K_2，可显著提高进入囊胚期的胚胎（牛）比例（Baldoceda-Baldeon et al.，2014）。

反刍动物维生素 K 缺乏症极少发生，仅有报道采食霉变草木樨及三叶草时出现维生素 K 缺乏症（NRC，1989）。

（四）过量维生素 K 的危害

高剂量摄取天然维生素 K 时，动物并无毒性反应，瘤胃合成的甲萘醌有一定毒性。实验动物甲萘醌的安全上限为其需要量的 1000 倍（NRC，1987）。

（五）需要量与建议

由于维生素 K 来源广泛，且功能研究缺乏，反刍动物的耐受性很强，NRC 对奶牛的维生素 K 需要量的推荐量并不明确。2018 年 7 月 1 日起施行的饲料添加剂安全使用规范（中华人民共和国农业部公告第 2625 号）中仅对甲萘醌在猪和鸡配合饲料中的添加上限做了限定，分别为 10mg/kg 和 5mg/kg。对奶牛等反刍动物维生素 K 的不同形式添加量和上限均未做规定。

（六）研究展望

目前，维生素 K 的作用效果与机制研究多集中在动物病理模型及人的临床治疗上，以奶牛和其他畜禽为对象的研究较少，因此需要进一步研究维生素 K 在不同品种和不同生理阶段的反刍动物日粮中的添加水平及其作用机制，为维生素 K 在反刍动物生产上的应用奠定理论基础。另外，预混料或配合饲料中，水分、胆碱、微量元素及碱性条件等会影响脂溶性维生素的稳定性，降低其生物学效价，微囊包被、超微粉等提高维生素应用效果的方式也日益受到关注。

第二节　水溶性维生素

水溶性维生素包括许多不同种类的化合物，如维生素 B 族、维生素 C 和胆碱，很多水溶性维生素或作为辅酶，或作为辅酶的构成物参与机体内的重要代谢。反刍动物瘤胃微生物能合成大部分水溶性维生素[维生素 B_1（硫胺素）、维生素 B_2（核黄素）、维生素 B_6（吡哆醇）、维生素 B_3（烟酸）、维生素 B_9（叶酸）、维生素 B_5（泛酸）、维生素 B_7（生物素）、胆碱和维生素 B_{12}]，并能在体组织中合成维生素 C。在常用饲料中，大多数水溶性维生素含量均较高，正常健康的反刍动物极少会发生水溶性维生素缺乏症。至今成年反刍动物对大部分水溶性维生素的瘤胃合成、生物利用率及需要量的研究很少。在高产、应激等特殊情况下，有可能瘤胃微生物不能合成足够的维生素 B，瘤胃机能尚未发育好的犊牛、羔羊采食人工合成饲粮时易发生维生素 B 族缺乏症。由于生产中不常添加水溶性维生素添加剂，所以没有高剂量添加导致中毒的研究报道。本节主要从来源、代谢、功能和建议添加水平等角度阐述各类水溶性维生素营养情况。

一、维生素 B 族

B 族维生素有 15 种以上，分别是维生素 B_1（硫胺素）、维生素 B_2（核黄素）、维生素 B_3（烟酸）、维生素 B_4（腺嘌呤）、维生素 B_5（泛酸）、维生素 B_6（吡哆醇）、维生素 B_7（生物素，维生素 Bw）、维生素 B_8（腺嘌呤核苷酸）、维生素 B_9（叶酸）、维生素 B_{10}

（对氨基苯甲酸）、维生素 B_{11}（水杨酸）、维生素 B_{12}（钴胺素）、维生素 B_{13}（乳清酸）、维生素 B_{14}（甜菜碱）和维生素 B_{15}（潘氨酸）、维生素 B_{16}（N,N-二甲基甘氨酸）、维生素 B_{17}（苦杏仁苷）、维生素 Bc（叶酸或维生素 M）、维生素 Bt（肉毒碱）、维生素 Bx（对氨基苯甲酸）、胆碱、维生素 Bh（肌醇、环己六醇）等。

（一）硫胺素

硫胺素（thiamin，维生素 B_1）是人类最早发现的一种维生素 B 族。1932 年维生素 B_1 在酵母中被分离提纯，随后即确定了硫胺素的化学结构并合成了硫胺素。硫胺素分子中含有嘧啶环和噻唑环，是一种嘧啶的衍生物。工业合成的盐酸硫胺素为无色结晶，易溶于水，在弱酸溶液中稳定，而在中性或碱性溶液中易氧化失去其生物活性，硫胺素的化学结构如图 7-6 所示。

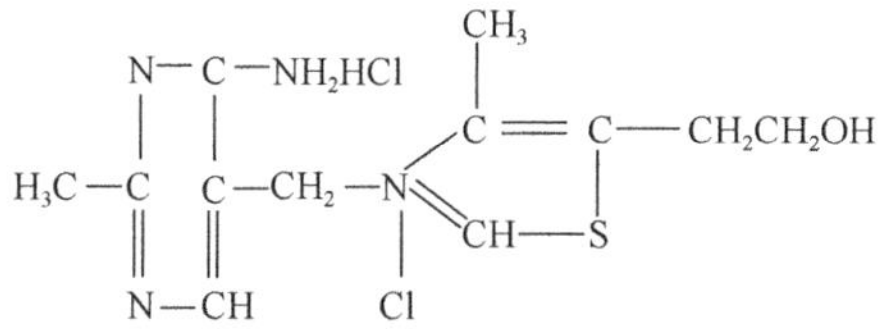

图 7-6 硫胺素的化学结构

1. 来源

反刍动物的硫胺素 90%是由瘤胃微生物合成的，只有一小部分来自饲料（Bubber et al.，2004）。谷物、谷物副产品、豆粕及啤酒酵母等饲料原料中富含硫胺素，多叶青绿饲料中硫胺素含量也较丰富。

2. 硫胺素在瘤胃内的合成与代谢

（1）瘤胃合成硫胺素。

（2）影响瘤胃合成硫胺素的因素。

硫胺素的合成受到多种因素的影响，如饲粮结构和碳水化合物水平、瘤胃内环境和代谢物等。

奶牛饲喂 60%粗饲料时，非纤维性碳水化合物（NFC）水平增加，瘤胃维生素 B_1 的合成量也增加；但当奶牛饲喂 35%粗饲料时，增加 NFC 水平，硫胺素的瘤胃表观合成量增加（Schwab et al.，2006）。Tafaj 等（2006）证明硫胺素与精料水平之间存在负的二次曲线关系，70%高精料日粮下，瘤胃硫胺素含量最高，60%和 50%精料组硫胺素含量较低，40%和 25%精料组硫胺素含量居中。Castagnino 等（2016）发现苜蓿青贮的切割长度与瘤胃硫胺素的浓度呈负相关，证明饲料类型影响瘤胃硫胺素的合成。

瘤胃液 pH 和代谢产物会对硫胺素合成产生影响。Tufaj 等（2004）研究表明，当 TMR 中硫胺素含量相同但粗饲料（牧草青贮）颗粒大小不同时，高产奶牛瘤胃硫胺素含量与 pH 呈负相关。Tafaj 等（2006）通过逐渐提高饲粮精料水平研究硫胺素含量与发酵类型之间的关系，发现瘤胃硫胺素含量与 pH 之间存在线性负相关的关系，瘤胃内硫胺素含量与短链脂肪酸浓度呈线性正相关关系，与其他短链脂肪酸相比，丙酸浓度与硫胺素含量的相关度更高（Tafaj et al.，2006）。

（3）硫胺素在体内代谢。

瘤胃壁对瘤胃微生物中的结合硫胺素或硫胺素不具有渗透性，但反刍动物可以通过主动转运机制从瘤胃中吸收游离硫胺素（McDowell，2012）。硫胺素的吸收是由转运蛋白-1（THTR1）和转运蛋白-2（THTR2）介导的，THTR1 和 THTR2 分别由 *SLC19A2* 和 *SLC19A3* 编码（Zhu et al.，2015）。硫胺素主要是在小肠内通过载体被机体吸收，吸收后在肝内经 ATP 作用后被磷酸化，单磷酸硫胺素（AMP）、焦磷酸硫胺素（TPP）、硫胺素三磷酸（TTP）是其主要存在形式，其中 80% 为 TPP，而游离的硫胺素含量很低。

硫胺素在体组织中贮存很少，大量摄入硫胺素后，硫胺素的排泄量增加。排泄的主要途径为粪和尿，少量亦可通过泌汗排出体外。

3. 功能与缺乏症

（1）硫胺素对奶牛生产性能的作用。

许多研究表明，奶牛对添加硫胺素有积极的反应，如增加牛奶和牛奶成分的产量（Shaver and Bal，2000；Kholif et al.，2009），缓解亚急性瘤胃酸中毒（Pan et al.，2016；Subramanya et al.，2010）。泌乳奶牛日粮添加 340mg/d 硫胺素，可提高产奶量、乳脂和乳蛋白产量（Kholif et al.，2009）。Shaver 和 Bal（2000）发现，高剂量的非纤维性碳水化合物日粮中添加硫胺素（300mg/d）可增加奶牛的奶产量和乳成分产量。绵羊日粮添加 40mg/d 硫胺素可显著提高血液中白蛋白、球蛋白和葡萄糖的浓度（Solouma et al.，2014）。

（2）硫胺素对奶牛代谢的作用。

硫胺素作为酶的辅因子，包括转酮醇酶、α-酮戊二酸脱氢酶、丙酮酸脱氢酶，和支链 α-酮酸脱氢酶，硫胺素在碳水化合物代谢中起着至关重要的作用（Subramanya et al.，2010）。Falder 等（2010）发现，补充硫胺素会增加血清硫胺素浓度，而这种增加与血液中丙酮酸和乳酸水平的降低有关。

（3）对奶牛瘤胃微生物的作用。

高精料日粮中添加 180mg/kg（干物质）硫胺素可以提高奶牛瘤胃 pH，调节瘤胃微生物群落结构（Wang et al.，2015）。Pan 等（2017）在高精料日粮（33.2% 淀粉，干物质基础）中添加 180mg/kg（采食量）硫胺素增加了纤维素分解细菌的数量，包括 *Bacteroides*、*Ruminococcus* 1、*Pyramidobacter*、*Succinivibrio* 和 *Ruminobacter*，进而促进纤维分解、增加乙酸浓度，说明硫胺素通过改变瘤胃微生物区系从而改善瘤胃功能。

（4）其他作用。

硫胺素除了作为辅酶的作用外，还在神经元通信、免疫系统激活、细胞和组织的信号传递和维持过程中发挥着特殊的作用（Subramanya et al.，2010）。另外，硫胺素在调节氧化应激、兴奋毒性和炎症等方面也具有重要作用（Hazell and Butterworth，2009）。硫胺素通过降低瘤胃脂多糖的生成、下调瘤胃上皮细胞促炎因子基因和蛋白质的表达（TNF-α、IL-6、IL-1β）来缓解高精料日粮导致的炎症（Pan et al.，2017）。

（5）硫胺素缺乏症。

饲料中存在或瘤胃异常发酵过程中产生硫胺素酶，如采食含有硫胺素酶的蕨类植物和一些生鱼，饲喂硫酸盐含量很高的日粮或能引起瘤胃 pH 迅速下降的因素，如大量饲喂精料，引发急性或亚急性瘤胃酸中毒（Karapinar et al.，2010；Pan et al.，2016），均可能发生硫胺素缺乏症。最常见的硫胺素缺乏症为脑灰质软化（PEM），大脑两半球出现坏死性病理变化。症状包括厌食、共济失调、角弓反张、肌肉震颤（特别是头部）等神经症状及严重腹泻。该病多发生于犊牛、羔羊、青年绵羊及 2～7 月龄山羊，如不及时治疗，死亡率高。病畜发生 PEM 时，血液中乳酸和丙酮酸显著增加，转酮酶活性下降，并常据此作出诊断。

4. 过量硫胺素的危害

硫胺素是水溶性维生素，一般不易产生中毒症状，但是如果过多服用也可能引起一些不良反应。有报道称过量硫胺素能导致神经过敏、抽搐、头痛、乏力、震颤、神经肌肉麻痹、脉搏加快、周围血管扩张、心律失常、水肿、肝脂肪变性等。

5. 需要量与建议

瘤胃合成的硫胺素大约为 143mg/d，足以支撑体重 650kg 的奶牛生产 35kg 的 4%乳脂校正乳（21～47mg/d）（NRC，2001）。因此，目前国内尚无硫胺素的推荐量。NRC（2001）建议犊牛代乳粉中硫胺素的浓度为 6.5mg/kg DM，且犊牛在断奶后，日粮中不需要补充硫胺素。

6. 研究进展与展望

硫胺素在奶牛体内的重要功能包括参与机体代谢，调节瘤胃发酵，提高泌乳性能，但硫胺素在奶牛日粮中的建议添加量尚不明确。大多数硫胺素的研究仅限于对瘤胃发酵和产奶性能的影响，而在非反刍动物的研究中已经证实，硫胺素缺乏影响三羧酸循环中琥珀酸脱氢酶、琥珀酸硫激酶和苹果酸脱氢酶等不依赖硫胺素的酶的活性。因此，利用代谢组学等方法研究硫胺素缺乏对奶牛机体代谢影响，将增加人们对奶牛硫胺素功能的认识，同时为寻找更为敏感的硫胺素状生物标志物提供研究基础。

（二）核黄素

核黄素（riboflavin，维生素 B_2）于 1916 年由 McCollum 等提出，Kuhn 等在 1933 年首次从蛋清、乳清和酵母中分离出核黄素，因其结构中含有核糖且呈黄色，故得名核黄素。核黄素由一个异咯嗪环和核糖醇组成，为橙黄色晶体，不溶于有机溶剂，易溶于稀酸、强碱，对热稳定但在紫外线照射下可发生不可逆的分解。其化学结构如图 7-7 所示。

1. 来源

核黄素在饲料中分布极广，多叶青绿植物、牧草中富含核黄素，叶片中含量最丰富；酵母是核黄素最有效的天然饲料来源，干啤酵母中含量达 35mg/kg，苜蓿草粉中含 11～13mg/kg；常用饼粕类饲料中含 3～5mg/kg；禾谷类籽实及其副产品中含量很低，仅 1～2mg/kg。反刍动物核黄素主要来自瘤胃微生物的合成，饲料来源的核黄素在瘤胃中几乎全部被降解。

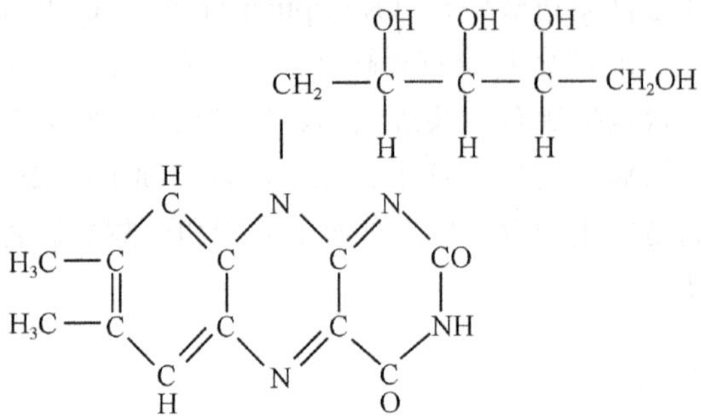

图 7-7 核黄素的分子结构

2. 瘤胃中核黄素的合成

瘤胃中核黄素主要来源于两个途径，一是饲料原料在瘤胃中经过微生物的降解和酶作用后释放；二是瘤胃微生物的合成。瘤胃中核黄素的合成受物种和日粮组成的影响（Shingfield et al.，2005；Poulsen et al.，2015b），且与瘤胃环境和微生物过程有关，这些微生物过程参与核黄素的合成、转运和分泌过程。牛奶中核黄素含量主要与遗传因素有关，SLC52A3 是一种核黄素转运体基因，在奶牛核黄素调控中起重要作用，娟姗牛奶中核黄素的含量高于荷斯坦奶牛（Poulsen et al.，2015b）。有机奶牛场的牛奶中核黄素的水平更高，这可能与饲料中牧草和豆类副产物中核黄素含量较高有关；且有机奶中核黄素的水平有很强的季节性，冬季核黄素含量高于夏季（Poulsen et al.，2015a）。饲喂玉米青贮饲料的奶牛奶中核黄素的浓度高于饲喂青贮牧草的奶牛（Havemose et al.，2004）和饲喂干草的奶牛（Santschi et al.，2005）。

3. 吸收与代谢

核黄素主要存在于瘤胃内容物中的细菌部分，在瘤胃液中含量很少（Santschi et al.，2005）。黄素腺嘌呤二核苷酸（flavin adenine dinucleotide，FAD）在 FAD 焦磷酸酶的作用下生成黄素单核苷酸（flavin mononucleotide，FMN），FMN 又在碱性磷酸酶（这两种酶均存在于肠黏膜刷状缘上皮细胞中）的作用下生成核黄素而被吸收。在肠道内，磷酸化的核黄素在肠道的特殊部位被主动（Na^+ 依赖型）吸收，高剂量时亦可能以被动形式吸收，胆盐能促进其吸收。

核黄素主要以辅酶（特别是 FAD）形式贮存于体内，肝是主要贮存器官，其次是肾和心脏。雌激素诱导的核黄素结合蛋白（RFBP）参与核黄素贮存，妊娠特异性 RFBP 能使核黄素易于穿过胎盘，以保证胎儿获得足够的核黄素。甲状腺皮质激素促进肝和肾中 FMP 的合成。此外甲状腺素能提高核黄素激酶的活性，促使 FMP 的合成增加。

核黄素主要从尿中排出，少量通过粪便和汗液排出。进入小肠的核黄素越多，在体内的周转越快。

4. 功能与缺乏症

（1）核黄素的氧化还原功能。

核黄素是 FMP 和 FAD 的辅酶，在机体的许多代谢途径和氧化还原反应中起关键作用（Powers，2003）。FAD 和 FMP 与酶蛋白一起形成黄素蛋白，参与氧化还原反应，氧化基质，产生能量（ATP）。缺乏核黄素的动物肝线粒体中氧化脂肪酸的酰基 CoA 脱氢酶的活性显著下降，脂肪酸氧化受阻，大量二羧有机酸从尿中排出。脱氢酶活性下降，也使肝和血浆中的亚油酸等不饱和脂肪酸浓度明显下降。核黄素的缺乏，使 FAD 依赖酶——谷胱甘肽还原酶活性降低，减少还原型谷胱甘肽的形成，使细胞膜脂质过氧化。红细胞中的谷胱甘肽还原酶的活性亦可因核黄素的缺乏而下降，从而使红细胞生活周期缩短。

（2）参与机体辅酶形成。

黄素酶对多种维生素形成辅酶十分重要。例如，生物合成烟酸的辅酶（从色氨酸转变）这一过程需要依赖 FAD 的犬尿酸羟化酶；催化从 5′-磷酸基的吡哆醇成为吡哆醛 5′-磷酸辅酶，必须有 FMN 作用的氧化酶；催化维生素 C 生物合成的最后反应需辅基为 FAD 的古洛糖酸氧化酶；类似的还有叶酸与维生素 B_{12} 的代谢亦需 FAD 的作用。故核黄素是机体代谢不可缺的维生素。围产期静脉注射维生素 B_2 可提高奶牛的繁殖性能，外周血中性粒细胞数量、吞噬率和吞噬能力增加，表明围产期静脉注射维生素 B_2 还可以提高奶牛的免疫力（Zaabel，2003）。

幼龄草食动物有可能发生核黄素缺乏，表现症状为口腔黏膜充血、口角发炎、流涎、流泪及厌食、腹泻、生长不良等非特异症状。

5. 需要量与建议

奶牛可以通过瘤胃微生物合成核黄素，故奶牛日粮中很少添加核黄素。瘤胃合成的核黄素量为饲料中摄入量的 148%，小肠表观吸收率平均为 23%（Miller et al.，1986）。犊牛代乳粉中核黄素的建议添加量为 6.5mg/kg DM（NRC，2001）。

6. 研究进展

核黄素有多种生物学功能，且反刍动物瘤胃中核黄素的合成受多种因素的影响。核黄素在单胃动物和小鼠上的营养研究发现核黄素影响激素分泌，增强机体免疫力，缓解应激，防止细胞脂质过氧化和改善胴体品质，影响微粒体中 Δ9-脱氢酶活性和线粒体脂酰 CoA 脱氢酶活性，影响肝和血浆中亚油酸等不饱和脂肪酸（如亚油酸、亚麻油酸和花生四烯酸）浓度，而反刍动物上却鲜见报道。因此，未来需要开展核黄素对反刍动物营养物质（蛋白质、糖类、脂肪）代谢、动物产品（牛奶、肉）品质、血液生化、免疫力、缓解应激、重要酶活性（Δ-9 脱氢酶）影响的研究，有助于健全人们对反刍动物核黄素功能的认识，同时给出适宜的添加量。

（三）烟酸

烟酸（niacin）也称为维生素 B_3 或维生素 PP，是一类有烟酸生物学活性的吡啶 3-羧酸衍生物的总称。烟酸在植物中以烟酸的形式存在，在动物中以烟酰胺的形式存在。这两种生理活性形式都是吡啶衍生物。在动物体内，烟酸易于转变为具有生物活性的烟酰胺。烟酸和烟酰胺活性相当，但在泌乳奶牛中，后者的活性略高。烟酸结构简单，性质稳定，不易被光、空气、热及酸碱破坏。其化学结构如图 7-8 所示。

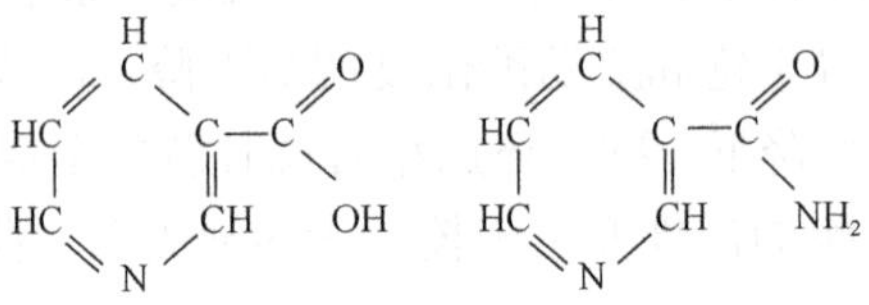

烟酸　　　　　　　烟酰胺

图 7-8　烟酸和烟酰胺分子结构

1. 来源

反刍动物烟酸的来源主要有 3 种：饲料、色氨酸转化为烟酸和瘤胃合成烟酸。烟酸广泛存在于植物性饲料和动物源性饲料中。随着动物性饲料原料在反刍动物生产中禁用，酒糟、酵母、各种蒸馏和发酵溶液及某些油籽粕都是烟酸很好的来源。

2. 吸收与代谢

烟酸的转运主要与红细胞有关。烟酸由血液进入肾、肝和脂肪组织。被吸收的烟酸在肠黏膜内通过 NAD 途径转化为烟酰胺，烟酰胺被组织吸收并与辅酶结合。肝中烟酸浓度最高，但贮存量并不大。烟酸及其代谢产物的主要由尿液排出。

3. 功能与缺乏症

烟酸是辅酶烟酰胺腺嘌呤二核苷酸（NAD^+ 和 NADH）和烟酰胺腺嘌呤二核苷酸磷酸（$NADP^+$ 和 NADPH）的前体，在调节能量代谢、维持细胞氧化还原状态、调节免疫功能、细胞衰老和细胞死亡中具有重要作用（Fox et al.，2005）。由于未过瘤胃保护的烟酸在瘤胃内的降解率较高可达 98.5%（Santschi et al.，2005），近年来，学者们围绕瘤胃保护的烟酸和烟酰胺对反刍动物的影响进行了很多研究。

（1）对代谢的作用。

烟酸在奶牛的脂质代谢中起重要调节作用。烟酸是一种强效的抗脂解剂（Carlson，2005），在能量负平衡条件下可降低非酯化脂肪酸浓度（Pires and Grummer，2007）。Sorenson 等（2001）研究表明，奶牛饲喂添加烟酸的日粮，在分娩后 1～4 周内血糖、血清中游离脂肪酸增加，血清酮体（尤其在分娩后 3～5 周）显著降低，体内能量物质的供应增加，抑制脂肪的分解，并缓解了泌乳早期的能量应激。体外试验结果表明，烟酸通过 GPR109A 受体介导通路抑制牛脂肪组织中脂类分解（Kenez et al.，2014），围产期奶牛日粮添加 12g/（头·d）过瘤胃烟酸可抑制脂肪分解，改善产后能量平衡状态（Yuan et al.，2012）。烟酸可降低奶牛脂肪动员，诱导氨基酸转化为葡萄糖，降低血液中 β-羟基丁酸和 NEFA 水平（Yuan et al.，2012；Pescara et al.，2010）。日粮中添加 1000mg/kg 烟酸可上调葡萄糖-6-磷酸脱氢酶和异柠檬酸脱氢酶活性，增加血清高密度脂蛋白胆固醇水平，降低胴体脂肪含量和血清甘油三酯、总胆固醇、NEFA、糖基化血清蛋白、总蛋白等血清代谢物水平（Yang et al.，2016）。

（2）抗热应激。

烟酸可缓解奶牛热应激。过瘤胃保护烟酸可降低重度热应激的奶牛阴道温度和体温，增加奶牛散热（Zimbelman et al.，2010；Wrinkle et al.，2012；Zimbelman et al.，2013）。泌乳中期的经产荷斯坦牛饲喂高精料（60%）饲料+12g/d 过瘤胃烟酸，可以提高产奶量和呼吸速率，但不影响皮肤和直肠温度（Lohölter et al.，2013）。较高的温度和 THI 环境下，饲喂过瘤胃烟酸[15g/（头·d）]的奶牛的产奶量更高，阴道温度更低（Pineda et al.，2016）。

但也有一些试验得出相反的结果，无论是热中性应激还是重度热应激，过瘤胃烟酸对奶牛产奶量和皮肤温度都无显著影响（Rungruang et al.，2014）。产生这些结果的原因与饲养管理、烟酸的添加量等因素有关。

（3）对瘤胃发酵和瘤胃微生物的作用。

体外研究观察到添加烟酸后瘤胃氨态氮（NH_3-N）浓度下降（Samanta et al.，2000b；Kumar and Dass，2005），乙酸、丙酸、丁酸（王菊花等，2008）、瘤胃总挥发性脂肪酸（TVFA）浓度增加（Kumar and Dass，2005）。烟酸显著增加丙酸的物质的量百分比（Samanta et al.，2000a）。奶牛日粮中添加 6g 烟酸增加了瘤胃氨氮浓度，降低了 TVFA 总浓度，部分 TVFA 的物质的量比也受到影响（Niehoff et al.，2013）。

烟酸不仅影响瘤胃发酵，对瘤胃微生物也有作用。烟酸可刺激瘤胃微生物的生长，提高原虫（许朝芳和杨再云，2002）、瘤胃内纤毛虫和细菌（Samanta et al.，2000a）数量。高精料日粮中添加烟酸进一步降低了奶牛瘤胃细菌的丰度和多样性，显著降低了厚壁菌门的相对丰度（高雨飞，2016）。

（4）其他作用。

烟酸除了具有上述作用外，还有抗氧化和抗炎作用。烟酸在降低氧化应激和代谢性疾病中具有重要作用（Junqueira-Franco et al.，2006）。烟酸可作为细胞保护剂，抑制炎症细胞活化，有免疫调节作用（Yu and Zhao，2007；Maiese et al.，2009）。烟酸能降低活性氧自由基、缓解血液白细胞氧化应激（Choi et al.，2015；la Paz et al.，2017）。低浓度的烟酸[6g/（头·d）]对生产性能和繁殖性能有积极作用，可提高水牛的繁殖性能，缩短产犊到发情的时间间隔、加速子宫恢复（El-Barody et al.，2001）。

4. 缺乏和过量烟酸的危害

瘤胃发育不全的犊牛，饲喂不含烟酸或低色氨酸的日粮会导致烟酸缺乏症，如突然厌食、严重腹泻、共济失调和脱水，甚至突然死亡。每升牛奶中补充 2.5mg 烟酸，每天 2 次，可预防犊牛烟酸缺乏症。因此，犊牛对烟酸的需要量为 10～15mg/d。

烟酸的安全性较高，其毒性作用只发生在远远超过需要的水平。日粮烟酸和烟酰胺的浓度超过 350mg/kg 体重时才产生毒性。反刍动物对烟酸和烟酰胺的耐受性尚未确定。

5. 需要量与建议

到目前为止，还没有关于奶牛日粮中烟酸添加量的建议，但 NRC（2001）推荐代乳料中烟酸的含量不低于 10mg/kg DM。

6. 研究进展与展望

近年来，已证实烟酸具有调控奶牛代谢、缓解热应激和氧化应激，提高奶牛免疫力等多种生理功能。烟酸的过瘤胃保护技术也日趋成熟，大部分研究都使用过瘤胃保护烟酸。由于烟酸涉及的代谢较多，烟酸的添加剂量、添加方式、添加时期等对奶牛的代谢影响不尽相同，且机理尚不明确，仍需进一步研究。此外，确定奶牛日粮烟酸的适宜添加量还需开展大量研究。

（四）泛酸

1930 年由 Norris 等首次报道了鸡的泛酸缺乏症。1933 年已发现泛酸（pantothenic acid）是酵母生长所需的因子，并可治愈鸡的皮炎。随后测定了这种维生素的许多性质。由于这种维生素在自然界分布广泛，故取名为泛酸。

泛酸是由 α,γ-二羟-β,β-二甲基丁酸与 β-丙氨酸用肽链连接而成的一种化合物。在中性溶液中对温热、氧化及还原均较稳定，但酸、碱和干热可使其分解为 β-丙氨酸和其他氧化物。

商业上作为饲料添加剂均使用泛酸钙。化学合成法生产的有 d-泛酸钙和 d1-泛酸钙两种类型。泛酸钙在碱性溶液中不稳定，高温、酸及金属盐类亦可使其效价降低。泛酸化学结构如图 7-9 所示。

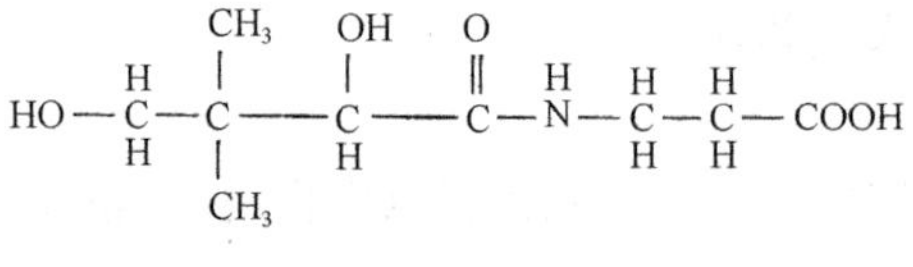

图 7-9　泛酸化学结构

1. 来源

反刍动物泛酸的来源有两种，一种是来源于饲料，另一种是瘤胃合成。泛酸广泛分布于各种动植物性饲料中。绿色植物、酵母、糠麸、苜蓿干草等饲料中含量丰富，禾谷类籽实料中含量略少。例如，糠麸中的泛酸含量在 25～33mg/kg DM，豆粕中含 18.2mg/kg DM，而玉米籽实中仅含 6.6mg/kg DM。

成年反刍动物瘤胃中可合成大量泛酸，瘤胃微生物合成的泛酸量比动物从饲料中获得的泛酸量高 20～30 倍。肉用犊牛每采食 1kg 可消化有机物泛酸的微生物净合成量为 2.2mg，饲料中约 78% 的泛酸在瘤胃中被降解。

2. 代谢

通常游离型的泛酸在肠道中以被动扩散形式吸收，在体组织中泛酸被转化成辅酶 A 及其他化合物。动物摄入过量泛酸后能迅速从尿中排出。泛酸主要以辅酶 A 的形式贮存于红细胞中，而血清中仅有游离泛酸。

3. 功能与缺乏症

泛酸可与乙酰辅酶 A 和酰基载体蛋白质结合，对机体代谢十分重要（Ball，2006）。辅酶 A 的合成涉及以下过程：泛酸→4′-磷酸泛酸→4′-磷酸泛酰半胱氨酸→4′-磷酸泛酰巯基乙胺→二磷酸辅酶 A→辅酶 A。辅酶 A 是脂肪氧化、氨基酸分解、乙酰胆碱合成等代谢中几个关键反应所必需的。在肝内乙酰辅酶 A 可形成 β-羟基-β-甲基谷酰辅酶 A，它是胆固醇及其他固醇的前体。泛酸也可刺激抗体合成，提高动物对病原体的抗病力。泛酸缺乏时，抗体浓度下降。

4. 过量泛酸的毒性

泛酸缺乏的犊牛会出现厌食、生长缓慢、皮毛粗糙、皮炎及腹泻等临床症状。最典型的症状是眼和口鼻四周有鳞状皮炎。

5. 需要量与建议

成年反刍动物日粮中不需要补充泛酸，瘤胃微生物所合成的泛酸能充分满足代谢所需。犊牛代乳料中泛酸的建议浓度为 13.0mg/kg DM。

6. 研究进展与展望

泛酸具有重要的生理功能，如参与机体的代谢、提高免疫力等，但泛酸对奶牛瘤胃发酵的影响、瘤胃泛酸合成机制、瘤胃微生物区系与泛酸合成之间的关系、泛酸在乳腺中的转运机制及十二指肠、血液和奶中泛酸的浓度尚不清楚，需要进一步研究。研究结果对于发现反刍动物泛酸的生理功能及确定泛酸的适宜添加量十分重要。

（五）叶酸

1941 年从菠菜、酵母及肝中被分离出，并命名为叶酸（folacin，folic acid）。叶酸（蝶酰谷氨酸）由蝶啶环、对氨基苯甲酸和谷氨酸三部分组成。叶酸的相应化合物包括四氢叶酸、5-甲酰四氢叶酸、10-甲酰四氢叶酸和 5-甲基四氢叶酸。叶酸在中性和碱性溶液中对热稳定，但对光敏感，酸性溶液中不稳定，并能被氧化剂及还原剂破坏。叶酸的化学结构如图 7-10 所示。

1. 来源

叶酸广泛存在于植物绿叶中，绿色植物含叶酸丰富，豆类及一些动物性饲料亦是叶酸的良好来源。谷物中含叶酸较少。天然物质中大部分叶酸在其单个谷氨酸部分与两个

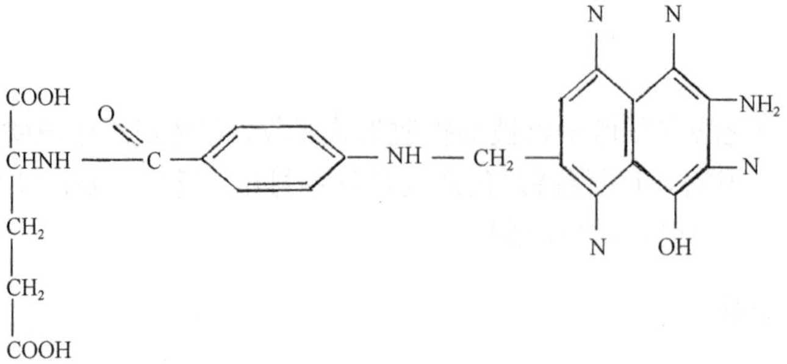

图 7-10 叶酸化学结构

以上谷氨酸基以 γ-谷氨酰键连接，以结合形式存在，游离叶酸数量有限。瘤胃机能完善的反刍动物可以合成动物所需的叶酸（图 7-10）。

2. 代谢

日粮中叶酸主要以聚谷氨酸衍生物形式存在，在小肠由谷氨酰水解酶催化水解成单甘脂形式，然后被小肠黏膜吸收。在血清中，叶酸主要以 5-甲基四氢叶酸的形式存在。叶酸吸收入血液后进入门静脉循环，大部分叶酸均被肝吸收，而后在肝以聚谷氨酸衍生物形式存储或释放到血液或胆汁中。

过量的叶酸可以通过粪、尿和汗液排出，反刍动物主要通过粪尿排出。血浆中的 5-甲基FH_4 被输送到肝以外的组织脱去甲基后返回肝，部分随胆汁排入肠道而被重吸收。因此，血浆正常叶酸水平的维持依赖于肝肠循环。

3. 功能与缺乏症

（1）对奶牛生产性能的作用。

叶酸可促进纤维分解菌的生长，改善瘤胃发酵，提高产奶性能。泌乳前期经产荷斯坦奶牛连续 100 天在日粮添加叶酸（0mg/d、35mg/d、70mg/d 和 105mg/d），发现产奶量，瘤胃总挥发性脂肪酸浓度、乙酸浓度，木聚糖酶、果胶酶和 α-淀粉酶活性，白色瘤胃球菌和产琥珀酸丝状杆菌数量显著增加，70mg/d 和 105mg/d 添加组羧甲基纤维素酶和纤维二糖酶活性及溶纤维丁酸弧菌和黄色瘤胃球菌数量显著增加（张平等，2019）。血浆中维生素 B_{12} 浓度较高的泌乳早期奶牛添加叶酸可提高产奶量和乳品质（Girard and Matte，2005）。过瘤胃叶酸（叶酸含量在 70～150mg）可提高泌乳早期奶牛产奶量和乳蛋白率（Li et al.，2016）。Preynat 等（2009）也发现，叶酸和维生素 B_{12} 联合可以提高产奶量。

（2）对奶牛繁殖性能的作用。

叶酸可以提高奶牛的繁殖性能，泌乳天数为 150 天时，随着过瘤胃叶酸浓度的线性增加（1g/d、2g/d、3g/d），奶牛的二次繁殖受孕率、总受孕率和怀孕率也呈线性增加（Li et al.，2016）。Juchem 等（2012）发现，在第一次用维生素 B 膳食补充剂喂养奶牛 42 天后，奶牛的受孕率有了显著提高。经产奶牛从分娩前 3 周开始至产后 8 周肌肉注射叶酸和维生素 B_{12}，配种后产犊时间提前了 3.8 天（Duplessis et al.，2014）。此外，叶酸可以增加排卵相关基因的表达，奶牛的卵泡生长更快，排卵提前（Gagnon，2012）。因此，叶酸缺乏会损害雌性哺乳动物的生育能力、卵泡发育和早期胚胎发育（Laanpere et al.，2010）。

（3）对瘤胃发酵和瘤胃细菌的作用。

添加过瘤胃叶酸通过增加细菌数量和微生物酶活性来改善瘤胃发酵和微生物蛋白质合成，瘤胃 TVFA 浓度、乙酸浓度、乙酸浓度与丙酸的比例、微生物酶（羧甲基纤维素酶、纤维二糖酶、木聚糖酶、果胶酶、α-淀粉酶和蛋白酶）活性、细菌数量（*Ruminococcus albus*、*Ruminococcus flavefaciens*、*Butyrivibrio fibrisolvens*、*Prevotella ruminicola*、*Fibrobacter succinogenes*、*Ruminobacter amylophilus*）增加，丙酸浓度和氨态氮浓度下降（Wang et al.，2017）。随着过瘤胃叶酸浓度线性增加[0mg/（头·d）、70mg/（头·d）、140mg/（头·d）、210mg/（头·d）]，肉牛日增重、瘤胃 TVFA、乙酸和丙酸的比例、NDF 降解率、微生物酶（纤维二糖酶、木聚糖酶、果胶酶和 α-淀粉酶）活性、瘤胃细菌数量（*Butyrivibrio fibrisolvens*、*Ruminococcus albus*、*Ruminococcus flavefaciens*、*Fibrobacter succinogenes*）、尿嘌呤衍生物的排泄量也呈线性增加，氨态氮浓度和瘤胃 pH 线性下降（Wang et al.，2016）。

（4）其他作用。

叶酸除上述作用外，还可增加营养物质消化率、改善能量平衡。Ragaller 等（2010）发现，在 66%牧草日粮中，叶酸增加了 ADF 的表观消化率。过瘤胃叶酸（3.6mg/kg）显著提高了奶公牛的蛋白质的利用度、粗脂肪的消化率及血清葡萄糖、白蛋白、总蛋白浓度，显著降低了血清游离脂肪酸、乙酰乙酸、同型半胱氨酸、BHBA、尿素氮和甘油三酯浓度（李昊等，2019）。

过瘤胃叶酸可改善能量平衡，降低血浆 NEFA 和 BHBA 水平（Li et al.，2016）。叶酸和维生素 B_{12} 联合可提高奶牛泌乳早期能量代谢的效率（Preynat et al.，2009）。叶酸通过增强甲基基团的转化率增加 *S*-腺苷甲硫氨酸（*S*-adenosylmethionine，SAM）的浓度来激活腺苷单磷酸活化蛋白激酶（AMPK），SAM 可以直接与 AMPK 结合来激活 AMPK，也可以通过增加 AMPK 的活化剂 AMP 的浓度来激活 AMPK（Dahlhoff et al.，2014），抑制肿瘤坏死因子的表达，降低炎症（Buettner et al.，2010）。

4. 过量叶酸的危害

对于幼龄反刍动物，由于大多数饲料均含叶酸，故不易发生缺乏症。用纯合日粮诱发的羔羊叶酸缺乏症的特征是白细胞减少，并发生肺炎及腹泻。

5. 需要量与建议

反刍动物叶酸的需要量尚未确定。幼龄反刍动物有可能出现叶酸缺乏，NRC（2001）推荐犊牛代乳料中叶酸浓度为 0.5mg/kg DM。

6. 研究进展与展望

叶酸对奶牛生产性能、繁殖性能、瘤胃发酵和瘤胃微生物区系具有重要作用，因此未来的研究应该集中在确定叶酸的添加量上。迄今为止，根据母猪的试验和奶中叶酸含量预估了动物组织和乳中叶酸的需求量。因此，未来需开展奶牛对叶酸的吸收机理和吸收部位，叶酸的添加剂量、添加方式对血液中氨基酸和葡萄糖浓度、肝代谢和牛奶质量的影响的研究。

（六）维生素 B_{12}

恶性贫血症虽然在历史上早有记载，但直到 1948 年人类才发现维生素 B_{12}（vitamin B_{12}），是维生素 B 族中发现最晚的一种，维生素 B_{12} 的结构 1964 年由 Hodgkin 等用 X 射线衍射法确定。维生素 B_{12} 是一类含有钴的类钴啉（corrinoid），是一种含有三价钴的多环化合物，以咕啉核为中心，是维生素 B_{12} 的核心部分。维生素 B_{12} 的化学名为 α-（5,6-二甲基苯丙咪唑）-钴胺酰胺-氰化物，亦称氰钴胺素（cyanocobalamin）。其化学结构是所有维生素中最复杂的一种（图 7-11）。

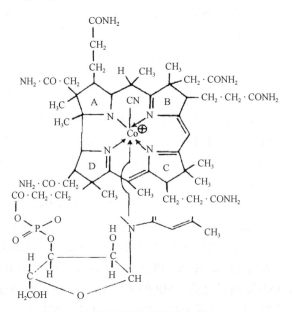

图 7-11　维生素 B_{12} 的化学结构

在动物体内，氰钴胺素的氰离子可分别被羟基、甲基和 5′-脱氧腺苷等不同的离子取代而形成羟钴胺素、甲钴胺素和 5′-脱氧腺苷钴胺素，后两种形式的维生素 B_{12} 在动物体内代谢中起辅酶的作用。

维生素 B_{12} 可被氧化剂和还原剂、醛类、抗坏血酸、二价铁盐等破坏，在 pH 为 4.5～5.0 的水溶液中最稳定。

1. 来源

自然界中维生素 B_{12} 主要由细菌和放线菌合成，故植物性饲料不含维生素 B_{12}。动物肝和肾中维生素 B_{12} 含量丰富。

反刍动物的维生素 B_{12} 主要来自瘤胃微生物合成。日粮类型（Duplessis et al., 2016）、日粮精粗比（Santschi et al.，2005）、日粮纤维和淀粉水平（Beaudet et al.，2016；Castagnino et al.，2017；Seck et al.，2017）、粗蛋白水平（Castagnino et al.，2016；Seck et al.，2017）、日粮非纤维碳水化合物水平（Schwab et al.，2006）都影响瘤胃维生素 B_{12} 的合成。饲喂玉米青贮可显著增加牛奶中维生素 B_{12} 浓度（Chassaing et al.，2011）。

2. 吸收与代谢

反刍动物通过摄取钴元素在瘤胃中由微生物合成维生素 B_{12}。维生素 B_{12} 与胃壁细胞分泌的糖蛋白（内因子）结合成结合体沿消化道下移至回肠，进一步与钙离子结合，进入回肠黏膜的刷状缘。在肠黏膜中所含的一种特殊释放酶的作用下，维生素 B_{12} 与钙离子分离，并被肠黏膜吸收。

到达血液后，维生素 B_{12} 与运载钴氨素 I、II、III（TCI、TCII、TCIII）结合。TCI 和 TCIII 为糖蛋白；而 TCII 为纯蛋白。在肝中合成的 TCII 主要作用是运载及输送维生素 B_{12}，在活体内仅有很少维生素 B_{12} 与其结合，因 TCII 将维生素 B_{12} 运到组织后，能很快被降解。TCIII 可能与将维生素 B_{12} 再次运入肝有关。

机体摄取的维生素 B_{12} 超过需要量时，剩余部分主要贮存于肝、肌肉、皮肤及骨骼中。正常情况下，尿中排出很少。血浆中与维生素 B_{12} 有关的蛋白质结合能力下降时，可见游离的维生素 B_{12} 通过尿液和胆汁排出。从胆汁排出的维生素 B_{12} 大部分在回肠可被重吸收。

3. 功能

维生素 B_{12} 是异构酶、脱水酶和蛋氨酸合成有关酶类的辅酶。维生素 B_{12} 是甲基丙二酰辅酶 A 异构酶的构成部分，催化甲基丙二酰辅酶 A 转化成琥珀酰辅酶 A，后者进一步转化成琥珀酸进入三羧酸循环。

维生素 B_{12} 参与代谢过程中的甲基转移，含维生素 B_{12} 的酶能将甲基叶酸分子上的甲基移去，使四氢叶酸得到再生，从而形成 5,10-亚甲基四氢叶酸，它是合成胸腺嘧啶脱氧核苷酸的必需因子。维生素 B_{12} 缺乏时，叶酸以甲基叶酸的形式而在代谢中无法参加反应。因此，叶酸的缺乏与维生素 B_{12} 的缺乏不易区别。在从同型半胱氨酸合成蛋氨酸的过程中，转化反应的甲基来自叶酸，而转化反应则由维生素 B_{12} 依赖酶（5-甲基四氢叶酸-同型半胱氨酸甲基转移酶）催化。

维生素 B_{12} 是机体造血机能处于正常状态的必需因子，能促进红细胞的发育和成熟，促进 DNA 及蛋白质的生物合成效率高于叶酸数万倍。由于维生素 B_{12} 能促进诸如蛋氨酸和谷氨酸等氨基酸生物合成，也能促进核酸的生物合成，故对幼龄动物的生长具有重要作用。围产牛肌肉注射维生素 B_{12} 可增加奶牛乳脂的合成和乳中多不饱和脂肪酸的含量（Gohardust et al.，2018）。肌肉注射维生素 B_{12} 提高新产牛的采食量、产奶性能，减少产后体重损失，血浆 NEFA 和 BHBA 含量下降（Wang et al.，2018）。补充维生素 B_{12}，血液维生素 B_{12} 和血红蛋白浓度显著升高，红细胞计数增加，发病率降低，但对肝和能量代谢指标及产奶量无显著影响（Obitz and Furll，2014）。维生素 B_{12} 参与细胞分裂（McDowell，2000），所以青年动物生长需要更多的维生素 B_{12}。

4. 缺乏和过量维生素 B_{12} 的危害

反刍动物瘤胃微生物虽具有合成足够数量维生素 B_{12} 的能力，但是需要钴参与（Martens et al.，2002），饲喂缺钴日粮时仍可诱发维生素 B_{12} 的缺乏症。牛和绵羊表现为食欲减退、消瘦和贫血。犊牛饲以不含维生素 B_{12} 的代用乳时，表现出生长停滞和神经疾病及运动失调。

5. 需要量与建议

当反刍动物日粮中存在足量钴时，瘤胃合成的维生素 B_{12} 可以充分满足机体代谢需要。NRC（2001）建议奶牛日粮钴水平为 0.11mg/kg DM，认为在此水平下，钴不会成为瘤胃合成维生素 B_{12} 的限制因素。NRC（2001）推荐犊牛代乳料中维生素 B_{12} 的浓度为 0.07mg/kg DM。

6. 研究进展与展望

维生素 B_{12} 参与氨基酸和核苷酸的生物合成，影响奶牛的生产性能。已经发现不同的饲喂方式影响瘤胃和乳中维生素 B_{12} 含量，未来可进一步研究瘤胃菌群对牛奶中维生素 B_{12} 浓度的影响。

（七）生物素

从 20 世纪 30 年代在熟鸭蛋蛋黄中分离出一种酵母生长必需因子并命名为生物素（biotin）后，40 年代初欧美学者分别确定了生物素的结构。60 年代后期，不断发现单胃动物的生物素缺乏症，从而引起了对生物素研究的重视。

生物素是一个具有脲基环的环状分子，分子结构中含有一个硫原子和一条戊酸的侧链，结构比较简单。现知生物素有 8 种可能的立体异构体，但具有维生素生物活性仅 d-生物素一种。生物素对热稳定，常规条件下不受酸碱作用分解。d-生物素的化学结构如图 7-12 所示。

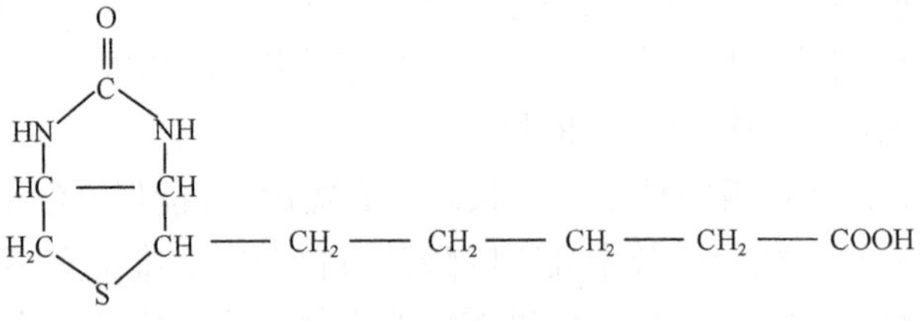

图 7-12　d-生物素化学结构

1. 奶牛生物素的来源

大多数绿叶植物均含有较多生物素。哺乳动物本身不能合成生物素，植物和部分微生物以庚二酸和丙氨酸为前体合成生物素（Alban et al.，2000）。奶牛可通过饲料和体内微生物合成两条途径获取生物素。奶牛日粮生物素的浓度与饲料类型（Schwab et al.，2006）、日粮组成（Santschi et al.，2005）等因素有关。

Zimmerly 和 Weiss（2000）估测泌乳牛（DMI 为 20kg/d）瘤胃合成的生物素为 0～10mg/d。奶牛瘤胃微生物合成生物素受日粮精粗比、瘤胃微生物区系等因素影响。Peterson 等（2004）发现，随着日粮精料比例增加（5%～77%），母羊体内生物素合成量逐渐增加，但精料比例过高（高于 90%）对体内生物素合成有负面影响。Abel 等（2006）通过体外试验发现瘤胃原虫影响瘤胃微生物生物素合成，去原虫可增加生物素产量。

2. 吸收与代谢

进入肠道的生物素在生物素酶的作用下分解成游离生物素，并经肠黏膜上皮细胞主动运转吸收。瘤胃对生物素破坏作用很小。Zinn 等（1987）测定肉牛小肠流量中几种 B 族维生素的含量，发现除了生物素和维生素 B_6 几乎不被瘤胃降解，其他 B 族维生素都被大量降解。但生物素是否在瘤胃中吸收还没有确定。因此，奶牛日粮中的生物素和瘤胃微生物合成的生物素大部分可顺利通过瘤胃到达后肠道供机体吸收。Santschi 等（2005）发现到达奶牛十二指肠 25%～46%的生物素在小肠中被吸收。

生物素吸收后主要在肾和肝中代谢。哺乳动物通常不能降解生物素分子的环，大部分在线粒体中通过侧链的 β-氧化降解为双降生物素和吸收了高于贮存量的生物素一起，从尿中排出。未被吸收的生物素及肠道远端由微生物合成的生物素，则主要从尿液排出。

3. 功能与缺乏症

生物素是参与机体代谢羧化反应的许多酶的辅因子，其中包括乙酰辅酶 A 羧化酶、丙酰辅酶 A 羧化酶、丙酮酸羧化酶及 β-甲基巴豆酰辅酶 A 羧化酶等。在碳水化合物、脂肪及蛋白质代谢中均需生物素酶参与。

（1）碳水化合物代谢。

在碳水化合物代谢中，生物素通过影响丙酮酸羧化酶的活性，进而影响糖异生，促进体内葡萄糖合成。生物素可通过提高葡萄糖激酶活性来降低血糖水平，促进糖原合成（Mc Carty，1999）。Rosendo 等（2004）发现生物素可提高血糖浓度间接抑制脂肪分解，进而降低奶牛血浆 NEFA 浓度。杨柯等（2009）和张鹏等（2014）发现生物素增加了奶牛血糖浓素。

（2）脂肪代谢。

生物素作为乙酰辅酶 A 羧化酶的辅酶，在脂肪酸合成起始反应中，可促进乙酰辅酶 A 合成丙二酰辅酶 A，再经过细胞质多酶复合体及脂肪酸合成酶，由丙二酰辅酶 A 合成棕榈酸。同时，丙二酰辅酶 A 可生成丙二酰-ACP，它可作为二碳单位供给体参与脂肪酸碳链的延长反应。因此，生物素对脂肪酸合成及其碳链延长都至关重要。生物素还影响反刍动物乳中脂肪酸的组成（Enjalbert et al.，2008），间接参与乙酰胆碱和胆固醇的合成。Ferreira 等（2007）发现生物素显著增加高产奶牛乳脂产量，乳脂产量增加可能是由于生物素提高了乙酰辅酶 A 羧化酶的活性，进而增加脂肪酸合成。Lean 和 Rabiee（2011）通过 Meta 分析指出添加生物素有增加乳脂和乳蛋白产量的趋势。

（3）蛋白质代谢。

生物素通过影响 RNA 的结构来影响蛋白质的合成，这对角蛋白等的合成和沉积有重要的作用。生物素是一种重要的分化表皮细胞的化学物质，是正常生产角蛋白和蹄角组织所必需的。生物素可改善蹄部健康（Zimmerly and Weiss，2001；Bergsten et al.，2003），还可以通过加强白线的蹄角连接来提高愈合速度（Lischer et al.，2002），减少白线病导致的跛行（Hedges et al.，2001；Potzsch et al.，2003）。

（4）其他作用。

生物素与动物基因表达和免疫功能有关，生物素缺乏将导致细胞增殖缓慢，免疫功能受损（Manthey et al.，2002）。动物缺乏生物素将导致细胞增殖减缓，免疫功能受损和胚胎发育畸形（冯仰廉，2004）。

4. 过量生物素的危害

犊牛缺乏生物素时后肢瘫痪（Wiese et al.，1946）。生物素在饲料中的含量很低，泌乳奶牛血浆生物素的含量在 4.3nmol/L 左右（Rosendo et al.，2004）。过量生物素会随尿液一起排出体外，所以反刍动物一般不发生生物素中毒症。

5. 需要量与建议

目前尚无确定反刍动物生物素需要量的依据。饲料中的生物素在瘤胃中不被大量代谢，增加日粮中生物素的含量可增加牛血清和奶中生物素含量（NRC，2001）。犊牛代用乳中 NRC 建议生物素浓度应达到 0.1mg/kg DM。

6. 研究进展与展望

生物素参与机体糖异生及蛋白质、脂肪酸合成代谢，可改善奶牛蹄质健康，提高泌乳性能，对奶牛最佳生产性能的发挥有积极作用。由于瘤胃微生物能够合成生物素，奶牛实际生物素需要量也没有相关标准，生物素的适宜添加量有待深入研究。此外，生物素调控奶牛泌乳性能的机理及与其他营养素的互作效应还仍需进一步研究。

二、胆碱

胆碱（choline）于 1894 年由 Streker 从猪胆汁中分离出来，1962 年被正式命名为胆碱。胆碱是一种季铵碱，为无色结晶，吸湿性较强，易溶于水和乙醇等极性溶剂，不溶于氯仿及乙醚等非极性溶剂。胆碱的结构如图 7-13 所示。

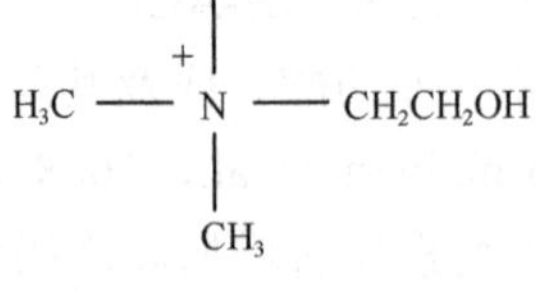

$$H_3C - \overset{\overset{\displaystyle CH_3}{|}}{\underset{\underset{\displaystyle CH_3}{|}}{\overset{+}{N}}} - CH_2CH_2OH$$

图 7-13　胆碱化学结构

（一）来源

胆碱广泛存在于动植物体内，主要以游离胆碱、乙酰胆碱及磷脂复合胆碱的形式存在，大豆、油菜籽及鱼粉等饲料原料中含量丰富，在动物体的肝、肾及大脑中含量也很丰富。

奶牛通过饲料所采食的胆碱大部分在瘤胃中被微生物降解，只有小部分经过瘤胃到达小肠被吸收。奶牛自身也可利用蛋氨酸、甜菜碱等物质合成胆碱。由于奶牛瘤胃微生物对饲料的降解作用，所以要保证足量的胆碱过瘤胃到达小肠，须采用过瘤胃技术。

（二）吸收与代谢

天然胆碱和日粮中补充胆碱在瘤胃中均能被大量降解，瘤胃微生物降解胆碱生成乙醛和三甲胺，并最终生成甲烷（Neill et al.，1978）。因此，在反刍动物肠道中几乎没有可吸收的胆碱。

（三）功能与缺乏症

1. 对细胞的作用

胆碱是磷脂酰胆碱、溶血磷脂酰胆碱、游离胆碱、鞘磷脂和卵磷脂等细胞膜组分的重要组成部分，在细胞信号传导和脂质代谢中起着重要作用（Jiang et al.，2014）。胆碱通过 S-腺苷甲硫氨酸（SAM）通路合成乙酰胆碱（神经递质）（Glier et al.，2014）。

围产期饲喂胆碱可加强肝细胞脂质代谢（Veth et al.，2016）。胆碱通过 Kennedy 途径促进甘油三酯合成磷脂酰胆碱，从而防止脂肪肝。过瘤胃胆碱可减少肝总胆固醇蓄积，降低奶牛围产期脂肪肝的发生风险。过瘤胃胆碱通过改变血浆甘油三酯浓度抑制围产期荷斯坦奶牛肝脂质积累（Zang et al.，2019）。能量负平衡下，过瘤胃胆碱可降低奶牛肝 TAG 浓度，增加血浆中 TAG 含量（Zenobi et al.，2018）。

2. 对健康和脂肪肝的影响

胆碱对动物机体功能特别是肝细胞免疫功能有重要影响。胆碱缺乏表现为动脉粥样硬化、肝功能紊乱，肝丙氨酸氨基转移酶活性升高（MIC，2017），增加同型半胱氨酸水平，增加难产和胎衣不下的风险，胎儿体重下降，引起肝细胞坏死和脂质代谢紊乱，增加氧化应激和活性氧种类（Zeisel and Da Costa，2009；Sun et al.，2016）。围产期奶牛日粮添加过瘤胃胆碱可以改善肝功能，降低血液总胆固醇浓度，保护肝（Sun et al.，2016）。

3. 缓解氧化应激，提高免疫功能

胆碱可抑制氧化应激和减轻炎症，提高免疫功能（Mehta et al.，2010）。多形核白细胞是病原体入侵机体的第一道屏障，在炎症和免疫反应中起重要作用。胆碱通过降低 Toll 样受体和促炎因子相关基因（*IL1β*、*L10RA*、 *NFKB1*、*STAT3*、*TLR2*）的表达，下调黏附分子和迁移分子基因（*ITGAM*、*ITGB2*、*ITGA4*）的表达发挥其抗炎和抗氧化作用（Zhou et al.，2018）。胆碱还可以通过上调奶牛多形核白细胞中 *SAHH* 基因的表达增加同型半胱氨酸的含量，下调促炎因子基因（*CXCR1*、*IL10*、*IL6*、*IRAK1*、*NFKB1*、*NR3C1*、*SELL*、*TLR4*、*TNFA*），改变抗氧化基因（*GCLC*、*GPX1*）的表达来改变机体的炎症和

抗氧化状态（Abdelmegeid et al.，2017）。经产奶牛从产前 21 天至产后 30 天饲喂 60g/d 过瘤胃胆碱，提高了血液中单核细胞的吞噬能力，增强了奶牛的免疫功能（Vailati-Riboni et al.，2017）。围产期奶牛日粮添加过瘤胃胆碱可提高血液总抗氧化能力、维生素 E 浓度，降低丙二醛含量，减少围产期奶牛的氧化应激（Sun et al.，2016）。

（四）过量胆碱的毒性

大多数动物胆碱缺乏后的典型症状为脂肪肝。与其他动物出现的症状相似，犊牛胆碱缺乏症状为肌肉无力、肝脂肪浸润及肾出血。

（五）需要量与建议

反刍动物建议的胆碱需要量尚未确定。NRC（2001）建议代用乳中胆碱的浓度不低于 1000mg/kg DM。

（六）研究进展与展望

过瘤胃胆碱对维持奶牛肝健康及能量和脂质代谢具有重要作用，并增强机体抗氧化和免疫功能，其机制和调控网络并不明确。未来研究应主要关注以下几点。

（1）过瘤胃胆碱添加量及添加方式的标准化。以日粮代谢蛋白、能氮和氨基酸平衡为基础，充分考虑过瘤胃效率和利用率、效价等因素，规范添加方式（TMR、单独采食或洒于日粮表面等）。

（2）明确过瘤胃胆碱调控奶牛围产期肝功能、代谢和健康的关键信号通路，并探寻神经内分泌和其他生理机制，系统解析其调控机制。

（3）以 NF-κB、Toll 样受体 4 和 Nrf2 通路为核心，研究过瘤胃胆碱调控奶牛抗氧化和免疫功能的机理。

（4）进一步挖掘母体过瘤胃胆碱添加对胚胎发育、代谢和犊牛健康的影响，并探寻相关生理机制和信号传导，以及可能的表观遗传学机理。

三、维生素 C

维生素 C（ascorbic acid），即抗坏血酸，19 世纪初叶发现用某些植物或其浸液可以预防及治愈此种称为坏血病的疾病。1931 年从柠檬中分离出具有抗坏血酸活性的物质，1933 年确定了维生素 C 的结构并在同年完成人工合成。动物体内的维生素 C 有两种形式，还原型抗坏血酸（L-抗坏血酸）和氧化型坏血酸（脱氢抗坏血酸）。L-抗坏血酸能可逆地氧化成脱氢抗坏血酸，两者均为维生素 C 的活性形式，对预防坏血病具有同等作用，其化学结构如图 7-14 所示。

（一）来源

大多数口服维生素 C 均在瘤胃中破坏。反刍动物所需的维生素 C 主要来自肝中的内源合成。在机体内由 D-葡萄糖→D-葡糖醛酸→L-古洛糖酸→α-酮-L-古洛糖酸内酯

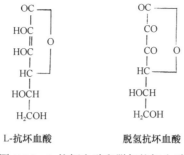

L-抗坏血酸　　　　脱氢抗坏血酸

图 7-14　L-抗坏血酸和脱氢抗坏血酸

→L-抗坏血酸。有些动物如灵长类不能在体内合成 L-抗坏血酸，是因为体内缺少 L-古洛糖酸内酯氧化酶，不能完成上述反应中的最后一步。

（二）吸收与代谢

L-抗坏血酸在代谢中失去 2 个电子后变成 L-脱氢抗坏血酸，后者不可逆地水解成 2,3-二氧-L-葡萄糖，随后进一步降解为 CO_2 和五碳单位（如 L-木糖酸和 L-木糖），也能降解为四碳单位（如 L-苏糖酸）和乙二酸。代谢终产物从尿中排出。

（三）功能与缺乏症

1. 维护机体酶系统效率

维生素 C 与其他水溶性维生素 B 族的不同之处在于它不具有辅酶的功能，而仅有对其他酶系统的保护、调节、促进催化及促进生物过程的作用。

2. 维生素 C 是体内许多羟化反应所必需

在体内胶原形成过程中，维生素 C 作用于赖氨酸和脯氨酸的羟化反应；作为还原剂，维生素 C 保护结缔组织，并作为硫化物载体形成软骨素及硫酸皮肤素；用赖氨酸和蛋氨酸合成肉碱（carnitine）的羟化反应中需维生素 C 参与，肉碱是心肌、骨骼肌的组成成分，作为长链脂肪酸的载体，能使这些长链进入线粒体进行 β-氧化，为细胞提供能量；含铜的多巴胺 β-单氧化酶需维生素 C 作为辅因子，羟化多巴胺侧链形成正肾上腺素；在肝微粒体与网状内皮组织运作的细胞微粒体药物代谢系统，灭活和代谢掉包括内分泌激素与致癌物质等多样底质，这个过程需通过羟化和去甲基化使亲脂性物质增加其水溶性，以便从尿中排出，这一运作系统往往依赖抗坏血酸的协同；维生素 C 也参与肝微粒体对胆固醇的羟化，通过胆酸排出胆固醇。

3. 维生素 C 是体内重要的抗氧化还原剂

L-抗坏血酸具有还原性和螯合特性，可促进金属离子（特别是铁离子）的吸收，这种作用主要是被认为使铁处于亚铁状态或是成为可溶性的铁复合物。由于维生素 C 易于被氧化还原，故在细胞的电子传递过程中起重要作用，几乎所有的终端氧化酶（如抗坏血酸氧化酶、酚酶及过氧化物酶）均可直接催化 L-抗坏血酸的氧化。维生素 C 的还原特性可使维生素 E 和叶酸的稳定性加强，保护活性叶酸免从尿中排出，并使细胞膜界面上活性维生素 E 增多。

4. 维生素 C 是体内重要的免疫增强剂

由于维生素 C 的抗氧化作用，已有许多研究关注维生素 C 对动物免疫功能的影响。维生素 C 对机体免疫机能的影响有可能通过以下几个途径：影响免疫细胞的吞噬作用；降低循环的糖皮质激素，改善应激状态，而糖皮质激素是免疫抑制剂；刺激干扰素的产生，阻止病毒 mRNA 的翻译，免受病毒攻击，但有关反刍动物补充维生素 C 对机体免疫功能的影响尚缺少深入研究。

（四）过量维生素 C 的危害

由于反刍动物可以通过体组织细胞合成维生素 C，至今未有维生素 C 缺乏症报道。

（五）需要量与建议

反刍动物合成的内源维生素 C 能满足机体代谢所需。犊牛约在 3 周龄以后才能在体内合成维生素 C，犊牛出生后所需的维生素 C 主要依靠母乳及出生前体内的贮存。NRC（2001）不主张给成年牛或犊牛补充维生素 C。

（六）研究展望

虽然在人类、水产和家禽，甚至单胃动物营养中，维生素 C 都被广泛重视，且被认为是广泛有效的，但因为维生素 C 在成年奶牛体内存在本身的自满足能力，其功能和利用研究长久被忽视，未来随着奶牛营养研究的深入，维生素 C 对不同阶段奶牛的生理功能和生产应用价值将逐渐被关注。

（编写者：黄 帅 王 芬 王雅晶 王 铂）

参 考 文 献

丁志民. 2007. 不同来源维生素 A 在奶牛瘤胃中的稳定性、对瘤胃内 pH、NH$_3$-N 以及对奶牛生产性能的影响[D]. 北京：中国农业大学.

冯仰廉. 2004. 肉牛营养需要和饲养标准[M]. 北京：中国农业大学出版社.

高雨飞. 2016. 高精料日粮条件下烟酸对牛瘤胃微生物区系的影响[D]. 南昌：江西农业大学硕士学位论文.

何生虎，曹晓真，姚占江. 2005. 动物维生素缺乏的研究进展[J]. 农业科学研究，(1)：63-66.

何文娟. 2006. β-胡萝卜素对奶牛泌乳和免疫性能的影响及其瘤胃微生物体外降解与饲粮油脂饱和度的关系[D]. 北京：中国农业大学硕士学位论文.

李昊，任阳奇，腊邵凯，等. 2019. 日粮蛋白水平和叶酸补充方式对奶公牛营养物质消化率、氮平衡以及血液代谢产物的影响[J]. 饲料工业，40(1)：40-44.

李婷欣，李云. 2005. 维生素 A 对免疫功能的影响[J]. 生命的化学，25(1)：56-58.

李新. 2002. 奶牛的维生素营养[J]. 草食家畜，(6)：40-42.

卢娜，宗学醒，王雅晶，等. 2018. 不同类型维生素 D$_3$ 对奶牛产奶性能、血液指标及钙磷代谢的影响[J]. 动物营养学报，30(8)：2997-3004.

马洪. 2005. 维生素 A 对动物免疫功能的影响[J]. 畜牧兽医科技信息, 11: 71-72.

马轶群, 王传富, 王青. 2003. 维生素 A 缺乏干眼症兔泪腺凋亡及相关基因的表达[J]. 眼科新进展, (6): 406-408.

乔丽津. 2004. 1, 25-二羟维生素 D 的免疫调节和抗肿瘤作用[J]. 中国小儿血液, 9(4): 185-188.

乔良. 2008. 奶牛维生素A瘤胃降解规律及过瘤胃保护维生素效果评价的研究[D]. 呼和浩特: 内蒙古农业大学博士学位论文.

汪求真, 马爱国, 孙永叶, 等, 2005. 大剂量对大鼠抗氧化和损伤的影响[J]. 营养学报, 27(6): 467-470.

王红. 2009. 维生素 A 缺乏对生长期大鼠骨骼生长发育的影响[D]. 长春: 吉林大学硕士学位论文.

王菊花, 卢德勋, 冯宗慈, 等. 2008. 添加烟酸条件下绵羊瘤胃发酵底物降解动力学变化特征[J].中国草食动物, 28(6): 7-10.

许朝芳, 杨再云. 2002. 烟酸对瘤胃微生物代谢的影响[J]. 中国饲料, (22): 8-10.

杨柯, 高艳霞, 曹玉凤, 等. 2009. 日粮中添加生物素对奶牛生产性能及血液生化指标的影响[J]. 动物营养学报, (6): 853-858.

杨月亮, 李振玲. 2003. 维生素 D 与免疫功能关系分析[J]. 滨州医学院学报, 26(2): 93-94.

张力莉, 徐晓锋, 闫素梅. 2011. 瘤胃保护性维生素 A 对奶牛生产性能和免疫机能的影响[J]. 黑龙江畜牧兽医, (13): 75-77.

张力莉. 2004. 过瘤胃保护性维生素A微胶囊的制备及其效果评价的研究[D]. 呼和浩特: 内蒙古农业大学硕士学位论文.

张鹏, 林雪彦, 苏鹏程, 等. 2014. 生物素补饲量对泌乳中国荷斯坦牛生产性能及肢蹄健康的影响[J]. 畜牧兽医学报, (8): 1288-1294.

张平, 王聪, 郭刚, 等. 2019. 叶酸对泌乳牛产奶性能和瘤胃发酵的影响[J]. 粮食与饲料工业, (4): 46-49.

赵国琦, 郭玉华, 孙龙. 2008. 泌乳期荷斯坦奶牛维生素需要量的研究[J]. 中国奶牛, (9): 7-10.

Abdelmegeid M K, Vailati-Riboni M, Alharthi A, et al. 2017. Supplemental methionine, choline, or taurine alter *in vitro* gene network expression of polymorphonuclear leukocytes from neonatal Holstein calves[J]. Journal of Dairy Science, 100(4): 3155-3165.

Abel H, Schroder B, Lebzien P, et al. 2006. Effects of defaunation on fermentation characteristics and biotin balance in an artificial rumen-simulation system (RUSITEC) receiving diets with different amounts and types of cereal[J]. British Journal of Nutrition, 95(1): 99-104.

Adams J S, Hewison M. 2008. Unexpected actions of vitamin D: New perspectives on the regulation of innate and adaptive immunity[J]. Nature Clinical Practice Endocrinology & Metabolism, 4: 80-90.

Adams J S, Hewison M. 2010. Update in vitamin D[J]. The Journal of Clinical Endocrinology & Metabolism, 95: 471-478.

Alban C, Job D, Douce R. 2000. Biotin metabolism in plants[J]. Annual Review of Plant Biology, 51(1): 17-47.

Arechiga C F, Vazquez-Flores S, Oritiz O, et al. 1998. Effect of injection of beta-carotene or vitamin E and selenium on fertility of lactating dairy cows[J]. Theriogenology, 50: 65-76.

Baldoceda-Baldeon L M, Gagne D, Vigneault C, et al. 2014. Improvement of bovine *in vitro* embryo production by vitamin K_2 supplementation[J]. Reproduction (Cambridge, England), 148(5): 489-497.

Ball G F M. 2006. Pantothenic acid[M]. *In*: Ball G F M. Vitamins in Foods: Analysis, Bioavailability and Stability. Boca Raton, FL: CRC Press: 211-219.

Beaudet V, Gervais R, Grault B, et al. 2016. Effects of dietary nitrogen levels and carbohydrate sources on apparent ruminal synthesis of some B vitamins in dairy cows[J]. Journal of Dairy Science, 99: 2730-2739.

Bergsten C, Gtrrnough P R, Gay J M, et al. 2003. Effects of biotin supplementation on performance and claw lesions on a commercial dairy farm[J]. Journal of Dairy Science, 86: 3953-3962.

Bjelakovic G N. 2007. Mortality in randomized trials of antioxidant supplements for primary and secondary prevention[J]. Journal of the American Medical Association, 297: 842-857.

Booth S L, Centi A, Smith S R, et al. 2013. The role of osteocalcin in human glucose metabolism: Marker or mediator[J]. Nature Reviews Endocrinology, 9(1): 43-55.

Bradford B J, Yuan K, Farney J K, et al. 2015. Invited review: Inflammation during the transition to lactation: New adventures with an old flame[J]. Journal of Dairy Science, 98: 6631-6650.

Bubber P, Ke Z J, Gibson G E. 2004. Tricarboxylic acid cycle enzymes following thiamine deficiency[J]. Neurochemistry International, 45: 1021-1028.

Buettner R, Bettermann I, Hechtl C, et al. 2010. Dietary folic acid activates AMPK and improves insulin resistance and hepatic inflammation in dietary rodent models of the metabolic syndrome[J]. Hormone and Metabolic Research. 42: 769-774.

Carlson L A. 2005. Nicotinic acid: the broad-spectrum lipid drug. A 50th anniversary review[J]. J Intern Med, 258: 94-114.

Casas E, Lippolis J D, Kueh L A, et al. 2015. Seasonal variation in vitamin D status of beef cattle reared in the central United States[J]. Domestic Animal Endocrinology, 52: 71-74.

Castagnino D S, Kammes K L, Allen M S, et al. 2016. Particle length of silages affects apparent ruminal synthesis of B vitamins in lactating dairy cows[J]. Journal of Dairy Science 99: 6229-6236.

Castagnino D S, Kammes K L, Allen m S, et al. 2017. High-concentrate diets based on forages harvested at different maturity stages affect ruminal synthesis of B vitamins in lactating dairy cows[J]. Animal, 11: 608-615.

Chandra G, Aggarwal A, Singh A K, et al. 2014. Effect of vitamin E and zinc supplementation on liver enzymatic profile of pre-and post-partum Sahiwal cows[J]. Indian Journal of Animal Sciences, 84(5): 507-510.

Chandra G, Aggarwal A, Singh A K, et al. 2015. Effect of vitamin E and zinc supplementation on milk yield, milk composition, and udder health in Sahiwal cows[J]. Animal Nutrition and Feed Technology, 15(1): 67-78.

Chassaing C, Grulet B, Agabriel C, et al. 2011. Vitamin B_9 and B_{12} contents in cow milk according to production system. Proceedings of the 10th International Meeting on Mountain Cheese, 14-15 September, Dronero, Italy: 35-36.

Chew B P. 1993. Role of carotenoids in the immune response[J]. Journal of Dairy Science, 76: 2804-2811.

Chew B P, Johnston L A. 1985. Effects of supplemental vitamin A and β-carotene on mastitis in dairy cows[J]. Journal of Dairy Science, 68(suppl 1): 191.

Choi H J, Jang S Y, Hwang E S. 2015. High-dose nicotinamide suppresses ROS generation and augments population expansion during CD8(+) T cell activation[J]. Molecular Cell, 38: 918-924.

Coelho M B. 1991. Vitamin stability in Premites and feeds: a practical approach[C]. BASF Tech. Symp. Bloomington, MN: 56-71.

Dahlhoff C, Worsch S, Sailer M, et al. 2014. Methyldonor supplementation in obese mice prevents the progression of NAFLD, activates AMPK and decreases acyl-carnitine levels[J]. Molecular Metabolism, 3: 565-580.

de Gouvêa V N, Colli M H A, Junior W A G, et al. 2018. The combination of β-carotene and vitamins improve the pregnancy rate at first fixed-time artificial insemination in grazing beef cows[J]. Livestock Science, 217: 30-36.

Dicken C L, Israel D D, Davis J B, et al. 2012. Peripubertal vitamin D_3 deficiency delays puberty and disrupts the estrous cycle in adult female mice[J]. Biology of Reproduction, 87(2): 51, 1-12.

Dimri U, Sharma M C, Singh S K, et al. 2013. Amelioration of altered oxidant/antioxidant balance of Indian water buffaloes with subclinical mastitis by vitamins A, D_3, E and H supplementation[J]. Tropical Animal Health and Production, 45(4): 971-978.

Dimitrov V, White J H. 2017. Vitamin D signaling in intestinal innate immunity and homeostasis[J]. Molecular Cell Endocrinol, 453: 68-78.

Divers T J, Peek S F. 2008. Rebhun's Diseases of Dairy Cattle[M]. 2nd edition. Missouri: WB Saunders.

Duplessis M, Girard C L, Santschi D E, et al. 2012. Folic acid and vitamin B_{12} supplement enhances energy metabolism of dairy cows in early lactation[J]. Journal of Dairy Science, 95(Suppl. 2): 118 (Abstract).

Duplessis M, Girard C L, Santschi D E, et al. 2014. Effects of folic acid and vitamin B12 supplementation on culling rate, diseases, and reproduction in commercial dairy herds [J]. Journal of Dairy Science, 97: 2346-2354.

Duplessis M, Pellerin D, Cue R I, et al. 2016. Short communication: Factors affecting vitamin B12 concentration in milk of commercial dairy herds: an exploratory study [J]. Journal of Dairy Science, 99: 4886-4892.

El-Barody M A A, Daghash H A, Rabie Z B H. 2001. Some physiological responses of pregnant Egyptian buffalo to niacin supplementation[J]. Livestock Production Science, 69: 291-296.

Enjalbert F, Nicot M C, Packington A J. 2008. Effects of peripartum biotin supplementation of dairy cows on milk production and milk composition with emphasis on fatty acids profile[J]. Livestock Science, 114(2): 287-295.

Falder S, Silla R, Phillips M, et al. 2010. Thiamine supplementation increases serum thiamine and reduces pyruvate and lactate levels in burn patients[J]. Burns, 36: 261-269.

Ferreira G, Weiss W P, Willett L B. 2007. Changes in measures of biotin status do not reflect milk yield responses when dairy cows are fed supplemental biotin[J]. Journal of Dairy Science, 90(3): 1452-1459.

Fox C J, Hammerman P S, Thompson C B. 2005. Fuel feeds function: Energy metabolism and the T-cell response[J]. Nat. Rev. Immunol, 5: 844-852.

Gagnon A. 2012. L'effet d' un supplément combiné d'acide folique et de vitamine B_{12} sur le follicule dominant ovarien chez la vache laitière en période ostpartum. MS Thesis. Univ. Laval, Québec, Canada.

Gardner R M, Reinhardt T A, Horst R L. 1988. The biological assessment of vitamin D3 metabolites produced by rumen bacteria[J]. Journal of Steroid Biochemistry, 29(2): 185-189.

Girard A, Dufort I, Sirard M A. 2015. The effect of energy balance on the transcriptome of bovine granulosa cells at 60 days postpartum[J]. Theriogenology, 84(8): 1350-1361.

Girard C L, Matte J J. 2005. Effects of intramuscular injections of vitamin B_{12} on lactation performance of dairy cows fed dietary supplements of folic acid and rumen-protected methionine[J]. Journal of Dairy Science, 88: 671-676.

Girard C L. 1998. Dietary supplements of folic acid during lactation: Effects on performance of dairy cows[J]. Journal of Diary Science, 81: 1412-1419.

Glier M B G, Timothy D J, Angela M. 2014. Methyl nutrients, DNA methylation, and cardiovascular disease[J]. Mol Nutr Food Res, 58: 172-182.

Gohardust A, Azarfar A, Kiani A, et al. 2018. Effect of dietary betaine supplementation and vitamin B_{12} injection during the transition period on fatty acids profile of milk in Holstein dairy cows[J]. Iranian Journal of Animal Science, 48(4): 493-503.

Guo J, Jones A K, Givens D I, et al. 2018. Effect of dietary vitamin D_3 and 25-hydroxyvitamin D_3 supplementation on plasma and milk 25-hydroxyvitamin D_3 concentration in dairy cows[J]. Journal of Dairy Science, 101(4): 3545-3553.

Havemose M S, Weisbjerg M R P, Bredie W L, et al. 2004. Influence of feeding different types of roughage on the oxidative stability of milk[J]. International Dairy Journal, 14: 563-570.

Hazell A S, Butterworth R F. 2009. Update of cell damage mechanisms in thiamine deficiency: Focus on oxidative stress, excitotoxicity and inflammation[J]. Alcohol Alcohol, 44: 141-147.

Hedges V J, Bloweyl R J, Packington A J, et al. 2001. A longitudinal field trial of the biotin on lameness in dairy cows[J]. Journal of Dairy Science, 84: 1969-1975.

Holcombe S J, Wisnieski L, Gandy J, et al. 2018. Reduced serum vitamin D concentrations in healthy early-lactation dairy cattle[J]. Journal of Dairy Science, 101(2): 1488-1494.

Hoque M N, Das Z C, Rahman A, et al. 2016. Effect of administration of vitamin E, selenium and antimicrobial therapy on incidence of mastitis, productive and reproductive performances in dairy cows[J]. International Journal of Veterinary Science and Medicine, 4(2): 63-70.

Horst R L, Goff J P, Reinhardt T A. 1994. Calcium and Vitamin D metabolism in the dairy cow[J]. Journal of Dairy Science, 77: 1936-1951.

Hymøller L, Jensen S K. 2011. Vitamin D_2 impairs utilization of vitamin D_3 in high-yielding dairy cows in a cross-over supplementation regimen[J]. Journal of Dairy Science, 94: 3462-3466.

Jiang X, Yan J, Caudill M A. 2014. Choline[M]. *In*: Zempleni J, Suttie J W, Gregory III J F, et al. Handbook of Vitamins. 5th edn. Boca Raton: CRC Press: 491-513.

Johnston L A, Chew B P. 1984. Peripartum changes of plasma and mild Vitamin A and β-carotene among dairy cows with or with or without mastitis[J]. Journal of Dairy Science, 67: 1832-1840.

Juchem S O, Robinson P H, Evans E, et al. 2012. A fat based rumen protection technology post-ruminally delivers a B vitamin complex to impact performance of multiparous Holstein cows[J]. Animal Feed Science and Technology, 174: 68-78.

Junqueira-Franco M V M, Eernesto T L, Garcia C P, et al. 2006. Intestinal permeability and oxidative stress in patients with alcoholic pellagra[J]. Clinical Nutrition, 25: 977-983.

Kafilzadeh F, Kheirmanesh H, Karami S H, et al. 2014. Comparing the effect of oral supplementation of vitamin E, injective vitamin E and selenium or both during late pregnancy on production and reproductive performance and immune function of dairy cows and calves[J]. The Scientific World Journal, 2014: 165814-165819.

Karapinar T, Dabak M, Kizil O. 2010. Thiamine status of feedlot cattle fed a high-concentrate diet[J]. Can. Vet. J, 51: 1251-1253.

Kawashima C, Nagshima S, Sawada K, et al. 2010. Effect of β-carotene supply during close-up dry period on the onset of first postpartum luteal activity in dairy cows[J]. Reproduction in Domestic Animals, 45(6): e282.

Kenez A, Locher L, Rehage J, et al. 2014. Agonists of the G proteincoupled receptor 109A-mediated pathway promote antilipolysis by reducing serine residue 563 phosphorylation of hormone-sensitive lipase in bovine adipose tissue explants[J]. Journal of Dairy Science, 97: 3626-3634.

Kheshtmasjedi N F, Omaran H K. 2014. Evaluation of vitamin E, selenium, copper and zinc supplementation in transitional period on the mastitis in dairy cattle[J]. Journal of Current Research in Science, 2(3): 384-389.

Kholif A M, Hanafy M A, El-Shewy A A, et al. 2009. Effect of supplementing rations with thiamin and/or sodium bicarbonate on milk yield and composition of lactating cows[J]. Egypt J Nutr Feeds, 12: 187-195.

Krueger T, Westenfeld R, Ketteler M, et al. 2009. Vitamin K deficiency in CKD patients: A modifiable risk factor for vascular calcification[J]. Kidney International, 76(1): 18-22.

Kumar R, Dass R S. 2005. Effect of niacin supplementation on rumen metabolites in Murrah buffaloes (*Bubalus bubalis*)[J]. Asian Australasian Journal of Animal Sciences, 18(1): 2-19.

La Paz S M, Naranjo M C, Lopez S, et al. 2017. Niacin and its metabolites as master regulators of macrophage activation[J]. Journal of Nutritional Biochemistry, 39: 40-47.

Laanpere M, Altmäe S, Stavreus-Evers A, et al. 2010. Folate-mediated one-carbon metabolism and its effect on female fertility and pregnancy viability[J]. Nutrition Reviews, 68: 99-113.

Lacasse P, Vinet C M, Peticlerc D. 2014. Effects of prepartum photoperiod and melatonin feeding on milk production and prolactin concentration in dairy heifers and cows[J]. Journal of Dairy Science, 97(6): 3589-3598.

Lean I J, Rabiee A R. 2011. Effect of feeding biotin on milk production and hoof health in lactating dairy cows: A quantitative assessment[J]. Journal of Dairy Science, 94: 1465-1476.

Li H Q, Liu Q, Wang C, et al. 2016. Effects of dietary supplements of rumen-protected folic acid on lactation performance, energy balance, blood parameters and reproductive performance in dairy cows[J]. Animal Feed Science and Technology, 213(1): 55-63.

Lippolis J D, Reinhardt T A, Sacco R A, et al. 2011. Treatment of an intramammary bacterial infection with 25-hydroxyvitamin D3[J]. PLoS One, 6: e25479.

Lischer C J, Koller U, Geyer H, et al. 2002. Effect of therapeutic biotin on the healing of uncomplicated sole ulcers in dairy cattle a double blinded controlled study[J]. The Veterinary Journal, 163(1): 51-60.

Lohölter M, Meyer U, Rauls C, et al. 2013. Effects of niacin supplementation and dietary concentrate proportion on body temperature, ruminal pH and milk performance of primiparous dairy cows[J]. Archives of Animal Nutrition, 67: 202-218.

Maiese K, Chong Z Z, Hou J, et al. 2009. The vitamin nicotinamide: Translating nutrition into clinical care[J]. Molecules (Basel, Switzerland), 14: 3446-3485.

Manokaran S, Napolean R E, Selvaraj M, et al. 2018. Effect of vitamin A supplementation with Ovsynch protocol on steroid hormone profile and conception rate in repeat breeder cows[J]. Indian Veterinary Journal, 95(8): 75-77.

Manthey K C, Griffin J B, Zempleni J. 2002. Biotin supply affects expression of biotin transporters, biotinylation of carboxylases and metabolism of interleukin-2 in Jurkat cells[J]. The Journal of Nutrition, 132(5): 887-892.

Mc Carty M F. 1999. High-dose biotin, an inducer of glucokinase expression, may synergize with chromium picolinate to enable a definitive nutritional therapy for type II diabetes[J]. Medical Hypotheses, 52(5): 401-406.

Mcdowell L R. 1989. Vitamins in Animal Nutrition: Comparative Aspects to Human Nutrition[M]. London: Academic Press.

Mcdowell L R. 2000. Vitamins in Animal and Human nutrition[M]. 2nd edition. San Diego: Academic Press.

Mcdowell L R. 2012. Vitamins in Animal Nutrition: Comparative Aspects to Human Nutrition[M]. London, UK: Academic Press.

Mehta A K, Singh B P, Arora N, et al. 2010. Choline attenuates immune inflammation and suppresses oxidative stress in patients with asthma[J]. Immunobiology, 215: 527-534.

Merriman K E, Kweh M F, Powell J L, et al. 2015. Multiple β-defensin genes are upregulated by the vitamin D pathway in cattle[J]. Journal of Steroid Biochemistry and Molecular Biology, 154: 120-129.

MIC. 2017. Micronutrient Information Center [Choline], Linus Pauling Institute, Oregon State University, Corvallis, Oregon. Accessed Feb 2015.

Miller B L, Meiske J C, Goodrich R D. 1986. Effects of grain source and concentrate level on b-vitamin production and absorption in steers[J]. Journal of Animal Science, 62(2): 473-483.

Milovanova L I, Dpbrosmyslov I A, Milovanov I S, et al. 2014. Experience withactive vitamin D metabolites in phosphorus-calcium metabolic disorders in patients with predialysis chronic kidney disease[J]. Terapevticheskii Arkhiv, 86(6): 52-56.

Neill A R, Grime D W, Dawson R M. 1978. Conversion of choline methyl groups through trimethyl amine into methane in the rumen[J]. Biochemical Journal, 170: 529-535.

Nelson C D, Nonnecke B J, Reinhardt T A, et al. 2011. Regulation of Mycobacterium-specific mononuclear cell responses by 25-hydroxyvitamin D_3[J]. PLoS One, 6: e21674.

Nelson C D, Ppwell J L, Price D M, et al. 2016. Assessment of serum 25-hydroxyvitamin D concentrations of beef cows and calves across seasons and geographical locations[J]. Journal of Animal Science, 94(9): 3958-3965.

Nelson C D, Reinhardt T A, Lippolis J D, et al. 2012. Vitamin D signaling in the bovine immune system: A model for understanding human vitamin D requirements[J]. Nutrients, 4: 181-196.

Nelson C D, Reinhardt T A, Thacker T C, et al. 2010. Modulation of the bovine innate immune response by production of 1 alpha, 25-dihydroxyvitamin D_3 in bovine monocytes[J]. Journal of Dairy Science, 93: 1041-1049.

Niehoff I D, Huether L, Lebzien P, et al. 2013. The effect of a Niacin supplementation to different diets on ruminal fermentation and flow of nutrients to the duodenum of dairy cows[J]. Landbauforschung Volkenrode, 63(2): 143-154.

NRC. 1987. Vitamin Tolerance of Domestic Animals[M]. Washington D C: National Academy Press: 39.

NRC. 2001. Nutrient Requirements of Dairy Cattle[M]. 7th rev.ed. Washington D C: National Academy Press.

Norman A W. 2008. From vitamin D to hormone D: Fundamentals of the vitamin D endocrine system essential for good health[J]. American Journal of Clinical Nutrition. 88: 491S-499S

Obitz K, Furll M. 2014. Studies on oral Vitamin B_{12} supplementation in cows[J]. Wiener Tierärztliche Monatsschrift, 101(11/12): 263-272.

Olsen H G, Knutsen T M, Lewandowska-Sabat A M, et al. 2016. Fine mapping of a QTL on bovine chromosome 6 using imputed full sequence data suggests a key role for the group-specific component (GC) gene in clinical mastitis and milk production[J]. Genetics Selection Evolution, 48: 79-92.

Omur A, Kirbas A, Aksu E, et al. 2016. Effects of antioxidant vitamins (A, D, E) and trace elements (Cu, Mn, Se, Zn) on some metabolic and reproductive profiles in dairy cows during transition period[J]. Polish Journal of Veterinary Sciences, 19: 697-706.

Pan X H, Yang L, Beckers Y, et al. 2017. Thiamine supplementation facilitates thiamine transporter expression in the rumen epithelium and attenuates high-grain-induced inflammation in low-yielding dairy cows[J]. Journal of Dairy Science, 100(7): 5329-5342.

Pan X H, Yang L, Xue F G, et al. 2016. Relationship between thiamine and subacute rumen acidosis induced by a high grain diet in dairy cows[J]. Journal of Dairy Science, 99: 8790-8801.

Peterson T E, Mcdowell L R, Mcmahon R J, et al. 2004. Balance and serum concentration of biotin in sheep fed alfalfa meal-based diets with increasing level of concentrate[J]. Journal of Animal Science, 82(4): 1165-1169.

Pescara J B, Pires J A, Grummer R R. 2010. Antilipolytic and lipolytic effects of administering free or ruminally protected nicotinic acid to feedrestricted Holstein cows[J]. Journal of Dairy Science, 93: 5385- 5396.

Pickwotrh C L, Loerch S C, Fluharty F L. 2012. Restriction of vitamin A and D in beef cattle finishing diets on feedlot performance and adipose accretion[J]. Journal of Animal Science, 90: 1866-1878.

Pineda A, Drack J K, Garrett J, et al. 2016. Effects of rumen-protected niacin on milk production and body temperature of middle and late lactation Holstein cows[J]. Livestock Science, 187: 16-23.

Pires J A A, Grummer R R. 2007. The use of nicotinic acid to induce sustained low plasma nonesterified fatty acids in feedrestricted Holstein cows[J]. Journal of Dairy Science, 90: 3725-3732.

Plourde D, Vigneault C, Lemay A, et al. 2012. Contribution of oocyte source and culture conditions to phenotypic and transcriptomic variation in commercially produced bovine blastocysts[J]. Theriogenology, 116-131: e111-e113.

Poon C C W, Li R W S, Seto S W, et al. 2015. *In vitro* vitamin K_2 and $1\alpha,25$-dihydroxyvitamin D_3 combination enhances osteoblasts anabolism of diabetic mice[J]. European Journal of Pharmacology, 767: 30-40.

Potzsch C J, Collis V J, Blowey R W, et al. 2003. The impact of parity and duration of biotin supplementation on white line disease lameness in dairy cattle[J]. Journal of Dairy Science, 86: 2577-2582.

Poulsen N A, Rybicka I, Larsen L B, et al. 2015b. Short communication: Genetic variation of riboflavin content in bovine milk[J]. Journal of Dairy Research, 98: 3496-3501.

Poulsen N A, Rybika I, Ppulsen H D, et al. 2015a. Seasonal variation in content of riboflavin and major minerals in bulk milk from three Danish dairies[J]. International Dairy Journal, 42: 6-11.

Powers H J. 2003. Riboflavin (vitamin B_2) and health[J]. American Journal of Clinical Nutrition, 77: 1352-1360.

Preynat A, Lapierre H, Thivierge M C, et al. 2009. Influence of methionine supply on the response of lactational performance of dairy cow s to supplementary folic acid and vitamin B_{12}[J]. Journal of Dairy Science, 92(4): 1685-1695.

Ragaller V, Lenizen P, Bigalke W, et al. 2010. Effects of folic acid supplementation to rations differing in the concentrate to roughage ratio on ruminal fermentation, nutrient flow at the duodenum, and on serum and milk variables of dairy cows[J]. Archives of Animal Nutrition, 64: 484-503.

Rahayu S, Prasdini W A, Diati M S, et al. 2019. Malondialdehyde (MDA) level and protein profile of serum after calving towards the provision of selenium-vitamin E tm on dairy cow frisian holstein (FH)[C]. Journal of Physics: Conference Series. IOP Publishing, 1146(1): 012026.

Rezende L R, Delgado E F, Junior A R L, et al. 2013. Expression of 1 alpha-HYDand24-HYD in bovine kidney mediated by vitamin D[J]. Genetics and Molecular Research, 12(4): 6611-6618.

Rivera J D, Duff G C, Galyean M L. 2002. Effects of supplement vitamin E on performance, health, and humoral immune response of beef cattle[J]. Journal of Animal Science, 80(4): 933-941.

Rosendo O, Staples C R, Mcdowell L R, et al. 2004. Effects of biotin supplementation on peripartum performance and metabolites ofHolstein cows[J]. Journal of Dairy Science, 87(8): 2535-2545.

Rungruang S, Collier J L, Rhoads R P, et al. 2014. A dose-response evaluation of rumen-protected niacin in thermoneutral or heat-stressed lactating holstein cows[J]. Journal Dairy Science, 97: 5023-5034.

Samanta A K, Kewalramani N, Kaur H. 2000a. Effect of niacin supplementation on VFA production and microbial protein synthesis in cattle[J]. Indian Journal of Dairy Science, 53(2): 150-153.

Samanta A K, Kewalramani N, Kaur H. 2000b. Influence of niacin supplementation on in vitro rumen fermentation in cattle[J]. Indian Journal of Animal Nutrition, 17(3): 243-245.

Santschi D E, Chiquette J, Berthiaume R, et al. 2005. Effects of the forage to concentrate ratio on B-vitamin concentrations in different ruminal fractions of dairy cows[J]. Canadian Journal of Animal Science, 85: 389-399.

Schwab E C, Schwab C G, Shaver R D, et al. 2006. Dietary forage and nonfiber carbohydrate contents influence B-vitamin intake, duodenal flow, and apparent ruminal synthesis in lactating dairy cows[J]. Journal of Dairy Science, 89: 174-187.

Seck M, Linton J A V, Allen M S, et al. 2017. Apparent ruminal synthesis of B vitamins in lactating dairy cows fed diets with different forage-to-concentrate ratios[J]. Journal of Dairy Science, 100: 1914-1922.

Shaver R D, Bal M A. 2000. Effect of dietary thiamin supplementation on milk production by dairy cows[J]. Journal of Dairy Science, 83: 2335-2340.

Shingfield K J, Salo V, Pahkala E, et al. 2005. Effect of forage conservation method, concentrate level and propylene glycol on the fatty acid composition and vitamin content of cows' milk[J]. Journal of Dairy Research, 72: 349-361.

Sobiech P, Żarczyńska K, Rękawek W, et al. 2015. Effect of parenteral supplementation of selenium and vitamin E on selected blood biochemical parameters in HF cows during the transition period[J]. Med. Wet, 71(11): 657-

728.

Solouma G M, Kholif A M, Hamdon H A, et al. 2014. Blood components and milk production as affected by supplementing ration with thiamin in Ewe Sohagi sheep[J]. Life Science Journal, 11: 60-66.

Sordillo L M, O'Boyel N, Candy J C, et al. 2007. Shifts in thioredoxin reductase activity and oxidant status in mononuclear cells obtained from transition dairy cattle[J]. Journal of Dairy Science, 90: 1186-1192.

Sorenson C E, Hippen A R, Schingoethe D J, et al. 2001. Rumen inert lipids and glucose precrsors lessen prepartum feed intake depression and improve carbohydrate status in periparturient dairy cows[J]. Journal of Dairy Science, 84: 10-18.

Sorge U S, Molitor T, Linn L, et al. 2013. Cow-level association between serum 25-hydroxyvitamin D concentration and *Mycobacterium avium* subspecies paratuberculosis antibody seropositivity: A pilot study[J]. Journal of Dairy Science, 96: 1030-1037.

Stone W C. 2004. Nutritional approaches to minimize subacute ruminal acidosis and laminitis in dairy cattle[J]. Journal of Dairy Science, 87(E.Suppl.): E13-E16.

Subramanya S B, Subramanian V S, Said H M. 2010. Chronic alcohol consumption and intestinal thiamin absorption: effects on physiological and molecular parameters of the uptake process[J]. Am J Physiol Gastrointest Liver Physiol, 299: 23-31.

Sun F F, Cao Y C, Cai C, et al. 2016. Regulation of nutritional metabolism in transition dairy cows: Energy homeostasis and health in response to post-ruminal choline and methionine[J]. PLoS ONE, 11: 160-659.

Sunandhadevi S, Nehru P A, Muniyappan N. 2016. Clinical management of infectious bovine kerato conjunctivitis in a cow[J]. Intas Polivet, 17(2): 366-368.

Swecker W S, Hunter K H, Shanklin R K, et al. 2008. Parenteral selenium and vitamin E supplementation of weaned beef calves[J]. Journal of Veterinary Internal Medicine, 22(2): 443-449.

Tafij M, Schollenberger M, Feofilowa J, et al. 2006. Relationship between thiamine concentration and fermentation patterns in the rumen fluid of dairy cows fed with graded concentrate levels[J]. Journal of Animal Physiology and Animal Nutrition, 90(7/8): 335-343.

Tellez-Perez A D, Alva-Murillo N, Ochoa-Zarzosa A, et al. 2012. Cholecalciferol (vitamin D) differentially regulates antimicrobial peptide expression in bovine mammary epithelial cells: Implications during Staphylococcus aureus internalization[J]. Veterinary Microbiology Journal, 160: 91-98.

Tafaj M, Zebeli Q, Schollenberger M, et al. 2004. Effect of the grass silage particle size offered as TMR on the ruminal thiamine concentration in high-yielding dairy cows[J]. Journal of Animal and Feed Sciences, 13(1): 219-222.

Vagni S, Saccone F, Pinotti L, et al. 2011. Vitamin E bioavailability: Past and present insights[J]. Food Nutrition Science, 2: 1088-1096.

Vailati-Riboni M, Zhou Z, Jacometo C B, et al. 2017. Supplementation with rumen-protected methionine or choline during the transition period influences whole-blood immune response in periparturient dairy cows[J]. Journal of Dairy Science, 100(5): 3958-3968.

Vos M, Esposito G, Edirisinghe J N, et al. 2012. Vitamin K_2 is a mitochondrial electron carrier that rescues pink1 deficiency[J]. Science, 336: 1306-1310.

Veth M J D, Artegoitia V M, Campagna S R, et al. 2016. Choline absorption and evaluation of bioavailability markers when supplementing choline to lactating dairy cows[J]. Journal of Dairy Science, 99: 1-13.

Wang C, Liu Q, Guo G, et al. 2016. Effects of dietary supplementation of rumenprotected folic acid on rumen fermentation, degradability and excretion of urinary purine derivatives in growing steers[J]. Archives of Animal Nutrition, 70(6): 441-454.

Wang C, Liu Q, Huo W J, et al. 2017. Effects of different dietary protein levels and rumen-protected folic acid on ruminal fermentation, degradability, bacterial populations and urinary excretion of purine derivatives in beef steers[J]. Journal of Agricultural Science, 155: 1477-1486.

Wang D M, Zhang B X, Wang J K, et al. 2018. Effect of dietary supplements of biotin, intramuscular injections of vitamin B_{12}, or both on postpartum lactation performance in multiparous dairy cows[J]. Journal of Dairy Science, 101(9): 7851-7856.

Wang H R, Pan X H, Wang M Z, et al. 2015. Effects of different dietary concentrate to forage ratio and thiamine supplementation on the rumen fermentation and ruminal bacterial community in dairy cows[J]. Animal Production Science, 55: 189-193.

Weiss W P. 1995. Effect of forage to concentrate ratio on disappearance of vitamin A and E during *in vitro* ruminant fermentation[J]. Journal of Dairy Science, 78: 1837-1842.

Wiese A C, Johnson B C, Nevens W B. 1946. Biotin deficiency in the dairy calf [J]. Experimental Biology and Medicine, 63(3): 521-522.

Wrinkle S R, Robinson P H, Garrett J E. 2012. Niacin delivery to the intestinal absorptive site impacts heat stress and productivity responses of high producing dairy cows during hot conditions[J]. Animal Feed Science and Technology, 175: 33-47.

Yang Z Q, Bao L B, Zhao X H, et al. 2016. Nicotinic acid supplementation in diet favored intramuscular fat deposition and lipid metabolism in finishing steers[J]. Experimental Biology and Medicine, 241: 1195-1201.

Yildiz A, Balikci E, Gurdogan F. 2015. Effect of injection of vitamin e and selenium administered immediately before the ovsynch synchronization on conception rate, antioxidant activity and progesterone levels in dairy cows[J]. FÜ Sağ Bil Vet Derg, 29: 183-186.

Yu B L, Zhao S P. 2007. Anti-inflammatory effect is an important property of niacin on atherosclerosis beyond its lipid-altering effects[J]. Medical Hypotheses, 69: 90-94.

Yuan K, Shaver R D, Bertics S J, et al. 2012. Effect of rumen-protected niacin on lipid metabolism, oxidative stress, and performance of transition dairy cows[J]. Journal of Dairy Science, 95: 2673-2679.

Zaabel S M. 2003. Effects of periparturient injection of vitamin B$_2$ on the neutrophil functions and postparturient reproductive performance in pregnant dairy cows[J]. Assiut Veterinary Medical Journal, 49(96): 275-282 (Abstract).

Zang Y, Samii S S, Myers W A, et al. 2019. Methyl donor supplementation suppresses the progression of liver lipid accumulation while modifying the plasma triacylglycerol lipidome in periparturient Holstein dairy[J]. Journal of Dairy Science, 102(2): 1224-1226.

Zeisel S H, Cprbin K D. 2012. Choline[M]. *In*: Erdman Jr J W, MacDonald IA, Zeisel S H. Present Knowledge in Nutrition. 10th edn. New York: Wiley: 405-418.

Zeisel S H, Da Costa K A. 2009. Choline: an essential nutrient for public health[J]. Nutrition Reviews, 67(11): 615-623.

Zenobi M G, Scheffler T L, Zuniga J E, et al. 2018. Feeding increasing amounts of ruminally protected choline decreased fatty liver in nonlactating, pregnant Holstein cows in negative energy status[J]. Journal of Dairy Science, 101(7): 5902-5923.

Zhou Z, Ferdous F, Montanger P, et al. 2018. Methionine and choline supply during the peripartal period alter polymorphonuclear leukocyte immune response and immunometabolic gene expression in Holstein cows[J]. Journal of Dairy Science, 101: 1-9.

Zhu E, Fang L, Subramanian V, et al. 2015. Lipopolysaccharide and cytokines inhibit thiamine uptake and thiamine transporter gene expression in C2c12 myoblasts[J]. American Journal of Respiratory and Critical Care Medicine, 191: 4361. (Abstract)

Zhu H, Luo H L, Meng H, et al. 2009. Effect of vitamin E supplementation on development of reproductive organs in Boer goat [J]. Animal Reproduction Science, 113: 93-101.

Zimbelman R B, Baumgard L H, Collier R J. 2010. Effects of encapsulated niacin on evaporative heat loss and body temperature in moderately heat-stressed lactating Holstein cows[J]. Journal of Dairy Science, 93: 2387-2394.

Zimbelman R B, Collier R J, Bilby T R. 2013. Effects of utilizing rumen protected niacin on core body tempera-ture as well as milk production and composition in lactating dairy cows during heat stress[J]. Animal Feed Science and Technology, 180: 26-33.

Zimmerly C A, Weiss W P. 2001. Effects of supplemental dietary biotin on performance of Holstein cows during early lactation[J]. Journal of Dairy Science, 84(2): 498-506.

Zinn R A, Owens F N, Stauart R L, et al. 1987. B-vitamin supplementation of diets for feedlot calves[J]. Journal of Animal Science, 65(1): 267-277.

第八章　奶牛的矿物质代谢与营养需要

矿物质元素虽然在奶牛机体中占有的比例很少，但是从奶牛生长、繁育、妊娠到泌乳都离不开它们的作用。本章将首先介绍奶牛矿物质元素营养，随后对 7 种常量矿物质元素和 17 种微量矿物质元素逐一进行阐述，最后简要介绍矿物质阴阳离子平衡对奶牛的影响。

第一节　奶牛矿物质元素营养

矿物质在维持动物机体健康、形成动物产品和保证动物繁育等生命活动中发挥着重要的作用。现有研究表明至少有 24 种矿物质元素为维持奶牛正常生命活动所必需或者潜在必需的元素。依据动物所需要的量分为常量元素和微量元素，常量元素与微量元素是相对而言的。常量元素一般是指在动物体内含量不低于 0.01% 的元素，而微量元素则是含量低于 0.01% 的元素。常量元素为钙、磷、钠、钾、镁、氯和硫共 7 种，必需微量元素包括铜、锰、锌、铁、钴、碘和硒共 7 种，潜在必需微量元素包括钼、铬、硼、锂、镍、硅、钒、铝、砷和锡共 10 种。另外，还有氟、镉、铅和汞被认为是奶牛潜在毒性微量元素。钙和磷是常见的常量矿物元素，其在动物体内的含量分别约为 15g/kg 和 10g/kg；部分必需微量元素和潜在必需元素在动物体内含量非常低，在实际生产中几乎不出现缺乏。

另外，也可以根据元素的带电性和价数将其分为阳离子，包括钙、镁、钠、钾、铁、锌和锰等，或阴离子，包括磷、硫、氯、碘和氟等。这种分类描述了它们在营养中重要的物理和化学属性，以便于在日粮配方制订时根据其属性进行配合。例如，钠和钾这样的单价阳离子有很高的吸附性，它们之间存在着很重要的相关关系；相反，类似钙、镁和锌这样的二价阳离子吸收率就很低。日粮中阴阳离子的差值，不仅影响营养物质的吸收利用，还会改变奶牛体内酸碱平衡稳态、产犊期间的离子稳态，甚至生产性能。

一、矿物质元素功能简介

（一）结构特点

矿物质元素是构成机体器官和组织的重要结构成分，如钙、磷和镁等矿物质元素；骨骼和牙齿中的硅；以及肌肉蛋白中的磷和硫。锌和磷等矿物质不仅能够促进细胞膜和分子结构的稳定性，还是其重要的组成部分。

（二）生理功能

矿物质以电解质的形式存在于体液和组织中，与维持机体渗透压、酸碱平衡、膜通透性和神经冲动传递等功能有关。血液、脑脊液和胃液中的钠、钾、氯、钙和镁等矿物质就发挥着这种作用。

（三）催化作用

矿物质元素是金属酶和激素结构的重要组成部分和特殊成分，可以在酶和内分泌系统中作为催化剂或激活剂。这些金属酶和辅酶所涉及的生命活动可以是合成代谢或分解代谢，氧化或抗氧化过程。例如，铜是多种铜酶和铜蛋白的重要组成部分，参与细胞色素氧化酶电子转移过程，并以 CuZnSOD 的形式参与抗氧化过程。在金属酶中，金属以固定数量原子的形式牢固附着在蛋白质部分上；如果酶活性不丧失，金属就不会被移除。

（四）调节功能

矿物质元素能够调节细胞的增殖和分化，如钙离子作为第二信使可以影响信号传导；硒代半胱氨酸可以影响细胞基因转录，以至于被提名为"第 21 种氨基酸"；三碘甲状腺原氨酸是甲状腺素发挥关键代谢功能的实现形式。

随着生物化学分析方法敏感性的提高和对奶牛营养认识的加深，对各种元素营养功能和消化利用的研究也逐渐深入。表 8-1 列出了奶牛各种常见必需及潜在必需矿物质元素需要量确定的年份和主要功能。

表 8-1　奶牛必需矿物质元素

矿物质	元素符号	NRC需要量[1]	奶牛体内比重（%）	功能简介
常量矿物质元素				
钙	Ca	1945 年	1.2	骨骼成分、主要的乳成分、细胞信号、肌肉和神经功能、酶激活与调控
氯	Cl	1971 年	0.10	酸平衡、水稳态、胃酸分泌、细胞氧转运
镁	Mg	1945 年[2]	0.05	酶激活及底物结合、骨骼成分、肌肉和神经功能、细胞膜稳态
磷	P	1945 年	0.7	构成骨骼、酸平衡、能量代谢、主要的乳成分、细胞膜、核酸、纤维降解（微生物需要）
钾	K	1971 年	0.17	酸平衡、水稳态、肌肉和神经功能、酶辅因子、营养转运、主要的乳成分
钠	Na	1971 年	0.14	酸平衡、水稳态、肌肉和神经功能、营养转运、瘤胃 pH 调控
硫	S	1971 年	0.15	氨基酸和维生素合成（微生物和动物机体需要）、软骨合成、酸平衡、瘤胃发酵和纤维降解（微生物需要）
微量矿物质元素				
铬	Cr	无[3]		胰岛素活性增强、脂质动员、免疫功能、甲状腺激素合成
钴	Co	1971 年		维生素 B_{12} 合成（微生物需要），可能涉及造血作用
铜	Cu	1971 年		许多酶的辅因子（氧化还原、抗氧化、铁代谢）、红细胞生成、胶原蛋白形成、免疫功能、基因调节
碘	I	1950 年[4]		甲状腺激素成分，可能对免疫功能有独立影响
铁	Fe	1971 年		氧转运，涉及能量代谢细胞色素和酶的辅因子、抗氧化酶
锰	Mn	1966 年		软骨合成，涉及脂质、氨基酸和碳水化合物酶的辅因子、抗氧化酶
钼	Mo	无[3]		氧化还原酶的辅因子
硒	Se	1971 年		抗氧化酶、花生四烯酸代谢、免疫功能
锌	Zn	1971 年		许多酶的辅因子、蛋白质合成、基因调节、免疫功能

续表

矿物质	元素符号	NRC需要量[1]	奶牛体内比重（%）	功能简介
微量矿物质元素				
砷	As			功能未知，但是可能是酶的辅因子，能够增加山羊产奶量
氟	F			骨骼和牙齿发育
硅	Si			软骨发育
镍	Ni			一些微生物酶的辅因子，具体功能未知，但是促进牛生长
钒	V			葡萄糖代谢，可能涉及胰岛素活性，补充后可增加奶牛产奶量

注：1. 营养需要被 NRC 制定的年份；2. 制定了犊牛需要量，而不是成年奶牛；3. 被认为是必需元素，但是需要量暂时未定；4. 只有特定地区推荐补充

资料来源：Weiss，2017；Miller，1979

二、矿物质元素研究方法

动物矿物质营养需要量的研究方法多种多样，从方法论上可分为梯度饲养法和析因法。

（一）梯度饲养法

通常是在日粮本身含有量的基础上，添加不等梯度的供试元素，形成日粮供试元素含量在一定范围的梯度（此梯度范围可根据已有研究成果和本地生产实践确定），按单项或综合反应指标，通过对动物生长和生产性能及健康状况的观测判定最佳补加量，即定为需要量，同时可以推断出最低需要量。梯度饲养法在最佳需要量的判定上主要有两种方法：第一，比较不同供试元素水平对特定敏感指标（存留率、体增重、单位体重饲料消耗、血清矿物质元素含量和血液碱性磷酸酶活性等）的影响，在不同水平中找出对试验目标最有利的添加量即为需要量，此种判定方法较粗略，只能在所设的不同梯度中选择最优添加量；第二，经过梯度饲养试验，建立以特定敏感指标为因变量，供试元素水平为自变量的回归关系，根据实际情况由回归关系式求出最大或最小值，即可确定供试元素的最佳需要量，此种方法也是比较经典并且简单有效的营养需要测定方法，在国内也被大多数研究者所采纳。

（二）析因法

以营养素在动物体内的代谢机理为基础的方法，它将动物营养素的净需要量分解为维持需要量（内源损失）和生产需要量，然后根据营养素的生物学利用率将需要量公式化，从而可以确定不同体重和不同生产水平动物的营养需要量。析因法测得的是一个将营养物质的供给量、组织的沉积量和动物生产水平联系起来的动态需要量模型，根据动物不同的生产水平便可以推算出其合适的营养需要量。利用析因法测定矿物质的需要量有其独特的优势：其一是应用常规的平衡试验和比较屠宰试验，比较容易地获得矿物质生物学利用率与存留量等参数，并建立其数量关系；其二是在确定总需要

量时，不仅可随生产强度、生产内容改变而变化，而且还可以随不同饲料类型中矿物质利用率的变化而变化，如当针对同样生长生产性能的动物更换饲料时，只需测定新饲料的利用率就可求出动物对这些元素的总需要量，从而增加了需要量体系应用的灵活性和普适性。

从国内外大量文献来看，对钙、磷、镁、钠、钾、硒、锌、锰和铁等矿物质元素的需要量研究，常采用析因法；而对诸如硫、铜和碘等微量元素，由于它们在动物体内代谢过程非常复杂，它们的需要量研究更多地依赖于功能性模型预测。

三、影响奶牛矿物质元素需要量的因素

奶牛的日粮种类、年龄、生理阶段、生长地区和矿物质元素的补充形式等都会对矿物质元素的需要量有显著的影响。

（一）日粮类型

奶牛采食的粗饲料是其矿物质摄入的重要来源，因此矿物质摄入量受粗饲料植物类型及其种子矿物质含量的影响。植物的矿物质含量很大程度上依赖于 4 个因素：植物的基因型、土壤环境、生长天气和植物成熟度。对于不同的矿物质来说，这些因素的重要性是不同的，同时这些因素之间也存在交互作用，从而对饲料中矿物质含量产生综合影响。另外，肥料、土壤改良剂、灌溉、作物轮作和间作等生产措施也会对饲料中的矿物质产生影响。

（二）矿物质的存在形式

矿物质元素的存在形式对其吸收利用效率具有很大影响，目前奶牛中常用的矿物质元素补充原料有无机和有机两种形式。尽管无机元素生物学利用率低，但是价格便宜，导致有人认为可以通过超量添加来满足奶牛的营养需要。但是，有研究发现，矿物质元素在动物体内的吸收代谢受到稳衡机制的调控；胃肠道可能是元素调控的重要场所，胃肠道吸收与内源分泌是机体稳衡调控的主要方式。当某矿物质元素超量添加时，吸收减少，内源排出增加，以达到营养平衡；但是，这不仅会影响其他营养物质的吸收利用，还会引起机体氧化损伤，并对环境造成压力。然而，相对于无机元素，有机元素（特别是有机微量元素）具有安全性强、稳定性好和生物学利用率高等优点，能够有效避免对其他营养的氧化破坏，具有一定的降成本、避颉颃和减排放等作用。

四、矿物质元素之间的交互作用

矿物质元素在奶牛体内并不是孤立存在的，而是有着错综复杂的交互联系。不论是常量元素之间、微量元素之间，还是常量与微量元素之间都存在着相互作用；归结起来这种作用主要表现在两个方面：协同性与颉颃性。这种交互作用，有些在日粮配制过程中就已经出现了，但主要还是发生在奶牛体内消化吸收、组织器官代谢和其他生命过程中。

（一）矿物质元素间协同作用

一般意义上，协同作用是指矿物质元素在奶牛消化吸收过程中，起着相互增进的作用；在组织细胞内，相互协调配合行使代谢功能（图8-1）。通常情况下，增加日粮中某种元素的水平会极大地改变另一种元素在机体组织和体液中的分布。这种协同作用在消化道内主要表现为以下几个方面。

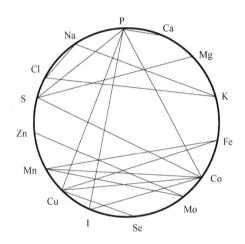

图 8-1 矿物质元素间协同作用示意图

第一，矿物质元素比例协调的日粮可以促进消化吸收：如日粮中的钙与磷、钠与氯、锌与钼等。

第二，食糜中的磷、锌和钴可以相互作用从饲料中释放出来，调节肠壁内的磷酸化过程和消化酶活性，并协调其他元素在消化道的吸收。

第三，通过刺激胃肠道微生物的生长和活性，来间接促进消化吸收；如钴可以刺激瘤胃微生物的生长，并使其生物合成过程相应增强。

在组织细胞内的协同作用主要表现为以下几个方面。

第一，在组织结构形成过程中，各种元素间协同作用：如钙和磷共同形成骨骼中的羟灰石结晶，锌与铜共同参与形成红细胞，锰与锌共同构成 RNA 分子结构。

第二，某些元素同时参与酶的活性中心或激酶系统：如黄嘌呤和醛氧化酶中的铁与钼，细胞色素氧化酶中的铜与铁，镁离子激活合成酶的过程也需要磷、硫和其他元素的参与。

第三，激活内分泌器官，借助激素影响其他元素的代谢：如碘激活甲状腺素后可以增强机体合成代谢，促进钾和镁的存留。

（二）矿物质元素间颉颃作用

颉颃作用是指在奶牛消化吸收过程中，元素之间彼此具有抑制作用，并对它们在机体内发挥生物化学功能，彼此之间产生相互对立的影响（图8-2）。这种颉颃作用在消化道内主要表现为以下几个方面。

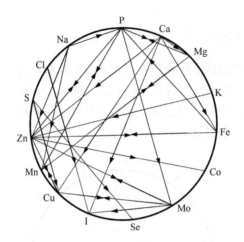

图 8-2　矿物质元素间颉颃作用示意图

→单方面作用　⇄相互间作用

第一，元素之间产生简单的化学反应从而抑制吸收：如日粮中较高浓度的钙，可以形成 Ca-P-Zn 三盐，使这三种元素均难以吸收；日粮中过多的硫会与铜产生硫化铜，从而降低铜的吸收利用率。

第二，某种元素固定在另一种元素胶体粒子表面从而抑制吸收：如锰与铁会固定在非溶性的镁或铝盐表面，因而抑制锰和铁在消化道的吸收。

第三，某些元素会形成具有抗代谢作用的抑制离子：如硼、铅和铊等会影响消化道壁内氧化磷酸化作用、消化液分泌和消化酶的活性，从而干扰饲料营养成分的分解与无机离子的释放。

第四，在肠壁上，某些离子会竞争作为物质运输载体的离子，如钴和铁等。

这种颉颃作用在组织细胞内主要表现为以下几个方面。

第一，无机离子之间直接颉颃：如铜与钼的关系，提高其中一种元素在日粮中的含量就会引起另一种元素在组织细胞中含量的下降。

第二，元素离子间竞争酶系统的活性中心：如在碱性磷酸酶、胆碱酯酶和烯醇酶等金属镁络合物中镁离子与锰离子的竞争。

第三，血液中载体物质可与多种元素形成键合作用，从而引起参与同一载体键合反应元素之间的颉颃，如铁和锌竞争性地与血浆中转铁蛋白进行键合作用。

第四，酶体系中离子的反向功能激活：如铜离子能激活抗坏血酸氧化酶，促进抗坏血酸的氧化分解；锌与锰离子会激活促进抗坏血酸合成的内酯酶。

第二节　常量矿物质元素

一、钙

（一）钙的来源

奶牛机体中的钙主要来源于饮水、牛奶和饲料。由于水中矿物质的含量会影响水质和口感，一般奶牛饮水中以碳酸钙含量计算的总硬度不超过 450mg/L。犊牛采食的牛乳和代乳粉中富含钙源，并且吸收率也很高，其表观吸收率为 83%～95%。

在粗饲料中，尤其豆科植物是奶牛优质的钙源。温带和热带豆科植物平均钙含量分别约为 14.2g/kg DM 和 10.1g/kg DM，所以整个植株钙含量分别为 3.7g/kg DM 和 3.8g/kg DM。一般情况下，植物叶片的钙含量是茎秆的 2 倍，在施用了氮肥的草地上钙含量会增加；随着植物的不断成熟，钙含量会逐渐降低。与成熟的干草相比，以青贮形式保存的牧草中含有更多的钙（6.4g/kg DM vs. 5.6g/kg DM）。苜蓿青贮钙含量很高，但是变异范围也很广（13.5～24.0g/kg DM）；玉米青贮钙含量一般比较低，只有 1.4～3.0g/kg DM；块根类作物和秸秆钙含量为 3.0～4.0g/kg DM；另外，多叶植物钙含量较高，一般为 10～20g/kg DM。在成年奶牛日粮中主要的钙源有碳酸氢钙、碳酸钙和氯化钙等形式的无机钙源及以脂肪酸钙和葡萄糖酸钙等形式的有机钙源。脂肪酸钙在提供钙源的同时，对奶牛产奶量和乳成分均有一定的改善作用。有研究报道奶牛产后灌服无机钙的胃肠道吸收率显著低于有机钙，奶牛对葡萄糖酸钙中有效钙的利用率是碳酸钙和氯化钙的 2 倍以上。

（二）钙在奶牛体内的分布

正常情况下骨骼和牙齿钙含量占总钙量的 98%～99%。成年奶牛血钙含量为 9～10mg/dL，犊牛略高。血液中 40%～45% 的钙主要与血浆蛋白中的白蛋白结合，约 5% 的钙与类似于柠檬酸盐的有机成分或者无机元素结合；另外，45%～50% 的钙以可溶性的离子形式存在。由于骨钙和血钙的不断交换，成年动物骨钙中 3%～5% 处于动员状态，而幼龄动物可达 9%～11%。

在牛奶中钙的浓度为 30mmol/L 左右，一般含量为 90～130mg/dL；由于奶牛品种的不同乳钙含量差异较大。根据最近的调查结果显示，在中国不同地区内娟姗牛乳钙含量较高，一般高于 120mg/dL；西门塔尔牛次之，120mg/dL 左右；荷斯坦牛乳钙含量最低，117mg/dL 左右。在同种荷斯坦奶牛中，不同胎次和挤奶时间均会影响乳钙含量，且乳钙含量与乳蛋白和乳脂肪可能存在正相关关系。

粪便中钙的排出量为 30～40g/d，在尿中则为 0.1～1.0g/d。此外，钙还广泛存在于体组织、消化液和毛发中。

钙在奶牛体内的分布不是一成不变的，也是处于一个动态平衡之中，动物的生理阶段和维生素水平对机体钙含量和分布存在显著影响。钙与其他矿物质元素，诸如磷和镁等，存在明显的协同和颉颃作用；其他矿物质元素的摄取和吸收也会影响钙在机体内的分布和排出。

（三）钙的生理功能

（1）机体骨骼和牙齿主要的组成成分。动物机体利用 Ca^{2+} 和 PO_4^{3-} 进行钙化，形成羟磷灰石和磷酸钙，作为骨骼和牙齿中主要的无机成分。

（2）调节体内酶活。凝血过程需要众多的酶参与，血液中的 Ca^{2+} 对酶的激活起重要作用。凝血酶是由血小板分泌的凝血酶原在促凝血酶原激酶、Ca^{2+}、磷脂和其他因子的激活下产生活性，从而起到生理止血的作用。此外，Ca^{2+}还可以激活 ATP 酶、淀粉酶、胰蛋白酶、磷酸化激酶、肪脂酶和蛋白水解酶等。

（3）信号传导功能。Ca^{2+}作为第二信使，在信号传导中至关重要。一般情况下，Ca^{2+}先和细胞质中的钙调蛋白结合形成 $Ca^{2+}\cdot CaM$ 复合物，接着激活依赖于 CaM 的蛋白激酶，使底物蛋白磷酸化，从而发挥调节作用。但是在骨骼肌中，Ca^{2+}与肌钙蛋白结合即可引发肌肉收缩。

（4）其他功能。钙还能够调整心律，降低毛细血管和细胞膜的通透性，维持体内酸碱平衡；钙与肠道内的胆汁酸和脂肪酸结合生成钙皂，能够缓和肠道应激；钙还可以调控新陈代谢、激素分泌和细胞增殖等多种生理活动。

（四）钙的消化吸收、转运及调节、排泄及稳态

1. 钙的消化吸收

反刍动物对钙的吸收主要发生在瘤胃、真胃和大肠，部分经十二指肠和空肠吸收。瘤胃中钙吸收率变化较大，在日粮钙源缺乏、各种元素不平衡时，吸收率仅为 2%；当钙源充足、元素平衡时，钙吸收率可达 32%。大肠中钙吸收率一般为 20%～25%。钙的吸收是主动转运过程，也可以靠被动扩散而吸收。由于钙是以离子形式在酸性环境中被吸收，因此影响胃肠道酸性环境的因素，均不利于钙的吸收。

动物的年龄、生理状态、对钙的需要量、钙的进食量、钙代谢状况、钙的来源，以及各种矿物质元素之间的互作等都会影响钙的吸收。尽管美国农业和食品研究委员会（Agricultural and Food Research Council）将 0.68 作为计算奶牛日粮的钙吸收率，但是在混合日粮中使用单一吸收率是不精确的。在 NRC（2001）的模型中，对不同钙源的吸收率分别进行了定义。NRC（2001）认为粗饲料中钙吸收率约为 30%，精饲料中钙吸收率约为 60%，含钙矿物质元素补充剂中钙吸收率为 70%～95%。有研究结果表明，随着年龄的增加，钙的实际吸收率不断下降，从哺乳犊牛的 98%，下降到老龄牛的 22%。也有研究发现无机钙的利用效率大于有机钙，但是这种钙来源的差异往往会被年龄变化引起的差异而掩盖。

2. 钙的转运及调节

动物从消化道中吸收的钙通过门静脉进入肝，随后又由肝进入外围血液，分配至各个组织器官。

甲状旁腺激素、降钙素和 1,25-二羟维生素 D_3 是直接参与调节钙和磷代谢的三种主要激素。甲状旁腺激素的主要作用是升高血钙和降低血磷，是调节血钙和血磷水平的重要激素。其作用于肾可以促进对钙的重吸收，使尿钙减少，血钙升高；其作用于骨骼则是刺激破骨细胞的活动，促进骨组织中钙的溶血，使钙和磷进入血液中；作用于小肠则是通过促进 1,25-二羟维生素 D_3 的合成来增加对钙和磷的吸收。降钙素的主要作用则是降低血钙和血磷，其受体主要分布在骨骼和肾中。降钙素可以抑制破骨细胞的活动，使溶骨过程减弱，同时还可以使成骨过程增强，骨组织中的钙和磷沉积增加，而血中钙和磷水平降低。在肾中降钙素可以减少肾小管对钙、磷、钠及氯离子的重吸收，因此可以

增加这些离子在尿液中的排出量。1,25-二羟维生素 D_3 的作用与甲状旁腺激素类似，并且 1,25-二羟维生素 D_3 还可以增强甲状旁腺激素的作用。当 1,25-二羟维生素 D_3 缺乏时，甲状旁腺激素对骨的作用就会明显减弱。

3. 钙的排泄

泌乳奶牛体内的钙代谢可参照示意图 8-3。饲料中未被利用的钙和主要来自于肠道黏液中的内源性钙都随粪便排出；尿中排出的钙含量很小，因为血钙经肾小球过滤后约 99% 滤出的钙都可以被肾曲细管重吸收。对于泌乳奶牛，钙的主要排出方式为通过乳液排出，乳中钙的浓度一般为 30mmol/L 左右。Rahman 等（2014）研究发现随着钙摄入量的梯度增加，粪钙、乳钙、总钙排泄和钙平衡显著增加，但是尿钙却显著降低。

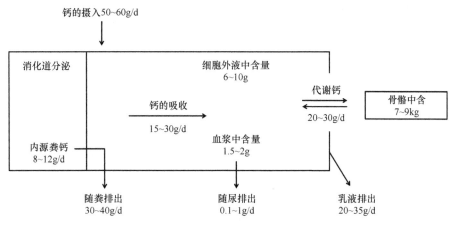

图 8-3　泌乳母牛钙的代谢（改编自冯仰廉，2004）

4. 血钙稳态

在正常情况下，奶牛通过钙稳态调节机制使血钙维持在 9～10mg/dL。但是在产犊后，由于大量的钙通过泌乳而排出，血钙浓度下降到 5mg/dL 以下，钙稳态调节丧失，就会导致低血钙和产乳热的发生。虽然产乳热比较容易治疗，但是由于血钙较低，胎衣不下、皱胃移位和乳房炎等紊乱性疾病在此时期也比较易发，因此可以在产犊时口服钙制剂或者外源注射维生素 D 和甲状旁腺激素来治疗和防止低血钙的发生。虽然有报道称产前饲喂低钙日粮可以预防产乳热的发生，但是产前日粮钙的最佳浓度尚未确定。Goings 等（1974）和 Boda（1954）研究发现至少在产前 10 天内，每天每头牛饲喂小于 15g 钙的日粮，可以降低产乳热的发病率。但是 Kronqvist（2011）研究发现，当日粮中钙含量分别为 0.49%、0.93% 和 1.36%（DM）时，对产后低血钙和产乳热发病率并没有显著影响。另外，有研究发现，当产前每头牛日粮中钙含量高于 150g/d，并添加阴离子盐可以成功阻止低血钙的发生。在给奶牛进行钙制剂补充时，需要注意甲酸钙可能会引起皱胃黏膜出血和炎症，并不适用于低血钙的预防和治疗。

5. 乳钙稳态

钙在维持乳腺的生理和正常功能中起着重要的作用。钙稳态有助于泌乳功能的正常进行，细胞内的钙离子作为第二信使还可以促进细胞的增殖、分化和凋亡过程；一旦钙代谢发生紊乱，那么乳腺就会进入病理状态。细胞内的低钙浓度有助于避免细胞凋亡的发生，这与细胞内高尔基体和内质网对钙的贮存和转运有关。日粮中氯化钙的添加可以减少临产母牛产前饲粮阴阳离子差值，从而一定程度上能够降低产后母牛乳房水肿的发病率。

（五）奶牛对钙的需要量

总体上讲，奶牛对细胞外液钙的需要主要用于维持、生长、妊娠和泌乳的需要。

1. 维持需要

根据 NRC（2001）报道，非泌乳奶牛对可吸收钙的维持需要量为 0.0154g/kg 体重；而泌乳期奶牛的维持需要增加到 0.031g/kg 体重，这个增加主要反映了干物质采食量对钙消化时小肠钙分泌的影响。

2. 生长需要

随着动物骨骼的生长成熟，钙的需要量会逐渐减少；但是青年母牛和生长活跃期奶牛的钙需要量会增加。根据美国农业和食品研究委员会（Agricultural and Food Research Council）于 1991 年建立的犊牛发育异速生长模型来描述钙的需要量，每千克平均日增重可利用钙的需要量为

$$钙(g/d)=9.83×MW^{0.22}×BW^{-0.22}×WG$$

式中，MW 为预期奶牛成年体重（kg）；BW 为当前奶牛实际体重（kg）；WG 为体增重（kg）。

3. 妊娠需要

由于妊娠阶段的发展，在妊娠期的头 3 个月胎儿对钙的需要量是可以忽略不计的；但是，妊娠 190 天以后胎儿骨骼开始钙化，对钙的需要量增加。为此，House 和 Bell（1993）提出了奶牛子宫及胎儿每天对可利用钙的需要量为

$$钙(g/d)=0.024\,56e^{(0.055\,81-0.000\,07t)t}$$

式中，t 为妊娠天数。

4. 泌乳需要

由于乳中钙含量与乳蛋白存在一定程度的相关性，不同品种由于乳蛋白含量不同，对钙的需要也因种不同而异。荷斯坦泌乳牛每产 1kg 奶需要 1.22g 吸收钙，娟姗牛为 1.45g，其他品种为 1.37g。由于初乳中乳蛋白等营养物质含量较高，奶牛每分泌 1kg 初乳所需吸收钙也高达 2.1g。

（六）奶牛钙缺乏或过量的危害

犊牛阶段钙缺乏可能会导致生长迟缓、骨骼发育不良和易骨折等危害。成年奶牛钙缺乏可以引起低血钙症状，从而造成产后瘫痪。奶牛产后数小时内迅速补充葡萄糖酸钙

盐和次磷酸镁组成的补液可以降低产后瘫痪的发生率。但是为了长期避免钙缺乏带来的负面影响需要最大化肠道钙的吸收和骨钙动员。目前，生产中常用的方法是在奶牛产前补充一定的阴离子盐来预防产后低血钙。

一般不认为过量摄取钙有毒性，因为动物机体的稳态机制会确保多余的钙能够从粪便中排出。通常情况下过量摄入钙的危害是非直接的，并且是其他元素的吸收能力受损所致的。钙摄入量超过干物质采食量的 0.95%～0.10%时，可能会降低干物质采食量及生产性能。长期高钙低磷或高维生素 D_3 及其类似物饲喂所引起的高钙血症可能会导致危及生命的组织钙化。

二、磷

(一) 磷的来源

日粮中的磷主要以无机磷酸盐和有机磷酸酯两种形式存在。常见的无机磷源有 $CaHPO_4$、NaH_2PO_4 和石粉等（表 8-2）。有研究认为在低血磷情况下，相对于口服 $CaHPO_4$，口服 NaH_2PO_4 补充磷的效果更好。来源于粗饲料和精饲料的磷则以有机磷为主。奶牛谷物类精饲料中富含磷，这些磷大部分是以植酸磷的形式存在于种皮中，占谷物磷含量的 70%～80%。由于瘤胃微生物的存在反刍动物几乎可以使所有的植酸磷转变为可吸收的磷。Albu 等（2012）分析了苜蓿、玉米青贮、苜蓿干草、玉米麸、向日葵粕和小麦麸皮中磷的浓度，发现磷水平为 1.05～10.24g/kg DM，其中小麦麸皮和玉米麸皮的磷含量比较高，都在 10g/kg DM 以上。

表 8-2　奶牛常见饲料中磷的含量　　　　　　　　（单位：g/kg DM）

粗饲料	磷含量[1]	精饲料	磷含量	副产物	磷含量
大麦秸	1.1（1.10）	大麦	4.0（0.46）	小麦麸	12.6（3.00）
燕麦秸	0.9（0.24）	玉米	3.0（0.32）	稻米麸	17.4（1.70）
牧草	3.0（0.68）	燕麦	3.4（0.46）	啤酒糟	5.1（1.00）
白三叶	3.8（0.28）	小麦	3.3（0.42）	蒸馏酒糟[2]	9.6（0.80）
牧草青贮	3.2（0.62）	玉米蛋白	2.8（1.20）	柑橘渣	1.1（0.09）
牧草干草	2.6（0.77）	棉粕	8.9（1.10）	甜菜渣	0.8（0.15）
三叶草青贮	2.3（0.75）	花生粕	6.0（0.20）	木薯粕	0.8（0.14）
苜蓿青贮	3.3（0.35）	亚麻籽粕	8.7（0.87）		
玉米青贮	2.6（1.20）	玉米蛋白粕	2.8（1.20）		
饲用甜菜	1.8（0.27）	棕榈核粕	6.2（0.61）		
		油菜籽粕	11.3（1.50）		
		浸提豆粕	7.9（0.15）		
		向日葵籽粕	10.8（1.90）		

注：1. 括号外为平均值，括号内为标准差；2. 大麦为主（Suttle，2010）
资料来源：改编自 Suttle，2004

由于主要受到土壤磷含量、植物成熟阶段和气候的影响，世界各地饲草中磷含量差异很大。通常情况下，苜蓿比牧草磷含量高；温带饲草比热带饲草磷含量高；热带豆科植物比热带牧草磷含量高。植物从土壤中每多吸收 1mg 的磷，其植株干物质的平均总磷含量就可以增加 0.03～0.05g/kg。在干旱的季节，随着植株的成熟，磷含量显著下降。

（二）磷在奶牛体内的分布

80% 的磷分布在骨骼和牙齿中，其中骨骼中的磷占灰分的比例约为 17%。磷在奶牛血液中的正常浓度值为 1.3～2.6mmol/L（4～8mg/dL；青年牛为 6～8mg/dL，成年牛为 4～6mg/dL）。体重 600kg 的奶牛血浆中无机磷酸盐含量为 1～2g。磷不仅可以存在于血浆中，还可以以 $H_2PO_4^-$ 的形式存在于血细胞中，其在红细胞内的浓度更高。一头体重 600kg 的奶牛细胞外液总磷含量为 5～8g；而细胞内磷的含量可高达 155g。当奶牛日粮中添加 0.12% 的磷（DM 水平）时，其瘤胃液中磷的浓度可达 200mg/L，其中微生物磷含量为 0.9%～6%。乳中磷含量约为 73mg/dL。奶牛唾液中磷的含量是血浆磷含量的 4～5 倍；奶牛每天分泌到唾液中的总磷的含量为 30～90g；唾液中几乎所有的磷都是无机磷。

（三）磷的生理功能

1. 作为骨骼和牙齿的重要成分

与钙类似，动物体内 80% 左右的磷都存在于骨骼和牙齿当中，其主要形式为磷灰石和磷酸钙。

2. 维持细胞结构和功能

细胞膜由两个单层蛋白质和中间镶嵌的双层脂类组成，其中的脂类就是由糖和磷酸衍生物组成的（葡萄糖脂和磷脂）。

3. 储能物质和辅酶的组成

磷参与形成 ATP 和磷酸肌酸等储能物质，这些物质在能量的产生和传递过程中起到非常重要的作用。在 ATP 分解高能磷酸键释放能量形成 AMP 的同时也会产生一分子的磷。

许多辅酶的成分中都含有磷，如乙酰辅酶因子、氨基转移辅酶、氧化还原辅酶、羧化酶和脱羧化辅酶等。

4. 其他功能

作为生物遗传物质的基础，核酸中也含有大量的磷。磷还是血液、其他体液和细胞分化缓冲体系的组成成分。磷也是瘤胃微生物降解纤维和合成微生物蛋白质所必需的元素。磷还能够以磷脂的方式促进脂类物质和脂溶性维生素的吸收。磷还可以改善动物的繁殖性能。

（四）磷的消化吸收、转运与排泄

1. 磷的消化吸收

小肠是磷吸收的主要部位，还有少量的磷被瘤胃壁、瓣胃和皱胃吸收。由于磷可以通过唾液和瘤胃上皮进行循环，瘤胃磷的吸收率可能会是负值（–52%～–18%），小肠磷吸收率会超过100%，可达到132%。磷的吸收是一个主动转运过程，当血磷降低时，可以刺激维生素D的作用，从而增加磷的吸收。磷的吸收与动物年龄、体重、生理状况、干物质采食量、钙磷比例、日粮中其他矿物元素、小肠pH和磷来源等有关（表8-3）。随着钙吸收的增加，磷的吸收逐渐减少。在日粮磷充足的情况下，反刍动物能够耐受较宽的钙磷比例范围（1∶1～7∶1）。

表8-3　各种磷来源的吸收率

来源	磷的吸收率
$(NH_4)_2HPO_4$	0.80
$NH_4H_2PO_4$	0.80
骨粉	0.80
CaH_2PO_4	0.80
寇拉苏磷盐	0.85
$CaHPO_4$	0.75
磷酸盐	0.65
磷酸盐岩	0.30
磷酸盐岩，低氟	0.30
磷灰石	0.90
$NaH_2PO_4 \cdot H_2O$	0.90
$Na_5P_3O_{10}$	0.75
软磷酸盐岩石，胶质黏土	0.30

注：改编自NRC，2001；Block et al，2004

2. 磷的转运

磷被动物吸收以后，可以贮存在动物体内用于满足泌乳的需要；也可以分泌到消化道中被重新吸收，或者随粪便排出体内。磷的这种稳态机制主要是通过磷的唾液再循环和内源粪磷的排泄得以实现的，两者与奶牛日粮中磷的摄入量和吸收量紧密相关。Karn（2001）研究发现唾液磷的增加是由于磷吸收的增加，与血清中磷的水平直接相关。但也有研究发现，在饲喂低磷水平日粮（2.4g P/kg DM）时，动物会以消耗骨骼中贮存的磷为代价来优先维持瘤胃中磷的含量，从而保证瘤胃功能正常。

3. 磷的排泄

当日粮中磷含量较高或者唾液分泌较少时，唾液中磷的含量可能过高，从而导致尿液中磷排泄的增加。粪中磷的含量在0.4%（DM）左右。唾液磷的分泌大部分取决于唾液中磷的浓度，这与血浆磷水平高度相关。与饲喂高磷日粮相比，低磷饲喂日粮（2.4g P/kg DM vs. 3.4g P/kg DM），日粮磷的摄入、总磷表观消化率和粪磷排泄都降低。低磷摄入导致血浆和唾液中磷含量的降低，但是未降低的粪便内源性磷损失依然是粪便磷含量的主要来源（占70%～90%）。

牛保留磷的能力大于从日粮中摄入磷来支持生长的能力，因此精确评估磷的保留量，有助于通过预测磷的排泄来管理动物磷的利用。并且，环境具有一定的磷承载力，动物磷的过度排放会导致土壤和水体的富营养化。因此，我们需要通过奶牛精准饲喂和加强粪污管理等一系列手段，从全产业链角度来提高磷利用效率，并缓解环境压力。

（五）奶牛对磷的需要量

与钙的需要量类似，根据析因法，磷的需要量也分为维持、生长、妊娠和泌乳的需要。

1. 维持需要

维持需要磷的定义是：当日粮中磷的供应量略低于或者刚好达到动物维持需要时，内源磷的损失量，即为维持磷的需要量。以前认为，磷的维持需要随着动物体重的变化而改变，但是有研究证明把维持需要磷的量表示为干物质采食量的函数更为合理、更具有可重复性。因此，NRC（2001）将非泌乳牛和泌乳牛对磷的维持需要量定为 0.1g/kg DM 采食量。

2. 生长需要

动物对生长磷的需要量是动物软组织和骨骼中吸收磷沉积量的总和。美国农业和食品研究委员会（AFRC，1991）依据文献对生长期奶牛建立了一个异速方程来模拟可吸收磷的生长需要量。

$$P(g/d)=(1.2+4.635 \times MW^{0.22} \times BW^{-0.22}) \times WG$$

式中，MW 为预期奶牛成年体重（kg）；BW 为当前奶牛实际体重（kg）；WG 为体增重（kg）。

3. 妊娠需要

妊娠磷的需要从妊娠后 190 天才开始计算，孕体对可吸收磷的需要量可以用指数方程来表示：

$$P(g/d)=0.027\,43e^{(0.055\,27-0.000\,075t)t}$$

式中，t 为妊娠天数。

据计算，荷斯坦奶牛妊娠磷的需要从妊娠 190 天的 1.9g/d 增加至 280 天的 5.4g/d。

4. 泌乳需要

泌乳所需要的磷量等于产奶量与乳中磷含量的乘积。乳中磷的含量为 0.083%～0.100%。由于高磷有利于提高奶牛受精率，NRC（1989）推荐量考虑到这一现实，推荐量要高于奶牛真实的磷需要量，但在生产上，人们也更倾向于进一步提高奶牛日粮中的磷水平。奶牛高磷饲养是全球普遍存在的现象，现在典型日粮中一般含磷量为 4～4.5g/kg DM。我国奶牛饲养标准（2004）建议每生产 1kg 标准乳饲喂磷 3g。近些年来由于人们意识到奶牛磷的推荐量过高，开始对磷的推荐量进行调整；部分研究表明口粮中的磷含量还可以适当减少至 3.6～3.8g/kg DM，并且对繁殖和生产性能不会产生不良影响。

（六）奶牛磷缺乏或过量的危害

磷缺乏的亚临床症状是饲料利用率降低、产奶量抑制和骨骼去矿物质化。磷缺乏的临床表现是食欲减退、异食癖、繁殖紊乱和骨骼畸形。血磷含量低于 4.6mg/dL 时，就可能引起异食癖及繁殖性能降低。不论是生长阶段还是成年奶牛，食欲减退所引起的体重和产奶量下降都是磷缺乏的早期典型症状。食欲减退通常都伴随着喜食土壤、木屑和金属等异食癖。但是异食癖并不是磷缺乏的典型症状，因为钠、钾、能量和蛋白质的缺乏都会造成异食癖。繁殖紊乱主要表现在繁殖力降低、发情抑制或不规律及受胎延迟；但是也有部分研究报道磷缺乏对繁殖力没有显著影响。与磷缺乏有关的骨骼畸形大多数都与钙缺乏有关，因为缺了这两种元素中的一种都不能形成骨矿物质。犊牛缺磷，对长骨骨骺的影响要大于骨干，但是短时间缺乏对肋骨影响不大。

低血磷的治疗可以口服或者静脉注射磷酸盐，但是静脉给药时要注意，不要混合或者与其他钙、钾、镁盐一起，这样会产生沉淀。口腔摄入和瘤胃投入 NaH_2PO_4 和 KH_2PO_4 都可以改善血磷水平，但是瘤胃投入 $Ca(H_2PO_4)_2$ 的效果不太明显。

动物天生对磷的耐受性就很强，再加上多余的磷可以通过尿液排出，因此可以忍受机体磷水平的广泛变化。在奶牛中，除非用含有高镁和高磷的高精饲料日粮饲喂时会增加骨骼重吸收和尿结石的风险，其他情况下过量的磷水平未见对机体的毒性。

三、镁

（一）镁的来源

奶牛日粮粗饲料中镁的含量主要受饲草种类、饲草生长季节和气候条件及土壤营养成分等的影响。在温带和热带地区，饲草中镁的含量为 1.8～3.6g/kg DM，但在不同季节里，饲草中镁含量也存在差异，表现在春季镁含量低，秋季镁含量高。这种变化可能与饲草中钾的变化有关，因为有研究认为钾是镁的颉颃剂。在不同的饲草中，镁含量差别也很大，一般认为，豆科作物中含有更高的镁（表 8-4）。

表 8-4　奶牛常见饲料中镁的平均含量　　（单位：mg/kg DM）

粗饲料	镁含量[1]	精饲料	镁含量	副产物	镁含量
大麦秸	0.7（0.31）	大麦	1.2（0.20）	小麦麸	6.2（2.70）
燕麦秸	0.9（0.31）	木薯	1.1（0.57）	啤酒糟	1.7（0.36）
牧草	1.6（0.56）	玉米	1.3（0.13）	蒸馏酒糟[2]	3.3（0.34）
白三叶	2.2（0.50）	冬季燕麦	1.0（0.06）	柑橘渣	1.7（0.50）
牧草青贮	1.7（0.54）	小麦	1.1（0.13）	甜菜渣	1.1（0.19）
牧草干草	1.4（0.52）	玉米蛋白	4.1（0.70）		
三叶草青贮	2.3（0.75）	棉粕	5.8（0.43）		
苜蓿干草	1.7（0.27）	花生粕	3.5（0.21）		
苜蓿青贮	1.8（0.23）	亚麻籽粕	5.4（0.09）		
玉米青贮	2.2（0.69）	玉米胚芽粕	2.1（0.65）		

续表

粗饲料	镁含量[1]	精饲料	镁含量	副产物	镁含量
饲用甜菜	1.6（0.30）	棕榈核粕	3.0（0.41）		
		油菜籽粕	4.4（0.53）		
		豆粕	3.0（0.23）		
		向日葵粕	5.8（0.49）		

注：1. 括号外为平均值，括号内为标准差；2. 大麦为主
资料来源：改编自 Suttle，2010

常用饲料资源中镁含量变化很大，一般情况下，粮食谷物中镁含量很低（1.1～1.3g/kg DM），但是油料粕中镁含量可高达 3.0～5.8g/kg DM。

（二）镁在奶牛体内的分布

镁主要分布在动物骨骼中（60%～70%），剩下的镁在肌肉和其他组织中等量分布。在软组织中，镁是仅次于钾的第二大含量矿物质。正常情况下，体内总镁含量与钙和氮含量密切相关。骨骼中的镁大部分以 1∶50 的比例与钙一起以羟磷灰石晶体的形式存在，可以被交换和动员。奶牛血清中镁含量为 0.5～0.75mmol/L；血浆中镁含量大约为 1mol/L，以蛋白质紧密结合状态（32%）和自由离子状态存在（68%）；脑脊液中镁含量为 0.4～0.6mmol/L；尿液肌酐中镁含量为 0.4～0.8mol/mg；6～12 月龄肋骨中镁含量为<12mg/g 灰分，36 月龄以上为<7mg/g 灰分。镁在牛奶中含量较低（0.1～0.2g/L），但初乳中镁含量可比常乳中高约 3 倍，提高动物镁摄取量也难以增加牛奶中镁含量。

（三）镁的生理功能

由于春季放牧奶牛大量采食新鲜牧草而产生"青草痉挛"现象的发现，我们逐渐认识到镁是动物重要的必需矿物质。NRC 也于 1945 年首次制定了犊牛的镁需要量。奶牛体内镁主要与蛋白质结合为复合体存在，是很多酶的催化剂，催化蛋白质折叠。因此，镁在如下方面发挥着重要功能。

（1）镁在 ATP 形成过程的氧化磷酸化中发挥功能并维持钠钾质子泵活性；

（2）催化丙酮酸的氧化和 α-酮戊二酸转化为琥珀酰辅酶 A；

（3）磷酸基团的转移，影响碱性磷酸酶、己糖激酶和脱氧核糖核酸酶；

（4）脂肪酸的 β 氧化；

（5）戊糖单磷酸的转酮醇酶反应。

在不基于酶的动物机体活动中，镁也发挥着重要作用，其表现为以下几个方面。

（1）镁可影响 DNA 链的折叠；

（2）与钙一起影响肌肉收缩功能；

（3）影响细胞膜的完整性，镁在红细胞中存在，影响着红细胞细胞膜的流动性；

（4）反刍动物瘤胃微生物活性也会受到镁的影响，当饲喂镁缺乏日粮时，瘤胃内纤维素消化酶活性降低。

（四）镁的消化吸收、转运与排泄

1. 镁的消化吸收

犊牛对镁的吸收效率很高，主要是由于大肠对牛奶中的镁有很好的亲和力。但是，随着年龄的增长，犊牛对镁的表观吸收率下降得很快，从2～3周的0.87下降到7～8周的0.32。瘤胃是成年奶牛消化和吸收镁的重要场所，镁在瘤胃中的吸收可分为被动吸收和主动吸收。被动吸收主要发生在瘤胃黏膜上层，镁离子在负电位差的作用下吸收进入血液循环，但这种作用可被瘤胃中高浓度的钾所抑制。主动吸收依靠瘤胃上皮基底外侧膜的质子泵进行，通过离子交换吸收进入血液，这种主动吸收对钾离子的抑制作用不敏感。对于特定动物，影响镁吸收的主要因素是瘤胃中游离镁的浓度和瘤胃黏膜的电位差。

2. 镁的转运与排泄

大部分过量的镁是通过尿液排出的，饲喂富含镁源的日粮可能不会大幅增加血浆中镁的水平。因此，测定尿液中总镁的排放量是一个衡量补充镁源真实利用率的有效方法。所以，如果尿液中镁含量较低，可能表明日粮中镁缺乏或者勉强足够。

（五）奶牛对镁的需要量

奶牛镁需要量存在以下特点：一是放牧奶牛对镁的需要量高于舍饲奶牛；二是泌乳奶牛镁的需要量高于非泌乳奶牛；三是在镁不缺乏时提高日粮镁含量不能提高生产性能；四是不同年龄奶牛对镁的需要量不同（表8-5）。

表 8-5 影响奶牛镁需要量的因素

生理阶段	活重（kg）	生长或生产水平（kg/d）	日粮镁需要量（g/kg DM）	
			高瘤胃外流速率	低瘤胃外流速率
生长	100	0.5	1.5	1.1
		1.0	1.4	1.1
	200	0.5	1.6	1.2
		1.0	1.4	1.1
	400	0.5	1.7	1.3
		1.0	1.4	1.1
妊娠	600	12	2.1	1.6
		4	1.8	1.4
泌乳	600	10	2.4	1.8
		20	2.1	1.7
		30	2.0	1.6

注：在高瘤胃外流速率（40g/kg DM）日粮饲喂情况下，吸收系数为0.14；在低瘤胃外流速率（20g/kg DM）日粮饲喂情况下，吸收系数为0.18

资料来源：改编自ARC，1980；Schonewille et al.，2008

1. 奶牛镁的维持需要量

ARC（1980）估测镁的维持需要量为3mg/kg体重。日粮中镁含量与血液镁含量存在线性相关关系，但在降低日粮中镁含量至 1mg/kg 时，可引发严重的动物低血镁症。在采用适宜镁含量的日粮饲喂时，尿液排出的镁很少，可以忽略。也有研究预测奶牛镁的维持需要量为 2.8～3.6mg/kg 体重，降低日粮中镁含量或增加日粮中钾含量均会导致低血镁症的发生。

2. 奶牛镁的生长与泌乳需要量

奶牛镁的生长需要量为 450mg/kg 体增重。镁在牛奶中含量较低，仅有钙含量的 1/10，约 4mmol/L。但在泌乳期，奶牛体内贮存的镁持续消耗，表明奶牛镁的需要量需要得到更多重视。初乳中镁含量是常乳的 2～3 倍，这增加了围产期奶牛因镁缺乏而患病的风险。奶牛镁的泌乳需要量约为 125mg/kg 产奶量。

（六）奶牛镁缺乏或过量的危害

亚临床的镁缺乏不会导致明显的临床疾病，但是有可能引起泌乳早期奶牛乳脂含量的降低。长期或者急性的镁缺乏会导致奶牛产生抽搐，其最初的症状是一直昂着头并表现出神经恐惧状、耳朵竖起突然摆动、眼睛直视和易怒等。在数小时或数天内，低镁引起的极端兴奋和剧烈抽搐会持续发展，使动物倒地不起，甚至死亡。此时，迅速的镁补充能够使奶牛快速恢复正常。

镁的过量摄入可能会引起奶牛镁中毒，初步的毒性反应是瘤胃上皮乳头松弛。当饲喂更高水平的镁（25～47g/kg DM）时，可能会导致奶牛严重的腹泻和困倦及瘤胃上皮乳头的进一步退化。镁的过量摄入还有可能与尿液中的高磷含量一起增加奶牛尿结石的风险。

四、钠和氯

（一）钠和氯的来源

饲草中钠含量一般低于动物的需要量。饲草的品种、收获期和生长期间的营养状况等均会对饲草中钠的含量产生影响（表 8-6）。从全球各地牧草中钠含量来看，牧草中钠

表 8-6　常见奶牛饲料原料中钠和氯的含量　（单位：g/kg DM）

粗饲料	钠	氯	精饲料	钠	氯	副产物	钠	氯
牧草	2.5 (2.1)	4～6	浸提豆粕	0.2 (0.1)	0.4	饲用甜菜	3.0 (1.6)	—
禾本科牧草青贮	2.6 (1.6)	—	棕榈核饼	0.2 (0.1)	—	萝卜	2.0	
混合三叶草青贮	0.8 (0.5)	—	玉米蛋白	2.6 (1.4)	1.0	木薯粕	0.6 (0.3)	—
苜蓿青贮	1.3 (1.0)	4.1	油菜籽粕	0.4 (0.3)	—	甜菜糖蜜	25.0 (8.2)	16.4
玉米青贮	0.3 (0.2)	1.8	棉粕	0.2 (0.2)	0.5	甘蔗糖蜜	1.2 (0.9)	31.0
禾本科干草	2.1 (1.7)	4～5	亚麻籽粕	0.7 (0.0)	0.4	甜菜渣糖浆	4.4 (0.3)	—
苜蓿干草	0.6 (0.1)	3.0	玉米	—	0.5	甜菜渣	3.2 (2.1)	0.4
禾本科干草	2.8 (1.6)	—	大麦	0.3 (0.4)	0.8	啤酒糟	0.3 (0.3)	1.7
苜蓿干草	1.3 (0.8)	4.8	小麦	0.1 (0.1)	0.5	饲用小麦	0.1 (0.1)	0.5
大麦秸	1.3 (1.4)	6.7	燕麦	0.2 (0.1)	1.1	小麦蒸馏酒糟	3.1 (3.9)	—
小麦秸	0.6 (1.0)	3.2	高粱	0.5 (0.0)	1.0	大麦蒸馏酒糟	0.3 (0.3)	—
碱处理大麦秸	32.0 (10.5)							

注：括号外为平均值，括号内为标准差

资料来源：改编自 Suttle，2010；McDowell，2003

含量均较低，有 50%以上地区牧草干物质中钠含量低于 1.5g/kg，牧草中的钠含量热带地区也低于温带地区。豆科作物中钠含量低于牧草钠含量均值，50%以上热带地区豆科作物干物质的钠含量低于 0.4g/kg。不同品种牧草钠含量差异巨大，不同的施肥措施也会对作物中钠含量产生影响，主要影响因素为氮肥的利用和土壤中钾的含量。

大部分牧草中都含有丰富的氯，一般牧草中氯含量可满足动物需要，但牧草中氯的含量也会受到施肥措施等的影响。

（二）钠和氯在奶牛体内的分布

钠和氯分别作为主要的阳离子和阴离子存在于细胞外液中。骨骼中存在部分的钠起到硬化骨膜的作用，但是钠的含量很少。氯是胃液的主要成分，也是氯化物-碳酸氢盐交换的必需组成。牛奶中钠含量为 0.042%~0.105%，平均是 0.06%；骨骼中钠含量约为 0.4%；体液中 0.35%；肌肉中 0.07%；钠在脂肪中含量很少。乳中氯的含量约是 0.115%。

（三）钠和氯的生理功能

钠和氯是维持渗透压的重要元素，维持着机体水分的平衡，在细胞外液中的含量分别为 140mmol/L 和 105mmol/L。当钠和氯的摄入量增加时，动物饮水量也随之增加，进而保护肠道，维持肠道正常分泌功能，保障肠道正常吸收和分泌功能的平衡。同时，参与钠钾质子泵功能，对其他阳离子跨膜运输起到重要作用，同时也对 ATP 介导的能量跨膜流动起到关键作用（图 8-4）。

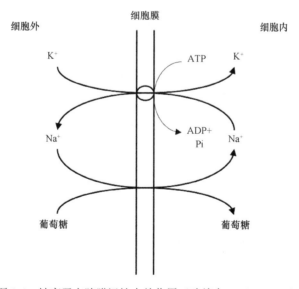

图 8-4　钠离子在跨膜运输中的作用（改编自 Suttle，2010）

另外，氨基酸和葡萄糖的吸收也依赖钠参与的磷酸基团转移，而钠和氢离子的交换转移也调节着机体 pH，维持机体酸碱平衡。钠主要分布在细胞外液，与分布于细胞内液中的钾相互作用，共同维持适宜的细胞渗透压。

氯在细胞内和细胞外均有大量分布，既在渗透压和酸平衡调节中发挥重要作用，也参与呼吸作用，表现为氯化钾参与血红蛋白介导的氧气交换，通过氯离子替换出碳酸根离子，这种作用在体细胞和肺中重复进行，维持了氧气和二氧化碳在体内的平衡。

（四）钠和氯的消化、吸收和转运

钠和氯均能被机体快速吸收，但两者也会相互影响。研究发现，当铵盐含量大于8mmol/L 时，可以抑制钠的转运，但增加了氯的转运，这种作用同时也依赖于 pH 和日粮成分。通常情况下，瘤胃不是钠的主要吸收场所，钠主要在大肠吸收，尤其是当日粮中含有高浓度钾时。肠道在吸收钠的同时也会伴随葡萄糖和氨基酸的吸收和氢离子的交换。氯的吸收伴随着碳酸氢根的交换。钠和氯是维持细胞膜转运的重要矿物质，其吸收也受到机体激素水平、矿物质平衡和饮水量变化等因素的影响。

（五）奶牛对钠和氯的需要量

钠和氯一般不会因缺乏导致动物疾病，因为钠和氯在奶牛瘤胃和肠道中基本可以完全吸收。奶牛可以通过多种途径获得足够量的钠和氯，同时在瘤胃和骨骼中也贮存大量的钠和氯，因此奶牛可以在低钠和氯的日粮下生存很长时间而不表现出缺乏症状。

1. 钠的需要量

研究发现，0.6～0.8g/kg DM 的钠可以满足生长牛的需要，但对于泌乳奶牛需要量增加到约 1g/kg DM。以唾液钠和钾的比值为指示指标发现，舍饲情况下对钠的需要量在 0.6～0.8g/kg DM，在分娩前后奶牛对钠的需要量也会显著增加。NRC（2001）给出的泌乳奶牛钠需要量的推荐量为 1.8g/kg DM，显著高于 ARC（1980），这可能是两个模型在处理尿液排出钠上的差异造成的（表 8-7）。

表 8-7　在限定干物质采食量情况下，体重 600kg 奶牛日粮中钠的最低需要量

生理阶段	阶段或产奶量（kg/d）	限定干物质采食量（kg/d）	总钠需要量[1]	
			鲜料基础（g/d）	干物质基础（g/d, DM）
干奶期	0	5.0	4.5	0.9
妊娠	产前 12 周	5.8	4.3	0.9
	产犊	9.0	7.2	0.8
泌乳	10	9.4	10.3	1.1
	20	14.0	16.8	1.2
	30	18.8	22.6	1.2

注：1. 吸收效率为 0.91
资料来源：改编自 ARC，1980

2. 氯的需要量

ARC（1980）认为生长牛氯的需要量为每天 1kg，换算为干物质含量为 0.7g/kg DM，与钠的需要量相当；但对于泌乳奶牛，氯的需要量显著高于钠的需要量，因为在牛奶中，氯的含量是钠含量的 2 倍或更高。Fettman 等（1984）研究发现，0.6g 氯的添加量对奶

牛而言是足够的，并推荐 1g/kg DM 含量，而 NRC（2001）认为通常日粮中氯的含量应该在 2g/kg DM。

（六）奶牛钠和氯缺乏或过量的危害

钠缺乏的 2~3 周，奶牛会首先表现出异食癖及饮水和尿量的增加。几周后，奶牛食欲、产奶量和乳脂率都下降，并由于被毛粗糙和体重下降，奶牛会出现憔悴的现象。在高产奶牛中，严重的钠缺乏还有可能造成死亡。但是，如果能够立即补充盐分，奶牛又会很快恢复。还有研究发现，高钾日粮引起的钠缺乏还与奶牛受胎率下降有关。

在试验条件下，极端的氯缺乏会造成犊牛厌食和嗜睡，并伴有轻度多饮和多尿现象。24~46 天的长时间极端缺乏还会引起犊牛严重的眼睛发育缺陷。在泌乳奶牛中，低氯日粮首先会引起异食癖，继而会降低产奶量并产生便秘和心血管抑制现象。

由于钠和氯具有较强的渗透性，其过量可能会导致身体浮肿；并且氯化物的过量与胫骨、软骨发育不良有直接关系。当奶牛单独过量饲喂非钠或钾结合形式的氯时，可能会引起酸中毒。

五、钾

（一）钾的来源

奶牛日粮粗饲料中钾的含量受到植物种类、成熟状态和水肥管理的影响，因此变化幅度很大（表 8-8）。但是有报道发现土壤类型对饲草中钾含量影响较小。不同收获期牧草中钾含量也不同，随着春夏秋冬季节推进，饲草中钾含量显著降低。在新鲜牧场中钾含量在 10~45g/kg DM，平均值为 24.3g/kg DM。牧草中钾含量通常受有机钾肥和无机钾肥施肥量的影响，也受氮肥使用的影响。

表 8-8　常见奶牛饲料原料中的钾含量

粗饲料	钾含量	精饲料	钾含量	副产物	钾含量
牧草	24.3（6.6）	浸提豆粕	25.0（1.0）	饲用甜菜	17.5（4.8）
禾本科牧草青贮	25.8（6.8）	棕榈核饼	6.9（1.2）	萝卜	37.8
三叶草青贮	27.4（7.6）	玉米蛋白	12.5（2.7）	木薯粕	8.1（1.5）
首蓿青贮	24.6（4.0）	油菜籽粕	14.3（2.2）	甜菜糖蜜	49.1（5.4）
玉米青贮	12.3（4.1）	棉籽粕	15.8（0.8）	甘蔗糖蜜	38.6（15.7）
牧草干草	20.7（5.3）	亚麻籽粕	11.2（0.13）	甜菜渣糖浆	18.2（1.9）
首蓿干草	27.5（5.0）	玉米	3.5（0.22）	甜菜粕	11.7（7.6）
禾本科干草	26.0（8.0）	大麦	5.0（0.7）	啤酒糟	0.6（1.0）
大麦秸	16.0（6.5）	小麦	4.6（0.4）	饲用小麦	13.0（2.2）
小麦秸	10.2（3.7）	燕麦	5.0（0.9）	大麦蒸馏酒糟	10.2（0.8）
碱处理大麦秸	11.6（5.3）	高粱	3.2（0.1）		

注：括号外为平均值，括号内为标准差；单位为 g/kg DM
资料来源：MAFF，1990；Cornforth et al.，1978

（二）钾在奶牛体内的分布

钾广泛存在于机体的所有软组织中，其含量高于钠，是体内含量第三的矿物元素；其在动物体内的含量约为 3g/kg 活重。钾主要在细胞内以离子状态存在，浓度为 $100\sim160mmol/L$，是血浆中浓度的 $25\sim30$ 倍。肌肉中钾含量最高，大概是 4g/kg。在奶牛钾缺乏时，血清中钾含量为 $<2.5mmol/L$，尿液中为 $<19mmol/L$；在钾过量时，血清中钾含量为 $6\sim10mmol/L$，尿液中为 $>120mmol/L$。

（三）钾的生理功能

钾可以维持机体神经和细胞的兴奋性，适当提高钾离子浓度可以增强神经肌肉兴奋性。钾与钠和氯一起共同作为电解质维持细胞内外渗透压，同时作为碱性离子，钾还在机体酸碱平衡和氯介导的呼吸过程中发挥重要作用。钾作为一些酶系的活化剂和辅酶参与机体碳水化合物及蛋白质的代谢。正常的钾离子浓度对于心脏和肌肉的收缩及舒张是必不可少的。

（四）钾的消化吸收、转运与排泄

1. 钾的消化吸收

日粮中的钾具有很高的溶解性能，在动物消化道中也能基本被完全吸收。在奶牛饲养中，尽管饲料来源不同，动物的生长阶段也不同，但是钾利用率的变化却很小。当日粮中钾含量从 6g/kg DM 增加到 48g/kg DM 时，钾的表观吸收率只从 0.95 增加到 0.98。在反刍动物体内，50%的钾进入瘤胃，进行被动吸收，这个过程降低了黏膜顶端差异。大部分钾通过胃肠黏膜基底侧的电导通道进入血液。

2. 钾的转运与排泄

机体内钾稳态的调节主要通过肾进行，肾内肾小管的重吸收受到醛固酮的影响。但是钾摄入的改变起始于肠道，如果摄入潜在致死剂量的钾，内脏感受器就会出现早期预警。感受器的反应涉及钠钾离子 ATP 酶活性和基底侧膜上远端肾小管和结肠质子泵数量的增加，这导致了尿液和粪便中钾的排泄。但是醛固酮只能调节肾小管的重吸收，并不能调节结肠的反应。尽管有研究表明，醛固酮在调节放牧奶牛钾过量上有重要作用，但是其具体机制还不是很清楚。钾主要在乳汁中分泌，牛奶中钾含量约为 36mmol/L。牛奶中钾的浓度不会随着钾摄入的增加而变化，但是当奶牛经历严重钾缺乏时会有轻微下降。犊牛阶段运输应激导致的醛固酮活性增加可能会带来钾排泄的增加。

（五）奶牛对钾的需要量

Thompson（1972）研究发现，生长牛对钾的需要量为 $6\sim8g/kg$ DM，泌乳奶牛对钾的需要量为 $8\sim10g/kg$ DM，NRC（2001）的推荐量也很相似。泌乳奶牛对钾的需要量更高，是因为在牛奶中含有较多的钾，平均为 1.5g/L。因此，如果奶牛出现钾缺乏，将会影响到奶牛的产奶量。

（六）奶牛钾缺乏或过量的危害

由于奶牛机体几乎不贮存钾离子，因此钾缺乏的现象比较常见。尤其是热应激情况下，随着汗液的流失，机体钾的需要量大大增加。日粮钾缺乏可以导致奶牛食欲减退、产生异食癖、生长不良、毛发无光泽、肌肉无力或僵直、血浆和牛奶中钾浓度降低、红细胞压积升高及细胞内酸中毒等临床症状。当日粮钾缺乏时，首先降低的是牛奶中的钾含量而不是血浆的钾含量，因此牛奶中钠含量会补偿性升高。细胞内少量的钾缺乏可以由氢的摄取而得到部分补充，但是长时间钾缺乏会增加细胞内酸中毒的风险。犊牛血浆中钾含量在 6.1～6.6mmol/L 时，可能会出现类似食欲不振和日增重减少等轻度缺乏症状。当泌乳奶牛饲喂甜菜渣、啤酒糟和玉米等低钾（0.6～1.5g/kg DM）日粮时，在 4 周内就会发生严重的厌食症；伴随而来的就是产奶量降低、异食癖和毛皮僵硬等现象。

在急性高钾摄入的情况下，奶牛钾的耐受性很低。钾过量主要的直接影响是食欲降低、酸碱平衡紊乱、高钾血症和心脏骤停等。当犊牛日粮中以 KCl 形式存在的钾超过 20g/kg DM 时，可能会抑制其食欲。生长在春夏季节和高钾土壤中的青绿饲料中就含有很高浓度的钾（干物质中含量大于 3%），若奶牛单独采食这种青绿饲料就会出现由钾过量而诱发的抽搐和产褥热等症状。高钾日粮还会降低瘤胃对镁的吸收及十二指肠钠流量，从而大大增加低镁性抽搐的概率，同时还可能会引起由骨钙动员降低产生的产后瘫痪。

六、硫

（一）硫的来源

奶牛日粮粗饲料中硫含量变化较大，在牧草和贮存的粗饲料中，硫含量为 0.5～5g/kg DM（表 8-9）。影响粗饲料中硫含量的因素主要有牧草的种类、土壤中可利用硫和氮磷

表 8-9 奶牛常见饲料原料中硫含量

原料名称	硫含量（g/kg DM）	硫氮比
禾本科牧草	2.2	0.088
干燥的禾本科牧草	3.5	0.12
苜蓿干草	3.6	0.095
高粱青贮	1.0	0.067
大麦秸	2.0	0.33
小麦秸	1.0	0.32
大麦	1.5	0.073
玉米	1.6	0.10
蒸馏酒糟	3.7	0.084
萝卜	6.1	0.233
油菜籽粕	16.9	0.26
亚麻籽粕	4.1	0.065
棉粕	5.0	0.083
甘蔗糖蜜	7.3	0.811

资料来源：MAFF, 1990；Bird, 1974；Qi et al., 1994；Ahmad et al., 1995；Kennedy and Milligan, 1978；Bogdanovic, 1983

含量，以及饲草的成熟程度等。谷物籽粒中硫含量比较低，大概为 1g/kg DM，谷物秸秆中硫含量稍微高一点，为 1.4～4.0g/kg DM。甘蓝等块根茎类作物的叶片中含有较多的硫。农作物副产物中，糖蜜硫含量较高，为 3～7g/kg DM。水中的硫主要以硫酸根存在，奶牛饮水中最高可含硫 1.5g/L，因此通过饮水摄入的硫在需要量估测中也不可忽视。

（二）硫在奶牛体内的分布及其主要的生理功能

在奶牛体内硫含量约为 0.15%，在乳中含量约为 0.03%，大部分以含硫氨基酸的形式存在。

硫作为蛋白质的成分之一，在体内发挥着多种作用。通常硫以巯基或二硫键形式存在于蛋白质中，在维持蛋白质空间构象、提供辅基结合位点等过程中发挥重要作用。同型半胱氨酸和甲硫氨酸等含硫氨基酸的相互转化过程促进了很多反应的发生，其中的甲基化反应能够直接影响细胞内各种基因的表达水平。同时，富含半胱氨酸的金属硫蛋白等在保护动物机体免受高矿物质损伤的过程中发挥着重要的作用。另外，硫还是胰岛素和催产素等内分泌激素的重要构成元素，硫胺素和生物素等也都含有硫元素。

（三）硫的消化吸收、转运与排泄

1. 硫的消化吸收

奶牛摄入的硫首先在瘤胃中被微生物利用，瘤胃中所有的微生物均需要硫，但是不同微生物获得硫的方式不同。一些微生物将无机硫降解为硫化物并将其结合到含硫氨基酸中（异化），而另一些微生物只能利用有机硫（同化）。同化微生物需要瘤胃降解蛋白质（RDP）来源的硫。大部分进入瘤胃的可降解硫，无论是有机形式还是无机形式，都会进入硫化物池（图 8-5）。在瘤胃内，以微生物蛋白质形式存在的硫的比例变化很大，并且这个比例由硫源（有机物或无机物、甲硫氨酸或其他含硫氨基酸）、日粮硫浓度，以及其他基质（主要是可降解氮）等因素共同决定。动物机体难以直接利用硫酸根（SO_4^{2-}）来源的硫。当日粮中的硫主要来源于 SO_4^{2-} 时，通过瘤胃微生物的代谢作用，离开瘤胃的硫将有一半以上可以转化为被动物机体利用的含硫物质。当硫离开瘤胃后，肠道主要以含硫氨基酸的形式吸收硫（80%～90%），硫酸根也可在主动运输作用下少量进入体内。

2. 硫的转运与排泄

当可发酵能量和可降解硫、氮、磷以与微生物蛋白质（microbial crude protein，MCP）合成能力相匹配的速率供应（通过"瘤胃能氮同步"）时，微生物蛋白质和硫同化作用的效率就会达到最大化。通常认为微生物蛋白质中硫与氮的比值为 0.067，但是报道发现其实际（混合瘤胃细菌和原虫中分别为 0.054 和 0.046）比例低于理论值。当奶牛 SO_4^{2-} 摄入量大幅增加时，该比值可以从 0.075 显著增加到 0.110。瘤胃细菌中的硫可以通过原虫的吞噬降解作用重新回到瘤胃硫化物池中。虽然，奶牛去除瘤胃原虫可以增加微生物蛋白质合成效率，但是可能会降低瘤胃中硫的浓度。瘤胃厌氧真菌的活性依赖于日粮中硫的供应，并且真菌对合成含硫氨基酸有显著的贡献。

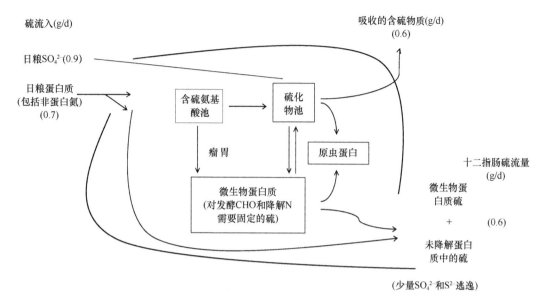

图 8-5　瘤胃内硫主要的转运路线〔改编自 Kandylis 和 Bray（1987）〕

硫主要通过尿液以 SO_4^{2-} 的形式排出，尿液中硫主要来源于硫化物和含硫氨基酸的氧化，以及组织中其他有机分子的分解代谢。通过粪便排出的硫在很大程度上是以未降解的有机形式排出的；随着微生物蛋白质合成的增加，粪便硫的含量也增加。

（四）奶牛对硫的需要量

奶牛对硫的需要量基本上就是合成蛋白质和含硫氨基酸所需要的硫含量。但是，需要注意的是在评估奶牛硫需要量时，需要首先保障瘤胃微生物蛋白质合成所需要的硫，因为微生物蛋白质中的硫是奶牛可吸收硫的重要来源（表 8-10）。因此，硫的缺乏会导致奶牛出现特定的代谢问题。

表 8-10　供给充足代谢能和代谢蛋白条件下，奶牛瘤胃微生物蛋白质合成所需硫的最低理论值[1]

活重（kg）	产奶量（kg/d）	微生物蛋白质合成量（g/d）	硫需要量[2]（g/d）	干物质采食量（kg/d）	日粮硫含量（g/kg DM）
	1[3]	420	6.70	8.8	0.8
600	10[4]	762	12.16	11.8	1.0
	20	1229	19.63	14.4	1.3
	40	2165	34.58	23.9	1.5

注：1. 微生物蛋白质合成所需的代谢能和代谢蛋白需要来自 AFRC（1993）；2. 微生物蛋白质合成的硫需要量计算依据为（微生物蛋白质合成量/6.25）×0.1；3. 妊娠 36 周；4. 接近干奶时产量

但是，目前对奶牛硫的需要量还没有足够明确的研究。有研究发现，相比于其他矿物质元素，硫的营养和代谢与氮更加类似。通常认为日粮中大多数的天然蛋白质能够为机体提供足够量的硫，所以在给奶牛补充大量非蛋白氮时要同时补充含硫添加剂。有报道认为，在奶牛营养中 N：S 比为（12～15）：1 时效果可能最佳。

（五）奶牛硫缺乏或过量的危害

奶牛机体硫缺乏并没有特异的临床症状，硫缺乏常常与其他元素或者物质的缺乏一起造成瘤胃微生物蛋白质合成的降低。因此，在饲喂较多非蛋白氮的情况下必须保证硫的摄入。当犊牛饲喂低硫日粮（0.4g/kg DM）时，血浆和肝中甲硫氨酸浓度降低，并且生长缓慢。在高粗饲料日粮饲喂引起的硫缺乏时，奶牛会产生食欲降低和消化率下降等现象。

奶牛日粮中硫的适宜浓度和有害浓度之间的差距很小，只有 2～3 倍。在日粮中添加 3～4g/kg DM 的硫可能会引起奶牛的食欲和生长速度下降。奶牛机体中首先受到硫过量不利影响的部位是瘤胃，因为日粮中的含硫物质会在瘤胃中产生硫化物，从而影响瘤胃的运动性能。硫化物还可能会对奶牛的中枢神经系统产生影响，甚至导致脑灰质软化症。日粮中尿素等非蛋白氮的添加能够减轻由硫过量引起的食欲和消化率降低症状。但是，也有研究表明瘤胃微生物能够逐渐适应高 SO_4^{2-} 摄入并增加异化硫的能力，从而提高瘤胃中硫化物的浓度。

第三节　微量矿物质元素

一、铜

Hart 和 Elvejhem 于 1928 年首次在小鼠研究中发现，日粮铜可以影响小鼠生长和血红蛋白合成，同时也发现在全球的单胃动物中，广泛存在因铜缺乏而导致的临床病症，Neal 等于 1939 年首次发现了放牧牛的缺铜症。自 20 世纪中期以后，人们对铜进行了大量研究，在铜的功能、机体中的分布、吸收转运、与大量酶和蛋白质的互作上取得了大量研究成果，这些发现也表明，铜是一种动物健康生长的必需矿物质。

（一）铜的来源

铜在饲草中的含量受饲草种类、成熟度、所在地土壤矿物质情况和施肥等的影响，日粮中铜含量存在很大差异，普遍现象为鲜草中铜含量较低，禾本植物比豆类植物铜含量低，而在谷物或谷物副产物中铜含量较高。牧草中铜含量一般在 4.5～21.1mg/kg DM，豆粕类一般含铜量为 25～40mg/kg DM，酒精发酵渣含铜量一般在 44～129mg/kg DM。

（二）铜在奶牛体内的分布

体组织以干物质计的铜含量约为 1.15mg/kg，健康奶牛血液中铜含量为 0.5～1.5μg/mL；反刍动物体内的铜主要贮存于内脏中，约占体内铜总含量的 80%，其在肝中的贮存量与日粮铜含量有关，骨骼和肌肉中含量仅分别约为 7%和 6%，在皮毛和脂肪中含量均较少；初乳中铜含量较高约为 0.6mg/kg，随着泌乳期延长，乳中铜含量降低，常乳中铜含量约为 0.15mg/kg；乳中铜含量也受日粮铜水平影响，当饲喂高铜日粮时，常乳中铜含量也可提高到 0.2mg/kg。

（三）铜的生理功能

铜是大量酶、辅酶和活性蛋白的组成成分，在动物繁殖性能和骨骼发育中发挥重要作用。铜参与了细胞有氧呼吸过程中的电子传递过程；铜是赖氨酸氧化酶的组成部分，该酶催化了锁链素的合成，锁链素是链接体内胶原蛋白和弹性蛋白的有机分子，因此在骨骼和其他组织的形态和功能发育上具有重要作用；血浆铜蓝蛋白也是包含铜的活性蛋白，这种蛋白质可以介导机体对铁的吸收和转运，在血红蛋白的合成上具有重要作用；酪氨酸酶发挥作用也需要铜元素，这种酶的主要作用是介导酪氨酸合成黑色素；超氧化物歧化酶依赖于铜发挥作用，这种酶在保护细胞免受氧化损伤中具有重要作用。

（四）铜的消化、吸收和转运

1. 铜的消化

对于反刍动物，瘤胃消化过程对铜的吸收具有重要影响，因为瘤胃可以将日粮中的铜消化为铜离子，同时也将硫消化为二价硫（S^{2-}），二价硫离子与铜离子结合为硫化铜（CuS），硫化铜是一种难以溶解的金属盐，在消化道中难以吸收。瘤胃原虫对硫的消化具有重要作用，当采用药物等手段驱除瘤胃中原虫后，反刍动物对铜的吸收效率显著增加，因此可见，反刍动物对铜的消化吸收效率与瘤胃功能的发育程度有关。

2. 铜的吸收

铜的吸收主要发生于小肠，尤其是在十二指肠和空肠中，瘤胃和大肠也参与了铜的吸收。通常，肠道对碳酸铜、硫酸铜、硝酸铜和氯化铜的水溶液具有较好的吸收，日粮中的金属铜一般难以吸收，这是由于铜在肠道中以二价铜离子（Cu^{2+}）形式吸收，该吸收过程主要依赖于肠道组织上的二价金属转运蛋白，这种转运蛋白的活性与机体铜水平相关，即机体铜缺乏时转运蛋白更活跃而铜过量时活性降低，因此铜在肠道中的吸收效率取决于存在形式，也取决于动物对铜的需求平衡程度。

3. 铜吸收效率的影响因素

反刍动物对不同日粮中铜元素的吸收利用效率也不同，如常见的日粮中，反刍动物对夏季牧草中铜的利用效率约为 2.5%，而对秋季牧草中铜的利用效率下降为约1.4%，反刍动物对青贮饲料中铜的利用效率为 4.9%，对干草中铜的利用效率为 7.3%，对谷物中铜的利用效率为 9.1%。在绵羊上的研究发现，对于哺乳羔羊，铜的吸收效率为 70%～85%，而断奶后，羊对铜的吸收效率低于 10%；在奶牛上的研究也表明，新生犊牛对铜的吸收效率可以达到 70%，断奶前犊牛对铜的吸收效率也可达到 60%，而随着年龄增加、瘤胃功能的发育，奶牛对铜的吸收效率急剧下降，成年牛对铜的吸收效率仅为 1%～5%。因此，日粮中铜是否能满足奶牛需要，主要依赖于可利用铜的含量而不是日粮中铜的含量。

大量矿物质与铜的消化吸收具有交互作用，因此也会对铜的利用率产生影响。日粮中硫和钼是铜吸收的颉颃剂，当日粮中硫含量达到 2.5g/kg、钼含量达到 10mg/kg 时即对铜的吸收产生抑制作用，硫与铜的颉颃机理主要是瘤胃中微生物消化作用易于将硫离子与铜离子结合为不易吸收的硫化铜，钼与铜的颉颃机理主要是瘤胃微生物可以将日粮中铜、硫和钼消化生成不易吸收的硫钼酸铜（$CuMoSO_4$）；铁也是铜吸收的颉颃剂，这种颉颃作用机理还不明确，可能是因为铁和硫在日粮中部分以硫化铁形式存在，铜在瘤胃中竞争性地与硫离子结合，生成难以吸收的硫化铜，因此表现为铜吸收效率降低，也可能是因为在肠道中铜与铁离子竞争肠道中的金属转运蛋白，从而降低铜的吸收，因此这种颉颃作用在日粮中铁含量较高时表现得更为明显；锌也是铜吸收的颉颃剂，但一般情况下，这种颉颃作用在生产中并不常见，研究表明，泌乳奶牛补充 1000mg/kg 锌，尽管锌的添加量已远高于营养推荐量，但也观测不到锌对铜吸收的颉颃作用，而随着日粮锌添加量进一步增加到 2000mg/kg 时，泌乳奶牛表现出血浆铜含量的降低，表明锌对铜的吸收的颉颃作用存在明显的剂量效应，高锌对铜吸收的颉颃作用机理一般认为是由于锌可以调节肠道金属硫蛋白的分泌，铜可以在肠道中与分泌的金属硫蛋白形成难以消化的螯合物，降低了机体对铜的吸收效率。

4. 铜的转运和排出

由肠黏膜吸收的铜以铜离子形式进入血液后，分布于血浆中，其首先与白蛋白形成结构松弛的化合物，随后铜离子进入肝，在肝中合成血浆铜蓝蛋白，铜离子与铜蓝蛋白形成紧密结合的复合物，铜蓝蛋白又释放到血液中，并通过血液循环系统进入其他组织，发挥其功能。肝胆系统是铜离开机体的主要方式，铜在肝中可通过胆汁分泌到肠道中，进而和不能吸收的铜一起随粪便排出体外，值得一提的是，反刍动物不存在铜的肝肠循环，因为随胆汁进入肠道中的铜难以再被机体吸收利用。除了肝胆途径，汗液也能排出少量的铜，而对于奶牛，泌乳也是铜离开机体的一种重要方式。

（五）奶牛对铜的需要量

奶牛对铜的需要量可以利用析因模型获得，在析因模型中，奶牛需要量可以剖分为维持需要量、生长需要量和生产需要量。奶牛内源铜的损失量为 7.1μg/kg 体重，因此可以认为，奶牛铜的维持需要量为 7.1μg/kg 体重；奶牛体组织中（含肝）铜含量为 1.15mg/kg 体重，因此奶牛对铜的生长需要量约为 1.15mg/kg 体重；奶牛生产需要量主要为泌乳需要，研究表明，牛奶初乳中铜含量为 0.6mg/kg，常乳中铜含量为 0.15mg/kg，在利用析因模型计算奶牛对铜的需要量时，奶牛对铜的吸收利用效率也需要考虑在内（表 8-11）。

表 8-11　奶牛典型生产状态下对铜的需要量

牛生产状态	采食量（kg DM）	NRC（1989）		ARC（1980）		NRC（2001）	
		Cu（mg/d）	Cu（mg/kg DM）	Cu（mg/d）	Cu（mg/kg DM）	Cu（mg/d）	Cu（mg/kg DM）
青年母牛体重 300kg 日增重 0.7kg	6	60	10	71	11.8	72.6	12
青年母牛体重 500kg 日增重 0.5kg 妊娠 250 天	10	100	10	154	15.4	152	15.2
泌乳牛体重 650kg 日产奶 40kg	20	200	10	214	10.7	313	15.7
泌乳牛体重 650kg 妊娠 270 天	12	120	10	167	13.9	163.5	13.7

因此一般而言，奶牛对铜的需要量为 8mg/kg DM，但因为铁、钼、锌、硫的存在会降低铜的可利用率，因此当饲喂高铁、高钼、高锌和高硫日粮时，奶牛对铜的需要量也随之增加。

（六）奶牛铜缺乏或过量的危害

1. 铜缺乏的危害

当日粮出现铜缺乏，贮存于肝中的铜被大量消耗或动员速度不能满足奶牛对铜的需要时，血液中铜含量首先降低，进而导致奶牛体内过氧化物脱氢酶降低。铜缺乏早期的症状主要表现为眼周围毛发褪色，同时伴随腹泻。奶牛缺铜时也会表现出贫血、骨质疏松、心脏功能衰竭、生长发育和繁殖性能受阻等症状。另外，奶牛缺铜时免疫力下降，表现为中性粒细胞对外来病原菌杀伤力减弱，使奶牛更容易患感染性疾病。

2. 铜过量的危害

当日粮含有过量的铜或使用过量的含铜添加剂会导致奶牛铜中毒。过量的铜首先在肝中积累，这些累积在肝中的铜在奶牛受到应激等条件下会大量释放进入血液，导致奶牛溶血症的发生，奶牛溶血症主要表现为溶血、黄疸、高铁血红蛋白症、血尿、全身性衰竭甚至死亡。

二、锰

锰元素在地球上含量丰富，在 20 世纪 30 年代被证实是动物生长和繁殖必需的矿物质。研究表明，动物缺乏锰元素后主要表现为生长速度下降，骨骼畸形，雌性和雄性动物均表现出繁殖障碍，幼龄动物同时表现出共济失调。

（一）锰的来源

牧草中锰的含量受地域、牧草品种、土壤条件等影响较大。一般条件下，牧草中锰含量均值约为 86mg/kg DM，但含量值从低于 10mg 到高于 400mg 在不同文献中均有报道。对于奶牛常见日粮，锰在不同谷物品种中含量变化较大，如玉米中锰含量为 5～8mg/kg DM，大麦中锰的含量为 14～19mg/kg DM，小麦中锰的含量为 31～37mg/kg DM，燕麦中锰的含量为 36～46mg/kg DM，而在谷物外皮中锰含量一般也高于谷物籽实中，如小麦麸中锰含量为 88～133mg/kg DM，高于小麦籽实中锰的含量。另外值得注意的是，土壤中锰含量一般在 300～1100mg/kg DM，远高于牧草中锰的含量。

（二）锰在奶牛体内的分布

锰在反刍动物机体中含量极低，每千克肉羊和奶牛胴体 DM 中仅含有 0.6～3.9mg 锰。锰主要分布于内脏中，内脏中的锰占体内总含量的约 48%，其次锰在骨骼和肌肉中也有广泛分布，约各占体内总含量的 12%，也有研究表明，锰主要分布于肝、骨骼和毛发中。另外，锰在体内是否贮存还未得到研究证实，这表明动物需要从日粮中及时获得锰元素用于机体需要，而难以从组织中动员贮存的锰元素，因此日粮中短时间的锰缺乏就会诱导动物出现锰缺乏症状。

（三）锰的生理功能

锰是机体大量金属酶的组成部分，主要有丙酮酸羧化酶、超氧化物歧化酶、糖基转移酶。丙酮酸羧化酶在能量代谢通路中具有重要的作用，该酶的缺失或活性水平改变将导致动物脂肪酸代谢紊乱；超氧化物歧化酶主要分布于细胞线粒体中，该酶的正常活性可以保护线粒体免受氧化基团的损伤，在保护线粒体的同时，超氧化物歧化酶也与氧化应激反应有关，在免疫反应中也发挥着重要作用；黏多糖在软骨和软组织中分布广泛，在动物正常的生命活动中具有不可替代的作用，研究表明，机体缺乏锰元素后糖基转移酶活性受到抑制，因此体内黏多糖的合成速度降低，从而导致动物骨骼发育畸形；同时，锰的缺乏也导致胆固醇和性激素分泌的异常，从而对动物繁殖性能产生直接影响。因此锰的主要生物功能与机体能量代谢和氧化应激相关，同时也与胆固醇和性激素的合成有关，因此对动物生长、发育和繁殖性能产生影响。

（四）锰的消化、吸收和转运

1. 锰的消化和吸收

日粮中锰主要以碳酸锰、硫酸锰、氯化锰和氧化锰形式存在于饲料中，奶牛对锰的消化主要发生于瘤胃，吸收主要发生于小肠中，锰的吸收依赖于肠道中的金属转运蛋白。动物对植物性饲料中锰元素利用效率较低，在析因模型中，奶牛对锰的利用效率一般认为处于 6.5%～7.5%。奶牛对锰的吸收受年龄影响较大，随动物年龄增加，对锰的利用效率降低，同时奶牛对日粮中锰的吸收也具有自我调节作用，研究表明，犊牛对牛奶中的锰具有良好的吸收能力，牛奶或代乳粉中含有 0.75mg 锰时，犊牛可以利用 40%～60%摄入的锰元素，而当日粮中的锰含量增加到 15mg 时，犊牛对锰的利用效率降低至约 16%，可以看出犊牛对锰的吸收效率远高于成年奶牛，而当犊牛日粮中锰含量较高时，机体可以通过降低吸收效率使进入体内的锰含量维持相对稳定水平。

2. 影响锰吸收效率的因素

动物对锰的消化和吸收受日粮中铁的影响较大，主要因为铁可以和锰竞争肠道中的铁传递蛋白，当日粮中铁含量较高时，锰的吸收效率显著下降。植酸盐也会导致动物对锰的利用效率降低，但对于反刍动物来说，因为瘤胃中微生物消化作用破坏了大部分植酸结构，所以植酸对反刍动物锰的利用效率影响有限。

3. 锰的转运与排出

奶牛通过肠道吸收的锰进入血液后，一部分转运到肝并通过胆汁重新进入肠道，另一部分可以与铁传递蛋白结合进入各组织中，发挥其生理功能。奶牛机体具有完善的锰水平调控途径，除了通过肠道中锰的吸收水平的调节，奶牛肝也可以将超过需要量的锰通过胆汁排泄到肠道，通过粪便排出体外，但锰几乎不通过尿液排出。这种通过吸收和代谢进行的多重调节稳衡机制保证了奶牛体内锰含量的基本稳衡，因此奶牛对锰的耐受水平较高，关于奶牛和反刍动物锰中毒的报道很少。

（五）奶牛对锰的需要量

牛奶中含有丰富的易吸收的锰元素，犊牛对锰的吸收效率较高，因此一般牛奶和代乳粉中的锰即可满足犊牛对锰的需要。对于后备牛，锰含量 10mg/kg DM 可以满足后备牛的生长需要量，16mg/kg DM 可满足生长和繁殖需要。一项为期 2.5～3.5 年的跟踪研究表明，日粮中锰含量在 16～21mg/kg DM 可以维持奶牛的健康。奶牛对锰的需要量也可以剖分为维持需要、生长需要和生产需要，NRC（2001）通过综述前人研究，表明奶牛对锰的维持需要小于 0.002mg/kg 体重，因此一头 500kg 体重的奶牛每天可吸收锰的维持需要约为 1mg；研究认为每千克奶牛胴体干物质中仅含有 0.6～3.9mg，大部分数据显示平均数值为 2.5mg，而奶牛胴体中干物质含量约为 27%，因此，可以计算出奶牛对锰的生长需要量约为 0.7mg/kg 日增重；奶牛对锰的生产需要主要来自于泌乳的需要，一般而言，奶牛初乳中锰含量约为 0.16mg/kg，而在常乳中锰的含量约为 0.03mg/kg。因此根据这些数据，NRC（2001）利用析因模型给出的奶牛锰的需要量为 17～18mg/kg DM，通过析因模型的原理不难看出，这个推荐量也受奶牛生长阶段和生产性能等影响，因此奶牛典型生产状态下对锰的需要量见表 8-12。

表 8-12　奶牛典型生产状态下对锰的需要量

牛生产状态	采食量（kg DM）	NRC（1989）		ARC（1980）		NRC（2001）	
		Mn（mg/d）	Mn（mg/kg DM）	Mn（mg/d）	Mn（mg/kg DM）	Mn（mg/d）	Mn（mg/kg DM）
青年母牛体重 300kg 日增重 0.7kg	6	240	40	60	10	145	24.2
青年母牛体重 500kg 日增重 0.5kg 妊娠 250 天	10	400	40	200～250	20～25	220	22.0
泌乳牛体重 650kg 日产奶 40kg	20	800	40	400～500	20～25	333	16.7
泌乳牛体重 650kg 妊娠 270 天	12	480	40	240～300	20～25	213	17.8

（六）奶牛锰缺乏或过量的危害

1. 锰缺乏的危害

锰缺乏时，奶牛的突出表现为生长受阻、共济失调、骨骼异常、繁殖性能下降和胎儿畸形，这主要是因为锰是半乳糖转移酶和糖基转移酶发挥其功能的主要参与者，关系到骨骼和软骨组织中黏多糖和糖蛋白的合成和分泌。

2. 锰过量的危害

锰过量在生产中很少发生，相关报道还很有限。但在日粮中锰高于 1000mg/kg 时，有研究表明锰也会导致奶牛采食量下降和生长受阻。

三、锌

Todd 于 1934 年首次研究证明锌是动物生长和健康必需的矿物质,随后 Ott 等(1966)和 Mills 等（1967）分别证明了肉羊和奶牛需要锌来维持机体健康。这些研究均发现锌缺乏会导致动物食欲降低、生长速度下降、皮肤被毛异常和繁殖性能下降。

（一）锌的来源

粗饲料中锌含量主要为 7~100mg/kg DM，大部分饲草中锌含量为 25~50mg/kg DM。饲草中锌含量主要受土壤锌含量和饲草成熟度的影响，一般而言青贮饲料中锌含量高于干草中锌含量，牧场使用锌肥也能提高饲草中的锌含量。不同谷物中锌含量变异不大，主要分布在 26~35mg/kg DM。

（二）锌在奶牛体内的分布

奶牛体内锌总含量为 20~30mg/kg 体重。由于锌的广泛的生理生化功能，锌广泛分布于机体所有组织中，其中奶牛骨骼、内脏和肌肉中锌含量最高，骨骼肌中锌含量占体内总含量的 50%~60%，骨骼中锌含量约占体内总含量的 30%。

（三）锌的生理功能

现有研究集中在锌的功能和动物对锌的需要上，这些研究表明，锌对动物的重要性远高于人们原有的理解，因此被赋予"生命元素"的称号，这些功能主要表现在：锌在维持动物体内大量酶的结构和功能上发挥了重要作用；锌是维持转录因子结构和功能完整的必需元素；锌也以金属蛋白酶的形式参与了机体基本上所有的信号通路和代谢通路。在反刍动物中，锌的缺乏主要通过调控动物基因表达变化影响动物食欲、脂肪吸收和抗氧化应激，进而影响动物的健康和生长生产性能。

（四）锌的消化、吸收和转运

1. 锌的消化和吸收

成年反刍动物约 1/3 的锌在真胃中被消化吸收，锌主要在十二指肠中以主动形式吸收。动物对锌的吸收也具有自我调节作用，表现为在锌缺乏时，肠道中的锌可以被富含半胱氨酸的小肠蛋白转运，穿过上皮细胞进入门脉循环中，而在锌充足时，存在于肠道上皮细胞的金属硫蛋白与锌结合并将锌运送到刷状缘，与金属硫蛋白结合的锌会存留在上皮细胞中，最后随上皮细胞的死亡、脱落被排到粪便中，机体通过上调或下调黏膜细胞上的金属硫蛋白，达到调节饲粮锌的吸收量的目的。锌的代谢状况如何调节小肠金属硫蛋白浓度的机制还不清楚，但小肠金属硫蛋白表达量的调节需要一定时间来对日粮锌浓度形成反馈，一般小肠金属硫蛋白表达需要几天或几周时间来适应低锌饲粮。由于机体具有锌吸收效率的自我调节能力，所以锌的吸收效率受日粮中锌浓度影响，基于体重50~70kg 犊牛补充不同锌水平，犊牛对锌的吸收效率为 15%~51%；不同年龄奶牛对日粮中锌的吸收效率差异较大，ARC（1980）认为犊牛对锌的吸收效率可以达到 50%，生长期后备牛对锌的吸收效率约为 30%，而成年奶牛对锌的吸收效率约为 20%。

2. 影响锌吸收效率的因素

日粮成分中的植酸是影响锌吸收的最重要因素，尤其是对于单胃动物和幼龄反刍动物，日粮中植酸可以和锌螯合，形成难于溶解吸收的植酸锌复合物，降低锌的吸收利用效率。Miller 于 1967 年研究表明，哺乳犊牛对锌的吸收效率约为 50%，但当牛奶中加入大豆蛋白时，由于大豆蛋白中含有一定量植酸，犊牛对锌的吸收效率可以下降到约 25%。对于成年反刍动物，由于瘤胃的微生物降解功能，植酸对成年反刍动物锌的吸收效率影响有限。

3. 锌的转运与排出

被肠道吸收的锌进入血液，随后分配到各组织中。锌在不同组织的周转速度不同，被毛中的锌不能重新进入血液参与周转，骨骼、肌肉和红细胞中的锌周转速度较低，而肝、胰腺、肾和脾中的锌周转速度较高。日粮中锌不能被吸收的部分会随粪便排出体外，被吸收进入体内的锌也可通过肠液、胰液、胆汁和肠黏膜重新进入肠腔中随粪便排出体外，尿液也能排出一少部分锌，尿中锌含量较稳定，这部分由机体排出的锌为内源锌。对于泌乳期奶牛，通过泌乳也可以排出一定量的锌。

（五）奶牛对锌的需要量

饲养试验表明，奶牛日粮中含有 17～22mg/kg DM 锌时，泌乳奶牛可以保持健康，而当锌含量降低至 6mg/kg DM 时，奶牛表现为蹄病和乳头疾病。析因法获得的奶牛锌需要量在大量的饲养试验中得到证实，通过内源粪的锌损失量约为 0.033mg/kg 体重，通过尿的锌损失量约为 0.012mg/kg 体重，因此奶牛对锌的维持需要量约为 0.045mg/kg 体重；奶牛体组织生长沉积锌的变动范围为 16～31mg/kg 体重，因此大量文献支持奶牛对锌的生长需要量为 24mg/kg 体重增加；另外，奶牛妊娠期间，胎儿和子宫的增长也需要一定量的锌，对妊娠期 190 天到妊娠结束这段时间的测定表明，奶牛对锌的妊娠需要量为 12mg/d；奶牛对锌的生产需要量主要来自于泌乳需要，研究表明，乳中含锌量在 3.4～5.8mg/kg 变动，平均约为 4mg/kg。通过这些参数和析因模型，可以获得不同生长阶段或泌乳阶段奶牛对锌的需要量。奶牛典型生产状态下对锌的需要量见表 8-13。

表 8-13　奶牛典型生产状态下对锌的需要量

牛生产状态	采食量（kg DM）	NRC（1989）		ARC（1980）		NRC（2001）	
		Zn（mg/d）	Zn（mg/kg DM）	Zn（mg/d）	Zn（mg/kg DM）	Zn（mg/d）	Zn（mg/kg DM）
青年母牛体重 300kg 日增重 0.7kg	6	240	40	151	25	202	33
青年母牛体重 500kg 日增重 0.5kg 妊娠 250 天	10	400	40	204	20.4	310	31
泌乳牛体重 650kg 日产奶 40kg	20	800	40	946	47.3	1261	63
泌乳牛体重 650kg 妊娠 270 天	12	480	40	178	14.8	274	22.8

（六）奶牛锌缺乏或过量的危害

1. 锌缺乏的危害

奶牛血清中锌含量一般在 0.7～1.3μg/mL，当血清中锌含量低于 0.4μg/mL 时可认为出现了锌缺乏。奶牛在锌缺乏时，采食量和生长生产性能快速下降；长期锌缺乏会导致公牛睾丸发育异常，奶牛肢蹄疾病，腿部、头部和颈部角质化不全等；通过解剖，也可看到奶牛胸腺萎缩和脾淋巴减少。

2. 锌过量的危害

奶牛对锌的耐受力较强，一般认为锌的耐受量在 300～1000mg/kg 日粮，日粮锌含量过高可降低奶牛对铜的吸收，也有研究表明锌过量也可导致奶牛食欲降低，瘤胃挥发酸生成量的降低，同时降低乙酸和丙酸比例。

四、铁

人们认识到铁是动物食物中的重要组分已有 2000 多年，在 16 世纪人们发现铁和动物血液疾病有关，直到 1886 年人们发现铁主要在血红蛋白中发挥作用，血红蛋白中含有 0.335%的铁。后期研究证明，动物体内约 60%的铁以血红蛋白结合形式存在，尽管长期以来铁被认为在动物体内的重要功能是参与血红蛋白合成，但后期研究也发现铁也参与了细胞色素氧化酶的合成，因此人们认识到铁在动物体内也具有非常广泛的生物学作用。

（一）铁的来源

大多数谷物日粮每千克干物质中含有 30～60mg 铁，并且在不同饲料原料中铁含量变化较大，玉米麸中每千克干物质含有 480mg 铁，而米糠中含有 2600mg 铁。饲草中铁含量也存在较大变化，在新西兰和澳大利亚的研究发现，在春秋季节两地牧草中铁含量分别为 70～111mg/kg DM 和 2300～3850mg/kg DM。牛奶中铁含量较低，主要以糖蛋白或乳铁蛋白形式存在，平均仅有 0.5mg/kg。

（二）铁在奶牛体内的分布

动物体内的铁大部分以有机化合物的形式存在，其中动物体内有 60%～70%的铁以血红蛋白结合的形式存在于红细胞和肌肉中，另有约 20%的铁以不稳定形式存在于肝、脾等组织中，而骨骼中仅存在体内约 5%的铁。

（三）铁的生理功能

铁是构成血红蛋白的重要成分之一，在肺呼吸和细胞呼吸中发挥重要的氧气和二氧化碳转运作用。同时铁也是多种蛋白质和酶的核心结构，如黄素蛋白酶、琥珀酸脱氢酶等，在动物机体的代谢过程中发挥重要作用。日粮缺铁后，尤其是犊牛依靠单一食物牛奶时，常导致犊牛血红素合成减少，表现为缺铁性贫血，犊牛精神萎靡，采食量和日增重降低，犊牛缺铁后的另一表现为犊牛免疫抑制，从而导致犊牛淘汰率和死亡率增加。铁食入过量一般不会导致奶牛铁中毒，但过量的铁会降低奶牛对磷的吸收，从而产生奶牛磷缺乏的骨骼疾病。

（四）铁的消化、吸收和转运

1. 铁的消化和吸收

三价铁离子是日粮中铁的主要存在形式，在肠道中吸收率较低，经过真胃胃酸消化或在肠道黏上被亚铁还原酶还原，一部分三价铁离子可以降为二价铁离子，同时与组氨酸、黏蛋白或果糖结合形成螯合物，这些螯合物可以促进铁离子在肠道中的吸收效率，而另外一些螯合物如草酸亚铁和磷酸亚铁会降低铁离子在肠道中的吸收效率。铁主要在十二指肠依靠主动方式吸收，血红蛋白和亚铁血红素中的铁是动物可以直接吸收的铁，犊牛可以吸收牛奶中铁的 72%～78%，而代乳粉中添加的硫酸亚铁，犊牛可以吸收约35%，因此动物来源的日粮组分中，铁的吸收效率较高。铁的吸收水平受肠黏膜中铁的浓度调节，黏膜阻滞学说（mucosal block theory）认为，肠道内铁初步吸收后贮存于肠黏膜上皮细胞中，当肠黏膜细胞被铁离子饱和后，肠腔中的铁离子不能继续吸收，从而发生肠道自主调控的黏膜阻滞，随着肠黏膜细胞中铁离子的转运释放进入体内发挥作用，肠黏膜上铁离子结合蛋白空缺，黏膜阻滞解除，肠道又可以吸收铁。因此年龄和机体铁水平等均会影响铁的消化吸收。

2. 影响铁吸收效率的因素

奶牛对铁的吸收受日粮中铁存在形式和日粮其他组分的影响，犊牛可以很好地吸收牛奶中的铁，主要是因为牛奶中的铁主要存在形式为乳铁蛋白，这种有机铁可以直接被犊牛吸收，同时乳中也存在对铁吸收有促进作用的柠檬酸和乳糖，因此犊牛可以高效地吸收牛奶中的铁，而饲喂植物蛋白为主要组分的代乳粉后，犊牛对铁的吸收效率显著降低。对于日粮中的非血红素铁，维生素 C 可以增加铁的吸收效率，而日粮中钙、植酸和多酚可以降低铁的吸收效率。

3. 铁的转运与排出

以血红蛋白或非血红蛋白结合的铁被吸收后，首先进入肠黏膜的铁池中进行贮存，并被氧化为三价铁离子，与脱铁铁蛋白结合，循环的铁转运蛋白将铁转运至血液中并运送到各个组织中。在机体中，铁蛋白和血铁黄蛋白是铁的主要存储形式，其中血铁黄蛋白中就贮存了机体总铁量的约35%。奶牛主要依靠黏膜阻滞来调控机体铁含量，而对体内铁的排出效率非常有限。现有研究表明，铁的排出主要依赖胆汁途径和肠道上皮细胞脱落带走部分铁，从尿液和汗液中排出的铁量非常少。

（五）奶牛对铁的需要量

饲养试验表明，对于生长犊牛，30mg/d 的铁摄入量是足够的，而对于产奶量为 25kg/d

的奶牛，当给予 20kg DM 时，铁含量为 24mg/kg DM 可满足泌乳牛对铁的需要量。NRC（2001）推荐采用析因模型对奶牛铁需要量进行计算，由于机体对体内铁平衡的调控主要在吸收层面，机体主动分泌和排泄中的量很少，即内源损失的铁量较低，因此奶牛对铁的维持需要量基本可以忽略不计。奶牛体内铁的含量为 18~34mg/kg 体重，因此 NRC（2001）推荐奶牛对铁的生长需要量为 34mg/kg 体重。牛奶中铁含量尽管有一定变动，而奶牛对铁的吸收效率具有自我调节能力，日粮中铁轻微过量不会导致奶牛铁中毒，奶牛对铁的生产需要量，NRC（2001）推荐为 1mg/kg 乳产量。NRC（2001）综合前人研究成果推荐将日粮中铁的吸收效率设定为 10%。因此，基于这些参数，可以通过析因模型计算不同生理阶段奶牛对铁的需要量。

（六）奶牛铁缺乏或过量的危害

1. 铁缺乏的危害

铁缺乏的主要危害来自两方面：贫血和免疫抑制。铁是血红蛋白的主要成分，铁缺乏导致血红蛋白合成受阻，从而引起贫血，贫血可导致犊牛食欲下降、生长性能降低；铁缺乏导致犊牛免疫抑制，从而增加了犊牛患病率和淘汰率。在成年奶牛中，铁缺乏并不常见，因为成年牛对铁的需要量下降，同时日粮和环境中含有丰富的铁，一般可以满足奶牛对铁的需要。

2. 铁过量的危害

奶牛对铁的耐受量为 1000mg/kg DM 日粮，日粮中含有过量的铁会降低奶牛对铜和锌的吸收，从而引起铜和锌的缺乏症状。过量的铁在奶牛消化道中可以促进微生物的生长，因此增加肠道感染风险，过量的铁被奶牛吸收后，可以在组织中沉积，引起奶牛氧化应激。奶牛在摄入过量的铁后通常表现为腹泻、食欲下降和生长受阻。

五、钴

钴作为一种动物健康所必需的矿物质元素于 1935 年在澳大利亚被发现，钴的缺乏会导致当地奶牛和山羊表现为消瘦病，随后研究表明钴缺乏在世界范围内具有地域性。

（一）钴的来源

粗饲料中钴含量变化较大，主要受植物品种和土地矿物质含量影响。一般而言，豆科植物比禾本科植物具有更高的钴含量。谷物中钴含量一般为 0.01~0.06mg/kg DM，但由于钴主要分布在植物外纤维层，因此糠麸中含有更丰富的钴。钴缺乏常常具有地域性特点，因此土壤中含有丰富钴的地区，当地奶牛也不容易出现钴的缺乏。

（二）钴在奶牛体内的分布

钴在奶牛体内主要以维生素 B_{12} 的形式存在，微生物 B_{12} 在各组织中均有分布，现有研究表明,以维生素 B_{12} 形式存在的钴主要分布于奶牛肝、骨骼和肾中,另外牛奶中含有钴的量为 $0.5\sim0.9\mu g/L$。值得注意的是,尽管体内有一定量的钴,但现有证据表明钴在体内并不贮存,机体需要从日粮中及时获得所需要的钴。

(三)钴的生理功能

钴是维生素 B_{12} 的重要组成部分,维生素 B_{12} 又名钴胺素,其结构式为 $C_{63}H_{88}N_{14}PCo$,其分子量为 1357Da,其中钴含量为 4.4%。瘤胃微生物可以利用日粮中的钴合成维生素 B_{12},而同时维生素 B_{12} 又是瘤胃微生物通过发酵作用合成丙酸和进行甲基化作用必需的维生素。维生素 B_{12} 吸收入血后也是奶牛肝代谢脂肪的重要成分。奶牛钴缺乏常导致奶牛脂肪肝、食欲降低、繁殖障碍和疾病易感性增加。

(四)钴的消化、吸收和转运

1. 钴的消化和吸收

奶牛对钴的需要主要表现为在瘤胃中合成维生素 B_{12},因此奶牛对钴的需要主要体现在机体对微生物合成维生素 B_{12} 的需要。维生素 B_{12} 在动物体内吸收和转运主要依靠钴胺素转运蛋白进行,这些转运蛋白包括钴胺传递蛋白-1、内因子和钴胺传递蛋白-2,维生素 B_{12} 在瘤胃中由微生物合成后,随死亡的微生物或与唾液中钴胺传递蛋白-1 结合的形式离开瘤胃,在真胃中与其分泌的内因子结合,并以转运蛋白和内因子复合物的形式在回肠壁刷状缘吸收。奶牛对钴的吸收效率大概在 11%,现有研究表明,日粮中钴含量、钴的来源、日粮能量蛋白质含量等均会影响钴的消化和吸收。

2. 钴的转运与排出

对于反刍动物,钴的代谢研究还较少,但现有数据表明,钴可以通过胆汁排泄进入肠道随粪便排出体外,也有一部分会以维生素 B_{12} 的形式通过尿液排出体外,通过尿液排出体外可能是奶牛钴排泄的主要途径,因为在增加日粮中钴含量后,尿液中维生素 B_{12} 含量急剧增加,甚至高于血液和牛奶中钴含量,而在给奶牛饲喂钴缺乏日粮后,奶牛尿液中钴含量甚至降低到检测限以下,这说明排尿途径在奶牛钴平衡中发挥了作用,同时也提示,利用检测尿液中维生素 B_{12} 可以评价奶牛机体钴平衡情况。

(五)奶牛对钴的需要量

舍饲奶牛的钴生长需要量为 $0.12\sim0.15mg/kg$ DM,而将日粮中钴含量增加到 $0.25\sim0.35mg/kg$ DM 时,可以提高奶牛瘤胃中维生素 B_{12} 的合成,进而可以提高瘤胃微生物对日粮的消化能力,而当以玉米青贮或玉米为主要日粮成分时,奶牛对钴的需要量会在一定程度上增加,因为玉米青贮或玉米在瘤胃中发酵可产生大量丙酸,丙酸的生成依赖于维生素 B_{12}。奶牛在泌乳初期尤其在甲硫氨酸缺乏时也需要更多的钴来完成机体甲基化的反应。

（六）奶牛钴缺乏或过量的危害

1. 钴缺乏的危害

钴缺乏会导致维生素 B_{12} 合成量降低，从而导致奶牛肠道甲硫氨酸产量降低和奶牛氮沉积量下降。犊牛阶段对钴缺乏更敏感，会导致犊牛生长受阻。钴缺乏早期，奶牛主要表现为生长受阻，长期钴缺乏会导致奶牛免疫力下降，进而导致奶牛感染性疾病高发。

2. 钴过量的危害

奶牛对钴的耐受量为 10mg/kg DM 日粮，当日粮钴含量高于奶牛耐受量后，奶牛常表现为食欲下降、生长受阻和贫血，这种钴过量的表现与钴缺乏具有一定相似性。

六、碘

碘对动物具有重要作用，其缺乏可以通过表观现象进行观测，即甲状腺肿大也称为大脖子病。人们对碘的关注可追溯至公元前 3000 年，当时中国人意识到食用海产品可以治疗甲状腺肿大。这种碘与甲状腺的关系直到 19 世纪才得到证实，人们发现甲状腺中含有丰富的碘，但当患有甲状腺肿大时，其甲状腺中碘含量急剧下降，1850 年碘被列为动物健康的必需矿物质元素。1927 年，甲状腺素被纯化分离出来，人们发现甲状腺素中含有 65%的碘，进一步体现了碘与甲状腺的功能的联系。1933 年 Levine 进一步证明了甲状腺素活性与动物基础代谢的关系，同时也发现对于不同的动物，基础代谢不同，对碘的需要量也有很大差异。

（一）碘的来源

饲料中碘含量受多种因素如植物品种、气候和季节的影响，值得注意的是饲料中碘元素随季节变化较大，有些地区会出现碘的季节性缺乏，同时土壤碘元素的含量直接影响了作物碘的沉积，因此也常会有地域性的碘缺乏。地域性的碘含量也反映在土壤和水中碘的含量，土壤和水中的碘也可以被奶牛摄入和吸收。

（二）碘在奶牛体内的分布

碘在机体中广泛分布，但主要集中在甲状腺中，其中甲状腺中含有体内碘含量的 70%～80%，肌肉中含有 10%～12%，皮肤中含有 3%～4%，骨骼中约 3%。体内的碘有两种存在形式，即游离碘和蛋白质结合碘，其中蛋白质结合碘是其主要的存在形式。血液中主要是血清蛋白结合碘，正常牛羊血清中血清蛋白结合碘含量为 3～4μg/100mL。

（三）碘的生理功能

现有研究仅证实碘元素的一个功能，但对动物健康发挥了重要作用，即碘是甲状腺素的重要组成成分。胸腺激素的结构解析表明，其中含有 4 个碘原子，碘在链接胸腺激素内部和外部的酪氨酸环中发挥了重要作用，胸腺激素分为 T_3 和 T_4 状态，其活性主要受脱碘化酶通过调节胸腺激素的碘元素进行调节。甲状腺素在体温调节中发挥重要作用，也可以调节多种体内激素的表达，如甲状腺素可以调节脂肪组织分泌瘦素进而对奶牛食欲产生影响，同时甲状腺素也能增加细胞呼吸作用和能量代谢，进而影响机体的代谢、生长和免疫。

（四）碘的消化、吸收和转运

碘可以在瘤胃和肠道中被奶牛高效吸收，其中瘤胃中吸收 70%～80%的碘，而在真胃中可吸收约 10%的碘，一般日粮中 80%～90%的碘可以被奶牛吸收进入体内，碘被吸收进入血液后与血浆蛋白结合，也有少量以离子形式存在的游离碘。奶牛体内 80%的碘沉积于甲状腺用来合成甲状腺素，当奶牛摄入碘过量时，碘将沉积于肌肉和肝等软组织，同时主要通过尿液和泌乳将多余的碘排出体外。一般而言，牛奶中含有碘的量为 30～300μg/L，牛奶中碘含量与奶牛机体碘的平衡有关，当日粮中碘含量增加时，牛奶中碘含量也会随之线性增加，因此通过检测牛奶中碘含量，也可以估测奶牛机体碘平衡情况。与奶牛磷循环相似，奶牛体内存在碘循环，血液中的碘通过分泌作用进入真胃，再次到达肠道吸收入血，完成碘循环过程。

（五）奶牛对碘的需要量

碘的需要量受季节影响较大，主要原因是奶牛甲状腺活性具有一定的季节性，研究表明，夏季绵羊碘需要量为 0.11mg/kg DM，而在冬季的需要量为 0.54mg/kg DM，在奶牛上也存在相似的研究结果，这是因为甲状腺素调节了动物基础代谢，冬季动物需要更高的基础代谢来维持体温。一般而言，夏季日粮中碘含量在 0.18～0.27mg/kg DM 可以满足奶牛对生长、泌乳的碘的需要，冬季对碘的需要量会相应增加。

碘的需要量受奶牛生理阶段影响。体重 40kg 的犊牛需要碘的量为 0.4mg/d 用于合成甲状腺素，体重 400kg 非妊娠奶牛需要碘的量为 1.3mg/d 用于合成甲状腺素，妊娠后期的奶牛，需要碘的量为 1.5mg/d，而对于泌乳奶牛由于需要更多的甲状腺激素进行维持泌乳行为，其对碘的需要量会增加至 4～4.5mg/d。

奶牛对碘的维持需要量主要通过推导获得，Miller 在 1988 年的研究表明，奶牛胸腺激素合成速度为每 100kg 体重 0.2～0.3mg，其中需要碘的量为 0.13～0.2mg；同时，体内的碘约有 30%进入胸腺合成胸腺激素，这其中 15%的碘来自于内源碘，因此奶牛对日粮中碘的维持需要量约为每 100kg 体重 0.6mg 碘。泌乳阶段，奶牛对甲状腺激素的需要量会增加约 2.5 倍，因此对碘的需要量也相应增加，一般泌乳牛每 100kg 体重约需要 1.5mg 的碘，假设泌乳牛干物质采食量为体重的 3.3%，那么泌乳牛日粮中应含有碘 0.45mg/kg DM。

（六）奶牛碘缺乏或过量的危害

1. 碘缺乏的危害

碘缺乏具有典型地域性，妊娠期奶牛碘缺乏会导致所产犊牛无毛、体弱或死胎；犊牛和成年牛缺碘首先表现出的是胸腺肥大，并进一步导致生长和生产性能下降。

2. 碘过量的危害

当日粮中碘含量高于 5mg/kg DM 时会出现碘中毒，碘中毒的表现为奶牛口水、鼻腔黏液和泪水过量分泌，产奶量下降，并能导致奶牛皮肤干燥粗糙。日粮碘含量过高也会导致牛奶中碘含量增加，因为人对碘比奶牛更敏感，奶牛日粮碘含量也需将食品安全纳入考虑之中。

七、硒

硒对于动物体功能的研究始于 20 世纪 20 年代，在 30 年代，主要研究领域由硒过量导致动物蹒跚病和肝硬化的毒理方向向硒缺乏对动物的影响方向转变。Rotruck 于 1973 年发现硒是谷胱甘肽过氧化酶的重要组成部分，参与了体内抗氧化作用。1975 年 Schwarz 和 Fltz 证实硒是动物必需的微量元素，硒可以防止动物肝坏死，也可以预防鸡渗出性素质病。1976 年，Muth 等证明硒缺乏与羔羊的白肌病相关。随后的大量研究表明，硒缺乏可以导致奶牛子宫炎、囊性卵巢病、乳房炎和中性粒细胞功能缺陷，从而增加了奶牛淘汰率。

（一）硒的来源

日粮中硒主要以硒代甲硫氨酸形式存在，占总硒含量的 55%～65%，另外以硒代半胱氨酸形式存在的硒占总量的 5%～15%。硒在粗饲料中的含量变异很大，因此很难通过日粮组成计算奶牛硒的摄入量，大体来看豆科植物硒含量低于禾本科植物。硒在谷物中含量差异也很大，英国、美国和加拿大小麦的统计数据表明三个地区小麦中硒含量均值分别为 0.03mg/kg DM、0.37～0.46mg/kg DM 和 0.76mg/kg DM。在不同谷物品种中，硒含量相差不大，但总体上小麦>水稻>玉米>大麦>燕麦。

（二）硒在奶牛体内的分布

硒在动物体内所有组织和体液中均有广泛的分布，但体内硒含量较低，一般低于 1mg/kg 体重，体内的硒主要分布于肌肉中，占体内总量的 50%～52%，皮肤、被毛和角质中含有 14%～15%，骨骼中含有 10%，肝中含有约 8%。奶牛体内的硒含量具有变动性，受到硒平衡水平的影响，日粮中含有大量硒时，奶牛体内硒含量也相应提高。在正常奶牛血液中，硒含量约为 50ng/mL，硒中毒时，血液中硒含量可提高至 1340～3100mg/mL。奶牛被毛中硒含量也受硒平衡水平影响，因此检测被毛中的硒可以用于诊断奶牛硒平衡水平，一般而言，硒缺乏时，奶牛被毛中硒含量可降低至 0.06～0.23mg/kg，而在奶牛硒中毒时，被毛中硒含量可提高至 30mg/kg。牛奶中含有少量硒，一般在 5ng/mL，而当日粮中硒含量提高时，牛奶中硒含量也随之提高，可以达到 160～1270mg/mL。

（三）硒的生理功能

哺乳动物体内已鉴定出 25 种含硒蛋白质基因，这些基因大部分在脑组织中表达。

现有研究表明硒主要参与了谷胱甘肽过氧化酶、甲状腺素脱碘酶、硫氧化还原蛋白还原酶、硒磷酸合成酶等的结构和功能的维持，因此体内硒蛋白主要与机体抗氧化性相关，当硒蛋白表达异常时常会伴随含氧自由基增加和组织损伤。同时，硒也与动物免疫相关，嗜中性粒细胞依赖于过氧化物杀灭病原菌，在硒缺乏时，过氧化物酶合成和功能受到抑制，因此降低了动物自身的免疫能力。奶牛硒缺乏常发生奶牛生长阻滞、产奶性能下降并伴随一系列免疫和繁殖问题。

（四）硒的消化、吸收和转运

1. 硒的消化和吸收

现有研究表明，反刍动物对饲料中的硒的表观消化率为 30%～40%，而真消化率为 40%～65%，而对于日粮中添加的硒酸钠、亚硒酸钠或酵母硒，反刍动物的表观消化率为 40%～50%。一般来说，奶牛对有机硒的吸收效率要高于无机硒，因此与添加无机硒相比，日粮中添加酵母硒可以提高奶牛血液和组织中的硒水平，也可以更有效地提高奶牛体内谷胱甘肽过氧化酶的活性。亚硒酸盐通过主动形式吸收，而硒酸盐在吸收过程中与钼酸盐和硫酸盐共用运输载体，因此这三者在吸收过程中存在颉颃作用。

2. 影响硒吸收效率的因素

动物对硒的需要受多因素的影响。硒与维生素 E 具有协同作用，体现为奶牛如果缺乏维生素 E，则对硒的需要量增加，反之亦然。日粮中钙含量也可以影响奶牛对硒的需要量，表现为当钙含量高于奶牛需要量或低于奶牛需要量时，奶牛对硒的消化率均会降低。日粮中硫和锌可以降低硒的吸收效率，即日粮中硫和锌含量增加时，奶牛对硒的需要量也会增加。铜与硒也具有相关关系，表现为日粮中铜含量增加时，动物肝中的硒含量会增加而肌肉中硒含量会降低。

3. 硒的转运和排出

被吸收进入体内的硒一部分进入红细胞中，另一部分进入组织中与谷胱甘肽等含硫蛋白质结合，硒可以通过胎盘屏障和血乳屏障进入胎儿和牛奶中。经过消化道和尿液排出的硒量大致相当，分别占摄入硒量的 30%～35%，另外有 2%～3% 的硒以二甲基硒的形态通过呼吸道排出，胆汁在内源硒的排出中发挥了重要作用，内源硒随胆汁排出到十二指肠中，并随粪便排出体外。在正常情况下，奶牛体内可以留存硒摄入量的 20%～25%。

（五）奶牛对硒的需要量

硒的需要量的研究还比较缺乏，通过日粮中硒添加梯度试验，NRC（2001）给出奶牛硒的需要量在 0.3mg/kg DM，FDA（1997）也证实日粮中硒含量在 0.3mg/kg 可以使奶牛机体维持良好的状态。很难通过析因法计算硒的需要量，因为硒在动物机体、胚胎和牛奶中的含量随日粮中硒含量变化而发生剧烈变化。其他营养素对硒的需要量也会产生影响，比如一般而言，维生素 E 与硒需要量呈协同作用，而无论日粮中钙含量增加或降低均会导致硒需要量的增加，增加日粮中硫含量也会增加硒需要量。

（六）奶牛硒缺乏或过量的危害

1. 硒缺乏的危害

硒缺乏导致的临床典型疾病是白肌病，主要表现为腿无力、僵硬，肌肉颤动，同时也会伴随腹泻。也有文献报道，硒缺乏会导致母牛胎衣不下。

2. 硒过量的危害

日粮含硒量在5～40mg/kg DM会导致奶牛慢性硒中毒，当给犊牛注射硒0.5mg/kg体重时会导致67%的犊牛死亡。硒过量的典型症状是奶牛蹄部损伤、跛行、毛发脱落和消瘦。

八、潜在必需矿物质元素

钼、铬、硼、锂、镍、硅、钒、铝、砷和锡一般也被认为是奶牛必需的矿物质元素，但奶牛对这些元素的需要量极少，通常奶牛通过日粮、饮水或环境能获得足够的这些矿物质，因此研究较少，需要量数据还需要更多的试验数据支持。

（一）钼

钼于1953年被证实是动物必需的矿物质元素，钼是黄素蛋白酶、黄嘌呤氧化酶、乙醛和亚硫酸盐酶重要的辅酶，在机体正常的生理活动中发挥重要作用。短时间或轻微钼缺乏不会对奶牛产生影响，但可以增加铜在动物体内的沉积水平。

钼广泛分布于体细胞和体液中，其中骨骼中钼含量可以达到体内含量的60%～65%，在皮肤、被毛和肌肉中也有一定的分布，体内的钼含量也会随着日粮中钼的水平变化而发生变化，当日粮中钼含量增加时，组织和体液中钼含量也随之增加，血液中钼含量可以由小于0.1mg/mL提高到2.5mg/mL，牛奶中钼含量也可在一个很大范围变动，从18μg/L到120μg/L。

无论是溶解在水中或在饲草中，钼一般可以很好地被动物吸收，但在日粮中含有较高水平的铜或硫时，铜、钼和硫可以在瘤胃微生物作用下形成难溶性化合物硫代钼酸铜，导致大量钼随粪便排出体外，表明高铜和高硫对钼的吸收具有颉颃作用。同时钼元素在肠道的吸收为主动形式吸收，与硫酸根共享转运体，因此硫也可以竞争性地降低机体对钼的吸收。

一般情况下，奶牛不会出现钼的缺乏，这是因为奶牛对钼的需要量很低，一般低于0.01mg/kg DM，而钼在自然界中分布广泛，土壤、干草、谷物中均含有较丰富的钼元素。例如，土壤中一般钼含量约为5mg/kg DM，牧草中含有0.33～1.4mg/kg DM，豆科植物中含有0.5～2.5mg/kg DM，谷物中含有0.16～0.92mg/kg DM，在这些主要环境和日粮成分中钼的含量均明显高于奶牛对钼的需要量，因此钼的缺乏未见报道，也不容易发生。对应地，人们更关注钼过量对奶牛的危害，因为钼与铜存在颉颃作用，日粮钼含量过量会导致奶牛铜的缺乏，从而使奶牛表现出铜缺乏的症状，现有报道当日粮钼含量在

5mg/kg DM 就会导致奶牛表现出铜缺乏。由于有些工业废水中钼含量超标，附近养殖奶牛钼中毒的报道时有发生。

（二）铬

铬在 1977 年被发现是动物体内有机金属化合物的组分，铬以三价形式存在于烟酸、谷氨酸、甘氨酸和半胱氨酸这些被称为葡萄糖耐受因子中，没有三价铬的存在这些葡萄糖耐受因子将失活。现有研究表明，日粮中添加铬可以增加奶牛抗应激能力、免疫力、采食量和产奶性能，也可以通过降低肝甘油三酯累积促进奶牛能量平衡。通常在奶牛日粮中添加三价铬是安全的，但六价铬具有毒性，六价铬比三价铬更易于进入细胞内，通过抑制α-酮戊二酸脱氢酶阻断线粒体呼吸链并造成 DNA 损伤。至今奶牛对铬的需要量还未有明确的界定，现有研究表明奶牛可耐受 3000mg/kg 日粮的氧化铬、1000mg/kg 日粮的三价铬，而六价铬的毒性至少是三价铬的 5 倍。

（三）硼

硼可以与顺羟基结合，因此是核黄素、雌甾二醇、维生素 D 的组成部分并参与其功能，因此硼也是奶牛必需的矿物质元素。对马的研究表明，日粮添加硼可以降低马腿部疾病，硼的功能在奶牛上还有待进一步证实。硼在土壤和粗饲料尤其是豆科植物中含量丰富，但谷物为主的精饲料中硼含量较低，硼缺乏常由精饲料饲喂导致。奶牛采食过量的硼后，表现为食欲下降和体重降低。

（四）锂

锂含量在地球上排第 27 位，但不同地域土壤和饲料中锂含量差异很大，锂在农作物尤其是谷物中含量很低，而在豆科植物中含量较高。研究表明，锂缺乏会导致山羊生长受阻、繁殖力降低、羔羊出生重降低并降低山羊寿命。锂中毒在正常情况下很难发生，少量报道的锂中毒奶牛主要表现为精神萎靡、食欲降低、腹泻、共济失调甚至死亡，这种锂中毒主要来自于环境的工业污染。

（五）镍

奶牛需要镍来保障瘤胃中脲酶的活性，镍的缺乏会导致奶牛采食量下降、生长受阻和肝病理性变化，镍中毒很少发生，一般奶牛可耐受日粮镍含量为 50mg/kg。

（六）硅

硅是地球上第二丰富的矿物质，但在动物体内含量很低。硅通常以二氧化硅的形式存在，奶牛对二氧化硅中硅元素的吸收率极低。硅缺乏在奶牛中很少见到，但日粮中硅含量过高会降低日粮适口性，从而导致奶牛采食量降低，同时也会导致奶牛日粮消化率下降。对于公牛高硅日粮的另外一方面危害是促进了尿结石的发生。因此一般推荐日粮中硅含量不要高于日粮的 0.2%。

（七）钒

尽管研究表明反刍动物对钒的吸收率低于 1%，人们研究发现日粮中含有 0.1mg/kg 的钒可以促进绵羊的生长，表明钒是反刍动物的必需矿物质。日粮中过量的钒也可降低钠-钾离子泵活性，影响动物对营养物质的吸收。一般认为奶牛对日粮中钒的耐受量为 50mg/kg，但也有研究表明日粮中含有 7mg/kg 钒也会影响瘤胃功能。

（八）铝

铝是地球上第三丰富的矿物质，但在动植物体内含量均较低，因此大量铝元素可通过土壤被奶牛采食，奶牛一般不会出现铝缺乏。奶牛食入的铝大部分不能被吸收，被吸收的铝大部分通过尿排出体外，但当肾功能受损时，被吸收的铝可以在骨骼和多种器官中累积。日粮中铝过量会影响磷和其他矿物质的吸收效率，一般推荐日粮中铝含量应低于 1000mg/kg。

（九）砷

砷常被认为是毒性矿物质，但现有研究表明，砷是含巯基蛋白质的组成部分，日粮缺砷会降低反刍动物繁殖性能，同时导致奶牛后代生长性能下降，说明砷也是奶牛必需的矿物质。反刍动物发生砷中毒主要是由于采食了砷污染的日粮，砷污染可能是工业污染导致也可能是农药使用。无机砷比有机砷毒性更强，奶牛耐受日粮中无机砷和有机砷的含量分别为 50mg/kg 和 100mg/kg。

（十）锡

锡可以保障奶牛机体生长，是奶牛必需的矿物质，但由于工业合金中含有大量锡，存在被奶牛过量摄入的风险，现有研究主要集中于锡的毒性。奶牛对无机锡吸收效率较低，一般认为日粮中无机锡含量低于 150mg/kg 是安全的，但有机锡毒性远高于无机锡，在生产中值得格外注意。

九、潜在毒性矿物质元素

（一）氟

尽管氟可以增加动物骨骼和牙齿的硬度，但因其需要量很少，而在生产中更常见的是动物的氟中毒。氟通常被认为是日粮中的有毒元素，因为氟可以在奶牛骨骼中累积，过量的氟也会导致奶牛骨骼和牙齿问题。因此现有研究重点关注的是氟的毒性。

一般动物日粮中氟含量较低，不会引起奶牛临床或亚临床氟中毒，一般饲草中氟含量在 2~36.5mg/kg DM，而谷物中氟含量在 1~3mg/kg DM。但有些饲料在生长过程中受到含氟工业烟尘或废水污染，导致饲料中氟含量超过奶牛耐受量。有些地区，土壤中氟含量较高，奶牛采食饲料过程中氟随土壤被摄入体内，也会导致奶牛临床或亚临床氟中毒。奶牛日粮中另外一个重要的氟来源为矿石磷的添加，为了补充奶牛对磷的需要量，矿石磷是常用的添加剂，在欧洲和亚洲矿石磷添加剂中氟含量一般在3%～4%。

　　奶牛对氟具有较高的消化和吸收效率，主要因为氟具有卤化盐的性质，以氟化钠形式吸收。研究表明，在苜蓿中氟的吸收效率为0.76。奶牛对其他形式的氟化物如氟化钙和氟铝酸钙的吸收效率稍低于氟化钠。氟被奶牛吸收后，20%～30%通过尿液排出体外，其他大部分沉积在骨骼中。同时过量摄入氟也会增加牛奶中氟含量，给食品安全带来风险。

　　尽管近几十年来对日粮中的氟进行了大量研究，但氟对于奶牛是否是必需元素还存在争议。有些研究表明，氟对牙齿健康有益，但在奶牛养殖中，奶牛饲喂低氟日粮并未表现出明显的牙齿问题，而无氟日粮饲养试验表明，氟可以促进动物的生长。总体来说，氟可能对动物生长和机体具有一定作用，但奶牛对氟的需要量极低，日粮或牧场环境中含有丰富的氟元素，一般都能满足动物对氟的需要。

（二）镉

　　镉可以在动物机体内，尤其是肾中累积，从而导致动物肾损伤，一般认为奶牛日粮中镉含量不得高于0.5mg/kg DM，当日粮中镉含量在5～30mg时可显著降低奶牛生长性能，降低奶牛对铜和锌的吸收性能。牛奶中含有微量的镉，但因为乳腺对镉的转运效率较低，日粮中增加镉含量并不会显著提高牛奶中镉含量。

（三）铅

　　铅是很多化工原料的成分，随着工业化的发展，环境中铅含量增加，导致奶牛日粮受铅污染加剧，因此铅中毒也是常见的奶牛重金属中毒之一。另外一个重要的导致奶牛铅中毒的原因是奶牛食入废弃电池，电池中含有大量铅，也可以导致奶牛铅中毒。铅中毒可导致机体血红素合成障碍而贫血，也会导致精神疾病，但机体对铅的耐受较高，一般高于100mg/kg DM也不会有明显的临床症状，铅可以在骨骼中累积，也能快速分泌到牛奶中，因此日粮中铅含量增加也会导致牛奶中铅含量增加，引起食品安全问题，NRC（2001）给出的奶牛对铅的耐受量为30mg/kg DM。

（四）汞

　　奶牛汞中毒并不常见，但当谷物采用有机汞进行杀菌处理后，奶牛可能会随日粮摄入过量的汞，有机汞可以被奶牛高效吸收，并在体内停留相当长时间给机体造成持续性伤害。低剂量汞中毒可导致奶牛胃肠炎，同时也可穿透血脑屏障导致奶牛精神不振、厌食等；高剂量汞中毒可导致奶牛因肾衰竭而死亡。NRC（2001）给出的汞的耐受量为2mg/kg DM。

第四节　阴阳离子平衡

一、日粮阴阳离子平衡的概念

　　随着反刍动物营养理论研究的发展和日粮平衡技术的成熟，继日粮的氨基酸平衡、能量蛋白质平衡和钙磷平衡之后日粮阴阳离子平衡对奶牛健康和生产性能的重要性越来越引起人们的重视。日粮阴阳离子平衡在奶牛上常以日粮阴阳离子平衡（dietary cation-anion balance，DCAB）或日粮中阴阳离子差（dietary cation-anion difference，DCAD）来体现，是用于描述日粮中阴离子盐和阳离子盐之间关系的一个公式化概念，该概念于 1983 年以强离子差理论被提出，并在随后不断被完善。DCAD 是指每千克日粮干物质中主要阴离子和阳离子总量的毫当量之差，阳离子是指带正电荷的电解质，主要有钠、钾、钙、镁等，呈碱性；阴离子是指带负电荷的电解质，主要有氯、硫、磷等，呈酸性，DCAD 是对酸碱平衡和电解质平衡的综合评价，DCAD 为正值时称为阳离子型日粮，为负值时称为阴离子型日粮。

日粮电解质平衡可以影响机体的酸碱平衡，同时酸碱平衡状态也会对电解质平衡产生影响，二者具有密切的联系，日粮酸碱平衡或电解质平衡的改变均会影响动物体液渗透压、pH 和离子浓度，这些体液指标代表了机体内环境的基本稳态，机体稳态的改变将严重影响动物酶活性、细胞结构完整和代谢的正常进行，因此有必要引入 DCAD 概念将阳离子矿物质和阴离子矿物质综合进行探讨。

二、日粮阴阳离子差计算方法

DCAD 常用的基于日粮中离子浓度的表达式为 $DCAD=mEq[(Na^++K^+)-(Cl^-+S^{2-})]$，常用单位为 mEq/kg DM 或 mEq/100g DM，在实际应用中，也可以通过饲粮中每种元素干物质基础的百分含量直接计算得出 DCAD 值：

DCAD (mEq/kg DM)=[(Na%/0.002 3)+(K%/0.003 9)]–[(Cl%/0.003 55)+(S%/0.001 6)]

奶牛常见日粮的 DCAD 值见表 8-14。

表 8-14 奶牛常见日粮中 Na、K、Cl、S 含量及 DCAD 计算值

饲料原料	Na	K	Cl	S	DCAD
禾本科干草（未成熟）	0.03	2.57	0.42	0.24	403.71
禾本科干草（中熟）	0.08	2.13	0.92	0.24	171.78
禾本科干草（晚熟）	0.02	1.97	0.66	0.17	221.66
苜蓿草粉	0.10	2.37	0.65	0.26	305.57
玉米青贮（DM<25%）	0.01	1.30	0.30	0.14	165.67
玉米青贮（DM32%～38%）	0.01	1.20	0.29	0.14	142.85
玉米青贮（DM>40%）	0.01	1.10	0.17	0.10	176.01
豆粕压榨（CP44%）	0.04	2.12	0.10	0.34	320.31
豆粕浸提（CP44%）	0.04	2.22	0.13	0.46	262.50
豆粕浸提（CP48%）	0.03	2.41	0.13	0.39	350.62
小麦麸	0.04	1.32	0.16	0.21	179.53
玉米	0.02	0.42	0.08	0.10	31.352
带骨玉米	0.03	0.49	0.07	0.10	56.46
菜籽粕	0.07	1.41	0.04	0.73	−75.54
棉粕	0.07	1.64	0.07	0.40	181.22
酒糟	0.01	0.47	0.12	0.33	−115.192

三、阴阳离子平衡的机理

阴离子和阳离子作为致酸离子和致碱离子在调节体液的酸碱平衡中具有重要作用。钠离子和钾离子是强致碱离子，氯离子和硫酸根离子是强致酸离子，而铵根离子和碳酸氢根离子分别为弱致碱离子和弱致酸离子，钠离子和钾离子可以置换氢离子而使 pH 增加，日粮趋向碱性，而氯离子和硫酸根离子易于结合氢离子而使 pH 降低，日粮趋向酸性，通过不同的日粮调配可以有效调节日粮 DCAD。阴阳离子在功能上可以调节营养物质的转运，细胞膜上的钠钾泵对维持细胞内外离子水平具有重要作用，同时钠钾泵也参与葡萄糖在细胞膜上的转运；氯离子与钠钾离子交互作用，维持了体液的电中性环境，同时与碳酸氢根离子存在替换作用，从而调控了体液的 pH。

机体本身对体液离子平衡也具有调控作用，主要表现在离子在肾的交换作用和肺内离子的交换作用。在肾中，肾小管通过选择性重吸收碳酸氢根离子和氯离子，使体内保持阴阳离子平衡，而在肺中主要通过二氧化碳形式排出碳酸氢根离子，使血浆中保持稳定的碳酸氢根含量从而调节机体离子平衡。

四、阴阳离子平衡对奶牛的影响

阴阳离子平衡在奶牛的生产性能和健康调节中具有重要作用，这种调节效果已得到大量研究证实。阴阳离子平衡对奶牛的调节作用在奶牛不同生理时期效果存在差异，不同阴阳平衡状态对奶牛产生的影响也不同。

1. 负 DCAD 日粮对奶牛的影响

现有研究表明，降低围产期奶牛日粮 DCAD 值可以有效调节奶牛钙的平衡，对预防围产期奶牛产后瘫痪具有良好作用。这种作用的机理可能是日粮 DCAD 水平改变了肠道的离子平衡状态，促进了钙离子在肠道中的吸收效率，同时也改变了体液的离子平衡状态，促进了钙离子在肾中的重吸收作用，同时也对骨骼中钙的重吸收进行了调节，这些调控作用共同维持了奶牛体液钙平衡。降低围产期奶牛日粮 DCAD 值也可以预防奶牛产褥热。产褥热是发生在奶牛产后的一种复杂的代谢紊乱症，其主要临床表现为食欲不振、短暂兴奋、抽搐、四肢麻痹和侧卧不起，主要生理特点是血清钙离子浓度极度降低，发生产褥热的奶牛不仅生产性能下降，继发其他疾病的概率也会显著增加。产褥热的发生也与奶牛体内钙离子平衡密切相关，可能是日粮 DCAD 值的降低改善了钙的平衡，降低了奶牛产褥热的发生。有报道发现，饲喂阴离子日粮能使奶牛繁殖性能明显改善，空怀期缩短，受胎率明显提高，胚胎存活率提高，产前饲喂阴离子日粮奶牛产后健康状况明显改善，产后瘫痪、胎衣不下和乳房水肿发病率下降。也有研究表明，阴阳离子平衡水平可以调节奶牛血液缓冲能力、激素和酶水平，可以通过调控日粮阴阳离子平衡达到改善奶牛热应激的目的。

2. 正 DCAD 日粮对奶牛的影响

在一定范围内，DMI 与 DCAD 呈正相关性，DMI 随着 DCAD 的增加而增加，但并非呈线性增长，DCAD 对奶牛采食量的影响因其生理时期不同而有所变化，其中在泌乳前期和中期比较明显，而在泌乳后期增加 DCAD 对奶牛的 DMI 影响并不明显，Hu 和 Murphy（2004）统计了大量研究结果给出了日粮干物质采食量（DMI）与日粮 DCAD 之间的关系：

$$采食量(kg/d)=-0.00201 \times DCAD^2 + 0.1590 \times DCAD + 16.49$$

根据这一公式，日粮 DCAD 在 200～500mEq/kg 时对采食量没有太大影响且采食量最高，当日粮 DCAD 低于 200mEq/kg 和高于 500mEq/kg 时，采食量有一定下降。

在泌乳早期和中期，高 DCAD 日粮有助于葡萄糖的异生和乳腺对葡萄糖的吸收，一定范围内，泌乳早期产奶量与日粮 DCAD 呈正相关，泌乳中期产奶量也与日粮 DCAD 呈正相关，而泌乳后期则没有明显影响。日粮阴阳离子平衡可以有效调控瘤胃内消化，研究表明，提高日粮 DCAD 值可以提高瘤胃内饲料消化率，增加瘤胃液 pH，增加丙酸和丁酸生成量，降低氨态氮含量。

总体来看，阴离子型日粮在改善围产期奶牛钙平衡，预防产后瘫痪和产褥热中具有良好效果，而阳离子型日粮有利于改善奶牛饲料消化性能和生产性能。

（编写者：纪守坤　张　俊　蒋　慧）

参 考 文 献

冯仰廉, 方有生, 莫放, 等. 奶牛饲养标准[S]. 中华人民共和国农业行业标准 NY/T 34—2004.

冯仰廉, 莫放, 陆治年. 2000. 奶牛营养需要和饲养标准[S]. 北京: 中国农业大学出版社.

冯仰廉. 2004. 反刍动物营养学[M]. 北京: 科学出版社.

贺秀媛, 邓立新, 贺丛, 等. 2015. 四种矿物元素与奶牛不孕症的关系研究[J]. 中国奶牛, (5): 18-21.

赖长华. 2000. 脂肪酸钙在反刍动物中的应用[J]. 中国饲料, (20): 11-12.

李楠, 安锡忠, 秦建华, 等. 2015. 保定地区奶牛蹄叶炎与体内矿物元素的关系研究[J]. 黑龙江畜牧兽医, (24): 113-115.

杨凤. 2000. 动物营养学[M]. 北京: 中国农业出版社.

张龙凤. 2018. 奶牛常见粗饲料中主要阴阳离子的分析与日粮中 DCAD 的评价[D]. 北京: 中国农业大学硕士学位论文.

赵桂省, 张德敏, 张淑二, 等. 2016. 奶牛蹄病与矿物元素相关性研究[J]. 安徽农业科学, (31): 145-146.

AFRC. 1991. Technical committee on responses to nutrients, report No. 6. A reappraisal of the calcium and phosphorus requirements of sheep and cattle[J]. Nutrition Abstracts and Reviews (Ser. B), 61: 573-612.

AFRC. 1993. Energy and Protein Requirements of Ruminants. An advisory manual prepared by the AFRC Technical Committee on Responses to Nutrients[M]. Farnham: Commonwealth Agricultural Bureaux.

Ahmad M R, Allen V G, Fontenot J P, et al. 1995. Effect of sulfur fertilization on chemical composition, ensiling characteristics and utilisation by lambs on sorghum silage[J]. Journal of Animal Science, 73: 1803-1810.

Albu A, Pop I M, Radu-Rusu C. 2012. Calcium (Ca) and phosphorus (P) concentration in dairy cow feeds[J]. Lucrari Stiintifice - Universitatea de Stiinte Agricole si Medicina Veterinara, Seria Zootehnie, 57: 70-74.

Anderson E D, Rings M. 2008. Current Veterinary Therapy: Food Animal Practice 5th Edition[M]. Amsterdam: Saunders.

ARC. 1965. The Nutrient Requirements of Farm Livestock[M]. London: ARC.

ARC. 1980. The Nutrient Requirements of Ruminants[M]. UK: Commonwealth Agricultural Bureaux.

Beeds R W, Shearer J K. 1991. Nutritional management of dairy cattle during hot weight[J]. Journal of Animal Science, 62: 543-554.

Beever D E. 1996. Meeting the protein requirements of ruminant livestock[J]. South African Journal of Animal Science-Suid-Afrikaanse Tydskrif Vir Veekunde, 26(1): 20-26.

Bird P R. 1972. Sulfur metabolism and excretion studies in ruminants. 5. Ruminal desulfuration of methionine and cyst(E)Ine[J]. Australian Journal of Biological Sciences, 25(1): 185.

Bird P R. 1974. Sulfur metabolism and excretion studies in ruminants. 13. Intake and utilization of wheat straw by sheep and cattle[J]. Australian Journal of Agricultural Research, 25(4): 631-642.

Block H C, Erickson G E, Klopfenstein T J. 2004. Re-evaluation of phosphorus requirements and phosphorus retention of feedlot cattle[J]. The Professional Animal Scientist, 20(4): 319-329.

Boda J M. 1954. The influence of dietary calcium and phosphorus on the incidence of milk fever in dairy cattle[J]. Journal of Dairy Science, 37: 360-372.

Bogdanovic B. 1983. A note on supplementing whole wheat grain with molasses, urea, minerals and vitamins[J]. Animal Production, 37: 459-460.

Bouchard R, Conrad H R. 1973. Sulfur requirement of lactating dairy cows. I. Sulfur balance and dietary supplementation[J]. Journal of Dairy Science, 56(10): 1276-1282.

Charbonneau E, Pellerin D, Oetzel G R. 2006. Impact of lowering dietary cation-anion difference in nonlactating dairy cows: A meta-analysis[J]. Journal of Dairy Science, 89(2): 537-548.

Chicco C F, Ammerman C B, Moore J E, et al. 1965. Utilization of inorganic ortho-, meta-, and pyrophos-phates by lambs and by cellulolytic rumen microorganisms *in vitro*[J]. Journal of Animal Science, 24: 355-363.

Cornforth I S, Stephen R C, Barry T N, et al. 1978. Mineral content of swedes, turnips and kale[J]. New Zealand Journal of Experimental Agriculture, 6: 151-156.

D'Mello J P F. 2003. Amino Acids in Animal Nutrition[M]. Wallingford, UK: CAB International.

Ferris C P. 2014. Reducing phosphorus levels in dairy cow diets[J]. WCDS Advances in Dairy Technology, 26: 209-220.

Fettman M J, Chase L E, Bentincksmith J, et al. 1984. Nutritional chloride deficiency in early lactation holstein cows[J]. Journal of Dairy Science, 67(10): 2321-2335.

Flynn A, Power P. 1985. Nutritional Aspects of Minerals in Bovine and Human Milks[M]. New York: Elsevier Applied Science Publishers.

Food and Drug Administration. 1997. Food additives permitted in feed and drinking water of animals; selenium[J]. Federal Register, 62: 44892- 44894.

Gawthorne J M, Nader C J. 1976. The effect of molybdenum on the conversion of sulphate to sulphide and microbial-protein-sulphur in the rumen of sheep[J]. Brithish Journal of Nutrition, 35(1): 11-23.

Goff J P, Horst R L. 1997. Effects of the addition of potassium or sodium, but not calcium, to prepartum rations on milk fever in dairy cows[J]. Journal of Dairy Science, 80(1): 176-186.

Goings R L, Jacobson N L, Beitz D C, et al. 1974. Prevention of parturient paresis by a prepartum, calcium-deficient diet[J]. Journal of Dairy Science, 57: 1184-1188.

Grunberg W. 2008. Phosphorus homeostasis in dairy cattle: Some answers, more questions[C]. Proceedings of the 17th Annual Tri-State Dairy Nutrition Conference: 29-35.

Hansard S, Crowder H, Lyke W A. 1957. The biological availability of calcium in feeds for cattle[J]. Journal of Animal Science, 16: 437-443.

Hayslett J P, Binder H J. 1982. Mechanism of potassium adaptation[J]. American Journal of Physiology, 243(2): F103-F112.

Hegarty R S, Nolan J V, Leng R A. 1994. The effects of protozoa and of supplementation with nitrogen and sulfur on digestion and microbial-metabolism in the rumen of sheep[J]. Australian Journal of Agricultural Research, 45(6): 1215-1227.

Henry P R, Ammerman C B. 1995. Sulfur Bioavailability[M]. New York: Academic Press.

Hibbs J W, Conrad H R. 1983. Tge relationship of calcium and phosphorus intake and digestion and the effects of vitamin D feeding on the utilization of calcium and phospgorus by lactating dairy cows[J].

Research Bulletin, 1150: 1-23.

House W A, Bell A W. 1993. Mineralaccretion in the fetus and asnexa during late gestation in Holstein Cows[J]. Journal of Dairy Science, 76: 2999-3010.

Hu W, Murphy M R. 2004. Dietary cation-anion difference effects on performance and acid-base status of lactating dairy cows: A meta-analysis[J]. Journal of Dairy Science. 87: 2222-2229.

Hutcheson D P, Cole N A. 1986. Management of transit-stress syndrome in cattle - nutritional and environmental-effects[J]. Journal of Animal Science, 62(2): 555-560.

Idink M J, Grünberg W. 2015. Enteral administration of monosodium phosphate, monopotassium phosphate and monocalcium phosphate for the treatment of hypophosphataemia in lactating dairy cattle[J]. Veterinary Record, 176(19): 494.

Kandylis K, Bray A C. 1987. Effects of variation of dietary sulfur on movement of sulfur in sheep rumen[J]. Journal of Dairy Science, 70(1): 40-49.

Kandylis K. 1984. The role of sulfur in ruminant nutrition - a review[J]. Livestock Production Science, 11(6): 611-624.

Karn J F. 2001. Phosphorus nutrition of grazing cattle: A review[J]. Animal Feed Science and Technology, 89(3-4): 133-153.

Kem D C, Trachewsky D. 1983. Potassium Metabolism[M]. Florida: CRC Press.

Kennedy P M, Milligan L P. 1978. Quantitative aspects of the transformations of sulphur in sheep[J]. British Journal of Nutrition, 39(1): 65-84.

Kronqvist C. 2011. Minerals to Dairy Cows with Focus on Calcium and Magnesium Balance[D]. Doctoral Thesis, Swedish University of Agricultural Sciences.

Kunkel H O, Burns K H, Camp B J. 1953. A study of sheep fed high levels of potassium bicarbonate with particular reference to induced hypomagnesemia[J]. Journal of Animal Science, 12(3): 431-458.

Lean I J, DeGaris P J, McNeil D M, et al. 2006. Hypocalcemia in dairy cows: Meta-analysis and dietary cation anion difference theory revisited[J]. Journal of Dairy Science, 89(2): 669-684.

Lee W J, Monteith G R, Roberts-Thomson S J. 2006. Calcium transport and signaling in the mammary gland: Targets for breast cancer[J]. Biochim Biophys Acta, 1765(2): 235-255.

Lema M, Tucker W B, Aslam M, et al. 1992. Influence of calcium chloride fed prepartum on severity of edema and lactational performance of dairy heifers[J]. Journal of Dairy Science, 75: 2388-2393.

Li H, Sun Y, Zheng H, et al. 2015. Parathyroid hormone-related protein overexpression protects goat mammary gland epithelial cells from calcium-sensing receptor activation-induced apoptosis[J]. Molecular Biology Reports, 42(1): 233-243.

MAFF. 1990. UK Tables of the Nutritive Value and Chemical Composition of Foodstuffs[C]. In: Givens D I. Rowett Research Services, Aberdeen, UK.

Martz F A, Belo A T, Weiss M F, et al. 1990. Ture absorption of calcium and phosphorus from alfalfa and corn silage when fed to lactating cows[J]. Journal of Dairy Science, 73: 1288-1295.

McDonald P. 2002. Animal Nutrition[M]. England, UK: Pearson Education Ltd.

McDowell L R. 2003. Minerals in Animal and Human Nutrition[M]. Amsterdam: Elsevier: 688.

McNeill D M, Roche J R, McLachlan B P, et al. 2002. Nutritional strategies for the prevention of hypocalcaemia at calving for dairy cows in pasture-based systems[J]. Australian Journal of Agricultural Research, 53(7): 755-770.

Michell A R. 1995. Physiological Roles for Sodium in Mammals[M]. UK: Chalcombe Publications.

Miller W J. 1979. Dairy Cattle Feeding and Nutrition[M] .New York: Academic Press, Inc.

Mills C F, Dalgarno A C, Williams R B, et al. 1967. Zinc deficiency and the zinc requirements of calves and lambs[J]. British Journal of Nutrition, 21: 751-768.

Montalbetti N, Dalghi M G, Albrecht C, et al. 2014. Nutrient transport in the mammary gland: Calcium, trace minerals and water soluble vitamins[J]. Journal of Mammary Gland Biology and Neoplasia, 19(1): 73-90.

NRC. 1945. Recommended Nutrient Allowances for Domestic Animals. No. III. Recommended Nutrient Allowances for Dairy Cattle[M]. Washington, DC: National Academy Press.

NRC. 1978. Nutrient Requirements of Dairy Cattle[M]. 5th. Washington, DC: National Academy Press.

NRC. 1989. Nutrient Requirements of Dairy Cattle[M]. 6th. Washington, DC: National Academy Press.

NRC. 2001. Nutrient Requirements of Dairy Cattle[M]. 7th. Washington, DC: National Academy Press.

Ott E A, Smith W H, Harrington R B, et al. 1966. Zinc toxicity in ruminants. II. Effect of high levels of dietary zinc on gains, feed consumption and feed efficiency of beef cattle[J]. Journal of Animal Science, 25: 419-423.

Peters A A, Milevskiy M J G, Lee W C, et al. 2016. The calcium pump plasma membrane Ca^{2+}-ATPase 2 (PMCA2) regulates breast cancer cell proliferation and sensitivity to doxorubicin[J]. Scientific Reports, 6(1): 25505.

Phiri E, Nkya R, Pereka A, et al. 2007. The effects of calcium, phosphorus and zinc supplementation on reproductive performance of crossbred dairy cows in Tanzania[J]. Tropical Animal Health and Production, 39(5): 317-323.

Pradhan K, Hemken R W. 1968. Potassium depletion in lactating dairy cows[J]. Journal of Dairy Science, 51(9): 1377.

Prados L F, Sathler D, Silva B C, et al. 2017. Reducing mineral usage in feedlot diets for Nellore cattle: II. Impacts of calcium, phosphorus, copper, manganese, and zinc contents on intake, performance, and liver and bone status[J]. Journal of Animal Science, 95(4): 1766-1776.

Puggaard L, Kristensen N B, Sehested J. 2011. Effect of decreasing dietary phosphorus supply on net recycling of inorganic phosphate in lactating dairy cows[J]. Journal of Dairy Science, 94(3): 1420-1429.

Qi K, Owens F N, Lu C D. 1994. Effects of sulfur deficiency on performance of fiber-producing sheep and goats: A review[J]. Small Ruminant Research, 14: 115-126.

Rabinowitz L. 1988. Model of homeostatic regulation of potassium excretion in sheep[J]. American Journal of Physiology, 254(2): R381-R388.

Rahman M Z, Ali M Y, Huque K S, et al. 2014. Effect of di-calcium phosphate on calcium balance and body condition score of dairy cows fed Napier grass[J]. Bangladesh Journal of Animal Science, 43(3): 197-201.

Reinhardt T A, Horst R L, Goff J P. 1988. Calcium, phosphorus, and magnesium homeostasis in ruminants[J]. Veterinary Clinics of North America: Food Animal Practice, 4: 331-350.

Roche J R, Dailey D, Moate P, et al. 2003. Dietary cation-anion difference and the health and production of pasture-fed dairy cows 2. Nonlactating periparturient cows[J]. Journal of Dairy Science, 86(3): 979-987.

Roche J R, Morton J, Kolver E S. 2002. Sulfur and chlorine play a non-acid base role in periparturient calcium homeostasis[J]. Journal of Dairy Science, 85(12): 3444-3453.

Sathler D, Prados L F, Zanetti D, et al. 2017. Reducing mineral usage in feedlot diets for Nellore cattle: I. Impacts of calcium, phosphorus, copper, manganese, and zinc contents on microbial efficiency and ruminal, intestinal, and total digestibility of dietary constituents[J]. Journal of Animal Science, 95(4): 1715-1726.

Schonewille J Th, Everts H, Jittakhot S, et al. 2008. Quantitative prediction of magnesium absorption in dairy cows[J]. Journal of Dairy Science, 91: 271-278.

Scott D. 1999. Control of phosphorus balance in ruminants[J]. Journal of Agricultural Food and Chemistry, 11: 123-125.

Suttle N F. 2010. Mineral Nutrition of Livestock[M]. 4th. New York: CAB International.

Thompson D J. 1972. Potassium in Animal Nutrition[M]. Illinois: International Minerals and Chemical Corporation.

VanHouten J N, Wysolmerski J J. 2007. Transcellular calcium transport in mammary epithelial cells[J]. J Mammary Gland Biol Neoplasia, 12(4): 223-235.

Visek W J, Monroe R A, Swanson E W, et al. 1953. Determination of endogenous fecal calcium in cattle by a simple isotope dilution method[J]. The Journal of Nutrition, 50: 23-33.

Ward G M. 1966. Potassium metabolism of domestic ruminants - a review[J]. Journal of Dairy Science, 49(3): 268.

Weiss W P, Azem E, Steinberg W, et al. 2015. Effect of feeding 25-hydroxyvitamin D_3 with a negative cation-anion difference diet on calcium and vitamin D status of periparturient cows and their calves[J]. Journal of Dairy Science, 98(8): 5588-5600.

Weiss W P. 2017. A 100-tear review: From ascorbic acid to zinc—Mineral and vitamin nutrition of dairy cows[J]. Journal of Dairy Science, 100(12): 10045-10060.

Weston R H, Lindsay J R, Purser D B, et al. 1989. Feed-intake and digestion responses in sheep to the addition of inorganic sulfur to a herbage diet of low sulfur-content[J]. Australian Journal of Agricultural Research, 39(6): 1107-1119.

Wu Z, Satter L D. 2000. Milk production and reproductive performance of dairy cows fed two concentrations of phosphorus for two years[J]. Journal of Dairy Science, 83(5): 1052-1063.

第九章　奶牛营养与基因调控

在过去的几十年中，通过有效的遗传选育结合养殖管理的巨大进步，奶牛的产奶量获得持续增长。与此同时，奶牛营养学已经从传统的营养领域拓展到分子生物学领域。传统的动物营养主要研究的是特定营养物质的缺乏或者过量对动物健康和生产性能的影响。然而，奶牛的新陈代谢、生长发育、泌乳性能、繁殖性能和疾病发生等生理和病理变化，都是其基因表达和调控发生改变的结果。很多营养因素（如日粮能量、氨基酸、脂肪酸、维生素、矿物质等）不仅满足动物的营养需要，而且可以调控奶牛的基因表达。因此，掌握奶牛摄入的营养物质和基因表达间的关系，可以调控奶牛的营养代谢过程及其他生物机能，在提高产奶量和乳成分的同时，改善繁殖性能，减少营养代谢病及其他疾病的发生率。

第一节　营养基因组学概述

一、营养与基因表达的关系

任何有关生长、生产和繁殖性状的表达都是从基因表达开始的。首先，特定基因的 DNA 转录形成 mRNA，mRNA 翻译成相应的蛋白质，蛋白质经过修饰和加工形成具有活性的酶、激素等蛋白质功能物质，进而参与或调控动物机体的代谢、生长和生产过程。营养与基因的互作并非是指营养物质直接结合在基因上，而是直接或间接作用于转录因子，进而调控 DNA 转录成 mRNA 的过程。传统的分子生物学技术，如实时定量聚合酶链反应，可以迅速准确地测量 mRNA 的表达量。由于 mRNA 的表达量与蛋白质的表达量之间不一定始终呈正相关关系，所以为了解营养与基因互作的结果，除了测定 mRNA 的表达量，还有必要测定相应的蛋白质的表达量，测定方法包括传统的蛋白质免疫印记法等。基因和蛋白质水平的改变最终将体现在机体代谢的改变，因此还需要最终测定动物体内代谢物水平。

二、营养基因组学的定义

营养基因组学的概念最早在 1999 年由 Della Penna 提出，定义为一门研究营养物质在基因表达中的作用或相互关系的科学。另有学者将营养基因组学定义为在营养研究中应用高通量分子工具，探讨营养物质对整个基因组的影响（Müller and Kersten，2003）。简言之，营养基因组学即营养物质作为信号因子，调控细胞、组织乃至整个机体的基因表达的过程。目前，营养基因组学概念具有二重性，既包括测量少数特定基因表达的试验，又包括利用高通量组学技术测量大量甚至全部基因表达的试验（Bionaz et al.，2015）。

营养物质对动物机体基因表达的调控作用往往不是针对单个基因，而是非常复杂且系统性的调控过程。传统的生物学技术可以测定特定的基因或蛋白质表达量，但是很难系统性测定营养物质所引起的所有基因的变化情况。随着基因组学、蛋白质组学和代谢组学等组学技术手段的涌现，以及生物信息学和系统生物学的发展，科学研究已经进入"后基因组"时代。这使得系统性的研究营养对基因的调控作用变为现实。

三、营养基因组学的应用

大型基因组测序工程的完成，使得基因表达在营养研究中的重要性越来越受到重视。在人类营养的研究当中，营养基因组学的应用目的主要是鉴定与饮食相关的疾病的基因，通过饮食来调控与疾病相关的基因的表达，进而设计出符合个人遗传特性的饮食结构。营养基因组学在动物营养与饲料科学领域应用后，主要用于研究营养物质和基因之间的相互作用，探索营养物质对动物生产性能和健康的影响机制，进而找到提高动物生产性能、保证动物健康，并改善畜产品品质的营养手段。

2008 年，*Science* 报道了生物机体存在"两个基因组"的概念。目前除了对奶牛功能基因组（第一基因组）的研究之外，对消化道微生物基因组（第二基因组）的研究也越来越受到重视。诸多学者利用元基因组技术已构建了多个奶牛瘤胃元基因组文库，筛选得到了参与碳水化合物降解和不饱和脂肪酸氢化等多种酶的编码基因，但对其功能及与第一基因组之间的关系仍知之甚少（王加启，2010）。

第二节　营养基因组学在奶牛营养研究中的应用

一、奶牛营养基因组学的重要作用

目前，营养基因组学越来越成为研究奶牛营养的重要手段，主要被用来研究日粮成分或特定营养物质如何直接或间接地调控奶牛的基因表达，进而影响奶牛的以下性状：生长代谢性状，如体内蛋白质周转和代谢平衡；与健康相关的生理功能，如免疫力、抗氧化应激及抗炎症的能力；疾病的发生率和严重程度，如酮病、脂肪肝、产后瘫痪和乳房炎等；与繁殖性能相关的代谢过程，如卵泡生长、胚胎发育等；生产性能和牛奶品质，如产奶量、乳蛋白、乳脂、乳糖合成。

如图 9-1 所示，奶牛日粮中的营养成分可以通过调控 DNA 转录成 RNA，进而翻译合成酶等各种蛋白质，参与机体内营养物质的代谢过程，最终影响奶牛的生长、健康状况、繁殖性能和生产性能。简言之，在 DNA 和 RNA 层面全面系统性地研究营养物质和基因表达的科学即为营养基因组学，包括营养遗传学、营养表观遗传学和营养转录组学。另外，营养物质对基因表达的调控作用最终会反映到蛋白质合成和代谢水平上，因此，蛋白质组学和代谢组学也是研究营养基因组学的重要支撑工具。

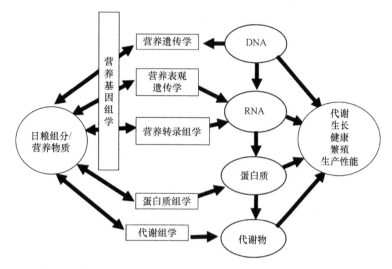

图 9-1 利用各种组学技术研究奶牛日粮组成或特定营养素对奶牛代谢、生长、
健康、繁殖和生产性能的影响

自 2009 年完成牛基因组测序以来，我们逐渐步入奶牛营养基因组学研究的先锋时代，目前的研究已然表明该学科将在未来的奶牛营养、精准饲喂及产奶效率和牛奶品质的提高中起到举足轻重的作用。

二、奶牛营养基因组学的研究进展

与人类营养和单胃动物营养相比，营养基因组学在反刍动物营养中的应用仍处于初步阶段，但越来越成为研究奶牛营养的重要手段。在所有能够改变基因表达的营养物质当中，日粮能量水平、氨基酸和脂肪酸对基因表达的调控作用尤为突出。

近些年对围产期奶牛的大量研究结果显示，日粮能量水平对肝和脂肪组织的基因转录组具有极其显著和广泛的调控作用。氨基酸对奶牛基因表达的调控作用也表现得日益突出，不仅表现在乳蛋白合成方面，有些功能性氨基酸还是奶牛肝等组织代谢过程的重要调控因子。例如，蛋氨酸作为甲基供体之一，参与奶牛肝中甲基化作用、一碳代谢、内源抗氧化剂及炎症相关因子等基因表达的调控，而长链脂肪酸被认为是对奶牛基因表达最具影响力的营养物质。例如，反-10，顺-12 共轭亚油酸对乳脂抑制相关酶的基因表达的调控作用是一项最早且最深入的关于长链脂肪酸调控基因表达的研究。

长链脂肪酸改变基因表达的能力归功于其对特定转录因子的调控能力。在众多对长链脂肪酸敏感的转录因子中，过氧化物酶增殖物激活受体（peroxisome proliferator-activated receptors，PPAR）是目前最为敏感、研究最为透彻的转录因子之一。这就为更加精准地调控奶牛乳脂合成等一系列生理代谢过程提供了可能。对围产期奶牛的研究，更发掘出通过激活多种组织器官中的 PPAR 等转录因子来促使奶牛更加顺利地过渡到泌乳期的成果。

第三节 营养基因组学的主要研究方法

目前营养基因组学的研究方法以转录组学为基础，以蛋白质组学和代谢组学等组学技术为支撑，以高通量和大规模试验结合生物信息学分析和系统生物学为特征，主要包括 DNA 芯片技术、RNA 测序技术、生物标记物、蛋白质组学和代谢组学技术。这些组学技术可以分别定量分析包括奶牛在内的家畜摄取日粮或特定营养物质的条件下，机体组织内基因表达情况、翻译后的蛋白质组成及代谢物质的组成情况。这些组学技术已经在动物营养领域得到广泛的应用，并极大地提高了我们从分子生物学的层面研究动物营养学的能力（Zduńczyk and Pareek，2009）。在过去的十几年中，基因芯片、下一代高通量基因测序和蛋白质组学在奶牛营养中的应用获得了持续发展（Loor et al.，2013）。

一、转录组学

（一）转录组学的定义

以 DNA 为模板合成 RNA 的转录过程是基因表达的第一步，也是基因表达调控的关键环节。转录组学能够从整体水平研究基因功能及基因结构，揭示特定生物学过程及疾病发生过程中的分子机理。1995 年 Velculescu 等首次提出了关于转录组的概念。广义上讲，转录组是特定组织或细胞在某一发育阶段或功能状态下转录出来的所有 RNA 的集合，其中包括编码 RNA 和非编码 RNA，如 tRNA、 rRNA、snRNA、miRNA，而非编码 RNA 不能被转录识别，不能翻译成蛋白质，但是能参与某些蛋白质翻译过程。狭义上讲，转录组是指所有 mRNA 的总和。

（二）转录组学技术

目前，转录组学技术主要包括基于杂交技术的 DNA 芯片技术和基于测序技术的 RNA 测序技术。

1. DNA 芯片技术

DNA 芯片又称为生物芯片或 DNA 微阵列，俗称基因芯片，是指将成千上万不同的寡核苷酸或 cDNA 固定在固体载体上，与荧光染料标记的待测 DNA 或 RNA 进行杂交，与靶序列配合良好的探针会产生强烈的杂交信号，而错配碱基会减弱信号，然后用放射自显影或激光共聚焦显微镜对杂交结果进行扫描，通过计算机软件分析杂交信号的强弱，从而判断样品中靶分子的数量。

由于 DNA 芯片可以在同一时间定量分析上万个靶基因，因此借助该技术可以检测营养物质对整个细胞、组织甚至整个机体在作用方式上的差异，使营养学家全面了解日粮营养物质对基因表达模式的影响，同时阐明营养物质与基因间复杂的调控关系，从而揭示这些营养物质的作用机制。DNA 芯片技术作为转录组学的主要研究工具，已经广泛应用于能量、蛋白质、脂肪酸、维生素和微量元素与基因表达间关系的研究中。2001

年，基因芯片首次应用于牛的免疫功能研究（Yao et al.，2001）。在接下来的十几年中，大型基因芯片极大地提高了转录组的覆盖率。在牛的全基因组测序完成之后，具备极高覆盖率的基因芯片已经商业化。

2. RNA 测序技术

RNA 测序（RNA-seq）技术主要原理是先将样本中的所有 RNA 或部分目的 RNA 逆转录为一端或两端带有接头的 cDNA，然后用下一代测序技术进行高通量测序，从而得到一群读长在 30～400bp 的短序列，在此基础上对序列进行拼接组装，从而得到目的转录体的序列。理论上来说，通过 RNA-seq 就可以得到检测样品当前时间点的总体基因表达情况。如果将在特定生理条件，不同营养物质作用下收集的奶牛机体组织样本进行 RNA-seq 检测，比较转录组构成的异同，则可以在转录层面得到该营养物质对奶牛组织全部基因表达的调节状况，从而构建基因的表达谱（Wang et al.，2009）。

RNA 测序技术能够从整体水平研究基因功能及其结构，是基因功能及结构研究的基础。随着定量检测技术和高通量测序的不断发展，能够通过 RNA 测序对转录组进行更完整的研究。目前利用单分子测序技术可以实现 RNA 的直接测序，通过二代测序技术与单分子测序技术相结合的方式，能更深层次、更全面地获得转录组信息。另外，该研究进展还包括改善转录起始位点的预测、链特异性测序、融合基因的检测、miRNA 定量的分析及 RNA 可变剪切的识别等。

3. DNA 芯片技术与 RNA 测序技术的比较

由于基因芯片技术的检测范围取决于芯片上的探针信息，所以只能检测已知序列，具有一定的局限性。而 RNA 测序技术可以很好地弥补基因芯片技术在这方面的不足（Spies and Ciaudo，2015）。例如，RNA 测序技术不局限于已知的转录子信息，还可以发现新的转录子，对全转录组的测试更加全面。虽然目前 RNA 测序技术对生物信息学的要求和成本都比基因芯片技术高，但是单分子测序技术推动 RNA 测序技术更进一步发展，RNA 直接测序技术研究转录组已经逐步替代基因芯片微阵列技术成为现在功能基因组学研究基因表达的主流方式，今后会成为动物营养领域研究转录组学的首选方法。

二、蛋白质组学

虽然转录组学是目前所有组学技术上应用最为广泛的一个，但是蛋白质组学的重要性越来越受到重视。因为基因表达的改变最终体现在蛋白质合成的改变上。虽然大多数情况下，基因表达和蛋白质合成量呈正相关，但也有一些情况，二者并不相关，这就需要我们不仅测定营养物质对基因表达的影响，还需要测定对蛋白质合成的改变。如果说基因组和转录组分别是遗传信息的携带者和传递者，那么蛋白质是真正的生物功能的执行者。

（一）蛋白质组学的定义

蛋白质组学的定义为从整体水平上认识蛋白质的存在及活动方式（表达、修饰、功能、相互作用等），从而更全面地揭示生命科学本质的学科（董书伟等，2012）。蛋白质组学本质上是在大规模水平上研究蛋白质的特征，囊括了由一个细胞乃至整个动物机体的基因组所表达的全部蛋白质。例如，通过将不同营养处理的奶牛的组织样本进行蛋白质组比较分析，可以找到差异表达蛋白质分子及其信号通路，进而揭示营养物质对动物机体代谢和生理的影响。

（二）蛋白质组学的特点

蛋白质组与基因组相比具有以下特点：组成庞大而复杂、有相对独立的代谢过程、具有对生物机体内部及外界因素产生反应的能力、存在着广泛的相互作用。蛋白质组又是高度动态的，根据细胞的发育和生理状态的不同所表达的蛋白质在一刻不停地变化着。

（三）蛋白质组学技术

蛋白质组学研究技术也是日新月异，层出不穷，除了最经典的二维凝胶电泳技术，多维液相色谱技术、质谱技术、同位素标记技术相继发展起来，蛋白质芯片技术也得到了较为广泛的应用。蛋白质组学技术在奶牛科学上的应用也越来越广泛。

蛋白质组学相关试验技术的成熟和发展使这门学科得到了不断的进步和完善，也为奶牛营养学的研究提供了强有力的手段。结合转录组学技术，蛋白质组学技术可以为奶牛营养物质对奶牛代谢和生理的改变提供更深层次的信息。

三、营养代谢组学

（一）代谢组学的定义

代谢组学可以定量检测动物机体内源性代谢产物，应用高通量的检测和大规模的计算，从系统生物学角度出发，全面综合地分析动物机体内代谢物质含量及其变化规律，并将该变化规律与机体所发生的生物学事件或过程相关联，揭示变化的本质（徐旻等，2005）。代谢网络处于基因表达、信号转导、蛋白质功能网络的最下游，能反映基因组、转录组和蛋白质组在营养物质等因素的作用下产生的最终结果，更能接近反映动物的表型，因此代谢组学被认为是"组各种学"研究的最终表现。

（二）代谢组学技术

代谢组学研究基于核磁共振、质谱、气质联用、液质联用及超高效液质联用等高通量、高分辨率、高灵敏度的分析方法与技术平台，利用各种模式识别、数据降级和信息发现的多元变量数据分析等关键工具，来检测动物血液或组织样品中的代谢物的种类、含量、状态及其变化。获取的海量代谢组数据需要采用多变量数据分析方法进行降维处理和信息挖掘。然后可以利用各种代谢途径和生物化学数据库，揭示关键生物标志物、代谢节点及代谢途径和网络（唐惠儒和王玉兰，2007）。

（三）代谢组学的应用

代谢组学可以定量测定日粮营养物质的作用下，动物机体的动态代谢变化。即可以分析在特定的饲料、肠道微生物、环境等因素条件下，奶牛血液、肝等组织器官中的大量端点代谢物，从而更深入了解营养与机体代谢、健康及生产性能的相互作用。目前营养代谢组学在奶牛营养上的应用却鲜有报道。

总而言之，利用基因芯片和 RNA 测序等技术得到的转录组的大量信息，需要有蛋白质组和代谢组技术作为支撑并进行综合分析，才能更加全面地了解奶牛日粮营养物质对其基因表达、代谢及生理等各方面的调控作用。进而应用营养调控手段，提高奶牛产量的同时，保证奶牛的繁殖和健康。

第四节　奶牛营养调控基因表达中的转录因子

一、转录因子的定义

转录因子是可以结合在 DNA 片段上的蛋白质。特定 DNA 片段可以调控基因的中长期表达，包括顺式调控元件（位于基因转录起始位点上游的启动子）和顺式调控模块（位于基因转录起始位点几千至百万碱基范围的增强子和沉默子）。而当 DNA 处于常染色质结构时，基因中的调控元件和模块处于开放状态，特定的转录因子可以在被营养物质信号激活后，结合在这些调控元件或模块内的特定响应元件上（6～12bp 小 DNA 片段）。一个转录因子或激活因子和对应的响应元件的结合往往会引起一系列其他的转录因子与其响应元件的结合，进而使得染色质重塑蛋白和 RNA 聚合酶结合在基因启动子上，开始该基因的转录。

二、转录因子的作用机制

营养基因组学并非是指营养物质对 DNA 序列本身的改变，而是指营养物质和基因表达之间通过中介物质进行的互作，而中介物质包括负责短中期调控的转录因子和中长期调控的表观遗传学因子。具有生物活性的营养因子可以直接或间接作用于转录因子。在奶牛营养中，近期的研究发现奶牛日粮组成或特定营养素通过细胞膜上的转运载体进入细胞，直接或间接地作用于不同的转录因子来调控细胞核内基因的表达，合成的 mRNA 被释放出细胞核，翻译成蛋白质，蛋白质经过修饰之后释放出细胞外执行相应的功能。利用组学技术，并结合系统生物学和生物信息学，我们可以筛选出重要的分子生物标记物，从而达到预防奶牛疾病、改善生产和繁殖性能的作用（图 9-2）。

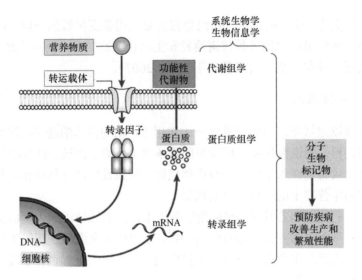

图 9-2 从细胞层面看奶牛营养对基因的调控机理

三、转录因子的类型

21 世纪之初，Müller 和 Kersten（2003）总结了参与动物营养物质调控基因表达的转录因子，包括通过营养物质直接结合其受体而激活的转录因子和不依赖营养物质结合受体，可以被间接激活的转录因子。

（一）配体依赖性转录因子

配体依赖性核受体转录因子（ligand dependent nuclear receptors，LdNR）包括 PPAR、肝 X 受体（liver X receptors，LXR）和肝核因子 4 （hepatic nuclear factor 4，HNF4）。营养物质可以通过结合并激活以上转录因子，进而调控特定基因的表达。例如，脂肪酸可以结合并激活以上所有转录因子，而胆固醇代谢产物可以结合并激活 LXR。维生素可以结合并激活特异性 LdNR，其中视黄醇（维生素 A 代谢物）可以激活类视黄醇 X 受体和视黄醇受体，维生素 D 可以激活维生素 D 受体（vitamin D receptor，VDR），维生素 E 则可以激活孕烷 X 受体。

（二）配体非依赖性转录因子

除了通过营养物质结合其受体来调控基因转录过程之外，一些转录因子可以通过其他中间因子来间接地调控基因的表达。例如，固醇调节元件结合蛋白（sterol regulatory element-binding protein，SREBP1）和甲状腺激素应答蛋白（thyroid hormone responsive protein，THRSP），SREBP1 主要受长链脂肪酸和葡萄糖的调控，而 THRSP 主要受不饱和脂肪酸的调控。碳水化合物反应元件结合蛋白则是受到 6-磷酸葡萄糖和 5-磷酸木酮糖的激活。CCAAT/增强子结合蛋白和激活转录因子 4 受氨基酸的调控。

四、转录因子在奶牛营养中作用的研究进展

以上转录因子的功能虽然在单胃动物中已得到证实，但在奶牛中的研究仍然相对滞后，仅限于其中部分转录因子。在奶牛上研究较多的转录因子包括 PPAR、VDR、HNF4α、SREBP1 和 THRSP 等。

因为可以直接结合或被长链脂肪酸激活，PPAR 成为单胃动物和反刍动物营养基因组学研究的热点。不同的是，单胃动物的 PPAR 对不饱和脂肪酸更加敏感，而反刍动物的 PPAR 更易被饱和脂肪酸激活。这正体现出奶牛生理的适应性机制，因为瘤胃微生物对日粮中的不饱和脂肪酸有生物氢化成饱和脂肪酸的作用。其中，PPARα 在奶牛肝脂类代谢和炎症反应中起到非常关键的作用；PPARβ/δ 调控乳腺葡萄糖的吸收能力，而 PPARγ 则参与调控乳脂的合成和乳房炎的发生（Bionaz et al.，2013；Mandard and Patsouris，2013）。

VDR。作为一种配体依赖性核受体，VDR 可以被维生素 D 激活，直接参与奶牛的钙代谢，尤其是对于新产牛的钙水平和产后瘫痪的发生有重要的调控作用。

HNF4α。HNF4α 同样属于配体依赖性核受体，在肝中具有很高的表达量，在奶牛产后肝中的表达量进一步升高（Loor et al.，2005）。近期的研究发现 HNF4α 还参与奶牛肝中丙酸对糖异生关键酶——磷酸烯醇式丙酮酸羧基酶（PCK）的正调控过程（Zhang et al.，2015a；2016b，c）。

SREBP1 和 THRSP。SREBP1 和 THRSP 被发现直接参与奶牛不饱和脂肪酸对乳脂合成的抑制作用。

第五节　奶牛营养调控基因表达研究热点

一、日粮能量水平对围产期奶牛基因表达的调控作用

（一）研究背景

围产期奶牛的营养与管理直接影响产后奶牛的健康和生产性能。奶牛大多数的疾病都发生在围产期，尤其是围产后期，即新产期。根本原因在于奶牛产后奶产量快速提升，而产犊前后降低的采食量在新产期增长却十分缓慢，奶牛营养需要得不到满足，即出现能量负平衡和可代谢蛋白质的负平衡状态。因此，奶牛在这一时期不得不动用体蛋白、体脂肪来满足泌乳对养分的需要。

过度的体脂动员会产生大量的非酯化脂肪酸（non esterified fatty acid，NEFA），若NEFA 的生成量超过奶牛肝的完全氧化能力，就会导致酮病，而过量脂肪沉积在肝即形成脂肪肝，进而引起其他一系列疾病。

奶牛在围产期肝功能受损，氧化应激加重，机体免疫力下降，发生不同程度的炎症，这是新产牛疾病高发的另外一个重要原因。因此，围产期的营养与管理的目标是尽量提高产后采食量、降低体脂和体蛋白的动员程度、改善肝功能、提高奶牛的免疫力，缓减

氧化应激和炎症反应。

（二）干奶和围产期能量水平的研究

在很长一段时间内，都流行"强化饲喂"干奶牛的理论。该理论支持给干奶牛饲喂高能量水平的日粮，来使产前干物质采食量最大化，提前适应泌乳期。然后，近些年的研究表明干奶期过度饲喂（如饲喂能量需要量的140%），会增加产后各种代谢病和其他疾病的发生率。这主要是因为干奶期自由采食高能量水平日粮的奶牛在接近产犊时干物质采食量下降更严重，产后干物质采食量更低。因此，产后能量负平衡更严重，导致体脂动员增加。还有研究表明在干奶期饲喂高能日粮的奶牛，即使体况评分变化不大，内脏脂肪的沉积量也是显著增加的。

（三）干奶和围产期能量水平对奶牛基因表达的调控

1. 研究背景

奶牛的肝是重要的代谢器官，并参与内分泌和抗炎及免疫等功能。其功能的发挥受到大量的基因表达的调控，而营养、环境、自分泌、旁分泌和内分泌等信号都会改变肝的基因表达。Loor 等（2006）利用基因芯片技术揭示了干奶期能量摄入量对奶牛肝中大于 6300 个基因的表达有影响。

2. 研究方法

24 头荷斯坦干奶牛被随机分为 2 组，分别在干奶期和围产前期进行自由采食或限饲。干奶期的日粮主要以玉米青贮和苜蓿青贮为基础，能量浓度为 1.59Mcal/kg；围产前期的日粮浓度为 1.61Mcal/kg。限饲组的能量摄入量为需要量的 80%。结果显示干奶期限饲组的干物质采食量为 7.3kg/ d，自由采食组为 14.4kg/d。在产前（65 天、30 天、14 天）和产后（1 天、14 天、28 天、49 天）分别通过肝穿刺技术采集肝样品，用于基因芯片的 mRNA 表达量检测。

3. 研究结论

从基因表达结果分析可以得出以下结论：产前过度饲喂中等能量浓度的日粮引起的血液高胰岛素症会直接导致：①内脏脂肪沉积引起脂肪组织中肿瘤坏死因子 α（tumor necrosis factor，TNF-α）表达量升高的同时，脂肪细胞因子的表达量下降；②肝中脂肪合成基因的表达量上调；③肝中脂肪酸氧化关键基因表达量下降。血液中 TNF-α 的升高会使肝中的前炎症细胞因子表达量上调。过度饲喂的奶牛氧化应激增加（部分因为 γ 干扰素受体 2 基因表达增加），DNA 损伤程度更严重，进而又增加了肿瘤坏死因子 α 诱导蛋白（TNF alpha-induced protein 3，TNFAIP3）基因的表达量。TNFAIP3 主要负责在发生 DNA 损伤时，激活核因子 κB（nuclear factor κB，NF-κB）信号通路。NF-κB 的激活进一步调控一系列基因的表达量。因此，产前过度饲喂，改变了奶牛肝中基因的表达图谱，使其氧化应激和 DNA 损伤程度加重。

另外，由于产前过度饲喂，内脏过度沉积脂肪的奶牛产后血液中 NEFA 浓度升高，而其肝中脂联素受体 2、极长链特异性酰基辅酶 A 脱氢酶、乙酰辅酶 A 酰基转移酶 1 和肉毒碱棕榈酰基转移酶 1A 等 mRNA 表达量却下降，表明肝完全氧化 NEFA 的能力下降。与此同时，存储甘油三酯的关键酶的 mRNA 表达量却增加。相反地，产前限制饲喂的奶牛肝中调控脂肪酸氧化、糖异生等关键酶的基因表达量相对较高，氧化应激、DNA 损伤和炎症反应程度相对较低。通过研究干奶期不同能量摄入水平对奶牛围产期肝中关键基因表达水平的作用，得出结论：干奶期不能过度饲喂奶牛。

二、氨基酸对奶牛基因表达的调控作用

（一）氨基酸的功能

氨基酸是合成蛋白质的基础，包括组织蛋白、酶、信号蛋白、受体蛋白、离子通道蛋白、乳蛋白和血蛋白。氨基酸除了被用于蛋白质的合成之外，还参与包括含氮碱基、肌氨酸酐、组胺和多胺等非蛋白氮物质的合成及动物机体内的代谢调节活动（图 9-3）。

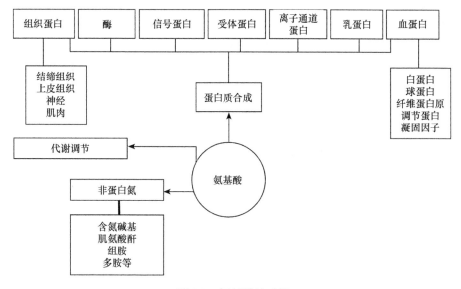

图 9-3　氨基酸的功能

（二）限制性氨基酸

奶牛的限制性氨基酸是指日粮所提供的与动物实际需要，即奶牛维持、生长和泌乳需要之间差额最大的氨基酸。2001 年，美国国家科学研究委员会（NRC）指出蛋氨酸和赖氨酸是奶牛日粮中两种最主要的限制性氨基酸，并确定了使乳蛋白产量最大化的可代谢蛋白质中赖氨酸和蛋氨酸的理想含量及比例，即最佳赖氨酸和蛋氨酸含量分别为 7.2% 和 2.4%，二者最佳比例为 3.0∶1。这对于当时的奶业界是个重大的突破。

表 9-1 列出了常见饲料原料中赖氨酸、蛋氨酸和组氨酸占粗蛋白的比例，由此可见，当给奶牛饲喂不同谷物类日粮、各种常见蛋白质饲料，包括豆粕和动物蛋白为主的日粮时，蛋氨酸几乎总是第一限制性氨基酸；当给奶牛饲喂玉米、玉米副产品、啤酒糟为主

的日粮时，赖氨酸与蛋氨酸同时成为限制性氨基酸；当以禾本科青贮、大麦或者燕麦为主要日粮原料时，组氨酸也成为限制性氨基酸。通过补充限制性氨基酸来实现氨基酸平衡是提高可代谢蛋白质利用效率的重要方式。

表 9-1　赖氨酸、蛋氨酸、组氨酸在常见饲料原料中的含量　　　（%粗蛋白）

原料	赖氨酸	蛋氨酸	组氨酸	原料	赖氨酸	蛋氨酸	组氨酸
豆粕	6.3	1.4	2.8	啤酒糟	4.1	1.7	2.0
菜粕	5.6	1.9	2.8	玉米麸	2.7	1.6	2.9
棉籽	4.3	1.7	2.8	玉米 DDGS	2.2	1.8	2.5
苜蓿青贮	4.4	1.4	1.7	玉米蛋白粉	1.7	2.4	2.1
玉米青贮	2.5	1.5	1.8	胡麻粕	3.7	1.8	2.0
禾草青贮	3.3	1.2	1.7	血粉	9.0	1.2	6.4
大麦	3.6	1.7	2.3	羽毛粉	2.6	0.8	1.2
玉米	2.8	2.1	3.1	鱼粉	7.7	2.8	2.8
小麦	2.8	1.6	2.4	肉粉	5.4	1.4	2.1

随着奶牛营养需要研究数据的不断积累，模型的不断更新，各阶段奶牛的蛋白质和氨基酸需要量推荐值也不断完善。CNCPS 模型（v6.55）指出泌乳牛理想的赖氨酸与蛋氨酸比例应为 2.69∶1，且更加强调赖氨酸和蛋氨酸与代谢能的比例，即每兆卡代谢能需要提供的赖氨酸和蛋氨酸分别为 3.03g 和 1.14g。

（三）氨基酸对乳蛋白合成的调控

大量试验表明为奶牛额外补充保护型氨基酸产品，可以改变乳蛋白产量及其组分。早在 2003 年，Averous 等学者就总结出氨基酸可以通过直接或间接调控乳腺功能基因的表达来调控乳蛋白合成过程。2012 年，Bionaz 等学者对此之前的有关氨基酸对乳蛋白合成的调控的研究进行了总结。乳腺组织中以雷帕霉素机制性靶标（mechanistic target of rapamycin，mTOR）信号通路为中心的乳蛋白合成通路可以在氨基酸、葡萄糖、胰岛素、类胰岛素一号增长因子和生长激素的协同作用下被激活，包括调控乳腺细胞摄入氨基酸关键基因，以及葡萄糖转运载体在内的一系列基因表达得到改变，进而增加了乳腺组织中蛋白质的合成。在牛乳腺上皮细胞系的试验中，各种必需氨基酸和葡萄糖同样被证明可以通过调控 mTOR 和单磷酸腺苷激活的蛋白激酶信号通路来改变酪蛋白的合成。

近期的一些试验则利用乳腺原代细胞培养研究单个氨基酸对乳蛋白合成相关基因表达的调控作用。而对赖氨酸和蛋氨酸的研究居多，因为二者被认为是奶牛的限制性氨基酸，且研究表明当赖氨酸与蛋氨酸在可代谢蛋白质中的比例达到 3∶1 时，乳蛋白的合成最多。2014 年，Nan 等的研究为此提供了分子层面的理论基础：当赖氨酸和蛋氨酸比例达 3∶1 时，乳腺细胞中包括 *mTOR* 基因、酪蛋白基因和乳清蛋白基因在内的一系列基因表达增加，这与乳蛋白合成的增加是相关的。另有研究表明额外补充精氨酸（条件性必需氨基酸），也会增加酪蛋白基因、mTOR、信号转导子和转录激活子 5 等基因表达量，并降低翻译抑制剂 4E 结合蛋白 1 基因的表达量（Wang et al.，2014）。

（四）功能性氨基酸

功能性氨基酸即参与调控关键代谢通路来改善动物健康、存活、生长、发育、泌乳和繁殖的氨基酸（Wu，2010）。例如，蛋氨酸作为功能性氨基酸对奶牛机体代谢的调节、对健康和繁殖的影响也日益明确。

蛋氨酸作为日粮来源的四大甲基供体之一，直接参与一碳代谢。蛋氨酸的直接代谢产物 S-腺苷基甲硫氨酸（S-adenosyl methionine，SAM）是几乎所有机体生命活动的直接甲基供体（Finkelstein，1990）。而甲基化过程是调控基因表达、蛋白质合成等的重要手段。研究表明日粮中补充瘤胃保护型蛋氨酸，奶牛肝中的转录组发生显著改变，涉及多个代谢途径。

如图 9-4 所示，蛋氨酸代谢第一步：通过转甲基作用通路将自身的甲基转移给其代谢产物 SAM。第二步：SAM 在甲基转移酶的作用下，再把甲基转移给被甲基化的对象。例如，磷脂酰乙醇胺经过甲基化等一系列反应生成磷脂酰胆碱，并参与低密度脂蛋白的合成，从而降低肝中脂肪的沉积，避免发生脂肪肝等代谢病。第三步：SAM的代谢产物 SAH 可以进一步转化为高半胱氨酸。高半胱氨酸是蛋氨酸代谢的一个分叉点：它既可以通过转硫作用通路最终合成内源抗氧化剂谷胱甘肽和牛磺酸，又可以通过蛋氨酸循环途径重新合成蛋氨酸（Zhang et al.，2016a）。其中，重新合成蛋氨酸途径又分为两条：一条途径需要叶酸提供甲基，另一条途径需要甜菜碱提供甲基。而甜菜碱又可以由胆碱生成。由此可见，4 种日粮甲基供体（蛋氨酸、叶酸、甜菜碱和胆碱）的代谢是相关的。

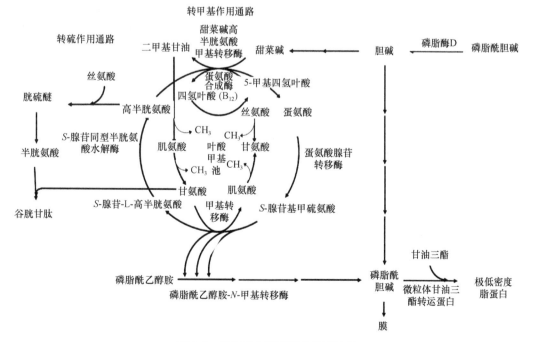

图 9-4　奶牛肝中蛋氨酸的代谢途径

（五）蛋氨酸对奶牛肝基因表达的调控

1. 体外的肝原代细胞培养试验

添加蛋氨酸显著降低了肝中参与蛋氨酸再生的关键酶的基因表达（Zhang et al.，2016a）。而在利用脂多糖诱导发生炎症反应的奶牛肝细胞培养液中添加蛋氨酸，极显著地降低了炎症因子白细胞介素 6、白细胞介素 1β、TNF-α 和急性期蛋白血清淀粉样蛋白 A3 的基因的表达量，同时伴随有内源抗氧化剂谷胱甘肽浓度的升高，揭示了蛋氨酸具备加强抗氧化能力、降低炎症反应的作用（Zhang and White，2017）。这一作用对改善围产期奶牛健康尤为重要。

2. 奶牛体内试验

在伊利诺伊大学做的一系列研究中，为围产期奶牛日粮中添加蛋氨酸增加了产后奶牛的采食量，改变了奶牛肝中糖异生等代谢途径、炎症反应、免疫力、氧化应激等生理过程相关的基因表达图谱（Osorio et al.，2014a，b；2016；Zhou et al.，2017）。

（1）在 Osorio 等（2014a，2016）的试验中，围产牛补充蛋氨酸羟基类似物异丙酯或包被型蛋氨酸，提高了调控蛋氨酸代谢的 *S*-腺苷同型半胱氨酸水解酶（*S*-adenosylhomocystine hydrolase，SAHH）、蛋氨酸合成酶基因表达量，表明肝将蛋氨酸的甲基通过转甲基作用通路转移出去的能力增强；同时，由甜菜碱作为甲基供体通过同型半胱氨酸的甲基化重新合成蛋氨酸的能力也增强；与 DNA 甲基化相关的 DNA 甲基转移酶 3α 基因表达量增加，表明甲基化活动增加；调控奶牛代谢和免疫力的重要的转录因子 PPARA 基因启动子甲基化程度和表达量均增加；受 PPARA 调控的下游基因，包括促进葡萄糖合成的 *PCK1* 基因和脂肪代谢微粒体甘油三酯转运蛋白基因的表达量也增加，表明奶牛合成葡萄糖的能力增强，脂肪代谢得到改善，奶牛免疫力增强。

（2）在 Zhou 等（2017）的试验中，与不补充蛋氨酸的奶牛相比，围产期（产前 21 天至产后 30 天）补充包被型蛋氨酸的奶牛肝中调控转移甲基通路的蛋氨酸腺苷转移酶、SAHH、磷脂酰乙醇胺-*N*-甲基转移酶的基因表达量均增加，表明甲基化反应增强，磷脂酰胆碱的合成增加，进一步促进极低密度脂蛋白的合成及甘油三酯转运出肝，可降低脂肪肝的形成；调控转硫作用通路的基因表达量增加，表明合成抗氧化剂谷胱甘肽的能力增强。

3. 研究意义

奶牛产后的几周是包括酮病、脂肪肝、子宫炎、乳房炎、真胃变位等疾病的高发期。采食量低、能量和蛋白质的负平衡、氧化应激和炎症反应加剧、免疫力低是造成新产牛疾病高发的重要原因。围产期的营养与管理直接关系到新产牛的健康及日后的产奶和繁殖性能。

上述研究中蛋氨酸对奶牛基因表达的改变最终也表现在对围产期奶牛代谢、生理和健康的改善。产前 21 天到产后 30 天内饲喂保护性蛋氨酸的奶牛产后干物质采食量增加，能量平衡状态、肝功能、免疫力和抗氧化应激能力均得到改善，炎症反应指标得到缓解。

主要表现在以下几个方面。

（1）蛋氨酸提高了肝中肉毒碱的含量，而肉毒碱直接参与肝中游离脂肪酸被完全氧化生成二氧化碳的过程。另外，蛋氨酸直接参与并促进甘油三酯以极低密度脂蛋白的形式转运出肝的过程，因此降低了酮病和脂肪肝发生率。

（2）新产牛因为泌乳的需要，代谢十分旺盛，因此会产生大量代谢副产物：氧自由基。氧自由基过多，即造成氧化应激，从而损伤机体细胞。蛋氨酸是合成强抗氧化剂：谷胱甘肽和牛磺酸的前体物质，因此提高了奶牛的抗氧化应激的能力。

（3）由于产犊损伤的原因，几乎所有的新产牛都有一定的炎症。严重的炎症反应与子宫炎、乳房炎等疾病有很大关系。研究表明蛋氨酸降低了细胞损伤和机体的炎症反应指标，增强了奶牛的免疫力。

（4）后续的研究表明，给围产期奶牛补充蛋氨酸，还会对后代犊牛产生积极的影响。Jacometo 等（2016，2017）的研究表明，与不补充蛋氨酸的奶牛所生的犊牛相比，围产期补充包被型蛋氨酸的母牛所生的犊牛调控肝葡萄糖合成、脂肪酸氧化和胰岛素敏感基因表达量增加，表明犊牛肝更易满足出生后对葡萄糖的需求，并能够更有效地代谢代乳粉中的脂肪；糖肾上腺皮质激素受体的基因表达量增加，有利于犊牛出生后肝中的能量代谢及胰岛素信号等代谢途径更快地发育成熟，适应生长发育的需要；调控蛋氨酸代谢的基因表达都增加，表明犊牛肝利用蛋氨酸中的甲基的能力增强，同时，由甜菜碱作为甲基供体重新合成蛋氨酸的能力也增强；参与转硫作用通路的基因表达量增加，与此同时，肝中的蛋氨酸被用来合成抗氧化剂谷胱甘肽的量增加，从而更加有利于对抗氧化应激。

出生到断奶是奶牛一生中一段关键的时期。犊牛出生后往往免疫力低下，抗应激能力差，容易患肺炎、腹泻等疾病。如果能增强犊牛的免疫力、抗氧化应激和炎症的能力，对降低犊牛死淘率，促进犊牛生长无疑是大有益处的。对围产期奶牛补充蛋氨酸会对犊牛产生正面效果进一步证明了"母体效应"的存在，即母体妊娠时期的营养状况会影响到胎儿的发育及其出生后的生长和健康状况乃至未来的生产水平，这主要是通过表观遗传学来实现的。

三、脂肪酸对奶牛基因表达的调控作用

（一）短链脂肪酸对奶牛基因表达的作用

1. 奶牛糖异生关键酶

葡萄糖是供给奶牛大脑、乳腺等组织所必需的能量物质，其中泌乳对葡萄糖的需要量占总需要量的 60%～85%。因为奶牛瘤胃发酵的特殊性，即使在日粮中过瘤胃淀粉含量较高的情况下，直接从小肠吸收的葡萄糖仍小于 5%，而肝糖原分解生成葡萄糖的量也是十分有限的，因此，奶牛 90%以上的葡萄糖需要是通过糖异生来满足的（Aschenbach et al.，2010）。肝是主要的生糖器官。奶牛瘤胃发酵产生大量挥发性脂肪酸，包括乙酸、丙酸和丁酸等。其中，丙酸是奶牛糖异生的主要前体物质。除了丙酸之外，生糖前体还

包括乳酸、甘油、生糖氨基酸等。在采食状态下，丙酸对糖异生的贡献占 60%～80%（Annison and Bryden，1999；Aschenbach et al.，2010）。乳酸、生糖氨基酸和甘油分别占 16%～26%、11%～16%和0.5%～3%（Aschenbach et al.，2010）。奶牛的糖异生速率除了与生糖前体浓度有关，还受限于糖异生关键酶的活性，如丙酮酸羧化酶和 PCK（包括 PCK1 和 PCK2）。

2. PCK1 的作用

PCK1 不仅是奶牛糖异生代谢途径的关键酶，而且决定线粒体内的草酰乙酸池的大小。而草酰乙酸池的大小直接影响肝对 NEFA 的完全氧化能力，即草酰乙酸浓度越高，将 NEFA 完全氧化成二氧化碳的能力越强。泌乳早期奶牛处于能量负平衡状态，为了满足泌乳需要，会动员大量的体脂，生成大量的 NEFA。不能被完全氧化的 NEFA 即会和甘油结合形成甘油三酯沉积在肝形成脂肪肝，或者不完全氧化生成酮体，导致酮病。因此，研究表明通过增加干物质采食量、改变日粮结构或使用添加剂（如丙酸盐、丙二醇和莫能菌素）来提高丙酸的供应量，有利于增强奶牛肝的生糖能力，与此同时，因为丙酸本身还可以被转化成草酰乙酸，可以填补由于 PCK1 活性增强而造成的草酰乙酸池的减小，有助于维持线粒体内完全氧化 NEFA 的能力，预防脂肪肝和酮病的发生。

3. 丙酸对 PCK1 基因表达的作用

近期的研究发现丙酸作为生糖前体会通过激活 PCK1 的基因表达，增强肝中糖异生的能力（Zhang et al.，2015a；2016b，2016c）。另外，原代肝细胞培养试验表明：丙酸对 PCK1 的促进作用比胰岛素对 PCK1 的抑制作用更显著，这一科学发现就解释了为什么奶牛与单胃动物不同，在采食后血液胰岛素水平上升的情况下，仍能保持很高的糖异生能力（Zhang et al.，2016b，2016c）。

4. 丁酸对 PCK1 基因表达的作用

研究发现，除了丙酸之外，丁酸也具有增加 PCK1 基因表达的作用。然而因为丁酸不能被转化成草酰乙酸，所以 PCK1 表达量增加后，如果丙酸产量没有增加，会导致草酰乙酸池减小，进而降低肝完全氧化 NEFA 的能力，使 NEFA 不完全氧化产生的酮体增加。例如，试验表明奶牛日粮中添加 α-淀粉酶来增加瘤胃中的丁酸:丙酸比例显著增加了奶牛血液中酮体 β-羟丁酸的浓度（DeFrain et al.，2005；Tricarico et al.，2005，2008）。因此，瘤胃发酵产生丙酸和丁酸的比例对于决定奶牛肝糖异生和完全氧化 NEFA 的能力有重要影响。

（二）长链脂肪酸对乳脂合成的调控作用

1. 日粮因素引起的乳脂抑制

乳脂是牛奶中波动最大，最易受到遗传、生理阶段和环境影响的乳成分（Lock and Shingfield，2004）。乳脂合成还会受到营养因素的影响，其中低乳脂症（乳脂抑制）就与营养因素有关（Lock and Bauman，2004）。乳脂抑制的概念最先由法国的科学家

Boussingault 于 1845 年提出。奶牛采食极易发酵的日粮、含植物油或者鱼油高的日粮时，易发生乳脂抑制（Bauman and Griinari，2001）。日粮因素引起的乳脂抑制的特点是产奶量和其他乳成分不变的情况下，乳脂产量减少高达 50%。在 1 个多世纪以来，乳脂抑制的发生机理是科学研究的热点，并获得数个里程碑式的进展（Harvatine et al.，2009）。其中一个重要的突破性发现是乳脂产量与乳脂中反式 18：1 脂肪酸浓度呈负相关关系（Davis and Brown，1970）。Bauman 和 Griinari（2001）提出了生物氢化理论，即日粮营养因素引起的乳脂抑制是由日粮中不饱和脂肪酸在瘤胃生物氢化过程中产生的特定的脂肪酸中间代谢产物造成的。

泌乳奶牛日粮脂肪含量一般较低（4%～5%），其中主要的不饱和脂肪酸是亚油酸和亚麻酸。有些不饱和脂肪酸对瘤胃微生物是有毒性的，日粮脂肪进入瘤胃后先经水解（>85%），然后被瘤胃特定微生物生物氢化成饱和脂肪酸。日粮引起的乳脂抑制一般与两种情况有关：①瘤胃环境和微生物群体的改变，一般以低瘤胃 pH 为特征；②日粮中不饱和脂肪酸的含量高（Bauman and Griinari，2003）。由此造成的结果是瘤胃生物氢化不完全或者途径发生改变，导致生物氢化的中间产物从瘤胃流出。通过奶牛真胃或十二指肠灌注试验发现多种共轭亚油酸均可引起乳脂抑制，但目前的研究大多集中在反-10,顺-12 共轭亚油酸。

研究发现，在日粮引起的乳脂抑制期间，奶牛的代谢，如葡萄糖代谢和胰岛素调节等均未发生改变。而根本原因在于乳腺中乳脂合成酶的基因表达降低，进而导致乳脂合成能力下降。营养和基因之间的互作乃至营养基因组学在发现乳脂抑制机理的过程中起到了关键的作用。

2．乳脂抑制期间乳腺内的调控机制

乳脂肪的合成需要一系列关键酶，包括转运酶类、脂肪合成酶、脂肪酸转运酶、脂肪酸去饱和酶和酯化酶，以及牛奶脂滴形成、转运和分泌酶类。而合成乳脂肪所需的脂肪酸来源途径包括：从头合成和从血液中直接摄取。反-10,顺-12 C18:2 共轭亚油酸引起的乳脂抑制导致奶牛乳腺内的脂肪酸合成，以及从血液中摄取脂肪酸的能力均下降（Baumgard et al.，2002）。乳脂抑制期间，一系列与脂肪合成相关的酶的 mRNA 表达量下降，如脂肪酸合成酶、乙酰辅酶 A 羧化酶、脂蛋白脂肪酶、去饱和酶、脂肪酰辅酶 A 连接酶、甘油-3-磷酸-O-酰基转移酶等。

（1）SREBP1 在乳脂抑制中的作用。SREBP1 是调控动物机体脂肪合成的重要转录因子。该转录因子在乳脂合成过程中起到举足轻重的作用。在利用牛的乳腺上皮细胞系的一项研究中发现反-10,顺-12 C18:2 共轭亚油酸引起的乳脂抑制期间，SREBP1 的表达量显著降低（Peterson et al.，2004）。多项研究表明，与反-10,顺-12 C18:2 共轭亚油酸引起的乳脂抑制类似，日粮因素引起的乳脂抑制同样显著降低了奶牛乳腺中 SREBP1，以及 SREBP1 调节蛋白的表达量（Gervais et al.，2009；Harvatine and Bauman，2006）。而所有因日粮或反-10,顺-12 C18:2 共轭亚油酸原因引起的乳脂抑制过程中表达量下降的与乳脂合成相关的关键酶的基因启动子中均含有 SREBP1 的响应元件。因此，SREBP1 的基因表达量的降低会抑制其信号传导通路，导致该信号通过对乳脂合成关键酶启动子

激活作用减弱，进而降低了这些关键酶的基因表达。

（2）THRSP S14 在乳脂抑制中的作用。应用牛的基因芯片的一项研究还发现了另外一个受到反-10,顺-12 C18:2 共轭亚油酸调控的重要的转录辅助激活蛋白：S14。S14 在奶牛乳腺组织中的表达量较高，并且已被证实具有调节脂肪合成基因转录的功能。S14 的表达量与脂肪酸合成酶和脂蛋白脂肪酶的表达量之间呈显著的正相关关系（Harvatine and Bauman，2006）。S14 表达量的改变往往意味着脂肪合成的变化。

总之，SREBP1 和 S14 在乳脂抑制中起到关键作用，而且是相互联系的。但是二者是如何受到反-10,顺-12 C18:2 共轭亚油酸的抑制的机理仍不明确，可能涉及其他关键转录因子或蛋白质。总而言之，具有生物活性的脂肪酸对奶牛乳脂合成的调控是目前动物科学研究中最完整的营养基因组学的成功案例之一。这类生物活性脂肪酸，如反-10,顺-12 C18:2 共轭亚油酸，会降低合成乳脂的关键脂肪合成酶的基因表达，从而抑制乳脂的合成（表 9-2）。

表 9-2　反-10,顺-12 C18:2 共轭亚油酸对奶牛乳腺和脂肪组织关键酶表达及代谢的影响

项目	影响
乳腺脂肪合成能力	乙酸合成脂肪酸减少
乳腺脂肪合成酶	有关脂肪酸吸收、合成、转运、去饱和、酯化的关键酶 mRNA 表达量降低
乳腺转录因子	SREBP1 和 S14 的表达量下降
脂肪组织脂肪合成酶	有关脂肪酸合成、吸收和去饱和的关键酶表达量增加
脂肪组织瘦素	短期乳脂抑制期间瘦素表达量增加
脂肪组织转录因子	SREBP1 和 S14 表达量增加

综上所述，奶牛某性状的形成是多基因共同作用的结果，并受到日粮组成与营养水平的影响。在众多营养素中，长链脂肪酸具备极强的调控基因表达的能力，日粮能量水平、某些功能性氨基酸等均参与调控奶牛基因表达和机体组织代谢。

奶牛的营养基因组学时代已然拉开帷幕。随着营养基因组学、蛋白质组学、代谢组学和系统生物学等技术的不断发展，深入探索奶牛摄入的营养对关键基因的调控作用，找出调控关键位点或生物标记物，为今后进一步挖掘奶牛的遗传潜质、提高生产性能与牛奶品质、改善奶牛健康和繁殖提供了新的思路。

（编写者：张　倩　王雅晶　邹　杨）

参 考 文 献

董书伟，李巍，严作廷，等. 2012. 蛋白质组学及其在奶牛蹄叶炎研究中的应用前景[J]. 动物医学进展，33(12)：174-178.

唐惠儒，王玉兰. 2007. 代谢组研究[J]. 生命科学，19 (3): 272-278.

王加启. 2010. 牛奶乳脂肪和乳蛋白的合成与调控机理[M]. 张宏福. 饲料营养研究进展(2010). 北京：中国农业科学技术出版社：74-85.

王康宇，王义，孙春玉，等. 2014. RNA 测序的研究进展[J]. 江苏农业科学，42 (10)：12-16.

徐旻, 林东海, 刘昌. 2005. 代谢组学研究现状与展望[J]. 药学学报, 40(9): 769-774.

赵静, 王宏伟, 田二杰, 等. 2015. 蛋白质组学实验技术及其应用[J]. 动物医学进展, 36(1): 116-120.

Annison E F, Bryden W L. 1999. Perspectives on ruminant nutrition and metabolism. II. Metabolism in ruminant tissues[J]. Nutrition Research Reviews, 12(1): 147-177.

Annison E F, Linzell J L. 1964. The oxidation and utilization of glucose and acetate by the mammary gland of the goat in relation to their over‐all metabolism and to milk formation[J]. Journal of Physiology, 175(3): 372-385.

Aschenbach J R, Kristensen N B, Donkin S S, et al. 2010. Gluconeogenesis in dairy cows: the secret of making sweet milk from sour dough [J]. IUBMB Life, 62(12): 869-877.

Averous J, Bruhat A, Mordier S. 2003. Recent advances in the understanding of amino acid regulation of gene expression[J]. Journal of Nutrition (suppl.): 2nd Amnio Acid Workshop: 2040S-2045S.

Bauman D E, Griinari J M. 2001. Regulation and nutritional manipulation of milk fat: low-fat milk syndrome [J]. Livestolk Production Science, 70: 15-29.

Bauman D E, Griinari J M. 2003. Nutritional regulation of milk fat synthesis[J]. Annual Review of Nutrition, 23: 203-227.

Bauman D E, Harvatine K J, Lock A L. 2011. Nutrigenomics, rumen-derived bioactive fatty acids, and the regulation of milk fat synthesis[J]. Annual Review of Nutrition, 31: 299-319.

Baumgard L H, Matitashvili E, Corl B A, et al, 2002. *Trans*-10, *cis*-12 conjugated linoleic acid decreases lipogenic rates and expression of genes involved in milk lipid synthesis in dairy cows[J]. Journal Dairy Science, 85: 2155-2163.

Bergman E N. 1990. Energy contributions of volatile fatty acids from the gastrointestinal tract in various species[J]. Physiology Review, 70(2): 567-590.

Berretta J, Morillon A. 2009. Pervasive transcription constitutes a new level of eukaryotic genome regulation [J]. EMBO Reports, 10 (9): 973-982.

Bionaz M, Chen S, Khan M J, et al. 2013. Functional role of PPARs in ruminants: Potential targets for fine-tuning metabolism during growth and lactation[J]. PPAR Research, 2013: 684159.

Bionaz M, Hurley W L, Loor J J. 2012. Milk protein synthesis in the lactating mammary gland: Insights from transcriptomics analyses[M]. *In*: Hurley W L. Milk Protein. InTech, Rijeka, Croatia: 285-324.

Bionaz M, Osorio J, Loor J J. 2015. Triennial lactation symposium: Nutrigenomics in dairy cows: nutrients, transcription factors, and techniques[J]. Animal Science, 93(12): 5531-5553.

Bionaz M. 2014. Nutrigenomics approaches to fine-tune metabolism and milk production: Is this the future of ruminant nutrition [J]. Advances in Dairy Research, 2: e107.

Davis C L, Brown R E. 1970. Low-fat milk syndrome[M]. *In*: Phillipson A T. Physiology of Digestion and Metabolism in the Ruminant. Newcastle upon Tyne, UK: Oriel: 545-565.

DeFrain J M, Hippen A R, Kalscheur K F, et al. 2005. Effects of dietary α-Amylase on metabolism and performance of transition dairy cows [J]. Dairy Science, 88(12): 4405-4413.

DellaPenna D. 1999. Nutritional genomics: Manipulating plant micronutrients to improve human health[J]. Science, 285: 375-379.

Finkelstein, J D. 1990. Methionine metabolism in manmals[J]. J. Natr. Biochem. 1: 228-237.

Gervais R, McFadden J W, Lengi A J, et al. 2009. Effects of intravenous infusion of *trans*-10, *cis*-12 18: 2 on mammary lipid metabolism in lactating dairy cows[J]. Journal Dairy Science, 92: 5167-5177.

Harvatine K J, Bauman D E. 2006. SREBP1 and thyroid hormone responsive spot 14 (S14) are involved in the regulation of bovine mammary lipid synthesis during diet-induced milk fat depression and treatment with CLA[J]. Journal Nutrition, 136: 2468-2474.

Harvatine K J, Boisclair Y R, Bauman D E. 2009. Recent advances in the regulation of milk fat synthesis[J]. Animal, 3: 40-54.

Jacometo C B, Zhou Z, Luchini D, et al. 2016. Maternal rumen-protected methionine supplementation and its effect on blood and liver biomarkers of energy metabolism, inflammation, and oxidative stress in neonatal Holstein calves[J]. Journal Dairy Science, 99(8): 6753-6763.

Jacometo C B, Zhou Z, Luchini D, et al. 2017. Maternal supplementation with rumen-protected methionine increases prepartal plasma methionine concentration and alters hepatic mRNA abundance of 1-carbon, methionine, and transsulfuration pathways in neonatal Holstein calves[J]. Journal Dairy Science, 100(4): 3209-3219.

Kadegowda A K, Piperova L S, Erdman R A. 2008. Principal component and multivariate analysis of milk long-chain fatty acid composition during diet-induced milk fat depression[J]. Journal Dairy Science, 91: 749-759.

Kore K B, Pathak A K, Gadekar Y P. 2008. Nutrigenomics: Emerging face of molecular nutrition to improve animal health and production[J]. Veterinary World, 1(9): 285-286.

Lock A L, Bauman D E. 2004. Modifying milk fat composition of dairy cows to enhance fatty acids beneficial to human health[J]. Lipids, 39: 1197-1206.

Lock A L, Shingfield K J. 2004. Optimising milk composition[M]. *In*: Kebreab E, Mills J, Beever D E. Dairying: Using Science to Meet Consumers' Needs. Nottingham, UK: Nottingham Univ. Press: 107-188.

Loor J J, Bionaz M, Drackley J K. 2013. Systems physiology in dairy cattle: Nutritional genomics and beyond[J]. Annual Review of Animal Biosciences, 1(1): 365-392.

Loor J J, Dann H M, Everts R E, et al. 2005. Temporal gene expression profling of liver from periparturient dairy cows reveals complex adaptive mechanisms in hepatic function[J]. Physiological Genomics, 23: 217-226.

Loor J J, Dann H M, Guretzky N A J, et al. 2006. Plane of nutrition prepartum alters hepatic gene expression and function in dairy cows as assessed by longitudinal transcript and metabolic profiling[J]. Physiological Genomics, 27(1): 29-41.

Loor J J, Vailati-Riboni M, McCann J C, et al. 2015. Triennial lactation symposium: Nutrigenomics in livestock: Systems biology meets nutrition[J]. Journal of Animal Science, 93(12): 5554-5574.

Mandard S, Patsouris D. 2013. Nuclear control of the inflammatory response in mammals by peroxisome proliferator-activated receptors[J]. PPAR Research, 2013: 613864.

Müller M, Kersten M. 2003. Nutrigenomics: Goals and strategies[J]. Nature Reviews Genetics, 4(4): 315-322.

Nan X, Bu D, Li X, et al.2014. Ratio of lysine to methionine alters expression of genes involved in milk protein transcription and translation and mTOR phosphorylation in bovine mammary cells[J]. Physiological Genomics, 46: 268-275.

Osorio J S, Jacometo C B, Zhou Z, et al. 2016. Hepatic global DNA and peroxisome proliferator-activated receptor alpha promoter methylation are altered in peripartal dairy cows fed rumen-protected methionine[J]. Journal of Dairy Science, 99: 1-11.

Osorio J S, Ji P, Drackley J K, et al. 2014a. Smartamine M and MetaSmart supplementation during the peripartal period alter hepatic expression of gene networks in 1-carbon metabolism, inflammation, oxidative stress, and the growth hormone-insulin-like growth factor 1 axis pathways[J]. Journal of Dairy Science, 97(12): 7451-7464.

Osorio J S, Trevisi E, Ji P, et al. 2014b. Biomarkers of inflammation, metabolism, and oxidative stress in blood, liver, and milk reveal a better immunometabolic status in peripartal cows supplemented with Smartamine M or MetaSmart[J]. Journal of Dairy Science, 97(12): 7437-7450.

Peterson D G, Matitashvili E A, Bauman D E. 2004. The inhibitory effect of *trans*-10, *cis*-12 CLA on lipid synthesis in bovine mammary epithelial cells involves reduced proteolytic activation of the transcription factor SREBP-1[J]. Nutrition, 134: 2523-2527.

Spies D, Ciaudo C. 2015. Dynamics in transcriptomics: Advancements in RNA-seq time course and downstream analysis[J]. Computational and Structural Biotechnology Journal, 13: 469-477.

Tricarico J M, Johnston J D, Dawson K A, et al. 2005. The effects of an *Aspergillus oryzae* extract containing alpha-amylase activity on ruminal fermentation and milk production in lactating Holstein cows[J]. Journal of Animal Science, 81(3): 365-374.

Tricarico J M, Johnston J D, Dawson K A. 2008. Dietary supplementation of ruminant diets with an

Aspergillus oryzae α-amylase[J]. Animal Feed Science and Technology, 145(1): 136-150.

Velculescu V E, Zhang L, Vogelstein B, et al. 1995. Serial analysis of gene expression[J]. Science, 207: 484-487.

Wang M, Xu B, Wang H, et al. 2014. Effects of arginine concentration on the *in vitro* expression of casein and mTOR pathway related genes in mammary epithelial cells from dairy cattle[J]. PLoS ONE, 9: e95985.

Wang Z, Gerstein M, Snyder M. 2009. RNA-Seq: A revolutionary tool for transcriptomics[J]. Nature Reviews Genetics, 10(1): 57-63.

Wu G. 2010. Functional amino acids in growth, reproduction, and health[J]. Advances in Nutrition, 1: 31-37.

Yao J, Burton J L, Saama P, et al. 2001. Generation of EST and cDNA microarray resources for the study of bovine immunobiology[J]. Acta Veterinaria Scandinavica, 42: 391-405.

Zduńczyk Z, Pareek C S. 2009. Application of nutrigenomics tools in animal feeding and nutritional research[J]. Journal of Animal and Feed Sciences, 18: 13-16.

Zhang Q, Bertics S J, Luchini N D, et al. 2016a. The effect of increasing concentrations of dL-methionine and 2-hydroxy-4-(methylthio) butanoic acid on hepatic genes controlling methionine regeneration and gluconeogenesis[J]. Journal of Dairy Science, 99: 8451-8460.

Zhang Q, Koser S L, Bequette B J, et al. 2015a. Effect of propionate on mRNA expression of key genes for gluconeogenesis in liver of dairy cattle[J]. Journal of Dairy Science, 98: 8698-8709.

Zhang Q, Koser S L, Donkin S S. 2016b. Propionate induces the bovine cytosolic phosphoenolpyruvate carboxykinase promoter activity[J]. Journal of Dairy Science, 99: 6654-6664.

Zhang Q, Koser S L, Donkin S S. 2016c. Propionate induces mRNA expression of gluconeogenic genes in bovine calf hepatocytes[J]. Journal of Dairy Science, 99: 3908-3915.

Zhang Q, Su H W, Wang F W, et al. 2015b. Effects of energy density in close-up diets and postpartum supplementation of extruded full-fat soybean on lactation performance, and metabolic and hormonal status of dairy cows[J]. Journal of Dairy Science, 98: 7115-7130.

Zhang Q, White H M. 2017. Regulation of inflammation, antioxidant production, and methionine metabolism during methionine supplementation in lipopolysaccharide challenged bovine hepatocytes[J]. Journal of Dairy Science, 100(10): 8565-8577.

Zhou Z, Timothy A G, Dong X, et al. 2017. Hepatic activity and transcription of betaine-homocysteine methyltransferase, methionine synthase, and cystathionine synthase in periparturient dairy cows are altered to different extents by supply of methionine and choline[J]. The Journal of Nutrition, 147(1): 11-19.

第十章 奶牛营养与添加剂

奶牛饲料添加剂在现代化奶牛养殖中占有越来越重要的地位，其对于维持奶牛健康、提高牛奶产量和牛奶品质、改善繁殖性能具有保障作用。奶牛饲料添加剂可分为营养性饲料添加剂和非营养性饲料添加剂。营养性饲料添加剂包括维生素类、矿物质类、蛋白质（氨基酸）和尿素、直接饲喂微生物饲料添加剂；非营养性饲料添加剂包括抗生素、酶制剂、植物提取物、香味剂、脱霉剂、青贮添加剂、抗氧化剂等。这些添加剂单独使用都会产生良好的效果，合理的综合使用也会有较好的、整体上的效益。

第一节 饲料添加剂发展趋势与相关法律法规

一、饲料添加剂发展趋势

饲料添加剂是指在饲料生产加工、使用过程中添加的少量或微量的营养性和非营养性物质，在饲料中用量很少但作用显著。饲料添加剂是现代饲料工业必然使用的原料，对完善饲料营养价值、保证动物健康、节省饲料成本、提高动物生产性能、改善畜产品品质、减少环境污染等方面有明显的效果。近年来，我国奶牛产业发展迅猛、奶牛饲养规模不断扩大、牛奶品质稳步提高，然而我国饲料资源对外依存度大，国内粗饲料资源没有被充分有效利用，养殖成本高，饲料转化率低，这就要求奶牛养殖业尽量降低成本、提高产量、提升品质，奶牛饲料添加剂的提质增效、节本减排的功效受到了越来越多的关注。

随着动物营养学、生理学、生物化学、生物工程学、药物学、微生物学等多门学科的发展，现在的饲料添加剂已融合了多门学科和多种新技术，其功能和应用范围也得到了进一步的拓展。因此，当前乃至今后一段时间内饲料添加剂的开发生产，将呈现出以下八大发展趋势。

一是科技化。随着科技的进一步发展，饲料添加剂的科技含量不断提高，科技化将成为饲料添加剂发展的一个重要标志。随着饲料添加剂行业科技化进程的不断推进，将出现一批科技含量高的饲料添加剂品种，从而带动饲料工业向科技化方向发展，促进饲料工业、畜牧业向更高层次发展。

二是专业化。饲料添加剂行业大部分附属于饲料工业、制药业等相关行业，专业化程度不高。随着养殖业规模的不断扩大，对配合饲料的需求量会大幅度增加，对质量要求也不断提高，这将有力地推动饲料添加剂行业的专业化发展进程。

三是系列化。随着饲料添加剂行业向科技化和专业化方向发展，饲料添加剂的种类将进一步系列化和细分化。

四是环保化。随着国家可持续发展的需要和人们环保意识的提高，饲料添加剂的环保化将是未来饲料添加剂开发的重中之重。特别是抗生素等一些副作用较大的饲料添加剂被逐步淘汰后，随着新一代产品的研制和开发，如抗菌肽、植物提取物，环保性将具有更明显的时代特征。未来开发的饲料添加剂，将能合理地利用资源，减少温室气体、氮磷及粪污排放，对人类健康不构成威胁，不存在药物残留等毒副作用。

五是高效化。高效化是未来饲料添加剂发展的一大方向，饲料添加剂的高效依赖于饲料添加剂相关技术的进步和提高，在市场经济条件下，各饲料添加剂生产单位将更重视饲料添加剂的基础研究，并不断开发新品种，从而使饲料添加剂品种不断更新，作用效果也会更加明显。特别是过瘤胃产品的开发利用，能够精确满足奶牛特定营养物质的需求。

六是功能化。随着人们生活水平的提高，人们对动物产品也提出了新的特殊要求，如牛奶的颜色、味道及保健功能等，而这些需求可以通过饲料添加剂的不同功能来实现，功能性饲料添加剂是未来的发展方向。将饲料添加剂的保健功能转化为乳制品的功能将成为饲料添加剂的开发亮点，有很大的市场发展潜力。

七是经济化。随着对提高牧场经济利润的需求和市场竞争的加剧，饲料添加剂的经济性要求将进一步提升。饲料添加剂除了要有较好的作用效果和生产性能外，还要做到质优价廉。只有具备较好的性价比和投入产出比的饲料添加剂才能被广大饲料生产厂家和养殖业主接受，才能得到广泛的推广应用。

八是方便化。未来的饲料添加剂应更接近和方便于实际生产应用。添加剂的浓度和有效性会大幅度提高，单个添加剂的使用趋于微量化，同时饲料添加剂趋于多种功能性产品复合在一起，更加方便使用。

二、饲料添加剂相关法律法规

（一）欧盟饲料添加剂法规体系构成

欧盟委员会健康与消费者保护理事会，欧盟议会环境、公共卫生和食品安全委员会具体负责饲料监管相关法律法规的修改制定。

按照欧盟办公室对饲料法规的分类，欧盟现行的饲料法规共 180 项，其中基本法规包括《关于在动物营养方面使用的添加剂法令》《饲料卫生法令》《配合饲料流通规则》《动物营养中不良物质和相关产品规则》《欧盟加药饲料生产和销售规则》《政府监管动物营养的指导规则》《转基因饲料使用规则》等。

根据安全监管形势和科技发展趋势，欧盟每年都对这些基本法规进行适时的修订和增补，以及制定一些针对饲料工业某一环节的具体法规，现行欧盟饲料法规体系中，与饲料添加剂相关的管理法规有 50 项（28 项为补充修改指令）、配合饲料有 36 项、饲料原料 27 项、不良物质 10 项、特殊营养用途饲料 7 项、生物蛋白饲料 22 项、饲料药物 1 项、行政监督 11 项、卫生许可和注册登记 8 项、抽检分析方法 34 项、转基因饲料 11 项。

欧盟委员会关于动物营养用添加剂的主要法规是欧洲议会及理事会（European Commission，EC）1831/2003 号条例，EC 429/2008 规定了饲料添加剂申请表需具备的内容及行政数据、申请档案材料需满足的一般要求及特殊要求、目标动物的生物类别和定义及效力研究的最短持续时间。欧盟委员会自 2006 年 1 月 1 日起，在欧盟成员国全面停止使用所有抗生素生长促进剂，包括离子载体类抗生素。（EC）892/2010 号条例规定了（EC）1831/2003 涉及的饲料添加剂相关产品状况。欧盟委员会 2011/25/EU 建议颁布了关于建立饲料原料、饲料添加剂、生物农药产品、兽药产品区分指南。

近年来，欧盟逐渐严格管理饲料添加剂市场，逐步废止某些饲料添加剂的使用，欧盟（European Union，EU）发布（EU）2017/1145 法规取消了某些饲料添加剂的市场应用，并废除授权饲料添加剂的过时条款。撤销了包括山梨酸钠、柠檬酸钙等多种饲料添加剂的授权和在某些动物类别中的使用。

（二）美国饲料添加剂法规体系构成

早在 1938 年，美国联邦就制定了《联邦食品、药品和化妆品法》（*The Federal Food, Drugs amd Cosmetic Act*），并授权美国食品药品管理局（The Federal Food，Drugs amd Cosmetic Act，FDA）负责对食品（包括饲料）、药品（包括兽药）和化妆品强制实施该法。主要目的是确保食品、饲料、药品和化妆品对人的安全性。联邦法规（Code of Federal Regulations，CFR）第 21 部分（CFR 21）食品、药品和化妆品是《联邦食品、药品和化妆品法》配套法规。其具体内容与《联邦食品、药品和化妆品法》相对应。遵照此法，FDA 制定了食品、饲料企业许可证法规，禁止在反刍动物饲料中使用动物蛋白的法规，进口食品、饲料提前通报法规，加药饲料生产良好规范、饲料中新药的使用规范、允许在饲料和动物饮用水中使用的食品添加剂、禁止在饲料和动物饮用水中使用的物质等一系列联邦法规；另外，美国农业部制定有动物饲料运输法规、动物源性饲料进口制度、家禽有机饲料的标签管理制度。FDA 代表美国联邦政府实施联邦饲料法律、法规，美国饲料管理协会（American Association of Feed Control Officials，AAFCO）依照联邦饲料法律、法规，通过制定各种标准的详细管理文件、法规、标准、规范、指南，供在美国各州的饲料管理部门、饲料工业中统一推广使用，有效地提高了饲料法律、法规的贯彻与实施效率和效果，确保了饲料的安全和动物产品的安全，在美国国内建立起良好的饲料工业法治环境，促进了美国饲料工业的健康、可持续发展。美国的饲料管理法律、法规和 AAFCO 的法规标准是相互关联、配套完整。

美国在禁用抗生素、生长促进剂方面的动作滞后于欧盟。早在 1977 年，FDA 就意识到饲养动物长期使用低剂量青霉素和四环素能促进细菌的抗药性，但 FDA 并没有禁止抗生素在养殖业作为饲料添加剂使用。直到 2012 年 4 月 11 日，FDA 再度出台非强制性的措施，建议兽药生产商本着自愿原则，停止供应部分兽药，以应对当前严峻的耐药性问题。养殖业者也可在兽医指导下，将抗生素用于预防、控制及治疗疾病，但不可用作生长促进剂。并按品种逐步取缔饲用抗生素的使用。FDA 颁布了从 2017 年 1 月 1 日起全面禁止在饲料中添加用于促进生长的抗生素的规定。

（三）我国饲料添加剂法规体系构成

为了促进和规范畜牧业生产，我国从 20 世纪末开始逐步建立完善了畜牧业法律法规体系。目前我国饲料工业有国家标准 297 项、行业标准 149 项、农业部公告 67 项、其他 66 项，共 579 项。

按标准类别划分：基础规范标准 17 项、安全限量标准 5 项、检测方法标准 279 项、评价方法标准 20 项、饲料原料标准 60 项、饲料添加剂标准 116 项、其他饲料产品标准 56 项、相关标准 26 项。饲料法规体系以《饲料和饲料添加剂管理条列》为纲领，该条例最早于 1999 年 5 月 29 日由中华人民共和国国务院令第 266 号发布实施，2001 年、2013 年、2016 年和 2017 年分别进行了 4 次修订。《饲料和饲料添加剂管理条例》规定了饲料是指经工业化加工、制作的供动物食用的产品，包括单一饲料、添加剂预混合饲料、浓缩饲料、配合饲料和精饲料补充料。本条例所称饲料添加剂，是指在饲料加工、制作、使用过程中添加的少量或者微量物质，包括营养性饲料添加剂和一般饲料添加剂。以《饲料和饲料添加剂管理条例》为基础，农业部制定并公布了《饲料和饲料添加剂生产许可管理办法》、《新饲料和新饲料添加剂管理办法》、《饲料添加剂和添加剂预混合饲料产品标准文号管理办法》、《进口饲料和饲料添加剂登记管理办法》和《饲料质量安全管理规范》5 个部门规章（农业部，2012a，2012b；2013a，2013b；2014a，2014b）。我国现行奶牛用饲料添加剂目录和使用规范应符合《饲料添加剂品种目录（2013）》和《饲料添加剂安全使用规范》（2017 年修订版）的规定（农业部，2013b；2017）。

国家鼓励遵循科学、安全、有效、环保的原则研制新饲料添加剂，保证新饲料添加剂的质量安全。新饲料添加剂投入生产前，研制者或者生产企业应当向国务院农业行政主管部门提出审定申请，并提供该新饲料添加剂的样品和下列资料：一是名称、主要成分、理化性质、研制方法、生产工艺、质量标准、检测方法、检验报告、稳定性试验报告、环境影响报告和污染防治措施；二是国务院农业行政主管部门指定的试验机构出具的该新饲料添加剂的饲喂效果、残留消解动态，以及毒理学安全性评价报告。同时，还应当说明该新饲料添加剂的添加目的、使用方法，并提供该饲料添加剂残留可能对人体健康造成影响的分析评价报告。

向中国出口中国境内尚未使用但出口国已经批准生产和使用的饲料添加剂，由出口方驻中国境内的办事机构或者其委托的中国境内代理机构向国务院农业行政主管部门申请登记，并提供该饲料添加剂的样品和下列资料：一是商标、标签和推广应用情况；二是生产地批准生产、使用的证明和生产地以外其他国家、地区的登记资料；三是主要成分、理化性质、研制方法、生产工艺、质量标准、检测方法、检验报告、稳定性试验报告、环境影响报告和污染防治措施；四是国务院农业行政主管部门指定的试验机构出具的该饲料添加剂的饲喂效果、残留消解动态，以及毒理学安全性评价报告。同时还应当说明该饲料添加剂的添加目的、使用方法，并提供该饲料添加剂残留可能对人体健康造成影响的分析评价报告。

（四）我国奶牛饲料添加剂品种目录

为加强饲料添加剂的管理，保证养殖产品质量安全，促进饲料工业持续健康发展，根据《饲料和饲料添加剂管理条例》的有关规定（国务院，1999），中华人民共和国农业部发布了《饲料添加剂品种目录》，凡生产、经营和使用的营养性饲料添加剂及一般饲料添加剂均应符合《饲料添加剂品种目录》中规定的品种，在《饲料添加剂品种目录》之外的其他任何添加物，未经农业农村部（原农业部）审核批准，不得作为饲料添加剂在饲料生产中使用。如果拟使用目录外的物质作为饲料添加剂，应按照《新饲料和新饲料添加剂管理办法》的有关规定，申请并获得新产品证书。生产源于转基因动植物、微生物的饲料添加剂，以及含有转基因产品成分的饲料添加剂，应按照《农业转基因生物安全管理条例》的有关规定进行安全评价，获得农业转基因生物安全证书后，再按照《新饲料和新饲料添加剂管理办法》的有关规定进行评审。

现行适用中华人民共和国农业部公告第 2045 号《饲料添加剂品种目录（2013）》（农业部，2013b），该版本是在《饲料添加剂品种目录（2008）》的基础上修订的，增加了部分实际生产中需要且公认安全的饲料添加剂品种（或来源）；删除了缩二脲和叶黄素。将麦芽糊精、酿酒酵母培养物、酿酒酵母提取物、酿酒酵母细胞壁 4 个品种移至《饲料原料目录》；对部分品种的适用范围，以及部分饲料添加剂类别名称进行了修订。我国自 2020 年 7 月 1 日也开始全面禁止饲用抗生素。后抗生素时代的来临加速了植物提取物、微生物培养物的应用，我国于 2015 年把 117 种植物列为饲料原料允许在动物日粮中使用。

第二节　营养性饲料添加剂产品介绍

从功能上来分，饲料添加剂包括营养性添加剂和非营养性添加剂两类。营养性添加剂用来补充一般饲料中某种或某些营养素含量的不足，包括维生素添加剂、矿物质添加剂、蛋白质（氨基酸）和非蛋白氮添加剂、微生物培养物；非营养性添加剂不是饲料内的固有营养成分，其主要作用是促进奶牛生长或产奶性能、改善动物健康、提高饲料的利用效率、节省饲料费用的开支，通常包括抗生素、酶制剂、植物提取物、脱霉剂、香味剂、青贮添加剂等。

一、维生素类饲料添加剂

维生素是一类有机化合物，分为水溶性维生素和脂溶性维生素，其日常需要量很少，但对奶牛的生长、繁殖和泌乳具有不可或缺的重要作用。外源性维生素 B 族在瘤胃中几乎全部被降解，奶牛瘤胃可以合成维生素 B 族及维生素 C，粗饲料的类型、淀粉和蛋白质的含量会影响其合成效率。抗氧化维生素（维生素 A、维生素 C 和维生素 E）与奶牛的免疫和健康密切相关，特别是产犊前后由于奶牛自身抗氧化能力低下，额外添加这些抗氧化维生素是有益的。奶牛的维生素营养添加剂主要以脂溶性的维生素 A、维生素 D、维生素 E 为主，美国国家研究委员会（National Research Council，NRC）提出的 NRC（2001）奶牛营养需要中对这些脂溶性维生素的需要量有明确的规定（参见维生素营养需要的有关章节）。在热应激或其他特殊条件下，调整维生素的用量，特别是添加过瘤胃包被维生素 B 族和维生素 K，可以提高奶牛泌乳潜力。奶牛维生素及类维生素添加剂品种目录见表 10-1。

表 10-1 奶牛维生素及类维生素添加剂品种目录

通用名称	适用范围
维生素 A、维生素 A 乙酸酯、维生素 A 棕榈酸酯、β-胡萝卜素、盐酸硫胺（维生素 B$_1$）、硝酸硫胺（维生素 B$_1$）、核黄素（维生素 B$_2$）、盐酸吡哆醇（维生素 B$_6$）、氰钴胺（维生素 B$_{12}$）、L-抗坏血酸（维生素 C）、L-抗坏血酸钙、L-抗坏血酸钠、L-抗坏血酸-2-磷酸酯、L-抗坏血酸-6-棕榈酸酯、维生素 D$_2$、维生素 D$_3$、天然维生素 E、DL-α-生育酚、DL-α-生育酚乙酸酯、亚硫酸氢钠甲萘醌（维生素 K$_3$）、二甲基嘧啶醇亚硫酸甲萘醌、亚硫酸氢烟酰胺甲萘醌、烟酸、烟酰胺、D-泛醇、D-泛酸钙、DL-泛酸钙、叶酸、D-生物素、氯化胆碱、肌醇、L-肉碱、L-肉碱盐酸盐、甜菜碱、甜菜碱盐酸盐	养殖动物

资料来源：农业部，2013b（下同）

（一）维生素 A 饲料添加剂

1. 商品种类

包括维生素 A 乙酸酯、维生素 A 棕榈酸酯和维生素 A 前体 β-胡萝卜素。

（1）维生素 A 乙酸酯。分子式 $C_{22}H_{32}O_2$，外观为鲜黄色结晶粉末，易吸湿，遇热或酸性物质、见光或吸潮后易分解。加入抗氧化剂和明胶制成微粒饲料添加剂，为灰黄色或淡褐色颗粒，易吸潮，遇热和酸性气体或见光、吸潮后易分解。含量以维生素计：粉剂≥$5.0×10^5$ IU/g，油剂≥$2.5×10^6$ IU/g。

（2）维生素 A 棕榈酸酯。分子式 $C_{36}H_{60}O_2$，外观为黄色油状或结晶固体。含量以维生素计：粉剂≥$2.5×10^5$ IU/g，油剂≥$1.7×10^6$ IU/g。

（3）β-胡萝卜素。分子式 $C_{40}H_{56}$，外观呈棕色至深紫色的结晶粉末，不溶于水和甘油，难溶于乙醇、脂肪和油中，微溶于乙醚、丙酮、三氯甲烷和苯，对光和氧敏感，被氧化后生物活性降低，并形成无色的氧化物。含量以化合物计：≥96.0%。

维生素 A 添加剂，因工艺条件不同，其粒度的大小也有差别。国外虽规定一般在0.1～1.0mm，实际上多在 0.177～0.590mm（80～30 目）。可在水中弥散的维生素 A 添加剂，粒度更小，最大不得超过 0.35mm。

2. 添加剂量

根据《饲料添加剂安全使用规范》，维生素 A 乙酸酯及维生素 A 棕榈酸酯在奶牛配合饲料或全混合日粮中的推荐添加量为 2000～4000IU/kg。β-胡萝卜素推荐添加剂量为5～30mg/kg。犊牛的最高限量为 25 000IU/kg，泌乳牛的最高限量为 10 000IU/kg，干奶牛的最高限量为 20 000IU/kg。

3. 产品保存

紫外线和氧都可促使维生素 A 乙酸酯和维生素 A 棕榈酸酯分解。湿度和温度较高时，稀有金属盐可使其分解速度加快。含有 7 个水的硫酸亚铁（$FeSO_4·7H_2O$）可使维生素 A 乙酸酯的活性损失严重。与氯化胆碱接触时，活性将受到严重损失。在 pH<4 的环境或强碱环境中，维生素 A 很快分解。维生素 A 酯经包被后，可使损失减少。维生素 A 制成微型胶囊或颗粒后，活性的稳定性会有很大提高。但是，它仍然是最易受到损害的添加剂之一。在使用和贮存时，应特别注意。

4. 注意事项

维生素 A 和维生素 D 有协同作用而常常同时添加。但维生素 A 过量可干扰维生素 D_3 的正常吸收，使血钙和无机磷水平呈下降趋势。维生素 E 可促进维生素 A 的吸收、利用和肝贮存，效果增强。

（二）维生素 D 饲料添加剂

1. 商品种类

包括维生素 D_2（分子式 $C_{28}H_{44}O$）和维生素 D_3（分子式 $C_{27}H_{44}O$）的干燥粉剂、维生素 D_3 微粒、维生素 A/D 微粒。

（1）维生素 D_2 和维生素 D_3 的干燥粉剂。外观呈奶油色粉末，含量以维生素计：维生素 $D_2 \geqslant 4.0 \times 10^7 IU/g$，维生素 $D_3 \geqslant 5.0 \times 10^5 IU/g$。

（2）维生素 D_3 微粒。是饲料工业中使用的主要维生素 D_3 添加剂，其原料为胆固醇。这种胆固醇可从羊毛脂中分离制得，然后经酯化、溴化再脱溴和水解即得 7-脱氢胆固醇，经紫外线照射产生维生素 D_3。

（3）维生素 A/D 微粒。是以维生素 A 乙酸酯原油与含量为 $1 \times 10^6 IU/g$ 以上的维生素 D_3 为原料，配以一定量的 BHT 及乙氧喹啉抗氧化剂，采用明胶和淀粉等辅料，经喷雾法制成的微粒。每单位重量中维生素 A 乙酸酯与维生素 D_3 之比为 5 : 1。

2. 添加剂量

根据《饲料添加剂安全使用规范》，维生素 D_2 和维生素 D_3 在奶牛配合饲料或全混合日粮中的推荐添加量均为 275～400IU/kg。犊牛代乳粉最高限量为 10 000IU/kg，其他牛最高限量为 4000IU/kg。

3. 产品保存

维生素 D_3 粉添加于饲料预混料中，用 25kg 纸板桶内衬食品级聚乙烯塑料袋包装。保存于干燥、阴凉避光处，避免受潮、进水或受热。保质期为 12 个月。用于饲料级维生素 D_3 预混料的喷粉，用 25kg 铁桶包装，保存于干燥、阴凉避光处，避免受潮、进水或受热，保质期为 6 个月。维生素 D_3 酯化后，又经明胶、糖和淀粉包被，稳定性好，在常温（20～25℃）条件下，在含有其他维生素添加剂的预混剂中，贮存 12 个月，甚至 24 个月，也基本没有损失。但是，如果温度为 35℃，在预混剂中贮存 24 个月，活性将损失 35%。如添加剂制作工艺较差，贮存期不能过长。

4. 注意事项

维生素 D 可贮存在机体所有组织中，以肝和脂肪组织中贮存量较大。当维生素 D 摄入量过多时，会引起中毒症状。表现为早期骨骼的钙化加速，后期则增大钙和磷自骨骼中的溶出量，使血钙、磷水平提高，骨骼变得疏松，容易变形，甚至畸形和断裂；致使血管、尿道和肾等多种组织钙化。

（三）维生素 E（生育酚）饲料添加剂

1. 商品种类

天然维生素 E 是从天然植物食用油副产物中提出的生育酚，常用的商品有化学合成而来的 DL-α-生育酚（分子式 $C_{29}H_{50}O_2$）或 DL-α-生育酚乙酸酯（分子式 $C_{31}H_{52}O_3$）油剂或粉剂。

（1）维生素 E 油剂。外观为微绿黄色或黄色的黏稠液体，遇光颜色渐渐变深。一般采用三甲基氢配与异植物醇为原料，经化学合成制得并加入了一定量的抗氧化剂。也可以由植物油脱臭中所得的蒸馏物经过酯化、洗涤、真空蒸馏、皂化、提取制成。含量规格以化合物计：≥93.0%。以维生素计：≥930IU/g。

（2）维生素 E 粉剂。外观一般呈白色或浅黄色粉末，易吸潮，由 DL-α-生育酚乙酸酯油剂经吸附工艺制成，在饲料工业中常用。含量规格以化合物计：≥50.0%。以维生素计：≥500IU/g。

2. 添加剂量

根据《饲料添加剂安全使用规范》，维生素 E 油剂或粉剂在奶牛配合饲料或全混合日粮中的推荐添加量为 15～60IU/kg。

3. 产品保存

α-生育酚经酯化以后，比较稳定。维生素 E 添加剂，在维生素预混剂中，贮存 24 个月，5℃条件下，仅损失 2%；20～25℃条件下，损失 7%；在 35℃条件下，损失 13%。可见，低温是贮存的重要条件。

4. 注意事项

维生素 C 与维生素 E 两者合用可使其抗癌作用增加。维生素 E 和硒二者具有协同促进机体生长发育，增强机体免疫、抗氧化和抗应激的作用。

（四）胆碱饲料添加剂

1. 商品种类

常见的为过瘤胃包被氯化胆碱（分子式 $C_5H_{14}NOCl$）。氯化胆碱添加剂有液态和粉粒固态两种形式。液态氯化胆碱为无色透明的黏稠液体，固态粉粒的氯化胆碱添加剂是以 70%氯化胆碱水溶液为原料加入吸附剂而制成。二者都具有特殊的臭味，吸湿性很强。含量以维生素计：水剂≥52.0%或≥55.0%，粉剂（以植物源性载体为主的混合性载体）≥37.0%或≥44.0%或≥52.0%，粉剂（二氧化硅载体）≥37.0%。含量以化合物计：水剂≥70.0%或≥75.0%，粉剂（以植物源性载体为主的混合性载体）≥50.0%或≥60.0%或≥70.0%，粉剂（二氧化硅载体）≥50.0%。

2. 商品形式

胆碱具有广泛的生理功能，然而饲料中胆碱在瘤胃中几乎全部被降解，只有过瘤胃保护胆碱才能到达小肠被吸收从而发挥其功效。奶牛能够利用蛋氨酸、钴胺素等原料在体内合成胆碱，以满足维持和低生产性能的需要。对于高产或围产期奶牛，需要添加外源性的胆碱。必须用过瘤胃包被胆碱，根据加工工艺不同，过瘤胃包被胆碱有效成分为25%～75%，过瘤胃率为25%～85%，生物有效度为10%～60%。

3. 过瘤胃包被技术

过瘤胃包被技术是指采用物理或化学方法将营养物质（如氨基酸、维生素等）保护起来，使其尽量少地在奶牛瘤胃中发酵降解，尽量多地在真胃和小肠中消化吸收。过瘤胃包被技术通过在需要被保护的有效成分（芯材）表面包覆一层或几层能在瘤胃中稳定而在真胃中释放的保护材料（壁材），从而达到提高生物利用度的效果。过瘤胃包被技术可以有效地缓解瘤胃微生物对营养物质的降解，提高营养素的生物利用率，降低饲养成本；进而减少饲料中营养物质的用量；满足高产奶牛的营养需要，提高其生产性能。

目前比较成熟的过瘤胃包被技术采用利用物理和机械原理的方法制备微胶囊从而对芯材起到保护作用，主要包括以下几个方法。

（1）空气悬浮法。使芯材固体颗粒在流化床内悬浮于空气中做循环运动，将壁材以喷雾形式打入流化床，对芯材逐步形成包被。目前流化床的喷雾方法有顶喷、底喷和侧喷三种类型。该方法适用于固体芯材的包被，由于经过多次循环，该方法包被的产品壁膜厚度适中且均匀。

（2）喷雾冷凝工艺。首先将芯材与壁材混合乳化，然后经雾化器雾化成细微的雾滴，并依靠干燥介质（热空气或惰性气体）与雾滴的均匀混合，进行热交换，使得溶剂气化或者熔融物固化，从而使壁材附着于芯材表面达到包被效果。此项包被工艺随着时间的推移，又分为普通冷凝喷雾工艺和多层冷凝喷雾工艺。普通冷凝喷雾工艺发明于50多年前，其包被物成分单一，工艺简单，有效过瘤胃率10%～20%。多层冷凝喷雾工艺起始于20世纪70年代，包被层不是单一的成分，有效成分含量低，过瘤胃率20%～30%。效果较普通冷凝喷雾工艺好。近年来，经过不断改进，该工艺技术得到大幅度的提高，过瘤胃率也能达到75%以上。

（3）多层包被工艺。该工艺包被材料分为多层：第一层和喷雾冷凝工艺类似；第二层为过瘤胃层，主要防止有效成分在瘤胃中降解、增加瘤胃通过率；第三层比较坚固，能有效抵抗饲料运输加工过程可能对有效成分的破坏，可用于搅拌、制粒。多层包被工艺产品有效过瘤胃率可达80%以上。

过瘤胃包被技术的核心是产品过瘤胃后能够及时有效地在小肠内释放、吸收。过瘤胃产品的生物有效度（过瘤胃率×小肠消化率）是评定包被技术高低的重要指标，也是影响添加剂发挥作用的关键因素。产品过瘤胃率越高、在小肠中释放速度越快，饲料添加剂发挥的作用越大。

4. 添加剂量

在奶牛日粮中添加过瘤胃胆碱（氯化胆碱含量 15g/d）可提高血糖含量，降低总胆固醇、游离脂肪酸和 β-羟丁酸含量，改善了奶牛体内脂肪代谢，促进了体内糖异生作用，有利于改善围产期和泌乳早期奶牛的能量负平衡（孙菲菲，2017）。在围产期奶牛日粮中添加过瘤胃胆碱可平均提高产奶量 2～4kg，能显著降低血液非酯化脂肪酸和 β-羟丁酸浓度，可提高产后初次配种受胎率和情期受胎率，缩减奶牛空怀天数。同时，可改善奶牛能量负平衡状态，降低奶牛患脂肪肝和酮病的风险（Jayaprakash et al.，2016；马晨等，2018）。

5. 产品保存

使用氯化胆碱必须注意两点，一是它的吸湿性强，氯化胆碱吸水后，液体呈弱酸性；二是它本身虽很稳定，未开封的氯化胆碱至少可贮存两年以上，但对其他添加剂活性成分破坏很大。特别是在有金属元素存在时，对维生素 A、维生素 D、维生素 K 的破坏较快。氯化胆碱经过包被后，可以单独制成预混剂或加到预混料或直接加入全价饲料中，都能取得较好的效果。

6. 注意事项

维生素 B_{12} 和叶酸参与胆碱合成、代谢和甲基转移，因此，在叶酸和维生素 B_{12} 缺乏条件下，胆碱需要量增加。微量元素锰参与胆碱代谢过程，起类似胆碱的生物学作用，参与胆碱运送脂肪的过程，因此，缺锰也能导致胆碱的缺乏。

（五）维生素 B_1（硫胺素）饲料添加剂

1. 商品种类

包括盐酸硫胺素、硝酸硫胺素。

（1）盐酸硫胺素。分子式 $C_{12}H_{17}ClN_4OS \cdot HCl$，为白色针状结晶粉末，有微弱的类似米糠的气味，味苦，无水干燥品在空气中迅速吸收水分（4%）。熔点 246～250℃。对热稳定（170℃），易溶于水，微溶于乙醇。不溶于苯和乙醚。含量以维生素计：87.8%～90.0%。以化合物计：98.5%～101.0%。

（2）硝酸硫胺素。分子式 $C_{12}H_{17}N_5O_4S$，外观为白色至微黄色结晶或结晶性粉末。无臭或稍有特异臭，熔点 196～200℃（分解），不吸湿。稍溶于水（其溶解度比盐酸硫胺素小，1g 约溶于 35mL 水中），难溶于乙醇和氯仿。在空气中稳定，在中性溶液中比酸性溶液（pH=4.0）中稳定，比盐酸硫胺素稳定。含量以维生素计：90.1%～92.8%。以化合物计：98.0%～101.0%。

2. 添加剂量

在日粮条件下添加不同浓度的维生素 B_1（0～40mg/kg），随着维生素 B_1 添加量的增加，瘤胃培养液 pH 呈上升趋势，硫胺素、乙酸和总挥发性脂肪酸浓度显著提高。添加硫胺素可通过改善瘤胃发酵而缓解亚急性瘤胃酸中毒（杜春梅等，2019）。

3. 产品保存

维生素 B_1 在碱性溶液中容易分解，与碱性药物如苯巴比妥钠、碳酸氢钠、枸橼酸钠等合用，易引起变质。在我国南方高温、高湿季节或地区，或者当添加剂预混料中有氯化胆碱存在时，维生素 B_1 添加剂应使用硝酸硫胺素。

4. 注意事项

含鞣质类的中药与维生素 B_1 合用后，可在体内产生永久性的结合，使其排出体外而失去作用。若需长期服用含鞣质类中药，应补充维生素 B_1。

（六）烟酸、烟酰胺饲料添加剂

1. 商品种类

包括烟酸、烟酰胺，一般均采用过瘤胃包被形式。

（1）烟酸。分子式 $C_6H_5NO_2$，一般采用化学合成制得，外观为白色至微黄色结晶性粉末，无臭，味微酸，稳定性很好。含量以维生素计：99.0%～100.5%。

（2）烟酰胺。分子式 $C_6H_6N_2O$，是动物吸收烟酸的形式。饲料工业中使用的烟酰胺外观为白色至微黄色结晶性粉末，无臭，味苦。烟酰胺的营养效用与烟酸相同，含量以维生素计：≥99.0%。

2. 添加剂量

根据《饲料添加剂安全使用规范》，烟酸、烟酰胺在奶牛配合饲料或全混合日粮（精饲料补充料）中的推荐添加量为 50～60mg/kg。

3. 产品保存

烟酰胺有亲水性，在常温条件下易起拱、结块，一般置于阴凉、干燥处保存。原料3-甲基吡啶有毒，且属二级易燃液体，生产中还使用强氧化剂、强酸等原料。氧化设备应密闭，操作人员应穿戴劳保用具，车间内加强通风。废水应经处理达标后排放。包装材料必须符合畜禽饲料卫生标准，不得与有毒、有害或其他污染的物品混放、混运、混存，贮存于避光、阴凉、干燥处。

4. 注意事项

易与维生素 C 形成黄色复合物，使两者的活性都受到损失。同时不能与泛酸直接接触，它们之间很容易发生反应，影响其活性。

（七）生物素饲料添加剂

1. 商品种类

过瘤胃包被 D-生物素（分子式 $C_{10}H_{16}N_2O_3S$），外观为无色长针状结晶，极微溶于水（22mg/100mL，25℃）和乙醇（80mg/100mL，25℃），较易溶于热水和稀碱液，不溶于其他常见的有机溶剂。遇强碱或氧化剂则分解。在中等强度的酸及中性溶液中可稳定数日，在碱性溶液中稳定性较差。在常温下相当稳定，但高温和氧化剂可使其丧失活性。含量以维生素计：≥97.5%。饲用商品制剂一般为含 D-生物素 1%或 2%的预混合料。

其产品有两种形式即载体吸附型生物素和与一定载体混合后经喷雾干燥制得的喷雾干燥型生物素制剂。喷雾干燥型粒度比前者小，其水溶性和吸湿性因载体不同而不同。

2. 添加剂量

补充 20～30mg/d 生物素能够改善奶牛蹄质健康，促进蹄子生长和损伤恢复，并可提高奶牛产奶量，增加乳蛋白及乳脂产量（余超等，2016）。

3. 产品保存

D-生物素在干燥密闭条件下都较稳定，在含有微量元素的干燥预混合料中有少量损失，在干粉料的加工和贮存过程中生物素的损失不大，但贮存温度明显增加生物素的损失。在低于 70℃的一般制粒条件下，生物素的损失一般为 5%～10%。随调质蒸气量增加，饲料在调质器中停留时间的延长，压制颗粒温度的提高，生物素的损失增加，高者可达 40%～50%。制粒温度超过 80℃时，生物素的损失为 20%～30%，随后贮存期的月损失率也增加为 2%～5%。膨化处理对生物素的破坏也较大，为 15%～20%，膨化饲料在贮存期间生物素的损失不大，约为每月 2%。

4. 注意事项

成年反刍动物的瘤胃和肠道能大量合成生物素和其他 B 族维生素，所以一直以来，营养学家认为，瘤胃微生物合成的 B 族维生素能弥补日粮中的不足。但最近的研究发现，高产奶牛为了维持其生产性能，精饲料的比例较高，当奶牛大量采食易于发酵的碳水化合物饲料后，会导致瘤胃内异常发酵，生成大量乳酸，造成瘤胃内的 pH 降低，此时微生物合成的生物素会被瘤胃中的酸性环境破坏。另外犊牛因瘤胃发育尚未完全，合成机能不全，也易出现生物素的缺乏现象。

（八）甜菜碱饲料添加剂

1. 商品种类

包括生物甜菜碱、盐酸甜菜碱。生物甜菜碱从甜菜制糖后的废糖蜜中提取，盐酸甜菜碱通过化学合成产生。

（1）生物甜菜碱。分子式 $C_5H_{11}NO_2$，外观为白色鳞状或棱状结晶粉末，有轻微特征气味（甜味），熔点 293℃（分解），溶解度（20℃）160g/100g 水。甜菜碱分子具有 3 个有效甲基，呈中性，熔点高达 200℃，极易溶于水，易溶于甲醇，溶于乙醇，难溶于乙醚。经浓氢氧化钾溶液的分解反应，能生成三甲胺，具有吸湿性，极易潮解，并释放出三甲胺。耐高温。常温下容易吸湿潮解，保湿性强。含量以化合物计：≥99.0%。

（2）盐酸甜菜碱。分子式 $C_5H_{11}NO_2·HCl$，白色至微黄色结晶性粉末，味呈酸涩，具吸潮性，易溶于水、乙醇，难溶于乙醚、三氯甲烷，遇碱反应。含量以化合物计：≥98.0%。

2. 添加剂量

在经产奶牛日粮中添加甜菜碱 100g/d 能显著提高产奶量、乳脂校正奶、能量校正奶、乳脂产量和乳脂率，但对乳蛋白率和乳糖率及其产量没有显著影响。可显著降低血浆游离脂肪酸和 β-羟丁酸浓度（刘强等，2010）。

3. 产品保存

贮存过程中防止受潮进水，置阴凉干燥避光处保存。

4. 注意事项

甜菜碱在使用过程中应注意添加剂量，用量少时达不到添加效果，当添加的甜菜碱过量时，会增加蛋氨酸不可逆的氧化作用。因此，尽管甜菜碱没有毒性，添加过量可能会降低满足奶牛生长需要的蛋氨酸利用率，从而阻碍奶牛的生长。

（九）肌醇饲料添加剂

1. 商品种类

肌醇，分子式 $C_6H_{12}O_6$，外观类似糖类，呈白色结晶性粉末状，无臭，有甜味，甜度为蔗糖的 1/2。溶于水（25℃时溶解度为 14g/100mL；60℃溶解度为 28g/100mL），微溶于乙醇，其水溶液呈中性。熔点 225～227℃。在空气中稳定，对热、强酸和碱稳定。含量以维生素计：≥97.0%。肌醇通常以纯度 95% 以上的白色结晶粉末预稀释后或直接添加到饲料中，并混合均匀，其加入量通常为饲料的 0.2%～0.5%。

2. 添加剂量

添加量按每天每头 0.2g 肌醇对奶牛产奶量和采食量的改善效果最佳（孙超等，2001）。

3. 产品保存

肌醇原包装保质期为一年，打开包装后应在较短的时间内用完。肌醇应保存在阴凉干燥的仓库中，避免受潮、进水和受热。运输时必须有遮盖物，避免日晒雨淋、受热及撞击。搬运装卸时小心轻放，不得倒置，不得与有毒物质混装、混运。

二、矿物质饲料添加剂

奶牛产奶所需的矿物质至少有 17 种，其中常量元素包括钙、磷、镁、钾、钠、氯和硫；微量元素包括铁、铜、锰、锌、钴、镍、铬、硒和碘（参见矿物质营养需要的有关章节）。自从 NRC（2001）公布矿物质元素需要量后，有关矿物质的需要量研究较少，仅报道了锰的需要量有可能由于高估了其吸收率而被低估。NRC（2005）评估了矿物质过量的危害，如过量饲料磷会影响饮水质量、过量饲料铜会影响奶牛健康，作为粪肥利用时也会影响作物生长。矿物质按照存在形式分有机矿物质和无机矿物质两种，奶牛对于不同存在形式的矿物质利用效率不同。奶牛常用的矿物质饲料添加剂有天然沸石、麦饭石和稀土等，它们具有独特的物理化学性质，并含有奶牛需要的常量元素和微量元素，所以它们不但可提高营养物质的消化率，还可促进奶牛生长、提高产奶性能。

矿物质饲料添加剂可分为常量矿物元素添加剂、微量矿物元素添加剂和天然矿物元素添加剂（表10-2）。

表 10-2　奶牛矿物元素及其络（螯）合物添加剂品种目录

通用名称	适用范围
氯化钠、硫酸钠、磷酸二氢钠、磷酸氢二钠、磷酸二氢钾、磷酸氢二钾、轻质碳酸钙、氯化钙、磷酸氢钙、磷酸二氢钙、磷酸三钙、乳酸钙、葡萄糖酸钙、硫酸镁、氧化镁、氯化镁、柠檬酸亚铁、富马酸亚铁、乳酸亚铁、硫酸亚铁、氯化亚铁、氯化铁、碳酸亚铁、氯化铜、硫酸铜、碱式氯化铜、氧化锌、氯化锌、碳酸锌、硫酸锌、乙酸锌、碱式氯化锌、氯化锰、氧化锰、硫酸锰、碳酸锰、磷酸氢锰、碘化钾、碘化钠、碘酸钾、碘酸钙、氯化钴、乙酸钴、硫酸钴、亚硒酸钠、钼酸钠、蛋氨酸铜络（螯）合物、蛋氨酸铁络（螯）合物、蛋氨酸锰络（螯）合物、蛋氨酸锌络（螯）合物、赖氨酸铜络（螯）合物、赖氨酸锌络（螯）合物、甘氨酸铜络（螯）合物、甘氨酸铁络（螯）合物、酵母铜、酵母铁、酵母锰、酵母硒、氨基酸铜络合物（氨基酸来源于水解植物蛋白）、氨基酸铁络合物（氨基酸来源于水解植物蛋白）、氨基酸锰络合物（氨基酸来源于水解植物蛋白）、氨基酸锌络合物（氨基酸来源于水解植物蛋白）	养殖动物
羟基蛋氨酸类似物络（螯）合锌、羟基蛋氨酸类似物络（螯）合锰、羟基蛋氨酸类似物络（螯）合铜	奶牛、肉牛、家禽和猪
丙酸锌	猪、牛和家禽
硫酸钾、三氧化二铁、氧化铜	反刍动物
碳酸钴	反刍动物、猫、狗
稀土（铈和镧）壳糖胺螯合盐	畜禽、鱼和虾

资料来源：农业部，2013b

（一）钙元素添加剂

1. 商品种类

包括石灰石粉、贝壳粉、方解石等碳酸钙类、氯化钙和乳酸钙等。

（1）碳酸钙类添加剂。石灰石粉为白色粉末，不吸潮，由优质天然石灰石粉碎而成，为天然的碳酸钙（$CaCO_3$），含碳酸钙 90% 以上，含钙 33%～38%，是动物补钙常用的原料，也用作矿物元素添加剂的载体和稀释剂。方解石、白垩石、白云石都以碳酸钙为主要成分，含钙量 21%～38%，还含有少量其他矿物质元素，经过饲料卫生质量标准检验，均可作为石粉原料。贝壳粉含碳酸钙 96.40%，折合含钙 38.6%，是含钙为主的兼含其他微量元素的补充物，细度以 100% 通过 25 目筛为宜。

（2）氯化钙。分子式为 $CaCl_2$，相对分子质量为 110.98，性状为白色、硬质碎块或颗粒、微苦、无臭。氯化钙的吸湿性极强，暴露于空气中极易潮解，易溶于水，同时放出大量的热，其水溶液呈微碱性。氯化钙饲料添加剂有无水氯化钙和二水氯化钙。无水氯化钙以化合物计：$CaCl_2 \geqslant 93\%$，以元素计：$Ca \geqslant 33.5\%$、$Cl \geqslant 59.5\%$；二水氯化钙以化合物计：$CaCl_2 \cdot 2H_2O$ 含量为 99%～107%，以元素计 $Ca \geqslant 26.9\%$、$Cl \geqslant 47.8\%$。在奶牛产后瘫痪的治疗上常选用 5% 氯化钙注射液 500mL/次，进行静脉注射，2～3 次/d。包膜氯化钙技术可有效防止氯化钙吸潮结块，降低氯化钙对机体的刺激，使氯化钙经过瘤胃时稳定，达到小肠后起效。

（3）乳酸钙。分子式为 $C_6H_{10}O_6Ca$，性状为白色至乳白色结晶或粉末，基本无臭无味。可含 0~5 分子结晶水。易溶于热水形成透明或微浑浊的溶液，不溶于乙醇、氯仿和乙醚。水溶液的 pH 为 6.0~7.0。在空气中易风化，加热至 120℃失去结晶水。乳酸钙饲料添加剂以无水乳酸钙化合物计其含量应≥97%，以 Ca 元素计其含量应≥17.7%。干燥减量包括：五水合物减量在 22.0%~27.0%、三水合物减量在 15.0%~20.0%、一水合物减量在 5.0%~8.0%、无水物减量≤3.0%。

（4）硫酸钙。分子式为 $CaSO_4$，为白色单斜结晶或结晶性粉末，无气味，有吸湿性。微溶于酸、硫代硫酸钠和铵盐溶液，可溶于 400 份水，在热水中溶解较少，极慢溶于甘油，不溶于乙醇和多数有机溶剂。硫酸钙作为添加剂有两种形式：无水硫酸钙分子式为 $CaSO_4$，相对分子质量 136.14；二水合硫酸钙分子式为 $CaSO_4·2H_2O$，相对分子质量 172.14。

（5）围产期奶牛补钙产品。围产期奶牛极易发生产后瘫痪，产后瘫痪的奶牛与健康奶牛相比，胎衣不下率升高 2 倍，子宫炎概率增加 1.6 倍。对于围产期奶牛补钙非常重要。经常使用氯化钙进行静脉注射补钙，但氯化钙对心脏收缩产生刺激，掌握不好速度会对牛产生危险。另外，钙离子血浓度提升快，持续时间短，需要反复几次输液来防止产褥热。口服产品主要有葡萄糖酸钙、硼酸钙、硫酸钙和氯化钙。一般采用缓释型制剂。目前部分添加剂将上述几种钙源复合成一种，包含有机钙、无机钙及其他产品。如混合在一起，能够有效防治围产期产褥热、酮病等代谢疾病的发生。

2. 质量标准

矿物质类饲料添加剂种类不同，治疗标准也不同。

（1）我国国家标准规定碳酸钙类添加剂含水分≤1.0%，重金属含量（以铅计算）≤0.003%，砷含量≤0.000 2%。

（2）氯化钙中相关物质含量不得超过以下标准：镁及金属盐≤5.0%、重金属（以 Pb 计）≤20mg/kg、铅（Pb）≤5.0mg/kg、砷（As）≤3.0mg/kg、氟（F）≤0.004%。

（3）乳酸钙中氯化物（以 Cl 计）≤0.05%、硫酸盐（以 SO_4 计）≤0.075%、氟化物（以 F 计）≤0.001 5%、镁及碱金属≤1.0%、铁（Fe）≤0.005%、砷（As）≤2.0mg/kg、铅（Pb）≤10.0mg/kg、重金属（以 Pb 计）≤20.0mg/kg。

（4）硫酸钙中含无水硫酸钙≥98.0%、铅（Pb）≤2.0%、砷（As）≤2.0%、氟化物（F）≤0.005%、硒（Se）≤0.003%、干燥减重≤1.5%；以二水合硫酸钙计含无水硫酸钙≥98.0%、铅（Pb）≤2.0%、砷（As）≤2.0%、氟化物（F）≤0.003%、硒（Se）≤0.003%、干燥减重 19.0%~23.0%。

3. 添加剂量

轻质碳酸钙、氯化钙和乳酸钙在奶牛配合饲料或全混合日粮中的推荐量均为 0.2%~0.8%。

4. 产品保存

在石灰石粉的贮存和运输中必须注意，生石灰要在干燥环境中贮存和保管。若贮存期过长必须在密闭容器内存放。运输中要有防雨措施。要防止石灰受潮或遇水后水化，甚至由于熟化热量集中放出而发生火灾。磨细生石灰粉在干燥条件下贮存期一般不超过一个月，最好是随产随用。

5. 注意事项

石灰石粉尘或悬浮液滴对黏膜有刺激作用，吸入石灰粉尘可能引起肺炎，最高容许浓度为 5mg/m³。吸入粉尘时，可吸入水蒸气、可待因及犹奥宁，在胸廓处涂芥末膏；当落入眼内时，可用流水尽快冲洗，再用 5%氯化铵溶液或 0.01% CaNa-EDTA 溶液冲洗，然后将 0.5%丁卡因溶液滴入。工作时应注意保护呼吸器官，穿戴用防尘纤维制的工作服、手套和密闭防尘眼镜，并涂含油脂的软膏，以防止粉尘吸入。

钙源饲料使用不当会影响饲粮中钙磷失衡，使钙和磷的消化吸收和代谢都受到影响。微量元素预混料常常使用石粉或贝壳粉作为稀释剂或载体，使用量所占配比较大时，配料时应注意把其含钙量计算在内。

（二）磷元素饲料添加剂

1. 商品种类

磷酸氢钙为常用补磷剂，其分子式为 $CaHPO_4·2H_2O$，相对分子量为 172.09。磷酸氢钙多用磷矿石制成，分为二水盐和无水盐两种，以二水盐的利用率为好。磷酸一钙及其水合物含磷 21%、钙 20%。

2. 质量标准

按干物质计，饲料级磷酸氢钙的成分含量如下：I 型标准，含总磷（P）≥16.5%、枸溶性磷（P）≥14.0%、钙（Ca）≥20.0%；II 型标准，含总磷（P）≥19.0%、枸溶性磷（P）≥16.0%、水溶性磷（P）≥8.0%、钙（Ca）≥15.0%；III 型标准，含总磷（P）≥21.0%、枸溶性磷（P）≥18.0%、水溶性磷（P）≥10.0%、钙（Ca）≥14.0%；其他指标，氟（F）≤1800mg/kg、砷（As）≤20mg/kg、铅（Pb）≤30mg/kg、镉（Cd）≤10mg/kg、铬（Cr）≤30mg/kg、游离水分≤4.0%。

3. 添加剂量

磷酸氢钙在奶牛配合饲料或全混合日粮中的推荐量为 0%～0.38%。

4. 产品保存

避光、干燥阴凉处封闭贮存。严禁与有毒、有害物品混放、混运。本品为非危险产品，可按一般化学品运输轻搬轻放，防止日晒、雨淋。受热、受潮、受光后易丧失活力，保存期短，因此贮存和运输条件比较苛刻。

5. 注意事项

利用这类原料时，除了注意不同磷源有着不同的利用率外，还要考虑原料中有害物质如氟、铝、砷等是否超标。

（三）钠和氯饲料添加剂

1. 商品种类

包括氯化钠、硫酸钠、碳酸氢钠等。

（1）氯化钠。又名食盐，是钠和氯的主要补充原料，化学式为 NaCl，由天然盐加工制取。以化合物计：含量≥91.0%；以元素计：Na≥35.7%、Cl≥55.2%。包括海盐、井盐和岩盐 3 种。精致食盐含氯化钠 99%以上，粗盐含氯化钠为 95%。纯净的食盐含氯 60.3%，含钠 39.7%，此外还有少量的钙、镁、硫等杂质。

（2）硫酸钠。又名芒硝，白色粉末。化学式为 Na_2SO_4，由天然盐加工或化学制备而成，以化合物计：含量≥99.0%，以元素计：Na≥32.0%、S≥22.3%，生物利用率高。既可以补钠又可以补硫，特别是补钠时不会增加氯含量，是优良的钠、硫源之一。

（3）碳酸氢钠。又名小苏打，无色结晶粉末，无味，略有潮解性，其水溶液因水解而呈微碱性，受热分解放出二氧化碳。化学式为 $NaHCO_3$，总碱量（以 $NaHCO_3$ 计）质量分数≥99.0%，以元素计：Na≥27.0%，生物利用率高，是优质的钠源性矿物质饲料，也是常用的瘤胃缓冲剂。

2. 质量标准

饲料中的氯化钠含量按干物质计：水分≤3.20%、水不溶物≤0.20%、白度≥45 度、粒度（通过 0.71mm 试验筛）≥85%。硫酸钠（食品级）中（以干基计）：铅（Pb）≤2mg/kg、硒（Se）≤30mg/kg、砷（As）≤3mg/kg；干燥减量无水硫酸钠≤1.0%、十水合硫酸钠减量在 51.0%～57.0%。碳酸氢钠干燥减量≤0.20%、pH（10g/L 水溶液）≤8.6%、砷（As）≤0.000 1%、重金属（以 Pb 计算）≤0.000 5%、镉（Cd）≤0.000 2%；澄清度通过试验。

3. 添加剂量

氯化钠在奶牛配合饲料或全混合日粮中的推荐量为 0.5%～1.0%，最高限量为 2.0%。硫酸钠在奶牛配合饲料或全混合日粮中的推荐量为 0.1%～0.4%，最高限量为 0.5%。

4. 产品保存

贮存于阴凉、干燥、通风良好的库房。远离火种、热源。保持容器密封。应与氧化剂、酸类分开存放，切忌混储。储区应备有合适的材料收容泄漏物。

5. 注意事项

（1）使用硫酸钠注意的事项：只有在饲料粗蛋白含量稍低而缺乏含硫氨基酸时，添加硫酸钠才能显示它的营养作用。添加硫酸钠，应与蛋氨酸同时添加才能起协同作用。

（2）使用碳酸氢钠注意事项：一是碳酸氢钠其水溶液碱性较强，pH 为 8.5。因此在碱性环境中容易破坏的各种添加剂如维生素 B_1、维生素 B_2、泛酸、维生素 B_6、维生素 B_3、维生素 C、维生素 K_1、维生素 K_2、青霉素、链霉素、土霉素等，均应避免与碳酸氢钠同时应用。二是碳酸氢钠添加过量,影响饲料的自然风味,降低适口性。在使用碳酸氢钠作为饲料添加剂时应注意适量。三是在添加碳酸氢钠时,为避免摄入过量的钠,要相应减少食盐用量。

(四)镁元素饲料添加剂

1. 商品种类

镁的补充剂常用氧化镁、氯化镁、硫酸镁、碳酸镁等。

(1)氧化镁。分子式 MgO,由天然菱镁矿精制而得,相对分子质量40.32,含镁60.3%。白色粉末,不溶于水和乙醇;溶于稀酸和氨盐。由氧化镁可以制成相应的含镁化合物,镁含量由小到大依次为氯化镁、硫酸镁、碳酸镁。

(2)氯化镁。分子式 $MgCl_2$,由氧化镁或菱镁矿与盐酸作用而制得。相对分子质量203.33,含镁11.95%。为白色或无色结晶。味苦咸,溶于水和乙醇,水溶液为中性,易吸潮。

(3)硫酸镁。分子式 $MgSO_4$,由氧化镁、氢氧化镁或碳酸镁与硫酸反应经过过滤、沉淀、浓缩、结晶、离心、干燥而制得。有无水、一水和七水 3 种形式。无水硫酸镁相对分子质量120.28,含镁20.2%,含硫26.63%;一水硫酸镁相对分子质量138.39,含镁17.56%,含硫23.16%;七水硫酸镁相对分子质量246.47,含镁9.86%,含硫13.01%。上述镁盐都是无色结晶或白色粉末,无臭,味苦咸。可溶于水和甘油,微溶于乙醇。有轻泻作用。生物学利用率高,来源广泛、价格低廉,是一种优良的补镁剂。

(4)碳酸镁。分子式为 $MgCO_3 \cdot Mg(OH)_2$、$MgCO_3 \cdot Mg(OH)_2 \cdot 3H_2O$ 和 $MgCO_3 \cdot Mg(OH)_2 \cdot 5H_2O$,相对分子质量分别是 142.69、196.74 和 232.77,含镁20.8%~34.0%。均为白色粉末。不溶于水和丙酮,可溶于稀酸和二氧化碳水溶液中。适口性好,可补充饲粮中镁元素,对反刍动物的生物效价优于硫酸镁,有轻泻作用。

2. 质量标准

几种镁添加剂的质量标准分别如下所述。

(1)氧化镁。氧化镁(MgO,灼烧后)含量96.0%~100.5%,氧化钙(CaO)≤1.5%、酸不溶物≤0.1%、灼烧减量≤5.0%。

(2)氯化镁。以 $MgCl_2 \cdot 6H_2O$ 计≥99.0%、以 $MgCl_2$ 计≥46.4%、钙(Ca)≤0.10%、硫酸盐(以 SO_4 计)0.40%、水不溶物≤0.10%、砷(As)≤0.5mg/kg、铅(Pb)≤1mg/kg、铵(NH_4)≤50mg/kg。

(3)硫酸镁。以干物质为基计,一水硫酸镁中硫酸镁($MgSO_4$)≥94.0%、镁(Mg)≥16.5%;七水硫酸镁中硫酸镁($MgSO_4$)≥99.0%、镁(Mg)≥9.7%;两者其他矿物质技术指标相同,总砷(As)≤2mg/kg、铅(Pb)≤2mg/kg、汞(Hg)≤0.2mg/kg,氯化物(以 Cl 计)以硫酸化学合成法测定均≤0.1%,以盐湖苦卤法测定一水硫酸镁中含量≤1.5%、七水硫酸镁中含量≤1.0%,溶液澄清。

(4)碳酸镁。氧化镁(MgO)含量在 40.0%~44.0%,酸不溶物≤0.05%、氧化钙(CaO)≤0.60%、可溶性盐≤1.0%、砷(As)≤3mg/kg、重金属(以 Pb 计)≤10mg/kg。

3. 添加剂量

氧化镁在奶牛配合饲料或全混合日粮中的推荐量为 0%～0.5%，最高限量为 1.0%。氯化镁和硫酸镁在奶牛配合饲料或全混合日粮中的推荐量均为 0%～0.4%，最高限量为 0.5%。

4. 产品保存

贮存于阴凉、干燥、通风良好的库房。远离火种、热源。防止阳光直射。应与氧化剂等分开存放，切忌混储。储区应备有合适的材料收容泄漏物。氧化镁存放时间越长，转化成 $Mg(OH)_2$ 的量越大，活性越低，所以氧化镁不可存放时间太久。因此氧化镁的一次进货量不能太大，以一个月内用完为标准，最好半个月用完。

5. 注意事项

生产、使用含镁饲料添加剂时，一定要混合均匀，以防动物镁中毒。镁有致泻作用，大剂量使用会导致腹泻，注意镁和钾的比例。镁可降低机体对磷的吸收，所以补磷时，不宜添加过多的氧化镁或硫酸镁。钙、镁、铁等微量元素不要与土霉素同时使用，否则会影响吸收。

NRC 推荐干奶期奶牛的镁离子需要量为日粮的 0.2%。但当奶牛处于容易诱发缺镁症的条件下，日粮中的镁含量应该占总日粮干物质的 0.3%。在反刍动物日粮中添加不饱和脂肪酸时，日粮中的钙和镁的浓度应当超出推荐用量的 20%。在热应激的情况下，泌乳奶牛日粮镁浓度应当为 0.35%。围产期奶牛日粮镁浓度为 0.35%～0.40%，而在实际生产中，通常配制日粮的镁浓度为泌乳牛 0.35%、围产期奶牛 0.40%～0.45%。镁缺乏会降低营养消化率并导致动物的生产性能下降。此外，牛奶中含有大量的镁离子（0.015%），因此日粮中的镁离子浓度应该根据奶牛的产奶量变化而变化，产奶量高的奶牛群体，日粮中的镁含量应该相应提高。

（五）铁元素添加剂

1. 商品种类

常用的补铁添加剂有硫酸亚铁、富马酸亚铁、柠檬酸铁络合物、乳酸亚铁、柠檬酸铁胺、葡萄糖亚铁、氨基酸螯合铁、乳铁蛋白等。饲料中抗坏血酸（维生素 C）、蛋白质及其降解产物、氨基酸、维生素 A、某些有机酸和糖类等成分对铁的吸收利用起促进作用。

（1）硫酸亚铁。别名绿矾，饲料级硫酸亚铁一般为含有 7 个结晶水的硫酸亚铁，分子式 $FeSO_4 \cdot 7H_2O$，相对分子质量 278.0，含铁 19.7%以上。还有一水硫酸亚铁 $FeSO_4 \cdot H_2O$，浅蓝绿色单斜结晶或结晶性粉末，易溶于水，不溶于乙醇，具有腐蚀性，含铁 30%以上。硫酸亚铁水溶液在空气中被氧化，温度升高氧化会加快，呈黄褐色，随之生物效价下降，在湿空气中易氧化，生成棕黄色碱式硫酸铁。在 56.6℃绿色的四水化合物，在 64.4℃变为白色的一水化合物。

（2）富马酸亚铁。又称为反丁烯二酸亚铁、延胡索酸亚铁。分子式为 $FeC_4H_2O_4$，相对分子质量为 169.91，含铁 29.3%以上，为微红橙色至微红褐色粉末。

（3）柠檬酸铁络合物。以柠檬酸铁盐存在的形式较多，由氢氧化铁与柠檬酸反应可制得柠檬酸铁。它是褐色透明状小片或红褐色粉末，无臭，稍有铁味。在水中可缓缓溶解，易溶于热水，不溶于乙醇。在光和热的作用下，慢慢还原成柠檬酸亚铁。由柠檬酸和铁粉反应可制成柠檬酸亚铁，饲料添加剂多用六水化合物，呈白色或类白色粉末，在空气中较稳定。此类产品不仅为动物提供铁元素，柠檬酸还可以调节饲料的酸度，有利于动物消化，也有抗腐和抗氧化作用。生物效价高，但价格也高。

（4）乳酸亚铁。分子式 $Fe(C_3H_5O_3)_2 \cdot 3H_2O$，相对分子质量 288.04，含铁 19.39%。为淡绿色或微黄色结晶粉末，微甜，有铁味；可溶于水，水溶液为淡绿色透明，呈弱酸性；几乎不溶于乙醇，在空气中被氧化后色泽变深。

（5）葡萄糖亚铁。分子式 $Fe(C_6H_{11}O_7)_2$，为有机铁。具有生物学价值高、安全等特点，但价格较高，含铁 12%。

（6）氨基酸螯合铁。金属氨基酸螯合物是由可溶性金属盐的金属离子与氨基酸以 1∶（1～3）的比例整合而成的配位体共价键的产物。氨基酸螯合铁的商品形式有赖氨酸亚铁、蛋氨酸亚铁、甘氨酸亚铁、DL-苏氨酸铁及亚铁等。

各种铁盐的生物效价不同，无机铁盐中硫酸亚铁生物利用率高，是饲料补铁的重要来源之一；氯化亚铁和碳酸亚铁也是良好的铁源。有机铁盐和氨基酸螯合铁的生物学效价均比无机铁高，但价格较昂贵。

2. 质量标准

几种铁添加剂的质量标准分别如下。

（1）硫酸亚铁。以干物质为基，硫酸亚铁含量（以 $FeSO_4 \cdot H_2O$ 计）≥91.3%、二价铁含量≥30.3%、三价铁≤0.2%、总砷（As）≤2mg/kg、铅（Pb）≤15mg/kg、镉（Cd）≤3mg/kg、通过 180μm 试验筛率≥95%。

（2）富马酸亚铁。以干物质为基计，$C_4H_2FeO_4$≥93.0%、亚铁含量（以二价铁干基计）≥30.6%、富马酸含量（以 $C_4H_4O_4$ 计）≥64.0%、三价铁含量≤2.0%、粉碎粒度（通过 0.25mm 筛上物）≤2.0%、水分≤1.50%、总砷≤10mg/kg、镉（Cd）≤10mg/kg、总铬≤200mg/kg、硫酸盐≤0.4%。

（3）柠檬酸铁络合物。以干物质为基计，铁含量（Fe）在 16.5%～18.5%，硫酸盐≤0.48%、铅≤2.0mg/kg、总砷≤2.0mg/kg。

（4）乳酸亚铁。以干物质为基计，乳酸亚铁含量≥96%、干燥失重≤20%、氯化物≤0.1%、三价铁≤0.6%、硫酸盐≤0.1%、铅≤1.0mg/kg、砷≤3.0mg/kg，pH 5.0～6.0。

（5）甘氨酸铁络合物。以干物质为基，甘氨酸铁络合物（以 $C_4H_3N_2O_{22}S_2Fe_2$）≥90.0%、二价铁含量≥17.0%、三价铁≤0.50%、总甘氨酸≥21.0%、游离甘氨酸≤1.50%、干燥失重≤10.0%、铅含量≤0.002%、总砷≤0.000 5%、通过孔径 0.84mm 试验筛率≥95%。

3. 添加剂量

硫酸亚铁、富马酸亚铁、柠檬酸亚铁、乳酸亚铁在奶牛配合饲料或全混合日粮中的推荐量为 10～50mg/kg，最高限量为 750mg/kg。

4. 产品保存

贮存时防止日晒雨淋。

5. 注意事项

使用包被加工的一水硫酸亚铁时应注意包被材料的化学成分，该产品易吸潮，如果颜色变为绿色，表明结晶水增加，使用前应重新测定亚铁含量。使用包被加工的七水硫酸亚铁时也应注意包被材料的化学成分。该产品易氧化变质，如果颜色变为褐色，表明不可利用的铁含量增加，品质下降，不宜使用。

（六）铜元素饲料添加剂

1. 商品种类

常用铜元素添加剂为硫酸铜。硫酸铜分为五水硫酸铜和一水硫酸铜两种形式。

（1）五水硫酸铜。又称为胆矾，是蓝色透明的三斜结晶或蓝色颗粒或浅蓝色粉末。分子式 $CuSO_4 \cdot 5H_2O$，相对分子质量 249.69，含铜 25.1%以上，含硫 12.84%以上。

（2）一水硫酸铜。白色粉末状固体，溶于冷水，易溶于热水。分子式 $CuSO_4 \cdot H_2O$，相对分子质量 178，含铜 35.7%以上。硫酸铜水溶性好，生物利用率高，是首选补铜剂之一，也是评价其他补铜剂生物利用率高低的标准之一。

2. 质量标准

以干物质为基计，一水硫酸铜中硫酸铜（$CuSO_4$）≥98.5%、铜（Cu）≥35.7%；五水硫酸铜中硫酸铜（$CuSO_4$）≥98.5%、铜（Cu）≥25.1%；两者其他矿物质技术指标相同，总砷（As）≤4mg/kg、铅（Pb）≤5mg/kg、汞（Hg）≤0.2mg/kg、镉（Cd）≤0.1mg/kg、水不溶物≤0.5%，一水硫酸铜通过 200μm 试验筛率≥95%、五水硫酸铜通过 800μm 试验筛率≥95%。

3. 添加剂量

硫酸铜在奶牛配合饲料或全混合日粮中的推荐量为 10mg/kg，最高限量犊牛为15mg/kg，其他牛为 30mg/kg。

4. 产品保存

贮存于阴凉、干燥、通风良好的库房。远离火种、热源。保持容器密封。应与酸类、碱类分开存放，切忌混储。储区应备有合适的材料收容泄漏物。

5. 注意事项

铜会促进不稳定脂肪的氧化而造成酸败，同时破坏维生素，使用时应注意，最好是微量元素与维生素分别预混。

（七）锌元素饲料添加剂

1. 商品种类

包括硫酸锌、氧化锌、蛋氨酸锌螯合物。

（1）硫酸锌。一水化合物分子式 $ZnSO_4 \cdot H_2O$，相对分子质量 179.45，含锌 36.4%，含硫 17.9%；七水化合物分子式 $ZnSO_4 \cdot 7H_2O$，相对分子质量 287.54，含锌 22.7%，含硫 11.1%；两种锌盐都是白色结晶或粉末，味涩，均溶于水，不溶于乙醇，水溶液为弱酸性。

（2）氧化锌。分子式 ZnO，相对分子质量 81.38，含锌 80.34%。为白色至淡黄白色粉末，不溶于水，可溶于乙酸、氨水和碳酸铵溶液中。

（3）蛋氨酸锌螯合物。分子式是 $Zn(C_5H_{10}NO_2S)_2$，蛋氨酸与硫酸锌合成的物质的量比为 2：1 或 1：1 的产物。

2. 质量标准

几种锌添加剂的质量标准分别如下所述。

（1）硫酸锌。以干物质为基计，一水硫酸锌中硫酸锌（$ZnSO_4 \cdot H_2O$）≥94.7%、锌（Zn）≥34.5%；七水硫酸锌中硫酸锌（$ZnSO_4$）≥97.3%、锌（Zn）≥22.0%；两者其他矿物质技术指标相同，砷（As）≤5mg/kg、铅（Pb）≤10mg/kg、镉（Cd）≤10mg/kg，一水硫酸锌通过 250μm 试验筛率≥95%、七水硫酸锌通过 800μm 试验筛率≥95%。

（2）碱式氯化锌。以干物质为基计，碱式碳酸锌［以 $Zn_5Cl_2(OH)_8 \cdot H_2O$ 计］质量分数≥98.0%、锌（以 Zn 计）质量分数≥58.06%、氯（Cl）质量分数在 12.00%～12.86%、水溶性氯化物（以 Cl 计）≤0.65%、砷（As）≤0.000 5%、铅（Pb）≤0.000 8%、镉（Cd）≤0.000 5%、通过孔径为 0.1mm 试验筛率≥99.0%。

（3）蛋氨酸锌络（螯）合物。物质的量比为 2：1 的产品，锌（Zn）≥17.2%、蛋氨酸≥78.0%、螯合率≥95%、水分≤2%；物质的量比为 1：1 的产品，锌（Zn）≥19.0%、蛋氨酸≥42.0%、螯合率≥35%、水分≤5%；两者其他矿物质技术指标相同，总砷（As）≤5mg/kg、铅（Pb）≤5mg/kg、镉（Cd）≤6mg/kg，过 0.20mm 筛，筛上物≤2%。

3. 添加剂量

硫酸锌在奶牛配合饲料或全混合日粮中的推荐量为 40mg/kg，犊牛代乳料最高限量为 180mg/kg，其他牛最高限量为 120mg/kg。

4. 产品保存

贮存于阴凉、通风的库房。远离火种、热源。防止阳光直射。包装密封。应与氧化剂分开存放，切忌混储。储区应备有合适的材料收容泄漏物。

5. 注意事项

密闭操作，局部排风。防止粉尘释放到车间空气中。操作人员必须经过专门培训，严格遵守操作规程。建议操作人员佩戴自吸过滤式防尘口罩,戴化学安全防护眼镜,穿橡胶耐酸碱服,戴橡胶耐酸碱手套。避免产生粉尘。避免与氧化剂接触。配备泄漏应急处理设备。倒空的容器可能残留有害物。

(八)锰元素饲料添加剂

1. 商品名称

常用的补锰添加剂有五水硫酸锰。硫酸锰和氯化锰具刺激性。长期吸入该品粉尘,可引起慢性锰中毒。对环境有危害,对水体可造成污染。碳酸锰有止泻作用,一般用量不应超过 0.5%。我国饲料中糠麸类含有较丰富的锰,每千克含 123~211mg(87%干物质基础),甘薯叶粉、桉树叶粉也含有丰富的锰(>100mg/kg)。

饲料级硫酸锰化学式为 $MnSO_4 \cdot H_2O$,相对分子质量 169.02,含锰 32.5%,含硫 19.0%。白色或浅粉红色单斜晶系细结晶,易溶于水,不溶于乙醇。

2. 质量标准

以干物质为基计,硫酸锰(以 $MnSO_4 \cdot H_2O$ 计)≥98.0%、锰(Mn)≥31.8%、总砷(As)≤3mg/kg、铅(Pb)≤5mg/kg、镉(Cd)≤10mg/kg、汞(Hg)≤0.2mg/kg、水不溶物≤0.1%、通过 250mm 试验筛率≥95%。

3. 添加剂量

硫酸锰在奶牛配合饲料或全混合日粮中的推荐量为 12mg/kg,最高限量为 150mg/kg。

4. 产品保存

贮存于阴凉、干燥、通风的库房中。

5. 注意事项

硫酸锰具刺激性。吸入、摄入或经皮吸收有害。长期吸入该品粉尘,可引起慢性锰中毒,早期以神经衰弱综合征和神经功能障碍为主,晚期出现震颤麻痹综合征。对环境有危害,对水体可造成污染。

日粮及许多生理因素影响动物对锰的利用。日粮中纤维素、植酸、单宁阻碍锰的吸收;钙、磷水平过高加重锰的缺乏症,锰与铁在体内也有颉颃作用;大豆蛋白会降低锰的作用;某些抗生素(如维吉尼霉素)和有机配位体(如 EDTA、蛋氨酸)可促进锰的吸收;动物对锰的利用随年龄的增长有降低趋势。高剂量的锰对钙、磷、铁、钴的利用有颉颃作用。

(九)硒元素饲料添加剂

1. 商品种类

常用硒补充剂为亚硒酸钠和酵母硒。

（1）亚硒酸钠。化学式 Na_2SeO_3，相对分子质量 163，含硒 44.7%以上。无色至粉红色结晶性粉末，易溶于水，不溶于乙醇，剧毒。

（2）酵母硒。利用酵母开发出来的一种有机硒源，有机形态硒含量≥0.1%。它是通过硒富集在生长酵母的细胞蛋白结构内生产的，已证明富硒酵母远比无机硒安全、稳定、易吸收、有效且少污染，并具有多方面的保健功能。吕远蓉等（2018）研究结果表明日粮中添加 0.5g/kg 酵母硒可显著提高奶牛的产奶性能和乳品质。

2. 质量标准

几种硒添加剂的质量标准分别如下所述。

（1）亚硒酸钠。以干物质为基计，亚硒酸钠含量在 96.4%～100.8%，硒含量在 44.0%～46.0%；碱度≤0.25mmol/g、氯化物（以 Cl 计）≤0.1%、硫酸盐（以 SO_4^{2-} 计）≤0.2%、水不溶物≤0.1%、干燥减量≤1.0%、重金属（以 Pb 计）≤10mg/kg、砷（As）≤0.5mg/kg。

（2）富硒酵母。总硒（以 Se 计）为 1000～2500mg/kg，有机硒占总硒质量百分比≥97%、蛋白质≥40%、水分≤6%、灰分≤10%、砷（As）≤1.0mg/kg、铅（Pb）≤1.0mg/kg、镉（Cd）≤1.0mg/kg、总汞（Hg）≤1.0mg/kg。

3. 添加剂量

亚硒酸钠、酵母硒在奶牛配合饲料或全混合日粮中的推荐量均为 0.1～0.3mg/kg，最高限量为 0.5mg/kg。亚硒酸钠产品需标注最大硒含量。酵母硒产品应标注最大硒含量和有机硒含量，无机硒含量不得超过总硒的 2.0%。

4. 产品保存

亚硒酸钠贮存于阴凉、通风仓库内，远离火种、热源。应与氧化剂、酸类、食用化工原料分开存放。不能与其他饲料混装、混运。

5. 注意事项

亚硒酸钠毒性很大，易引起家畜的急、慢性中毒。

（十）碘元素饲料添加剂

1. 商品种类

常用的补碘添加剂有碘化钾、碘酸钾、碘酸钙等。

（1）碘化钾。分子式 KI，相对分子质量 166.00，含碘 76.4%，含钾 23.5%。无色或白色立方晶体，无臭，有浓苦碱味，熔点 681℃，沸点 1330℃，易溶于水，溶于乙醇、甲醇、丙酮、甘油和液氨，微溶于乙醚，在湿空气中易潮解，遇光或空气能析出游离碘而呈黄色，在酸性溶液中更易变黄。游离出的碘对维生素、抗生素等有破坏作用。

（2）碘酸钾。分子式 KIO_3，相对分子质量为 214.02，含碘 59.3%，含钾 18.3%。无色单斜晶系结晶或白色粉末，无臭，熔点 560℃，溶于水、稀酸、乙二胺和碘化钾水溶液中，微溶于液体二氧化硫，不溶于醇和氨水。本品具有较高的稳定性，加热至约 500℃

时分解为碘化钾和氧气。160℃以下不吸收水分,与可燃物体混合如遇撞击即发生爆炸。

（3）碘酸钙。六水碘酸钙分子式 $Ca(IO_3)_2·6H_2O$,相对分子质量498.02,含碘25.2%；一水碘酸钙分子式 $Ca(IO_3)_2·H_2O$,相对分子质量407.90,含碘62.22%,含钙9.83%；无水碘酸钙分子式 $Ca(IO_3)_2$,相对分子质量389.90,含碘65.1%,含钙10.3%；都是白色结晶性粉末。稳定性比碘化钾高。无味、难溶于水和乙醇,在硝酸和盐酸溶液分解,在乙二酸溶液里完全分解。

2. 质量标准

几种碘添加剂的质量标准分别如下所述。

（1）碘化钾。以干物质为基计,KI 在 99.0%～101.5%、干燥减量≤1%、碘酸盐≤4mg/kg、铅（Pb）≤4mg/kg；硝酸盐、亚硝酸盐、氨和硫代硫酸盐、钡均通过试验；pH（以 10g/L 计）6～10。

（2）碘酸钾。pH（5%碘酸钾溶液）5～8；氯酸盐（以 ClO_3^- 计）≤100mg/kg、碘化物（以 I 计）≤20mg/kg、干燥减量≤5%、重金属（以 Pb 计）≤4mg/kg、砷（As）≤3mg/kg、硫酸盐（以 SO_4^{2-} 计）≤50mg/kg、碘酸盐（以 KIO_3 计）≥99.0%。

（3）碘酸钙。以 $Ca(IO_3)_2·H_2O$ 计 99.32%～101.0%、以 I 计 61.8%～32.8%、重金属（以 Pb 计）≤0.001%、砷（As）≤0.0005%、氯酸盐通过试验、通过 180mm 试验筛率≥95%。

3. 添加剂量

碘化钾、碘酸钾、碘酸钙在奶牛配合饲料或全混合日粮中的推荐量为 0.25～0.8mg/kg,最高限量为 5mg/kg。

4. 产品保存

碘化钾最好在密封、遮光的地方存放。碘酸钾贮存于阴凉、通风的库房。远离火种、热源。避免光照。包装密封。应与还原剂、活性金属粉末、有机金属化合物等分开存放,切忌混储。碘酸钙贮存于阴凉、通风的库房。远离火种、热源。库温不超过30℃,相对湿度不超过80%。包装密封,应与易（可）燃物、还原剂等分开存放,切忌混储。储区应备有合适的材料收容泄漏物。

5. 注意事项

碘化钾按规定量添加用量过大,可导致高碘甲状腺肿大,引起动物中毒。碘酸钾助燃,具刺激性,具燃爆危险和健康危害。与还原剂、有机物和易燃物如硫、磷或金属粉末等混合可形成爆炸性混合物。与可燃物形成爆炸性混合物。对上呼吸道、眼及皮肤有刺激性。大剂量摄入会造成人及动物机体一些组织器官损伤。碘酸钙有毒,对眼睛、皮肤、黏膜有刺激作用。接触皮肤后应立即脱去被污染的衣着,用大量清水冲洗至少 15min。接触眼睛后,立即提起眼睑用大量流动清水或生理盐水冲洗至少 15min。饲料中超量添加碘酸钙易引起中毒。

（十一）钴元素饲料添加剂

1. 商品种类

包括碳酸钴、硫酸钴、氯化钴。

（1）碳酸钴。分子式 $CoCO_3$，相对分子质量 118.94。碳酸钴为红色单斜晶系结晶或粉末。相对密度 4.13。几乎不溶于水、醇、乙酸甲酯和氨水。可溶于酸。不与冷的浓硝酸和浓盐酸起作用。加热 400℃ 开始分解，并放出二氧化碳。空气中或弱氧化剂存在下，逐渐氧化成碳酸高钴。

（2）硫酸钴。无水化合物分子式 $CoSO_4$，相对分子质量 155.00，含钴 38.0%，含硫 20.7%；一水化合物分子式 $CoSO_4 \cdot H_2O$，相对分子质量 173.01，含钴 34.1%；七水化合物分子式 $CoSO_4 \cdot 7H_2O$，相对分子质量 281.11，含钴 21%。硫酸钴可随结晶水的增加有淡红色、玫瑰红色至棕红色结晶。无水化合物和一水化合物在沸水中溶解缓慢，七水化合物可溶于水。

（3）氯化钴。无水化合物分子式 $CoCl_2$，相对分子质量 129.85，含钴 45.4%，含氯 54.6%；一水化合物分子式 $CoCl_2 \cdot H_2O$，相对分子质量 147.85，含钴 39.9%；七水化合物分子式 $CoCl_2 \cdot 7H_2O$，相对分子质量 255.95，含钴 24.8%。红色单斜晶系晶体，随着结晶水的增加，本品为淡蓝色、浅紫色、红色或红紫色结晶。相对密度 1.924，熔点 86℃，在室温下稳定，遇热变成蓝色，在潮湿空气中放冷又变为红色，易溶于水，溶于乙醇、丙酮和醚。其水溶液加热或加浓硫酸、氯化物或有机溶剂变为蓝色。将水溶液沸腾，再加入氨水就会生成氯化钴的碱式盐。溶液遇光也呈蓝色。在 30～50℃ 结晶开始风化并浊化，在 45～50℃ 下加热 4h 变成四水氯化钴，加热至 110～120℃ 时完全失去 6 个结晶水变成无水氯化钴，有毒。

2. 质量标准

几种钴添加剂的质量标准分别如下所述。

（1）碳酸钴。纯度为 99.0%～99.5%、钴含量≥46%、锰（Mn）≤0.003%、铁（Fe）≤0.003%、镍（Ni）≤0.003%、铜（Cu）≤0.003%、锌（Zn）≤0.003%、钙≤0.004%、镁≤0.005%、钠≤0.005%、铅≤0.003%、硅≤0.003%、氯化物≤0.03%。

（2）硫酸钴。钴含量≥20.5%、水不溶物≤0.02%、砷（As）≤0.000 3%、铅（Pb）≤0.001%、过 800mm 试验筛率≥95%；一水硫酸钴以 Co 计钴质量分数≥33.0%、砷（As）≤0.000 5%、铅（Pb）≤0.002%、过 280mm 试验筛率≥95%。

（3）氯化钴。分析纯以 $CoCl_2 \cdot 6H_2O$ 计≥99.0%、水不溶物≤0.01%、硫酸盐≤0.01%、硝酸盐≤0.02%、锰（Mn）≤0.005%、铁（Fe）≤0.001%、镍（Ni）≤0.03%、铜（Cu）≤0.001%、锌（Zn）≤0.003%、硫化铵不沉淀物（以硫酸盐计）≤0.2%。

3. 添加剂量

碳酸钴、硫酸钴、氯化钴在奶牛配合饲料或全混合日粮中的推荐量均为 0.1～0.3mg/kg，最高限量为 2mg/kg。

4. 产品保存

碳酸钴贮存于通风、干燥的库房中，应隔热防潮，不得与酸类、液氨共储混运。

5. 注意事项

氯化钴虽急性毒性较弱，但属于呼吸道和皮肤过敏源，对水产环境属于急性和慢性毒物，经呼吸道进入人体还可能具有致癌作用。据有关研究，体内、体外环境中的二价钴离子还具有基因毒性。

（十二）天然矿物元素添加剂

奶牛常用的矿物质饲料添加剂有天然沸石、麦饭石和稀土等，它们具有独特的物理化学性质，并含有奶牛需要的常量元素和微量元素，所以它们不但可提高营养物质的消化率，还可促进奶牛生长。

1. 天然沸石

一般化学式为 $A_mB_pO_{2p} \cdot nH_2O$，结构式为 $A_{(x/q)}[(AlO_2)_x(SiO_2)_y] \cdot n(H_2O)$。其中，A 为 Ca、Na、K、Ba、Sr 等阳离子，B 为 Al 和 Si，p 为阳离子化合价，m 为阳离子数，n 为水分子数，x 为 Al 原子数，y 为 Si 原子数，(y/x) 通常为 $1 \sim 5$，$(x+y)$ 是单位晶胞中四面体的个数。相对分子质量为 218。是一种天然硅酸盐矿石，具有离子交换及吸附等作用。用于饲料的天然沸石，是斜发沸石和丝光沸石。沸石可促进生长、节省饲料、降低成本，提高繁殖性能，改善环境，增进健康，促进营养物质吸收利用。

刘军彪（2012）研究显示在奶牛的日粮中添加 150g/d 沸石可以降低血液胆固醇，提高体内酶活性，增强机体新陈代谢能力，提高奶牛的抗病能力。

2. 膨润土

又名斑脱岩，是一种黏土型矿物，主要属蒙脱石族矿物。主要成分为硅铝酸盐，其熔烧物中 SiO_2 占 50%～75%，Al_2O_3 占 15%～25%；其次为铁、镁、钙、钠、钾、钛等。同时也含有动物生命所必需的某些微量元素，如锌、铜、锰、钴等。

膨润土具有良好的吸水性、膨胀性、分散性和润滑性等，能提高饲料的适口性和改进饲料的松散性，还可延缓饲料通过消化道的速度，加强饲料在胃肠中的消化吸收作用，提高饲料的利用率。同时，由于其吸附性能和离子交换性，能对肠道有害物质如细菌和有害气体及畜禽体内的有毒元素如氟、铅、砷等进行吸附，从而使机体免受疾病及有害物的危害，提高抗病能力，保持体格健壮，增强食欲和消化机能，促进生长发育。

膨润土的用量一般为 1%～3%。在尿素浓缩料中添加 5%饲喂牛和羊，可促进牛体质健康，提高饲料效率。

3. 麦饭石

麦饭石在医药中称为药石，又称为长寿石。麦饭石是一种硅铝酸盐，它富含动物所需的多种微量元素和稀土元素，是一种优良的天然矿物添加剂。每头奶牛每天在日粮中添加麦饭石 150~200g，产乳量可提高 4%~8%，乳脂率上升 1.2%~9.1%。乳锌、乳硒、乳铜都得到提高。每头奶牛每天补喂麦饭石 50~100g，可增产牛奶 2.5kg。据李松哲（2003）研究显示添加 2%麦饭石饲喂育成奶牛增重效果明显。

4. 稀土

稀土元素（REE）包括原子系数从 57~71 的镧系元素及钪和钇，共 17 个元素。稀土是一种生理激活剂，可激活动物体内的促生长因子，促进酶的活化，改善体内新陈代谢，提高饲料转化率，加速动物生长和生产。稀土可改善反刍动物瘤胃微生物区系，使瘤胃保持稳定的酸性环境，各种微生物比例达到理想状态，促进瘤胃对营养物质的有效利用。吴丹丹等（2016）研究表明，泌乳奶牛饲粮中同时添加 75g/（头·d）小肽和 28g/（头·d）稀土可提高奶牛产奶量、乳脂率、乳蛋白率和饲料转化效率，同时降低牛奶体细胞数和奶牛粪尿氮的排泄量。

（十三）氨基酸金属元素螯合物

微量元素氨基酸螯合物是由可溶性金属元素盐中的一个金属元素离子与氨基酸按一定的物质的量比（1~3）：1，以共价键结合而成的螯合物。微量元素离子被封闭在螯合物的整环内，形成五元环或六元环，具有良好的稳定性，提高了消化吸收和利用效率。

1. 商品种类

单体氨基酸微量元素螯合物可以是氨基酸螯合铁、氨基酸螯合锌、氨基酸螯合锰、氨基酸螯合铜、氨基酸螯合钴。例如，用氨基酸螯合锌、氨基酸螯合铜加抗坏血酸饲喂小牛，可以治疗小牛沙门氏菌感染。复合氨基酸微量元素螯合物是混合氨基酸或多肽微量元素螯合物。它们是由蛋白质原料水解而来的氨基酸或多肽的混合物与某种微量元素螯合而成。复合氨基酸为配位体生产的氨基酸螯合微量元素比单体氨基酸螯合盐价格低廉，在生产中得到推广和普遍接受。还有将铁、锰、碘、硒、钴、镁协同通过螯合的形式和酵母培养物联合使用，可取得更高的生物学效价。

（1）蛋氨酸锌络（螯）合物。分为两类，即物质的量比为 2∶1 和物质的量比为 1∶1 的蛋氨酸锌络（螯）合物。前者为白色或类白色粉末，极微溶于水，质轻，略有蛋氨酸特有气味。无结块、发霉现象。锌（Zn）≥17.2%、蛋氨酸≥78.0%、螯合率≥95%、水分≤2%、总砷（As）≤5mg/kg、铅（Pb）≤5mg/kg、镉（Cd）≤6mg/kg、粒度（0.20mm）筛上物≤2%。

物质的量比为 1∶1 的蛋氨酸锌络（螯）合物为白色或类白色粉末，易溶于水，略有蛋氨酸特有气味。无结块、发霉现象。锌（Zn）≥19.0%、蛋氨酸≥42.0%、螯合率≥35%、水分≤5%、总砷（As）≤5mg/kg、铅（Pb）≤5mg/kg、镉（Cd）≤6mg/kg、粒度（0.20mm）筛上物≤2%。

（2）蛋氨酸铜络（螯）合物。物质的量比为 2∶1 的蛋氨酸铜络（螯）合物为蓝紫色粉末，微溶于水，略有蛋氨酸特有气味。无结块、发霉、变质现象。铜（Cu）≥16.8%、蛋氨酸≥78.0%、螯合率≥95.0%、水分≤2%、总砷（As）≤10mg/kg、铅（Pb）≤20mg/kg、粒度（0.20mm）筛上物≤20%。

2. 作用机理

金属螯合物生物学效价高，氨基酸螯合物是动物机体吸收金属离子的主要形式，又是动物体内合成蛋白质过程的中间物质，表现出较高的生物利用率。螯合态的矿物元素在特定组织、靶器官或功能位点可能发挥特定功能。例如，改进动物毛皮状况、减少早期胚胎死亡等，这些是不能用添加高水平的无机状态下的微量元素来代替的。微量元素氨基酸螯合物能使奶牛被毛光亮，并且能治疗肺炎、腹泻，对改善奶牛的体质、增强免疫力、缓解应激反应、提高抗病能力有显著的影响。蛋氨酸锌不仅可改善奶牛的产奶性能，而且可减少乳房炎及腐蹄病的发生率。低剂量的微量元素螯合物替代高剂量的无机微量元素添加剂，可达到相同改善生产性能的效果。

3. 应用效果

王长宏（2007）在含锌37.15mg/kg的奶牛基础日粮中添加240mg/kg蛋氨酸锌，显著提高了奶牛产奶量、乳锌含量，一定程度上提高了乳脂、乳蛋白含量，显著降低乳中体细胞数，使奶牛产后发情显著提前，有助于奶牛妊娠，提高第一情期受胎率，并有增加犊牛初生重、改善分娩的作用。蛋氨酸锌能够增强杀菌能力、缓解应激反应、降低体细胞数和乳房炎患病率、减少腐蹄病的发生。

程延彬等（2010）在干奶期奶牛日粮中添加蛋氨酸铜有提高瘤胃 pH、NH$_3$-N 的趋势，但对各时间点的瘤胃液 pH、NH$_3$-N 没有显著影响；添加 27mg/kg DM 的蛋氨酸铜显著提高了日粮各种营养物质的表观消化率。

4. 产品保存

包装材料应无毒、无害、防潮。运输中防止包装破损、日晒、雨淋，禁止与有毒有害物质共运。贮存时防止日晒、雨淋，禁止与有毒有害物质混贮。在规定的运输、贮存条件下，保质期为 24 个月。

三、蛋白质（氨基酸）和非蛋白氮饲料添加剂

奶牛可代谢蛋白质包括瘤胃微生物蛋白和饲料未降解蛋白。瘤胃微生物是奶牛最理想的全价营养物质，瘤胃微生物能够通过合成微生物蛋白质给奶牛提供理想蛋白质，这部分蛋白质氨基酸配比完全符合奶牛需要，但这部分蛋白质数量远远不能满足高产奶牛的需要。为了使过瘤胃蛋白部分满足奶牛营养需要，经常需要添加过瘤胃氨基酸平衡过瘤胃氨基酸比例。在奶牛日粮中，赖氨酸和蛋氨酸被认为是两个最主要的限制性氨基酸，二者的比例对于提高牛奶品质也非常重要。自从 NRC（2001）颁布以来，赖氨酸和蛋氨酸的需求量不断更新，赖氨酸和蛋氨酸的比值随着研究的不断深入也发生了较大的变化（表 10-3），蛋氨酸的需求有不断增加的趋势。近期研究还表明组氨酸在添加大麦和燕麦的高青草青贮日粮中成为第一限制性氨基酸，而对饲喂青贮玉米和苜蓿干草的低蛋

白日粮的奶牛来说，组氨酸是继蛋氨酸和赖氨酸之后的第三限制性氨基酸（Giallongo et al.，2016；Schwab and Broderick，2017）。

表 10-3 不同研究来源要求的赖氨酸和蛋氨酸比值

来源	比例
NRC（2001）	3：1
CNCPS5.0（CPM）	2.9：1
CNCPS6.5（NDS）	（2.7~2.8）：1

通常使用过瘤胃赖氨酸和过瘤胃蛋氨酸来满足动物氨基酸需求，在不影响微生物蛋白质合成的同时实现小肠可代谢蛋白质（MP）的最佳氨基酸配比，从而增加产奶量、减少氮排放。特别是对于新产牛来说更是如此。给高赖氨酸日粮提供过瘤胃保护蛋氨酸，不仅能增加干物质采食量、产奶量、乳蛋白含量，而且能提高肝功能和抗炎、抗氧化的能力，改善免疫代谢状态。表 10-4 列出了饲料添加剂品种目录中的氨基酸、氨基酸盐及其类似物、非蛋白氮添加剂。

表 10-4 奶牛氨基酸、氨基酸盐及其类似物、非蛋白氮添加剂品种目录

类别	通用名称	适用范围
氨基酸、氨基酸盐及其类似物	L-赖氨酸、液体 L-赖氨酸（L-赖氨酸含量不低于 50%）、L-赖氨酸盐酸盐、L-赖氨酸硫酸盐及其发酵副产物（产自谷氨酸棒杆菌，乳糖发酵短杆菌，L-赖氨酸含量不低于 51%）、DL-蛋氨酸、L-苏氨酸、L-色氨酸、L-精氨酸、L-精氨酸盐酸盐、甘氨酸、L-酪氨酸、L-丙氨酸、天（门）冬氨酸、L-亮氨酸、异亮氨酸、L-脯氨酸、苯丙氨酸、丝氨酸、L-半胱氨酸、L-组氨酸、谷氨酸、谷氨酰胺、缬氨酸、胱氨酸、牛磺酸	养殖动物
	半胱胺盐酸盐	畜禽
	蛋氨酸羟基类似物、蛋氨酸羟基类似物钙盐	猪、鸡、牛和水产养殖动物
	N-羟甲基蛋氨酸钙	反刍动物
非蛋白氮	尿素、碳酸氢铵、硫酸铵、液氨、磷酸二氢铵、磷酸氢二铵、异丁叉二脲、磷酸脲、氯化铵、氨水	反刍动物

资料来源：中华人民共和国农业部公告第 2045 号

（一）蛋氨酸类添加剂

1. 商品种类

蛋氨酸类添加剂主要包括 DL-蛋氨酸、DL-蛋氨酸羟基类似物（methionine hydroxy analoque，MHA）及其钙盐（MHACa）、N-羟甲基蛋氨酸钙、过瘤胃包被蛋氨酸。

（1）DL-蛋氨酸。分子式 $CH_3S(CH_2)_2CH(NH_2)COOH$，外观为白色薄片状结晶或结晶性粉末，有特殊气味，味微甜。熔点 281℃（分解）。10%水溶液的 pH 5.6~6.1，无旋光性，对热及空气稳定，对强酸不稳定，可导致脱甲基作用。溶于水（3.3g/100mL，25℃）、稀酸和稀碱溶液。极难溶于乙醇，几乎不溶于乙醚。有效含量以蛋氨酸计：≥98.5%。规格：25kg/袋。

（2）MHA。化学式 $C_5H_{10}O_3S$，外观为深褐色黏液，含水量约为 12%。有硫化物特殊气味，其 pH 为 1～2。密度 1.23kg/L（20℃），凝固点-40℃，运动黏度在 38℃时为 $35mm^2/s$，20℃时为 $105mm^2/s$。它是以单体、二聚体和三聚体组成的平衡混合物，其含量分别为 65%、20%、30%。主要通过羟基和羧基间酯化作用而聚合。有效含量以氨基酸计：≥88.0%。规格：用 250kg 塑料桶运载。

（3）MHACa。分子式 $C_{10}H_{18}O_6S_2Ca$，外观为浅褐色粉末或颗粒，有含硫化合物的特殊臭气。可溶于水。有效含量以氨基酸盐计：≥95.0%。以氨基酸计：≥84.0%。

（4）N-羟甲基蛋氨酸钙。分子式$(C_6H_{12}NO_3S)_2Ca$，外观为可自由流动的白色粉末，具有硫化物的特殊气味，溶于水。有效含量以氨基酸盐计：≥98.0%。以氨基酸计：≥67.6%。

（5）过瘤胃包被蛋氨酸。目前应用的包被技术主要为 MHA、N-羟甲基蛋氨酸钙盐等化学保护产品；利用聚合物包被技术，如采用变性蛋白质、脂肪、脂肪酸和钙混合物、脂蛋白和长链脂肪酸钙盐等方法进行物理保护或形成金属氨基酸螯合物。具有较强的抵抗瘤胃微生物降解的能力和过瘤胃性能。

2. 添加剂量

根据《饲料添加剂安全使用规范》，DL-蛋氨酸在配合饲料或全混合日粮中的推荐用量（以氨基酸计）为 0%～0.2%。MHA 及 MHACa 在配合饲料或全混合日粮中的推荐用量（以氨基酸计）为 0%～0.27%。N-羟甲基蛋氨酸钙盐在配合饲料或全混合日粮中的推荐用量（以氨基酸计）为 0%～0.14%。

3. 产品保存

DL-蛋氨酸应贮存于阴凉、干燥、通风处，贮存大批货物时，应安装导电平衡设备，防止静电荷聚集。在运输过程中防止雨淋、受潮和日晒，严禁与有毒品混运。液态 MHA pH 较低，操作时应避免接触皮肤，如不慎接触皮肤，应立即用水清洗。

4. 注意事项

过多摄入 DL-蛋氨酸，将产生过多的同型半胱氨酸，从而可导致动脉粥样硬化等。MHA、MHACa 及 N-羟甲基蛋氨酸钙盐过量会导致日粮氨基酸组成的失衡，降低饲料蛋白质利用率，严重时会导致中毒。

（二）赖氨酸类添加剂

1. 商品种类

赖氨酸类饲料添加剂主要包括 L-赖氨酸盐酸盐、L-赖氨酸硫酸盐。

（1）L-赖氨酸盐酸盐。分子式 $C_6H_{15}ClN_2O_2$，外观为无色结晶状物质，无臭，味苦。易溶于水，微溶于乙醇和乙醚。10%水溶液 pH 为 5.6，熔点为 264℃。有效含量以氨基酸盐计：≥98.5%。以氨基酸计：≥78.8%。规格：25kg/袋。

（2）L-赖氨酸硫酸盐。分子式 $C_6H_{16}N_2O_6S$，是一种高密度、无尘的流动性颗粒，具有良好的加工处理性能。有效含量以氨基酸盐计：≥65.0%。以氨基酸计：≥51.0%。规格：5kg、10kg、25kg、50kg。

2. 添加剂量

根据《饲料添加剂安全使用规范》，L-赖氨酸盐酸盐及 L-赖氨酸硫酸盐在配合饲料或全混合日粮中的推荐用量（以氨基酸计）为 0%～0.5%。

3. 产品保存

L-赖氨酸盐酸盐应存放于密封容器中，并放在阴凉、干燥处。避免湿气和水分。贮存的地方必须远离氧化剂。由于生态学上赖氨酸盐酸盐对水稍微有危害，不要让未稀释或者大量产品接触地下水、水道或者污水系统。若无政府许可，勿将材料排入周围环境。

4. 注意事项

L-赖氨酸盐酸盐、L-赖氨酸硫酸盐与维生素、无机盐及其他必需氨基酸混合使用效果更佳。

（三）非蛋白氮添加剂

1. 商品种类

非蛋白氮添加剂主要包括尿素、硫酸铵、磷酸二氢铵、磷酸氢二铵、磷酸脲、氯化铵、碳酸氢铵、液氨等。

（1）尿素。分子式 $CO(NH_2)_2$，外观无色或白色针状或棒状结晶体。熔点为 132.7℃，溶解度为 108g/100mL 水（20℃）。溶于甲醇、甲醛、乙醇、液氨，微溶于乙醚、氯仿、苯。弱碱性。有效含量以化合物计：≥98.6%；以元素计：N≥46.0%。规格：500kg/袋。

（2）硫酸铵。分子式 $(NH_4)_2SO_4$，无色结晶或白色颗粒。无气味。280℃以上分解。水中溶解度：0℃时 70.6g，100℃时 103.8g。不溶于乙醇和丙酮。0.1mol/L 水溶液的 pH 为 5.5。有效含量以化合物计：≥99.0%，以元素计：N≥21.0%，S≥24.0%。规格：25kg/袋或 50kg/袋。

（3）磷酸二氢铵。分子式 $NH_4H_2PO_4$，外观为白色结晶性粉末。在空气中稳定。微溶于乙醇，不溶于丙酮。水溶液呈酸性。常温下（20℃）在水中的溶解度为 37.4g。相对密度 1.80。熔点 180℃。有效含量以化合物计：≥96.0%；以元素计：N≥11.6%。规格：25 kg/袋。

（4）磷酸氢二铵。分子式 $(NH_4)_2HPO_4$，外观为无色透明单斜晶体或白色粉末。溶解度为 58g/ 100mL 水 （10℃），不溶于醇、丙酮、氨。有效含量以元素计：N≥19.0%；P：22.3%～33.1%。规格：25kg/袋。

（5）磷酸脲。分子式 $CO(NH_2)_2H_3PO_4$，外观为无色透明棱柱状晶体。易溶于水，水溶液呈酸性；不溶于醚类、甲苯、四氯化碳。有效含量以元素计：N≥16.5%；P≥18.5%。规格：25kg/袋。

（6）氯化铵。分子式 NH_4Cl，外观为无色晶体或白色颗粒性粉末。有刺激性。加热至 350℃升华，沸点 520℃。易溶于水，微溶于乙醇，溶于液氨，不溶于丙酮和乙醚。有效含量以元素计：N≥25.6%。规格：25kg/袋。

（7）碳酸氢铵。分子式 NH_4HCO_3，外观为白色斜方晶系或单斜晶系结晶体。无毒。有氨臭。能溶于水，水溶液呈碱性，不溶于乙醇。有效含量以化合物计：≥99.0%；以元素计：N≥17.5%。规格：25kg/袋。

（8）液氨。分子式 NH_3，是一种无色液体，有强烈刺激性气味。易溶于水，溶液呈碱性。有效含量以化合物计：≥99.6%。产品规格：$10\sim200m^3$ 不等。

2. 添加剂量

根据《饲料添加剂安全使用规范》，在奶牛配合饲料或全混合日粮中的尿素推荐用量（以化合物计）为0%～0.6%，最高限量（以化合物计）为1.0%；硫酸铵推荐用量（以化合物计）为0%～1.2%，最高限量（以化合物计）为1.5%；磷酸二氢铵推荐用量（以化合物计）为0%～1.5%，最高限量（以化合物计）为2.6%；磷酸氢二铵推荐用量（以化合物计）为0%～1.2%，最高限量（以化合物计）为1.5%；磷酸脲推荐用量（以化合物计）为0%～1.5%，最高限量（以化合物计）为1.8%；氯化铵最高限量（以化合物计）为1.0%；碳酸氢铵秸秆氨化推荐用量（以化合物计）为0%～12.0%；液氨秸秆氨化推荐用量（以化合物计）为0%～3.0%。

3. 产品保存

尿素在使用前一定要保持尿素包装袋完好无损，运输过程中要轻拿轻放，防雨淋，贮存在干燥、通风良好、温度在20℃以下的地方。如果是大量贮存，下面要用木方垫起20mm 左右，上部与房顶要留有50mm 以上的空隙，以利于通风散湿，垛与垛之间要留出过道，以利于检查和通风。已经开袋的尿素如没用完，一定要及时封好袋口。

硫酸铵贮存于阴凉、通风的库房。远离火种、热源。应与酸类、碱类分开存放，切忌混储。储区应备有合适的材料收容泄漏物。

磷酸二氢铵编织袋内衬塑料薄膜，缝纫封口。注意防晒、防潮、防水、防破袋以免损失。

磷酸氢二铵应贮存在阴凉、通风、干燥、清洁的库房内，防潮，防高温，防有毒有害物质污染，不得与有毒有害物品共贮混运，包装编织袋应内衬塑料薄膜袋，缝纫封口。注意防潮、防水、防破袋。

氯化铵应贮存在阴凉、通风、干燥的库房内，注意防潮。避免与酸类、碱类物质共贮混运。运输过程中要防雨淋和烈日暴晒。装卸时要小心轻放，防止包装破损。失火时，可用水、沙土、二氧化碳灭火器扑救。

碳酸氢铵贮存于阴凉、通风的库房。远离火种、热源。应与氧化剂、酸类分开存放，切忌混储。储区应备有合适的材料收容泄漏物。

液氨存于阴凉、通风的库房。远离火种、热源。库温不宜超过30℃。应与氧化剂、酸类、卤素、食用化学品分开存放，切忌混储。采用防爆型照明、通风设施。禁止使用易产生火花的机械设备和工具。储区应备有泄漏应急处理设备。

4. 注意事项

瘤胃微生物对尿素的利用有一个逐渐适应的过程，一般需 2～4 周适应期；用尿素提供氮源时，应补充硫、磷、铁、锰、钴等的不足，因尿素不含这些元素，且氮与硫之比以（10～14）：1 为宜；当日粮已满足瘤胃微生物正常生长对氮的需要时，添加尿素等 NPN 效果不佳。至于多高的日粮蛋白质水平可满足微生物的正常生长并非定值，常随着日粮能量水平、采食量和日粮蛋白质本身的降解率改变而变，一般高能或高采食量情况下，微生物生长旺盛，对 NPN 的利用能力较强。反刍动物饲粮中添加尿素还需要注意氨的中毒，当瘤胃氨水平上升到 800mg/L，血氨浓度超过 50mg/L 就可能出现中毒。氨中毒一般多表现为神经症状及强直性痉挛，0.5～2.5h 可发生死亡。灌服冰醋酸中和氨或用冷水使瘤胃降温可以防止死亡。一般奶牛饲粮中尿素的用量不能超过饲粮干物质的 1%，才能保证既安全又有良好的效果。如果饲粮本身含 NPN 较高，如青贮料，尿素用量则应酌减。

非蛋白氮类产品适用于瘤胃功能发育基本完成的反刍动物，通常牛 6 月龄以上；非蛋白氮类产品应混合到日粮中使用，且用量应逐步增加；不宜与生豆饼混合饲喂，饲喂后动物不能立即饮水；尿素可与谷物或其他碳水化合物在一定温度、压力、湿度条件下制成糊化淀粉尿素使用；使用非蛋白氮类产品时，日粮应含有较高水平的可消化碳水化合物和较低水平的可溶性氮，并注意日粮中氮与磷、氮与硫的平衡；全混合日粮中所有非蛋白氮总量折算成粗蛋白当量不得超过日粮粗蛋白总量的 30%。

四、直接饲用微生物及其培养物

瘤胃是一个复杂的微生物"海洋"，包括细菌、原虫及真菌多种微生物种群。直接饲用微生物饲料添加剂是从自然界分离的有利于维护动物微生态平衡的微生物菌种，经发酵等特殊工艺制成的活菌、灭活菌或活菌、灭活菌及其培养底物的微生物制剂，是一种依赖益生菌及其代谢产物发挥作用的绿色、安全的添加剂。微生物饲料添加剂多以单体、复合或连同培养物一起添加到奶牛日粮中，以活菌或灭活形式作用于瘤胃微生物，直接饲用微生物饲料添加剂具有调节动物微生态平衡、增强免疫力、提高饲料转化率和生产性能、提高牛奶品质、改善养殖环境等诸多作用，因而在奶牛养殖中发挥着日益重要的作用。

反刍动物借助瘤胃中的细菌、原虫及真菌组成的微生物生态环境将低质量饲料转换为高质量蛋白质，并利用不适宜直接供人类食用的作物作为日粮。直接饲用微生物，又称为益生菌，添加在反刍动物日粮中可以增加饲料消化率，特别是提高粗饲料利用效率，常用的益生菌分类见图 10-1。

反刍动物多使用非细菌类益生菌。此类益生菌均为真菌，米曲霉和黑曲霉属于发酵科真菌，酿酒酵母、卡尔酵母（*Saccharomyces carlsbergiensis*）、马克斯克鲁维酵母（*Kluyveromyces maxianus*）和脆壁克鲁维酵母（*Kluyveromyces fragilis*）属于酵母科真菌。部分细菌类益生菌也可应用于反刍动物。表 10-5 列出了我国允许使用的奶牛直接饲喂微生物。

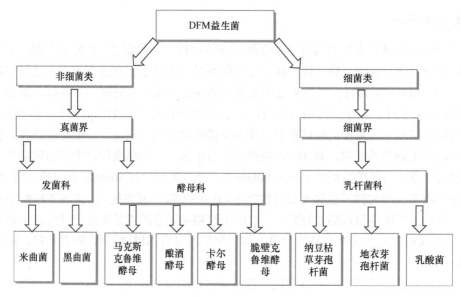

图 10-1　动物饲料中常用的益生菌分类

表 10-5　奶牛直接饲喂微生物饲料添加剂品种目录

通用名称	适用范围
地衣芽孢杆菌、枯草芽孢杆菌、双歧杆菌、粪肠球菌、屎肠球菌、乳酸肠球菌、嗜酸乳杆菌、干酪乳杆菌、德式乳杆菌乳酸亚种（原名：乳酸乳杆菌）、植物乳杆菌、乳酸片球菌、戊糖片球菌、产朊假丝酵母、酿酒酵母、沼泽红假单胞菌、婴儿双歧杆菌、长双歧杆菌、短双歧杆菌、青春双歧杆菌、嗜热链球菌、罗伊氏乳杆菌、动物双歧杆菌、黑曲霉、米曲霉、迟缓芽孢杆菌、短小芽孢杆菌、纤维二糖乳杆菌、发酵乳杆菌、德氏乳杆菌保加利亚亚种（原名：保加利亚乳杆菌）	养殖动物
产丙酸丙酸杆菌、布氏乳杆菌	青贮饲料、牛饲料
副干酪乳杆菌	青贮饲料
尿素、碳酸氢铵、硫酸铵、液氨、磷酸二氢铵、磷酸氢二铵、异丁叉二脲、磷酸脲、氯化铵、氨水	反刍动物

资料来源：中华人民共和国农业部公告第 2045 号

（一）米曲霉

1. 商品种类

米曲霉（*Aspergillus oryzae*）是一种好气性真菌，分类学归属半知菌亚门丝孢纲丝孢目从梗孢科，曲霉属真菌中的一个常见种。菌丝一般呈黄绿色，在酸度较大的培养基上呈绿色，酸度较小的培养基上呈黄色，老化后逐渐为褐色。米曲霉是一类产复合酶的菌株，除产蛋白酶外，还可产淀粉酶、糖化酶、纤维素酶、植酸酶等。

2. 作用机理

米曲霉是工业发酵过程的干提取物，能够携带淀粉酶、纤维素酶和蛋白酶至瘤胃，一方面在淀粉酶的作用下，将原料中的直链、支链淀粉降解为糊精及各种低分子糖类，如麦芽糖、葡萄糖等；在蛋白酶的作用下，将不易消化的大分子蛋白质降解为蛋白胨、多肽及各种氨基酸，而且可以使辅料中粗纤维、植酸等难吸收的物质降解，提高营养价值、保健功效和消化率。另一方面刺激利用乳酸的细菌（埃氏巨球型菌和反刍动物月形单胞菌）生长，增加瘤胃微生物产量。

3. 应用效果

丁洪涛等（2013）研究表明在奶牛日粮中添加 $1.2×10^7$ CFU/mL 米曲霉有提高总挥发性脂肪酸含量的趋势，显著提高体内外干物质、粗蛋白、中性洗涤纤维、酸性洗涤纤维和纤维素消化率。

（二）黑曲霉

1. 商品种类

黑曲霉（*Aspergillus niger*）的营养体由分枝或不分枝的菌丝构成，菌丝可以无限地伸长和产生分枝，许多分枝的菌丝互相交织在一起，形成菌丝体。黑曲霉是优良的纤维素降解菌，属于好氧菌，能够产生纤维素酶，降解秸秆等原料中的纤维。同时，黑曲霉的大量繁殖也会使秸秆培养基中的粗蛋白含量升高。

2. 作用机理

黑曲霉可以从以下几个方面改善奶牛健康、提高奶牛生产性能。

（1）竞争性抑制。竞争性抑制即阻止有害微生物在肠黏膜附着与繁殖。

（2）降低消化道 pH。通过产生有机酸使消化道内 pH 降低，抑制其他病原性微生物生长，从而保持或恢复肠道内微生物群落的平衡，达到防病促生长的目的。

（3）抑菌作用。黑曲霉可以产生多种生物酶和次级代谢产物，这些物质能抑制沙门氏菌、志贺氏菌、绿脓杆菌和大肠杆菌的生长。

（4）补充营养成分。黑曲霉在肠道内代谢可产生多种消化酶、氨基酸、维生素 K、维生素 C、维生素 B_1、维生素 B_2、泛酸、烟酸、生物素、肌醇和叶酸等，以及其他一些代谢产物作为营养物质被畜禽机体吸收利用，从而促进畜禽的生长发育和增重。

（5）防止有害物质的产生。由于黑曲霉能产生丰富的生物酶，包括蛋白酶、淀粉酶等，可以促进营养物质的消化吸收，因而可减少氨和其他腐败物质的产生。

（6）提高机体免疫功能。黑曲霉可以促进微生态制剂中的有益菌平衡生长，微生态制剂中的有益菌是良好的免疫激活剂，它们能刺激肠道免疫器官生长，激发机体发生体液免疫和细胞免疫。

3. 使用效果

黑曲霉在生长过程中能够产生多种生物酶，可以作为饲用复合酶制剂加以使用，其对于重金属和一些毒素物质具有很强的吸附性，可以消除饲料中果胶、纤维素、半纤维素引起的抗营养因子。

（三）酵母类饲料添加剂

1. 商品种类

目前生产中使用的酵母类饲料添加剂包括：酿酒酵母、马克斯克鲁维酵母、产朊假丝酵母等及其培养物，国外把卡尔酵母、脆壁克鲁维酵母也列为添加剂，其中最常用的是酿酒酵母。按照产品类型分为活酵母、死酵母（酿酒副产物）、灭活纯酵母和酵母培养基。

（1）酿酒酵母。感官要求为淡黄至淡棕黄色，具有酵母特殊气味，无腐败，无异臭味，无异物，颗粒状或条状。理化要求为酵母活细胞数≥150 亿个/g，水分≤6.0%。卫生要求为细菌总数≤2.0×10^6CFU/g，霉菌≤2.0×10^4 个/g，铅（以 Pb 计）≤1.5mg/kg，总砷（以 As 计）≤2.0mg/kg，不得检出沙门氏菌。

（2）酵母培养物。作为培养酵母的底物，经常和酵母一起添加利用。

2. 作用机理

酵母主要将其自身生长过程中产生的蛋白酶、淀粉酶和纤维素酶，以及代谢产物维生素、氨基酸、有机酸、核苷酸带到瘤胃中，各种酶类可以帮助动物消化饲料中的养分，而代谢产物则直接为瘤胃微生物的生长提供最理想的营养物质。使用活酵母的理论是因为活酵母保存了代谢活性，在瘤胃中除释放大量营养因子，还能够消耗瘤胃中的氧气，降低利用产生乳酸的细菌链球菌和乳杆菌的糖的利用率。使用死酵母或灭活酵母的理论基础是 Van Soest 教授在反刍动物微生物生态学中提到的，酵母、乳杆菌等微生物在瘤胃中不能存活，使用活酵母会增加瘤胃杀灭活酵母的负担。而且酵母的添加量与整个瘤胃中微生物的量相比比例很小，其能够消耗的氧气有限。使用灭活酵母的目的是既杀死了酵母细胞，又保持了酵母细胞的完整性，保证了其营养物质的全价性。也有产品将死酵母和灭活酵母制成一定比例的混合物，发挥两者之间的优势，能够取得更好的效果。

酵母培养物能刺激反刍动物瘤胃微生物的特定区系生长和某些微生物的活性，尤其是提高乳酸利用菌的活性，稳定反刍动物高精饲料饲喂日粮条件下瘤胃的 pH，从而增加反刍动物瘤胃微生物的菌群。这部分增加的微生物菌群能利用更多的瘤胃 NH_3，并且合成菌体蛋白，还会使营养物质的消化率有所提高，进而提高采食量，从而就会有更多的底物被小肠消化吸收，进而提高反刍动物生产性能。

3. 使用效果

Fortina 等（2011）报道使用灭活酵母细胞能够显著提高奶牛产奶量（31.9kg/d vs. 33.4kg/d）。周东年等（2018）研究表明在泌乳奶牛基础饲粮中添加精饲料量 2%的酿酒酵母培养物可显著提高泌乳奶牛生产性能，改善机体免疫能力，从而增加牧场经济效益。邵丽玮等（2018）研究表明，炎热夏季在奶牛日粮中按 50g/（头·d）的量添加酿酒酵母培养物，可以显著提高产奶量、乳蛋白率和乳糖率，体细胞数及乳中尿素氮含量显著降低，经济效益得到提高。酿酒酵母培养物对缓解夏季奶牛热应激具有一定的作用。李同新（2010）在奶牛饲料中添加酿酒酵母、牛枯草芽孢杆菌等混合的微生物添加剂，在采食量相近的情况下，试验组日均产奶量较对照组高 8.58%。

4. 产品保存

包装应密封、无破损。运输过程中要防止雨、雪、日晒、高温、受潮、重压和人为损坏。产品应贮存于阴凉、干燥处。贮存温度不超过 20℃。贮存过程应防止鼠咬、虫蛀，不得与有毒、有害及有异臭味物质一起贮存。

（四）纳豆枯草芽孢杆菌

1. 商品种类

纳豆菌通常为（0.7～0.8）μm×（2.0～3.0）μm，革兰氏阳性。生长在葡萄糖琼脂的细胞原生质染色均匀。芽孢椭圆形或柱状，中生或偏中生，即使孢囊膨大，也不显著，有鞭毛，能运动。生长温度最高为45～55℃，最低为5～20℃。孢子耐热性强。

2. 作用机理

孢子型纳豆菌是具有耐酸、耐热特性的有益菌，同时具有强力的病原菌抑制能力，是各种益生菌当中，对环境耐受力最好的菌种之一。纳豆枯草芽孢杆菌可以产酸，调节肠道菌群，增强动物细胞免疫效应。并能生成多种蛋白酶（特别是碱性蛋白酶）、糖化酶、脂肪酶、淀粉酶，降解植物性饲料中某些复杂的碳水化合物，从而提高饲料的转化率。

3. 使用效果

邓露芳（2009）的研究显示纳豆枯草芽孢杆菌提高了牛奶产量和乳成分含量，降低了体细胞数，促进了瘤胃总细菌、蛋白质分解菌和淀粉分解菌的生长，说明纳豆枯草芽孢杆菌具有作为奶牛饲用益生菌的潜力。

（五）地衣芽孢杆菌

1. 商品种类

地衣芽孢杆菌（*Bacilus subtilis*）是芽孢杆菌属的一种，细胞大小为0.8μm×（1.5～3.5）μm，细胞形态和排列呈杆状、单生，细胞内无聚 β-羟基丁酸盐颗粒，革兰氏阳性杆菌。菌落为扁平、边缘不整齐、白色。为兼性厌氧菌。

2. 作用机理

地衣芽孢杆菌对葡萄球菌及酵母菌均有抗菌作用，而对双歧杆菌、乳酸杆菌、拟杆菌、粪链球菌的生长则有促进作用。该细菌可调整菌群失调达到治疗目的，可促使机体产生抗菌活性物质、杀灭致病菌；对肠道细菌感染具有特效，对轻型或重型急性肠炎、轻型及普通型的急性细菌性痢疾等，均有明显疗效；能产生抗活性物质，并具有独特的生物夺氧作用机制，能抑制致病菌的生长繁殖。地衣芽孢杆菌还能促进机体对氨的吸收利用，加速菌体蛋白质的合成，最终改善饲料利用率，提高产奶量和乳蛋白率。

3. 使用效果

据乔国华和单安山（2006）研究显示地衣芽孢杆菌可显著降低甲烷排放量，提高产奶量。添加地衣芽孢杆菌能增加奶牛产奶量及乳蛋白含量，同时也增加了奶牛瘤胃内中性洗涤纤维、酸性洗涤纤维及有机物质的表观消化率，能提高奶牛隐性乳房炎的治愈率，也能显著增加犊牛日增重和末体长，研究表明在犊牛饲料中添加地衣芽孢杆菌对后备牛的生长发育有一定的促进作用（符运勤等，2012；张岩等，2015）。

第三节　非营养性饲料添加剂产品介绍

非营养性添加剂不增加日粮营养成分，但是可以满足动物的特殊需要，如保健、促生长、增食欲、提高适口性等，添加量虽然少，但作用很大。非营养性饲料添加剂种类很多，它们的共同点是从各自不同的角度提高饲料的效率。根据它们的作用，大致可归纳为 4 类：生长促进剂、驱虫保健剂、饲料保存剂、其他添加剂。按照品种分，大致分为以下几类：抗生素、酶制剂、植物提取物、香味剂、脱霉剂、青贮饲料添加剂、饲料抗氧化剂等。

一、抗生素

抗生素（antibiotic）是由微生物（包括细菌、真菌、放线菌属）或高等动植物在生活过程中所产生的具有抗病原体或其他活性物质的一类次级代谢产物，是能干扰其他生活细胞发育的化学物质。饲用抗生素通过一定技术手段添加到预混料中，在生产上发挥疫病预防和促生长作用。

1. 商品种类

目前奶牛上应用的有杆菌肽锌预混剂、莫能菌素钠预混剂。

（1）杆菌肽锌预混剂。分子式 $C_{66}H_{101}N_{17}O_{16}SZn$，淡黄色至棕黄色粉末；无臭，味苦。在吡啶中易溶，在水、甲醇、丙酮、三氯甲烷或乙醚中几乎不溶。由杆菌肽发酵液与锌盐反应后的喷雾干燥物与碳酸钙等辅料配制而成。含杆菌肽锌按杆菌肽计，应为标示量的 90.0%～110%。杆菌肽锌属多肽类抗生素。

（2）莫能菌素。又称为瘤胃素（rumensin），原为链霉菌所分泌的一种物质，属于单价聚醚类离子载体抗生素。纯品莫能菌素颜色为白色或者接近白色，形态为结晶粉末，气味为轻微特殊臭味，几乎不溶于水，但易溶于有机溶剂（氯仿、甲醇、乙醇等），熔点为 103～105℃。莫能菌素钠为其制剂，物理形态呈现微白褐色至微橙黄色粉末，略有特殊臭味。不溶于水但易溶于苯、氯仿、丙酮、低级醇、低级脂等有机溶剂，在饲料中的稳定性好，通常用作饲料添加剂。

2. 作用机理

抗生素对奶牛的作用机理包括以下几个方面。

（1）对革兰氏阳性菌具有杀菌作用，其机制主要为抑制细菌的细菌壁合成，也能与敏感细菌的细胞膜结合，损伤细胞膜的完整性，导致细胞内重要物质外流。有效抑制革兰氏阳性菌和部分革兰氏阴性菌。

（2）影响细菌细胞膜的功能如多黏菌素与细菌细胞结合，作用于脂多糖、脂蛋白，影响膜的渗透性，因此对革兰氏阴性菌有较强的杀菌作用，制霉菌素与真菌细胞膜中的类固醇结合，破坏细菌细胞膜的结构。

（3）干扰细菌蛋白质的合成，通过抑制细菌蛋白质的生物合成，抑制微生物的生长。

（4）阻碍细菌核酸的合成，主要通过抑制 DNA 或 RNA 的合成，抑制微生物的生长。

（5）莫能菌素作为抗生素类饲料添加剂，通过影响反刍动物瘤胃微生物和球虫虫体离子平衡，使虫体破裂死亡，具有控制瘤胃中挥发性脂肪酸比例，减少瘤胃中蛋白质的降解，降低饲料干物质消耗，改善营养物质利用率和提高动物能量利用率等作用。

3. 使用效果

病原菌感染奶牛引起机体发病，出现局部或全身症状，会影响奶牛体内正常的机体代谢和生理功能，使免疫功能下降，局部器官损伤，出现代谢紊乱和代谢障碍，从而影响奶牛的生长发育，降低生产能力。抗生素在奶牛疾病治疗中起到了积极的作用，获得了理想的治疗效果。对于奶牛疾病尤其是乳房炎和子宫内膜炎的治疗而言，传统的抗生素疗法仍是治疗上述疾病的首选。

莫能菌素主要存在两种应用方式：①作为饲料添加剂直接添加到精饲料中，在每千克精饲料中的添加量为 10～30mg；②制成瘤胃控释胶囊植入牛的瘤胃，胶囊中含有 32g 莫能菌素，莫能菌素能被均匀持续地释放，药效期可持续 100 天，使用效果优于在饲料中直接添加（贾鹏等，2018）。陈园等（2016a，2016b）研究表明，饲粮中添加莫能菌素可提高瘤胃液 pH，显著降低瘤胃液微生物蛋白质（MCP）、总挥发性脂肪酸（T-VFA）、乙酸含量，以及乙酸/丙酸的值，增加丙酸含量，提高产奶量。

4. 注意事项

抗生素在奶牛疾病治疗中的副作用主要表现在以下几个方面。

（1）对某些器官组织产生损伤。一般情况下，抗生素不能被机体完全吸收，因此必须通过肝和肾代谢，代谢时间很长，导致药品堆积在肝或是肾，致使肝肾损伤。

（2）耐药菌株不断增加。抗生素长期、大量的使用，使病原菌耐药菌株增加，一些疾病变得难以用常规方法治愈，甚至可能出现抗生素无法控制细菌感染的情况。

（3）对人类健康造成极大危害。人们长期饮用"有抗奶"就相当于经常低剂量服用抗生素，会导致人体耐药性增加，免疫力下降，部分有过敏体质的人还可能出现荨麻疹、发热，甚至过敏性休克，有的还会造成人体内环境平衡紊乱或菌群失调。

由于不合理使用药物治疗疾病和作为饲料添加剂而引起的抗生素残留，发达国家很早就开始关注药物残留问题。许多国家已经禁止饲用抗生素的应用，我国也在逐渐减少饲用抗生素的种类，并于 2020 年 7 月 1 日正式全面禁止饲用抗生素的使用。

二、酶制剂

饲料酶制剂是微生物发酵过程中产生，经过提纯得到的产物，具有提高养分消化率、降低环境污染等作用，是一类高效、无毒、无副作用和环保性的绿色饲料添加剂。中国批准作为饲料添加剂的酶制剂就有 20～30 种。酶制剂来源于生物，一般来说较为安全，可按生产需要适量使用。酶制剂作为一种既无药残、无污染，又能促进畜禽产品产量，提高经济效益的新型绿色环保型饲料添加剂，在畜产品安全要求越来越高的今天发挥着越来越重要的作用。酶制剂可分为单一酶制剂和复合酶制剂，单一酶制剂包括淀粉酶、蛋白酶、脂肪酶、纤维素酶。常用奶牛酶制剂饲料添加剂见表 10-6。

表 10-6 奶牛酶制剂饲料添加剂品种目录

通用名称	适用范围
淀粉酶（产自黑曲霉、解淀粉芽孢杆菌、地衣芽孢杆菌、枯草芽孢杆菌、长柄木霉 3、米曲霉、大麦芽、酸解支链淀粉芽孢杆菌）	青贮玉米、玉米、玉米蛋白粉、豆粕、小麦、次粉、大麦、高粱、燕麦、豌豆、木薯、小米、大米
α-半乳糖苷酶（产自黑曲霉）	豆粕
纤维素酶（产自长柄木霉 3、黑曲霉、孤独腐质霉、绳状青霉）	玉米、大麦、小麦、麦麸、黑麦、高粱
β-葡聚糖酶（产自黑曲霉、枯草芽孢杆菌、长柄木霉 3、绳状青霉、解淀粉芽孢杆菌、棘孢曲霉）	小麦、大麦、菜籽粕、小麦副产物、去壳燕麦、黑麦、黑小麦、高粱
葡萄糖氧化酶（产自特异青霉、黑曲霉）	葡萄糖
脂肪酶（产自黑曲霉、米曲霉）	动物或植物源性油脂或脂肪
麦芽糖酶（产自枯草芽孢杆菌）	麦芽糖
β-甘露聚糖酶（产自迟缓芽孢杆菌、黑曲霉、长柄木霉 3）	玉米、豆粕、椰子粕
果胶酶（产自黑曲霉、棘孢曲霉）	玉米、小麦
植酸酶（产自黑曲霉、米曲霉、长柄木霉 3、毕赤酵母）	玉米、豆粕等含有植酸的植物籽实及其加工副产品类饲料原料
蛋白酶（产自黑曲霉、米曲霉、枯草芽孢杆菌、长柄木霉 3）	植物和动物蛋白
角蛋白酶（产自地衣芽孢杆菌）	植物和动物蛋白
木聚糖酶（产自米曲霉、孤独腐质霉、长柄木霉 3、枯草芽孢杆菌、绳状青霉、黑曲霉、毕赤酵母）	玉米、大麦、黑麦、小麦、高粱、黑小麦、燕麦

资料来源：中华人民共和国农业部公告第 2045 号

（一）淀粉酶

1. 商品种类

淀粉酶包括 α-淀粉酶、β-淀粉酶和糖化酶。

（1）α-淀粉酶。分布十分广泛，遍及微生物至高等植物。形式为粉末或液体。产品标准依照 GB/T24401—2009，酶活力≥2000U/mL（中温）或≥20 000U/mL（耐高温），其中，液体剂型：pH（25℃）为 2.5～7.0（中温）或 5.8～6.8（耐高温），容重为 1.10～1.25g/mL，耐热存活率（耐高温）≥90%。固体剂型：干燥失重率≤8%，耐热存活率（耐高温）≥90%。

（2）β-淀粉酶。广泛存在于大麦、小麦、玉米、大豆、甘薯等植物和一些微生物中。外观为棕黄色粉末，无异味。酶活力 50 000～100 000U/g，干燥失重率<8%。pH 为 5.5～6.2，过筛率（通过 40 目标准筛）≥75%。

（3）糖化酶。全名葡萄糖淀粉酶（glucan-1,4-α-glucosidase），又称为淀粉-α-1,4-葡萄糖苷酶、γ-淀粉酶。液体剂型为棕色至褐色液体，无异味，可能有少量凝聚物。固体剂型为浅灰色、浅黄色粉末或颗粒，无结块、异味，易溶于水，溶解于水时允许有少量沉淀物。依照 GB8276—2006，糖化酶酶活力：液体剂型≥100 000U/mL，固体剂型≥150 000U/g。pH（25℃）为 3.0～5.0（液体剂型）。干燥失重率≤8%（固体剂型）。过筛率（通过 40 目标准筛）≥80%，容重≤1.20g/mL（液体剂型）。

2. 作用机理

α-淀粉酶、β-淀粉酶和糖化酶作用机理略有不同。

（1）α-淀粉酶作用于淀粉时从淀粉分子的内部随机切开 α-1,4-糖苷键，生成糊精和还原糖，由于产物的末端残基碳原子构型为 A 构型，故称 α-淀粉酶。

（2）β-淀粉酶是一种外切型糖化酶，作用于淀粉时，能从 α-1,4-糖苷键的非还原性末端顺次切下一个麦芽糖单位，生成麦芽糖及大分子的 β-极限糊精。

（3）糖化酶主要作用于 α-1,4-糖苷键，对 α-1,6-糖苷键和 α-1,3-糖苷键也具有活性作用。

3. 使用效果

Andreazzi 等（2018）报道给奶牛饲喂低水平淀粉含量（21%）日粮时，可能维持产奶量而减少采食量，也可能维持采食量而增加产奶量；给奶牛饲喂低水平淀粉含量（32%）日粮时，添加 0.5g/kg 淀粉酶可增加产奶量、减少干物质采食量、增加饲料效率，同时增加乳糖合成和血浆葡萄糖浓度。

4. 产品保存

糖化酶对温度、光线、湿度都很敏感，运输贮存时尽可能做到避免暴晒、高温、潮湿，保持清洁、阴凉和干燥，能低温保存更好。

5. 注意事项

在耐高温 α-淀粉酶中，温度对酶的活力影响不同，地衣芽孢杆菌-淀粉酶最适温度为 92℃，而淀粉液化芽孢杆菌–淀粉酶的最适湿度仅为 70%，除热稳定性存在差别外，这两种酶作用于淀粉的终产物也不相同。β-淀粉酶的稳定性明显低于 α-淀粉酶，70℃以上一般均会失活。糖化酶使用时最适 pH 4.0～4.5，淀粉糖和味精生产时应先调 pH，后加酶糖化。用酶量随原料、工艺不同而变化，要缩短糖化时间需增加酶用量。温度需严格控制在 60～62℃，保温时温度均匀，严禁短期高温。

（二）蛋白酶

1. 商品种类

蛋白酶（产自米曲霉、孤独腐质霉、长柄木霉 3、枯草芽孢杆菌、绳状青霉、黑曲霉、毕赤酵母）分为固体剂型和液体剂型。固体剂型是白色至黄褐色粉末或颗粒，无结块、潮解现象，无异味，有特殊发酵气味。液体剂型为浅黄色至棕褐色液体，允许有少量凝聚物，有特殊发酵气味。依照 GB/T 23527—2009，蛋白酶的酶活力≥50 000U/mL（或 U/g）；固体剂型干燥失重率≤8.0%，过筛率（通过 39 目标准筛）≥80%。常用产品规格为 25kg/桶，酶活力 10 000U/mg。

2. 作用机理

蛋白酶能将蛋白质水解成为可被肠道消化吸收的小分子物质。由于动物胃液呈酸性，小肠液多为中性，所以饲料中多添加酸性和中性蛋白酶，其主要作用是将饲料蛋白质水解为氨基酸。除补充内源蛋白酶量的不足，外源蛋白酶还可能通过以下途径来提高动物对营养物质的消化利用率：①增强内源蛋白酶的活性；②某些外源蛋白酶可能因作用位点等方面的不同，将一些动物内源蛋白酶难以消化的蛋白质水解为肽和氨基酸，进而提高动物对饲料蛋白质的消化率；③降解蛋白质产生的一些活性物质（如寡肽）影响动物的神经内分泌，使 T3、GH、TSH、IGF-1 等代谢激素水平升高，从而提高对营养物质的利用率。

3. 功能功效

饲粮中添加蛋白酶制剂能够提高靶动物的生产性能，提高营养物质（尤其是蛋白质）的利用率，因而起到减少饲料原料使用、节省成本、提高经济效益的作用。通常蛋白酶在奶牛饲料中的添加量为 300～500g/t。

4. 产品保存

正常使用时造成活力下降的因素主次顺序为干燥失重（含水率）、温度、空气氧化。热风吹干和冷冻干燥产品只需 3 个月（在 35℃约 1 个月），喷雾干燥产品约 8 个月（在35℃约 3 个月），粗制酶（水溶液混浊的）比精制酶（水溶液透明的）稳定，热风吹干和喷雾干燥的酶比冷冻干燥的酶稳定。外观色泽由玉白或黄白色→黄灰色→粉红色→红褐色，是活力下降的标示。正常的酶气味为二氧化硫（臭鸡蛋）味，有刺激的酸味或测出亚硫酸盐含量超过 1%的属于亚硫酸盐含量过高的酶，通常会导致酶活力因亚硫酸盐氧化而下降且色泽变黄。酶的供应商通常提示酶应存放于低于 10℃，而酶制剂销售应考虑运输和货仓期的存放导致的活力下降。制药用酶应优先选用包囊和喷雾干燥产品。

5. 注意事项

适宜于 40～55℃、pH 为 9～11 的碱性条件下使用，超出以上范围酶的活力下降。重金属离子和阳离子表面活性剂对其活力有抑制作用，应用中应避免。

（三）脂肪酶

1. 商品种类

脂肪酶（产自黑曲霉、米曲霉）又称为甘油三酯酰基水解酶，是一类分解和合成脂肪的酶，它不仅可以催化酯水解反应，还可以催化酯合成反应和转酯反应。商品通常有粉末剂型和液体剂型，因来源不同颜色有米黄色至棕褐色不等。依据 GB/T 23535—2009，脂肪酶的酶活力≥5000U/mL（或 U/g），固体剂型干燥失重率≥8.0%。产品规格一般为 25kg/桶，酶活力为 5000～50 000U/g。

2. 作用机理

脂肪酶是一类具有多种催化能力的酶，可以催化甘油三酯及其他一些不溶性酯类的水解、醇解、酯化、转酯化及酯类的逆向合成反应，其天然底物一般是不溶于水的长链脂肪酸酰基酯。除此以外，还表现出其他一些酶的活性，如磷脂酶、溶血磷脂酶、胆固醇酯酶、酰肽水解酶的活性等。脂肪酶不同活性的发挥依赖于反应体系的特点，如在油水界面促进酯水解，而在有机相中可以酶促合成和酯交换。

3. 使用效果

脂肪酶能有效地提高奶牛在生长过程中对脂肪的吸收和利用，提高奶牛饲粮中能量的利用率，同时补充部分必需营养物质，如必需脂肪酸、脂溶性维生素、色素等。在饲粮中添加脂肪酶可以提高油脂的消化利用率，为动物体提供更多的能量，特别是可显著提高含脂量高的饲料，从而提高饲料转化率，满足动物对高能量饲粮的需求。外源性脂肪酶的添加剂有利于补充幼畜因消化机能尚未发育健全所造成的内源性消化酶活性和分泌量不足。添加脂肪酶可以减少奶牛因高脂肪消化不良而造成的营养性腹泻，促进奶牛生长。脂肪酶的添加可以减少油脂的添加量，从而降低饲料的成本。一般奶牛饲料的添加剂量为 80g/t。

4. 产品保存

高温会破坏脂肪酶的活性，使脂肪酶不能再恢复活性，低温一般都是只能抑制脂肪酶的活性，并不破坏脂肪酶的分子结构，当恢复正常温度之后，脂肪酶的活性又会恢复；脂肪酶处于过酸或过碱的环境中也会破坏脂肪酶的分子排列结构，彻底破坏脂肪酶的活性，使脂肪酶不能恢复。

5. 注意事项

油脂添加量大的要适当降低脂肪酶的添加；油脂添加量少的可酌情增加脂肪酶的添加量。总之，脂肪酶在饲料中的应用应结合配方中油脂的添加量。

（四）纤维酶

1. 商品种类

包括纤维素酶（产自长柄木霉3、黑曲霉、孤独腐质霉、绳状青霉）、β-葡聚糖酶（产自黑曲霉、枯草芽孢杆菌、长柄木霉3、绳状青霉、解淀粉芽孢杆菌、棘孢曲霉）、木聚糖酶（产自米曲霉、孤独腐质霉、长柄木霉3、枯草芽孢杆菌、绳状青霉、黑曲霉、毕赤酵母）。

（1）纤维素酶。通常为粉末或液体，颜色因来源不同而有所不同。酶活力为 10 000～

100 000U/g。

（2）β-葡聚糖酶。是一种水解酶类，包括 1,3-1,4-β-葡聚糖酶、1,3-β-葡聚糖酶、1,2-1,4-β-葡聚糖酶、1,4-β-葡聚糖酶和 1,3-1,6-β-葡聚糖酶，均属于半纤维素酶类。广义而言，β-葡聚糖酶包括了一切能分解 β-糖苷键链接成的葡萄糖聚合物的酶系。不同来源的 β-葡聚糖酶的酶学性质不同，细菌生产 β-葡聚糖酶的最适 pH 一般在 6.5～7.5，最适作用温度一般为 50～55℃；曲霉菌生产 β-葡聚糖酶的最适 pH 一般在 5.0～5.5，最适作用温度一般为 40～60℃；木霉生产 β-葡聚糖酶的最适 pH 一般在 3.0～5.0，最适作用温度一般为 60℃。来自芽孢杆菌的 β-葡聚糖酶适宜作用温度和热稳定性一般高于麦芽内源酶和真菌性 β-葡聚糖酶。

（3）木聚糖酶。分为固体剂型和液体剂型。固体剂型为粉状、微囊状或颗粒状，有特殊发酵气味，无异味。液体剂型为淡黄色至深褐色液体，允许有少量凝聚物，有特殊发酵气味，无异味。依照 GB/T 4483—2013，木聚糖酶酶活力≥5000U/g（或 U/mL）；固体剂型干燥失重率≤8%，细度（40 目标准筛通过率）≥90%。酶活力为 8000U/g。木聚糖酶（xylanase）是指能专一降解半纤维素和木聚糖为低聚木糖和木糖的一组酶的总称，主要包括三类：β-1,4-D-内切木聚糖酶（EC 3.2.1.8）、β-1,4-D-外切木聚糖酶（EC 3.2.1.92）、β-木糖苷酶（EC 3.2.1.92）。大多数微生物来源的木聚糖酶具有以下性质：单亚基蛋白质，分子量范围 8～145kDa（碱性蛋白 8～30kDa，酸性蛋白 30～145kDa），等电点 pI 为 3～10；酶的最适作用 pH 为 4～7，pH 稳定范围 3～10，真菌木聚糖酶的最适 pH 较细菌的偏酸性；酶的最适反应温度为 40～60℃，一般真菌木聚糖酶的热稳定性较细菌的差。

2. 作用机理

不同的纤维素酶作用机理不同。

（1）纤维素酶。它可补充反刍动物内源酶的不足，打破植物细胞壁使胞内原生质暴露出来，由内源酶进一步降解，除了降解细胞壁提高奶牛对粗纤维的消化利用率外，还提高了胞内物质的消化率，从而有效地提高了饲料的有效能值。

（2）β-葡聚糖酶。可将 β-葡聚糖降解为低分子量片段的酶。按作用方式不同，β-葡聚糖酶可分为内切和外切两类。绝大多数来自真菌的内切葡聚糖酶和外切葡聚糖酶的分子量均在 20～100kDa。作用机理：破坏细胞壁结构、提高内源酶活性、改善肠道微生物菌群、通过改变消化部位来改善饲料利用率。

（3）木聚糖酶。能够提高内源性消化酶的活性、降低肠道内微生物数量、破坏细胞壁结构、减少粪便、降低污染，畜禽日粮中的蛋白质在酶制剂的作用下产生具有某些免疫活性的小肽，提高畜禽的免疫力。

3. 使用效果

纤维素酶类饲料添加剂的主要功效是从不同角度增加粗纤维的消化性能、提高粗饲料的消化率，目前很少单独使用某一种酶，而是经常使用复合酶制剂。

4. 产品保存

25℃以下阴凉干燥保存，保质期 12 个月。

5. 注意事项

纤维素酶的最适 pH 一般在 4.5～6.5。葡萄糖酸内酯能有效抑制纤维素酶，重金属离子如铜和汞离子，也能抑制纤维素酶，但是半胱氨酸能消除它们的抑制作用，其至进一步激活纤维素酶。植物组织中含有天然的纤维素酶抑制剂，它能保护植物免遭霉菌的腐烂作用，这些抑制剂是酚类化合物。如果植物组织中存在着高的氧化酶活力，那么它能将酚类化合物氧化成醌类化合物，后者能抑制纤维素酶。木聚糖酶应用于饲料工业中时，必须进行逐渐稀释达到与其他物料混匀的程度。稀释度应根据取食者的特性准确计量。

（五）复合酶制剂

1. 商品种类

复合酶制剂已成为饲料酶领域的主体，大致可分为以下 4 类。

（1）以蛋白酶、淀粉酶为主的复合酶，多用于补充幼龄或病理条件下动物内源性消化酶分泌的不足。

（2）以聚糖酶、果胶酶为主，辅以纤维素酶、甘露聚糖酶等的复合酶，用于破坏植物饲料细胞壁，提高壁内营养物质的利用率，多用于玉米、豆粕为基础的日粮。

（3）以 β-葡聚糖为主，辅以其他酶种的复合酶，可降低由 β-葡聚糖引起的食物黏稠，并促进各种养分在胃肠的吸收。

（4）以纤维素酶、蛋白酶、淀粉酶、糖化酶、葡聚糖酶、果胶酶为主的复合酶，这些酶的综合作用，可以有效提高畜禽的生产性能。

2. 作用机理

复合酶制剂的作用机理一般利用其组成成分作用的复合效应。

3. 使用效果

在日粮中添加纤维素酶和木聚糖酶，奶牛对干物质、中性洗涤纤维、酸性洗涤纤维和粗蛋白的消化率要高于添加酵母菌的效果，瘤胃微生物菌体蛋白质合成显著增加，奶牛产奶量和犊牛生长性能也能得到明显的提高（林静等，2017；杨泽坤，2017）。赵连生等（2018）利用纤维素酶改造后的二代里氏木霉，配合木聚糖酶、甘露聚糖酶、β-葡聚糖酶、果胶酶和中性蛋白酶制成复合酶制剂，显著提高瘤胃液总挥发性脂肪酸含量，显著提高干物质和中性洗涤纤维的表观消化率和饲料转化率，从而对校正乳产量和乳脂率也有显著提高。

4. 注意事项

不同的奶牛生产水平、环境温度，以及饲养管理水平等有可能对酶制剂的应用效果产生影响，在实际生产中可根据具体情况对外源酶的使用做适当的调整。

三、天然植物饲料添加剂

近年来，天然植物饲料添加剂成为饲料添加剂发展的重要内容和研究热点，2020年以后有望成为农业农村部批准的唯一促生长类添加剂。天然植物含有免疫活性物质，具有能增强动物机体免疫功能，提高动物抗应激、抗疾病的能力，改善动物生产性能的功效，以及无（低）残留、不易产生耐药性等诸多优点。我国中草药资源丰富，药用植物就有12 807种之多，兽医常用的中草药有1000余种，最新饲料原料目录中收录了117种天然植物材料可以单一或组方形式直接用于动物。常用的植物饲料添加剂包括植物多酚、丝兰提取物、杜仲叶提取物、松针叶提取物、茶皂素植物精油、异黄酮提取物等。

（一）植物多酚

1. 商品种类

植物多酚，药典中又称为单宁、鞣酸，是一种酚类聚合物，广泛分布于植物的叶片、树皮、果实、树根中。其分子量为500~3000Da，一些缩合单宁的高聚体分子量可超过3000Da。从化学结构上分，植物多酚主要有三类：水解单宁，是一类由酚酸及其衍生物与葡萄糖或多元醇通过苷键或酯键而形成的化合物。根据水解产物不同，水解单宁可分为棓单宁，水解后产生棓酸（没食子酸）；鞣花单宁，水解后产生鞣花酸或其他与六羧基联苯二酸有生源关系的物质；缩合单宁（原花青素）是一类由儿茶素或其衍生物棓儿茶素等黄烷-3-醇化合物以碳-碳键聚合而形成的化合物；复杂多酚即一类含黄烷基的鞣花单宁（如狭叶栎单宁、麻栎素等），即同时含有水解类多酚和缩合类多酚两种类型的结构单元，具有两类多酚的特征。植物多酚化学结构中的酚羟基和酯键都很容易被氧化，是优良的氢供给体，这种化学结构决定了其具有良好的抗氧化特性。

常用的植物多酚类化合物有板栗多酚、茶多酚。

（1）板栗多酚。浅黄色粉末，板栗产业副产品含有的植物多酚，包括板栗木多酚、板栗总苞多酚，是包括鞣花酸、五倍子、没食子酸等多种水解单宁和缩合单宁成分的一类物质。

（2）茶多酚。在常温下呈浅黄或浅绿色粉末。茶多酚是茶叶中多酚类物质的总称，包括黄烷醇类、花色苷类、黄酮类、黄酮醇类和酚酸类等。主要为黄烷醇（儿茶素）类，占60%~80%。

2. 作用机理

近些年的研究发现，单宁对动物也有营养作用。单宁可保护反刍动物瘤胃蛋白质，提高过瘤胃蛋白质含量，也可提高氮利用率，降低氮和甲烷的排放量。Jouany和Morgavi（2007）通过研究发现植物多酚能够减少日粮蛋白质在瘤胃中的降解，减少瘤胃氨气、甲烷生成和尿氮排泄，同时还具有抗菌、抗寄生虫和抗氧化活性。Liu等（2013）报道板栗多酚能够抑制围产期奶牛的脂肪氧化，提高血浆和肝中抗氧化酶的活性。从而明显增加过瘤胃蛋白质的比例，同时减少饲料中 NPN 和干物质的损失。

3. 使用效果

Dschaak 等（2011）报道，当茶多酚作用浓度 100mg/mL、作用时间 6h 时可作为茶多酚保护乳腺上皮细胞抵制氧化损伤的最适条件。王峰等（2016）报道，在日粮中添加板栗总苞多酚水平为 0.3% 时，可以显著提高奶水牛机体总抗氧化能力（T-AOC）、总超氧化物歧化酶（T-SOD）、谷胱甘肽过氧化物酶（GSH-Px）的活力，并可以显著降低血液中过氧化产物丙二醛（MDA）的含量，产奶量显著高于对照组，体细胞数量显著低于对照组。

4. 注意事项

Wischer 等（2013）研究发现不同富含单宁的提取物和单宁单体对体外甲烷和微生物蛋白质合成的影响很大，使用前一定要经过详细验证。

（二）丝兰提取物

1. 商品种类

丝兰属植物提取物是丝兰属植物中提取成分的总称，以丝兰属植物为原料，通过醇溶剂提取浓缩，再经过水和正丁醇二相萃取后除去杂质，取正丁醇相蒸干后用乙醚回流得到的乙醚不溶物为丝兰提取物。市场上有两种形态的产品：液体和固体粉末。液体产品是一种压榨浓缩丝兰汁；固体粉末也分两种，一种是将丝兰压榨汁液喷覆于载体上再干燥制成的，另一种是直接将丝兰干燥磨碎制成粉末产品。粉末状丝兰提取物是 100% 丝兰组分，包含所有活性化学物质且不含惰性载体。Cheeke 等（2006）报道，液体状丝兰提取物缺乏多酚类活性物质，而粉末状丝兰提取物（整株包括树皮）中酚类含量高达 13mg/g。

2. 作用机理

丝兰提取物是一种脲酶抑制剂，能抑制尿素分解成氨气，还能促进微生物将氨气转变成微生物蛋白质，从而减少粪、尿中氨气的产生。丝兰提取物活性成分甾体皂苷是天然植物雌激素，与哺乳动物雌二醇（E_2）具有类似的化学结构，能够与雌激素受体相互作用，参与动物体内雌激素信号通路的调控作用。丝兰提取物中的甾体皂苷具有表面活性剂性质，能改变细胞膜的表面张力，影响营养物质跨细胞膜的吸收，能够改善机体的代谢紊乱（脂质代谢受损）并恢复稳态平衡。丝兰提取物中的多酚、白藜芦醇能抑制血小板聚集和前列腺素合成，调节脂质代谢。丝兰提取物能够通过调节动物机体的体液免疫、细胞免疫，提高血清中免疫球蛋白含量、激活淋巴细胞功能，促进免疫器官生长等来改善机体免疫功能。丝兰提取物能够提高动物机体抗氧化酶的活力，减少氧化产物，清除自由基，提高动物的抗氧化能力和缓解氧化应激。

3. 使用效果

丝兰属植物提取物活性成分含甾类皂角苷、多糖及多酚等活性成分，对畜舍内氨和硫化氢等有害气体有极强的吸附能力，能够改善动物饲养环境，减少排泄物对环境的污染。田丽新等（2014，2016）报道丝兰属植物提取物能够降低人工瘤胃产气量和氨态氮浓度；在荷斯坦奶牛日粮中添加 100mg/kg、200mg/kg 丝兰属植物提取物可以提高血清中 IgG、IgM、IgA 和 sCD4 的含量和过氧化氢酶、超氧化物歧化酶和谷胱甘肽过氧化物酶活性，降低丙二醛浓度，从而改善奶牛免疫和抗氧化功能；提高牛奶乳脂率、乳蛋白率和乳总固形物的含量，降低尿素氮和体细胞数，改善奶牛的产奶性能。

Lovett 等（2006）研究表明饲粮中添加丝兰提取物能降低奶牛的干物质采食量，升高饲料向牛奶的转化率。有研究表明，低剂量的丝兰皂苷能够直接刺激包括纤维素分解菌在内的一些瘤胃内细菌的生长，因而可以不受其驱原虫能力的影响而提高饲料的消化率。高剂量的丝兰皂苷对瘤胃内环境的调节主要表现为驱原虫的作用（Patra et al.，2012）。

4. 注意事项

不同产地、不同批次产品的活性成分可能存在差异，从而影响其在实际生产中的效果。

（三）杜仲叶提取物

杜仲（*Eucommia ulmoides*）是我国传统中药材，从饲料行业发展和绿色养殖的要求出发，杜仲叶优越的抗菌促生长性能已经得到了广泛认可。杜仲叶提取物中主要成分绿原酸具有广谱抑菌、抗应激、抗氧化、清除自由基和增强免疫力的功能，可替代部分抗生素，是一种高效、环保、安全、无毒副作用的绿色饲料添加剂。

1. 商品种类

杜仲又名胶木，为杜仲科植物。分布于广西、湖南、四川、安徽、陕西、湖北、河南等地。我国的杜仲资源丰富，药用杜仲，即为杜仲科植物杜仲的干燥树皮，是中国名贵滋补药材。其味甘，性温。有补益肝肾、强筋壮骨、调理冲任、固经安胎的功效。

2. 作用机理

杜仲提取物作用机理可由构成成分进行说明。

（1）环烯醚萜类。杜仲醇、杜仲醇胺能够促进胶原蛋白合成、抗脂质过氧化；桃叶珊瑚苷具有抗菌消炎、刺激副交感神经中枢、加快马尿酸排出（利尿），对化学体系中的自由基有明显清除作用，对组织、细胞及亚细胞膜性结构有较好的保护作用；京尼平苷、京尼平具有明显的下泄作用。

（2）木脂素类。双环氧木脂素类、松脂醇二葡萄糖苷、丁香树脂醇类、橄榄树脂醇类、松柏醇类能够降压、增强记忆、抗氧化、降低胆固醇。

（3）苯丙素类。绿原酸、酒石酸、咖啡酸、熊果酸能够清除自由基、抗菌、消炎、抗病毒、降糖降血脂、保肝利胆，抑制氧化造成的 DNA 损伤，防止机体的氧化损伤。

（4）磺胺类。能够抑制脂质氧化、降低血脂。

（5）多糖类。对网状内皮系统有活化作用，可增强机体对非特异性免疫的作用。具有免疫调节、抗菌、抗病毒、抗癌、降血糖功效。

（6）杜仲胶。似丝状分布于杜仲叶、皮及果实中。可以硫化制得高弹性物质，坚韧耐磨，可用来做人造关节。

（7）其他。杜仲富含多种氨基酸、维生素和矿物质。杜仲游离氨基酸极少，含有的少量蛋白质，是和绝大多数食品类似的完全蛋白，即能够水解出对人体必需的 8 种氨基酸。测定了杜仲所含的 15 种矿物元素，其中有锌、铜、铁等微量元素，及钙、磷、钾、镁等常量元素。

3. 使用效果

《神农本草经》谓其"主治腰膝痛，补中，益精气，坚筋骨，除阴下痒湿，小便余沥。久服，轻身耐老"。杜仲是中国特有药材，其药用历史悠久，在中国具有广泛的应用。杜仲能够促进动物生长，提高生产性能；提高机体免疫力及抗氧化能力；改善动物对糖、脂肪及蛋白质的代谢，改善产品品质和风味。

4. 添加剂量

孙玉丽（2012）研究杜仲素对瘤胃发酵性能的影响显示，添加 20g/d 杜仲对奶牛瘤胃中 pH 和氨态氮影响不显著，显著降低瘤胃乙酸含量、总挥发酸含量和乙酸/丙酸值。

（四）松针叶提取物

1. 商品种类

松针粉主要是由马尾松、黄山松、落叶松、黑松、油松、赤松、樟子松、云杉和冷杉等的树叶加工制成，含有丰富的粗蛋白、脂肪、微量元素和维生素等。据测定，松针粉含粗蛋白 8%～13%，赖氨酸、天冬氨酸等 18 种氨基酸总含量达 5.5%～8.1%，含粗脂肪 7%～12%、无氮浸出物 37%、灰分 2%～6%，铁、锰、钴含量均高于一般牧草。此外，松针粉中胡萝卜素含量一般在 69～356mg/kg。松针粉还含有多种维生素，其中，维生素 C 含量为 540～650mg/kg，维生素 A 含量为 197～343mg/kg，叶绿素含量为 700～2200mg/kg，松针粉含代谢能 16.72～30.90MJ/kg。

2. 作用机理

（1）抗血小板聚集活性。松针叶提取物中木质素类和原花青素类化合物或黄酮等多酚类化合物在体内具有显著的抗血小板聚集活性，影响钙离子穿过血浆细胞膜也是可能的机制之一。

（2）降血糖作用。松针提取物对正常小鼠肾上腺素和四氧嘧啶引起的高血糖具有显著的降血糖作用。

（3）抑菌作用。松针叶提取物抑菌效果较好，其抗菌成分为胡椒酮、虎杖苷、甲基胡椒酚、花旗松素、土槿酸等。

（4）抗衰老作用。松针叶可通过提高体内抗自由基能力、减少脂质过氧化，从而保护细胞膜的完整性和功能的正常发挥，起到延缓衰老的作用。

（5）抗细胞 DNA 氧化损伤作用。松针叶提取液对羟基自由基和细胞活性氧具有强的清除作用，以及可以与 Fe^{2+} 螯合，松针叶提取液通过羟基自由基抑制 DNA 氧化损伤。松针叶提取液也通过降低 p21 和 BAX 蛋白的表达，阻止细胞的抗氧化损伤，抑制二磷酸腺苷核糖多聚酶的分裂和增加 Bcl-2 蛋白的生成，这个作用被 Hoechst33342 染色体所证实。表明松针叶提取液具有抗氧化、保护 DNA 及抗癌的作用。

（6）抗肿瘤活性。松针油在体内、体外对肿瘤细胞具有直接杀伤作用。松针油对人宫颈癌 HeLa 细胞的抑制作用呈显著的时间和浓度依赖性，其作用机制是松针油可诱导 HeLa 细胞发生凋亡。

（7）抗氧化作用。松针叶提取物含有丰富的黄酮类化合物，可有效地清除氧自由基。

（8）抗病毒作用。松针油中的某一天然化合物在体表能与甲型流感病毒 H1N1 亚型表面的某个特征性部位结合，使甲型流感病毒 H1N1 亚型很难进入细胞进行复制。同时，松针油对抑制甲型流感病毒 H1N1 亚型在细胞内增殖有明显的作用，其作用机理可能是抑制病毒核酸复制或阻止病毒蛋白质合成。

3. 使用效果

松针叶内含有丰富的营养物质，可以用于饲料加工。在我国主要是通过把松针加工成松针粉，添加到饲料中使用。将松针粉添加到畜禽的饲料中能够提高畜禽的生产性能，改善畜禽肉质，同时可以增强畜禽的免疫功能和抗病能力。杨英华（2016）饲喂实践证明，在奶牛日粮中添加 10%的松针粉，可节省饲料 6%，产奶量提高 7.4%～10.5%，大家畜（牛、羊、马等）饲料中添加 3%～5%的松针粉，可治疗异食癖。

（五）茶皂素

1. 商品种类

茶皂素又名茶皂苷，属于三萜类皂角苷，是从茶树种子（茶籽、茶叶籽）中提取出来的一类糖苷化合物，是一种性能良好的天然表面活性剂。具有苦辛辣味，刺激鼻腔黏膜引起喷嚏，纯品为白色微细柱状晶体，吸湿性强，对甲基红呈酸性，难溶于无水甲醇、乙醇，不溶于乙醚、丙酮、苯、石油醚等有机溶剂，易溶于含水甲醇、含水乙醇，以及冰醋酸、醋酐、吡啶等。茶皂苷溶液中加入盐酸至酸性时，皂苷就沉淀。

2. 作用机理

茶皂素在抗氧化、抗渗消炎、抑菌、抗溶血等方面都能发挥作用，可用作反刍动物瘤胃发酵调控剂，改善动物生产性能。

3. 使用效果

汪悦等（2018）报道茶皂素能减少甲酸甲烷杆菌与史氏甲烷菌，增加甲烷热杆菌。体外发酵试验中添加 10g/L 和 15g/L 茶皂素能够显著降低产气量和发酵速率，减少原虫数量，进而抑制甲烷排放。

4. 产品保存

茶皂素易于挥发，即使密封低温仍会挥发从而降低浓度。现用现配效果最佳。

（六）植物精油

1. 商品种类

植物精油是从植物中精炼出来的混合物，属于萜类，是异戊二烯首尾相连的聚合体，及其含氧饱和程度不等的衍生物，通式为$(C_5H_8)_n$。植物精油是亲脂性和疏水性化合物的浓缩物，挥发时会产生其特有的气味，一般为液体，但常温下部分植物精油有固体析出。在自然条件下易氧化酸败变质，不溶于水，易溶于有机溶剂，可燃烧。已知的植物精油有 3000 多种，成分复杂，多为几十种物质的混合物。植物精油的主要成分有 4 类。

（1）萜烯类化合物。其含量最多，如沉香醇、香叶醇、冰片等。

（2）芳香族化合物。仅次于萜烯类的第二大类化合物，如百里香酚、香芹酚、桂皮醛等。

（3）脂肪族化合物。精油中分子量较小的化合物，几乎所有的精油中都有存在，如异戊醛、芳樟醇、姜油酮等。

（4）含氮、含硫化合物。葱科类植物，如具有辛辣刺激香味的大蒜素、洋葱中的三硫化物、黑芥子中的异硫氰酸酯等。

2. 作用机理

植物精油能快速被动物胃肠道前端吸收，而包被的植物精油在胃肠道后端释放。植物精油能降解细菌细胞壁，破坏细胞膜蛋白质结构，导致细胞质凝聚，减弱质子运动力，从而抑制杀灭细菌。植物精油发挥抗氧化活性的作用机理包括以下几点：①酚类成分与过氧自由基结合，使自由基活性降低或将其清除；②酚羟基与过渡金属离子（Fe^{2+}、Cu^{2+}）发生螯合，生成相对稳定的配合物，阻断动物机体生物氧化过程，减少金属离子诱导的自由基生成；③植物精油的萜烯成分可以上调体内抗氧化酶的活性。植物精油中活性成分能通过调节体内抗氧化酶水平，降低细胞促炎因子，来提高动物免疫力。植物精油能通过刺激脑神经（三叉神经）诱发动物产生采食行为，刺激食欲，促进消化道蠕动，从而促进消化液和消化酶，如唾液、胃液、胆汁肠液及系列酶的分泌，通过这些机制提高营养物质消化率。

3. 使用效果

植物精油可能通过提高动物肠道消化酶活性、促进肠道生长发育、维持肠道菌群平衡提高消化吸收能力并促进动物生长。茶树油和肉桂油具有开发为天然瘤胃调控剂的潜力，金恩望（2013）研究表明添加中等剂量的茶树油（100mg/L）和肉桂油（100～300mg/L）有助于改善瘤胃微生物发酵。王孝武（2015）研究表明百里香油和薰衣草油可作为防治奶牛子宫内膜炎药物的有效成分。植物精油能够改善反刍动物的瘤胃发酵功能，提高饲料中营养物质的吸收利用，对环境中减少甲烷等气体的排放有积极作用。Khorrami 等

（2015）在荷斯坦牛饲粮中添加 500mg/kg 百里香和肉桂精油发现，其可以替代莫能菌素作为牛瘤胃发酵剂，使牛瘤胃琥珀酸纤维杆菌和白色瘤胃球菌群体的数量减少。陈百万等（2015）研究表明，丁香精油具有较强的广谱抗细菌和抗真菌活性，可以用于防治奶牛乳腺炎细菌感染性疾病。在奶牛日粮中添加牛至精油可有效降低荷斯坦奶牛乳房炎和腹泻的发病率，从而改善荷斯坦奶牛的健康状况。陈昊等（2015）研究表明饲喂添加牛至精油日粮，奶牛单个乳区乳房炎发病率降低 2%，腹泻发病率降低 10%。Cobellis 等（2016）发现牛日粮中添加植物精油能显著减少甲烷、氨等气体的排放。Kahvand 和 Malecky（2018）研究发现，鼠尾草精油能积极地改变瘤胃发酵，产生更多的有益微生物。Wang 等（2018）揭示了桉树油（EUC）和茴香油（ANI）的体外和体内的抗甲烷活性。

4. 产品保存

精油易挥发、怕光，有一定的腐蚀性，所以一定要存放在具有遮光效果的深色玻璃瓶中，置于阴暗处。避免用塑胶瓶存放精油，塑胶的化学成分被精油腐蚀后会破坏精油的品质。为避免精油氧化及快速挥发，使用后的精油瓶盖一定要及时拧紧。而且尽量减少开启次数，避免污染及被氧化，从而导致品质下降。精油遇高温易变质，应远离热气及高温，最好是置于干燥、阴凉的地方。

5. 注意事项

需要进一步的体内试验来确定不同来源植物精油的有效添加剂量及其在畜产品中的残留问题。

（七）异黄酮类提取物

1. 商品种类

异黄酮（isoflavone）化学名为 3-苯基苯并吡喃-4-酮，又称为异黄酮植物雌性激素，广泛存在于豆科植物，以及豆类发酵产物丹贝、牧草、谷物和葛根等。目前已知的有 10 多种，包括大豆苷、染料木素苷元、谷甾醇、花生酸、鸡豆黄素 A、香豆雌酚、葛根素等，其中以大豆异黄酮的研究较多。大豆异黄酮是黄酮类化合物，是大豆生长中形成的一类次级代谢产物，是一种生物活性物质。

2. 作用机理

大豆异黄酮可影响神经内分泌系统的生长轴，并且可与下丘脑、垂体等处的受体进行结合，促进垂体分泌生长激素和催乳素。异黄酮类化合物具有如下生理功能：提高动物机体的免疫机能；促进动物生殖系统发育，提高繁殖力；促进动物乳腺发育，提高泌乳能力；促进动物生长，提高饲料转化率；增加乳汁的分泌，从而提高奶牛产奶量。

3. 使用效果

刘续航等（2013）研究表明饲喂大豆异黄酮 35 天后的奶牛血清中 GSH-Px 和 SOD

的活性均有显著上升，CAT 的活性也有一定的提高。在奶牛日粮中添加一定范围的大豆异黄酮可显著提高细胞活力，促进合成代谢与分泌 β-酪蛋白、乳糖和甘油三酯的能力，加速细胞对营养物质的转化效率，从而增强乳腺上皮细胞的泌乳能力（赵悦等，2019）。

4. 注意事项

由于异黄酮类化合物是一种具有双重生物活性的生理调节剂，使用异黄酮类化合物应注意用量适当、搅拌均匀。

四、香味剂

1. 商品种类

香味剂是指添加到饲料中产生特定香味的物质，主要成分是一些低分子量内酯、脂肪酸、醇、醛等低级易挥发的香味物质，常用的香味剂种类有果香味剂、草香剂、乳香剂。

（1）果香味剂。主要是从水果中提取的天然香味物质，主要成分包括乙基麦芽酚、乙基香兰素、橘子油、乙酸异戊酯、丁酸乙酯等。拥有清新、自然、纯正的鲜水果香味并伴有令人愉快的香蕉甜味（马燕芬，2009）。

（2）草香剂。主要是从天然牧草中提取的香精物质，拥有牧草香味，使奶牛进食量增加、心情愉悦从而增加产奶量（穆淑琴等，2011）。

（3）乳香剂。主要从乳制品、奶制品中提取，具有奶香味，添加到饲料中，增强犊牛食欲，使犊牛断奶有一个缓冲的过程（吴亚琪等，2015）。

2. 作用机理

饲料中香味剂可以通过刺激鼻腔内的嗅觉感受器等，在阿片肽系统作用下对动物采食量进行短期调节。添加香味剂既可弥补饲料中缺乏的天然风味，中和、掩盖不良异味，同时能有效地引诱奶牛采食，增加采食量，刺激消化液的分泌，促进消化吸收，从而达到提高生产性能的目的。添加香味剂对奶风味有一定的影响，饲料香味剂还具有抗氧化作用，能降低奶的氧化速率，提高奶的风味。实践中，由于苜蓿和燕麦中具有高水平的内酯和聚异戊烯，奶牛所产奶的风味比饲喂采食十字花科为主要粗饲料的牛奶风味要好。

3. 使用效果

马燕芬等（2014）研究表明，日粮中添加果香味剂可提高奶牛产奶量和乳成分含量，且当添加剂量为 60g/kg 时，乳成分含量及产奶量达到最高，之后呈下降趋势。奶牛日粮中添加果香味剂的试验组奶样煮沸前后在风味和口感上均要好于对照组奶样。果香味剂中的风味物质可通过牛体血液转移到奶中，进而改善牛奶的综合风味，使得奶味更加纯正。

4. 注意事项

香气过浓会造成动物的感官疲劳。浓度过高时会产生毒性，影响饲料安全。香味剂可掩盖腐败变质和污染霉变的饲料的味道。目前香味剂的检测标准及限量标准的制定还很滞后。

五、脱霉剂

饲料在生产、保存、使用过程中，可能受到霉菌污染而发生霉变。饲料中产生霉菌毒素的霉菌主要分为 3 类：曲霉菌、青霉菌和镰孢霉菌。据研究，世界每年约有 25% 的谷物受到霉菌的污染。中国的饲料原料污染最常见的霉菌毒素是呕吐毒素、黄曲霉毒素、玉米赤霉烯酮、赤霉烯酮、T-2 毒素、伏马毒素和烟曲霉素。其中，呕吐毒素和玉米赤霉烯酮在我国饲料中的检出率是 100%，黄曲霉毒素为 12.5%。这些毒素会降低饲料原料的适口性，进而引起动物机能的改变和动物采食量的降低。我国霉菌毒素限量标准见表 10-7。

表 10-7 我国霉菌毒素限量标准

霉菌毒素	食品、饲料	最大允许量
黄曲霉毒素 B_1	奶牛精饲料补充料	10μg/kg
	豆粕	30μg/kg
	玉米、花生饼/粕、棉籽饼/粕、菜籽饼/粕、肉牛精饲料补充料	50μg/kg
玉米赤霉烯酮	配合饲料和玉米	500μg/kg
呕吐毒素	犊牛和泌乳期动物配合饲料	1mg/kg
	牛、家禽配合饲料	5mg/kg
赭曲霉毒素 A	配合饲料和玉米	100μg/kg

资料来源：查满千等，2015

脱霉剂可以利用物理、化学及生物学的方法，使饲料中的霉菌毒素在一定程度上失活或者去除，通过降低游离霉菌毒素的含量，有效缩小霉菌毒素危害，保证饲料适口性。常用的脱毒方法有：物理脱毒方法，包括吸附剂吸附法、水洗法、溶剂提取法、剔除法、脱胚去毒法、加热去毒法、辐射法等；化学脱毒方法，包括酸处理、碱处理、臭氧处理，以及添加其他化学物质处理等；生物脱毒方法，主要是利用微生物本身或其产生的酶对霉菌毒素进行降解。反刍动物饲料中常用的脱霉剂有黏土类吸附剂、酵母细胞壁类吸附剂、酶解去毒剂、中草药制剂 4 类。

（一）黏土类吸附剂

1. 商品种类

蒙脱石是目前常用的黏土类饲料脱霉剂，是天然硅铝酸盐。在此基础上还有膨润土、沸石粉等无机矿物吸附剂，以及用季铵类改性的膨润土、沸石粉。

2. 作用机理

蒙脱石由两层共顶连接的硅氧四面体片夹一层共棱连接的铝（镁）氧（氢氧）八面

体片构成 2∶1 型含结晶水的结构。利用四面体夹层间多空间结构与表面形成的离子极性，强力吸附同样具有离子极性的霉菌毒素，强大的吸附力来自于超大的表面积与静电吸附。

3. 使用效果

脱霉剂可有效地吸附、灭活、降解各种霉菌毒素，避免畜禽因霉菌毒素造成的各种损害。王黎文等（2013）在中国荷斯坦牛饲粮中添加 0.5% 的蒙脱石降低了游离黄曲霉毒素含量；在奶牛饲料中添加膨润土也能够减少黄曲霉毒素从饲料到牛奶的传递，保证动物生产性能的稳定和乳品质量的安全。

（二）酵母细胞壁类吸附剂

1. 商品种类

酵母细胞壁的主要成分包括葡聚糖、甘露聚糖、几丁质和蛋白质。β-葡聚糖是一种具有特殊结构的多糖，通常由 10～20 个单糖组成，相对分子质量为 6500～7500，大多数不溶于水或为胶质颗粒。β-葡聚糖中的单糖间以 β-1,3-糖苷键和 β-1,6-糖苷键相连。由于特殊的键结合方式和分子氢键的存在而呈螺旋形分子结构。

2. 作用机理

β-葡聚糖可与多种霉菌毒素形成特异的互补结构，从而与多种霉菌毒素牢牢地结合，并通过肠道排出畜禽体外。此外，β-葡聚糖可通过激活酚氧化酶系统，将酚氧化酶原氧化成酚氧化酶，后者可特异性降解饲料中的霉菌毒素，从而起到降低和化解毒素作用。β-葡聚糖通过物理吸附或直接结合霉菌毒素的方式脱去饲料中的霉菌毒素，且不影响其他饲料成分。

酵母甘露低聚糖依靠与霉菌毒素的亲和性，吸附霉菌毒素。在防止动物霉菌毒素中毒方面，以其添加量少、作用显著和结合的霉菌毒素范围广等特点引起人们的广泛重视。甘露低聚糖与黄曲霉毒素的结合力取决于 pH、霉菌毒素的浓度及甘露低聚糖的计量，甘露低聚糖与黄曲霉毒素的结合力在 pH 6.8 时比 pH 4.5 时强，甘露聚糖的添加量在 500～1000mg/kg 饲料范围内的结合力呈上升趋势。

3. 使用效果

Girgis 等（2010）报道，作为酵母提取物有效成分的葡甘聚糖具有吸附霉菌毒素的功效，对呕吐毒素和玉米赤霉烯酮具有一定吸附作用。而酵母提取物通过含有的活性酶分解毒素或者寡糖来吸附霉菌毒素。关文怡等（2017）研究表明在奶牛日粮中添加脱霉剂能显著提高奶牛产奶量和乳脂率。

（三）酶解去毒剂

1. 商品种类

葡萄糖氧化酶，是一种需氧脱氢酶。

2. 作用机理

酶解去霉的机理是微生物代谢产物——微生物酶使霉菌毒素的基团或结构被破坏，使霉菌毒素失去活性。葡萄糖氧化酶还具有调节动物胃肠菌群平衡的功效。通过酶解法消除霉菌毒素的毒性具有极大的局限性。

3. 作用效果

葡萄糖氧化酶具有抑制黄曲霉菌生长和降解黄曲霉毒素的作用。然而酶解去毒具有极大的局限性。首先，酶具有极强的选择性，一种酶只针对一种毒素起作用；其次，酶对饲料加工过程中的高温十分敏感，极易失活；最后，胃肠道的温度与复杂的环境，包括变化的 pH，是否适合该种酶的作用条件。但是酶在适合的环境中具有高效、高专一性处理霉菌毒素，而对饲料营养无任何影响的优点，因此近年来霉菌毒素处理的研究发展的主要方向是以不同的酶来分解霉菌毒素。

六、青贮饲料添加剂

青贮玉米对于奶牛来说至关重要，青贮饲料在发酵过程中的养分损失是衡量发酵好坏的重要指标。为了保证青贮饲料的质量，一般在制作青贮饲料时会使用青贮饲料添加剂，这些添加剂主要是通过改善青贮料内微生物区系，调控青贮发酵过程，刺激乳酸菌繁殖提高乳酸的产量，并促进粗纤维与多糖转化，最终达到改善青贮饲料品质的目的。青贮添加剂按功能可分为许多类型，市场上普遍使用的主要是两种类型：乳酸菌发酵剂和有机酸盐（或有机酸）保鲜剂。

（一）乳酸菌发酵剂

1. 商品种类

在乳酸菌发酵剂产品中常常采取复合菌种的配方，一般由植物乳杆菌、球菌和布氏乳杆菌三类组成。青贮料初始最佳接种乳酸菌的活菌数为 2×10^5 CFU/g 鲜料，而乳酸菌发酵剂的总乳酸菌活菌数一般定为 $\geqslant 1 \times 10^{11}$ CFU/g 菌粉，每吨青贮料使用 2g 菌粉就可以保证最佳的初始接种量。菌种组成比例，一般布氏乳杆菌活菌数应为 $2 \times 10^{10} \sim 3 \times 10^{10}$ CFU/g 菌粉，也就是占总数的 20%～30%，布氏乳杆菌添加太多，产生的乙酸过多，会影响适口性和采食量，成本也会上升。球菌一般占 10%，即在配方中标注 $\geqslant 1 \times 10^{10}$ CFU/g 菌粉，植物乳杆菌一般为 $6 \times 10^{10} \sim 7 \times 10^{10}$ CFU/g 菌粉。

2. 作用机理

在自然发酵中，一般依靠的是植物乳杆菌和布氏乳杆菌，通过消耗青贮料里的葡萄糖，转化为乳酸，导致 pH 下降，起到抑制酵母菌和霉菌繁殖的作用。它可以分为同型发酵和异型发酵。同型发酵是指乳酸菌分解 1 个葡萄糖分子可以合成 2 个乳酸分子的发酵类型，其消耗糖较少，转化效率高，合成乳酸多。植物乳杆菌就属于同型发酵的乳酸菌。异型发酵是指乳酸菌分解 1 个葡萄糖分子可以合成 1 个乳酸分子和 1 个乙酸分子的发酵类型，就合成乳酸而言，其消耗糖相对较多，布氏乳杆菌就属于异型发酵的乳酸菌。资料证明，相对于乳酸，乙酸对二次发酵的抑制作用更强，低浓度的乙酸（≤3%，占干物质）就可以有效地抑制酵母菌和霉菌，尤其是对防止二次发酵起到不可替代的作用。也可以这样说，要抑制开窖后的二次发酵一定要用布氏乳杆菌，但布氏乳杆菌产乙酸达到有效浓度需要 2 个月的时间，因此提前开窖很容易造成二次发酵。自然发酵前期 pH 下降缓慢。青贮时添加球菌，利用它繁殖速度快的特点，在封窖后 1～5 天快速产生乳酸，降低 pH 至 5，来抑制植物细胞的呼吸作用和酵母菌、霉菌的繁殖。之后，球菌受到抑制。而植物乳杆菌耐酸性强，可以持续产酸，可以将 pH 降到 3.6～3.9 的水平。此时，植物乳杆菌也受到了抑制，停止了发酵，使青贮窖进入稳定阶段。

3. 使用效果

王栋才等（2018）利用植物乳酸菌和戊糖片球菌复合而成的青贮复合菌剂提高全株青贮玉米的粗蛋白含量 9.49%，奶牛产奶量和乳蛋白也得到显著提高。

4. 产品保存

冻干粉和液态乳酸菌发酵剂保存方式不同。

（1）乳酸菌冻干粉。可以在常温贮藏，但要严格避免在日晒、高热和潮湿的地方贮藏，常温下，一般可以保藏 6 个月。如果在−18℃以下的冰箱里保藏，保质期可达一年以上。使用时，按照产品说明书执行。

（2）液体的乳酸菌发酵剂。需要在冷链条件下运输与贮藏，温度为 0～5℃。由于乳酸菌处于活的状态，需要营养，培养液体里应加有营养物质供乳酸菌使用。如果温度高，乳酸菌繁殖活跃，消耗养分就越快，待养分耗尽时乳酸菌就会大量死亡。低温下贮藏可减缓繁殖，保质期可以延长。液体菌液减少了低温冻干包埋成本，所以售价可以较低，但活菌数量不好保证，使用时受许多因素的影响。该产品的使用要严格按产品使用说明书执行。

（二）有机酸盐保鲜剂

1. 商品种类

有机酸盐保鲜剂常常由山梨酸钾、苯甲酸钠、丙酸盐等组成。有机酸盐保鲜剂是粉剂，易于运输与保存，腐蚀性小，对人和机械较安全，使用时再溶解。其极易溶于水（水温≥15℃），1∶1（体积比）比例都可以快速溶解。所以，是市场上非常受欢迎的产品。

2. 作用机理

有机酸盐专门抑制革兰氏阴性菌，如酵母菌、霉菌等，而不抑制革兰氏阳性菌，如乳酸菌等。有机酸盐的抑菌效果均有它最适 pH 范围，苯甲酸钠在中性环境下抑菌效果最好，而山梨酸钾是在酸性环境条件下（pH 4.2 以下）抑菌效果更强，两者复合使用可以在青贮制作全程有效地抑制酵母菌和霉菌。丙酸盐抑制效果更强，但成本较高。有机酸盐是一种接触性抑菌和杀菌的保鲜剂，只要均匀地喷洒在物料上，其周边酵母菌和霉菌就难以生存。它不具有挥发性，其浓度和剂量可保持稳定，抑菌效果稳定。有机酸盐不抑制乳酸菌，与乳酸菌同时使用可以起到双层抑制二次发酵的作用。也可以单独使用，利用野生的乳酸菌自然发酵，产生乳酸和乙酸，但相对复合添加乳酸菌，其发酵的速度相对较慢。在封窖初期，乳酸菌不可能有效抑制酵母菌和霉菌的活动，容易出现高温发酵现象，特别是在压窖密度低的情况下，可以看到封窖后青贮窖长时间地胀气，这说明酵母菌和霉菌繁殖产热和产气严重。如果添加了有机酸盐，就可以提前起到抑制的作用。所以，凡是添加有机酸盐的全株青贮玉米的颜色都是绿黄色，说明保证了低温发酵。经测定在封窖后 30～60 天时乙酸含量较低，起不到抑制二次发酵的作用。在高寒地区由于封窖后气温就很低，夜间常常在 0℃ 以下，60 天开窖时乙酸含量≤1%，很易引起二次发酵。所以，要提前开窖，建议使用有机酸盐保鲜剂+乳酸菌发酵剂复合添加剂，通过有机酸盐来抑制二次发酵，同时也促进了乳酸菌的发酵，乙酸沉积量可以大于 2%。

有机酸盐还有一个作用就是防止青贮霉变。一是在封窖时，在顶层 30cm 青贮上喷洒有机酸盐溶液，可以杜绝顶层的霉变。二是当青贮玉米水分过低时（干物质 36%～50%），如玉米得青枯病或者由于提前下雪造成玉米干枯，或者由于收获推迟，干物质过高，添加有机酸盐可以有效防止霉变，同时促进乳酸菌的发酵，保证青贮的质量，特别是在玉米黄贮时效果更明显。

3. 使用效果

有机酸盐在青贮全程能有效抑制酵母菌和霉菌的繁殖，促进乳酸菌的发酵，与乳酸菌发酵剂一起使用可以最大限度地保住能量，保证低温发酵，防止二次发酵，可提高全株青贮玉米的产奶净能 0.5MJ/kg DM，提高奶产量 1～2kg/（头·d），经济效益高。同时保证干物质 36%～50% 的全株青贮玉米的正常发酵，抑制霉变。窖顶和窖壁喷洒可以杜绝霉变，而不影响乳酸菌的正常发酵。单独使用有机酸盐也可以保证低温发酵，促进野生乳酸菌的自然发酵，也具有防止二次发酵的作用。

4. 产品保存

有机酸盐是粉剂，袋装。可在常温、避光、干燥处贮藏。常温下可贮藏一年以上，由于堆压可能会出现结块，不影响使用。其极易溶于水（水温≥15℃），1∶1 比例都可以快速溶解，溶解后加入喷药水箱。

5. 注意事项

有机酸盐腐蚀性小，但也要注意人体保护，如果溅于皮肤上要尽快用水洗尽。该产品的使用要按产品使用说明书执行。

（三）有机酸保鲜剂

1. 商品种类

有机酸保鲜剂一般由甲酸和丙酸铵等组成，液体，具有刺激性和挥发性。

2. 作用机理

降低 pH，抑制青贮过程中各种微生物的活动。

3. 使用效果

甲酸有较强的杀菌和抑菌的作用，无论酵母菌、霉菌，还是乳酸菌均予以杀灭，不能与乳酸菌同时使用，一般用于封窖时的顶层防霉处理。

4. 注意事项

有机酸产品要在极其严格的管理下使用，其腐蚀性强，对人皮肤、呼吸道和机械都会造成影响，要谨慎运输与装卸。使用时人要穿戴防护服，防止液体倾出，风大时停止喷洒，避免迎风喷洒。

七、饲料抗氧化剂

饲料抗氧化剂是指能阻止或延迟饲料中易氧化的不饱和油脂和其他对氧不稳定的物质氧化，提高饲料稳定性和延长储存期的物质。抗氧化剂分为天然和人工合成两类，天然抗氧化剂有生育酚、茶多酚等，人工合成抗氧化剂有没食子酸丙酯（PG）、乙氧基喹啉（EMQ）、酮胺类、酚类等几种。

1. 商品种类

常用的抗氧化剂除了维生素 E、维生素 C 和茶多酚外，还有以下几种。

（1）乙氧基喹啉。又称为乙氧喹、山道喹、抗氧喹、虎皮灵、衣索金、埃托克西金等。分子式 $C_{14}H_{19}NO$，含量≥95.0%，乙氧基喹啉是人工合成的抗氧化剂，被公认为首选的饲料抗氧化剂，尤其对脂溶性维生素的保护是其他抗氧化剂无法比拟的。商品制剂有两种，一种以水作溶剂，另一种以甘油作溶剂。喷于饲料后可有效防止饲料中油脂酸败和蛋白质氧化，防止维生素 A、维生素 E、胡萝卜素变质。该品作为饲料添加剂使用时毒性低，使用安全。

（2）二丁基羟基甲苯。又称为丁羟甲苯，是一种人工合成抗氧化剂。为白色结晶物，不溶于水和甘油。分子式为 $C_{15}H_{24}O$，含量≥99.0%。

（3）丁基羟基茴香醚。又称为叔丁基对羟基茴香醚，为白色结晶或结晶性粉末，基本无臭，无味，不溶于水、甘油和丙二醇，而易溶于乙醇（25%）和油脂。分子式 $C_{11}H_{16}O_2$，含量≥98.5%。

（4）叔丁基氢醌。又名叔丁基对苯二酚，简称 TBHQ。是一种较新的酚类抗氧化剂。为白色粉状晶体，有特殊气味，易溶于乙醇和乙醚，可溶于油脂，不溶于水。对热稳定，遇铁、铜离子不形成有色物质，但在见光或碱性条件下可呈粉红色。分子式为 $C_{10}H_{14}O_2$，含量≥98.0%。

2. 作用机理

饲料抗氧化剂的抗氧化机理包括以下几个方面。

（1）清除自由基。一些抗氧化剂可以释放出氢自由基，与油脂氧化链式反应生成的自由基结合，将高势能、极活泼的自由基转变为较稳定的分子，中断链式反应，阻止油脂氧化，如丁基羟基茴香醚。

（2）清除氧气。一些抗氧化剂通过自身被氧化，除去弥漫于饲料中的氧气而延缓氧化反应的发生。可以作为还原保护剂的化合物主要有维生素 C 等。

（3）消除金属离子的氧化作用。饲料中的金属离子诱发油脂氧化链式反应，加速脂类氧化。一些抗氧化剂可以和金属离子络合，稳定金属离子的氧化态，抑制金属离子的促氧化作用。

（4）抑制氧化酶类的活性。氧化酶可催化自由基的生成。一些抗氧化剂可阻止或减弱氧化酶类的活性，从而对氧化酶起到抑制作用，如茶多酚对脂氧化酶有抑制作用。

3. 使用效果

几种抗氧化剂使用效果不同。

（1）乙氧基喹啉。适用于预混料及添加脂肪的产品，可防止其中的维生素 A、维生素 D、维生素 E 等及脂肪氧分变质、天然色素氧化变色，有一定的防霉和保鲜作用。可阻止肝或肾脂肪中的维生素 A 被硝酸盐破坏。

（2）二丁基羟基甲苯。能有效地防止脂肪、蛋白质和维生素的氧化变质。常用于油脂的抗氧化，适于长期保存不饱和脂肪含量较高的饲料。防止饲料中多烯不饱和脂肪酸酸败，可保护饲料中的维生素 A、维生素 D、维生素 E 等脂溶性维生素和部分 B 族维生素不被氧化，提高饲料中氨基酸的利用率，减少日粮能值和蛋白质的用量。

（3）丁基羟基茴香醚。除抗氧化外，还有较强抗菌力。将有整合作用的柠檬酸或酒石酸等与本品混用，不仅起增效作用，而且可以防止由金属离子引起的呈色作用。

（4）叔丁基氢醌。是一种油溶性抗氧化剂，能阻止或延迟饲料中油脂氧化变质。添加于任何油脂或含油脂高的食品及饲料中不产生异臭味。对大多数油脂，尤其是对植物油的抗氧化效果比 BHA、BHT 和 PG 要好。除有抗氧化作用外，还对饲料有良好的抗菌效果。可单独使用，亦可与 BHA 或丁羟基甲苯混合使用，添加剂量约为油脂或食品中脂肪含量的 0.02%。

4. 产品保存

抗氧化剂一般密封防潮、阴凉避光保存。运输时小心轻放，防止受潮、受热。不得与有腐蚀、有害物质共贮共运。保存期为 24 个月。

5. 注意事项

长期接触叔丁基氢醌蒸气、粉尘或烟雾可刺激皮肤、黏膜，并引起眼的水晶体混浊。不慎与眼睛接触后，请立即用大量清水冲洗并征求医生意见。

（编写者：郭凯军　李胜利　周春元　韩春林　张子霄）

参 考 文 献

陈百万, 袁永红, 王礼柏, 等. 2015. 丁香精油抗奶牛乳腺炎病原微生物活性研究[J]. 绵阳师范学院学
　　报, 34(2): 51-56.

陈昊, 刘婷, 姚喜喜, 等. 2015. 牛至精油对荷斯坦奶牛乳房炎和腹泻发病率的影响[J]. 中国草食动物
　　科学, 35(2): 39-41.

陈园, 李妍, 高艳霞, 等. 2016a. 饲粮中添加莫能菌素对奶牛瘤胃发酵参数的影响[J]. 中国兽医学报,
　　36(6): 1049-1052, 1058.

陈园, 李妍, 高艳霞, 等. 2016b. 日粮中添加莫能菌素对泌乳期奶牛生产性能及养分消化率的影响[J].
　　中国畜牧兽医, 43(6): 1468-1474.

陈志远, 王剑飞, 高健, 等. 2018. 过瘤胃烟酸对围产期奶牛生产性能和脂肪代谢的影响[J]. 中国奶牛,
　　4: 10-13.

程延彬, 苗树君, 李红宇, 等. 2010. 不同水平的蛋氨酸铜对奶牛瘤胃内环境及日粮表观消化率的影
　　响[J]. 中国牛业科学, 36(2): 8-10.

邓露芳. 2009. 日粮添加纳豆枯草芽孢杆菌对奶牛生产性能、瘤胃发酵及功能微生物的影响[D]. 北京:
　　中国农业科学院博士学位论文.

丁洪涛, 杨新艳, 夏冬华. 2013. 米曲霉对奶牛体外瘤胃发酵的影响[J]. 中国畜牧杂志, 49(16): 42-46.

杜春梅, 孙福昱, 蒋林树, 等. 2019. 饲粮中添加硫胺素缓解奶牛亚急性瘤胃酸中毒的研究进展[J]. 动
　　物营养学报, 31(2): 530-535.

符运勤, 刁其玉, 屠焰. 2012. 益生菌对0~52周龄中国荷斯坦后备牛生长发育的影响[J]. 中国奶牛, 15:
　　8-12.

关文怡, 孙健, 李桂伶, 等. 2017. 日粮中添加脱霉剂对奶牛乳汁的影响[J]. 黑龙江畜牧兽医, 10: 65-66.

国务院. 1999. 饲料与饲料添加剂管理条例[Z]. http://www.gov.cn/gongbao/.[2020-4-20].

贾鹏, 马涛, 杨开伦, 等. 2018. 莫能菌素作为饲料添加剂在反刍动物中的应用[J]. 饲料工业, 39(3):
　　56-58.

金恩望, 2013. 体外法研究植物精油对瘤胃体外发酵和甲烷生成的影响[D]. 兰州: 甘肃农业大学硕士
　　学位论文.

李松哲. 2003. 麦饭石饲喂育成奶牛增重效果试验[J]. 吉林畜牧兽医, (6): 1-2.

李同新. 2010. 微生物饲料添加剂在奶牛生产中的应用效果试验[J]. 畜牧与饲料科学, 31(5): 34.

林静, 赵鑫源, 都文, 等. 2017. 复合酶制剂对泌乳奶牛瘤胃发酵、营养物质表观消化率及生产性能的影
　　响[J]. 动物营养学报, 29(6): 2124-2133.

刘军彪. 2012. 不同水平的沸石对泌乳期奶牛泌乳性能和血液生化指标的影响[D]. 南京: 南京农业大
　　学硕士学位论文.

刘强, 吴疆, 王聪, 等. 2010. 甜菜碱对奶牛采食量、泌乳性能和血液指标的影响[J]. 饲料工业, (S2):
　　78-81.

刘续航, 蒋林树, 王俊杰, 等. 2013. 大豆异黄酮对奶牛泌乳性能及乳腺主要免疫功能的影响[C]. 中国
　　畜牧兽医学会学术年会.

吕远蓉, 王怀禹, 魏玲. 2018. 酵母硒对奶牛产奶性能和乳品质的影响[J]. 现代畜牧科技, (9): 26-27.

马晨, 徐凌峰, 郗伟斌. 2018. 围产期饲喂过瘤胃胆碱对奶牛生产性能及血液生化指标的影响[J]. 中国
　　畜牧杂志, 54(4): 66-71.

马燕芬, 郭文华, 高民, 等. 2014. 奶牛日粮添加果香味剂对果味奶感官品质和综合风味的影响[J]. 饲
　　料工业, 35(05): 48-51.

马燕芬. 2009. 果味奶生产技术及果味物质在牛体内代谢机制的初步研究[D]. 内蒙古农业大学博士学
　　位论文: 35-50.

穆淑琴, 李鹏, 李平, 等. 2011. 日粮中添加调味剂对围产期奶牛采食量、产后体重和体况评分的影响[J]. 中国奶牛, 20: 22-25.

农业部. 2012a. 新饲料和新饲料添加剂生产许可管理办法[Z]. http://jiuban.moa.gov.cn/fwllm/zxbs/xzxk/spyj/201706/t20170606_5661929.htm. [2020-4-20].

农业部. 2012b. 饲料添加剂和添加剂预混料饲料产品标准文号管理办法[Z]. http://www.feedtrade.com.cn/technology/standard/2012-05-10/2006026.html?1. [2020-4-20].

农业部. 2013a. 饲料和饲料添加剂生产许可管理办法[Z]. http://www.feedtrade.com.cn/additive/zhengcefagui/2014-01-22/2034765_2.html. [2020-4-20].

农业部. 2013b. 饲料添加剂品种目录[Z]. http://jiuban.moa.gov.cn/fwllm/zxbs/xzxk/bszl/201104/t20110415_1969961.htm. [2020-4-20].

农业部. 2014a. 进口饲料和饲料添加剂登记管理办法[Z]. http://jiuban.moa.gov.cn/fwllm/zxbs/xzxk/spyj/201706/t20170606_5661866.htm. [2020-4-20].

农业部. 2014b. 饲料质量安全管理规范[Z]. http://www.gov.cn/gongbao/content/2014/content_2654517.htm. [2020-4-20].

农业部. 2017. 饲料添加剂安全使用规范[Z]. http://www.moa.gov.cn/nybgb/2018/201801/201801/t20180129_6135954.htm. [2020-4-20].

乔国华, 单安山. 2006. 直接饲喂微生物培养物对奶牛瘤胃发酵产甲烷及生产性能的影响[J]. 中国畜牧兽医, 33(5): 11-14.

邵丽玮, 安永福, 王晓芳, 等. 2018. 酿酒酵母培养物对缓解奶牛热应激的效果研究[J]. 饲料研究, (2): 75-79.

孙超, 高景慧, 张文晋. 2001. 不同水平肌醇对黑白花奶牛乳成分的影响[J]. 西北农林科技大学学报(自然科学版), 29(1): 100-102.

孙菲菲. 2017. 胆碱和蛋氨酸对奶牛围产期营养平衡和机体健康的影响及机制[D]. 西北农林科技大学博士学位论文.

孙鹏. 2012. 日粮添加纳豆枯草芽孢杆菌对奶牛生产性能、瘤胃发酵及功能微生物的影响[J]. 中国畜牧兽医, 39(9): 168.

孙玉丽, 杜云, 黄文明, 等. 2012. 杜仲素对奶牛生产性能和免疫机能的影响[J]. 中国奶牛, 9: 13-16.

孙振权, 王治国, 王传蓉. 2011. 生物活性肽在奶牛营养中的研究进展[J]. 中国奶牛, 5: 53-55.

田丽新, 史彬林, 付晓政, 等. 2014. 丝兰提取物对奶牛人工瘤胃发酵指标的影响[J]. 粮食与饲料工业, (6): 53-55, 60.

田丽新, 史彬林, 李偶宇, 等. 2016. 丝兰提取物对奶牛免疫和抗氧化功能的影响[J]. 饲料研究, (3): 33-35, 57.

田书音, 李冰. 2014. 几种常见饲料脱霉剂简介[J]. 新农业, 23: 22-23.

汪悦, 张议夫, 蒋林树. 2018. 茶皂素对奶牛瘤胃甲烷菌及甲烷排放的影响[J]. 中国农学通报, 34(29): 104-111.

王长宏. 2007. 蛋氨酸锌对奶牛泌乳及繁殖性能影响的研究[D]. 吉林农业大学硕士学位论文.

王栋才, 周恩芳, 张元庆, 等. 2018. 青贮复合菌剂处理全株青贮玉米对奶牛生产性能、血液指标的影响[J]. 中国饲料, 19: 40-43.

王峰, 王继彤, 赵茜, 等. 2016. 板栗总苞多酚对奶水牛抗氧化指标及生产性能的影响[J]. 中国牛业科学, 42(02): 32-34, 38.

王黎文, 丁健, 张建刚, 等. 2013. 霉菌毒素吸附剂蒙脱石对泌乳奶牛生产性能和血清生化指标的影响[J]. 动物营养学报, 25(7): 1595-1602.

王孝武, 2015. 奶牛子宫内膜炎致病菌分析与植物精油对主要致病菌的抑制效果研究[D]. 中国农业科学院硕士学位论文.

吴丹丹, 吕永艳, 孙友德, 等. 2016. 小肽和稀土不同添加量组合对奶牛产奶性能及氮排泄的影响[J].

中国畜牧杂志, 52(17): 62-67.

吴亚琪, 毕研亮, 王雅晶, 等. 2015. 乳香剂对荷斯坦母犊采食量、日增重和健康状况的影响[J]. 中国畜牧杂志, 4: 71-75.

杨英华. 2106. 松针粉饲用价值的开发及应用前景[J]. 饲料广角, 6: 40-41.

杨泽坤. 2017. 反刍动物专用复合酶制剂对奶牛瘤胃发酵、血液指标及生产性能的影响[D]. 西北农林科技大学硕士学位论文.

余超, 魏筱诗, 孙菲菲, 等. 2016. 生物素的营养功能及其在奶牛饲养中的应用[J]. 饲料工业, 37(23): 27-32.

余超. 2016. 生物素对围产期奶牛泌乳净能和代谢蛋白平衡及生产性能的影响[D]. 西北农林科技大学硕士学位论文.

查满千, 杨开伦, 王雅晶, 等. 2015. 霉菌毒素对奶牛的危害及其脱毒方法[J]. 动物营养学报, 31(2): 515-520.

张晓庆, 那日苏, 周淑清. 2006. 饲用莫能菌素的研究进展[J]. 中国牛业科学, 32(3): 44-46.

张岩, 师东方, 田国彬. 2015. 复合益生菌添加剂对奶牛隐性乳房炎及生产性能的影响[J]. 畜牧兽医科技信息, 4: 24-25.

张永春, 鲁金波, 朱晓华, 等. 2009. 精氨酸对奶牛产雌率的影响[J]. 内蒙古民族大学学报(自然科学版), 24(6): 657-658.

赵连生, 王典, 王有月, 等. 2018. 饲粮中添加复合酶制剂对奶牛瘤胃发酵、营养物质表观消化率和生产性能的影响[J]. 动物营养学报, 30(10): 4172-4180.

赵悦, 童津津, 熊本海, 等. 2019. 大豆异黄酮在奶牛生产中的研究进展[J]. 动物营养学报, 7: 2999-3003.

周东年, 姚琨, 谢申猛, 等. 2018. 酿酒酵母培养物对泌乳奶牛生产性能、营养物质表观消化率及血清指标的影响[J]. 动物营养学报, 30(7): 2741-2748.

Andreazzi A S R, Pereira M N, Reis R B, et al. 2018. Effect of exogenous amylase on lactation performance of dairy cows fed a high-starch diet[J]. Journal of Dairy Science, 101(8): 7199-7207.

Cheeke P R, Piacente S, Oleszek W. 2006. Anti-inflammatory and anti-arthritic effects of *Yucca schidigera*: A review[J]. Journal of Inflammation, 3: 6.

Cobellis G, Yu Z T, Forte C, et al. 2016. Dietary supplementation of *Rosmarinus officinalis* L. leaves in sheep affects the abundance of rumen methanogens and other microbial populations[J]. Journal of Animal Science and Biotechnology, 7(1): 27-35.

Dschaak C M, Williams, C M, Holt M S, et al. 2011. Effects of supplementing condensed tannin extract on intake, digestion, ruminal fermentation, and milk production of lactating dairy cows[J]. Journal of Dairy Science, 94(5): 2508-2519.

Fortina R, Battaglini L M, Opsi F, et al. 2011. Effects of inactivated yeast culture on rumen fermentation and performance of mid-lactation dairy cows[J]. Journal of Animal and Veterinary Advances, 10(5): 577-580.

Giallongo F, Harper M T, Oh J, et al. 2016. Effects of rumen-protected methionine,lysine,and histidine on lactation performance of dairy cows[J]. Journal of Dairy Science, 99(6): 4437-4452.

Girgis G N, Barta J R, Girish C K, et al. 2010. Effects of feed-borne *Fusarium mycotoxins* and an organic mycotoxin adsorbent on immune cell dynamics in the jejunum of chickens infected with *Eimeria maxima*[J]. Veterinary Immunology and Immunopathology, 138(3): 218-223.

Jayaprakash G, Sathiyabarathi M, Robert M A, et al. 2016. Rumen-protected choline: A significance effect on dairy cattle nutrition[J]. Veterinary World, 9(8): 837-841.

Jouany D P, Morgavi. 2007. Use of 'naturel' products as alternatives to antibiotic feed additives in ruminant production[J]. Animal, 1(10): 1443-1466.

Kahvand M, Malecky M. 2018. Dose-response effects of sage (*Salvia officinalis*) and yarrow (*Achillea millefolium*) essential oils on rumen fermentation *in vitro*[J]. Annals of Animal Science, 18(1): 125-142.

Khorrami B, Vakilia R, Mesgaran M D, et al. 2015. Thyme and cinnam on essential oils: Potential alternatives for monensin as a rumen modifier in beef production systems[J]. Animal Feed Science and Technology, 200: 8-16.

Liu H W, Zhou D W, Li K. 2013. Effect of chestnut tannins on performance and antioxidative status of transition dairy cows[J]. Journal of Dairy Science, 96(9): 1-7.

Lovett D K, Stack L, Lovell S, et al. 2006. Effect of feeding *Yucca schidigera* extract on performance of lactating dairy cows and ruminal fermentation parameters in steers[J]. Livestock Science, 102(1/2): 23-32.

Dschaak M, Williams C M, Holt M S, et al. 2011. Effects of supplementing condensed tannin extract on intake, digestion,ruminal fermentation, and milk production of lactating dairy cows[J]. Journal of Dairy Science, 94(5): 2508-2519.

NRC (National Research Council). 2001. Nutrient Requirements of Dairy Cattle[M]. 7th Edition. Washington DC: National Academies Press: 381.

NRC (National Research Council). 2005. Mineral Tolerance of Animals[M]. 2nd rev. ed. Washington, DC: Natl. Acad. Press.

Patra A K, Stiverson J, Yu Z. 2012. Effects of quillaja and yucca saponins on communities and select populations of rumen bacteria and archaea, and fermentation *in vitro*[J]. Journal of Applied Microbiology, 113(6) : 1329-1340.

Schwab C G, Broderick G A. 2017. A 100-year review: Protein and amino acid nutrition in dairy cows[J]. Journal of Dairy Science, 100(12): 10094-10112.

Van Soest P J. 1994. Nutritional Ecology of the Ruminant[M]. Second edition. Ithaca: Cornell University Press: 476.

Wang B, Jia M, Fang L Y, et al. 2018. Effects of eucalyptus oil and anise oil supplementation on rumen fermentation characteristics, methane emission, and digestibility in sheep[J]. Journal of Animal Science, 96(8): 3460-3470 .

Wischer G, Boghun J, Steinga β H, et al. 2013. Effect of different tannin-rich extracts and rapeseed tannin monomers on methane formation and microbial protein synthesis *in vitro*[J]. Animal, 7(11): 1796-1805.

第十一章 奶牛营养需要与饲养管理

本章在本书前面章节的基础上，通过对犊牛、育成牛、青年牛、泌乳期奶牛、干奶牛和围产期奶牛的营养需要的总结论述，结合各时期奶牛的生理和发育特点，提出了奶牛不同时期营养物质需要量、高效饲喂方法及参考日粮配方，从而将本书内容与指导生产实践联系起来。

第一节 犊牛的营养需要与饲养管理

犊牛指的是从出生到 6 月龄阶段的奶牛，按照断奶时间，可以分为哺乳犊牛和断奶犊牛。与成年牛相比，犊牛的瘤胃、网胃、瓣胃和皱胃的容积较小，并且各胃容积的相对比例也与成年牛有很大差别。哺乳期犊牛主要采食牛奶或代乳料，液体饲料通过食管沟直接到达真胃，并不需要瘤胃进行消化，因此，哺乳期犊牛主要依靠真胃和小肠进行消化，瘤胃不发挥主要作用。随着犊牛逐渐采食精饲料和干草，到达瘤胃的饲料将微生物也带入瘤胃，微生物在瘤胃中逐渐定植并形成了稳定的微生物区系，瘤胃开始对饲料进行发酵。通常在第 3～4 周龄犊牛开始出现反刍活动。

犊牛饲养的目标：实现从单胃消化到复胃消化的过渡和从液体食物到固体食物的过渡。抵御外源性病菌的侵扰，建立独立的自身免疫机制，增大体尺和体重，实现生长发育指标。不同月龄荷斯坦犊牛生长发育目标见表 11-1。

表 11-1 不同月龄荷斯坦犊牛生长发育目标

生长阶段	体高（cm）	胸围（cm）	体重（kg）
出生	≥72	≥75	≥35
2 月龄（断奶）	≥84	≥101	≥90
6 月龄	≥105	≥128	≥180

资料来源：后备奶牛饲养技术规范（GB/T 37116—2018）

一、哺乳犊牛的营养需要与饲养管理

（一）哺乳犊牛的营养需要

犊牛早期的营养和生长速度影响其未来生产水平，因此该阶段犊牛饲养目标是保证犊牛健康成长，哺乳期日增重达到 0.8kg 以上，促进瘤胃的快速发育，实现从牛奶（或代乳品）平稳过渡到精饲料和粗饲料。在犊牛饲喂过程中，要根据犊牛消化系统的发育过程对应饲喂。犊牛的出生和断奶会产生巨大的应激，包括营养、环境和心理等方面。在营养方面，犊牛所需要的营养从依靠母体提供到靠自身消化道主动消化吸收转变。出生后几天，犊牛只能饲喂牛奶或代乳品等易消化的液体饲料，主要由真胃和小肠所产生的酶消化。建议给哺乳犊牛饲喂易消化的开食料，这有助于刺激瘤胃功能的发育。哺乳犊牛饲喂管理目标及初乳质量见表 11-2 和表 11-3。

表 11-2　哺乳犊牛饲养管理的目标

项目	目标值
经产牛接产成活率（产后 24h 内）（%）	≥97
头胎牛接产成活率（产后 24h 内）（%）	≥ 92
出生后 1～3 天血清总蛋白（mg/L）	≥5.5
犊牛被动免疫成功率（%）	≥95
哺乳犊牛成活率（%）	≥97
断奶时的体重	出生重的 2 倍以上
腹泻发病率（%）	<15
肺炎发病率（%）	≤10
哺乳犊牛成活率（%）	≥97
0～2 月龄日增重（kg）	0.7～1.0

资料来源：后备奶牛饲养技术规范（GB/T 37116—2018）

表 11-3　哺乳犊牛初乳质量

项目	目标值
IgG（g/L）	> 50
TBC（CFU/mL）	$<5×10^4$
TCC（CFU/mL）	$<5×10^3$

注：TBC. 总细菌数（total bacteria count）；TCC. 总大肠杆菌数（total coliform count）
资料来源：后备奶牛饲养技术规范（GB/T 37116—2018）

　　对于快速生长的犊牛来说，用于维持的蛋白质需要仅仅是总需要量的一小部分，而用于生长的蛋白质需要量所占的比例相对较大。Van Amburgh 和 Drackley（2005）根据 NRC（2001）模型对哺乳犊牛能量和蛋白质的需要量进行了修正（表 11-4），结果表明随日增重的增加，能量需要量加倍，而蛋白质的需要量增加 3 倍。因此，哺乳期犊牛需要更多的蛋白质。只饲喂乳或代用乳的犊牛每日能量和蛋白质需要量如表 11-5 所示。为实现哺乳期犊牛日增重达到 0.8kg 以上的目标，犊牛每天至少需要 8kg 牛奶；为保证足够的哺乳量，建议犊牛采用自由哺乳（或多喂奶）的方式，同时为促进瘤胃的快速发育，实现犊牛从牛奶（代乳品）平稳过渡到精饲料和粗饲料，哺乳期应尽早给犊牛提供新鲜、适口性好、营养平衡、粗细合理充足的犊牛料（避免犊牛料过细或非纤维碳水化合物过高，建议饲喂优质干草）和干净充足的饮水（孔庆斌等，2017）。

　　哺乳犊牛的维生素和矿物质需求研究较少。因此，NRC（2001）对维生素和矿物质的需要量表示为日粮干物质的百分比而不是实际量（表 11-6）。在生产实践中，全脂牛奶能满足犊牛除铁、锰和硒之外的所有营养需要。代乳粉其营养物质较接近全脂牛奶，因此能满足生产中大部分的营养需求。开食料补充了大多数矿物质和脂溶性维生素。由于瘤胃的合成，对开食料和生长料中的维生素 B 族没有要求。

表 11-4　不同日增重下 50kg 犊牛的营养需求

日增重（kg/d）	NE_L（Mcal/d）	表观可消化蛋白（g/d）	干物质采食量（kg/d）	粗蛋白需要量（% DM）
0	1.16	31	0.40	8.3
0.20	1.43	78	0.45	18.7
0.40	1.78	125	0.63	21.4
0.60	2.16	173	0.78	23.7
0.80	2.58	220	0.94	25.1
1.00	3.02xQ	267	1.10	26.1

资料来源：Van Amburgh and Drackley，2005

表 11-5　只饲喂乳或代用乳的犊牛每日能量和蛋白质需要量

活重（kg）	日增重（g）	能量				CP（g）	维生素 A（IU）
		NE_M（Mcal）	NE_G（Mcal）	ME（Mcal）	DE（Mcal）		
40	0	1.37	0	1.59	1.66	28	4400
	300	1.37	0.51	2.32	2.42	104	4400
	600	1.37	1.16	3.28	3.41	180	4400
50	0	1.62	0	1.88	1.96	33	5500
	300	1.62	0.55	2.67	2.79	109	5500
	600	1.62	1.26	3.71	3.86	185	5500
	900	1.62	2.05	4.85	5.05	262	5500
60	0	1.85	0	2.16	2.25	38	6600
	300	1.85	0.58	3.00	3.13	114	6600
	600	1.85	1.34	4.10	4.27	190	6600
	900	1.85	2.18	5.32	5.54	267	6600
70	0	2.08	0	2.42	2.52	42	7700
	300	2.08	0.62	332	3.45	119	7700
	600	2.08	1.42	4.48	4.66	195	7700
	900	2.08	2.31	5.76	6.01	272	7700
80	0	2.30	0	2.68	2.79	47	8800
	300	2.30	0.65	3.61	3.76	123	8800
	600	2.30	1.49	4.83	5.03	200	8800
	900	2.30	2.42	6.18	6.44	276	8800

注：NE_M. 维持净能（net energy for maintainance）；NE_G. 增重净能（net energy for gain）；ME. 代谢能（metabolizable energy）；DE. 消化能（digestible energy）；CP. 粗蛋白（crude protein）

资料来源：NRC，2001

表 11-6 犊牛日粮中矿物质和维生素浓度推荐量（干物质基础）

营养物质	全脂乳	代乳粉	开食料	生长料
矿物质				
Ca（%）	0.95	1.00	0.70	0.60
P（%）	0.76	0.70	0.45	0.40
Mg（%）	0.10	0.07	0.10	0.10
Na（%）	0.38	0.40	0.15	0.14
K（%）	1.12	0.65	0.65	0.65
Cl（%）	0.92	0.25	0.20	0.20
S（%）	0.32	0.29	0.20	0.20
Fe（mg/kg）	3.0	100	50	50
Mn（mg/kg）	0.2～0.4	40	40	40
Zn（mg/kg）	15～38	40	40	40
Cu（mg/kg）	0.1～1.1	10	10	10
I（mg/kg）	0.1～0.2	0.50	0.25	0.25
Co（mg/kg）	0.004～0.008	0.11	0.10	0.10
Se（mg/kg）	0.02～0.15	0.30	0.30	0.30
维生素				
维生素 A（IU/kg）	11500	9000	4000	4000
维生素 D（IU/kg）	307	600	600	600
维生素 E（IU/kg）	8	50	25	25
维生素 B_1（mg/kg）	3.3	6.5	—	—
维生素 B_2（mg/kg）	12.2	6.5	—	—
维生素 B_6（mg/kg）	4.4	6.5	—	—
泛酸（mg/kg）	25.9	13.0	—	—
烟酸（mg/kg）	9.5	10.0	—	—
生物素（mg/kg）	0.3	0.10	—	—
叶酸（mg/kg）	0.6	0.5	—	—
维生素 B_{12}（mg/kg）	0.05	0.07	—	—
胆碱（mg/kg）	1080	1000	—	—

注："—"表示 NRC 中未提及的相关参数
资料来源：NRC，2001

（二）哺乳犊牛的饲养管理

1. 犊牛哺乳期饲喂及断奶方案

（1）犊牛出生 1h 内，灌服优质初乳 3～4L（IgG 含量 50mg/mL 以上），6h 后再灌服 2L 初乳，及时饲喂初乳的主要目的是在环境性微生物影响犊牛健康前，能让小肠吸收大量初乳的免疫球蛋白。除此之外，近期的研究还发现初乳中含有的激素和生长因子有促进犊牛胃肠道发育的作用。

（2）初乳喂完 8h 后开始饲喂常乳或代乳粉，奶温需控制在 38～39℃，根据预期断奶时间的不同，犊牛常规喂奶量和饲喂方案见表 11-7。

表 11-7　哺乳犊牛常规培育方案

日龄（天）	全乳（L）		开食料（kg）	干草（kg）
	日喂量	全期喂量		
0～5	4.0～6.0	20～30	—	—
6～15	6.0～8.0	60～80	训练采食	训练采食
16～25	8.0～10.0	80～100	自由采食	自由采食
26～35	8.0～12.0	80～120	0.5	0.2
36～45	6.0～8.0	60～80	1.0	0.4
46～60	4.0	60	1.5	0.8

（3）出生 1 周左右开始诱导犊牛采食优质开食料，使用适口性较好的饲料原料制作哺乳期犊牛开食料，开食料中需含有充足的蛋白质（CP > 20%）、中性洗涤纤维（neutral detergent fiber，NDF > 15%），以及非结构性碳水化合物（non-structure carbohydrate，NSC > 40%）。增加开食料的采食量有利于促进犊牛瘤胃的发育。

（4）犊牛出生后第 3 天开始给水，以自由饮水为主，每天保证水槽和水桶干净，水必须清洁，冬季必须给温水。正常情况下，犊牛每采食 1kg 开食料需要饮 4L 水，水供应不足，将减少开食料的采食（图 11-1）。

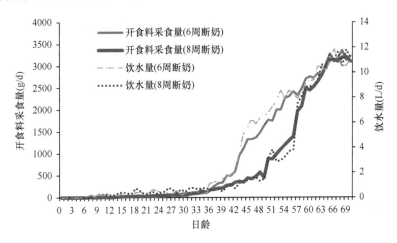

图 11-1　犊牛饮水量与开食料采食量的关系（Eckert et al.，2015）

（5）犊牛开食料连续 3 天达到 1.2kg 以上，就可断奶，断奶体重应达到出生体重的 2 倍以上（一般在 8 周龄左右）。犊牛最大总干物质采食量为体重的 2.25%～2.5%，饲喂大量牛奶或代乳粉会减少开食料的采食，因此，为了促进犊牛开食料的采食，哺乳后期应逐渐降低全乳或代乳粉的饲喂量。犊牛断奶后，在犊牛岛或原犊牛舍停留 7 天后，转到断奶牛舍，切忌断奶后立即转舍。

（6）哺乳犊牛是否应该饲喂干草或青贮仍然存在争议。有学者认为开食料对瘤胃发育很重要，哺乳期饲喂干草消化率低且会减少开食料的采食，不利于犊牛瘤胃发育。有研究表明，自由采食苜蓿干草会降低犊牛对于瘤胃发育最重要的开食料的采食量，但自由采食禾本科干草可以增加犊牛的开食料采食量并提高日增重（表 11-8）。因此，目前越来越多的养殖场在犊牛出生后 1 个月左右开始少量补饲优质干草（以燕麦干草最佳）。

表 11-8　哺乳期补饲不同类型粗饲料对犊牛采食行为和日增重的影响

粗饲料种类	自由采食比例（粗饲料：精饲料）	日增重（kg）
无	0：100	0.72
苜蓿干草	14：86	0.76[bc]
燕麦干草	8：92	0.93[a]
大麦秸秆	5：95	0.88[a]
黑麦草	4：96	0.84[ab]
玉米青贮	5：95	0.82[ab]

注：干草或秸秆进行铡短处理，各组精饲料相同；同列字母不同表示差异显著（$P<0.05$）
资料来源：Castells et al.，2012

2. 犊牛开食料技术标准及配方实例

依据犊牛的消化生理特点和养殖场的实际情况，根据饲养阶段和日增重，合理地选择多种饲料原料进行搭配，并注意饲料的适口性和消化性能。犊牛开食料配方实例见表 11-9。

表 11-9　犊牛开食料配方实例

原料	配方 1	配方 2
玉米（%）	40.5	45.0
豆粕（%）	30.0	25.5
麦麸（%）	5.0	10.0
乳清粉（%）	15.0	10.0
磷酸氢钙（%）	1.0	1.0
石粉（%）	1.5	1.5
食盐（%）	1.0	1.0
预混料（%）	1.0	1.0
苜蓿草粉（%）	5.0	5.0
合计（%）	100.0	100.0
粗蛋白（%）	20.1	19.2
粗脂肪（%）	2.3	2.5
粗纤维（%）	3.6	3.9
代谢能（Mcal/kg）	2.9	2.8
钙（%）	1.0	1.0
磷（%）	0.7	0.7

资料来源：屠焰和刁其玉，2009

二、断奶至 6 月龄犊牛的营养需要与饲养管理

（一）断奶至 6 月龄犊牛的营养需要

断奶期是犊牛生长发育的重要阶段，此时犊牛的消化器官处在快速发育的阶段。主要表现为内脏器官中微生物菌群、胃肠道容积和表面积的增加，各种消化酶发育演变及

各种代谢特征的变化。这些变化将对生长犊牛食入营养成分的消化率产生影响。由于此时犊牛的生理机能处于急剧变化的过程中，易受外界条件影响，此时其生长发育情况直接影响成年时的体型结构和终生的生产性能。

断奶后，犊牛的食物由固体饲料和液体饲料变成单纯的固体饲料，必然对其消化系统产生一定的应激，犊牛的生理机能变化较大，容易引起犊牛机体免疫力降低，导致死亡率升高。这个阶段供给犊牛的日粮营养是否均衡，会直接影响到犊牛成年后乳用特征的形成、奶牛的初产日龄、生产性能、使用寿命和总体的经济效益，所以对断奶犊牛的营养需要必须重视。断奶犊牛的目标日增重为 0.85~1.05kg，6 月龄的体重应达到 180kg、体高应达到 105cm，胸围应达到 128cm，干物质采食量达到 4~5.5kg/d。表 11-10 中列出了体重 90~100kg、不同增重速度的断奶犊牛营养物质需要量结果。

表 11-10　断奶（具有反刍功能）犊牛每日能量和蛋白质需要量

活重 （kg）	日增重 （g）	DM 采食量 （kg）	能量				CP （g）	维生素 A （IU）
			NE_M （Mcal）	NE_G （Mcal）	ME （Mcal）	DE （Mcal）		
90	0	1.16	2.51	0	3.35	3.76	82	9 900
	600	2.09	2.51	1.55	60.7	6.46	309	9 900
	700	2.28	2.51	1.87	6.62	7.00	346	9 900
	800	2.48	2.51	2.19	7.19	7.57	385	9 900
	900	2.68	2.51	2.52	7.78	8.15	423	9 900
100	0	1.25	2.72	0	3.63	4.04	90	11 000
	600	2.22	2.72	1.61	6.45	6.83	316	11 000
	700	2.42	2.72	1.94	7.02	7.40	354	11 000
	800	2.63	2.72	2.27	7.62	7.99	392	11 000
	900	2.84	2.72	2.62	8.22	8.59	430	11 000

资料来源：NRC，2001

（二）断奶至 6 月龄犊牛的饲养管理

1. 断奶初期（60~75 天）犊牛

（1）断奶时犊牛应该是健康的，若生病未愈，应治愈后再断奶。

（2）断奶时犊牛体重应达到出生重的 2 倍，若体重太低可适当延长哺乳期。

（3）为减少应激，犊牛断奶后应停留在原犊牛舍至少 1 周，并继续饲喂哺乳期犊牛开食料，开食料的目标采食量是 1.5~2.5kg/d。

（4）每天提供新鲜的饲料，每天将未吃完的开食料彻底清理干净（可收集饲喂 5~6 月龄犊牛）。

（5）提供清洁的饮水，冬季给温水，断奶后犊牛 24h 的饮水量目标为 6L。

2. 断奶中期（76~120 天）犊牛

（1）自由采食断奶后犊牛开食料（蛋白质 16%~18%），必须保证每圈内的所有犊牛能同时采食到饲料，开食料的目标采食量是 2.5~3.5kg/d。

（2）自由采食优质干草，每天至少 1 次将未吃完的干草彻底清理干净（可收集饲喂 5～6 月龄犊牛）。

（3）提供清洁的饮水，冬季给温水。

（4）按体格大小每月分群 1 次。

3. 断奶后期（120～180 天）犊牛

（1）4 月龄以后犊牛可以开始饲喂全混合日粮（total mixed rations，TMR），配方实例见表 11-11。

表 11-11 断奶犊牛日粮配方实例

	配方 1	配方 2
原料组成[原样基础，kg/（头·d）]		
燕麦草	0.60	1.50
苜蓿干草	1.20	0.80
压片玉米	2.00	2.10
豆粕	1.40	1.30
麦麸	—	0.70
玉米纤维	0.40	—
预混料	0.20	0.20
水	3.00	3.00
合计	8.80	9.60
营养指标（干物质基础）		
DMI（kg）	5.20	5.76
NE_L（Mcal/kg DM）	1.67	1.73
CP（%）	19.60	18.0
EE（%）	2.90	2.96
NDF（%）	24.30	23.80
ADF（%）	15.30	14.62
水分（%）	41.00	40.00
精粗比	70∶30	76∶24
淀粉（%）	25.20	28.30

（2）每天分 2～3 次饲喂，每天将未吃完的料彻底清理干净（可收集饲喂 7～8 月龄牛只）。

（3）自由采食，不能空槽，此阶段犊牛的目标干物质采食量是 4.0～5.5kg，目标日增重是 0.85～1.05kg。

（4）按体格大小每月分群 1 次，至 6 月龄目标体重为 180kg，目标体高为 105cm。

第二节 育成牛和青年牛的营养需要与饲养管理

通常 7～12 月龄奶牛为小育成牛；13 月龄至配种为大育成牛；妊娠至产犊为青年牛。

此阶段奶牛的整体目标是保证育成期奶牛正常生长发育，注重乳腺和骨骼的正常发育，同时提高后备奶牛成活率，减少发病。

一、育成牛（7 月龄至配种）的营养需要与饲养管理

此阶段育成牛的骨骼、肌肉和器官的生长速度达到最快，生理上发生了很大的变化，需细心饲养，使其尽快适应青粗饲料为主的日粮。在这一阶段，牛处于生长最强烈、代谢最旺盛的时期，体重的增加呈线性上升。育成牛是骨骼和肌肉发育最快的时期，因此，需要一定的蛋白质饲料才能满足其生长发育的需要。与此同时，胃肠道尤其是瘤胃发育较为完善，容积扩大，瘤胃微生物增加，对粗饲料的利用率提高。3～9 月龄是育成牛乳腺组织发育的重要阶段，乳腺发育是影响成年奶牛产奶量最重要的因素。如果在育成阶段饲养管理不当，造成生长发育受阻，会影响到骨骼的生长，导致成年时体格较小，影响奶牛最终泌乳潜能的发挥。

（一）育成牛（7 月龄至配种）的营养需要

育成阶段的饲喂营养成分过低或过高，都会给育成牛培育带来很大影响。营养成分过低会造成奶牛在育成阶段的发育迟缓，导致乳腺发育受阻，在初配时因体格过小，从而影响产奶性能；能量水平不能过高，但是要保证足量的蛋白质摄入量促进骨骼和肌肉的生长发育。营养成分过高，则会导致奶牛在育成阶段过肥，脂肪容易沉积在乳腺内，导致产奶量下降；另外，后备牛在育成牛阶段不产奶，营养水平过高会增加成本而使经济效益降低。该阶段育成牛日增重应达到 0.75～0.85kg。12 月龄育成牛理想体况评分为 2.75，推荐范围为 2.5～3.0。育成牛通常在 13～15 月龄进行初次配种，荷斯坦育成牛生长发育目标见表 11-12。

表 11-12 荷斯坦育成牛生长发育目标

月龄	体高（cm）	胸围（cm）	体重（kg）
12 月龄	≥124	≥162	≥320
13 月龄（始配）	≥127	≥168	≥360

资料来源：后备奶牛饲养技术规范（GB/T 37116—2018）

Van De Stroet 等（2016）的试验表明，过肥的育成牛其生产性能低于正常育成牛。因此，育成牛阶段的营养水平要适宜，既要达到初配时的体高和体重标准，又不能过度肥大，既能满足育成牛阶段的营养需求，又不会增加饲养成本。研究发现，对 7～10 月龄育成牛而言，综合生长性能、营养物质利用，以及瘤胃内环境指标，ME 为 9.83MJ/kg时最适宜（曾书秦，2015）。蛋白质和能量水平间存在互作的关系，并不是蛋白质和能量水平越高，育成牛的生产性能和健康状况就会越好。蛋白质是育成牛需要的一种重要的营养物质，对育成牛生长发育和乳腺发育都起到重要作用。王洋和曲永利（2014）认为，乳腺的发育好坏与饲料中蛋白质浓度的高低有直接关系，发情早期育成牛应采用高蛋白质日粮，以促进乳腺发育。育成牛营养需要量见表 11-13。

表 11-13　育成牛营养需要量

体重 (kg)	日增重 (g)	日粮干物质 (kg)	泌乳净能 (Mcal)	可消化粗 蛋白 (g)	小肠可消化粗 蛋白 (g)	钙 (g)	磷 (g)	胡萝卜素 (mg)	维生素 A (kIU)
300	600	5.18	8.99	368	320	30	19	33.0	13.2
	700	5.49	9.54	392	342	32	20	33.5	13.4
	800	5.85	10.13	415	362	34	21	34.0	13.6
	900	6.21	10.77	438	383	36	22	34.5	13.8
350	600	5.76	9.88	392	338	33	22	38.6	15.4
	700	6.08	10.47	415	360	35	23	39.2	15.7
	800	6.39	11.12	442	381	37	24	39.8	15.9
	900	6.84	11.81	460	401	39	25	40.4	16.1
400	600	3.60	10.99	415	359	36	24	45.0	18.0
	700	6.66	11.68	438	380	38	25	46.0	18.4
	800	7.07	12.42	460	400	40	26	47.0	18.8
	900	7.47	13.24	482	420	42	27	48.0	19.2

资料来源：中国奶牛饲养标准（NY/T 34—2004）

（二）育成牛（7月龄至配种）的饲养管理

育成阶段的培养目标是保证奶牛正常生长发育，培养温驯的性情和适时配种，尽早投入生产。对于荷斯坦小母牛来说培养目标是要达到13月龄时体重约360kg，体高127cm左右（表11-12）。因此，监测育成牛体高、体重及体况情况有助于评价这一时期的饲喂措施。育成期奶牛合理的生长速度应控制在日增重 0.75~0.85kg。育成期奶牛日粮以青粗饲料为主，多喂给优质禾本科牧草和豆科牧草，以及青贮、糟粕饲料，适当搭配一定比例的精饲料。年龄相近、体格大小相差不大的育成牛分在一栏饲养。年龄最好相差不超过 2 个月，活重相差不超过 30kg，育成牛日粮配方实例见表 11-14。

表 11-14　育成牛日粮配方实例

	配方 1	配方 2
原料组成[原样基础，kg/（头·d）]		
青贮玉米	4.00	6.00
青贮小麦	—	—
燕麦草	1.00	—
羊草	1.00	—
苜蓿干草	1.00	1.00
青贮苜蓿	1.50	4.00
压片玉米	0.50	0.60
棉粕	0.50	—
干酒糟及其可溶物（DDGS）	1.00	0.60
豆粕	0.50	0.60
玉米纤维	2.00	2.00

续表

	配方 1	配方 2
预混料	0.33	0.33
水	3.00	—
合计	16.33	15.13
营养指标（干物质基础）		
DMI（kg）	8.50	7.90
NE_L（Mcal/kg DM）	1.45	1.55
CP（%）	16.50	17.80
EE（%）	3.30	3.30
NDF（%）	41.00	41.10
ADF（%）	28.00	24.70
水分（%）	48.00	48.00
精粗比	50∶50	47∶53
淀粉（%）	11.60	10.20

二、青年牛（妊娠至分娩）的营养需要与饲养管理

（一）青年牛（妊娠至分娩）的营养需要

青年奶牛是指从配种至产犊阶段（一般为 15～24 月龄）的奶牛，青年奶牛处于生长发育时期，未达到体成熟。此时期正是奶牛的配种阶段，生长发育逐渐减慢，体躯向宽、深发展。在良好的饲养条件下，体内容易蓄积大量脂肪。如营养不良，会影响奶牛躯体发育，成为躯体窄浅、四肢细高、产奶量低的奶牛，青年奶牛理想生长发育目标见表 11-15。

表 11-15　青年奶牛理想生长发育目标

生长阶段	体高（cm）	胸围（cm）	体重（kg）	理想体况评分	体况评分推荐范围
18 月龄	≥131	≥173	≥465	3.25	3.0～3.5
24 月龄	≥140	≥193	≥550	3.5	3.5～3.75

资料来源：后备奶牛饲养技术规范（GB/T 37116—2018）

青年奶牛一般情况下按照后备奶牛饲养技术规范进行饲养，在分娩前 2～3 个月才需要加强营养以促进胎儿的生长发育。这一阶段要灵活根据体脂肪沉积程度，以及体况评分来判断个体的营养状态和健康状态，防止过肥、过瘦或营养状态的急速变化。该阶段如果日增重过低，会影响以后的产奶量且易造成难产，无法与牛群中体重较大的奶牛竞争。当日增重过快则会造成过于肥胖，易造成难产及代谢紊乱。分娩前 2～3 周降低钙的含量，同时保证日粮中磷的含量低于钙含量，这样有利于防止母牛发生产后瘫痪。

初产年龄是奶牛生产中的一个重要指标，它不仅影响奶牛本身的繁殖性能，还将影响其泌乳性能和生产寿命。关于产犊年龄，研究发现青年牛的初产年龄是影响犊牛初生

重的重要因素（Kamal et al.，2014）。Mohd 等（2013）引入了相对初产年龄（个体的初产年龄与牛群初产年龄中位数之差）作为评估初产年龄的新方法。青年牛初产年龄比牛群初产年龄中位数早 1 个月时，其 305 天产奶量会减少 90kg；青年牛初产年龄比牛群初产年龄中位数晚产犊 1 个月时，则会增加 86kg 产奶量。目前荷斯坦奶牛平均产犊年龄为 22 月龄（Heinrichs et al.，2017）。

在妊娠前 190 天，可以不考虑增加额外的能量用于妊娠。在妊娠期 190～279 天，荷斯坦奶牛平均妊娠的泌乳净能为 $NE_L(Mcal/d) = [(0.003\ 18×D-0.0352)×(CBW/45)]/0.218$，式中，$D$ 为怀孕天数（190～279 天），CBW 为犊牛初生重（NRC，2001）。针对妊娠的能量利用效率很低的特点，每 4.184MJ 的妊娠沉积能量约需 20.376MJ 的泌乳净能，按此计算，妊娠 6 个、7 个、8 个、9 个月，每天须在维持基础上分别增加 4.184MJ、7.112MJ、12.552MJ 和 20.920MJ 的泌乳净能。

青年牛妊娠期的蛋白质主要用于维持、生长与妊娠。尤其是妊娠后期，胎儿发育迅速，且采食量下降，此时需要日粮中蛋白质维持较高水平。妊娠的蛋白质需要按妊娠各阶段子宫和胎儿所沉积的蛋白质量进行计算。维持的可消化粗蛋白需要 [g/（头·d）] = $3.0×W^{0.75}$，维持的小肠可消化粗蛋白需要 [g/（头·d）] = $2.5×W^{0.75}$。式中，W 为青年牛体重，单位为 kg，奶牛妊娠后 4 个月的营养需要见表 11-16。

表 11-16　奶牛妊娠后 4 个月的营养需要

体重 （kg）	怀孕 月份	日粮干物质 （kg）	泌乳净能 （Mcal）	可消化粗 蛋白 （g）	小肠可消化 粗蛋白 （g）	钙 （g）	磷 （g）	胡萝卜素 （mg）	维生素 A （kIU）
	6	6.81	9.30	343	287	33	22		
450	7	7.32	10.00	377	317	37	24	86	34
	8	8.27	11.30	425	359	43	26		
	9	9.73	13.30	487	412	51	29		
	6	7.31	9.99	367	307	36	25		
500	7	7.82	10.69	401	337	40	27	95	38
	8	8.78	11.99	449	379	46	29		
	9	10.24	13.99	511	432	54	32		
	6	7.80	10.65	391	327	39	27		
550	7	8.31	11.35	425	357	43	29	105	42
	8	9.26	12.65	473	399	49	31		
	9	10.72	14.65	535	452	57	34		
	6	8.27	11.30	414	346	42	29		
600	7	8.78	12.00	448	376	46	31	114	46
	8	9.73	13.30	496	418	52	33		
	9	11.20	15.30	558	471	60	36		
	6	8.74	11.94	436	365	45	31		
650	7	9.25	12.64	472	395	49	33	124	50
	8	10.21	13.91	518	437	55	35		
	9	11.67	15.94	580	490	63	38		

资料来源：中国奶牛饲养标准（NY/T 34—2004）

（二）青年牛（妊娠至分娩）的饲养管理

青年母牛已配种受胎，体躯显著向宽、深方向发展。在优越的饲养条件下，母牛在体内容易沉积脂肪。对此，要加强饲养管理，这一阶段饲养母牛既不能过肥，也不能过瘦。饲喂日粮应以优质干草、青贮饲料为主，精饲料适量少喂。怀孕前期（1~3 个月），由于胎儿、子宫和母体所需养分增加很少，并不需要改变饲料结构和提高营养标准，可按一般水平饲喂。进入妊娠中期（4~5 个月）的青年牛，因母体本身和体内胎儿均处于发育期，此时期可适当提高日粮营养浓度。妊娠后期（6~9 个月），胎儿日益长大，瘤胃受到压迫、容积变小，采食量降低，这时应多喂一些易于消化和营养含量高的粗饲料。此外，由于胎儿发育较快，子宫体和妊娠产物增加较多，乳腺细胞也开始迅速发育，此阶段需适当提高日粮的营养水平，青年牛日粮配方实例见表 11-17。

表 11-17　青年牛日粮配方实例

	配方 1	配方 2
原料组成 [原样基础，kg/（头·d）]		
青贮玉米	4.00	10.00
玉米黄贮	4.00	—
燕麦草	3.50	—
稻草	—	3.00
羊草	4.00	—
青贮苜蓿	4.00	5.00
棉粕	1.00	1.00
DDGS	1.70	1.00
玉米纤维	—	2.00
预混料	0.33	0.33
合计	22.53	22.33
营养指标（干物质基础）		
DMI（kg）	13.00	11.20
NE_L（Mcal/kg DM）	1.43	1.40
CP（%）	13.70	15.60
EE（%）	3.70	3.60
NDF（%）	42.10	49.80
ADF（%）	27.30	30.30
水分（%）	43.00	50.00
精粗比	31:69	35:65
淀粉（%）	7.90	6.80

第三节　泌乳期奶牛的营养需要与饲养管理

一、泌乳初期奶牛的营养需要与饲养管理

（一）泌乳初期奶牛营养需要

泌乳初期一般是指从奶牛分娩到产后 80 天的这一段时期。妊娠后期由于胎儿的迅

速生长和泌乳早期的大量泌乳需要使奶牛能量和蛋白质等营养物质的需求增加。这一时期奶牛的能量和可代谢蛋白质（metabolism protein，MP）等营养物质的摄入量满足不了奶牛的需求，出现严重的营养负平衡（Baracos et al.，1991；Bell，1995；Drackley，1999）。围产期奶牛为适应泌乳的需要，机体内葡萄糖、脂类物质、蛋白质和矿物质代谢均会发生显著变化。例如，奶牛分娩后 4 天，乳腺发育对糖类的需要量是妊娠 250 天时的 3 倍，氨基酸为 2 倍，脂肪酸大约为 5 倍（Bell，1995），分娩时钙的需求量提高了将近 4 倍（Horst et al.，1997）。由表 11-18 可见奶牛分娩前后 2 天内的能量需要的变化情况。因此，奶牛为满足这种变化必须通过生理适应性调节机制来确保这些营养供给。其中，产犊后对体脂的动员是重要的调节机制之一。

表 11-18　经产母牛和头胎母牛在产前 2 天和产后 2 天的泌乳净能需要　（单位：Mcal/d）

用途	725kg 经产母牛		570kg 头胎母牛	
	产前 2 天	产后 2 天	产前 2 天	产后 2 天
维持	11.2	10.1	9.3	8.5
妊娠	3.3	—	2.8	—
生长	—	—	1.9	1.7
泌乳	—	18.7	—	14.9
总计	14.5	28.8	14.0	25.1

　　注：泌乳净能（NE_L）根据 NRC（2001）计算。假设：经产母牛产奶量为 25kg/d，头胎母牛产奶量为 20kg/d，乳脂率均为 4%

　　泌乳初期奶牛的饲养目标是：增加奶牛干物质采食量，提高产奶量；维持和增强瘤胃正常的消化功能；减少产后代谢疾病发病率；减少能量负平衡。泌乳初期奶牛体况评分见表 11-19。

表 11-19　泌乳初期奶牛理想体况评分

理想体况	不合格	原因	后果	措施
2.5～3.0	>3.0	产奶量潜力未发挥	影响产奶量	提高日粮蛋白质水平
	<2.0	在产犊时奶牛太瘦	1. 不能达到潜在产奶高峰 2. 第一次配种受胎率低	1. 检查奶牛进食量和饲养措施 2. 提高日粮能量水平

　　资料来源：李胜利，2011

　　泌乳初期应充分满足奶牛对营养物质的需求，提高能量水平来缓解因采食量较低导致的能量负平衡，同时也要提高日粮蛋白质水平以缓减 MP 负平衡。考虑日粮的精粗比例及能氮平衡日粮等因素，使日粮达到营养平衡、适口性好、能量利用率高。日粮中要含有丰富的可消化的纤维及非纤维性碳水化合物，保证乳脂率。同时，利用优质的长纤维维持瘤胃的正常功能。为达到此目标推荐泌乳初期奶牛营养和日粮需要量见表 11-20。NRC（2001）指出在泌乳初期维持 3.4% 以上的乳脂率，瘤胃内 pH 应维持在 5.9～6.6，物理有效中性洗涤纤维（physically effective NDF，peNDF）日进食量范围为 3.66～6.32kg，或 peNDF 占干物质的 19.3%～30%。此外，给高产奶牛提供足够的 peNDF 可以减少亚急性瘤胃酸中毒和蹄病的发病率，提高牛奶乳脂率、DMI 和粗纤维消化率（NRC，2001）。

表 11-20　泌乳初期（产犊后 40 天）奶牛营养需要量

日粮成分（%干物质）	日粮需要量
NDF（%）	>32
peNDF（%）	>19
CP（%）	16～19
RDP（%）	65～70
NE$_L$（Mcal/kg）	1.73～1.8
淀粉（%）	24～26
糖（%）	6～8
粗脂肪（%）	4～5
钙（%）	0.8～1.0
磷（%）	0.4
镁（%）	0.3
日粮阴阳离子差（mEq/100g）	25～40
硒（mg/kg）	3
铜（mg/kg）	20
锌（mg/kg）	48
锰（mg/kg）	15
碘（mg/kg）	0.6
维生素 A（IU/kg）	3200
维生素 D（IU/kg）	2500
维生素 E（IU/kg）	15

注：RDP. 瘤胃可降解蛋白（rumen degradable protein）
资料来源：Lean et al.，2013

　　成年牛每千克体重变化的能量含量平均为 25.104MJ，泌乳期间减重提供能量的泌乳转化率为 0.82，即每千克减重可提供 20.585MJ 泌乳净能，满足生产 6.56kg 标准乳的能量需要。泌乳期间代谢能转化为生长净能的效率增高，与泌乳相近，每千克增重约需要相当于生产 8kg 标准乳的能量。

　　泌乳初期，由于采食量下降，蛋白质的摄入量常常不能满足奶牛的需要。类似于能量负平衡，MP 也处于负平衡，因此奶牛需要动员体蛋白来满足需要。但与能量负平衡不同的是，MP 的负平衡可以通过提高日粮蛋白质浓度的方法来缓减。然而，目前对于围产后期日粮蛋白质水平的研究少之又少，大部分研究都避开了新产牛。值得关注的是，给围产期奶牛饲喂瘤胃保护性氨基酸来平衡日粮的氨基酸组成，可以有效缓减围产期的 MP 负平衡现象。例如，Ordway 等（2009）的研究表明在低蛋白日粮中补充过瘤胃蛋氨酸有效地平衡了 MP，线性地增加了产奶量和乳蛋白的产量。围产期补充瘤胃保护性蛋氨酸还有利于提高奶牛的免疫机能和抗氧化能力，从而有利于围产期及泌乳早期奶牛的健康状况（Osorio et al.，2014a）。

（二）泌乳初期奶牛的饲养管理

配制新产牛日粮时应把握以下几点。

（1）为充分满足新产奶牛对营养物质的需求，尽量降低因采食量较低而导致的能量负平衡的影响，应提高新产牛日粮营养浓度，给新产牛饲喂优质牧草，改善饲喂管理，提高干物质采食量，但粗饲料比例不低于40%。产后前7～10天，干物质采食量在正常采食量的70%以内；产后干物质采食量增加的速度，初产牛产后21天干物质采食量>17kg，经产牛产后21天干物质采食量>19kg。

（2）适当增加瘤胃保护性脂肪用量。补充脂肪对减缓新产牛能量负平衡和体重减轻的效果显著。新产牛日粮中脂肪的补充量应限制在干物质的2%～3%，即泌乳前5周内，日粮中脂肪总含量占日粮干物质总量的5%～6%。新产牛对补充脂肪的产奶反应各不相同，给新产牛饲喂脂肪时应考虑潜在的适口性问题。

（3）日粮中饲料添加剂的使用。可在新产牛日粮中额外添加一些饲料添加剂来调节牛体健康。小苏打可以提高奶牛瘤胃pH，降低瘤胃酸性。饲喂量为100～250 g/（头·d），或占干物质总采食量的0.8%；氧化镁为碱化剂，也可提高瘤胃pH，饲喂量为50～15g/（头·d），或占干物质总采食量的0.5%。小苏打与氧化镁经常以（2～3）∶1的比例混合使用，以增强效果。

（4）新产奶牛补充蛋氨酸、胆碱和烟酸，有利于改善牛只健康和能量负平衡状态，防止奶牛酮病，提高干物质采食量；另外，添加酵母能刺激纤维素降解细菌的生长繁殖，有助于维持瘤胃pH。

总之，泌乳早期奶牛的饲喂目标是尽量地促进采食量的提高，以满足泌乳需要，促使奶牛生产潜力的发挥，同时尽量降低体脂动员，减少体况损失和产后代谢病的发病率，为高产创造条件。新产奶牛饲料配方实例见表11-21。

表 11-21　新产奶牛（产后1～30天）饲料配方实例

	配方 1	配方 2
原料组成[原样基础, kg/（头·d）]		
青贮玉米	16.00	14.00
燕麦草	0.80	—
棉籽	1.40	0.50
苜蓿干草	2.20	4.00
压片玉米	3.50	3.50
DDGS	—	2.00
豆粕	3.80	2.30
玉米纤维	—	2.00
糖蜜	0.80	—
过瘤胃脂肪	0.20	0.10
蛋氨酸（奶牛用）	0.03	0.03
预混料	0.70	0.70
水	2.00	—
合计	31.43	29.13

续表

	配方 1	配方 2
营养指标（干物质基础）		
DMI（kg）	17.20	17.18
NE$_L$（Mcal/kg DM）	1.75	1.73
CP（%）	17.50	17.60
EE（%）	5.20	4.00
NDF（%）	30.20	30.70
ADF（%）	19.20	20.30
水分（%）	17.00	41.00
精粗比	55：45	53：47
淀粉（%）	22.70	23.30

二、泌乳高峰期奶牛的营养需要与饲养管理

（一）泌乳高峰期奶牛的营养需要

经产奶牛一般在产后 40～60 天达到泌乳高峰期，头胎奶牛一般在产后 80～100 天达到泌乳高峰期。该阶段奶牛的产奶量在经过泌乳早期的上升期后达到高峰，但其采食量还未恢复到高峰，极易出现能量负平衡现象。因此该阶段要保证奶牛对能量和蛋白质的需求，减轻奶牛对体脂和体蛋白的过度消耗。因此在泌乳高峰期要整体考虑奶牛产奶量和采食量之间的动态平衡，根据奶牛机体的代谢特点和营养需求及时调整奶牛的营养供给。

奶牛泌乳高峰期的目标是使奶牛泌乳量快速地升高进入泌乳高峰期，持续时间长并且稳定，使奶牛泌乳性能潜力得到最大限度发挥，提升泌乳期的产奶量，同时维持良好的体况，避免体重下降严重。因此，泌乳高峰期奶牛的饲喂要满足各种营养物质的需要，首先适当增加日粮中的能量水平，将体脂的动员降到最低。其次保证奶牛对蛋白质的需求，使其产奶量维持在一个较高的水平而不至于快速下降。最后，让奶牛恢复之前损失的体重，但既不能过胖又不能过瘦。奶牛不同产奶量的营养需要见表 11-22。

在泌乳高峰期，奶牛对能量的需求量很大，即使达到最大采食量，仍无法满足泌乳的能量需要，因此必须动用体脂肪储备。此时饲养的重点是供给奶牛适口性好的高能量饲料，并适当增加喂量，将体脂肪储备的动用降到最低。由于高能量饲料基本为精饲料，而精饲料饲喂过多对奶牛健康有很大的危害，泌乳高峰期奶牛应控制精饲料饲喂量，日粮粗蛋白 16%～18%，赖氨酸与蛋氨酸比例为 3：1，泌乳净能 7.20～7.40MJ/kg，中性洗涤纤维 32%～35%，酸性洗涤纤维 20%～22%，其中来自粗饲料的中性洗涤纤维占 70%以上，饲料转化效率达到 1.5。日粮中 peNDF 含量是刺激咀嚼活动、维持最佳瘤胃液 pH 和促进纤维消化的关键因素。就 peNDF 需要量的最优化而言，在高产奶牛保持相对高的干物质进食量（22.3～22.7kg/d）的情况下，饲喂 17%～18.5% peNDF 可能有益于维持瘤胃液 pH。此外，增加日粮 peNDF 的含量可有效增加动物的咀嚼活动，降低瘤胃酸度，维持瘤胃的正常功能，促进反刍动物生产性能的正常发挥和改善机体的健康状况。适当提高日粮中的 peNDF 水平，能够起到调控瘤胃 pH，降低发生亚急性瘤胃酸中毒的概率（郭勇庆等，2014）。

表 11-22　奶牛（体重 680kg）不同产奶量的营养需要

产奶量 （kg）	乳脂率 （%）	真蛋白含量 （%）	DMI	体重变化 （kg）	NE$_L$ （Mcal）	RDP （%）	RUP （%）	CP （%）
	3.0	2.5	22.7	1.3	32.2	10.4	3.6	14.1
		3.0	22.7	1.1	33.2	10.4	5.0	15.4
35	3.5	2.5	23.6	1.2	33.8	10.4	3.4	13.8
		3.0	23.6	1.0	34.8	10.4	4.7	15.1
	4.0	3.0	24.5	0.9	36.5	10.3	4.4	14.7
		3.5	24.5	0.7	37.5	10.3	5.7	16.0
	3.0	2.5	25.7	0.8	38.3	10.2	4.6	14.8
		3.0	25.7	0.5	39.7	10.2	6.1	16.3
45	3.5	2.5	26.9	0.7	40.4	10.1	4.3	14.4
		3.0	26.9	0.4	41.8	10.1	7.2	17.3
	4.0	3.0	28.1	0.3	43.8	10.0	5.5	15.4
		3.5	28.1	0	45.2	10.0	6.9	16.8
	3.0	2.5	28.7	0.3	44.5	9.9	5.5	15.4
		3.0	28.7	0	46.1	9.9	7.2	17.1
55	3.5	2.5	30.2	0.1	47.1	9.8	5.2	15.0
		3.0	30.2	−0.2	48.7	9.8	6.8	16.6
	4.0	3.0	31.7	−0.5	51.2	9.7	6.4	16.0
		3.5	31.7	−0.8	52.8	9.7	7.9	17.5

注：RUP. 瘤胃非降解蛋白（rumen undegradable protein）

资料来源：NRC，2001

在泌乳高峰期，奶牛最早动用的体储备是脂肪，但在营养负平衡中缺乏最严重的养分是体蛋白，这是由于体蛋白用于合成乳的效率不如体脂肪高，体储备量又少。奶牛每减重 1kg 所含有的能量约可合成 6.56kg 牛奶，而所含的蛋白质仅能合成 4.8kg 牛奶。奶牛动用的体蛋白储备可合成约 150kg 的牛奶，仅为体脂肪储备合成能力的 1/7。因此，必须高度重视日粮蛋白质的供应。如果蛋白质供应不足，会严重影响泌乳量和整个日粮的利用率。日粮蛋白质含量也不是越高越好，过高不仅会造成蛋白质浪费，还会影响奶牛的健康。奶牛日粮蛋白质中必须含有足量的瘤胃非降解蛋白，即过瘤胃蛋白、过瘤胃氨基酸等，以满足奶牛对氨基酸的需要，特别是对赖氨酸和蛋氨酸的需要。

（二）泌乳高峰期奶牛的饲养管理

在奶牛的泌乳高峰期应增加 TMR 投喂次数与推料次数，尽早达到并维持产奶高峰。可添加植物源性脂肪产品（过瘤胃脂肪、膨化大豆或全棉籽等），也可在精饲料中加入 1.0%~1.5%小苏打和 0.5%氧化镁等缓冲剂。产奶量超过 40kg/d 的奶牛，可补充过瘤胃胆碱、过瘤胃烟酰胺、过瘤胃蛋氨酸、酵母（酵母培养物）或糖蜜类产品等。做好奶牛产后发情监控，及时配种。泌乳高峰期高产奶牛饲料配方实例见表 11-23。

表 11-23　泌乳高峰期高产奶牛饲料配方实例

	配方 1	配方 2
原料组成[原样基础，kg/（头·d）]		
青贮玉米	19.00	21.00
啤酒糟	—	6.00
燕麦草	0.50	—
棉籽	—	2.00
苜蓿干草	—	2.50
青贮苜蓿	10.00	—
压片玉米	—	6.00
玉米粉	6.11	2.00
豆粕	3.64	3.80
双低菜粕	1.00	—
棉粕	0.44	—
甜菜粕	3.00	0.80
糖蜜	—	0.80
过瘤胃脂肪	0.40	0.20
蛋氨酸（奶牛用）	0.03	0.03
预混料	0.70	0.70
合计	44.82	45.83
营养指标（干物质基础）		
DMI（kg）	22.86	23.79
NE_L（Mcal/kg DM）	1.78	1.80
CP（%）	16.81	16.69
EE（%）	4.75	5.20
NDF（%）	29.29	28.00
ADF（%）	18.25	17.00
水分（%）	49.00	48.00
精粗比	60∶40	59∶41
淀粉（%）	25.86	27.00

三、泌乳中后期奶牛的营养需要与饲养管理

（一）泌乳中后期奶牛的营养需要

　　泌乳中后期主要是指产后 101 天至干奶这段生理时期，在这一阶段奶牛产奶量逐渐下降，每月下降 5%～7%，此时母牛处于妊娠前期，食欲旺盛，摄取的营养物质除用于产奶外，还在体内蓄积一部分，以补充在泌乳盛期出现的营养负平衡（王明辉和毕京辉，2010）。泌乳中期奶牛应保证奶牛自身和瘤胃的健康。恢复体膘，日增重在 100～200g，此时理想的体况评分是 2.75～3.25 分。产奶量尽量稳定在高峰期的产量或尽量少下降，一般每 10 天下降 3% 以内，高产奶牛不超过 2%。泌乳后期奶牛应保证奶牛自身和胎儿的健康。逐渐恢复体膘，日增重达到 500～700g。此阶段奶牛理想的体况评分是 3.0～3.5

分。奶产量每个月下降幅度控制在 10%以内。

在泌乳后期，产奶量继续下降，平均每月将下降 6%（头胎牛）～9%（二胎及以上泌乳牛）。此时奶牛已进入妊娠中后期，需要大量营养供给胎儿生长。在饲养上应抓紧时间恢复母牛体质，继续采取措施使产奶量的下降速度减慢，以提高全泌乳期的产奶量。此时，要防止泌乳后期的母牛过于肥胖。该阶段奶牛产奶量急剧下降，体重和体况变化较大，必须确保奶牛获得合理的营养以满足其营养需要。奶牛泌乳中后期理想体况评分见表 11-24。

表 11-24　奶牛泌乳中后期理想体况评分

阶段	评分	原因	后果	措施
泌乳中期	>3.5	①产奶量低 ②饲养高能日粮时间太长 ③易见于采用全混合日粮方式饲喂的未分群牧场	①进入泌乳后期可能会太肥 ②下一胎次酮病及脂肪肝发病率高	①降低日粮能量水平或采用泌乳后期日粮 ②检查日粮蛋白质水平 ③提早将牛转至低产牛群饲养
	<2.5	泌乳早期失去的体况未能及时得以恢复	影响产奶和繁殖性能	提高日粮能量水平或按泌乳早期能量水平进行饲养，避免过早降低日粮能量浓度
泌乳后期	>4.0	日粮中精饲料过多，能量水平太高	①干奶及产犊时过肥 ②难产率高 ③下一胎次的泌乳早期食欲差，掉膘快 ④下一胎次酮病及脂肪肝发病率高 ⑤下一胎次繁殖率低	①减少精饲料比例，降低日粮能量水平 ②减少日粮干物质进食量
	<3.0	①泌乳中期日粮能量水平偏低 ②泌乳早期奶牛失重过多	①长期营养不良 ②产奶量低，牛奶质量差	①检查日粮中能量、蛋白质是否平衡 ②提高泌乳中期日粮能量水平

资料来源：李胜利，2011

泌乳后期的奶牛一般是妊娠状态，妊娠的蛋白质需要按奶牛妊娠各阶段子宫和胎儿所沉积的蛋白质量进行计算。可消化粗蛋白用于妊娠的效率按 65%计算，小肠可消化率按 75%计算，则在维持需要的基础上，可消化粗蛋白的给量，妊娠 6 个月时为 50g，7 个月时为 84g，8 个月时为 132g，9 个月时为 194g；小肠可消化粗蛋白的给量，妊娠 6 个月时为 43g，7 个月时为 73g，8 个月时为 115g，9 个月时为 169g。

（二）泌乳中后期奶牛的饲养管理

泌乳中后期更应使奶牛保持合适的体况，如果这一阶段奶牛体况差异较大，则最好分群饲养，以便根据体况饲喂不同日粮配方，尽量使母牛在干奶前就恢复到正常的体况。这在经济上、饲料的有效利用上，乃至对母牛的健康和持续高产等方面都是有利的。泌乳中后期奶牛日粮应单独配制，一是可以帮助奶牛达到恰当的体脂贮存；二是可以通过减少饲喂一些不必要的饲料，特别是价格昂贵的饲料（如过瘤胃蛋白和脂肪饲料），以节省饲料开支；三是增加粗饲料比例，确保奶牛瘤胃健康，从而保证奶牛健康。泌乳中后期奶牛饲料配方实例见表 11-25。

表 11-25　泌乳中后期奶牛饲料配方实例

低产牛	中产配方	低产配方
原料组成[原样基础，kg/（头·d）]		
青贮玉米	27.00	16.00
麦秸	1.50	2.80
青贮苜蓿	7.00	5.00
压片玉米	2.90	2.30
豆粕	2.00	—
棉粕	0.60	0.70
菜籽粕	0.80	—
糖蜜	1.00	—
DDGS	0.90	2.30
玉米纤维	1.10	4.00
预混料	0.60	0.50
合计	45.40	33.60
营养指标（干物质基础）		
DMI（kg）	22.25	17.74
NE_L（Mcal/kg DM）	1.57	1.54
CP（%）	15.44	15.00
EE（%）	3.15	3.70
NDF（%）	33.04	42.50
ADF（%）	19.05	23.20
水分（%）	51.00	47.20
精粗比	38：62	45：55
淀粉（%）	22.92	16.40

在泌乳中后期的饲养管理中，有关日粮配制的原则应尽量遵循以下几点。

（1）若饲喂优质粗饲料，精饲料的比例可以下调 10%；若饲喂低质粗饲料，精饲料的比例可以上调 10%。

（2）此阶段奶牛处于能量正平衡状态，牛奶产量逐渐下降，应合理控制精饲料喂量，保证产奶、恢复体况、避免过肥。

（3）适当降低日粮能量、蛋白质水平，增加青粗饲料喂量。

第四节　干奶期和围产期奶牛的营养需要与饲养管理

一、干奶期奶牛的营养需要与饲养管理

（一）干奶期奶牛的营养需要

干奶期是指奶牛泌乳结束到下一次产犊之间的阶段，一般为产犊前的 60 天，此阶段，奶牛停止泌乳，积蓄营养物质促进胎儿生长发育，同时为下一次泌乳期的到来恢复

乳腺组织活力。在干奶期奶牛瘤胃微生物菌群发生巨大变化，奶牛日粮以采食粗饲料为主，造成瘤胃丙酸的生成量大大减少，因丙酸可以刺激瘤胃乳头状突起生长，所以导致瘤胃乳头状突起的萎缩和瘤胃黏膜吸收挥发性脂肪酸能力的下降。奶牛在干奶期前7周瘤胃要减少50%的吸收面积，而重新饲喂精饲料后乳头状突起全部伸长，从0.5cm到1.2cm，恢复需要4～6周时间（贺忠勇，2012；Dirksen，1985）。

奶牛干奶期的目标：积蓄营养，促进胎儿生长发育，修补泌乳后期未完全补偿的体组织；使乳腺组织得到更新，在经历一个漫长的泌乳期后，奶牛乳腺上皮细胞数减少。干奶期时可以使旧的乳腺细胞萎缩，临近产犊时新乳腺细胞重新形成，且数量增加，这将为下一个泌乳周期的泌乳活动奠定良好的基础。此时奶牛只要求有350～500g的日增重，干奶期体况评分建议为3.0～3.5分（表11-26）。

表 11-26　干奶期奶牛理想体况评分

理想评分	预警值	原因	后果	措施
3.0～3.5	>4.0	①泌乳后期日粮能量水平过高 ②未能及时配种	由于贮存在骨盆内的脂肪会堵塞产道，难产率高	①调整泌乳后期日粮能量水平 ②考虑淘汰 ③如已出现脂肪肝，应在干奶期减少能量摄入
	<3.0	泌乳后期未能达到理想体况	产犊时体况差，为维持产奶及牛奶质量，动用了过多的体脂贮存	①提高泌乳后期日粮能量水平 ②提高干奶期日粮能量水平

资料来源：李胜利，2011

在干奶期，需要限制干奶牛的能量进食量。Douglas 等（2006）的研究表明让围产前期的干奶牛自由采食中等能量浓度（1.5Mcal/kg）的日粮，仍然会导致能量的过度摄入（为 NRC 推荐的能量的 156%）。干奶期胎儿增长明显，需要大量的蛋白质供应，此外乳腺组织修复也需要一定量的蛋白质。根据 NRC（2001）推荐的标准，干奶期奶牛日粮蛋白质含量为 12%。头胎牛比经产牛对蛋白质的需要量高，这是因为头胎牛的采食量相对更低，而且还要满足其自身生长的需要。尽管围产前期 NRC（2001）建议的日粮蛋白质有低于 12% 的情况，但实际上为了保证瘤胃中微生物蛋白质的合成和纤维的降解，日粮蛋白质含量应不低于 12%。另外，在接近产犊时，由于 DMI 的下降，应该适当提高日粮中蛋白质含量。围产前期头胎牛日粮蛋白质浓度应该达到14%，经产牛为 12%，换言之，头胎牛每天需要 1400g 蛋白质（1000g 代谢蛋白，MP），经产牛每天需要蛋白质量为 1230g（860g MP）。成年奶牛干奶期的营养需要见表 11-27。

（二）干奶期奶牛的饲养管理

干奶期是奶牛身体蓄积营养物质的时期，此期间需给予妊娠和维持需要，使奶牛维持良好的体况。干奶牛日粮中应限制精饲料饲喂量，同时要增加粗饲料（优质干草）的饲喂量。饲喂干奶牛以禾本科干草或混合干草最为适宜，我国较多牛场制作了玉米黄贮，也可用全株玉米青贮，用量不宜超过粗饲料 DMI 的 50%，豆科或以豆科为主的粗饲料应不超过粗饲料 DMI 的 20%～50%，粗饲料 DMI 应达到体重的 1.6%～1.8%、占全部日粮 DMI 的 70%～88%。

表 11-27　不同体重成年奶牛干奶期的营养需要

营养成分	体重（kg）							
	350	400	450	500	550	600	650	700
DMI（kg）	8.70	9.22	9.73	10.24	10.72	11.20	11.67	12.13
NE_L（Mcal）	11.84	12.60	13.30	13.99	14.65	15.30	15.94	16.57
DCP（g）	505	530	555	579	603	626	648	670
CP（g）	777	815	854	891	928	963	997	1031
Ca（g）	45	48	51	54	57	60	63	66
P（g）	25	27	29	32	34	36	38	41
胡萝卜素（mg）	67	76	86	95	105	114	124	133
维生素 A（kIU）	27	30	34	38	42	46	50	53

注：在生产上应根据母牛不同妊娠阶段，对其营养做必要的调整，如妊娠后期，母牛营养状况良好，则不必再增加营养供应，但奶牛体况较瘦，则应适当增加营养水平

资料来源：NRC，2001

可根据粗饲料质量确定干奶牛配方和饲喂量，混合精饲料喂量一般为 1.5～2.5kg/d，为适应产后高精饲料日粮，干奶后期应逐渐增加精饲料喂量，至产犊时达到 3.5～4.5kg/d 或体重的 0.6%～0.8%，为预防产后乳房水肿，初产牛宜按低限，经产牛可较高。干奶牛日粮配方实例见表 11-28。

表 11-28　干奶牛日粮配方实例

	配方 1	配方 2
原料组成[原样基础，kg/（头·d）]		
青贮玉米	11.00	12.00
玉米黄贮	7.00	—
燕麦草	4.00	2.00
稻草	—	4.50
羊草	2.00	—
棉粕	1.50	1.50
DDGS	2.00	1.50
玉米纤维	—	1.00
预混料	0.33	0.33
合计	27.83	22.83
营养指标（干物质基础）		
DMI（kg）	13.50	13.20
NE_L（Mcal/kg DM）	1.20	1.32
CP（%）	13.00	13.60
EE（%）	3.00	3.00
NDF（%）	50.00	51.30
ADF（%）	33.00	30.20
水分（%）	52.00	43.00
精粗比	25∶75	30∶70
淀粉（%）	8.60	10.90

二、围产期奶牛的营养需要与饲养管理

（一）围产期奶牛的营养需要

围产前期，由于临近产犊，奶牛的内分泌发生急剧变化，同时胎儿营养需求不断增加。在这个时期奶牛开始分泌初乳，机体激素发生变化，产生的应激会导致奶牛在分娩前后采食量下降。奶牛血液中游离脂肪酸（non-esterified fatty acid，NEFA）水平会显著提高，NEFA 水平提高是奶牛能量负平衡的标志，而高 NEFA 水平与脂肪肝、酮病的发生直接相关。产后母牛，如果瘤胃功能、采食量不能迅速适应和恢复，不可避免地会出现能量负平衡问题，能量负平衡将持续影响奶牛产后的泌乳和繁殖性能。此外，大部分奶牛在产后几天内都会经历血钙浓度降低的过程，而低血钙是多种代谢疾病发病的直接原因或诱因，易诱发酮病、胎衣不下、乳房炎等疾病。低血钙还导致奶牛肌肉收缩无力，并损伤神经功能，严重时引起产乳热（产后瘫痪）；此外，由于该阶段特殊的营养与生理状况会导致奶牛内分泌的变化和免疫功能抑制，而低血钙和能量负平衡都会加剧免疫力继续下降，包括降低嗜中性粒细胞功能，降低淋巴细胞增殖的数量，减少抗体数量和浆细胞的产生。能量负平衡是免疫功能抑制的主要因素之一，此外，长期蛋白质、维生素 A、维生素 E、铜、锌、硒等的缺乏对免疫功能都会产生影响。这些相互关联的发病诱因，最终会影响产犊后奶牛的生产性能，甚至导致奶牛淘汰。围产期奶牛相关疾病发生率目标值和预警值见表 11-29。

表 11-29　围产期奶牛疾病发生率目标值和预警值（表示为产犊后 14 天内成年牛发病的比例）

疾病	目标值（%）	预警值（%）
产乳热（产后瘫痪）	1	>3
临床性酮病	<1	>2
亚临床性酮病	<10	>10
胎衣不下	<5	>7
跛足	<4	>4
乳房炎	<5 头/100 头牛产后 30 天	>5
低镁血症	0	出现
难产	<2	>3
真胃变位	<2	>5
酸中毒	<1	>1

资料来源：Lean et al.，2013

体况评分是决定产犊到发情期长度的重要指标，理想的体况评分会使奶牛再次发情期提前（Akins et al.，2013）。改善产犊前营养，使奶牛产犊时体况评分升至中等偏上，增加奶牛的产奶量（Domecq et al.，1997）。围产牛的体况评分应控制在 3.0～3.5 分，围产期前期体况评分过高（>3.75 分），在妊娠后期和泌乳早期奶牛的干物质采食量会降低，从而加剧奶牛泌乳早期的负能量平衡（Hayirli et al.，2002）。

通常对奶牛干奶期只采用一种营养方案，有些研究者认为，这已不适合干奶期和泌

乳初期的营养需要。为此，建议分娩前的能量供给应比 NRC（1989）的 NE_L 推荐量提高 1.91～2.87Mcal。NRC（2001）进一步推荐了奶牛干奶期的 2 个阶段营养方案，干奶至分娩前 21 天：1.24Mcal NE_L/kg DM，11%～12% CP；分娩前 21 天至产犊：1.53～1.63Mcal NE_L/kg DM，13%～14% CP。同时提出，日粮应含有不低于 330g NDF/kg DM 和 219g ADF/kg DM，非纤维碳水化合物不高于 420g/kg DM。围产期奶牛日粮需要量见表 11-30。

表 11-30　围产期奶牛日粮需要量

营养成分（DW）	围产期奶牛需要量
NDF（%）	>36
peNDF（%）	25～30
CP（%）	13～14
RDP（%）	65～70
NE_L（Mcal /kg）	1.45
淀粉（%）	16～20
糖（%）	4～6
粗脂肪（%）	4～5
钙（%）	0.4～0.5
磷（%）	0.25
镁（%）	0.45
日粮阴阳离子差（mEq/100 g）	约 10
硒（mg/kg）	3
铜（mg/kg）	15
锌（mg/kg）	48
锰（mg/kg）	15
碘（mg/kg）	0.6
维生素 A（IU/kg）	32 000
维生素 D（IU/kg）	2 500
维生素 E（IU/kg）	30

资料来源：Lean et al.，2013

　　围产前期奶牛由于胎儿和子宫的急剧生长，压迫消化道，干物质采食量显著降低。同时，分娩前血液中雌激素和皮质醇浓度上升也是影响母牛食欲的原因之一。因此，应提高日粮营养浓度，日粮提供的干物质可占母牛体重的 2.5%～3.0%，以保证奶牛的营养需要，日粮粗蛋白含量一般较干奶期提高 20%左右。此外，提高饲料营养浓度还可以促进瘤胃内绒毛组织的发育，增强瘤胃对挥发性脂肪酸的吸收能力（图 11-2）。

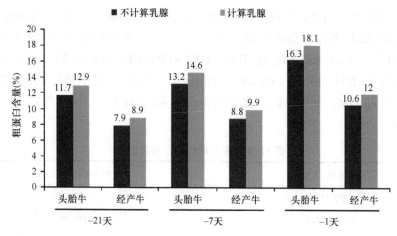

图 11-2　NRC（2001）　建议的围产前期头胎牛或经产牛对粗蛋白的需要量
（考虑或不考虑乳腺组织的需要量）

（二）围产期奶牛的饲养管理

围产期奶牛的饲养管理应注意以下几点。

（1）一般情况下，头胎围产牛的平均干物质采食量应达到 12kg 左右，经产围产牛的平均干物质采食量应达到 13.5kg 左右，围产牛的干物质采食量低于以上水平，应立即检查围产牛群的疾病情况，以及围产牛的日粮变化情况。因此，应适当提高日粮营养浓度，以保证奶牛的营养需要；日粮粗蛋白含量一般较干奶期提高 20%左右。给围产前期奶牛补充过瘤胃氨基酸，可使奶牛产后乳蛋白质含量增加，减少妊娠后期母体养分的动员，提高产犊后的生产性能。此外，适当提高饲料营养浓度还可以促进瘤胃内绒毛组织的发育，增强瘤胃对挥发性脂肪酸的吸收能力。

（2）围产牛的体况评分应控制在 3.0～3.5 分，体况过肥或过瘦都易导致奶牛产后代谢障碍，如酮病、脂肪肝、胎衣不下、真胃变位、产乳热、子宫炎及产奶量的降低等各种问题出现。经产围产牛的体况是否在合理范围以内取决于泌乳牛后期的营养水平和饲养管理。

（3）为了避免围产前期奶牛乳房过度水肿，应控制日粮中的钠和钾等阳离子的含量，最好选择钾含量低的牧草（如燕麦草）。对于产后瘫痪发病率较高的牛场，还应将日粮中钙的含量降为 20～40g/d，磷为 30g/d，钙磷比约为 1∶1。如果已经发生过度乳房水肿，则需酌情减少精饲料饲喂量，特别是要降低日粮中淀粉含量。总之，应根据奶牛的健康状况灵活饲养，切不可生搬硬套。近年的研究及生产实践表明，围产前期奶牛饲喂阴离子盐日粮，能有效降低血液和尿液中的 pH（奶牛采食阴离子盐日粮一周后，尿液 pH 应降到 5.5～6.5），从而使骨钙动员机制处于活跃状态，促进钙的吸收和代谢，提高血钙水平，能有效减少产后瘫痪的发生率。目前，常用的阴离子盐主要有：氯化铵、硫酸铵、硫酸镁、氯化镁、氯化钙、硫酸钙等。其中，硫酸铵的适口性较好，氯化铵和氯化钙适口性较差。为了避免阴离子盐影响奶牛干物质采食量，在生产中常将阴离子盐均匀拌入全混合日粮或精饲料中进行饲喂。实际生产中，可根据奶牛尿液 pH 来评估阴离子盐日粮的使用效果（表 11-31）。

（4）围产前期饲料中除了正常补充磷酸氢钙、碳酸钙以补充钙磷需要外，还可添加适量的维生素 A、维生素 D 和维生素 E 等。对于常年饲喂青贮饲料的牛群，补充维生素 A 是十分必要的，因为青贮饲料中缺乏维生素 A。为了降低母牛产后胎衣不下的发生率，在围产期注射硒和维生素 E 可以获得满意的效果，硒和维生素 E 参与子宫平滑肌的代谢活动，正确补给可以降低胎衣不下发病率 50% 以上。产前 3 周开始，每日给奶牛添加 1000 IU 的维生素 E 有助于减少胎衣不下，并增进乳房的健康。围产期奶牛日粮配方实例见表 11-32。

表 11-31 用尿液 pH 评估阴离子日粮使用效果

日粮阴阳离子差	临产尿液 pH	临产酸碱状态	新产牛血钙状态
正（> 0 mEq/100g）	7.0～8.0	碱性	低血钙
负（< 0 mEq/100g）	5.5～6.5	轻度代谢性酸中毒	正常血钙
	低于 5.5	肾负担过重，危机	

资料来源：Beede et al.，1995

表 11-32 围产牛日粮配方实例

	配方 1	配方 2
原料组成[原样基础，kg/（头·d）]		
青贮玉米	12.00	12.00
燕麦草	3.00	4.00
棉籽	0.60	0.50
压片玉米	1.90	1.50
苜蓿干草	1.50	—
豆粕	1.40	1.50
玉米纤维	—	1.50
预混料	0.55	0.55
蛋氨酸（奶牛用）	0.02	0.02
合计	20.97	21.57
营养指标（干物质基础）		
DMI（kg）	12.10	11.86
NE$_L$（Mcal/kg DM）	1.53	1.52
CP（%）	15.40	14.20
EE（%）	3.62	3.40
NDF（%）	37.10	39.20
ADF（%）	23.80	22.80
水分（%）	149.00	45.00
精粗比	30：70	37：63
淀粉（%）	19.70	18.40

（编写者：胡志勇 苏华维 李胜利 李锡智 王富伟
刘高飞 史仁煌 阮明峰）

参 考 文 献

冯仰廉. 2004. 反刍动物营养学[M]. 北京: 科学出版社.

郭勇庆, 刘进军, 刘洁, 等. 2014. 通过提高日粮 peNDF 含量调控奶牛亚急性瘤胃酸中毒[J]. 中国奶牛, (14): 5-7.

贺忠勇. 2012. 奶牛围产期饲养管理的方法[J]. 今日畜牧兽医, 38(4): 81-83.

孔庆斌, 张晓明, 刘雪江. 2017. 国内 0-6 月龄犊牛培育中存在的主要饲喂问题及改进建议[J]. 今日畜牧兽医, (8): 71-75.

李胜利. 2011. 奶牛饲料与全混合日粮饲养技术[M]. 北京: 中国农业出版社.

屠焰, 刁其玉. 2009. 新编奶牛饲料配方 600 例[M]. 北京: 化学工业出版社.

王明辉, 毕京辉. 2010. 泌乳盛期及中、后期奶牛的饲养管理[J]. 黑龙江畜牧兽医, (12): 68-69.

王洋, 曲永利. 2014. 后备奶牛不同生长发育阶段营养需要的研究进展[J]. 黑龙江八一农垦大学学报, (1): 40-45.

曾书秦. 2015. 日粮能量水平对 7~10 月龄育成牛生长、消化代谢及瘤胃内环境的影响[D]. 中国农业科学院硕士学位论文.

中华人民共和国农业部. 2004. 中国奶牛饲养标准 NY/T 34—2004[S].

中华人民共和国农业部. 2018. 中国后备奶牛饲养规范 GB/T 37116—2018[S].

NRC. 2001. 奶牛营养需要[M]. 孟庆翔主译. 北京: 中国农业大学出版社.

Akins M S, Bertics S J, Socha M T, et al. 2013. Effects of cobalt supplementation and vitamin B_{12} injections on lactation performance and metabolism of Holstein dairy cows[J]. Journal of Dairy Science, 96(3): 1755-1768.

Amburgh M V, Drackley J, Garnsworthy P C. 2005. Current perspectives on the energy and protein requirements of the pre-weaned calf[C]. Calf & Heifer Rearing: Principles of Rearing the Modern Dairy Heifer from Calf to Calving University of Nottingham Easter School in Agricultural Science. Nottingham.

Baracos V E, Brun-Bellut J, Marie M. 1991. Tissue protein synthesis in lactating and dry goats[J]. British Journal of Nutrition, 66(3): 451-465.

Beede D K. 1995. Macromineral element nutrition for the transition cow: Practical implications and strategies[C]. Proc. TriState Nutrition Conf, Ft. Wayne.

Bell A W. 1995. Regulation of organic nutrient metabolism during transition from late pregnancy to early lactation[J]. Journal of Animal Science, 73(9): 2804-2819.

Castells L I, Bach A, Araujo G, et al. 2012. Effect of different forage sources on performance and feeding behavior of Holstein calves[J]. Journal of Dairy Science, 95: 286-293.

Dirksen G. 1985. The rumen acidosis complex-recent knowledge and experiences (1). A review[J]. TierarztlPrax, 13(4): 501-512.

Domecq J J, Skidmore A L, Lloyd J W, et al. 1997. Relationship between body condition scores and conception at first artificial insemination in a large dairy herd of high yielding Holstein cows[J]. Journal of Dairy Science, 80(1): 113-120.

Douglas G N, Overton T R, Bateman H N, et al. 2006. Prepartal plane of nutrition, regardless of dietary energy source, affects periparturient metabolism and dry matter intake in Holstein cows[J]. Journal of Dairy Science, 89(6): 2141-2157.

Drackley J K. 1999. ADSA foundation scholar award. Biology of dairy cows during the transition period: the final frontier?[J]. Journal of Dairy Science, 82(11): 2259-2273.

Eckert E, Brown H E, Leslie K E, et al. 2015. Weaning age affects growth, feed intake, gastrointestinal development, and behavior in Holstein calves fed an elevated plane of nutrition during the preweaning stage[J]. Journal of Dairy Science, 98: 6315-6326.

Hayirli A, Grummer R R, Nordheim E V, et al. 2002. Animal and dietary factors affecting feed intake during the prefresh transition period in Holsteins[J]. Journal of Dairy Science, 85(12): 3430-3443.

Heinrichs A J, Zanton G I, Lascano G J, et al. 2017. A 100-year review: A century of dairy heifer research[J]. Journal of Dairy Science, 100(12): 10173-10188.

Horst R L, Goff J P, Reinhardt T A. 1997. Calcium and vitamin D metabolism during lactation[J]. Journal of Mammary Gland Biology and Neoplasia, 2(3): 253-263.

Kamal M M, Van Eetvelde M, Depreester E, et al. 2014. Age at calving in heifers and level of milk production during gestation in cows are associated with the birth size of Holstein calves[J]. Journal of Dairy Science, 97(9): 5448-5458.

Lean I J, Van Saun R, Degaris P J. 2013. Energy and protein nutrition management of transition dairy cows[J]. Veterinary Clinics of North America-Food Animal Practice, 29(2): 337-366.

Mohd N N, Steeneveld W, van Werven T, et al. 2013. First-calving age and first-lactation milk production on Dutch dairy farms[J]. Journal of Dairy Science, 96(2): 981-992.

National Research Council. 1989. Nutrient Requiremeuts of Dairy[M]. Washington D C: National Academy Press.

Ordway R S, Boucher S E, Whitehouse N L, et al. 2009. Effects of providing two forms of supplemental methionine to periparturient Holstein dairy cows on feed intake and lactational performance[J]. Journal of Dairy Science, 92(10): 5154-5166.

Osorio J S, Ji P, Drackley J K, et al. 2014a. Smartamine M and MetaSmart supplementation during the peripartal period alter hepatic expression of gene networks in 1-carbon metabolism, inflammation, oxidative stress, and the growth hormone-insulin-like growth factor 1 axis pathways[J]. Journal of Dairy Science, 97(12): 7451-7464.

Osorio J S, Trevisi E, Ji P, et al. 2014b. Biomarkers of inflammation, metabolism, and oxidative stress in blood, liver, and milk reveal a better immunometabolic status in peripartal cows supplemented with Smartamine M or MetaSmart[J]. Journal of Dairy Science, 97(12): 7437-7450.

Van Amburgh M E, Drackley J K, Gransworthy P C. 2005. Current Perspectives on the Energy and Protein Requirements of the Pre-weaned Calf[M]. Nottingham, UK: Nottingham Univ Press.

Van De Stroet D L, Calderón Díaz J A, Stalder K J, et al. 2016. Association of calf growth traits with production characteristics in dairy cattle[J]. Journal of Dairy Science, 99(10): 8347-8355.